Gerhard Hard

Dimensionen geographischen Denkens

Aufsätze zur Theorie der Geographie, Bd. 2

– Veröffentlichung des Universitätsverlags Osnabrück bei V&R unipress –

Osnabrücker Studien zur Geographie
Band 23

Herausgegeben von

Jürgen Deiters, Joachim Härtling
Norbert de Lange, Beate Lohnert, Walter Lükenga,
Diether Stonjek und Hans-Joachim Wenzel

Gerhard Hard

Dimensionen geographischen Denkens

Aufsätze zur Theorie der Geographie
Bd. 2

V&R unipress

Bibliografische Information Der Deutschen Bibliothek

Die Deutsche Bibliothek verzeichnet diese Publikation in der Deutschen Nationalbibliografie; detaillierte bibliografische Daten sind im Internet über <http://dnb.ddb.de> abrufbar

1. Aufl. 2003

mit Universitätsverlag Osnabrück
Einbandgestaltung: Tevfik Göktepe
Herstellung: Books on Demand GmbH

Printed in Germany

ISBN 3-89971-105-X

Inhalt

Vorwort

1.

Dieser zweite Band zur »Theorie der Geographie« enthält Texte aus vier Jahrzehnten, in denen nicht mehr wie im ersten Band vor allem »Landschaft« und »Raum«, sondern durchweg andere Leitmotive geographischen Denkens im Mittelpunkt stehen: Vor allem die typisch geographischen Formen der Gegenstands- und Weltkonstituion und überhaupt der merkwürdige Wissens- und Wissenschaftstyp, den die Geographie repräsentiert. Nur der erste (Widmungs)Text beschäftigt sich noch zur Hauptsache mit dem Thema „Raum".

Dazu kommen Arbeiten z. B. über den Sinn von Theorie, Theoretisieren und Wissenschaftstheorie, über Physische Geographie und Ökologie, über Hermeneutik, Alltagswelt und ästhetische Erfahrung in der Geographie. Zu allen diesen Themen habe ich gewöhnlich die kürzesten Texte ausgesucht; die ausführlicheren Fassungen findet man leicht über die Publikationsliste am Ende dieses Buches.

In einigen Texten habe ich neben kleinen stilistischen Korrekturen einige (meist kleine) Ergänzungen vorgenommen; diese Zusätze sind zu Beginn und am Ende durch * markiert. Dabei handelt es sich erstens um nachträgliche Korrekturen zu Textstellen, bei denen ich heute finde, daß sie schief, unklar, mißverständlich oder auch zu elliptisch oder zu apodiktisch formuliert waren; zweitens handelt es sich um Passagen, die schon im ursprünglichen Manuskript enthalten waren, aber für die Erstpublikation herausgestrichen werden mußten – meistens, jedoch keineswegs immer, aus Platzgründen. Diese beiden Arten von Einschüben sind i.a. leicht an ihrem Inhalt zu unterscheiden: Die erste Sorte klärt, präzisiert oder korrigiert, die zweite Sorte ergänzt vorangehende Formulierungen. In zwei Texte (Nr. 16 und 209 meiner Publikationsliste) habe ich Stücke aus anderen, etwa gleichzeitig entstandenen Texten einmontiert (vor allem aus Nr. 17 bzw. 200).

Was in diesem (zweiten) Band »Zur Theorie der Geographie« mit »Theorie« gemeint ist, habe ich schon im Vorwort zum ersten Band kurz formuliert, z. B. so: Beobachtung disziplinärer Diskurse – was nicht nur Analyse, sondern auch Kritik und Rekonstruktion einschließen kann. Außerdem habe ich es durch Gegenbeispiele zu erläutern versucht, d. h. durch eine Beschreibung typischer Einengungen und Verzerrungen des Theoretisierens: Zum Beispiel: »Theorie« und »Theoretisieren« als bloßes Resümieren bis Systematisieren der Empirie, überhaupt als bloßes Instrument vorgegebener empirischer Beschäftigungen aller Art; »Theorie« als diziplinpolitische Waffe für die scientific statesmen einer Disziplin; »Theorie« als ein aufgesetztes prestigeheischendes concept dropping in Vorworten, Einleitungen, Programmformulierungen und Drittmittelanträgen – bis hin zur »Theorie« als Mittel gegen »die Angst, etwas zu verpassen, worüber andere im Café reden könnten« (EISEL, U.: Theorie und Landschaftsarchitektur, In: Garten und Landschaft 1/2003, S. 9 – eine Variante, die im biederen geistigen Raum der Geographie vergleichsweise selten sein dürfte).

Zu dieser Familie von Pseudotheorien gehört schließlich auch: »Theorie« als Vehikel, bestimmte Formen – durchweg Kurzfassungen, Kümmerformen und common sense-Versionen – von Großen Erzählungen (oder auch nur deren flimmernde Mana-Wörter) aus der Zeitgeist- und Weltanschauungsliteratur in die geographische Literatur einzuschleppen, weil diese Geschichten irgendwie auch die Geographie und die Geographen zu tangieren scheinen, und in der Geographie, dieser »diffusen und volkswissenschaftlichen Disziplin über (fast) alles«, gelingt eine solche geographische oder existentielle Aufladung fast immer. Nach Neomarxismus und Kritischer Theorie hatten so z. B. der herrschaftsfreie Diskurs, die ästhetische Postmoderne, der Feminismus/Postfeminismus, Poststrukturalismus und die Dekonstruktion, der Postkolonialismus, die Neue Geopolitik und sogar New Age ihre geographischen Auftritte. Charakteristisch für eine solche schlechte »Inter-« oder »Transdisziplinarität« sind dilettantisch-devote bis umstandslos-einfältige Aneignungen von Vokabeln, Themen, Diskursen und großen Namen, die dann leicht zu frühen Propheten der eigenen (geographischen) Anliegen trivialisiert werden. Nützlicher wären kritischere und diskutante Rezeptionen, die kompetent genug sind, auch die Diskussionen, Kritiken und Alternativen in den Herkunftsgebieten durchzuarbeiten.

Texte zur Didaktik und Hochschuldidaktik der Geographie blieben weitgehend ausgespart, auch wenn sie theoretischen Zuschnitts waren, und zwar im wesentlichen aus Platz-, nicht aus inhaltlichen Gründen. Denn *inhaltlich* hängen (Theorie der) Geographie (Theorie der) Geographiedidaktik eng zusammen. Man sagt mehr Richtiges als Falsches, wenn man es so pointiert: Nach ihrer ganzen Geschichte und ihrer epistemologischen Struktur ist die Geographie weithin eine Art von Didaktik geblieben – trotz aller partikularen esoterischen Verwissenschaftlichungen, und noch bei der Suche nach einem (einem!) guten Sinn für die heutige Universitätsdisziplin Geographie scheint mir dieser historische Befund eine nützliche Anregung zu liefern. Jedenfalls scheint mir diese Perspektive – die Geographie als eine Didaktik – mehr Klarheit und Zusammenhang in die Sozial-, Institutionen- und (vor allem) Paradigmengeschichte der Schul- und Hochschulgeographie zu bringen als viele andere Beleuchtungen. Wer über die (Theorie der) Geographie, über die Geographie als Wissenschaft reflektiert, reflektiert, ob er es weiß oder nicht, auch über die Schulgeographie und ihre Gegenstände, über die Geographie als eine Didaktik (oder eine »Bildungswissenschaft«, wenn dieser vielversprechende Euphemismus gefälliger klingt). Seit mindestens zwei Jahrhunderten mischen und spiegeln sich dergestalt die geographischen, die geographietheoretischen und die schulgeographisch-geographiedidaktischen Diskurse; schon wenn man die Diskursoberflächen nur ein wenig ankratzt, sieht man die Programme, Zielangaben, Wesensbestimmungen und Gegenstandskonstitutionen von Geographie und (Geographie)Didaktik konvergieren.

Zweifellos sind eine Universitätswissenschaft und ein Schulfach, eine Universitätswissenschaft und ihre Didaktik, wenn man sie wissenschaftstheoretisch und nach ihren Idealtypen und Hauptzwecken rekonstruiert, völlig verschiedene Wissens- und Wissenschaftstypen mit fundamental unterschiedlichen Zielen und Gegenstandskonstitutionen. Mit den realen historischen Relationen von Universitätsgeographie und Schulgeographie/Geographiedidaktik haben solche (meist normativ ausgelegten) forschungslogischen Rekonstruktionen aber wenig zu tun; bei den Entwürfen zu einer eigenständigen Wissenschaft namens »Didaktik der Geographie« jedenfalls handelt es sich eher um (von wissenschaftstheoretischen Idealen und/oder professionspolitischen Interessen inspirierte) hoffnungslose Programme als um Wirklichkeitsbeschreibungen.

Texte zu geographiedidaktisch-schulgeographischen und hochschuldidaktischen Themen wurden also nicht aus Inhalts-, sondern aus Platzgründen ausgespart. Diese im weitesten Sinne »didaktischen« Texte zur Theorie der Geographie kann man in der Publikationsliste am Ende dieses Bandes leicht identifizieren. So fehlen im vorliegenden Band z. B. die geographietheoretisch resümierenden Texte über Länderkunde, über Physische Geographie sowie über Landschafts- und Geoökologie an Schule und Hochschule, die gerade auch von den theoretischen Strukturen dieser Gebiete handeln (sowie die Strukturparallelen von wissenschaftlichen und »schulwissenschaftlichen« Paradigmen herausarbeiten). Die letztgenannten drei Texte konnten aber hier noch am ehesten weggelassen werden, weil man sie geschlossen in einem anderen Sammelband findet (in: JANDER, L., SCHRAMKE, W. und WENZEL, H.-J., Metzler Handbuch für den Geographieunterricht, Stuttgart 1982).[1]

2.

Auch in diesem Band wird man öfter ein Interesse und einen Stilzug bemerken, die in der geographischen Literatur eher ungewöhnlich sind. Sogar Dietrich Bartels war irritiert, wenn ich bei der gemeinsamen Lektüre geographischer Texte immer wieder Stellen aufspießte, die er selber (wie er sagte) lieber gleich überspringe, weil sie ihm zu offensichtlich abstrus zu sein schienen. Er war nicht so platt, hinter meiner Vorliebe eine persönliche Agressivität zu wittern; er vermutete dahinter eher eine hypertrophe Interpretationslust (um nicht zu sagen: eine Wut des Verstehens), wie sie in geisteswissenschaftlichen Fächern trainiert werde, aber von den zentralen wissenschaftstheoretischen Sachfragen eher ablenke.

Um mich zu rechtfertigen, berief ich mich damals auf eine Devise von Ludwig Wittgenstein (Wittgenstein war damals sehr modisch), die etwa so lautete: Man möge nie

---

[1] Arbeiten zum Thema »(Geographie als) Spurenlesen« fehlen deshalb, weil man, was ich dazu meine, besser in einem Buch findet (Spuren und Spurenleser, 1995); außerdem fehlen fast alle – meist in schul- und hochschuldidaktische Überlegungen und Illustrationen eingebundenen – Texte über Geographie als Semiotik, über Umwelt- und Problemwahrnehmung, die Alltagsperspektive(n) und die »geheime Ästhetik« in der Geographie. Einige der genannten Didaktikaffinen Themen spielen zwar auch im vorliegenden Band eine Rolle, sind aber (fast) nie das Hauptthema. Schließlich fehlen alle geographietheoretisch ausgerichteten (Spezial)Arbeiten zur Geschichte und Vorgeschichte der modernen Universitätsgeographie im 18.-20. Jahrhundert (von Herder über Kant bis Alexander von Humboldt).
Aus Platzgründen findet man auch keinen Text über meine vogelperspektivische Gesamtinterpretation der geographischen Paradigmengeschichte als eine im modernen Wissenschaftssystem eigen- und einzigartig donquichotteske Re-Theoretisierung einer Weltsicht, die vor und neben ihrer innergeographischen (Wieder)Verwissenschaftlichung (fast) nur noch als ein ästhetisches und poetisches Paradigma lebendig gewesen war, ja im wesentlichen nur noch eine populärästhetische und trivialliterarische Anschauungs-, Erfahrungs- und Denkform bildete (die allerdings ihrerseits wieder, in verwandelter Form, eine alteuropäische Theorie fortsetzte); vgl. z. B. HARD, G.: Selbstmord und Wetter, Selbstmord und Gesellschaft. Studien zur Problemwahrnehmung in der Wissenschaft und zur Geschichte der Geographie, Stuttgart 1988, (vor allem das Kapitel »Die Theoretisierung eines ästhetischen Konstrukts, das schon einmal eine Theorie gewesen war – oder: Das Schicksal der modernen Geographie«).

vor einem Unsinn zurückschrecken, weder vor dem eigenen, noch vor einem fremden, vielmehr jeden Unsinn mit einem gespannten methodischen Ernst zur Brust nehmen – nicht so sehr, um ihn zu widerlegen (oder auch »logisch zu rekonstruieren«), noch weniger, um ihn auszurotten, und schon gar nicht, um im manifesten Unsinn einen höheren oder tieferen Sinn zu finden, sondern vor allem zu dem Zweck, den *Unsinnsgenerator* (wenn es ihm lieber sei: die verborgene Imagination) zu entdecken, die in jedem Unsinn wie schließlich ja auch in jedem Paradigma kreativ rumore. Auf welche Wittgensteinstellen ich mich damals bezog, kann ich nicht mehr rekonstruieren; möglicherweise war es auch nur eine naheliegende Konsequenz aus der intellektuellen Stimmung, die mir die Wittgenstein-Lektüre vermittelt hatte. Folgende einschlägige Notiz z. B. kann ich damals kaum gekannt haben: »Scheue dich ja nicht davor, Unsinn zu reden! Nur mußt du auf deinen Unsinnn lauschen« (Werkausgabe, Bd. VIII, Frankfurt a.M. 1984, S. 530).

Die Frage lautet dann z. B.: Mit welcher Semantik, mit welchen Evidenzen, unter welchen Prämissen, in bezug auf welche (Lebens)Probleme und aus welcher Situation, aus welcher Welt heraus wird dieses Unsinns-Sprachspiel gespielt? Gerade hier handelt es sich ja um Wittgensteinsche Sprachspiele im eigentlichen Sinn, die eigentlich nicht argumentieren und auch kaum *über* etwas reden, noch weniger Wirklichkeit abbilden oder Sachverhalte spiegeln – sie werden vor allem einfach gespielt und in den geographisch interessantesten Fällen auch oft eher geträumt als gedacht.

Eine fruchtbare Methodik dieses »Lauschens auf den Unsinn« konnte man damals besser als bei Wittgenstein bei dem französischen Wissenschaftshistoriker Gaston Bachelard lernen, wo dieser die naturwissenschaftlichen Werke und Texte des 18. Jahrhunderts (z. B. die über Feuer, Flamme und Verbrennung) studierte: Auch wo für den oberflächlichen Blick heutiger Naturwissenschaftler der unbegreifliche blanke Unsinn steht, da zeigte Bachelard, wie man den Unsinnsgenerator, hier: die offenbar unwiderstehlichen Flammenträumereien, anders gesagt: den imaginären, zuweilen poetischen Kern im manifesten wissenschaftlichen Unsinn, zur Evidenz bringen und damit auch seine psychische Potenz und intellektuelle Überzeugungskraft spürbar machen kann. Was anders (so versuchte ich Dietrich Bartels damals zu provozieren) habe einen denn schließlich in gewisse wissenschaftliche Diskurse, z. B. die Geographie(n), hineingelockt, wenn nicht eben diese Traumgehalte, diese Spuren von poetischem Rohstoff in der seltsamen wissenschaftlichen Prosa, die die Geographie seit über zwei Jahrhunderten (z. B. über Landschaft und Raum, über Natur und Kultur) produziert?

Ohne ein tieferes Interesse, und das heißt auch: ohne eine gewisse Symphathie mit einer Idee, z. B. der »Idee der Landschaft« (Schmithüsen), kann man auch dem Unsinnsgehalt der entsprechenden Texte kaum auf den Grund kommen, ja schon kaum auch nur die Geduld aufbringen, verständnisvoll auf das Ticken der Unsinnsgeneratoren (z. B. im Raum- und Landschaftsgerede der Geographen und Nichtgeographen) zu lauschen. Außerdem sind »Sinn« und »Unsinn« auch zeit- und kontextrelativ; der Unsinn von heute war zuweilen der gute Sinn von gestern, und auch heute gibt es (z. B. in Kunst und Literatur) vielleicht noch Kontexte, wo der altgeographische Unsinn noch Sinn macht und wo, in irgendeiner mehr oder weniger verfremdeten Variante, sogar die Idee der Landschaft oder der erdschweren Räume noch richtig tickt.

Um ein bedeutsameres Beispiel dafür zu geben, wie sympathetisch ideengeschichtliche Analyse und Kritik sein kann: Der Reiz von Hans Blumenbergs bekannten theoriegeschichtlichen Großerzählungen liegt nicht zuletzt in dem spürbar faszinierten Wohlwollen, das der Autor den erloschenen oder erlöschenden Weltbildern und Weltmetaphern Alteuropas entgegenbringt, obwohl sie doch auch in seinen Augen längst unhaltbar geworden waren. Dieses Wohlwollen wiederum kommt sichtlich aus einer mitlaufenden »Verlustsensibilität« (um eine modisches Wort zu benutzen), d. h. einem Bewußtsein der historischen Sinnverluste, die nicht selten noch mit den unvermeidbarsten Rationalitätsgewinnen der Moderne verbunden sind, allerdings oft dadurch gemildert werden, daß das »Verlorene« außerhalb der Wissenschaft dann doch z. B. in Kunst und Poesie weiterlebt, zwar meist mit geringerer kognitiver Eindeutig- und Verbindlichkeit, aber nicht selten auch schöner als je zuvor (vgl. z. B. BLUMENBERG, H.: Die Lesbarkeit der Welt. Frankfurt a.M. 1981). Gerade bei den rabiatesten unter den heutigen Vertretern solcher Ideen (z. B. von »Raum«, »Landschaft«. »Einheit der Geographie« und »Landschaftsökologie«) findet man oft weder die Spur einer ästhetischen Faszination, noch die Spur einer Verlustsensibilität. Oft sind sie nicht nur blind gegenüber den intellektuellen Schwächen ihrer fixen Ideen, sondern auch taub für deren Poesie und schließlich auch taub gegenüber den oft aussichtsreichen Möglichkeiten, diese Ideen durch mehr oder weniger ingeniöse Umdeutungen zu retten, d. h. sie anders und aussichtsreicher neu in Wert zu setzen, z. B. Landschaft(skunde) als eine höhere Heimatkunde oder einen ästhetischen Historismus, als eine Form des Spurenparadigmas oder (allgemeiner) als eine Semiotik und Hermeneutik der Alltagswelt.

Von Blumenberg stammt auch die Anregung, auch in den Wissenschaften auf die Basis-, Leit- oder »absoluten Metaphern« zu achten, d. h. auf Metaphern, die (zumindest für den, der sie als Basismetaphern und »kreative Imagination« gebraucht) nicht oder nur stammelnd übersetzt werden können und bei denen die hartnäckige Frage: Was meinst Du eigentlich? – eine Frage, die eine Übersetzung in eine »eigentliche Rede« erzwingen will – leicht Unverständnis und Unwillen erregt. Diese Bilder stehen für den Befragten eben nicht mehr *für* etwas (anderes), sondern meinen und *sind* sogar »die Sache selber«.[2] Solche Metaphern meinen nicht einzelne Sachverhalte, Gegenstände und Gegenstandsbereiche, sondern ein Ganzes, meistens *das* Ganze, und oft meinen sie nicht nur das Ganze der disziplinären Welt, sondern das Ganze der Welt überhaupt, sodaß Welt- und Disziplinkonstitution, Konstitution der Wirklichkeit und Konstitution des wissenschaftlichen Gegenstandes glücklich zusammenfallen, in der disziplinären Welt also auf beruhigende Weise die ganze Welt aufgehoben ist und jede wissenschaftliche zu einer kosmischen Veranstaltung wird.

Kurz, es scheint eine fruchtbare heuristische Devise zu sein, hinter dem manifesten Unsinn wissenschaftlicher Texte die (Welt)Metaphern zu suchen. Absolute Metaphern dieser Art werden fast automatisch zu Unsinnsgeneratoren, wenn ihre Metaphorik (die

[2] So schon BLUMENBERG, H., Paradigmen zu einer Metaphorologie, Bonn 1960. Bekannte historische Beispiele sind etwa: Die Welt/Wirklichkeit als Stadt/Polis, als Organismus/Lebenwesen, als Uhrwerk/Mechanismus, als Kosmos/»schöne Ordnung«, als Buch/Text/Semiose und schließlich eben z. B. auch als Landschaft oder Raum (diese Abkömmlinge des Kosmos). Nach den alten Geographen zeigen heute jüngere Soziologen, wie auch »der Raum« wieder zu einer absoluten Metapher, einer paradoxen Metaphysik und zu einem Unsinnsgenerator gemacht werden kann: auch in den Wissenschaften ist kein Unsinn jemals ganz tot, kein Unsinnsgenerator je ganz abgeschaltet.

dem von ihr durchdrungenen Wissenschaftler immer Gegenstand *und* Methode zu liefern scheint) beim Wort genommen wird und – in einer meist ebenso gutherzig-naiven wie apodiktischen Sprache – als ein begriffliches und empirisches Wissen daherkommt; die Heuristik verwandelt sich dann regelmäßig in eine ontologische Pression, die welterschließende Metapher in eine naive und paradoxe Metaphysik.

In Blumenbergs ideengeschichtlichen Romanzen (Romanzen mit tragischem Einschlag) konnte man besonders deutlich sehen, daß in dem, was im nachhinein als Unsinn erscheint, meistens die Erinnerung an eine Welt aufgehoben ist, die lesbarer (und in der Geographie hieß das auch: die landschaftlicher, zumindest räumlicher) war als die der heutigen Wissenschaften. Man bekommt dabei also auch eine Antwort auf die Frage: »Welches war die Welt, die man [in unserem Falle: die der Geograph] haben zu können glaubte?« (Die Lesbarkeit der Welt, Frankfurt a.M. 1981, S. 10). Posthum besehen, scheint man gewissermaßen überschwengliche Sinnerwartungen gehabt und zu viel Wirklichkeit weggedichtet zu haben. Deshalb kann man vielleicht auch sagen, daß der kongeniale posthume Unsinnsjäger derjenige ist, der aus seiner Beute immer noch Gedichte zu machen versteht und dergestalt das auf theoretischer Ebene unverbindlich gewordene wenigstens noch in eine ästhetische Erfahrung, wenn nicht in eine Heuristik zu verwandeln vermag.

All das läuft auf eine Empfehlung des Bachelard-Wittgenstein-Blumenbergschen Verfahrens hinaus. Man muß dabei aber warnend anfügen, daß die wissenschaftlichen Autoren (und ihr Anhang), deren (Unsinns)Poesie man dergestalt interpretativ zum Leuchten bringt, einem das gemeinhin übelnehmen. Allerdings ist es schwierig, die Ergebnisse eines »Lauschens auf den Unsinn« anders als in einer Prosa zu formulieren, die an der Oberfläche zuweilen polemisch klingt. Dieser polemische Klang ergibt sich indessen oft mehr aus Kontextzwängen als aus einer persönlichen Neigung zu polemischer Ausdrucksweise. Wie hätte man z. B um 1970 in normalem geographischem Kontext sein Interesse an wissenschaftlichem Unsinn (anders gesagt, an den Traumkernen geographischer Theorien) anders legitimieren können als durch aufklärerische und exorzistische Absichten? Hätte man seine Liebe zum geographischen Unsinn (genauer: zur latenten Poesie des geographischen Unsinns) allzu deutlich durchblicken lassen, wäre man kaum gedruckt worden, und wenn doch, wen hätte es interessiert?

Indessen ist es auch unter Wissenschaftlern nicht unüblich, den Terminus »polemisch« (und ähnlich: »emotional«) als Synonym für »aggressiv«, für »unwissenschaftlich« oder gar für »falsch« zu benutzen – obwohl doch jedermann weiß, daß auch in der wissenschaftlichen Literatur schon der ärgste Unsinn ganz unpolemisch und vollkommen Richtiges, ja Bahnbrechendes, sehr polemisch vorgetragen wurde. Wer eine Äußerung »polemisch« nennt, sagt wenig über ihre Intention, noch weniger über ihren Sachinhalt oder ihren Wahrheitswert; er sagt eher etwas über ihre vermutete (oder von ihm selbst so empfundene) Wirkung auf bestimmte Adressaten. Bei angemessenem Gebrauch ist »polemisch« (oder »Polemik«) die Beschreibung eines Stils, der z. B. dazu eingesetzt werden kann, um gewisse gern übersehene Differenzen umißverständlich zu verdeutlichen, allgemeiner: um das Interesse bestimmter Adressaten zu wecken oder deren Desinteresse unwahrscheinlich oder unglaubwürdig zu machen. Deshalb betrachtet und nutzt man eine polemische Ausdrucksweise oft am besten als einen Kunstgriff im Rahmen der wissenschaftlichen Aufmerksamkeitsökonomie. Ähnliches gilt, wie angedeutet, auch für das meist gedankenlose Etikett, etwas sei »emotional« formuliert.

3.

Nach den vorangehenden Überlegungen kann man schließlich noch einmal anders beschreiben, was »Theorie« und »Theoretisieren« bedeuten könnte. »Theoretisieren« bedeutet dann nicht nur: die wissenschaftlichen Diskurse zu beobachten und dabei ihre sinn- und unsinntreibenden Basis-Metaphern zu eruieren, sondern auch: versuchsweise neue interessante Metaphern und metaphorische Lesarten von Gegenstandsbereichen einzuführen, aber anders mit ihnen umzugehen als auf die weiter oben ziemlich negativ beschriebene Weise. »Anders« heißt z. B.: weder ontologisierend, noch totalisierend, noch fixierend, also immer auch als Beobachter 2. Ordnung – und nie in dem falschen Bewußtsein, größere (oder auch nur vergleichbare) Sicherheiten gewinnen zu können als die, die bei dem Wechselspiel von conjectures and refutations entstehen, welches die »Empiriker« und »Normalwissenschaftler« spielen: Denn wer theoretisiert, bleibt z. B. oft viel mehr als der Empiriker auf ein »Räsonnieren nach dem Prinzip des unzureichenden Grundes« angewiesen (um wieder eine Formel Blumenbergs aufzunehmen), und während die Fehlsicht des Beobachters 1. Ordnung darin besteht, daß er nicht sieht, nicht sehen kann oder nicht sehen will, daß er nicht sieht, was er nicht sieht, verfällt der Beobachter 2. Ordnung leicht in die analoge Fehlsicht, daß das, was er mehr sieht, schon alles sei, was es da noch zu sehen gebe.

Theoretisierende Texte der hier gemeinten Art können auch empirische Einzelgegenstände behandeln und ganz empirische Geschichten erzählen, man liest sie aber auch dann nicht unbedingt wegen dieser spezifischen Gegenstände und Geschichten, sondern eher wegen ihrer spezifischen Sicht auf die Welt, nicht wegen einer bestimmten Geschichte, sondern wegen ihrer besonderen Art, Geschichten zu erzählen. Kurz, man liest sie, weil sie weniger die Fakten als die Lesarten vermehren und dabei (eher ironisch als apodiktisch) Perspektiven und Einsichten suggerieren, die die konkreten Fälle oft weit hinter sich lassen. Dieses Theoretisieren repräsentiert ein bestimmtes Temperament der Forschung: weniger eine Neugier auf bisher unbekannte Gegenstände als eine Neugier auf bisher ungesehene Perspektiven, Beleuchtungen und Kontextualisierungen von Gegenständen (Gegenständen, die »an sich« längst bekannt sein mögen). Es geht dann weniger um ein Vergnügen daran, etwas Neues und Anderes zu sehen, als um das Vergnügen daran, etwas neu und anders zu sehen.

Theoretisieren in diesem Sinne meint auch kaum etwas anderes als das gealterte Programmwort »Dekonstruktion«; denn was konnte »Dekonstruktion« im Normalfall viel anderes bedeuten als: Die (pluralisierende) Auflösung – wenn man will: Zersetzung – von angeblichen Fakten, Gegenständen und Gewißheiten in Bündel von Interpretationen, von denen jede sich nun als voraussetzungsvoll und kontingent (auch-andersmöglich) erweist.

Man kann auch sagen, daß dieses Theoretisieren schon wegen seiner freischwebendgleitenden Aufmerksamkeit und seiner abduktiven, oft metaphorischen (allgemeiner: analogisierenden) Züge etwas von einer ästhetischen Tätigkeit annimmt, und die in diesem Sinne theoretischen Ideen geraten auf diese Weise leicht in die Nähe der »ästhetischen Ideen«, wie sie Kant im § 49 der »Kritik der Urteilskraft« beschreibt: »Ästhetische Ideen« sind »Vorstellungen der Einbildungskraft« und Produkte eines Spiels der produktiven Erkenntnis(vermögen), »die viel zu denken veranlassen«, uns aber nicht definitiv auf einen *bestimmten* Gedanken, eine *bestimmte* Begrifflichkeit, eine *bestimm-*

te Sprache und eine *bestimmte* Wirklichkeit festlegen und die wir, »wo uns die Erfahrung zu alltäglich vorkommt«, »zwar noch immer nach analogischen Gesetzen, aber doch auch nach Prinzipien [bilden], die höher hinauf in der Vernunft liegen und die uns ebenso natürlich sind, als die, nach welchen der Verstand die empirische Natur auffaßt«. »Aufgrund eines belebenden Prinzips im Gemüte« *spielt* auch der Produzent theoretischer Ideen mit Wirklichkeiten und Bedeutungen, und zwar »ein Spiel, welches sich von selbst erhält«, und *belebt* das Gemüt, indem er »die Aussicht in ein unabsehliches Feld eröffnet«. Auch hier zeigt sich, wie verkehrt es ist, zu glauben, wissenschaftliche Prosa entzaubere bloß die Welt; auch in der Wissenschaft finden Entzauberung und Verzauberung gleichzeitig statt.[3]

So wird die Unterscheidung Kunst/Wissenschaft (oder auch: ästhetisch/wissenschaftlich) noch einmal in die eine Seite der Unterscheidung – genau genommen: in beide Seiten der Unterscheidung – hineinverdoppelt; im sog. Formenkalkül, den die Konstruktivisten so lieben, heißt das: re-entry, »Wiedereintritt der Unterscheidung ins Unterschiedene«, und dieses re-entry ist tatsächlich ein ziemlich untrügliches Merkmal interessanten Theoretisierens. So kommt man auch beim Thema »Theoretisieren« wieder auf das altberühmte geographische Thema »Geographie als Wissenschaft *und* Kunst« zurück, freilich auf eine differenziertere Weise als vormals.

---

[3] Für eine junge und extreme Neuauflage dieser traditionsreichen Auslegung – »ästhetische Erfahrung« als ein theorieaffines »Spiel der Erkenntnis(kräfte)«, bei dem immer neue Verstehensweisen eines Gegenstandes sowohl ins Recht gesetzt wie unterlaufen werden – vgl. z. B. SONDEREGGER, R.: Für eine Ästhetik des Spiels, Frankfurt a.M. 2000, und DIES., Wie Kunst (auch) mit der Wahrheit spielt, in: KERN, A. u. SONDEREGGER, R. (Hg.): Falsche Gegensätze. Zeitgenössische Positionen zur philosophischen Ästhetik, Frankfurt a.M. 2002, S. 209-38.

Eine »Raum«-Klärung für aufgeweckte Studenten

(1977, gemeinsam mit Dietrich Bartels)

Dieser Text ist eine Erinnerung und Widmung an Dietrich Bartels (1931-1983): Ein paar Seiten, die wir 1975 und 1977 gemeinsam für »aufgeweckte (Anfänger)Studenten« geschrieben haben. Die folgende (nicht veröffentlichte) Fassung war für eine nicht mehr zustandegekommene 3. Auflage des »Lotsenbuchs« gedacht; es handelt sich um eine veränderte und erweiterte Fassung des einschlägigen Kapitelchens der zweiten Auflage (BARTELS und HARD 1975, S. 76-80).

Die beiden »Raum«-Texte von 1975 und 1977 entstanden – erfahrene Leser mit Stilgefühl werden es bemerken – indem Dietrich Bartels meine plakativen Vorzeichnungen in Richtung auf eine seriöse und luzide didaktische Prosa hin veränderte. Wenn einigen erwachsenen Geographen von heute die apodiktischen Töne und die didaktischen Reduktionen des Textes mißfallen sollten, mögen sie sich an den Entstehungszusammenhang erinnern. Im übrigen beweist allein schon der geballte Nonsense des Artikels »Raum« im neuesten Lexikon der Geographie (Bd. 3, 2002, S. 106), daß die alte »Klärung für aufgeweckte Geographiestudenten« noch heute auch manchem Geographieprofessor nützlich sein könnte. – Die Übungssätze in Kapitel 3 sind von mir später ein wenig ergänzt worden, und das Schlußkapitel ist neu.

1. Die vielen Bedeutungen eines geographischen Fachwortes

Viele Druckpunkte geographischer Diskussionen haben ihre Ursache auf sprachlicher Ebene. Die Gesprächspartner bezeichnen (a) gleiches mit verschiedenen Ausdrücken und können sich hierüber nicht einigen, da der Verzicht auf einen Fachterminus (mit seinen Nebenassoziationen) unter Umständen dem Erlebnis eines Weltuntergangs gleicht – oder sie einigen sich (b) auf vage mehrdeutige Konferenz-Formulierungen, deren Dissens-Ermittlung sich dann oft lange hinschleppt.

Beispiele für den Fall (a) sind Nomenklatur-Streitigkeiten um die Bezeichnungen der Fachzweige der geographischen Wissenschaft; Beispiele für den Fall (b) liefern Vokabeln wie »funktionale Beziehungen«, »Ökosystem«, »Geofaktoren«, »Landschaft« – und eben »Raum«.

Wie geht man mit solchen terminologischen Problemen um? Es folgt ein verallgemeinerungsfähiger Vorschlag, und zwar an einem entscheidend wichtigen Beispiel, an dem (die Geographie und die Geographen scheinbar einenden) Schlüsselwort »Raum«. Mit diesem Schlüsselwort gehen auch die neueren Strömungen in der deutschen Geographie (und den Regionalwissenschaften) recht zwanglos um, und auch bei Soziologen und anderen Sozialwissenschaftlern »räumelt es schillernd und schillert es räumlich«.

Der Terminus »Raum« könnte ja zunächst ein rein formaler Beschreibungsbegriff der mathematischen Logik sein; tatsächlich verwendet der Geograph die Wörter »Raum« und »räumlich« jedoch in den verschiedensten konkreten Problemzusammenhängen, durchweg ohne die unterschiedlichen Bedeutungen und ihre Differenzen zu bemerken, geschweige denn zu reflektieren.

Damit das nicht auch Ihnen passiert und Sie sich nicht überhaupt in den Räumen der Geographie, d. h. im Dschungel der geographischen Raumbegriffe verirren, prägen Sie sich am besten gleich am Anfang folgende alternative Bedeutungen des einen Fachwortes »Raum« ein:

Raum 1: Wahrnehmungsgesamtheit, »Landschaft«	Klassische Formulierung für die komplexe Gesamtheit der wahrnehmbaren bzw. sichtbaren Gegenstände einer Erdstelle (Dinge, Lebewesen, Menschen) mit allen ihren räumlichen und anderen Relationen; Raum als Container
Raum 1a: »alles, was es da gibt«	ähnlich wie 1, aber Verzicht auf die »Wahrnehmbarkeit/Sichtbarkeit«: Komplexbegriff für »alles, was es da gibt« in seiner Gesamtheit und mit allen seinen Relationen – wozu dann neben den materiellen u. U. sogar alle sozialen und anderen eher immateriellen Phänomene gehören können (»Raum« als prall gefüllter Container)
Raum 2: »Chora«	Zweidimensionales Modell der Erdoberfläche, in dem Standorte sowie Distanzen zwischen ihnen beschrieben werden können; »Verteilungs-, Verknüpfungs- und Ausbreitungsmuster an der Erdoberfläche«, »Distanzrelationenraum«, »ordo coexistendi«
Raum 2a: Region	besonderer Aspekt dieser »Chora« als klassenlogische Zusammenfassung von Standorten/Erdstellen mit gleichen Sacheigenschaften
Raum 3: Natur(raum) als Gegenspieler des Menschen	die eine Seite eines gedachten Gegensatzpaares Mensch-Natur (als Gegenspieler und Ressource des Menschen) – oder, wenn auch die gebaute Umwelt einbezogen wird:
Raum 3a: Umwelt	die eine Seite eines gedachten Gegensatzpaares Mensch-Umwelt bzw. Mensch-Sachzwang
Raum 4: (Geo)Ökosystem	Modell des strukturell-funktionalen Gefüges verschiedenster Naturelemente (Geofaktoren) wie Relief, Klima, Boden, Vegetation usw. mit ihren Beziehungen untereinander – wozu dann auch »der Mensch als ökologischer Faktor« gehören kann
Raum 5: »mental map«	gedachter Raum; Raum bzw. Raumbilder als Bestandteile des Bewußtseins von Individuen
**Raum 6: »communicated map«*	kommunizierter Raum, Raum bzw. Raumbilder/Raumkonstrukte als Bestandteile der sozialen Kommunikation
Raum 7: »Raum« als Metapher für Soziales, »sozialer Raum«	z. B. Raum als Metapher zur Bezeichnung von sozialen Beziehungsnetzen mit ihren »sozialen Distanzen« (7a) – oder »Raum« im Sinne eines mehrdimensionalen Merkmalsraumes, in dem »soziale Positionen« und deren »Distanzen« beschrieben werden können (7b)[1]

Damit haben wir, von Varianten abgesehen, wohl alle wichtigen geographischen Raumkonzepte angesprochen, wahrscheinlich sogar fast alle, die in den Sozial-, Kultur- und Geisteswissenschaften sowie in ökologischen, »planungs-« und »umweltwissenschaftlichen« Texten überhaupt präsent sind. Wie »Raum«, so schillert auch »räumlich«. Bemerken Sie auch, daß nur die ersten vier Raumkonzepte auf etwas Physisch-Materielles

[1] Selbstverständlich kann »Raum« noch in vielen anderen Hinsichten als Metapher gebraucht werden. *So z. B., wenn »Knotenpunkte sozialer Kommunikation im Internet«, etwa »Chatrooms« oder »E-Mail-Diskussionsforen«, als »Orte« oder »Räume« (*Raum 7!*) im »virtuellen Raum« (*Raum 5? Raum 6? Raum 7?*) bezeichnet werden.*

zielen, das man (kilo)metrisch vermessen kann, die letzten drei aber gerade nicht. – Vergleichen Sie dazu auch BARTELS, D.: Schwierigkeiten mit dem Raumbegriff in der Geographie, in: Geographica Helvetica, Beiheft zu Nr. 2/3, 1974 (»Zur Theorie der Geographie«). In diesem Lotsenbuch wird »Raum« fast nur in Bedeutung 2 verwendet, weshalb sich eine – sonst unbedingt erforderliche – spezielle Bedeutungskennzeichnung durchweg erübrigt.

Unsere Liste ist trotz ihrer Länge nicht nur unvollständig, sondern auch unabschließbar. Wenn sich z. B. die geographischen Forschungsprogramme verändern (überhaupt immer, wenn sich die Geographie verändert), werden vermutlich auch neue Raumkonzepte auftauchen und andere verblassen.

Diese höchst heterogenen geographischen Raumbegriffe haben zwar teilweise gewisse Ähnlichkeiten bzw. Überschneidungen; man findet unter ihnen zuweilen gewisse »Familienähnlichkeiten«, aber keinen »gemeinsamen Kern«. So etwas ist, wie Sprachwissenschaftler wissen, ein häufiges Phänomen; und auch im Fall von »Raum« ist es verlorene Liebesmüh, nach einem solchen »(Bedeutungs-)Kern« zu suchen. Folglich ist es auch abwegig, sich vorzustellen, es gebe so etwas wie »den« Raum, von dem die aufgeführten Bedeutungen von »Raum« (Raum 1 bis Raum n) bloß einzelne Eigenschaften, Strukturen oder Aspekte wären.

Bemerken Sie auch, daß diese geographischen Raumbegriffe kaum mehr etwas mit den alltags- oder umgangssprachlichen (außerwissenschaftlichen) Gebrauchsweisen des Wortes »Raum« zu tun haben; in der Alltags- und Umgangssprache sind mit »Raum« oder »Räumen« ja fast ausschließlich begrenzte Teile von Gebäuden oder Ähnliches gemeint (Prototypen: Wohnraum, Schlafraum, Geschäftsraum ...). *Raum 1* und vor allem *Raum 1a* steht den umgangssprachlichen Raumkonzepten noch am nächsten.Wenn Sie in eine Wissenschaft eintreten, dann treten Sie eben auch in einen neuen Sprachraum und Denkraum ein (Achtung, »Raum« als Metapher!); und das gilt sogar für ein so alltagssprachliches und alltagsweltliches Fach wie die Geographie. Außerdem sehen Sie, daß die Termini der Wissenschaftler zuweilen sehr vieldeutig sein, ja gelegentlich sogar vieldeutiger sein können als die Wörter der Alltagssprache.

Schon jetzt sehen Sie aber auch: Wenn jemand sagt, etwas geographisch zu betrachten, das heiße, etwas räumlich zu betrachten (oder gar: Gegenstand der Geographie sei der Raum, die Geographie eine Raumwissenschaft usw.), dann sagt er damit wenig, wenn überhaupt etwas.

Viele der Begriffsinhalte, die von *Raum* abgedeckt werden, können in deutscher Sprache auch z. B. durch *Landschaft* abgedeckt werden. Der Terminus *Landschaft* ist nach seiner großen Karriere in- und außerhalb der Geographie etwas verblaßt, erlebt aber immer wieder eine Renaissance. Sie sollten dann *Landschaft* so ähnlich behandeln, wie das hier mit dem *Raum* geschieht.

*Beachten sie auch: Geographen sind so an einem nicht-metaphorischen Gebrauch des Wortes *Raum* im Sinne von *Raum 1* bis *Raum 4* gewohnt, daß sie metaphorische Verwendungen oft gar nicht wahrnehmen und die Raummetaphern sozusagen für bare Münze nehmen. Das geschieht z. B. ziemlich regelmäßig, wenn Geographen Bourdieu und (vor allem) Foucault lesen. Besonders unsensibel sind geographische Leser zuweilen gegenüber einem Sprachstil, der (wie nicht selten bei Foucault) auf literarische Weise mit Metaphern mehrdeutig spielt.*

Schließlich aber: Was hier über die Bedeutung(en) von *Raum* gesagt wird, können Sie nicht ohne weiteres auf andere Sprachen, nicht einmal auf die Sprachen anderer Wissenschaften übertragen.

2. Eine semantische Übung

Folgende kleine Übung soll Sie davon überzeugen, daß man sich im Dschungel der geographischen Raumbegriffe nicht verirren muß. Sie werden sehen, daß sich Ihnen die jeweilige Bedeutung des Wortes »Raum« oft schon aus einem sehr knappen Kontext erschließt, nämlich aus einem einzigen Satz.

Beachten Sie auch, daß folgende Übung sogar unter erschwerten Bedingungen stattfindet: Erstens haben Sie als Kontext fast immer nur einen einzigen Satz (während Ihnen sonst meist ein größerer Kontext zur Verfügung steht); zweitens sind alle Raumkonzepte immer nur durch das eine Wort »Raum« wiedergegeben (während in anderen geographischen Texten das jeweilige Raumkonzept oft auch durch weniger vieldeutige Ausdrücke bezeichnet wird).

Versuchen Sie also, die Raumbegriffe der folgenden Beispielsätze (jede Ähnlichkeit mit Formulierungen lebender Autoren wäre rein zufällig!) je einem der oben aufgelisteten Raumbegriffe zuzuordnen. Wir haben mit Absicht auch Sätze ausgesucht, die ziemlich hochgestochen und nicht leicht verständlich sind, und es kam uns auch nicht darauf an, ob die Sätze richtig oder falsch sind: Meistens werden Sie das jeweilige Raumkonzept (oder die betreffenden Raumkonzepte) trotzdem identifizieren können. Es ist übrigens durchaus nicht selten, daß sich bei geographischen Autoren (nicht nur im gleichen Text, sondern sogar im gleichen Satz!) zwei bis mehrere, fundamental verschiedene Raumbegriffe ein Stelldichein geben; zuweilen ist der Wortgebrauch auch so vage, daß mehrere bis viele Bedeutungen von »Raum« einen mehr oder weniger guten Sinn ergeben, und manchmal kann man auch nur noch kühn erraten, was vielleicht gemeint sein könnte. Solche Sätze finden Sie im folgenden nur ganz vereinzelt, aber in anderen geographischen Texten sollten Sie mit dergleichen immer wieder rechnen.[2]

Am Ende des letzten Kapitels stehen unsere eigenen (hypothetischen) Auslegungen, an denen Sie sich immerhin orientieren können, aber (wie gesagt): Geographische Sätze mit »Raum« sind nicht selten unklar und unsere eigenen Auslegungen nicht unfehlbar. In einigen Fällen haben wir sogar ziemlich lang diskutiert. Treten Sie nun also in die Diskussion ein!

1. *Die Kulturlandschaften rund um das Mittelmeer sind ein Spiegelbild der jahrtausendelangen Auseinandersetzung menschlicher Gruppen mit ihrem Raum.*

2. *Es ist zu empfehlen, auf geographischen Exkursionen zunächst einmal davon auszugehen, was den Exkursionsteilnehmern in dem von ihnen besuchten Raum unmittelbar auffällt.*

3. *Die Biozönosen sind wie die Vegetation zwar nur ein Element des Raumes; sie stehen aber in vielen direkten und indirekten Wechselbeziehungen zu fast allen*

[2] Vor allem auch deshalb, weil manche Geographen mit dem Wort »Raum« auf so etwas wie einen »Raum an sich« zielen, der chamäleonartig in allen möglichen Bedeutungen schillern darf und nicht selten schon im Jenseits aller Begriffe liegt.

anderen Elementen des Raumes, z. B. mit Klima, Relief und Boden, aber auch mit den Wirtschaftsweisen des Menschen.

4. *Hier setzt sich seit einem Jahrhundert ein neuerungsbereiter Raum gegen einen konservativ akzentuierten Raum, ein Aktivraum gegen einen Beharrungsraum ab, jeder Raum mit in sich gleichartigen ökonomischen und sozialen Verhältnissen und Verhaltensweisen seiner Bewohner.*

5. *Was den Geographen von jeher besonders interessiert hat, das sind die individuell geprägten Erdräume in ihrer ganzen dinglichen Erfüllung.*

6. *Organisationen tendieren dazu, stereotype Räume zu produzieren, die dem Vorwissen weiter Verbraucherschichten entgegenkommen, etwa Hollywoods Wilder Westen oder Konsaliks Rußland.*

7. *Kinder, Jugendliche und Erwachsene, Männer und Frauen, Süd- und Nordstadtbewohner, Einheimische und Fremde – jede dieser Gruppen denkt sich die Bonner Innenstadt als einen anderen Raum mit ganz anderen Grenzen und mit ganz anderem Inhalt.*

8. *Durch diese Entwaldungsprozesse wurde das ökologische Gleichgewicht des Raumes nachhaltig gestört.*

9. *Gibt es determinierende Beziehungen zwischen dem Raum und dem Sozialverhalten? Zweifellos: Jede Veränderung im Wege- und Verkehrsnetz, jede neu gebaute Straße, jedes neue Bauvorhaben kann soziale Kommunikation bündeln, kanalisieren, begünstigen und restringieren, verstärken und unterbrechen.*

10. *Alle Daseinsgrundfunktionen (vom Wohnen und Arbeiten bis zur Versorgung, Bildung und Verkehrsteilnahme) sind im Raum verortbar, und ihre räumlichen Muster sind ein zentrales Thema der Sozialgeographie.*

11. *Was den Geographen besonders interessiert, ist die Wirkung sozialer Prozesse auf den Raum, d. h. die Raumwirksamkeit dynamischer Sozialgebilde – denn oft werden komplizierte soziale Vorgänge im Raum sichtbar, z. B. durch Brachfallen, Aufforstung, Vergrünlandung usw.*

12. *Diese Menschen und ihre Kultur sind von ihrem Raum tief geprägt, so wie sich auch ihre Siedlungen vorbildlich in die räumlichen Gegebenheiten einfügen.*

13. *Es folgt nun die eigentliche Raumanalyse, d. h. die räumliche Analyse der Einrichtungen des tertiären Sektors nach ihrer Dispersion, ihren Verdichtungen und ihren Vernetzungen.*

14. *Thema dieses Buches ist der Einfluß des Raumes auf Physiologie und Psyche des Menschen.*

15. *Es gehört zum Image von Großorganisationen (vom Staat über die Deutsche Bahn und die Deutsche Post bis hin zu den vielen Zweckverbänden), daß sie nicht nur einen je eigenen Raum, sondern oft sogar einen ganzen Set von unterschiedlichen Räumen kreieren.*

16. *Der Raum ist eine knappe Ressource; um jeden Standort im räumlichen Gefüge einer Stadt konkurrieren die Raumnutzungsansprüche zahlreicher Individuen, Gruppen und Institutionen.*

17. *Die Aussagen der Schüler über ihre Präferenzen und Ablehnungen, d. h. ihre bevorzugten und abgelehnten Mitschüler, können wir als einen zwei- oder mehrdimensionalen Raum darstellen, in dem soziale Distanzen sichtbar werden.*

18. *Welche Veränderungen in den Standortmustern ergeben sich durch die Globalisierungsprozesse, welche dieser Veränderungen des Raumes lassen sich durch politische Gegensteuerung kontrollieren?*

19. *Here we regard space not as made up of distances, we define space as a provider of room.*

20. *Gesellschaftsgrenzen, überhaupt soziale Grenzen funktionieren weithin latent und bleiben unsichtbar; in Bewußtsein und Kommunikation schieben sich deshalb räumliche Grenzen und Räume an ihre Stelle, weil diese konkret und suggestiv definiert werden können. (latent: vorhanden und wirksam, aber nicht in Erscheinung tretend; Anm. G. H.)*

21. *Das agrarwissenschaftliche Potential des Raumes wird künftig noch intensiver erschlossen werden; man muß deshalb frühzeitig die Frage stellen, welche ökologischen Auswirkungen auf den Raum diese wirtschaftlichen Aktivitäten haben werden.*

22. *Die Position eines jeden gesellschaftlichen Akteurs ist bestimmt durch seinen Ort im Raum; in diesem mehrdimensionalen sozialen Raum verteilen sich die Akteure nach ihren Werten auf den einzelnen Raumdimensionen, d. h., nach ihrem jeweiligen ökonomischen, sozialen, kulturellen und symbolischen Kapital.*

23. *Wenn man sich nur endlich von dem Gedanken frei machen könnte, daß die Geographie die Sachen im Raum zu erforschen habe. Nein, auf den Raum selber kommt es an! In der Beachtung des Wertes der Räume als Persönlichkeiten in der Gesellschaft der Räume liegt eine unendliche Aufgabe. Sie reicht vom Zusammenspiel der Stadtteile bis in das säkulare Spiel der Großräume und den Kampf der Kontinente.*

24. *Machen wir nie den Fehler, die erdverbundenen Mächte des Raumes (hard power: Geopolitik, Militär, Waffentechnik) zu vergessen, die allein in der Lage sind, Infrastrukturen zu zerstören, Räume zu erobern und zu besetzen und mit Macheten, Nachtsichtgewehren und Special Forces unerwünschte Körper daraus zu vertreiben. Vergessen wir auch nicht, wie kürzlich die Mächte des Raumes – die Kräfte des Körpers, des Territoriums und der Wüste – zurückgeschlagen haben, mit Low Tech, mit Teppichmessern, zivilem Fluggerät und mit zum Letzten entschlossenen Körpern.*

3. Die geographischen Raumkonzepte als Kondensate geographischer Forschungsperspektiven

Wenn es Ihnen gelingt, die aufgeführten Raumkonzepte zu verstehen und auseinanderzuhalten, dann bringt Ihnen das noch einen Zusatz-Gewinn: Mit jedem begriffenen Raumbegriff haben Sie in gewissem Sinne gleich auch eine wichtige Teilgeographie, d. h. (mindestens) eine wichtige geographische Forschungsperspektive (mit)verstanden. Die Raumkonzepte der Geographie sind sozusagen Kondensate geographischer Forschungsperspektiven (die man auch »Paradigmen« genannt hat). Die aufgelisteten Raumkonzepte erschließen Ihnen deshalb, recht verstanden, gewissermaßen fast die ganze Geographie.

Raum 1 ist *z. B.* der konstitutive Begriff der Landschaftsgeographie und jeder (kultur)geographischen Landschaftskunde; er liegt aber auch jeder Sozialgeographie zugrunde, die von den »landschaftlichen Indikatoren« sozialer Prozesse ausgeht (»Sozialgeographie von den landschaftlichen Indikatoren her«). *Raum 1a* hingegen ist der Basisbegriff der Länderkunde, der in den geographischen Texten aber oft latent bleibt.

Raum 2 steht im Zentrum einer raumwissenschaftlichen Sozial- und Wirtschaftsgeographie, auch »spatial approach« genannt, deren Gegenstand oft so beschrieben wird: »Die Verteilungs-, Verknüpfungs- und Ausbreitungsmuster der räumlichen Manifestationen menschlicher Aktivitäten an der Erdoberfläche«, *z. B.* deren Verteilungen, Areale, Regionen, Felder, Netze, Diffusions- und Kontraktionserscheinungen... *Raum 2a* ist darüber hinaus Grundbegriff und Leitstern all derer, die die Erdoberfläche »räumlich gliedern« wollen, gleich, ob sie (*z. B.*) eine »naturräumliche«, eine »sozialräumliche« oder eine »wirtschaftsräumliche Gliederung« im Auge haben.

Raum 3 ist seit dem 18. Jahrhundert ein zentraler Raumbegriff der Geographie, zumindest dessen, was man heute oft »die klassische Geographie« nennt. Dieses zentrale und einigende – nicht das einzige! – Thema oder Forschungsprogramm der klassischen Geographie kann man etwa so umschreiben: »die Auseinandersetzung von Mensch und (Erd)Natur«, wobei die Erdnatur bzw. der (Natur)Raum der Erde als eine Vielzahl von sehr unterschiedlichen (Natur)Räumen gedacht wurde. Heute scheint das Thema in der Schulgeographie wichtiger zu sein als in der Universitätsgeographie.

Raum 3 und *Raum 3a* sind aber bis heute auch der Ausgangspunkt von zahlreichen kultur- und humanökologischen, aber auch von umweltökologischen und ressourcenanalytischen Fragestellungen in vielen Wissenschaften; überall geht es dabei um »Wechselwirkungen« von »Mensch« und »Umwelt« – in allen Maßstäben und Fazetten, in natürlichen und/oder in künstlichen Umwelten. Der Schwerpunkt all dieser Forschungsansätze liegt heute allerdings eher außerhalb der Geographie. Dieses Raumkonzept kommt – vor allem als *Raum 3a* – *z. B.* auch bei Architekten, Stadtforschern, Stadt-, Umwelt- und Raumplanern vor.[3]

Raum 4 hat seinen häufigsten Auftritt im Bereich der Landschafts- bzw. Geoökologie, *Raum 5* in der Wahrnehmungs- oder Perzeptionsgeographie (»environmental perception approach«), wo man die handlungsbedeutsamen »mental maps« oder »kognitiven Landkarten« (»Landkarten« im weitesten Sinne!) erforschen will, die sich die Menschen von der Welt (ein)bilden.* Man findet dieses Konzept der »mentalen Räume«, »Raumbilder« oder »maps in minds« aber auch *z. B.* bei denjenigen Geographen, die –

[3] Vom kulturökologischen Ansatz spricht man eher, wenn es um die Beziehung ganzer Kulturen, Gesellschaften und Großgruppen zu ihrer natürlichen Umwelt geht, von einem humanökologischen Ansatz eher, wenn die Bedeutung *bestimmter* Umweltaspekte für Physiologie und Psyche des Menschen untersucht wird; bei der »Ressourcenanalyse« interessiert man sich für die Naturgrundlagen wirtschaftlicher Tätigkeiten, und unter der Überschrift »Umweltökologie« geht es meist um die Umweltfolgen und Umweltgrenzen menschlichen Wirtschaftens. Sie können sich leicht ausmalen, daß die Bedeutung von »Raum« (wie von »Umwelt«) schon hier ganz beträchtlich changiert.

im ganzen wenig erfolgreich – nach der »räumlichen« bzw. »raumbezogenen Identität« der Leute fahnden, *z. B.* darnach, welchen Räumen die Leute sich »zugehörig fühlen«.

Raum 6 ist Schlüsselbegriff einer modernen Sozialgeographie, die sich nicht so sehr (wie die Perzeptionsgeographen) für die Räume in den Köpfen bzw. im Bewußtsein von Individuen interessiert, sondern vor allem für die Raumbilder und Raumkonzepte (»Raumabstraktionen«) in der sozialen Kommunikation. Eine der Leitfragen lautet dann *z. B.*: Wer – und vor allem: welche Großorganisationen – produzieren welche Raumabstraktionen/Raumbilder/Karten zu welchen Zwecken, für welche Adressaten, mit welchen Wirkungen? Räume bzw. Bilder vom Raum werden hier nicht mehr als etwas Psychisches, sondern vor allem als etwas Soziales (oder Kulturelles) betrachtet. Dieser *Raum 6* dürfte heute dasjenige Raumkonzept sein, das am ehesten mit einer wirklich sozialwissenschaftlichen Sozialgeographie oder einer wirklich kulturwissenschaftlichen Kulturgeographie verträglich ist.[4]*

Das waren alles nur erste, schlagwortartige Andeutungen; Näheres sowohl zum Begriff »Forschungsperspektive« sowie zu den einzelnen Forschungsperspektiven der Geographie (samt Beispielen aus der geographischen Literatur) finden Sie im Kapitel IV des Lotsenbuches (vgl. 2. Auflage 1975, S. 90-125!).

Man formuliert sicher ein interessantes, auch für Geographen interessantes Thema, wenn man so fragt: Welche Raumbegriffe kursieren *außerhalb* der Geographie, »in der Gesellschaft«, und wer produziert(e) und verwendet(e) sie wann, wo, wozu, und mit welchen Folgen ...? Welche dieser Raumkonzepte sind wann und aus welchen Gründen in die Geographie eingesickert oder haben dort sogar (wie z. B. das Raumkonzept »Landschaft«) eine große Karriere gemacht? Die Geographen befanden sich ja nie außerhalb der Gesellschaft, und man kann durch die ganze Geographiegeschichte hindurch viele interessante, auch politisch brisante Querverbindungen beobachten.

4. Eine vielseitige verwendbare Denkfigur

Wenn Sie dieser Raum-Recherche bis hierher gefolgt sind, dann haben Sie nicht nur vieles über den »Raum« und Wesentliches über die Geographie erfahren. Sie haben auch etwas Übertragbar-Allgemeines, eine auf viele Wissenschaftsgebiete transferierbare Denkfigur mitgelernt, deren künftige Anwendung wir Ihnen sehr empfehlen. Die Pointe dieser Denkfigur kann man wie folgt formulieren.

Wenn es um bestimmte Begriffe, und vor allem, wenn es um Grund- und Schlüsselbegriffe wie »Raum« geht, sollte man nicht fragen: »Was ist (eigentlich) X?« – oder auch: »Was bedeutet (eigentlich) der Ausdruck »X«?«. Solche unbedarften Fragen sind höchstens dann einigermaßen sinnvoll und sinnvoll zu beantworten, wenn sie in sehr konkreten und alltäglich-praxisnahen Situationen gestellt werden. Überall sonst verbau-

---

[4] *Wenn heute (2003) alle geographischen Spatzen es von allen Dächern (nach)pfeifen, Räume, Orte, (Kultur)Landschaften usw. seien ebenso soziale »Konstrukte« wie z. B. die Geschlechter, Altersstufen, Rassen, Völker und Nationen, auch dann muß man unabweislich auf *Raum 6* als zentrales wissenschaftliches Raumkonzept zurückgreifen. Das gilt auch für eine Kulturgeographie, die so etwas wie eine »Semiotik des Raumes« (oder der Landschaft) sein will, d. h. Raum und (Kultur)Landschaft als ein Zeichensystem liest oder die »Symbolik von Raum oder Landschaft entziffern« will (usw.): Denn Zeichen(bedeutung)en, Symbole usw. sind primär soziale Phänomene, d. h. Bestandteile der sozialen Kommunikation.*

en solche Fragen alle sinnvollen Antworten, weil sie allzu Fragwürdiges voraussetzen – so auch im Fall von »Was ist (eigentlich) der Raum« oder »Was bedeutet (eigentlich der Ausdruck) »Raum««. Entsprechend enden auch direkte Antworten auf solche Fragen, z. B. Sätze, die mit »Der Raum ist (also)...« oder ähnlich beginnen, ziemlich sicher im Unsinn, so plausibel sie zunächst auch klingen mögen.

Die erste Frage (was ist Raum?) setzt voraus, daß es so etwas wie *den* Raum, das Wesen des Raumes, eine (eine!) Wirklichkeit, ein Ding an sich, eine Substanz oder eine Seinsstruktur namens »Raum« gebe – was eher zweifelhaft, zumindest eine gewagte, weder beweis- noch widerlegbare ontologische oder metaphysische These ist.[5]

Die zweite Frage (was bedeutet eigentlich »Raum«?) setzt gemeinhin voraus, daß das betreffende Wort im Gegensatz zu fast allen anderen Wörtern der Sprache nur *eine* Bedeutung oder wenigstens eine allen Gebrauchsweisen gemeinsame Kernbedeutung habe: was eine ganz unwahrscheinliche und im Fall »Raum« eine nachweislich falsche linguistische Hypothese wäre.

Die Frage sollte vielmehr so lauten: Was bedeutet »X« in Kontext 1, was in Kontext 2, was in Kontext 3 – usw. In der Wissenschaft sind die wichtigsten Kontexte ihre Theorien und ihre (umfassenderen) Theorie-und-Empirie-Komplexe, die man auch Forschungsprogramme oder Forschungsperspektiven (und in bestimmten Fällen auch »Paradigmen«) nennt. Auch »Raum« macht nur Sinn, wenn man ihn in einem bestimmten Kontext dieser Art versteht. Deshalb sind wir bei der Frage nach den Bedeutungen von »Raum« ja (sinnvollerweise) wie von selber in fast alle geographischen Forschungsperspektiven hineingeschlittert.

Begriffe – und so auch die Raumbegriffe – sind für sich allein nicht richtig oder falsch, sondern fruchtbar oder unfruchtbar. »Fruchtbar« wiederum ist keine Eigenschaft (kein einstelliges Merkmal), sondern eine Relation (also ein mehrstelliges Merkmal). D. h.: Nichts ist an sich fruchtbar; etwas ist immer nur fruchtbar in Bezug auf etwas anderes, und ein wissenschaftlicher Begriff ist vor allem fruchtbar in dem Maße, wie er erfolgreiche Forschung animiert, d. h., wie er eine bestimmte Empirie und/oder Theorie, und vor allem: wie er ein bestimmtes Forschungsprogramm voranbringt. Es gibt also z. B. soviele sinnvolle geographische Raumkonzepte, wie es geographische Forschungsprogramme gibt, die mittels dieser Raumkonzepte erfolgreich arbeiten. Kurz, an ihren Früchten sollt ihr sie erkennen.

Wenn Sie wissen wollen, was ein Raumkonzept wert ist, dann sollten Sie also weder den Vorworten, Lexikonartikeln und Lehrbüchern, noch den Sonntags-, Fest-, Propaganda- und (Selbst)Erbauungsreden der Geographen glauben. Beobachten Sie die Geographen und anderen Wissenschaftler besser direkt beim Forschen, z. B. in ihren Forschungstexten und in ihren Diskussionen über konkrete Forschungsprobleme. Dort sieht man am ehesten, ob und wozu und in welcher Bedeutung die Vokabel »Raum« (oder überhaupt ein Raumkonzept) gebraucht wird – oder ob man nicht sehr gut auch ohne »Raum« und Raumkonzept auskommt, zumindest auskommen könnte. Bedenken Sie auch, daß bestimmte Konzepte das Denken und Forschen auch behindern und irreführen

---

[5] »Ontologisch« werden Behauptungen genannt, die beanspruchen, etwas über das Sein als solches (lockerer gesagt: etwas über das wirkliche Wesen der Dinge, über die wirkliche Wirklichkeit) zu sagen; die Ontologie gilt als Teil der Metaphysik.

können, besonders, wenn sie so diffus bedeutungsschwanger und wertgeladen daherkommen, wie gemeinhin das Wort »Raum« und die Raumkonzepte.

Ähnliches wie für die analysierten Was-ist- und Was-bedeutet-Fragen gilt übrigens auch für Fragen folgender Art: »Ist der Raum so oder so?«; »Beschreibt dieses Raumkonzept die Wirklichkeit richtig« (usw.)? Um solche Fragen zu beantworten, müßte man das betreffende Raumkonzept (bzw. den jeweiligen Begriff vom wirklichen Raum) ja neben »die« Wirklichkeit bzw. neben den wirklichen Raum halten und beide unmittelbar miteinander vergleichen können – was eine abstruse Vorstellung ist. Sie setzt einen Blick voraus, den schon die alten Philosophen für ein Privileg Gottes (oder wenigstens eines Weltgeistes) hielten. Sterbliche können z. B. einen Begriff mit anderen Begriffen vergleichen, aber nicht Begriffe direkt mit »der Wirklichkeit«.

5. Warnung vor dem wirklichen Raum

Normalgeographen sind oft darauf programmiert worden, die fundamentalen Unterschiede in den geographischen u. a. Raumkonzepten nicht oder nur unzureichend wahrzunehmen. Diese Wahrnehmungsverweigerung glauben sie der Geographie und ihrer geographischen Identität schuldig zu sein, meistens wohl, weil sie fürchten, ohne »den« Raum sei »die« Geographie (die Existenzberechtigung der Geographie) verloren, zumindest aber ihre Einheit, ihr direkter Wirklichkeitsbezug und ihre Weltbedeutung. Aber ohne diese Idee von *dem* Raum als *dem* Gegenstand der Geographie wäre nicht die Geographie, sondern nur eine in der Geographie (zeitweilig) endemisch gewordene Wahnidee verloren.

Dahinter steckt oft auch eine viel zu primitive Sprachphilosophie etwa dieser Art: Ein (Ding)Wort ist der Name eines Dinges und sagt uns, was für eine Art von Ding dieses Ding ist. Deshalb neigt man leicht zu dem Aberglauben, »Raum« sei der Name eines Dinges namens »Raum« und sage uns, was der Raum für ein Ding ist. Das hat man uns schon als Kindern einprogrammiert: Wir fragten, was das sei – und man nannte uns einen Namen; daraufhin glaubten wir erfahren zu haben, was für ein Ding das ist.[6]

Das setzt sich fort bis in den naiv-realistischen Aberglauben sogar vieler Wissenschaftler, eine Idee, die sich in der Forschung bewährt oder bewähren könnte, müsse es auch »in der Wirklichkeit« geben. Stattdessen sollte man in solchen Ideen (wie z. B. einem Raumkonzept) besser eine Imagination der produktiven Einbildungskraft sehen, die immer fehlbar ist und über deren Realitätstauglichkeit und Wirklichkeitskontakt uns nur ein konkreter Forschungskontext informieren kann.

Zwar kann jemand, der bei Sinnen ist, die fundamentale Verschiedenheit der geographischen und anderen Raumkonzepte nicht abstreiten. Mancher Geograph neigt aber dazu anzunehmen, hinter diesen disparaten Raumbegriffen stünde doch ein gemeinsamer Bedeutungskern, und hinter diesem Bedeutungskern *ein* Wesenskern, *eine* Substanz – so etwas wie der wirkliche, der substantielle Raum oder gar der Raum an sich. Dieser

[6] Noch in den jüngsten Lexika der Geographie weiß man fast nie, ob einem eine Wort(gebrauchs)- oder eine Sachklärung, eine Begriffsklärung oder eine Sach(struktur)beschreibung (oder beides) geboten werden soll – und wenn beides, wo was? Die Dunkelheit über solchen Texten geht im wesentlichen darauf zurück, daß geographische Autoren so oft in eine unverwechselbare Gewohnheit des wilden Denkens zurückfallen: In die Verwechslung bzw. Nichtunterscheidung von Sprach- und Gegenstandsstrukturen.

»gemeinsame Bedeutungskern« ist aber nicht auffindbar, und selbst wenn er es wäre, bliebe seine Verwandlung in eine Substanz, ein Stück Wirklichkeit, eine Wirklichkeitsstruktur oder ein Ding an sich, ein unkontrollierbarer, willkürlicher Gedankensprung. Diesen Gedankensprung kann man eine Ontologisierung, Hypostasierung, Substantialisierung oder Reifizierung nennen; in besonders gewichtigen Fällen (wie bei »Landschaft« und »Raum« der Geographen) kann man sogar von Ideologie- und Mythenbildung sprechen. In der Tat war und ist der »Raum« (neben »Landschaft«) wohl der wirkungsvollste Mythos in der Geschichte der Geographie, der seine Höhepunkte heute wie früher immer dann erreicht, wenn »der Raum« oder »die Räume« als reale Akteure, Mächte, Wirkungszentren usw. imaginiert werden. Neben der geographischen Literatur liefert auch die alte und neue geopolitische Literatur viele Beispiele.

Häufiger noch hält ein Geograph den Raumbegriff, den er gerade bevorzugt, fälschlicherweise für *den* Raumbegriff schlechthin, und wenn er dergestalt die Alternativen (und die Tatsache, daß er eine Wahl getroffen hat) abdunkelt, hält er *seinen* Raum-Begriff fast zwangsläufig für die (oder wenigstens für die beste) Bezeichnung der Sache selber. Auch so ontologisiert er seinen Raumbegriff und paralysiert sein Denken.

*Ins gleiche Kapitel gehören gewisse Grundsatz- und Lexikonartikel von Geographen, wo die disparaten geographischen und anderen Raumbegriffe ex- oder implizit als unterschiedliche Aspekte oder »Betrachtungsweisen« »des« Raumes mißverstanden und folglich auch noch die heterogensten Forschungsansätze, in denen ein Raumkonzept vorkommt, als Geographie, Raumforschung oder etwas ähnliches reklamiert werden. Ein langjähriger Meister solcher verworrenen additiven Texte (die sich vor allem duch Trivialitäten plausibilisieren) ist z. B. H.H. Blotevogel. Auf solche oder ähnliche Weisen vom Raum bzw. von »dem« Raum zu reden, sollte man Geographen überlassen, die, z. B. wegen irgendwelchen (an sich vielleicht respektablen) wissenschaftspolitischen Sorgen und Zielen, klares Denken und besseres Wissen bereits ausgeschaltet haben.

Nicht selten hat man bei Geographen und Nichtgeographen, die so gern so emphatisch von »Raum« reden, auch den Eindruck, sie wollten mit diesem metaphysischen Phantom und Phantasma eine Art Seins-, Wirklichkeits- und Relevanzhunger stillen, dessen Befriedigung (wie sie glauben) ihnen das Leben, zumindest die Wissenschaft, sonst vorenthält. EineKünstlerin mit viel Sinn für die Sinnlichkeit der Zeichen schließlich vermutet: »Raum ist ein Wort, das umreißt: künftige Vorhaben, große Projekte – es gibt dem Sprecher eine Aura«, und schon das emphatische Aussprechen des Wortes bereite eine Lust, der schwer zu widerstehen sei: vor allem wegen »der Vokal/Konsonant-Verbindung »Aom« als einem sekundenlangen Partizipieren an den geistigen Räumen, die sich eröffnen, wenn, wie z. B. im Sprechgesang der buddhistischen Mönche, die Silbe »Om« über Stunden hinweg wiederholt wird«. (ULRIKE GROSSARTH, in: PRIGGE, W., Hg., Peripherie ist überall, Frankfurt a. M., 1998, S. 372)*

Resümieren wir: So unsinnig die Frage ist, wer »die« Wolke, die wirkliche Wolke oder auch die Wolke an sich sehe – der Landwirt oder der Dichter, der Melancholiker oder der Meteorologe, der Phänomenologe oder der Physiker: So unsinnig ist auch der Gedanke oder Hintergedanke an den oder einen wirklichen Raum. Dagegen kann und sollte man durchaus fragen, was die jeweilige »Wolke« oder der jeweilige »Raum« im jeweiligen Begriffs- und Praxisfeld meinen und was das jeweils Gemeinte (das jeweilige Konzept oder Perzept, die jeweilige Denk- oder Wahrnehmungsfigur) im Rahmen der jeweiligen Vorhaben, Probleme und Theorien leistet. Wie gesagt, an ihren Früchten sollt ihr sie erkennen.

Sie werden es vielleicht schon bemerkt haben: Ein Streit um Wörter ist auch in der Geographie nur selten nur ein Streit um Wörter; und zweitens: Auch die Denkfiguren dieses letzten Kapitels können sie vielfach anwenden.

*6. Raum-DinosaurierInnen

Die Geographie hat – von *Raum 1* und *Raum 3* her – einen langen Weg durch alternative Räume genommen; dabei hat sie die Raumintuitionen und Raumkonzepte, von denen sie ausgegangen war, mit einiger Konsequenz umgebaut und pluralisiert, bis hin zu der Erkenntnis des Human- oder Sozialgeographen, daß er als Sozialwissenschaftler diese geographischen »Urräume« am besten als populäre Kürzel für Soziales versteht. Die Dinosaurier der geographischen Disziplin-, Paradigmen- und Reflexionsgeschichte (vor allem *Raum 1* und *3*) findet man natürlich auch heute noch – innerhalb, aber mehr noch außerhalb der Geographie, z. B. *Raum 1* bzw. *1a* bei zwei Soziologieprofessorinnen:

> [Um zu begreifen, was Raum ist] braucht man sich tatsächlich [!] nur ein einfaches [!] Beispiel wie eine Party, zu der man als neuer Gast hinzukommt, zu vergegenwärtigen. Der Raum der Party wird zwar auch durch die (An-)Ordnungen des Zimmers, die Platzierung der Getränke und Speisen, der Sitzgelegenheiten etc. gebildet, aber ebenso sind die (An-)Ordnungen der Menschen und Menschengruppen, die man beim Eintreten erblickt [!], prägend [!]. Die (An-)Ordnung von Menschen zueinander ist ebenso raumkonstituierend wie die (An-)Ordnung der Dinge zueinander. Sie [Menschen und Dinge] produzieren nicht zwei verschiedene Räume, sondern ein und denselben Raum, der sich sowohl aus Menschen in ihrer Körperlichkeit als auch aus Dingen bzw., soziologischer formuliert, sozialen Gütern zusammensetzt. Auf eine Formel gebracht, kann man sagen: Raum ist eine relationale (An)Ordnung von Lebewesen und sozialen Gütern (vgl. Löw. Raumsoziologie, 2001). Räume [...] sind ein gemischtes Ensemble aus Natur und Kultur, aus Ding und Mensch. (FUNKEN, CHR. und LÖW, M.: Ego-Shooters Container. In: MARESCH, R. und WEBER, N.(Hg.): Raum Wissen Macht. Frankfurt a. M. 2002, S. 69-91; Zitat S. 87; normale Klammern Orig., eckige Klammern G.H.)

Die beiden Soziologieprofessorinnen legen mit ihre Urintuition offen und den Prototyp dessen vor, was sie selber ihre »Raumtheorie« bzw. ihr »theoretisches Nachdenken über Raum« nennen, und sie halten ihre Raumtheorie des universalisierten Partyraums für umso bahnbrechender, weil (wie sie gleich eingangs feststellen) »selbst die Geographen es vermeiden, theoretisch über den Raum nachzudenken« (S. 69). Ihre soziologische »Raumtheorie« besitzt neben manchem anderen einen so überwältigenden Naivitätscharme, daß sie sich als Lerngegenstand für Anfangsstudenten geradezu aufdrängt; schon das kurze Zitat präsentiert fast das ganze in Kapitel 1-5 erläuterte Gruselkabinett des Was-ist-Raum- und Raum-ist-Denkens samt seiner einschlägigen Ergebnisse.

Dieser am Partyraum abgelesene Raum von F&L ist sichtlich *Raum 1*, sogar *Raum 1a* unserer Liste, nämlich »die komplexe Gesamtheit der wahrnehmbaren bzw. sichtbaren Gegenstände (Dinge, Lebewesen, Menschen) einer Erdstelle in ihrer gegebenen Anordnung«, und zwar das alles mit seinem gesamten materiellen und sozialen Inhalt. Allerdings hätten die alten Geographen nie so (körper)obsessiv, zeitgeistgerecht und tautologisch darauf bestanden, daß zum (Party)Raum auch »Menschen *in ihrer Körperlichkeit* gehören«.

Im Vergleich zu *Raum 1* und *Raum 1a* der Geographiegeschichte liegt die Basisintuition von F&L allerdings noch viel näher beim alltagssprachlich inspirierten common sense von Hinz und Kunz: am Leitfaden der deutschen Alltagssemantik denken sie »Raum« nach dem Modell eines gebauten (Wohn)Raumes bzw. eines Wohncontainers, wo alles (»Soziales und Materielles«, F&H) drin ist – natürlich immer (wie sonst?) in einer bestimmten Anordnung: Phänomene ohne »relationale Anordnung«, zumindest Lagerelationen, würden schon Hinz und Kunz nie und nimmer »Körper« (oder auch »Dinge« bzw. »Gegenstände« nennen. Gegenüber diesem SoziologInnen-Raum war schon die klassisch-geographische Landschaft ein weitaus raffinierteres Gebilde mit einem weitaus anspruchsvolleren semantischen und historischen Hintergrund.

Eigenartigerweise scheinen die beiden Soziologieprofessorinnen sich selbst dermaßen mißzuverstehen, daß sie glauben, mit ihrer (Party)Raum-Intuition den »Behälter-« oder »Containerraum« zugunsten eines »relationalen Raumes« überwunden zu haben; tatsächlich formulieren sie genau das, was in der geographischen Literatur seit Jahrzehnten (mit negativen Konnotationen) zu Recht eben als »Containerraum« bezeichnet wird.

Kurz, der »Raum« von F&L ist nach Struktur und Inhalt eine Primitivversion des urgeographischen *Raum 1a*. So wie die modernen Soziologieprofessorinnen in den Partyraum, so trat der alte Geograph »als neuer Gast« vor und in den Landschaftsraum, und auch hier war alles »(raum)prägend«, was er dabei »erblickte«. Und wie für F&L auf der Party, so gab es auch für den klassischen Geographen in seiner Landschaft »nicht zwei verschiedene Räume«, sondern nur »ein und denselben Raum« (F&L) aus Dingen *und* aus Menschen; ganz wie die Party von F&L, so war, wie unzählige Literaturstellen (nicht nur bei den geographischen Klassikern) für das 19. Jahrhundert belegen, auch die Landschaft, d. h. *der* Raum der Geographen, »ein gemischtes Ensemble aus Natur und Kultur, aus Ding und Mensch«, aus »Materiellem und Sozialem« (wie es bei den beiden Soziologieprofessorinnen heißt). Und auch die Geographen sahen, wo immer sie gingen und standen, genau wie F&L fast immer ein unauflösbares »Verstrickungsverhältnis« von Natur und und Kultur, von Menschen und Dingen, von Materie und Gesellschaft, von Materie und Nicht-Materie (vgl. F&L 2002, S. 86-89). Diese primitivtheoretischen »Verstrickungen« wurden allerdings schon in der deutschsprachigen Kulturgeographie der Zwischenkriegszeit kulturtheoretisch aufgelöst (vgl. dazu z. B. Hard, Noch einmal: »Landschaft als objektivierter Geist«, In: Die Erde 101, 1970, 171-197).

Nach der Lektüre solcher und zahlreicher verwandten Raumsoziologien dürfte heute fast jeden Geographen das bestimmte Gefühl beschleichen, mindestens ein Jahrhundert mehr Reflexion hinter sich zu haben.

In empirischen Wissenschaften können natürlich immer wieder auch ein vortheoretischer Wortgebrauch und eine alltagsweltliche Semantik nützlich werden. Wissenschaftler sollten, zumal in empirischer und anwendender Forschung, bei Bedarf immer auf die unterschiedlichsten Raumkonzepte und Raumdiskurse zurückgreifen können: Niemand kann und soll dem Ochsen, der da drischt, das Maul verbinden, und Sprachverbote sind entweder unwirksam oder schädlich. Aber es ist eine Sache, sich in einem Normalverständnis der Welt zu bewegen, alltagssprachliche Konzepte alltagsweltlich oder (grob)-empirisch einzusetzen sowie damit zu rechnen, daß das in vielen praktischen Kontexten,

z. B. auf Partys oder z. B. in empirischer Forschung, auch funktioniert. Eine andere Sache ist es, dergleichen zur »Theorie«, gar zu einem Fundament der Sozialtheorie aufzudonnern und mit Metaphern aus trivialen metaphysischen Märchen über die »Verstrickung« und »Vermischung« von »Kultur« und »Natur«, »Materiellem« und »Sozialem« zu untermalen. In einer Wissenschaft sollte so etwas nicht »Theoretisieren« und »Theorie«, sondern eher »Reflexionsverweigerung« heißen.*

Auflösung der Übung in Kapitel 2:

1. Raum 3
2. Raum 1
3. Raum 4
4. Raum 2a
5. Raum 2
6. Raum 6
7. Raum 5
8. Raum 4
9. Raum 3a
10. Raum 2
11. Raum 1
12. Raum 3
13. Raum 2
14. Raum 3a
15. Raum 6
16. Raum 3
17. Raum 7a
18. Raum 2
19. erst Raum 2 dann Raum 3
20. Raum 6
21. erst Raum 3 dann Raum 4
22. Raum 7b
23. und 24.: ???; s. u.

Hinweise: Zu 16: auch reine Flächenreserven können als Handlungsressource betrachtet werden. Zu 17: dieser Raum 7 ist ein soziales Relationsgefüge und natürlich etwas völlig anderes als der Klassenraum (Raum 1) oder dessen metrisches Distanzrelationsgefüge (Raum 2). Zu 19 und 21: Die Autoren dieser Sätze wechseln sozusagen im gleichen Atemzug die Wortbedeutung. Bei 19 handelt es sich eher um die bewußte Wahl eines alternativen Raumkonzeptes, bei 21 eher um ein unbemerktes Wechseln des Wortsinns bzw. des Raumkonzepts; der Autor glaubt wahrscheinlich, in beiden Fällen vom gleichen »Raum« zu reden, weil er das Wort bzw. den Begriff »Raum« zu einem substantiellen Raum ontologisiert hat, d. h. für eine Substanz hält, über die man so oder so reden könne, weil sie so und so in Erscheinung trete.
Zu 23: Hier imaginiert der geographische Autor Raum 1, also einen Begriff bzw. eine der vielen Bedeutungen des Wortes »Raum«, als einen mythischen Akteur (oder eine ganze Korona von spielenden und kämpfenden mythischen Figuren). Vor allem im 20. Jahrhundert gab es zahlreiche politische Raum-Mythen dieses Stils. Zu 24: Hier wird ein Abstraktum bzw. ein Begriff zu einer (geradezu dämonischen) Wesenheit, die überwältigende Mächte und Kräfte – erdgebundene Mächte des Raumes usw. – gebiert (oder zeugt?), welche sich dann ihrerseits den Raum/die Räume unterwerfen; jedenfalls überläßt sich der nicht-geographische Autor geradezu wollüstig einer altgeographischen mythopoetischen Tagträumerei von erd- und raumgeborenen Mächten als den ewigen Herren des Raumes und der Erde; vgl. MARESCH, R. in MARESCH, R. und WEBER, N., Hg., Raum Wissen Macht, Frankfurt a. M. 2002, 253ff. Sabine Thabe hat (in: Raum(de)Konstruktionen, Opladen 2002) dergleichen und verwandte Schöpfungsmythen als »gynÖkologische Erzählungen« charakterisiert. In verwandter, aber bewußt mythenbildender Weise hat bekanntlich schon Plato den Raum (Chora) zum universalen »Mutterschoß« stilisiert.

Geographie als Kunst

Zu Herkunft und Kritik eines Gedankens (1964)

Summary:

Geography as a creative art. The concept of geography as creative art and related ideas which put geographical work at least into close proximity to artistic work have their original roots in the classical-idealistic epoch of the »German movement« whence they became part of the classic period of German geography. Within this epoch and philosophy this was well justified.

To speak of geography as a »creative art« and of the »artistic« side of geography is not, however, quite beside the point even within the framework of modern geography. True, put as the basic principle of academic study and presentation this concept would be nonsensical, even dangerous. Nevertheless, given its proper place, it could stimulate the study of the literary, belletristic side, especially of early gesographical writing which is often overlooked and nearly always underestimated; it would furthermore result in the awareness that even in strictly empirical fields of learning all processes by which knowledge is grouped have inevitably also an artistic and intuitive component.

Geographie als eine den Künsten verwandte Disziplin; Landschaftsdichter und Landschaftsmaler als die Vollender geographischer Bemühung um die Landschaft; der wahre Geograph in den vollendenden und krönenden Stadien seiner Arbeit als ein Künstler – dieser Ideenzusammenhang geht gleichsam als ein Wiedergänger durch die Geschichte unserer Disziplin. Die folgende Skizze will versuchen, ihn zu bannen, indem sie an seine Herkunft aus der klassischen deutschen Geographie, der deutschen Klassik und der romantischen Naturphilosophie erinnert. In diesem Denkkreise der »deutschen Bewegung« hatte der Gedanke seinen sinnvollen Ort.

»... So muß auch alles, was die schönen Künste ... vorlegen, auf Wahrheit gegründet sein... Wahrheit muß ... bei jedem Werke der Kunst zugrunde liegen« (SULZER 4. Teil 1793, S. 719 f.). Ganz im Sinne dieser zeitgenössischen Kunsttheorie hat GOETHE in einem 1784 entstandenen Gedicht (»Zueignung«) von der Dichtung Wahrheit gefordert: Der Dichter empfängt »der Dichtung Schleier aus der Hand der *Wahrheit«*. Die »Wahrheit« seiner Dichtung aber zog er nach eigener Aussage (ECKERMANN 18. 1. 1827) zuerst aus seinen Übungen im Landschaftszeichnen, später und vor allem jedoch aus seinen naturwissenschaftlichen Studien.

Was in dem Gedicht von 1784 allegorice anklang, hat der ältere GOETHE dann auch begrifflich auseinandergelegt: »In dem kleinen, aber unsäglich wichtigen Aufsatz« (WALZEL 1932, S. 97) »Einfache Nachahmung der Natur, Manier, Stil«. GOETHE setzt hier – in einer Weise, die an die Gleichsetzung von Kunst und empirischer Naturforschung in der frühen Renaissance gemahnt (vgl. GEHLEN 1960, S. 30 ff.) – höchste Kunst und tiefste wissenschaftliche Erkenntnis in eins, beschreibt die »stilvolle Kunst« (für die er Beispiele vor allem unter den großen Landschaftsmalern findet) als eine die exakte Wissenschaft (im Sinne der Zeit) einschließende und übersteigende Deutung und Erkenntnis der Dinge, welche so – »durch genaues und tiefes Studium der Gegenstände selbst« – »auf den tiefsten Grundfesten der Erkenntnis ruht« (Jubiläumsausg. 33, S. 56 f. zur Interpretation vgl. auch ZEITLER 1954, S. 224). »Goethe hätte nicht der Naturwissenschaft unermüdliche Arbeit geopfert, wenn er durch sie nicht die Erkenntnis hätte gewinnen können, die er von dem Künstler forderte. Ebenso bewußt hat bisher kein großer Dichter der Welt Naturwissenschaft in den Dienst der Kunst gestellt und zur unerläßlichen Grundlage seines Schaffens erhoben« (WALZEL 1932, S. 97).

C. G. CARUS, Verehrer und Jünger Goethes, verlangt in seinen »Neun Briefen über Landschaftsmalerei, geschrieben 1815-1824«, welche Goethe mit hohem Lobe entgegennahm, der Landschaftsmaler müsse auch Geologe, Botaniker, Meterologe sein[1] , und exemplifiziert seine Forderung an Goethes Wolkengedichten. »Vollkommen wissenschaftliche Erkenntnis« gehe ihnen voraus. »Daß dieses Gedicht entstehen konnte, dazu bedurfte es langer, ernster, atmosphärologischer Studien ... Nach all diesem faßte nun das geistige Auge alle gesonderten Strahlen des Phänomens zusammen und spiegelte den Kern des Ganzen in künstlerischer Apotheose zurück. In diesem Sinne gefaßt, erscheint dann die Kunst als Gipfel der Wissenschaft, sie wird, indem sie die Geheimnisse der Wissenschaft klar erschaut und anmutig enthüllt, im wahren Sinne mystisch oder, wie Goethe sie auch genannt hat, orphisch» (S. 121 f.; ähnlich mehrfach, z. B. S. 43 f.). Kurz, die Verbindung von Naturerkenntnis, Kunst und Poesie war für Goethe, Carus und ihre Verwandten keine schöne Vergangenheit oder ferne Utopie, sie war eine hier und jetzt realisierbare, ja teilweise schon realisierte Möglichkeit.

Nicht nur C. G. CARUS hat im Umkreis dieser Ideen mit naturwissenschaftlichem Gehalt angefüllte Landschaften gemalt – wie etwa jenes typische »geognostische Erdlebenbild» der »Basaltlandschaft«, dessen »lobenswürdige Wahrheit« Goethe rühmte (MUTHMANN 1955, Tafel 6, GRASHOFF 1926, S. 44) – der Gedanke der »Hervorbringung neuerer Kunst aus Wissenschaft«, einer »Verbindung von Kunst und Wissenschaft behufs der Naturerkenntnis« (CARUS 1831, S. 173, 181) schlug weite Kreise. J. Chr. DAHL, ein Landschafter jenes Dresdner Künstlerkreises, aus dem die Briefe über die Landschaftsmalerei erwachsen sind, hat das Goethe-Carussche Programm treu befolgt (BADT 1960, S. 45 ff.); in den Naturdarstellungen des klassizistischen Landschafters J. A. KOCH erscheinen die geognostischen Kenntnisse seiner Zeit[2]. Etwa gleichzeitig unternahmen es auch in England Naturdichter und Landschaftsmaler, »wahr« zu sein, ihre Kunst durch naturwissenschaftliche Kenntnisse und Studien zu kontrollieren, zu erweitern und zu begründen. Am Beispiel von J. Constable hat K. BADT (1960) gezeigt, daß auch diese Künstler sich um Poetisierung und Verklärung einer naturwissenschaftlich »richtig«, auf Grund der Einsicht in ursächliche Zusammenhänge »wesensgemäß« erfaßten Landschaft bemühten und daß (ähnlich wie für Goethe) auch für sie die junge Meteorologie (Luke Howard, Thomas Forster) ein künstlerisch überaus fruchtbares Feld des Studiums und der Erkenntnis wurde.

---

[1] Sehr ähnlich schon GOETHE, Jubiläumsausgabe 33 S. 57.

[2] Vgl. etwa LUTTEROTTI 1940, S. 55 f. Die »wissenschaftliche Objektivität« dieser ins Großartige gesteigerten Erdlebenbilder J. A. KOCHS hat ZEITLER (1954, S. 181 ff.) veranlaßt, in ihnen eine »geistesgeschichtliche Parallele« zu A. v. HUMBOLDTS »Naturgemälden« zu sehen.

Nicht nur in Goethes Dichtung, auch in A. v. HUMBOLDTS »Ansichten der Natur« fand CARUS vorgebildet, was ihm »als Ideal neuerer Landschaftskunst vorschwebte«: poetische Verklärung der Wissenschaft (1831, S. 133, 1865/66 II, S. 288 f., IV, S. 97). In den »Zwölf Briefen über das Erdleben« von 1841, die wir mit Fug und Recht eine romantisch-naturphilosophisch, idealistisch und goethisch getönte geographia generalis nennen können, vermerkt er bei A. v. HUMBOLDT abermals diese »neben streng wissenschaftlichen Bestrebungen durchgehende poetische Tendenz ... von der tiefsten Bedeutung« (S. 102). Aber schon lange vorher (1806) hatte Goethe in Humboldts »Ideen zu einer Physiognomik der Gewächse« eine »Verklärung« des »im einzelnen so kümmerlich ängstlichen botanischen Studiums« gesehen und den »ästhetischen Hauch« dieses Werkes verspürt (zit. n. TROLL o. J., S. 223); schon für Goethe ging A. v. Humboldts Geographie »weit über die Prose hinaus« (1809, zit. n. GEIGER 1909, S. 303) – sie war ihm aber nach dem Zeugnis der Wahlverwandtschaften auch die »vollendete Form *wissenschaftlicher* Naturschilderung« (BEITL 1929, S. 19). Der Welterfolg des »Kosmos« (ein Werk, das wissenschaftlich schon bei seinem Erscheinen eher als ein »Dokument aus vergangenen Tagen«[3] erschien) war, wie F. SCHNABEL (1950, S. 205) urteilt, weniger ein Erfolg der deutschen Wissenschaft als ein letzter großer Erfolg der klassischen deutschen Literatur; »es war die ästhetische Freude an der Erscheinung eines Mannes, der die Ergebnisse weitgespannter Studien künstlerisch gestaltet hat«. Das Werk des Geographen erschien seinen Zeitgenossen als eine Poetisierung der Wirklichkeit, als Erfüllung jener im Zeitalter der deutschen Bewegung und der deutschen bürgerlichen Bildung so sehnsüchtig erstrebten Überhöhung und Wiederverzauberung der Wissenschaft durch Literatur und Kunst. »Künstlerisch« war schon Carl Ritters Attribut für Humboldts Darstellung der Tropenvegetation gewesen (1817, S. 49), und noch F. Gregorovius schien das Werk Humboldts »von der Wärme dichterischer Idealität durchstrahlt« zu sein (1888, S. 192).

Die für diese Epoche charakteristische, eigentümliche Verquickung von Naturforschung, Naturphilosophie und künstlerischer Darstellung der Natur wird aus der historischen Situation und im Rahmen der Ideengeschichte leicht verständlich.

Die moderne Naturwissenschaft hatte begonnen, sich kräftig zu entfalten. Die Einzeldisziplinen bildeten sich heraus, aber noch schienen der universelle Standpunkt, die zusammenfassende »belebte Einheit einer höheren Ansicht«[4] möglich zu sein; noch war der Glaube wirksam und lebendig, daß »den naturwissenschaftlichen Bestrebungen ein höherer Standpunkt angewiesen werden kann, von dem aus alle Gebilde und Kräfte sich als ein, durch innere Regung belebtes Naturganze offenbaren«[5] . Noch versuchten die großen »romantischen Ärzte«, zu deren Generation C. G. CARUS gehörte, Heilkundige, universale Naturforscher, Naturphilosophen, Seelenkundige, Priester, Erzieher und Künstler in einer Person zu sein.

Der naive Naturenthusiasmus der vorausgegangenen Epoche war bei Künstlern und Gebildeten geschwunden; die neue Distanz verlangte nach Klarheit in Begriff und Idee.

---

3 SCHNABEL 1959, S. 32.

4 GOETHE 1806, von dem Ziel der zeigenössischen Naturphilosophie und von A. v. HUMBOLDTS »Ideen zu einer Physiognomik der Gewächse«, zit. n. TROLL o. J., S. 223.

5 Kosmos I. S. 39; vgl. auch S. VI, 21 f., 31, 39, 50; Kosmos II, S 94, III 9 usf. – Alle eingeklammerten Teile der Zitate sowie die Kursivsetzungen stammen vom Verf.

Man wollte wissenschaftlich verstehen, was man malte und dichtete, und noch schien es möglich zu sein. Es gab überdies noch weite Bereiche, in denen auch der aufmerksame und umsichtige Blick des gebildeten Autodidakten und dilettierenden Nicht-Spezialisten die Naturwissenschaft fördern konnte, und gerade diese Art des Forschens, »jene Wissenschaftlichkeit, die (meist) im Bereich der einfachen Anschauung verblieb« (BADT 1960, S. 76), die Naturforschung des durch Philosophie und Kunst gebildeten und beseelten Auges, verlängerte sich leicht in Kunst und Philosophie hinein und konnte auch für den Künstler bedeutsam werden. Das hohe Ansehen, welches diese Art der Naturansicht bei dem erlesensten Teil des Publikums genoß, blieb – bei den sehr ähnlichen Bildungsvoraussetzungen ihrer Träger – nicht ohne Wirkung auf Methode und Darstellungsweise der Naturwissenschaft im engeren Sinne.

Auf Grund des bisher Erörterten ist auch leicht verständlich, daß die universelle Sehweise wie die philosophisch-künstlerisch-wissenschaftliche Symbiose in zwei nah verwandten Textgattungen am nächsten lagen, am längsten erhalten blieben und theoretisch am leichtesten zu verteidigen waren: in der (im weitesten Sinne) »erdkundlichen« Naturforschung und in der popularwissenschaftlichen Literatur »für die gebildete Welt«. Hier schien man weiterhin eine Erfahrungsweise aufheben zu können, in der das wissenschaftlich Wahre noch mit dem Schönen und Guten konvergierte, wo also theoretische Erfahrung auch noch eine ganzheitliche, landschaftliche, ästhetische und sogar moralisch bildende Erfahrung sein konnte. Die Gestalt Alexander von Humboldts, am Ende dieser fruchtbaren Übergangszeit »auf der Wende vom Universalismus zur empirischen [Einzel-]Forschung« stehend (SCHNABEL 1950, S. 199), belegt es und trug selbst wieder dazu bei. *Entsprechend wurde Humboldt schon im 19. Jahrhundert vor allem auf zwei Gebieten kanonisiert: In der Geographie und in der Popularwissenschaft.*

A. GEHLEN (1960, S. 42) hat darauf hingewiesen, daß der für das Zeitalter der deutschen Bewegung so charakteristische, im Laufe des 19. Jahrhunderts zerbrechende Bund von Kunst, Philosophie und Naturwissenschaft auch kräftig gestützt wurde von der letztlich aristotelischen Anschauung, nach welcher die Natur oder auch das Absolute »sich wesensmäßig (und rückhaltlos) in die Sichtbarkeit entfalte, demnach, ›hinter den Phänomenen nichts zu suchen sei‹«. Der Naturwissenschaftler macht demgemäß nur begrifflich-rechnerisch verfügbar, was auch der Künstler anschaut und darstellt; die Kunst konnte sich im Rahmen dieses Denkkreises noch in der Gewißheit fühlen, an der Erkenntnis der Natur mitzuarbeiten. Nicht minder wurde die Verbindung von Kunst, Naturphilosophie und Naturforschung aber getragen von dem durchgängigen Glauben an eine Art Wesens- oder Ideenschau, in welcher Künstler, Philosoph und Naturforscher gleicherweise, Realität und Idee mit einem Blick umfassend, die Urbilder aus der Natur herausheben – ein Glaube, der sich – von der »anschauenden Urteilskraft« Goethes bis zur »intellektuellen Anschauung« Schellings – auf vielerlei Weise ausformuliert hat; und »wie nah dieses wissenschaftliche Verlangen mit dem Kunst- und Nachahmungstriebe zusammenhänge, braucht wohl nicht umständlich ausgeführt zu werden« (GOETHE 1807, zit. n. TROLL o. J., S. 115). C. G. CARUS hat diese auf Ideen, »Urbilder«, gegründete Metaphysik, Erkenntnis- und Kunsttheorie in steter Anknüpfung an Goethe breit ausgeführt (1841, S. 16 ff.) und auf das Schaffen des Landschaftsmalers wie des Naturforschers gleicherweise angewendet.

Diese Art Ideenrealismus, von Goethe Morphologie genannt, hat also auch das »landschaftliche Auge« (W. H. RIEHL) in seinen Bann geschlagen. Sie lag schon vor Carus und seinen erträumten Erdlebenbildern der idealen Landschaftsmalerei des Klassizismus im- oder explicite zugrunde[6] . In zwei kleinen Aufsätzen (»Gestaltung großer anorganischer Massen«, »Gebirgs-Gestaltung im ganzen und einzelnen«) hat GOETHE seine Versuche dargestellt, die »Urgestaltung« zu erkennen, die den empirischen Fels- und Gipfelformen »als ideell, als potentia, der Möglichkeit nach« zugrunde liege; er hat, als eine ferne Analogie zur Urpflanze, versuchsweise eine »hypothetische Gebirgsdarstellung« gewissermaßen als das Ur-Gebirge, die uranfängliche Formabsicht des realen landschaftlichen Bildes konstruiert[7] . Auch hier ist neben der wissenschaftlichen die künstlerische Absicht ausgesprochen: Dadurch »kommt auch der Zeichner ganz allein zur Fähigkeit, Felswände und Gipfel richtig und wahrhaft darzustellen ... Die Urgestaltung wird ihm klar, er begreift ..., wie allen diesen Phänomenen eine verwandte Form zugrunde liegt« (Die Schriften zur Naturwissenschaft, 8. Bd. 1962, S. 392 f.). Eben diese Sehweise tritt uns wiederum entgegen in CARUS' »Andeutungen zu einer Physiognomik der Gebirge«. Carus hat – worauf GURLITT, (1947, S. 106 f.) aufmerksam machte – als erster von der »Morphologie der Erdoberfläche« gesprochen; unverkennbar aber ist, daß er diesen terminus nicht modern, sondern goethisch gebraucht; seine Morphologie will nicht genetisch erklären, sondern »das Gesetzmäßige in der unendlichen Mannigfaltigkeit dieser Formen ... anschaulich machen« (1831, S. 124), das Gestaltgesetz, die »Urbilder« in »anschauender Urteilskraft« erkennen. Diese »Morphologie der Erdoberfläche« war nicht einzig, aber doch vor allem für den *Künstler* geschrieben.

Hier können wir auch ALEXANDER VON HUMBOLDTs Naturanschauung und Wissenschaftslehre anknüpfen – obwohl zahlreiche Umdeutungen der klassischen Überlieferung unverkennbar sind. Seine *»denkende Betrachtung* der durch Empirie gegebenen Erscheinungen als eines *Naturganzen«* (Kosmos I, S. 31, vgl. auch S. 79), sein Bestreben, »die Natur als ein durch innere Kräfte bewegtes und *belebtes Ganze* aufzufassen« (S. VI), sein Vorhaben, »den Zusammenhang der Erscheinungen *unter Ideen* zu fassen« (II, S. 148), »den rohen Stoff empirischer Anschauung gleichsam *durch Ideen* zu *beherrschen«* (I, S. 5)[8], seine Berufung auf Carus' Naturbegriff und auf das goethische »ideale Zurückführen der Formen auf gewisse Grundtypen« (I, S. 21 f., vgl. auch II, S. 103, hervorheb. G. H.): überall deutliche Anklänge an Wortgebrauch und Ideen der klassisch-romantisch-idealistischen Zeit. Goethes Metamorphose der Pflanzen, Humboldts Physiognomik der Gewächse und Carus' Physiognomik der Gebirge (die sich ihrerseits auf die Humboldtsche Physiognomik berief) entstammen dem gleichen »morphologischen« Denkkreis[9] . Immer wieder rückt Humboldt Landschaftsdichtung und Landschaftsmalerei in bedeutsame Nähe zur Wissenschaft[10] , spricht immer wieder von

---

6 Vgl. etwa KRAUSS 1930, S. 185; SULZER, 2. Teil 1792, S 669, FERNOW, 2. Teil 1806, S. 13 ff.

7 Vgl. dazu WACHSMUTH 1944, S. 57-72.

8 Vgl.: »... und so (in der morphologischen Betrachtung) das Ganze in der Anschauung gewissermaßen zu beherrschen« (GOETHE, zit. n. TROLL o. J., S. 115).

9 Vgl. dazu auch MUTHMANN 1955, S. 37 f., LINDEN 1940, S. 48; 1942, S 88-100.

10 Kosmos II, S. 46 ff., 92 ff., 96 f., 103 usf. Vgl. etwa S. 92 f.: Der Landschaftsmaler erfaßt die Naturphysiognomie, den »Totaleindruck einer Gegend«, wie die beschreibende Botanik (und

der »Wahrheit«, der »bewunderswürdigen Wahrheit« (II, S. 68) künstlerischer Naturdarstellung, mahnt an den »alten Bund des Naturwissens mit der Poesie und dem Kunstgefühl« (S. 89) und beruft sich auf Goethe: »Wer hat beredter ... angeregt, das Bündnis zu erneuern, welches im Jugendalter der Menschheit Philosophie, Physik und Dichtung mit einem Band umschlang?« (S. 75)[11]

G. L. KRIEGK, den wir der klassischen deutschen Geographie zurechnen dürfen, hat in seinen »Schriften zur allgemeinen Erdkunde« von 1840 ebenfalls Kunst und geographische Wissenschaft einander sehr nahegerückt: »Die Schilderungen des Geographen ermangeln des eigentlichen Gehaltes ..., wenn derselbe nicht gleich jenen (nämlich Landschaftsmaler und Landschaftsdichter) die Züge dieses (ästhetischen) Charakters (der Länder) zu erfassen vermag ... Die Phantasie des Dichters und Künstlers und der forschende Geist des Gelehrten haben hierin Einen Gegenstand der Betrachtung ..., und Wissenschaft und Kunst begegnen sich hierbei ... in der gleichen Bestrebung« (S. 225). Wie bei Goethe, Carus und Humboldt (Kosmos II, S. 86) dient die geographische Wissenschaft der Kunst; Kunst und Geographie verschränken sich: »Wie sehr würde eine rein ästhetische Geographie der Erde, welche die Wissenschaft der Kunst noch schuldet, diese fördern! Und wie sehr würde ... eine Darstellung des Hauptcharakters der Länder in besonderen Gemälden die wissenschaftliche Erkenntnis der Erde beleben und unterstützen!« (S. 226). Ganz in diesem Sinne und in sehr ähnlicher Weise haben der Kunsttheoretiker SULZER (2. T. 1792, S. 148 f.) und der Naturforscher A. v. HUMBOLDT (Kosmos II, S. 94, vgl. auch I, S. 50; OLFERS 1913, S. 118 f.) die künstlerische Landschaftsmalerei ausdrücklich nicht nur als »Anregungsmittel zum Naturstudium«, sondern auch als eine mögliche Quelle exakter geographischer Erkenntnisse beschrieben. Zudem erzwang der Stand der technischen Möglichkeiten immer wieder die Zusammenarbeit von Forscher und Künstler, und diese Zusammenarbeit stützte ihrerseits wieder das ideelle Bündnis und die gedankliche Assoziation von Kunst und Wissenschaft[12]. So konnte es geschehen, daß ein Landschaftsmaler, ein Geograph und ein Philosoph ihre Ziele mit fast gleichen Worten umrissen: »den Geist der Natur zu fassen« (J. A. KOCH 1804, hrsg. v. JAFFÉ 1905, S. 10), »den Geist der Natur zu ergreifen« (A. v. HUMBOLDT, Kosmos I, S. 6; vgl. G. W. F. HEGEL: Einleitung in die Naturphilosophie, Sämtl. Werke 9, S. 39 u. 48) – um so »die Materialität durch Phantasie« (J. A. KOCH),

---

Zoologie) die Physiognomie der einzelnen organischen Wesen; beide arbeiten gewissermaßen idealtypisch-morphologisch.

[11] Zu der gründlichen Verwurzelung A. v. HUMBODTS im klassisch-romantisch-idealistischen Denkkreise der »deutschen Bewegung« und in GOETHES Naturansicht und Wissenschaftslehre vgl. etwa DILTHEY 1922, S. XXVII, 1924, S 305; SCHNABEL 1950, S. 199 ff.; LINDEN 1940, S. 39 ff., 1942, S. 88-100; MUTHMANN 1955; TROLL 1956, S. 177; SCHNEIDER-CARIUS 1959, S. 163 ff.; BECK 1959, 1961 u.a. Bekannt ist das diesbezügliche Selbstzeugnis Humboldts: »durch Goethes Naturansichten gehoben, gleichsam mit neuen Organen ausgestattet« (zit. n. BRUHNS 1. Bd. 1873, S 417).

[12] In diesen Zusammenhang gehört auch das lebhafte Interesse Humboldts an der Landschaftsmalerei vor allem der Tropen, die er »mit erstaunlichem Erfolg ... gefördert« hat (BECK 1961, S 300; vgl. MUTHMANN 1955, S. 79 ff.); eindrucksvolle Quelle ist der Briefwechsel zwischen A. v. HUMBOLDT und IGNAZ v. OLFERS, dem Generaldirektor der Königlichen Museen in Berlin, hrsg. v. E. W. M. OLFERS 1913.

»den rohen Stoff durch Ideen« (A. v. Humboldt), »die Natur durch den Geist« (G. W. F. Hegel) zu »beherrschen« und zu »befreien«.

Im habe versucht, die Herkunft des anfangs skizzierten Gedankens aus der »deutschen Bewegung« und aus der klassischen deutschen Geographie zu beschreiben. Eine kritische Erörterung (neben der historischen) übersteigt zwar die Kompetenz eines Geographen bei weitem, mag aber doch in einigen wenigen Bemerkungen umrissen werden.

Man hat den seltsam anachronistischen Anspruch der »künstlerischen« oder »schönen Geographie« des 20. Jahrhunderts, Wissenschaft, Kunst und schließlich auch Philosophie (»Geosophie«) der Landschaft gleichzeitig zu sein, einschränken wollen auf die Forderung, daß innerhalb der geographischen Wissenschaft doch wenigstens die Darstellung wenn möglich »künstlerisch« oder »dichterisch« sein solle. Aber auch dies ist bloß eine gefährliche Phrase. Wortkunst, Dichtung ist dadurch gekennzeichnet, daß sie eine Eigenwelt hervorbringt, eine eigene Gegenständlichkeit schafft, ferner dadurch, daß auch das Medium der Darstellung, das Wort, ein ästhetisch wirksames Eigenleben erhält. Die Zeichen werden gewissermaßen selbst wieder Dinge. Wissenschaftliche Darstellung aber will die Wirklichkeit geistig verfügbar und das Medium der Darstellung auf das Gemeinte hin so durchsichtig als irgend möglich machen, das grundsätzlich willkürliche Zeichen für den Blick gleichsam auflösen. Was dort ein ästhetischer Wert sein kann, ist hier fast immer nur eine abscheuliche Manier.

Damit ist keineswegs geleugnet, daß auch die wissenschaftliche Literatur oft eine ästhetische Komponente enthält und wissenschaftliche Prosa grundsätzlich auch einmal als Literatur betrachtet werden könnte: so wie umgekehrt »schöne Literatur« grundsätzlich auch als Information gelesen werden kann und tatsächlich oft so gelesen wird. Diese ästhetische Komponente des geographischen Schrifttums, d. h. alle über die pure Information, die reine Sachdarstellung hinausgehenden Züge, alle stoffunabhängigen Strukturen in Aufbau und Sprache (anders gesagt, alle Selektionen des Autors, die nicht allein der Information dienen) ließen sich methodisch wohl einigermaßen rein darstellen, und es ergäbe sich schließlich eine von der Wissenschaftsgeschichte i. e. S. als der Geschichte der geographischen Information einigermaßen scharf zu trennende Literaturgeschichte der Geographie oder Stilgeschichte des geographischen Schrifttums, die im Zusammenhang der allgemeinen Literatur- und Stilgeschichte zu studieren wären. Ein großer Teil der geographischen Literatur fordert eine solche Betrachtungsweise geradezu heraus (vgl. dazu etwa HARIG 1960, S. 53 über eine mögliche und als sehr fruchtbar erachtete literaturhistorische Betrachtung des Werkes von A. v. HUMBOLDT). Daß diese belletristische Komponente und dieser ästhetische Bezug über weite Strecken zweifelsohne vorhanden sind, bedeutet aber noch keineswegs, daß sie programmatisch an das wissenschaftliche Schrifttum herangetragen werden sollten.

Die Formel »Geographie als Kunst« könnte also sinnvoll sein als ein Aspekt in der Betrachtung der Geschichte unserer Disziplin und ihres Schrifttums, ist aber sinnlos und gefährlich als wissenschaftliches oder stilistisches Programm. In einer anderen Auslegung jedoch hat das Wort »künstlerisch« auch in der (nun enger gefaßten) wissenschaftlichen Geographie einen guten Sinn.

Alle wissenschaftliche Erkenntnis arbeitet mit Vorgriffen; in Evidenzerlebnissen erscheinen wesensmäßige Zusammenhänge plötzlich geklärt und erhellt, ohne daß der Erkennende unmittelbar angeben könnte, wie er zu seiner Erkenntnis kam und wie sie zu verifizieren wäre. Die Avantgarde der Imagination springt so den Beweisführungen und umsichtigen Verifikationen immer weit voraus; sie bündelt die zerstreuten Tatsachen zu Modellen und Theorien, die das Gedächtnis entlasten und aus blinden, vereinzelten Tatsachen Instrumente weiterer Erkenntnis machen. Imagination, Einfall, Aperçu, Idee, Phantasie, »Verstehen«, Intuition, Inspiration, »Einsicht«, »Wesens-« oder »Ideenschau« – der Sinnbezirk dieser im weitesten Sinne synonymen Wortmarken mag die von der Gestaltpsychologie so eingehend beschriebene »künstlerische« Komponente des Lern- und Forschungsprozesses bezeichnen; sie steckt aber nicht nur in der Geographie, sondern notwendig in jeder Wissenschaft, sofern sie noch lebt. Die Begrenztheit dieser Art wissenschaftlicher Erkenntnis liegt in dem Fehlen der intersubjektiven Prüfung (und oft auch schon der Nachprüfbarkeit) des Erkenntnisweges. Exaktheit allein ist steril, der Einfall allein willkürlich. Die Wissenschaft, so sehr sie vom Einfall lebt, ist doch immer bemüht, ihn wenigstens nachträglich wieder überflüssig zu machen.

Einige Wissenschaften haben sich auf Grund dieser Komponenten in zwei Richtungen auseinandergelegt. Im Falle der Psychologie hat P. R. HOFSTÄTTER (1957, S. 317) gezeigt, daß auch zwischen der »verstehenden«, »geisteswissenschaftlichen« und der »naturwissenschaftlichen« Richtung der Psychologie trotz aller wissenschaftstheoretischer Kontroversen recht eigentlich »nicht ein Verhältnis des Gegensatzes und des gegenseitigen Ausschlusses, sondern ein solches der fruchtbaren Kooperation« bestehe: »Ohne Zweifel gibt es auch in den Naturwissenschaften Erlebnisse des Verstehens, durch die Einzelbeobachtungen in ungeahnte Zusammenhänge eingefügt werden. Keine Art des forschenden Denkens kann wohl der Schau im ursprünglichen Sinne des Wortes ...entraten« – oder, wie es Goethe formuliert hat: »... das Wissen, indem es sich selbst steigert, fordert, ohne es zu bemerken, das Anschauen [d. i. die ›Schau‹], und so sehr sich die Wissenden [die zweite Stufe der wissenschaftlich Tätigen über den ›Nutzenden‹, aber unter den ›Anschauenden‹ und den ›Umfassenden‹] vor der Imagination kreuzigen und segnen, so müssen sie doch, ehe sie sichs versehen, die produktive Einbildungskraft zu Hilfe rufen« (zit. n. TROLL o. J., S. 233).

F. COPEI (1950) hat diese »künstlerische«, »intuitive« Komponente des Erkenntnis- und Bildungsprozesses unter dem Titel des »fruchtbaren Momentes« beschrieben: eben jenen Augenblick, in dem die Fakten zu Kristall schießen, in dem der Knoten sich schürzt, das »Urbild« »aufleuchtet«. Seinen reichen Belegen auch aus den Naturwissenschaften (S. 29 ff.) haben wir eine klassische Beschreibung des »fruchtbaren Momentes« aus dem geographischen Schrifttum anzufügen: jene schönen Stellen, an denen R. GRADMANN das »Herauskristallisieren«, »Aufblitzen« und »Aufleuchten« des »harmonischen Landschaftsbildes«, jenes »inneren Bildes« als eine »Frucht wissenschaftlicher Erkenntnis« und eines langen Ringens mit den spröden Fakten beschreibt: »Mit einer Leichtigkeit, die das Wunder aller Wunder ist, ... schließen sich ...die ... Einzelzüge einer Landschaft, verbunden durch die Erkenntnis ihrer mannigfaltigen Zusammenhänge, zu einem einheitlichen Bilde zusammen« (1924, S. 130-136). Dieses »Bild« ist sichtlich ein Nachfahre der »Idee« und des »Urbildes«.

Literatur

BADT, K.: Wolkenbilder und Wolkengedichte der Romantik. Berlin 1960.

BECK, H.: Alexander von Humboldt. Bd. 1 und 2. Wiesbaden 1959 und 1961.

BEITL, R.: Goethes Bild der Landschaft. Berlin und Leipzig 1929.

BRUHNS, K.: Alexander von Humboldt. Eine wissenschaftliche Biographie. 3 Bde. Leipzig 1873.

CARUS, C. G.: Neun Briefe über Landschaftsmalerei. Dresden o. J. (Erster Druck 1831).

CARUS, C. G.: Zwölf Briefe über das Erdleben. Nach der Erstausgabe von 1841 hrsg. von Chr. BERNOULLI und H. KERN. Celle 1926.

CARUS, C. G.: Lebenserinnerungen und Denkwürdigkeiten. 4 Teile. Leipzig 1865-66.

COPEI, F.: Der fruchtbare Moment im Bildungsprozeß. 2. Aufl. Heidelberg 1950.

DILTHEY, W.: Leben Schleiermachers. 1. Bd. 2. Aufl. Berlin und Leipzig 1922.

DILTHEY, W.: Das Erlebnis und die Dichtung. 9. Aufl. Leipzig und Berlin 1924.

FERNOW, C. L.: Römische Studien. 2. Teil. Zürich 1806.

GEHLEN, A.: Zeit-Bilder. Bonn 1960.

GEIGER, L. (Hrsg.): Goethes Briefwechsel mit Wilhelm und Alexander von Humboldt. Berlin 1909.

GRADMANN, R.: Das harmonische Landschaftsbild. Zeitschrift d. Gesellsch. f. Erdk. zu Berlin, 59. Bd. 1924.

GRASHOFF, G.: Carus als Maler. Inaug.-Diss. Münster 1926.

GREGOROVIUS, F.: Kleine Schriften zur Geschichte und Kultur. 2. Bd. Leipzig 1888.

GURLITT, M.: Ein vergessener Morphologe. Erdkunde 1, 1947.

HARIG, G.: A. v. Humboldt – der Naturforscher des deutschen Humanismus. Zeitschrift für Geschichte der Naturwissenschaften, Technik und Medizin, 1. Jg. 1960.

HEGEL, G. W. F.: Sämtliche Werke. Jubiläumsausgabe in 20 Bänden. 9. Bd. Stuttgart 1929.

HOFSTÄTTER, P. R.: Psychologie, Frankf./M. 1957.

HUMBOLDT, A. V.: Kosmos. 5 Bde. Stuttgart und Tübingen 1859-62.

JAFFÉ, É. (Hrsg.): Moderne Kunstchronik oder die Rumfordische Suppe von Josef Anton Koch in Rom. Innsbruck 1905.

KRAUSS, F.: Carl Rottmann. Heidelberg 1930.

KRIEGK, G. L.: Schriften zur allgemeinen Erdkunde. Leipzig 1840.

LINDEN, W.: A. v. Humboldt. Weltbild der Naturwissenschaft. Hamburg 1940.

LINDEN, W.: Weltbild, Wissenschaftslehre und Lebensaufbau bei A. v. Humboldt und Goethe. Goethe. Viermonatsschrift d. Goethegesellschaft, N. F. 7. Bd. 1942.

LUTTEROTTI, O. R. v.: Joseph Anton Koch 1768-1839. Berlin 1940.

MATTHAEI, R., W. TROLL und K. L. WOLF (Hrsg.): Goethe, Die Schriften zur Naturwissenschaft. 1. Abt. 8. Bd. Weimar 1962.

MUTHMANN, F.: Alexander von Humboldt und sein Naturbild im Spiegel der Goethezeit. Zürich und Stuttgart 1955.

OLFERS, E. W. M. (Hrsg.): Briefe A. v. Humboldts an Ignaz v. Olfers. Nürnberg und Leipzig 1913.

RITTER, C.: Die Erdkunde im Verhältnis zur Natur und zur Geschichte des Menschen, oder allgemeine, vergleichende Geographie als sichere Grundlage des Studiums und Unterrichts in physikalischen und historischen Wissenschaften. 1. Bd. Berlin 1817.

SCHNABEL, F.: Deutsche Geschichte im Neunzehnten Jahrhundert. 3. Bd. 2. Aufl. Freiburg i. Br. 1950.

SCHNABEL, F.: Alexander von Humboldt. Hochland 52. Jg. 1959.

SCHNEIDER-CARIUS, K.: Goethe und Alexander von Humboldt. Goethe. Neue Folge des .Jahrbuchs der Goethe-Gesellschaft. 21. Bd. 1959.

SULZER, J. G.: Allgemeine Theorie der schönen Künste. 4 Teile. Leipzig 1792-94.

TROLL, C.: Alexander von Humboldt. In H. HEIMPEL, TH. HEUSS, B. REIFENBERG (Hrsg.): Die großen Deutschen. 3. Bd. Berlin 1956.

TROLL, W. (Hrsg.): Goethes morphologische Schriften. Jena, o. J.

WACHSMUTH, B.: Goethes natutwissenschaftliche Lehre von der Gestalt. Goethe. Viermonatsschrift der Goethegesellschaft, N. F. 9. Bd. 1944.

WALZEL, O.: »Der Dichtung Schleier aus der Hand der Wahrheit«. Euphorion 33, 1932.

ZEITLER, R.: Klassizismus und Utopia. Stockholm 1954.

Die Methodologie und die »eigentliche Arbeit«

Über Nutzen und Nachteil der Wissenschaftstheorie für die geographische Forschungspraxis (1973)

Summary:

Methodology and »true work«. On advantage and disadvantage of the theory of science for the geographic research practice. The first section gives a description and interpretation of three typical attitudes towards the methodology of a subject as they appear again and again in past and present geography. The second section makes points in favour of the necessity of methodological reflection in research practice, didactics and politics of science particularly of today's geography. The third section discusses the risks and dangers to which every methodology is exposed: such as (1) the inadequate estimation and especially the overestimation of the part it plays in the history of science and discipline and (2) a far too great distance from the geographic research practice as it exists in reality.

1. Methodologische Charakterköpfe

Nach dem Bonmot eines englischen Philosophen und Wissenschaftstheoretikers [A. J. AYER, zit. nach P. WINCH 1966, p. 12] kann man die Philosophen einteilen in die Bischöfe einerseits, die Facharbeiter andererseits. Die Klassifizierung läßt sich (durch eine dritte Klasse ergänzt, aber noch nicht vervollständigt) auch auf die Methodologen einer Einzeldisziplin, z. B. der Geographie, übertragen. Man unterscheidet mit Nutzen hier Bischöfe, Facharbeiter und Menfoutisten (frz. »je m'en fous«, – »das ist mir gleich«) unter den Methodologen.

Die *Bischöfe* sind die häufigste Spezies: Sie verstehen sich als die verantwortungsbewußten Hüter der einen und unteilbaren Wahrheit und als persönliche Garanten der einen großen Tradition einer »Géographie une et indivisible«. Ihre Äußerungen über Gegenstand und Methode des Faches haben oft den Charakter persönlicher Bekenntnisse über die Quellen ihrer Kraft; die autobiographische Komponente ist meist unübersehbar. Insgesamt besteht diese Art von Methodologie oft darin, den idealisierten Weltanschauungs-Hintergrund der traditionellen Forschungspraxis zu entfalten. Eine solche Methodologie hat gruppenpsychologisch im allgemeinen die wichtige Funktion, zur Motivation und Gesinnungsbildung vor allem der jüngeren Geographen beizutragen, indem die Disziplin, ihre Grundüberzeugungen und ›höchsten‹ Theorien und Ziele auf (meist sehr eigenwillig interpretierte) Heroen der Disziplingeschichte und/oder auf allgemein anerkannte Werte, Wahrheiten und ontologische Strukturen rückbezogen werden[1].

[1] Die Rolle des »Bischofs« oder »Papstes« hat unter anderem einen bestimmten (wissenschafts-) psychologischen Hintergrund. Im Rahmen der Wissenschaft bleiben bekanntlich alle Sätze Hypothesen, die der Falsifizierung harren – nicht zuletzt der allgemeinste theoretische Rah-

Eine Stilistik und Motivik dieses Schrifttums steht noch aus. Es drängt sich immerhin die Beobachtung auf, daß unter anderem die Evidenzbehauptung, die singuläre Existenzaussage (über die »reale Existenz« bestimmter werthaltiger Größen wie Landschaften, Länder, Erdräume, Ökotope usf.), die *figura etymologica*, der Leistungstopos und der sog. Fregesche Denkfehler zu den beliebtesten Topoi dieses Schrifttums und dieses Argumentationsstils gehören.

Die *figura etymologica* besteht darin, die ›ewigen‹ Normen geographischen Tuns offen oder verdeckt aus der wirklichen oder vermeintlichen ›wahren Bedeutung‹ bestimmter, meist vieldeutiger Vokabeln und Formeln herauszulesen, mit deren Hilfe die Autoren selbst ihr Weltverständnis artikulieren (z. B. aus Begriffen wie »Landschaft«, »Länderkunde«, »Raum«, »Geosystem«, »Geokomplex« oder gar »Geographie«). Der *Leistungstopos* macht die Berechtigung einer Kritik, ja sogar eines neuen Forschungsansat-

---

men, die Basistheorien und wissenschaftlichen Grundüberzeugungen, mit denen der erfolgreiche Wissenschaftler sich ja weitgehend zu identifizieren pflegt: Die Falsifizierungen und Verdrängungen bisher glaubwürdiger Sätze und Satzsysteme durch alternative Annahmen machen ja gerade den »Fortschritt« (also in gewissem Sinne Wesen und Lebensrecht) der Wissenschaft aus. »Der Wissenschaftler lebt der Falsifizierung der eigenen Resultate« [H. J. KRYSMANSKI 1967, p. 16], ein Sachverhalt, den man sowohl als »die tragische Konstitution des Wissenschaftlers« als auch als »die konstitutionelle Riskiertheit« und »totale Verunsicherung« des wissenschaftlichen Handelns bezeichnet hat. Diese Verunsicherung ist sowohl methodologisches Postulat (auf der ›objektiven‹ Seite) als auch existentielles Problem (auf der ›subjektiven‹ Seite). H. J. KRYSMANSKI hat (wenn auch mehr intuitiv-essayistisch) aufgrund von biographischem Material die ›Reaktionstypen‹ skizziert, in denen gerade bedeutende und intellektuell sensible Wissenschaftler diese unaufhebbare totale Verunsicherung biographisch verarbeitet haben: Da ist *erstens* (als häufigster Typ) der Wissenschaftler, der dieses Unsicherheitserlebnis als jugendliche Rebellion gegen die ›Väter-Generation‹ seiner Disziplin hinter sich bringt und seine psychische und soziale Stabilität späterhin mit Hilfe eines in steigendem Maße rigorosen Dogmatismus sowie mit disziplinpolitischen Machtmitteln zu erreichen und aufrecht zu erhalten versucht: diesem Reaktionstyp entspricht die Rolle des »Bischofs«. Da ist *zweitens* der erfolgreiche Wissenschaftler, »bei dem die wissenschaftliche Verunsicherung als das beherrschende Alterserlebnis auftritt und der mit dem Gestus des großen alten Mannes das wissenschaftliche Risiko als eine ›Todesvorbereitung‹ auffaßt« [p. 59]; da ist *drittens* der Wissenschaftler, der diese Unsicherheit, dieses Erlebnis seiner Subjektivität auch im ›objektivsten‹ Bereich wissenschaftlicher Arbeit als ein die hypothesenbildende Phantasie stimulierendes Hintergrunderlebnis wach hält und in seinen gesamten Lebensplan einbezieht (möglicherweise sogar in sein außerwissenschaftliches Handeln einfließen läßt und bei aller ›Weltfremdheit‹ dort als Unruhestifter erscheinen mag). Wissenschaftliches Handeln aufgrund einer solchen, durch Dauerreflexion gestifteten ›gelassenen Unsicherheit‹ entspricht wohl am ehesten dem ›höchsten Ideal‹ vom Wissenschaftler, wie es in der europäischen Wissenschaft und Wissenschaftsphilosophie tradiert wird. Man darf annehmen, daß in diesem (mehr oder weniger verdrängten) Erlebnis totaler Unsicherheit wissenschaftlichen Handelns und wissenschaftlicher Resultate auch eine Quelle der bekannten Wissenschaftlerneurosen liegt, die L.S. KUBIE in zahlreichen Arbeiten [z. B. 1966] beschrieben hat und von denen J. R. PLATT [1964, p. 351] einige in einprägsamer Weise aufzählt: »The Frozen Method. The Eternal Surveyor. The Never Finished. The Great Man With A Single Hypothesis. The Little Club of Dependents. The Vendetta. The All-Encompassing Theory Which Can Never Be Falsified« [zit. n. H. J. KRYSMANSKI 1967, p. 65]. Es handelt sich hier wenigstens teilweise um unbewußte Mechanismen des Spannungsausgleichs angesichts extremer Unsicherheit.

zes von einer vorausgehenden »Leistung« des Kritikers oder Neuerers abhängig – wobei die Entscheidung darüber, was eine Leistung sei, natürlich bei den Bischöfen verbleiben soll. Der *Fregesche Denkfehler* (der gegen Frege sicher ungerechte Terminus stammt nach W. W. BARTLEY 1964, p. 115, von K. POPPER) besteht in Folgendem: Als Frege von Russells Kritik, d. h. Russells Entdeckung der Paradoxien in Russells und Freges Theorien hörte, soll er ausgerufen haben: »Dann ist die Arithmetik verloren« (oder auch: »Die Arithmetik ist ins Schwanken geraten!«). Der »Denkfehler« liegt natürlich darin, daß nicht die Arithmetik, sondern *Freges* Arithmetik (Freges Theorie der Arithmetik) ins Schwanken geraten war. In ähnlicher Weise pflegen manche Methodologen der hier behandelten Klasse zu argumentieren, wenn man dieses oder jenes Argument oder diese oder jene disziplingeschichtliche Veränderung akzeptiere (oder dieses oder jenes Argument, diesen oder jenen »Forschungsgegenstand« aufgebe), werde die Geographie zusammenbrechen. Forschungspsychologisch ist diese Denkfigur in ihren massiven Formen wohl deutbar aus einer sehr intensiven Bindung an eine bestimmte historische Form der betreffenden Wissenschaft.

Die zweite Spezies von Methodologen (die *Menfoutisten*) ist hingegen überzeugt, daß alle Methodologie nur von der (sogenannten) eigentlichen Arbeit ablenke: Man solle weniger reden und mehr arbeiten – wobei über Schichtstufen reden »arbeiten«, über die Methode reden aber »reden« heißt[2]. Methodologische Reflexion ist in ihren Augen entweder schlechthin eine geistige Verirrung, oder sie kultivieren wenigstens verbal einen oft als »Methodenpluralismus« bezeichneten methodologischen Neutralismus: Es interessiere sie einfach nicht. Es ist leicht zu sehen, daß diese Abstinenz eine bloß scheinbare ist. Auch der Menfoutist ist ein Methodologe (wie ja auch ein Skeptiker oder ein Agnostizist Philosophen sind). In jedem Einzelschritt wissenschaftlichen Arbeitens, in jeder einzelnen Forschungsfrage und in jeder Beobachtungsaussage stecken immer schon theoretisch-metatheoretische Vorentscheidungen. Der Menfoutist praktiziert eine Methode, hat eine Methodologie, die er für so selbstverständlich richtig hält, daß er nichts von ihr ahnt[3].

---

[2] Das anti-methodologische Ressentiment ist hier vor allem gemeint in seiner Form als Ressentiment gegen alles, was von ferne an sogenannte moderne Wissenschaftstheorie und ›Philosophy of Science‹ erinnert (vom logischen Empirismus bis zum kritischen Rationalismus, ja bis zur »kritischen Theorie«); es ist hingegen oft verbunden mit einer ausgeprägten Vorliebe für das eine oder andere populäre Derivat einer historisch-geisteswissenschaftlichen Sondermethodologie aus der Tradition der deutschen 1920er und 1930er Jahre (und letztlich aus der Geschichtsphilosophie des 19. Jahrhunderts). Daß gerade die (im Rahmen der Gesamtdisziplin) auslaufenden und absterbenden Forschungsrichtungen oft ausgeprägt methodologiefeindlich eingestellt sind (zumindest gegenüber der zeitgenössischen Wissenschaftstheorie), hängt natürlich damit zusammen, daß Selbstverständnis und teilweise auch Forschungspraxis gerade dieser Arbeitsrichtungen von einer älteren Wissenschaftstheorie geprägt wurden, die auf dem überdisziplinären »Wissenschaftsmarkt« zumindest in ihren bis heute kolportierten Schrumpfformen nicht mehr konkurrenzfähig ist.

[3] Vgl. z. B. H. ALBERT 1964, p. 5. Die vermeintlich theorie- und metatheoriefreie Praxis, der standortfreie Standpunkt sind nicht selten »faktisch von einer schlecht rezipierten Theorie (und Metatheorie) von vorgestern geleitet« [H. RÖHRS 1968, p. 10] oder erweisen sich, wenn sie doch einmal formuliert werden, als von einer »Erfahrungsdoktrin« gesteuert, in der punktuelle und letztpersönliche Erfahrungen dogmatisiert worden sind.

Nun könnte man der Meinung sein, kein Wissenschaftler brauche daran gehindert zu werden, sich intellektuell in der Pseudokonkretheit des vermeintlich Unmittelbaren »verkommen« zu lassen: Solange nur einige Methodologen es im Auge behalten, daß »Erfahrung [...] sich nur deskriptiv und reflexiv erschließen« läßt [H. RÖHRS 1968, p. 18] und Erkenntnis ohne wenigstens gelegentlichen und prinzipiellen Rückbezug auf die Instrumente und Bedingungen der Erkenntnis *per definitionem* keine wissenschaftliche Erkenntnis ist [vgl. K. HOLZKAMP 1968, p. 15 u. ö.]. Für einen solchen Toleranzstandpunkt sprechen immerhin einige Tatsachen: z. B. daß man, während man arbeitet, nur in sehr begrenztem Maße zugleich metatheoretisch bewußt sein kann; daß eine falsche Metatheorie, ein unangemessenes methodologisches Selbstverständnis, in der Forschungspraxis keineswegs die Fähigkeit des einzelnen Wissenschaftlers zu beschneiden braucht, »empirisch gehaltvolle, fruchtbare und wahre Theorien [zu konstruieren]« [H. ALBERT 1967, p. 45]; daß umgekehrt metatheoretische Einsicht keineswegs immer mit einer eindrucksvollen Forschungspraxis und Theoriebildung gepaart ist und daß schließlich eine falsche Selbstinterpretation auf der Meta-Ebene sogar als nützliches Reservoir der beobachtenden, klassifizierenden und hypothesenbildenden Phantasie fungieren und so die theoretische Fruchtbarkeit nachhaltig stimulieren kann. Es liegt übrigens auf der Hand, daß es sich mit dem Landschaftskonzept teilweise so verhielt, »und wir vermuten, daß wissenschaftliche Forschung, psychologisch gesehen, ohne einen wissenschaftlich indiskutablen, also, wenn man will, ›metaphysischen‹ Glauben an rein spekulative und manchmal höchst unklare theoretische Ideen wohl gar nicht möglich ist« [K. POPPER 1966, p. 13].

Man sollte aber die »Entlastung« des Praktikers nicht zu weit treiben, und zwar unter anderem aus folgendem Grund. Diese prinzipielle Distanzierungsfähigkeit ist kein intellektueller Luxus, sondern eine wesentliche Bedingung wissenschaftlichen Fortschritts. Das, was man die »wesentlichen Fortschritte« (oder die »Revolutionen«) einer Wissenschaft nennt, nimmt sehr häufig seinen Ausgang von radikalen, kontra-intuitiven Alternativen in Beobachtung und Theoriebildung; infolgedessen ist der Erkenntnisfortschritt im allgemeinen ziemlich eng an die Durchsetzungschance solcher alternativen Grundansätze gebunden, die gegen die bisherige Evidenz, Axiomatik und Normalerfahrung verstoßen. Eine Forschergemeinde, die es verlernt hat, ihre Grundüberzeugungen auf Distanz treiben zu können, wird etwaigen methodologischen und anderen Zweiflern, die unter anderem die Grundanschauungen dieser Gemeinde in Zweifel ziehen, mit der gleichen Entrüstung und den gleichen inquisitorischen Maßnahmen begegnen wie jede andere soziale Gruppe. Niveau und Entwicklungsfähigkeit einer Disziplin hängen sicherlich von mehreren Faktoren ab; eine notwendige (wenn auch nicht hinreichende) Bedingung ist aber ihre Fähigkeit, Prinzipien und Grundüberzeugungen bis zu einem gewissen Grade flüssig halten zu können, sich bis zu einem gewissen Grade des Hypothesencharakters auch von »Grunderkenntnissen« und Grundüberzeugungen bewußt werden zu können: Andernfalls endet eine jede Forschungsrichtung als eine empirisch getarnte rigide Metaphysik [vgl. dazu auch P. K. FEYERABEND 1970]. Solche »tiefen« Grundüberzeugungen kann man aber nur noch metawissenschaftlich, »von einer Metaebene aus« erörtern: sie liegen der Beobachtungsbasis viel zu fern, um von daher noch aussichtsreich diskutiert werden zu können. Damit ist auch der wesentliche Nutzen methodologischer Besinnung wenigstens angedeutet.

Als dritter Methodologen-Typ wurden die *Facharbeiter* genannt. Sie sind zuvörderst schlichte Empiriker, denen es darum geht, die Alltagspraxis der Wissenschaft logisch, semantisch, soziologisch, psychologisch und historisch durchschaubar zu machen: »Was geht eigentlich vor sich in der Geographie, und warum?« Sie wollen die praktizierte geographische Erkenntnis erkennen, möglicherweise auch alternative Normen zur Diskussion stellen, auf Brüchigkeiten, übersehene Konsequenzen und Inkonsequenzen, Schranken und Entwicklungsmöglichkeiten theoretischer, metatheoretischer und disziplinpolitischer Art hinweisen. Diese Art von Methodologen (zu denen wir bis zu einem gewissen Grade auch die Wissenschafts- und Disziplinhistoriker rechnen, sofern sie nicht bloß eine antiquarische und/oder monumentalische Historiographie betreiben) ist höchst respektabel; aber es scheint sehr wenige von ihnen zu geben.

Aber wir erwarten spontan doch etwas mehr von einer Methodologie (und darin liegt die Begrenzung dieses Typs von Methodologie): Wir sehen spontan noch etwas mehr darin als ein bloß konstatierendes Unternehmen – sonst bliebe es beim Verweis auf die disziplinäre Realität im Sinne von: »Geography is what Geographers do». Natürlich können wir fragen, was in der *community of investigators* als gute, als interessante usf. Geographie gilt, und es ist sicherlich wichtig, die wirklich bestehenden (arbeitenden) Kriterien des Guten und Schlechten in der Geographie zu ermitteln: »Wer gilt als guter Geograph – und auf Grund welcher Kriterien?« – wobei die Möglichkeit einer gewissen Inkonsistenz, Multidimensionalität und Variationsbreite der Urteile und Normen im Auge zu behalten ist, ebenso die Möglichkeit, daß die (z. B. im methodologischen Schrifttum) erklärten Normen von den praktizierten beträchtlich abweichen. ›Inhaltsanalysen‹ von Rezensionen, Gutachten (etwa im Rahmen der Deutschen Forschungsgemeinschaft) und Berufungsverfahren bieten sich als erste Materialgrundlage an; es wäre auch interessant, verschiedene »Schulen«, Forschungsrichtungen, Teilgebiete und Zeitabschnitte der Geographie in dieser Hinsicht zu vergleichen.

Aber diese *deskriptive Methodologie* kann nur der erste Schritt sein. Wir wollen ja nicht nur wissen, was als gute Geographie gilt, sondern auch, ob die üblichen Kriterien für eine »gute« und »schlechte« geographische Arbeit zu recht bestehen. Man erwartet von einer Methodologie nicht nur, daß sie den Wissenschaftsbetrieb analysiert, wie er ist, sondern auch, daß sie dem wissenschaftlichen Handeln Ziele vor Augen rückt; formuliert, was erreicht werden könnte (und wie); daß sie eine Norm vorschlägt (als Grundlage einer Kritik der tatsächlichen Forschungspraxis). Kurzum, man erwartet immer auch eine *präskriptive Methodologie*.

Wie formulieren wir die Kriterien dafür, was wir als gute Geographie gelten lassen wollen? Das geschieht, um weiterhin die Formulierungen von V. KRAFT [1960, pp. 28 sq.] zu benutzen, wie folgt: Aus den historisch gegebenen Weisen samt den denkbaren Alternativen, Geographie zu treiben, greifen wir eine oder mehrere als Norm heraus: indem wir diese Gegebenheiten oder erdachten Möglichkeiten (1.) zum klaren Bewußtsein bringen, (2.) präzisieren und (3.) »in wunschgemäßer Weise« rekonstruieren – in einer »idealisierenden Rekonstruktion«.

Schon aus dem Gesagten folgt, daß unsere Festsetzungen nicht willkürlich, unsere Definitionsmöglichkeiten eingeschränkt sind. Wertungen sind zunächst immer mit wenigstens prinzipiell prüfbaren Annahmen über die Realität verbunden und wenigstens insofern diskutierbar. In jeder Zielsetzung für die Geographie stecken Annahmen (1.) über die gegebene historische Situation, (2.) über die Stellung der Geographie in dieser

Situation, (3.) über die weitere wissenschaftspolitische und historisch-gesellschaftliche Entwicklung und (4.) über die zukünftige Stellung und die zukünftigen Möglichkeiten der Disziplin. Jede dieser Annahmen enthält neben »Deutungen« und »Wertungen« auch empirische Aussagen, die der erfahrungswissenschaftlichen Kritik zugänglich sind (vgl. hierzu auch W. KLAFKI 1970, pp. 48 sq., über die analoge Frage nach den »Erziehungszielen«). Unsere »Normierungen« sind also durch Tatsachenfeststellungen mitbestimmt und über die Empirie kritisierbar.

Von einer sinnvollen Norm erwartet man darüber hinaus etwa, daß sie logisch *konsistent* (›in sich stimmig‹) ist: Denn wenn wir Widersprüche zulassen, müssen wir bekanntlich jede beliebige Aussage zulassen. Ferner, daß sie realisierbar ist: Wenigstens ein Teil des vorliegenden Wissenschaftsbetriebes muß wenigstens annähernd mit der Norm übereinstimmen – damit unsere Norm überhaupt anwendbar ist auf das, was normiert werden sollte: Es ist meist sinnlos, solche Normen aufzustellen, die allen bekannten Neigungen und Gewohnheiten im Forschungs- und Lehrbetrieb eines Faches radikal widersprechen. Schließlich sollte unsere Normierung *adäquat* sein in dem Sinne, daß sie tatsächlich die Konsequenzen hat, die wir erreichen wollen[4].

Unsere methodologischen Zielsetzungen müßten aufgrund der genannten Postulate idealerweise also etwa die folgenden Bedingungen erfüllen [vgl. D. BARTELS 1968 p. 126]: Unsere Definition der Geographie, d. h. unsere »regionale« Wissenschaftstheorie muß im Rahmen der herrschenden »überregionalen« Wissenschaftstheorie überhaupt diskutabel sein; sie muß die disziplinären Realitäten und Traditionen in Betracht ziehen; sie muß die tatsächliche (heutige und historische) Forschungspraxis angemessen interpretieren; sie muß den Programmdefinitionen der relevanten Nachbardisziplinen angepaßt sein. Der vom Methodologen formulierte Geltungs- und Rollenanspruch des Faches muß ferner eine Chance haben, von den Meinungsführern und Entscheidungsträgern in der wissenschaftlichen und politisch-gesellschaftlichen Öffentlichkeit akzeptiert zu werden; die Konsequenzen unserer wissenschaftstheoretischen Entscheidungen und entsprechenden disziplinpolitischen Zielsetzungen sollten schließlich der Gruppe der Geographen an Hochschule und Schule (in irgendeiner Form) eine Überlebenschance sichern. – Damit sind Vorzüge und Grenzen einer »Facharbeiter-Methodologie« wohl in etwa umrissen.

2. Gründe für eine methodologische (metatheoretische) Besinnung

Sobald nicht mehr über die Sachen gesprochen wird, sondern über Syntax, Semantik und Pragmatik der Sprache, in der wir über diese Sachen sprechen, sobald also nicht mehr über »die Realität«, sondern (metasprachlich) über »die Theorie« gesprochen

[4] Vgl. etwa H. ALBERT 1969. Als Beispiel einer inadäquaten Norm darf die »Geographie als umfassende Landschaftskunde« gelten, welche die Geographie als Synthese normieren und den Geographen z. B. zum Koordinator und Teamleiter prädestinieren sollte. Der fatale Effekt war, daß der in diesem Sinne als Landschaftskundler ausgebildete Geograph überhaupt an keiner einzelnen Stelle mehr konkurrieren konnte (zumindest nicht kraft seines Studiums) – am wenigsten um die Stelle des Koordinators. Es versteht sich, daß die Normierung der Geographie als »Studium des umfassenden Ökosystems Mensch-Natur« zusätzlich noch das Realisierbarkeitspostulat verletzt (sowohl in forschungslogischer als auch in wissenschaftspolitischer und schulpolitischer Hinsicht).

wird, pflegt man von »Meta-Theorie« zu sprechen. Warum tun wir dergleichen – uns auf die Meta-Ebene zu begeben; warum bleiben wir nicht bei unseren Leisten? Dafür gibt es eine lange Reihe von (teilweise verwandten und miteinander zusammenhängenden) Gründen; einige wurden bereits angedeutet, und einige liegen unmittelbar auf der Hand[5].

Erstens: Wir tun es immer schon – spontan und ohne Skrupel. Die tägliche Rede des Praktikers gleitet zwischen den »Ebenen« und ist vollständig durchsetzt von Urteilen metawissenschaftlicher Art. Jeder Wissenschaftler und Student urteilt stündlich (vergleichend und absolut) über Struktur und Geltung, Genauigkeit und Bestätigungsgrad, Wert und Bedeutsamkeit von wissenschaftlichen Aussagen. Selbst oft so routinemäßige Entscheidungen wie die zwischen konkurrierenden Beobachtungsverfahren, Begriffen, Hypothesen, Theorien usf. implizieren die Anwendung forschungslogischer Kriterien. Wir haben gar keine Wahl, Meta-Theorie zu betreiben oder nicht zu betreiben: Wir haben nur die Wahl, es (wenigstens teilweise) kontrollierbar und bewußt oder aber es unter der Hand und blindlings zu tun (d. h. von emotional getönten Gruppenvorurteilen und disziplinpolitischen Herrschaftsinteressen inspiriert).

Man kann sogar sagen, daß die Trennung von Theorie und Meta-Theorie im Hinblick auf die Forschungspraxis eine ganz künstliche ist: Vor allem beim Kernstück der Forschungspraxis, der »Abduktion« (im Sinne von Ch. S. PEIRCE). Meta-Theorie wie Hermeneutik dürfen nicht so sehr als eine Stufe »über« der objektsprachlichen Theorie, auch nicht als das »Fundament« und die »Voraussetzung« der sozial- und naturwissenschaftlichen Praxis verstanden werden: Meta-Theorie ist vielmehr (sei es bewußt, sei es unbewußt) *in* der Forschungspraxis. U. EISEL [1972] hat diesen Punkt jüngst sehr scharf akzentuiert. Auch Naturwissenschaftler arbeiten ja (entgegen dem üblichen Vorurteil und Selbstverständnis) mehr interpretatorisch an Texten (im weitesten Sinn) als beobachtend und experimentierend »an der Natur«, und diese »Arbeit an Texten« ist sogar die Stelle, an der sich wissenschaftlicher Fortschritt im wesentlichen vollzieht: Indem – im Lichte negativer Erfahrungen auf neuen Anwendungsgebieten – die Randbedingungen revidiert und die alte Theorie samt ihren scheinbar verifizierenden »positiven Instanzen« retrospektiv reinterpretiert werden. Dies ist der *metatheoretische* Vorgang, in dem die neue Theorie sich bildet und härtet. Der aus den exakten Naturwissenschaften gut bekannte Vorgang könnte natürlich auch im Rahmen der Geographie belegt werden – etwa an der Entstehung und Entwicklung der klimagenetischen Geomorphologie.

---

[5] Den Terminus »Methodologie« gebrauchen wir hier und im Folgenden in einem weiten Sinn und ohne eine Unterscheidung (1.) in eine Methodologie, die (vorwiegend) Fragen der ›Form‹, und (2.) in eine Methodologie, die (vorwiegend) Fragen des ›Inhalts‹ wissenschaftlichen Tuns und wissenschaftlicher Rede betrifft. Diese Unterscheidung kann in anderem Kontext freilich sehr wichtig werden: Denn mit der Entscheidung darüber, wie wir über die Dinge reden sollen (z. B. mit einer Entscheidung für einen bestimmten Beobachtungs-, Erklärungs- und Theoriebegriff), haben wir noch keineswegs festgelegt, worüber wir sprechen sollen (was also einer Beschreibung, Erklärung und Theorie überhaupt wert sei). Die erste Art von Methodologie ist weniger problematisch – wiewohl auch sie zweifellos ein normatives Fundament besitzt: Denn in die zweite Art von Methodologie gehen in viel höherem Maße als in die erstgenannte normative Komponenten und pragmatisch-politische bis weltanschauliche Entscheidungen ein (vgl. zu dieser Unterscheidung vor allem D. HARVEY 1969, pp. 3sq.).

Ein *zweites* Argument ist ganz pragmatisch: Im geographischen Schrifttum werden bis zur Stunde methodologische Argumente und Normen formuliert, die außerhalb der Geographie und vor allem in der heutigen Wissenschaftstheorie (gleich welcher Nuance) nirgends mehr ernstlich vertreten werden. Das brauchte an sich noch nicht *unbedingt* bedenklich sein zu: jede Disziplin hat das Recht, ein eigenständiges Kategoriensystem und eine eigenwüchsige Methodologie zu entwickeln und zu tradieren. Bedenklich ist in diesem Zusammenhang aber (1.), daß dieses innerdisziplinäre methodologische Idiom die jüngeren außergeographischen Wissenschaftstheorien durchweg erst gar nicht zur Kenntnis genommen hat und insofern Gefahr läuft, bei Betrachtung von außen als eine Sammlung von Atavismen zu erscheinen; (2.) daß diese Atavismen durch ihre offene oder latente Feindseligkeit gegenüber kontrollierter Theoriebildung geeignet sind, disziplinhistorisch konservierend zu wirken.

Diese Atavismen lassen sich zu einem guten Teil unter folgende Schlagwörter bringen (eine leicht zusammenzustellende Belegsammlung aus der jüngsten geographischen Literatur ist in diesem Zusammenhang überflüssig): »Naiver Induktivismus« mit seiner Kumulations- (oder Kübel-)Theorie[6] bzw. Kelter- (oder Mühlen-)Theorie der Erkenntnis; damit zusammenhängend auch ein »Fundamentalismus der Beobachtung«[7]; weiterhin die »Illuminationstheorie der Wahrheit«, d. h. die Apotheose der »schauenden Erkenntnis«[8]; eine vulgarisierte geisteswissenschaftliche Sondermethodologie[9], oft gekoppelt mit »exzeptionalistischen« Vorstellungen über die besondere »Brücken«-Stellung der Geographie[10] und verbunden mit der altertümlichen Dichotomie »erklärende (gene-

---

[6] Wissenschaft ist damit beschäftigt, einen Wissenskübel vollzuschütten, bis dieser – was das Ziel des Unternehmens ist – zu 100%, d. h. randvoll gefüllt ist; Wissenschaft als eine Maschinerie, in die ›oben‹ »Beobachtungen« und »Datenmassen« hineingeschüttet werden und aus der »unten« Erkenntnisse, Ergebnisse oder gar Gesetzmäßigkeiten, Typen und Theorien herauskommen. Zwei sehr eindrucksvolle Beispiele z. B. bei E. WIRTH [1970, pp. 445-446 und 446].

[7] Z. B. charakterisiert durch den Satz, »die konkrete Beobachtung (z. B. der landschaftlichen Physiognomie im Gelände) ist Ausgangspunkt, Grundlage und Wurzel aller geographischen Erkenntnis und aller Erkenntnis geographischer Gesetzmäßigkeiten« (z. B. der Erkenntnis von »Typen« oder »Idealtypen«). Ein plastisches Beispiel bietet E. OTREMBA 1970, pp. 59sq.

[8] Sehr plastisch z. B. bei F. DÖRRENHAUS 1971a, 1971b. Dieser Gedankengang vermengt natürlich Entstehungszusammenhang (Genese) und Geltungskriterien von Aussagen.

[9] Die Geographie müsse z. B. »die in der Landschaft verborgene Individualität des Historischen«, »die Totalität des Individuellen« »in ihrer jeweiligen Einmaligkeit idiographisch erfassen«; dazu seien gesetzesartige Aussagen allgemeiner Art, Theorien usf. völlig ungeeignet, hingegen besondere Erkenntnismittel wie »Gestaltwahrnehmung« notwendig (die Zitate bei F. DÖRRENHAUS 1971c, pp. 7, 37, 54 u. ö., 1971a. pp. 111 u. a.).

[10] Die Geographie und vor allem die Länderkunde stehe »zwischen« den Geistes- und den Naturwissenschaften und sei insofern berufen, zwischen denselben zu vermitteln bzw. die beklagenswerte »Lücke« oder »Kluft« zwischen ihnen zu schließen (»könnte ... so ein geistiger Ort der Zusammenführung der ›zwei Kulturen‹ sein, der ›historischen und naturwissenschaftlichen›«, F. DÖRRENHAUS 1971a, p. 112). Vgl. dazu aber z. B. J. v. KEMPSKI 1964, pp. 229 bis 230: »Nun, ›die Physik und die Historie‹, das ist genau ein Thema dieser (abstrusen) Art: was da zusammengespannt wird, hat nichts miteinander zu tun. Es bildet auch keinen echten Gegensatz, nicht einmal das. Es hat also keinen Sinn, hier von einem Riß zu sprechen, der überbrückt werden müßte. Die Geschichte (...) steht nicht in irgendeiner Verbindung mit der theo-

ralisierende, nomothetische) Naturwissenschaft« (Prototyp: Physik) – »verstehende (individualisierende, idiographische) Geisteswissenschaft« (Prototyp: Geschichtswissenschaft)[11]. Schließlich scheint auch die Ontologisierung von »Orientierungstheorien« (d. h. methodologischen Postulaten oder Regeln) ein durchgehendes Charakteristikum zu sein[12]. Wer dieses Gruselkabinett der geographischen Metatheorie-Folklore in konzent-

retischen Physik – sie herstellen oder als Problem aufrollen zu wollen, wäre absurd – dafür aber in einer einsichtigen und in Zukunft sehr ausbaufähigen Verbindung zu den theoretischen Sozialwissenschaften. (...) Für die Wirtschaftsgeschichte z. B. versteht es sich heute bereits von selbst, daß über die Preisrevolution des sechzehnten Jahrhunderts auch historisch erfolgreich nur arbeiten kann, wer hinreichend viel von Geldtheorie versteht.«

[11] Vgl. etwa: »Es gibt Wissenschaften (...), die nur idiographisch vorgehen können (...). [Begründung bzw. Illustration:] Die Landung der drei Räte auf dem Misthaufen der Prager Burg, die den 30jährigen Krieg einleitete, unter dem Gesichtspunkt des freien Falles zu betrachten, wäre genau derselbe Blödsinn wie die nomothetische Betrachtung großer Persönlichkeiten der Weltgeschichte. In ihr hätten Alexander, Lorenzo il Magnifico und Karl Marx nicht mehr gemeinsam als ihre Anatomie und Physiologie. Genau so sinnlos wäre es, auf nomothetische Weise über Typen und Gesetze Zugang zu suchen zur oft faszinierenden Einmaligkeit eines Landes« [F. DÖRRENHAUS 1971a, p. 111]. Im Rahmen der spätestens in den 1920er und 1930er Jahren der deutschen Gebildetenweltanschauung einverleibten Dichotomie gibt es in der Tat nur die Alternative, den Prager Fenstersturz entweder »idiographisch« in seiner historischen Einmaligkeit zu erfassen (was immer das heißen mag) oder aber durch physikalische, biochemische usf. Theorien zu »erklären«. Solche Autoren ignorieren seltsamerweise, daß es Invarianzen, Gesetzmäßigkeiten, Theorien und Erklärungen auch in Disziplinen wie Verhaltensforschung, Soziologie und Politologie gibt und daß man, sofern man überhaupt etwas erklären will, bis zu einem gewissen Grade auch empirische Gesetzmäßigkeiten und Theorien benötigt. Andererseits fielen nicht nur die drei Räte auf ganz einmalige Weise aus dem Fenster: Auch jeder Apfel fällt auf ganz einmalige Weise vom Baum. Zum Sinn und Unsinn der Rede von der Einmalig- und Einzigartigkeit in Geschichte und Geographie vgl. etwa F.K. SCHAEFER [1970, pp. 57sq.], K.-G. FABER [1971, pp. 45sq.].

[12] Statt etwa die Orientierungstheorie (die heuristische Regel, die Handlungsanweisung, das »Postulat«) zu formulieren, daß der Geograph umfassende Systeme und deren Teilsysteme studieren solle (d. h. Mengen von Variablen und Mengen von Relationen zwischen ihnen) – und nicht etwa bloß unilinear-kausale Zusammenhänge – formuliert man Pseudo-Objektsätze folgender Art (die nur scheinbar von der »Wirklichkeit« sprechen): »Der Gegenstand der Geographie, die geographische Realität, ist ein umfassendes Geosystem, welches aus zahlreichen Teilsystemen oder Partialkomplexen integriert ist«; oder auch schlichter: »Die Geographie gliedert sich in eine Vielzahl offener Systeme.« (»Orientierungstheorie« im Sinne der »General Orientations« von R.K. MERTON 1957.) Wenn Methode, Idee oder (Orientierungs)Theorie erst einmal in »die Wirklichkeit«, zumal in eine physisch-materielle Wirklichkeit projiziert und dort reifiziert, d. h. im eigentlichsten Sinne verdinglicht worden sind, dann kann aus dieser Wirklichkeitsstruktur sehr leicht auch wieder die richtige Methode (usf.) herausgelesen werden. So wurde aus dem landschaftlichen Auge des deutschen Gebildeten und Geographen eine landschaftliche Wirklichkeit und die »real existierende Landschaft« der Geographen, die dann zu ihrer angemessenen Erkenntnis evidenterweise auch wieder eine landschaftliche (synthetische, Ganzheiten bildende und die Einheit der Landschaft berücksichtigende) Methode »forderte«. Nennen wir diese typische geographische Denkfigur – diese normative Ontologie – den »doppelten ontologischen Kurzschluß«.

rierter Form und als amüsante Hard-Wirth-Polemik genießen will, kann es in den Heften 6 und 7/8 des »Geografiker« (1971H/72, Verlag Kiepert, Berlin) besichtigen.

Ein *dritter* Grund liegt ebenfalls nahe. Heute (und nicht zuletzt nach der Kritik der Studentenbewegung am tradierten Forschungs- und Lehrbetrieb) wird das Niveau eines Wissenschaftlers offensichtlich mehr als, sagen wir, vor 10 bis 20 Jahren gemessen an seiner Fähigkeit, nicht nur in der ›Theorie‹ erfolgreich zu arbeiten, sondern auch daran, wieweit er imstande ist, ›über Theorie‹ erfolgreich nachzudenken: über ihre logisch-semantischen Strukturen, über ihre gesellschaftlichen Bedingungen und Folgen, über ihren historischen Ort. Man erwartet von ihm bis zu einem gewissen und höheren Grade als früher, daß er seine Praxis gesellschaftlich und disziplinhistorisch orten und logisch zu klären vermag, daß er eine gewisse Antwort zu geben vermag auf die Frage, was er ›eigentlich tut‹ und ›warum und wozu‹ er es tut.

Viertens: Die Existenz von Hochschul- und Schulgeographie beruht schon auf mittlere Sicht darauf, daß zumindest die wissenschafts- und schulpolitisch entscheidenden Gruppen der Gesellschaft weiterhin ein Minimum an »Relevanzempfinden« [D. BARTELS 19721 gegenüber diesem Fach aufbringen. Denn die Strategie des »selbstbewußten Rückzugs in die Einsamkeit und Freiheit einer universitären Randdisziplin« kann auf die Dauer und unter den gegenwärtig absehbaren Bedingungen nur tödlich enden. Aus diesem Grund steht die Disziplin Geographie, stehen ihre einzelnen Forschungsrichtungen und Lehrgebiete (wie übrigens bis zu einem gewissen Grade jede Disziplin) an Hochschule und Schule unter einem steten Legitimations- und Argumentationszwang – und diese legitimierende Argumentation kann nur auf metatheoretisehe Weise (in einem weiten Sinne) erfolgen. Die traditionellen apologetischen Topoi, mit denen die Geographen je länger je mehr nur noch sich selbst überzeugen und die seit eh und je mehr der Motivation und »Gesinnungsbildung« der angehenden Geographen als einer wissenschaftstheoretischen Klärung der Forschungspraxis dienten, verblassen inzwischen selbst im engeren Kreis der geographischen Subkultur: In dieser wissenschaftspolitischen Lage sind wir, sobald wir über Geographie reden, auf eine auch außerhalb der Geographie akzeptable Metasprache oder wenigstens »Inter-Lingua« angewiesen – und das kann nach Lage der Dinge nur die der heutigen Wissenschaftstheorie (oder besser: Wissenschaftstheorien) sein. Diese »moderne Wissenschaftstheorie« ist zwar nicht homogen und nur wenige Dinge in ihr sind nicht kontrovers: aber sie gewährleistet doch ein bestimmtes intellektuelles Klima, eine bestimmte Sprache und einen bestimmten Stil der Argumentation, die über die Disziplingrenzen hinausreichen.

Fünftens: Auch im Rahmen einer autonomen akademischen Gelehrtenrepublik, die sich selbst zu verwalten und selbst zu kontrollieren wünschte, ist eine auf Dauer gestellte erfolgreiche ›eigentliche Arbeit‹ ohne ein gewisses Quantum metatheoretischer Fähigkeit nicht denkbar.

Einmal seiner Selbstverständlichkeit beraubt, zieht sich ontologisierendes Denken dieser Art auch in der Geographie schließlich gern auf eine vulgäre Form transzendentalphilosophischer Denkfiguren zurück. Statt: »Die Welt *ist* so« sagt man dann: Sie kann vernünftigerweise gar nicht anders, also nur so gedacht, studiert, erforscht ... werden. Auf dieser »transzendentalphilosophischen« Schwundstufe ist das ontologisierende Argument dann ganz offen nur noch ein Symptom für eine (vom gewohnten und geliebten, sozusagen eingefleischten Paradigma bewirkte) Blockierung der theoretischen Phantasie.

Zunächst muß der einzelne Forscher auch in diesem Rahmen (will er sich nicht völlig ›außengeleitet‹ durch Weisungen, Gerüchte und atmosphärische Veränderungen im gesellschaftlichen, akademischen und disziplinären Milieu steuern lassen) bis zu einem gewissen Grade auch explizit abschätzen können, wo die theoretisch-metatheoretischen Zielsetzungen und die »relevanten offenen Probleme« seines Faches und der Nachbardisziplinen liegen, welche Probleme in welchem Grade hier und dort als gelöst gelten und welches die Geltungskriterien einer akzeptablen Problemlösung sind: Nur aufgrund solcher metatheoretischer Orientierungen kann er seine eigenen Forschungsprobleme sinnvoll auf bestimmte Zielsetzungen und Desiderate hin formulieren und schließlich beurteilen, welchen Beitrag seine Ergebnisse im Rahmen welcher Zielsetzung leisten und welche Mängel und Vorzüge sie gegenüber konkurrierenden Lösungsvorschlägen haben [vgl. K.-D. OPP 1970, p. 16].

Ferner können ohne ein solches Minimum an Metatheorie weder von einzelnen, noch von Gruppen, noch von der Disziplin insgesamt überhaupt noch bewußte und kontrollierbare disziplinpolitische Entscheidungen gefällt oder bewußte »Prioritierungen« durchgeführt werden: Ohne explizite metatheoretische Gesichtspunkte ist es natürlich auch unmöglich, bei der Vergabe von Forschungsgeldern den relativen Wert von Forschungsvorhaben in einigermaßen kontrollierbarer und konsistenter Weise abzuschätzen. (Eine künftige Durchsicht des Archivs der Deutschen Forschungsgemeinschaft betreffend Geographie wird in dieser Hinsicht sicherlich sehr lehrreich sein.) Die einzigen Alternativen sind das bloße Gewurstel, die Entscheidung aufgrund eines (für Gutachter wie Begutachteten) ziemlich undurchschaubaren intuitiven »Qualitätsempfindens« aufgrund einer wenig spezifizierten »Erfahrung« des Gutachters – sowie die machtpolitische Entscheidung (oder der machtgeschützte Aufschub von Entscheidungen) aufgrund von unaufgeklärten Gruppeninteressen, die sich ja im Innern einer Disziplin immer wieder »naturwüchsig« herausbilden.

Die metatheoretische Reflexion ist um so notwendiger, als schon unter den *wissenschaftsimmanenten* Wertmaßstäben, an denen ein Forschungsprojekt gemessen werden sollte, die disziplininternen Kriterien (1. fachwissenschaftliche Kompetenz der Antragsteller, 2. ›Bearbeitungsreife‹ des Forschungsgebietes) die weitaus schwächsten sind: »Wenn die Fachkräfte eines der Gebiete einander kritisieren, neigen sie dazu, dieselben unbewiesenen Voraussetzungen zu unterstellen. Der Referent (...) prüft zwar, ob die Arbeit den Regeln der wissenschaftlichen Gemeinschaft, zu der sowohl der Referent als auch der Autor gehören, entspricht, aber nicht, ob diese Regeln an sich gültig sind«; beide »sind sozusagen mit demselben Gift vergiftet« [A.M. WEINBERG 1970, p. 151]. Wissenschaftliche Relevanz ist vielmehr vor allem »Bedeutsamkeit für die Nachbarwissenschaften«; der Wert eines geographischen Forschungsprojektes z. B. müßte vor allem von Nicht-Geographen, vom Standpunkt der Nachbarwissenschaften und letztlich (idealerweise) vielleicht sogar vom Standpunkt »*der* Wissenschaft« aus beurteilt werden.

Der dieses Kriterium tragende Gedanke ist natürlich, daß Wissenschaften nicht isoliert wachsen (vielmehr jeder disziplinäre Separatismus letztlich auf die Bedeutungslosigkeit dieser Disziplin hinausläuft), daß sich der wissenschaftliche Fortschritt vielmehr immer »im Verbund« ganzer Gruppen von Wissenschaften (und letztlich vielleicht aller Wissenschaften) vollzieht. »Diejenigen Entdeckungen, die als wissenschaftlich besonders relevant anerkannt wurden, (zeichnen sich) dadurch aus, daß sie die benachbarten

Disziplinen sehr stark beeinflußt haben (...). Ich möchte daher das Kriterium der wissenschaftlichen Bedeutung präzisieren, und zwar schlage ich vor, daß (...) demjenigen Gebiet die größte wissenschaftliche Relevanz beigemessen wird, das am meisten zu den benachbarten Disziplinen beiträgt und diese am hellsten beleuchtet« [A.M. WEINBERG 1970, p. 157, im Original teilweise hervorgehoben]. Zieht man dieses Kriterium wissenschaftlicher Relevanz heran, dann kann man sich (1.) über die wissenschaftliche Relevanz mancher Teile der derzeitigen Geographie des deutschen Sprachbereichs kaum Illusionen hingeben, und (2.) wird klar, daß eine solche Beurteilung eigener und fremder Forschung vom Wissenschaftler einen hohen Grad metatheoretischer Fähigkeiten verlangt.

Ohne ein Minimum an Metatheorie riskiert eine Disziplin aber auch, in einer Art »Sisyphos-Strategie« [K.-D. OPP] zu ertrinken: Isolierte Datenmassen werden angehäuft, isolierte Impressionen und Raumgliederungen, länderkundliche Details, landschaftskundliche Aphorismen, unsortierte lokale und regionale Informationen und empirische Generalisierungen fraglichen Anwendungsbereiches werden als ›Ergebnisse‹ umfangreicher und aufwendiger Arbeiten angeboten sowie bestenfalls isolierte Quasi-Hypothesen getestet – falls aus den Äußerungen des Autors überhaupt noch klar wird, welche Hypothese er testen und was er beweisen, d. h. was er überhaupt aussagen wollte. Niemand weiß bei einem solchen Zustand der Dinge noch recht, welche Theorien z. B. in der deutschen Geographie des Menschen zur Zeit überhaupt vorhanden sind, aus welchen Aussagen sie bestehen, inwieweit und inwiefern sie bestätigt sind, durch wie geartete Untersuchungen sie bestätigt oder widerlegt werden könnten. Ein Zustand dieser Art bedeutet praktisch die *Auflösung* einer Disziplin.

Wenn schließlich die augenblickliche ›Diffusion‹ »neuer« Forschungstechniken in die deutsche Geographie zu mehr führen soll als zu einer für den Erkenntnisfortschritt ziemlich nutzlosen selektiven Ornamentierung der Tradition (indem quantifizierbare Teile anerkannten Wissens aus gutem altem Geographendeutsch z. B. in Matrizen aus Korrelationskoeffizienten übersetzt werden), dann müssen diese relativen Neuerungen auf einen *Rahmen* von Methoden, aber auch inhaltlichen Fragestellungen und Forschungsperspektiven abgestimmt werden; man kann ja nicht ohne weiteres voraussetzen, daß dieser angelsächsische Import sich (überall oder auch nur stellenweise) bruchlos mit den traditionellen Fragestellungen und impliziten Methodologien der deutschen Geographie verbinden läßt. Um Fragen dieser Art zu entscheiden, müssen sowohl die vorgegebenen Methoden und ›arbeitenden‹ Methodologien expliziert wie auch neue Forschungsansätze konstruiert und geprüft werden: und dies alles muß wenigstens z. T. auf metatheoretischer Ebene geschehen.

Es mag Disziplinen geben, deren traditioneller Forschungs- und Lehrbetrieb wenigstens zeitweise so von anerkannt guter Methode gesättigt ist, daß eine metatheoretische Bewußtheit sich eine Zeitlang erübrigt; wo eine Thematisierung der Methode nur eine überflüssige Explikation dessen wäre, was jedermann schon sowieso tut, und wo es infolgedessen genügt, durch Vorbild und Nachahmung die Routine normaler Wissenschaft weiterzugeben. Die gegenwärtige deutsche Geographie aber hat erstens keine von *außen* »anerkannt gute Methode« und befindet sich zweitens nicht im Stadium »normaler Wissenschaft« – denn es bieten sich z. Z. Alternativen an, die zwar nicht *toto globo* verschieden und vollständig unvereinbar sind, aber doch so verschieden, daß disziplinpolitische Entscheidungen aufgrund metatheoretischer Einsichten notwendig werden.

Ein *sechstes* Argument lautet wie folgt: Eine gewisse methodologische Bewußtheit ist auch *didaktisch* höchst nützlich. Wenn es so etwas wie ein exemplarisches oder kategoriales Lernen gibt, dann läuft ein solches Lernen zu einem sehr wesentlichen Teil über die methodologischen Strukturen des »Stoffes«, also über die metatheoretische Beobachtung. Eine metatheoretisch bewußtere Forschungspraxis sollte auch im Interesse des *transfer of learning* angesteuert werden.

Es lohnt sich, dies etwas ausführlicher vor Augen zu rücken. Bekanntlich ist Lernen vielfach sehr spezifisch, d. h. gegenstandsgebunden, und es spricht wenig für die Meinung, es gebe gewisse edle und privilegierte Stoffe (etwa die alten Sprachen oder die Mathematik), die eine sog. »formale Bildung«, also an und für sich die Fähigkeit vermitteln, auch (ganz) andere Dinge mit Erfolg zu betreiben. Trotzdem gibt es so etwa wie *transfer of learning* oder »formale Bildung«: Aber das hängt nicht von den Lerninhalten, sondern wesentlich von der Art und Weise ab, wie diese gelehrt und gelernt werden. Ein Übertragungseffekt tritt am ehesten ein, wenn die Übertragung selbst gelehrt und gelernt wird, wenn gezeigt wird, was an allgemeiner Denktechnik darin steckt, was als Methode darin investiert wurde, was an Verfahrensregeln und Geltungskriterien impliziert ist. Übertragungsfähig sind nur die bewußt gewordenen Kategorien und Methoden. Wissenschaftlich arbeiten lernt man nur auf sehr unvollkommene und vor allem sehr unökonomische Weise, indem man »schlicht und einfach« wissenschaftlich arbeitet: man lernt es nur dann auf eine ökonomische und auf weitere Personen übertragbare Weise, wenn man wenigstens bis zu einem gewissen Grade bei diesem Arbeiten auch die Struktur dieses wissenschaftlichen Tuns bewußt mitlernt [vgl. etwa H. ROTH 1966][13].

Das Gesagte läßt sich natürlich auch im Rahmen der bekannten »Redundanztheorien des Lernens« formulieren [die Zitate nach F. VON CUBE 1970, pp. 233sq.]. Lernen wird hier aufgefaßt als Informationsabbau und Redundanzerzeugung; »gelernt« ist ein Text z. B. dann, wenn er für den Lernenden keine subjektive Information mehr enthält, und »lernen durch Einsicht geht darauf zurück, daß die Information durch Superierung (Superzeichenbildung, Erkenntnis des ›Zusammenhangs‹ usw.) herabgesetzt wird.« Die Aufgabe der Didaktik besteht infolgedessen darin, »solche Darstellungen der zu lernenden Information zu finden, die für das Lernsystem (den Lernenden) ein Minimum an subjektiver Information enthalten«, und diese »Minimalisierung der zu verarbeitenden subjektiven Information« verläuft über bestimmte wirkungsvolle (redundanzerzeugende) Strukturierungen (›Superzeichenbildungen‹) des ›Stoffes‹.

Eine gegebene objektive Information kann je nach Grad und Art ihrer Strukturierung also sehr verschiedene Beträge an subjektiver Information enthalten und infolgedessen sehr verschieden schnell vereinfacht, komprimiert, abgebaut werden, und »das Problem, redundanzerzeugende Verfahren aufzustellen, die der Lernende selbst zur Anwendung bringen kann, beruht auf dem bekannten Sachverhalt, daß die Kenntnis von Methoden,

[13] Lehrer mit einiger Erfahrung in gruppenmäßigem und anderem »Arbeitsunterricht« wissen sehr genau, daß Vorbildleistungen sich dann nicht auf die Schüler bzw. Schülergruppen übertragen, wenn das Thema nur inhaltlich abgehandelt wurde: Die im Stoff versteckte Methode hat sich nicht mitgeteilt. Man muß in solchen Fällen vielmehr die Aufmerksamkeit der Schüler bewußt und nachdrücklich auf die Methode selbst lenken (gemäß dem alten, wenngleich mißverständlichen Satz: »Der *Schüler* habe Methode«.).

Lösungstechniken, Regeln etc. ein besonders wirksames Mittel zur Herabsetzung von Information darstellt.« »Strukturerkenntnis« (als Kenntnis der Methode, d. h. des Ausgangspunktes, des Weges und des Ziels) ist also ein »optimal wirksames Abbauverfahren«; das Erkennen der methodischen Struktur (in dem angeführten Sinne) ist wohl das wirkungsvollste Mittel, einem Wissensbereich durch Bildung größerer Informationseinheiten eine einprägsame Einfachstruktur zu geben, das Lernen ökonomisch zu machen und dem Gelernten zugleich eine maximale Verwertbarkeit (»effective power«, «productivity«) zu sichern. Ein flexibles »Training« der metatheoretischen Aufmerksamkeit ist also ein »Training« der Variablen »Superzeichenbildung« und eben dadurch eine »Schulung des produktiven Denkens«.

Als *siebentes* Argument kann man anführen, daß im Sozialbereich »Wissenschaftsdidaktik« (aber natürlich nicht nur hier) ein enger Zusammenhang zwischen methodologischer Bewußtheit und persönlicher Freiheit besteht, zwischen Methodenkenntnis und intellektueller Selbständigkeit, zwischen dem methodologischen Gehalt der Lehre und der möglichen intellektuellen Emanzipation des Belehrten[14]. Die Strategie, möglichst nur »Wahrheiten« und »Ergebnisse« mitzuteilen, aber selten darüber zu reden, wie sie zustandegekommen sind (also vielfach etwa die Lehrbuch- und Grundvorlesungsform der Belehrung) kann die Funktion haben, den Belehrten in intellektueller Hilflosigkeit und Abhängigkeit zu halten; eine sozusagen ›intellektuell befreiende‹ Lehre besteht im Gegenteil darin, daß der Lehrende die Ergebnisse auf ihre Entstehung hin durchsichtig macht – indem er den Prozeß ihres Zustandekommens und die Kriterien ihrer Geltung wenigstens in didaktisch-idealisierender Weise rekonstruiert. Eben dies ist aber auch das Geschäft der Wissenschaftstheorie[15].Sofern man sagen kann, daß es ein Grundmotiv der theoretischen (›rein wissenschaftlichen‹) Betätigung ist (und vielleicht sogar die oberste Wertentscheidung dafür, Wissenschaft zu lehren), sich selbst und die andern in der Pseudokonkretheit des unmittelbar Gegebenen, »in den jeweils gegebenen Verhältnissen nicht verkommen zu lassen (...), den Menschen nicht in den Zuständen

---

[14] Etwas pathetisch formuliert: »Der einzelne wird durch Methodenkenntnis eine größere Freiheit und Unabhängigkeit seinen Lehrenden und der ihm überlieferten Sekundärliteratur gegenüber erreichen und erst in den Stand gesetzt, eigene Entscheidungen zu fällen. Der Austritt aus der Unmündigkeit wird möglich, so daß Methodenkenntnis auch ein Element ist zum Abbau der universitären Autoritätsstrukturen« [M. MAREN-GRISEBACH 1970, p. 7].

[15] Das erstaunliche wissenschaftstheoretische Interesse einer jüngeren Studentengeneration (auch im Fache Geographie!) ist ohne wenigstens diffuse Ideen der angedeuteten Art kaum verständlich. Die methodologische Problematisierung der Forschungs- und Unterrichtsroutine wurde darüber hinaus aber auch (zuweilen sehr bewußt) als ein taktisches Mittel eingesetzt, um im Bereich der Universität (vor allem im Banne der selbsterhöhenden und selbstimmunisierenden Ideologie von der ›reinen, vorurteilslosen Wissenschaft‹) die Diskussion der atheoretisch-übertheoretischen (metaphysischen, ideologischen, gesellschaftlichen ...) »Voraussetzungen« aller Forschungspraxis überhaupt erst einmal in Gang zu bringen. Dieses mehr »taktisch« motivierte wissenschaftstheoretische Interesse, welches auf dem Umweg über einen steten wissenschaftstheoretischen Argumentationszwang letztlich die universitäts- und gesellschaftspolitische Diskussion erzwingen will, hat U. EISEL [1970a, pp. 8-9] trefflich umschrieben: »Das leidige Insistieren auf Methodologie ist nicht nur Selbstzweck, sondern ein einsichtiger Ansatzpunkt für Ideologiekritik gegenüber Studenten und Lehrern, deren Gesellschaftsbild nicht direkt angehbar ist, weil sie sich innerhalb der Universität außerhalb der Gesellschaft fühlen.«

zu lassen, in denen er sich verloren hat« [R. KÖNIG 1962, Bd 2, p. 15], dann erfüllt im hochschuldidaktischen Feld vor allem die Methodenbesinnung (auf Voraussetzungen, Wege und Ziele) eben diese Funktion[16].

Ein *achtes* Argument bezieht sich schwergewichtiger als die bisher aufgeführten darauf, daß wissenschaftliche Rede interdisziplinär bedeutsam und interdisziplinär verständlich (d. h. zumindest in diesem Sinne ›relevant‹, ›gemeinverständlich‹ und ›didaktisch‹) sein muß [vgl. hierzu vor allem H. VON HENTIG 1972, pp. 27sq.].

Die vielleicht wesentlichste »moralische« Bedingung für wissenschaftliches Handeln ist die Bereitschaft der Wissenschaftler, aufeinander zu hören und ihr Denken zu »sozialisieren« – d. h. sich unter den Argumentationszwang einer möglichst großen und heterogenen »Gemeinde« von Fragern und Kritikern zu stellen. Die berühmten Forderungen nach »Intersubjektivität« oder »Objektivität« bedeuten in ihrem Kern und in praxi die Forderung nach »Interdisziplinarität« – d. h. nach möglichst ungehemmter Kommunikation und Kritik über tabuierte Kompetenzschranken hinweg, wie sie Fachleute und Fachgruppen gegeneinander aufzurichten pflegen. Gerade diese Tabuierungen und Parzellierungen haben manches dazu beigetragen, die gegenwärtige Informations- und Kommunikationskrise im Wissenschaftsbetrieb herbeizuführen, schon im Rahmen der einzelnen Fächer die Gemeinverständlichkeit aufzuheben und die vielberufene Selbstkontrolle der Wissenschaft erlöschen zu lassen.

»Interdisziplinarität« (und damit die Wiederherstellung von Gemeinverständlichkeit und Selbstkontrolle) kann an verschiedenen Stellen und in verschiedenen Formen stattfinden und gesichert werden – die heute wichtigsten Medien interdisziplinärer Verständigung und Kontrolle sind aber ohne Zweifel die folgenden: (1.) die Anwendung von akademisch parzellierter Wissenschaft in der nicht-disziplinären Realität und auf nichtakademische, »wirkliche« Probleme, wo sich am Problem immer wieder zahlreiche Disziplinen treffen und sich verständigen müssen; (2.) die Wissenschaftspropädeutik, d. h. die »Lehr- und Lernprozesse, die auf Wissenschaft vorbereiten«; nicht zuletzt aber (3.) die »kritische Wissenschaftstheorie«, in welcher einzelne Wissenschaftler und Wissenschaftlergruppen sich immer wieder logische Struktur und Inhalt eigener und fremder Forschungspraxis (und so auch deren Gemeinsamkeiten und Zusammenhänge) vor Augen rückt.

An *neunter* – letzter – Stelle soll ein (traditionsreiches) Argument angeführt werden, das in gewissem Sinne alle anderen umfaßt.

---

[16] Wenn wir dem Modewort »Emanzipation« im Zusammenhang einer Wissenschaft und ihrer Didaktik eine mehr oder weniger greifbare Bedeutung zuschreiben wollen, dann vielleicht am ehesten diese doppelte: Die *kognitive* (*intellektuelle*) Seite bestünde in der Erkenntnis des Wissenschaftlers und des Studenten, daß auch im Rahmen seiner Wissenschaft das eigene Tun und das Bedingungsfeld der eigenen Praxis nicht naturgegeben und schicksalhaft, sondern in sehr vielen Stücken menschengemacht, veränderbar, von historisch-gesellschaftlich geprägten Erkenntnisinteressen gesteuert, von bestimmten Gruppeninteressen und Gruppenentscheidungen getragen und an bestimmte Nutznießer gebunden sind. Die *politisch-praktische* Seite bestünde in der Möglichkeit und Fähigkeit des Wissenschaftlers und Studenten, in informierter Weise an den Entscheidungsprozessen teilzunehmen, in denen über ihn und seine berufliche Umwelt verfügt wird. »Emanzipation« im ersten Sinne *ist* Metatheorie, »Emanzipation« im zweiten Sinne setzt Metatheorie voraus.

Wer Wissenschaft betreibt oder lehrt (in Hochschule und Schule – und sei es in noch so abgeleiteter Weise), hat sich einer sozialen Gruppe angeschlossen und deren Normen wenigstens implizit akzeptiert. Diese Normen stecken in den Basisentscheidungen über Definition und Programm einer Wissenschaft (oder der Wissenschaft überhaupt); in diesem Wissenschaftsideal sind letztlich alle wesentlichen Verfahrensregeln der Forschungspraxis verankert. Zu diesem Ideal gehört u. a. das Postulat, außer den wissenschaftlichen Normen selbst keine anderen Werturteile als Kriterien der Richtigkeit erfahrungswissenschaftlicher Aussagen zuzulassen; hierher gehört aber vor allem auch das Postulat der prinzipiellen Revidierbarkeit und intersubjektiven Nachprüfbarkeit aller Aussagen – *selbst der Basisentscheidungen.* Die Normen der Wissenschaft schließen also immer auch noch die Kritik dieser Normen ein; in diesem Sinne steckt die methodologische Reflektiertheit bereits in der Vorstellung vom »guten Wissenschaftler«. Dieses Argument ist gewissermaßen altehrwürdig; als eine der älteren und sozusagen klassischen Stellen sei z. B. E. SPRANGERS Aufsatz über den »Sinn der Voraussetzungslosigkeit in den Geisteswissenschaften« [1929] genannt: Das einzige »einigende Band« der Wissenschaft ist die im weitesten Sinne wissenschaftstheoretische »Selbstkritik der eigenen Grundlagen« – nur diese »Wissenschaft zweiter Potenz« gibt dem Wissenschaftler intellektuelle Identität und Integrität; ohne diese Besinnung löst sich »die Wissenschaft« auf in epochenspezifische Konglomerate und historische Sequenzen mythenartiger Gebilde, die keine wesentliche Beziehung mehr zueinander haben. Nicht mittels einer fiktiven Voraussetzungslosigkeit, sondern mittels der metatheoretischen Selbstkritik in die theoretischen und vortheoretischen Grundlagen hinein wird die Mannigfaltigkeit der empirisch-historisch gegebenen wissenschaftlichen Bezugssysteme auf einen gemeinsamen Ausgangspunkt zurückbezogen – oder kann wenigstens die Stelle angegeben werden, an der das (scheinbare) Auseinandergehen stattgefunden hat. Nur auf diese Weise kann sich der Wissenschaftler der gemeinsamen »Wahrheitsintention« der Wissenschaft (der Idee der Verständigung durch Gründe) versichern; ohne diese Rückbesinnung wären Vokabeln wie »Wissenschaft« und »Wissenschaftler« bloße Homonyme ohne gemeinsame Bedeutungselemente [E. Spranger 1969, pp. 19sq.; vgl. zur Thematik auch G. WEISSER 1970].

3. Die »déformations professionnelles« des Methodologen

Zweifellos gibt es auch Risiken der methodologischen Beschäftigung und der methodologischen Bewußtheit; auf diese *déformations professionelles* des Methodologen muß ebenfalls verwiesen werden. Sie sollen unter zwei Punkten resümiert werden: Es handelt sich (1.) um die Neigung des Methodologen, seine Bedeutung für die Forschungspraxis und seine Rolle in der Disziplingeschichte (ein wenig bis maßlos) zu überschätzen, und (2.) um seine Neigung zur »Forschungspraxisferne«, zu einem methodologischen Modellplatonismus, der sich von den wirklich bedeutsamen (d. h. von den *in praxi* drängenden) Problemen und dem realen Verhalten der Praktiker bis zur Unkenntlichkeit, Unvergleichbarkeit und Unverbindlichkeit entfernt.

Die erstgenannte Berufskrankheit beruht auf einem gewissen Narzißmus der Dauerreflexion (der seinerseits nicht selten getragen wird von einer nur noch abergläubisch zu nennenden Überschätzung der erhellenden und erlösenden Kraft der Selbstreflexion, des Hinterfragens und der Kritik). Der Methodologe gerät auf diesem Wege überdies leicht in einen Widerspruch zwischen seinen idealen oder idealisierenden wissenschaftstheoretischen Ansprüchen einerseits, seiner außermethodologischen Forschungspraxis andererseits, und aus diesem als schmerzlich empfundenen Dilemma erlöst er sich zuweilen auf eine etwas zu einfache Weise: Indem er sich von der Forschungspraxis zurückzieht. Man beobachtet bei wissenschaftstheoretisch interessierten und methodologisch produktiven Fachwissenschaftlern in der Tat des öfteren eine Art Selbststerilisierung und Selbstlähmung, eine auffällige Unfähigkeit zu interessanten konkreten Forschungsansätzen, eine wachsende Unfähigkeit zur *intentio recta* auf die Sachen; diese Unfähigkeit wird nicht selten rationalisiert durch eine Denunziation aller bestehenden Forschungspraxis und durch eine Hochstilisierung der *intentio obliqua,* der forschungslogischen und sozialphilosophischen Kritik, zu einer ungleich würdigeren Richtung des Denkens.

Beobachtungen dieser Art führen bei Methodologen vom Typ der Menfoutisten zu zwei Typen von Argumenten: Erstens zum Eunuchen-, zweitens zum Tausendfüßlerargument (um zwei einprägsame Metaphern, die im Rahmen dieser Argumentationsmuster auftreten, zur Namengebung zu benutzen).

Das erstgenannte Argument ist dem schon erwähnten Leistungstopos verwandt; in seiner stilistisch elegantesten und inhaltlich deftigsten Form lautet es etwa, diese Methodologen – oder diese ›jungen Leute‹, die soviel von Wissenschaftstheorie und dergleichen reden – seien wie die Eunuchen: Sie wüßten zwar genau, wie es geht, aber sie könnten es eben nicht.

Erinnern wir uns aber, daß dieses Argument normalerweise vorgebracht wird von den gleichen Personen, die die Forschungs- und Publikationsgelder nicht nur verteilen (oder die Verteilung wenigstens formell-informell mitsteuern), sondern durchweg auch empfangen[17]; die nicht selten seit einem Menschenalter und mehr, jedenfalls aber seit geraumer Zeit, unter den angedeuteten finanziellen Umständen und im Rahmen einer (für sie) relativ vorteilhaften Hochschulstruktur ihre, ihrer Institute und ihrer »Mitarbeiter« Kapazitäten auslasten konnten; die – über die Berufungspolitik (von der studentischen Hilfskraft bis zum ordentlichen Professor) – auch darüber verfügen, wie diese Kapazitäten künftig ausgelastet werden; die schließlich – direkt oder über informelle Kontrollmöglichkeiten – auch die Zugänge zu den Zeitschriften und Schriftenreihen besetzt halten. Zieht man diese und weitere (disziplinhistorisch bis zu einem gewissen Grade unvermeidlichen und unter dem Aspekt disziplinhistorischer Kontinuität teilweise sogar legitimen) Wettbewerbsverzerrungen in Betracht, klingt das Eunuchenargument reichlich zynisch; es hat offensichtlich viele Züge einer *self-fulfilling prophecy.*

Wenn eine richtige Ahnung in diesem Argument stecken sollte, dann diese: Die ersten Anfänge eines neuen »Paradigmas« (einer neuen Forschungsperspektive oder Forschungsrichtung) pflegen relativ problemreich, roh, unentwickelt und (in den Augen der älteren Forschergeneration!) ästhetisch reizlos zu sein – relativ zu dem stilistischen Raffinement und der empirischen Fülle im Rahmen des historisch reifen, älteren Paradigmas, das sich ja eine bis mehrere Generationen lang mehr oder weniger unangefochten entfalten konnte[18].

---

[17] Direkt oder indirekt über ihre Schüler; jedenfalls bleiben das Geld und das gute Papier, wenn man Wert darauf legt, bestimmten Themen und Methoden treu.

[18] »Die ersten Versionen der meisten neuen Paradigmata [Forschungsperspektiven, Basistheorien] sind roh. Bis sich ihre ästhetische Anziehungskraft voll entwickeln kann, ist die Mehrheit

Es kommt aber noch folgendes hinzu. Das Bedürfnis nach Methodologie pflegt in »Krisenzeiten« zu entstehen, und zwar bei einer »Übergangsgeneration«, die diese »Krise« relativ bewußt und an sich selbst erlebt. (Eine wissenschaftsgeschichtliche »Krise« meint vor allem eine – meist überdisziplinär bedingte – Veränderung in methodologischen und anderen Grundüberzeugungen sowie in den fundamentalen Erkenntnisinteressen.) Diese methodologischen Bemühungen und mehr noch die daraus folgende Notwendigkeit, ein *neues* Gleichgewicht zwischen Forschungspraxis, Unterrichtspraxis und Metatheorie zu etablieren, absorbieren aber mehr intellektuelle Energie, als ein Menfoutist oder ein Bischof sich träumen lassen, und bedeuten auf alle Fälle *notwendigerweise* einen oft jahrelangen Verzicht auf naiv-ungehemmte Produktion in der Nestwärme traditionell anerkannter Methoden und Themen.

Das Tausendfüßler-Argument lautet etwa so: Der Tausendfüßler, der (aus eigenem Antrieb oder weil man ihn befragte) darüber zu reflektieren beginnt, wie er es denn so mache, sich mit seinen tausend Beinen fortzubewegen, wird durch diese Reflexion in einen Zustand völliger Desperatheit verfallen, völlig aus dem Rhythmus kommen und keinen Schritt mehr vor den anderen setzen können. Dieser Tausendfüßler möge dem Geographen zur Warnung dienen: *Vestigia terrent.*

In dieser Parabel spiegelt sich eine klassische Meinung: Daß (wie es bei Goethe heißt) »der Handelnde ohne Gewissen (d. h. Bewußtheit)« ist (daß man also nicht durchweg und strikt zugleich Brot backen und über das Brotbacken diskutieren kann), und daß, wie Hamlet sagt, »Gewissen (Bewußtheit) Feige aus uns allen« macht – nämlich unter bestimmten und nicht ganz seltenen psychischen Bedingungen. Wir können die berühmten Worte als eine berechtigte Warnung vor der Illusion vollständiger Bewußtheit wissenschaftlichen Tuns verstehen – vor der Illusion z. B., als müßte erst einmal die Reflexion die forschungslogischen, ideologischen und gesellschaftlichen »Gründe« ausleuchten und zugleich schaffen, bevor man »ohne Gefahr« beginnen könne, »konkret zu arbeiten«[19].

In der üblichen rohen und undifferenzierten Form taugt das Tausendfüßler-Argument nicht viel: Es spricht manches dafür, daß viele menschliche Aktivitäten zumindest langfristig wirkungsvoller werden, wenn man wenigstens in den Grundzügen weiß, was man tut und wie man es tut [vgl. z. B. K.-D. OPP 1970, pp. 13sq.]. Da wir uns aber entschlossen haben, auch dieses Argument wohlwollend zu interpretieren, können wir seinen »richtigen Kern« etwa wie folgt umschreiben. Der wissenschaftliche Fortschritt wird nach Ausweis der Wissenschaftsgeschichte mehr durch Taten als durch metatheoreti-

der Forschergemeinde auf anderen Wegen überzeugt worden« [TH.S. Kuhn 1967, p. 205; vgl. pp. 206sq.].

[19] Man muß demgegenüber trivialer Weise festhalten, daß jede wissenschaftliche Tätigkeit notwendig mit einem beträchtlichen Quantum ungeklärter und *hic et nunc* nicht mehr hinterfragter Voraussetzungen operiert: Wer zu argumentieren beginnt, muß wenigstens einige Regeln der Argumentation voraussetzen; wer etwas »hinterfragt«, muß anderes unbefragt akzeptieren – wie man überhaupt nur diskutieren und kritisieren kann aufgrund von *hic et nunc* nicht mehr Diskutiertem und Kritisiertem. Dies hebt natürlich weder die Wissenschaft auf noch die »popperianischen« Postulate der maximalen Kritisierbarkeit und des konsequenten Fallibilismus: Solange diese Voraussetzungen (und somit sogar der Glaube ans Kritisieren selbst) nicht *prinzipiell* der Diskussion entzogen und dadurch *prinzipiell* revidierbar bleiben.

sche Reflexion getragen, mehr durch produktives als durch reflexives Verhalten (um es sehr plakathaft zu formulieren). Man muß an zwei – an sich wiederum ziemlich triviale – wissenschaftsgeschichtliche Erfahrungen erinnern: (1.) Fast nie ist eine zentrale Theorie aufgegeben worden, weil jemand nachgewiesen hat, daß einige Beobachtungen gegen sie sprächen, daß sie inkonsistent, ideologieverdächtig oder sonstwie fragwürdig sei. Nur eine fruchtbare alternative Theorie konnte bisher eine ältere, »falsche« Theorie verdrängen (und zwar gemeinhin nur unter einigen ziemlich gut zu umreißenden Bedingungen, die wir hier nicht zu erörtern brauchen). (2.) Kaum einmal ist ein Forschungsansatz (eine Forschungsrichtung, eine Forschungsperspektive) aufgegeben worden, weil ein Wissenschaftstheoretiker (dessen Rolle in älteren Zeiten ja durch Philosophen und Erkenntnistheoretiker gespielt wurde) schlüssig nachgewiesen hätte, daß die betreffenden Wissenschaftler sich auf einem Holzwege befänden; eine solche Verdrängung vollzieht sich gewöhnlich durch einen alternativen Forschungsansatz: indem dieser der älteren Forschungsrichtung auf die Dauer Interesse, Personal und Mittel entzieht.

Man pointiert wohl nur wenig, wenn man sagt, daß neue Themen, Fragestellungen, Forschungsrichtungen, Paradigmen und ›epochemachende‹, d. h. vorbildhaft wirkende wissenschaftliche ›Standardwerke‹ in die Wissenschaft eingeführt werden, wie in die Gesellschaft neue Verhaltensmuster, neue Institutionen, neue Werte, neue Kunstwerke eingeführt werden: durch vorbildliche Handlungen, durch ›inspirierende‹ wissenschaftliche Leistungen, nicht so sehr durch scharfsinnige forschungslogische und ›hinterfragende‹ Reflexionen. Diesen Aspekt wissenschaftlicher Innovationen hat M. POLANYI in zahlreichen Arbeiten immer wieder betont[20].

---

[20] U. EISEL hat [z. B. 1970a, pp. 12- 13; 1970b, p. 18 11. ö.] bemerkt, daß der »Legitimationszerfall« von Landschafts- und Länderkunde in der gegenwärtigen Geographie des deutschen Sprachbereichs auf zweierlei Reaktionen treffe: auf Ignoranz oder Neuorientierung. »Diese Neuorientierung junger deutscher Geographen an der angelsächsischen und schwedischen Geographie ist verständlich, denn man kann sowohl das Alte verdammen, wie auch weiterhin Geographie betreiben. Das bildet dann die pseudoprogressive Haltung der meisten ›offiziellen Progressiven‹ der Geographie. In Anlehnung an die angelsächsische Geographie wird ›konstruktiv‹ gearbeitet. Das löst den Konflikt, indem die getane Arbeit eine pragmatische Kritik des Bestehenden darstellt, aber nur, weil die Legitimationsmöglichkeiten vorher auf diese pragmatische Ebene verlagert wurden (Motto: Wir lösen einfach Probleme)« [p. 12]; »die neueste Richtung der Sozialgeographie läßt es sich zu Schulden kommen, ihre Gegner weniger (meta)theoretisch als pragmatisch zu überwinden« [p. 18]. Dem Autor schwebt demgegenüber »Klärung« und »Neubestimmung« des Faches von einer (ideologie)kritischen (Meta-)Theorie her vor, die den Wert der konkurrierenden Forschungsansätze an ihrer gesellschaftlich-politischen Funktion mißt und dergestalt die Kontroverse, die bisher mehr disziplinpolitisch und mit gegenseitigem Achselzucken ausgetragen wird, im Rahmen einer umfassenden gesellschaftskritisch-wissenschaftstheoretischen Reflexion zu einem rationalen Ende bringen könnte. Wenn man aber das Wort »pragmatisch« in dem Ausdruck »pragmatische Kritik des Bestehenden« nicht allzu eng interpretiert (also nicht nur als »Kritik durch Hinweis auf technisch-sozialtechnische Anwendbarkeit«), dann dürfte eine solche achselzuckende pragmatische Kritik, die einfach alternative Problemlösungen, Forschungsansätze und Paradigmen vorstellt und ausführt, nach Ausweis der Wissenschaftsgeschichte die durchschlagendere Kritik sein, neben der alle metatheoretische und ideologisch-ideologiekritische Kritik immer nur eine Hilfsfunktion hatte (in manchen Disziplinen und disziplinhistorischen Momenten allerdings eine sehr wichtige Hilfsfunktion). Diese Feststellung ist sicherlich nicht sehr erbaulich und mag einen

Der gute Sinn und die Funktion der landläufigen anti-methodologischen Ressentiments und der an sich meist unqualifizierten anti-methodologischen Redensarten könnte also darin bestehen, daß der Methodologe sich der Grenzen der wissenschaftstheoretischen Reflexion bewußt bleibt – sowohl, was ihre intellektuellen Möglichkeiten, wie, was ihre historische Wirkung angeht. Er sollte vor allem im Auge behalten, daß er mehr eine klärende, Möglichkeiten entwickelnde und vorantreibende als eine fundierende Funktion hat.

Der Wissenschaftsprozeß insgesamt wird wohl am besten beschrieben als fortlaufende Kritik und Selbstkorrektur eines mehr oder weniger diffusen Vorverständnisses aus vorwissenschaftlichen und wissenschaftlichen Meinungen (sowohl eines *mitgebrachten*, globalen Vorverständnisses als auch eines jeweils *in concreto* hypothetisch *antizipierenden* Vorverständnisses, vgl. F. KÜMMEL 1965, pp. 36sq.; O.F. BOLLNOW 1970, pp. 24, 100sq. u. ö.). Für eine solche Auffassung erledigt sich sowohl das »Anfangsproblem« als auch das Problem des »sicheren Fundamentes«. Die Wissenschaftstheorie hat in diesem Rahmen vor allem die Aufgabe, diesen (anfangs- und endlosen) Korrektur-Prozeß bewußt zu machen, zu stimulieren und angemessen regeln zu helfen. Sie begründet nicht die Forschung, sondern setzt sie immer schon voraus: als gute und als schlechte.

Der disziplininterne (»regionale«) Methodologe sollte seine wissenschaftstheoretischen Reflexionen und Erkenntnisse also nicht als eine Suche nach sicheren Fundamenten, sondern eher als eine *catharsis intellectuelle* betrachten (oder wenigstens als einen Anstoß in dieser Richtung) – eine intellektuelle Katharsis, die neue Kräfte für die Forschungspraxis freisetzen, aber – in der Gesamtbilanz – nicht Kräfte binden und abziehen sollte. In gewisser Analogie zur psychotherapeutischen Behandlung – eine Analogie, die der französische Wissenschaftstheoretiker, Epistemologe und Literaturkritiker G. Bachelard in so fruchtbarer Weise verfolgt hat – sollte seine Aufgabe (neben der schon besprochenen empirischen Bestandsaufnahme und idealisierenden Rekonstruktion der Forschungspraxis) nicht zuletzt darin bestehen, (1.) blockierende Denkkomplexe aufzulösen, (2.) der wissenschaftlichen Neugier bisher verdrängte Möglichkeiten und neue Perspektiven zu zeigen – also geistige Energien freizusetzen und sinnvoll auszurichten, die bisher durch irgendwelche eingefleischten Überzeugungen und nicht mehr befragte Traditionen gebunden waren. Man darf an dieser Stelle daran erinnern, daß in der »dialektischen« Wissenschaftstheorie nicht selten der human- oder sozialwissenschaftliche Erkenntnisprozeß insgesamt nach dem Vorbild des psychoanalytischen (oder therapeutischen) Gesprächs modelliert wird. Auch im Falle der metawissenschaftlichen Analyse sind die »Objekte« – die Forschungspraxis und die Mitglieder der Forschergemeinde – von der Art, daß sie in Kommunikation mit dem Analytiker (hier: dem Methodologen) treten, auf dessen ›provozierende‹ Beschreibungen und Metatheorien reagieren und z. B. im Lichte dieser Metatheorie ihr »Selbstverständnis« und ihr Verhalten, aber natürlich auch die Metatheorie, (die Meinung des Analytikers) verändern *können*.

Die Methodologie ist jedenfalls nicht Selbstzweck; ihr Zweck ist es auch nicht, ein befriedigendes Selbstbild der Disziplin herzustellen oder die Disziplin zu ›entideologi-

---

entscheidenden Mangel an Vernunft im Forschungsprozeß und in der Forschergemeinde indizieren: Es sieht aber nicht danach aus, als werde sich in absehbarer Zeit daran viel ändern.

sieren‹ (was ein utopisches Ziel wäre); das einzig vernünftige Operationsziel innerdisziplinärer Methodologie ist letztlich eine *bessere Forschungspraxis*.

Diese disziplinbezogene, »regionale« oder »spezielle« Wissenschaftstheorie (oder Wissenschaftswissenschaft) entsteht also aus teilnehmender und engagierter Beobachtung – es sollten, nach G. Radnitzkys Terminus, »studies of type P« sein: »the intent is practical: one wishes to facilitate the development of knowledge, to improve its growth rate«[21].

War die Selbstüberschätzung des Methodologen die eine »déformation professionelle«, so ist die Forschungspraxisferne seiner Reflexion die andere. Dieser Mangel wissenschaftstheoretischer Schriften ist vielfach empfunden und beschrieben worden. Das Bemerkenswerte an den Produkten der Methodologen, vermerkt S. TOULMIN [o. J., pp. 7sq.], sei die Aura von Unwirklichkeit und Irrelevanz, die vielfach um ihre Erörterungen schwebe, sobald man sie vor der Folie des realen Wissenschaftsbetriebes betrachte. »Die Gedankengänge und Verfahrensweisen dagegen, die man bei Wissenschaftlern wirklich findet, kommen nur selten zur Sprache (...); die (...) Autoren scheinen in den meisten Fällen anzunehmen, daß uns alles, was die Wissenschaftler sagen und tun, hinreichend bekannt ist« – was dann oft zu allzu schlichten bis verzerrten Auffassungen von der Alltagsarbeit und vom Fortschreiten der Wissenschaft führen müsse.

Diese »Berufsgefahr« des von der Forschungspraxis isolierten Wissenschaftstheoretikers ist – in besonderer Variante – auch aus den Sozialwissenschaften wohlbekannt. Hier ist der Methodologe z. B. leicht geneigt, die Arbeit des Sozialwissenschaftlers an den Naturwissenschaften zu messen, entsprechend abzuqualifizieren und schließlich anzuraten, ebenso zu verfahren, wie – nach Ansicht des Methodologen – die Naturwissenschaftler vorgehen. »Nun mag dies ein sehr guter Rat sein, aber ich war immer der Ansicht, daß der Methodologe der Sozialwissenschaften eine eigentliche Analyse dessen durchführen würde, was wir Praktiker tatsächlich tun« – aber leider: »Die Wissenschaftstheoretiker sind an der alltäglichen Arbeit des empirischen Forschers weder interessiert, noch wissen sie darüber Bescheid« [P. F. LAZARSFELD 1965, pp. 39sq.].

Der Historiker K.-G. FABER findet auch bei denjenigen Wissenschaftstheoretikern, die sich der Geschichte angenommen haben, »eine bemerkenswerte Mißachtung oder Verkennung der Forschungspraxis in der Geschichtswissenschaft« [1971, p. 16]. Auch wenn GADAMER [1965, in »Wahrheit und Methode«] oder HABERMAS [1968, in »Erkenntnis und Interesse«] über historische Hermeneutik oder historische Sinnkritik schreiben, bleibt das, was Historiker tatsächlich tun und wie sie tatsächlich verfahren, so

---

[21] »Let us call them ›studies of type P – where ›P‹ associates to ›participant, practice of research, practical intent‹, ›praxiological orientation (in Kontarbinski's sense). Thus the question of P is »How can the production of knowledge be facilitated ?. (...) Hence the products of P itself have to be evaluated in terms of their *relevance for scientific* practice: for research practice, scientific policy, etc. (...) One of the cultural functions which metascience may be hoped to fulfil will be the advisory or consultative function. ...) The metascientist will, one day, function much like the management consultant he will have to advise, warn, etc. in connection with the knowledge-producing enterprise (...). Another function will be that of *catalyzing the growth* of scientific knowledge, by increasing the active researcher's methodological sophistication and by assisting him to improve his selfreflection in his own discipline, and also by helping researchers engaged in interdisciplinary work to help each other« [G. RADNITZKY 1970, p. 3].

gut wie vollständig außerhalb des Blickes. Vorwürfe solcher Art kann man kaum allesamt als Reaktionen narzißtisch gekränkter Praktiker abtun.

Die nicht seltene Forschungspraxisferne der professionellen Forschungslogiker ist »gruppendynamisch« nicht schwer zu verstehen: Auch diese Gruppe von Wissenschaftlern entwickelt, was ihre Interessen und Themen angeht, ein Eigenleben und eine Eigendynamik: so daß ihre Äußerungen den ratsuchenden Praktiker (für den sie »ursprünglich« bestimmt waren) oft reichlich »wirklichkeitsfern«, »akademisch« und »praktisch unbrauchbar« anmuten, ja, daß z. B. nicht selten »the models (of Theory, Explanation etc.) offered by Logical Empiricism wander disconsolately through the realm of scientific and metascientific discussion like characters in search for actors to play them« [G. RADNITZKY 1970, p. 15]. Dies ist der wesentliche Grund dafür, warum immer auch eine disziplininterne Methodologie notwendig sein wird – und sei es nur als eine die Metatheorien der professionellen (überregionalen) Forschungslogik »anwendende«, prüfende und modifizierende Subdisziplin. Die allgemeine Wissenschaftstheorie wird überhaupt nur selten für die Einzelwissenschaft unmittelbar bedeutsam sein. Der angemessene Vollzug der Metatheorie, die Rezeption der erkenntnis- und wissenschaftstheoretischen Entwicklung, die Verbindung von empirischer Wissenschaft und »Philosophie« muß vielmehr in der Einzelwissenschaft selbst gesichert werden.

Daraus ergibt sich unter anderem, daß die konkrete Analyse tatsächlicher Forschungspraxis (sei es *in vivo*, d. h. als reales Verhalten im Forschungsprozeß, sei es *in vitro,* d. h. als Veröffentlichung) das Zentrum einer disziplininternen Methodologie darstellen sollte, – zunächst einmal in Form von *case studies* über Entstehung, Anwendung und Validierung von neuen Theorien und Forschungsansätzen, aber auch der Beobachtungs- und Interpretationsverfahren – das notwendigste Instrumentarium wird von Wissenschaftstheorie und empirischer Sozialwissenschaft, sozialpsychologischer Verhaltensforschung usf., künftig wohl auch von einer sich rasch entwickelnden Wissenschaftssoziologie und »empirischen Wissenschaftswissenschaft« bereitgestellt.

Die Wissenschaftstheorie, sogar die Forschungslogik ist (unter anderem) auch eine empirische Wissenschaft; sie hat einen »Gegenstand«, einen Phänomenbereich: eben die Forschung. Sie fragt auch, wie diese Forschungspraxis beschaffen ist, sie ist auch (empirisch testbare) Theorie über Theorie, und die Forschungspraxis ist Beobachtungsbasis und Kontrollinstanz dieser Metatheorie. Natürlich ist eine sinnvolle Methodologie nicht bloß deskriptiv, aber ohne diese deskriptive Komponente riskiert sie, bedeutungslos zu werden. In diesem Sinne ist – was z. B. H. HETTNER und R. HARTSHORNE immer wieder betont haben – Wissenschaftstheorie ohne Wissenschaftsgeschichte leer, wie umgekehrt Wissenschaftsgeschichte ohne Wissenschaftstheorie blind bleiben muß – wobei die Vokabel »Wissenschaftsgeschichte« hier für das ganze Feld empirischer »Wissenschaftswissenschaften« stehen soll, die neben der Explikation der logisch-semantischen Strukturen praktischer Arbeiten auch Forschungspsychologie und -soziologie einschließen.

Eine in diesem Sinne betriebene Wissenschaftsgeschichte wäre allerdings dann nicht (wie so häufig) eine legitimierend-apologetische Rückschau, welche die eigene Forschungspraxis an eine große Tradition anzuknüpfen und als logisches Ergebnis einer eindrucksvollen Entwicklung darzustellen versucht, auch keine antiquarische Historiographie der ›geographischen Information‹, sondern (unter anderem) der Versuch, den historischen Stoff als empirische Basis für zentrale methodologische Fragestellungen (wie Erkenntnisfortschritt und Paradigmenwechsel) aufzuschließen.

Ein Vorteil dieses Ansatzes ist es auch, daß auf dieser Ebene die methodologische *Diskussion* am ehesten erfolgversprechend ist: Eine allgemeine Kritik einer Forschungsrichtung (z. B. mittels der Maßstäbe der *philosophy of science*) erreicht voraussichtlich die Adressaten gar nicht: viel mehr Erfolg verspricht z. B. die detaillierte Analyse typischer Arbeiten, sei es der Landschaftskunde, sei es der quantitativen und theoretischen Geographie, überhaupt die realistische Rekonstruktion der im Rahmen bestimmter Forschungsperspektiven tatsächlich üblichen Arbeitstechniken, Forschungspläne und Forschungsstrategien – ganz abgesehen davon, daß diese Art von wissenschaftstheoretischer Analyse weniger Gefahr läuft, undifferenziert, pauschal und ungerecht gegenüber einer kritisierten Forschungsrichtung zu werden.

Ein weiterer Vorteil des aufmerksamen Studiums der Forschungspraxis fällt noch schwerer ins Gewicht: Wir laufen auf diese Weise weniger Gefahr zu verwechseln, was die Geographen tatsächlich tun und was sie in ihren methodologischen Selbstdarstellungen und Programmen zu tun vorgeben. Verwechslungen dieser Art sind häufig, aber keineswegs etwa ein geographisches Spezifikum und für große Gelehrte nicht weniger typisch als für den Wissenschaftsbetrieb im allgemeinen.

»Max Weber hat auf dem Gebiet der Geschichtssoziologie, das in letzter Zeit stark vernachlässigt wurde, Hervorragendes geleistet. Er hat jedoch auch ein paar Seiten über das, was er zu tun glaubte, geschrieben, auf denen er sein Verfahren als Konstruktion von Idealtypen bezeichnet. Diese programmatischen Behauptungen widersprechen sich in vielen Punkten; sie haben keine sichtbare Beziehung zum tatsächlichen Inhalt seiner Forschungen, haben aber zu einer endlosen und konfusen Literatur geführt, die sich in erster Linie mit terminologischen Problemen befaßt und, soweit ich sehen kann, keine neuen Untersuchungen hervorgebracht hat. Niemand hat herausgearbeitet, wie er in seinen Forschungen tatsächlich verfahren ist, was die Schwierigkeit, seine Arbeitsweise nachzuahmen, nur erhöht hat« [P.F. LAZARSFELD 1965, p. 39]. Analoges gilt weithin für die Landschaftsgeographie des deutschen Sprachbereichs und für das Verhältnis von landschaftskundlicher Methodologie und zugehöriger Forschungspraxis[22].

---

[22] Es ist übrigens forschungspsychologisch interessant, daß sich der einzelne Wissenschaftler oft viel stärker mit seinen methodologischen Äußerungen identifiziert als mit seinen übrigen Arbeiten und auf dem erstgenannten Felde viel emotionaler auf Kritik reagiert – und dann meist mit Symptomen, die erkennen lassen, daß man in seine Intimsphäre eingedrungen ist. Er reagiert im allgemeinen sehr gelassen, ja zuweilen dankbar, wenn man ihn auf Versehen und Unrichtigkeiten im Sachteil (z. B. eines Lehrbuches) aufmerksam macht, aber sehr gereizt, wenn es auch nur um Formulierungen im zugehörigen methodologischen Vorspann geht – selbst wenn es offensichtlich ist, daß dieser Vorspann kaum etwas mit dem im eigentlichen Sinne ›wissenschaftlichen‹ Teil des Buches zu tun hat. Diese Reaktionen sind wohl nur so zu deuten, daß der Autor die oft bekenntnishaften ›methodologischen‹ Einleitungen, in denen er seine letztpersönlichen Interessenbindungen an die Materie philosophisch zu artikulieren versucht (also die personalen und ideellen ›letzten Anliegen‹, auf die hin er Geographie zu treiben glaubt), auch für die ›letzten‹ Gründe der Geltung seiner Sachaussagen hält – in einer sehr üblichen und schlechten Vermischung des Entstehungs- und des Geltungszusammenhanges wissenschaftlicher Aussagensysteme.

Aus den im vorangehenden Kapitel angeführten Argumenten folgt am Ende, daß die Studenten schon möglichst früh – am Beginn und im Verlauf der Einführungsübungen, dann gründlicher zu Beginn und im Verlauf eines auf die Einführungsübungen aufbauenden systematischen Empiriekurses – Möglichkeit, Nützlichkeit und Grenzen metatheoretischer Bewußtheit und Analyse erfahren sollten, und zwar etwa in folgender Form:

1. Indem sie gewisse Grundthemen wissenschaftstheoretischer Argumentation wenigstens in grober Form und an geographischen Illustrationen kennenlernen (die Unterscheidung und relative Autonomie von *context of discovery* und *context of justification*; Begriffsbildung und Kontrollinstanzen wissenschaftlicher Aussagen; das ›dialektische‹ Verhältnis von Theorie und Empirie; die logische Struktur und die Textformen wissenschaftlicher Erklärungen in Natur-, Sozial- und Geschichtswissenschaft; die logische Struktur deterministisch-nomologischer und probabilistischer Erklärungen; die Struktur kausaler, funktionaler, system- und handlungstheoretischer Theorie- und Erklärungsansätze; eine kurze Charakteristik der ›contemporary schools of metascience‹ [G. RADNITZKY 1970]);

2. indem die Studenten ein Gerüst, ein Schema zur forschungslogischen Interpretation und Kritik wissenschaftlich-geographischer Veröffentlichungen, Forschungspläne, Forschungsgänge und Forschungsstrategien erarbeiten und dieses Interpretationsschema an einigen wenigen (positiven und negativen) Beispielen anwenden lernen;

3. indem die Studenten angeleitet werden zu bemerken, daß auch hinter Einzelhypothesen und speziellen Untersuchungen prinzipielle Frageansätze, ›Weltperspektiven‹, leitende Erkenntnisinteressen und Wissenschaftsideale stehen und daß diese Grundansätze und ihre konkreten Ausformungen auf bestimmte Gruppeninteressen, Menschen- und Weltbilder (›Ideologien‹) rückbezogen werden können.

Wenn wir uns das eigentliche Ziel einer fachinternen Methodologie und methodologischen Bewußtheit vor Augen halten (nämlich eine gute bzw. bessere Forschungspraxis durch die Sicherung des Erkenntnisfortschritts und die Sicherung einer angemessenen Durchsetzungschance für innovative Ansätze), dann ist das an dritter Stelle Angeführte von besonderer Wichtigkeit. Schon die Einführungsübung sollte – durch eine wenigstens provisorische und krude Explikation der in der disziplinären Realität *nebeneinander* vorhandenen, teilweise sehr heterogenen Erkenntnisinteressen und Fragehorizonte – aufräumen mit dem Mythos von der einen und ewigen monolithischen Geographie.

*Auf einer anderen Ebene, in historischer Vogelperspektive, gibt es allerdings und offensichtlich auch so etwas wie eine säkulare geographische Leitidee, zumal dann, wenn man sich auf die sog. klassische Geographie zwischen Carl Ritter und (ungefähr) der Mitte des 20. Jahrhunderts konzentriert. Diese diffuse Idee kann man so andeuten: Mensch und Erde (d. h., der Zusammenhang von Mensch und Erde) im Spiegelbild ihrer Landschaft(en) – d. h., ihrer Landschaftsbilder.[23] Wenn man in die Geographie einführt, sollte man jedenfalls auch diese »Leitidee« oder »oberste Orientierungstheorie der Geographie« erwähnen. Der Hinweis muß aber unbedingt historisch kommentiert wer-

---

[23] Weil man dabei gemeinhin »Natur« als »Erde« und die Erde als Vielfalt von Landschaften (d. h. Erdräumen mit bestimmtem Landschaftsbild und -charakter) verstand, konnte man zweihundert Jahre lang von »Mensch und Natur« (im Spiegel der Landschaften) auch mühelos zur korrespondierenden Leitformel »Mensch und Raum (im Spiegel der Erdräume)« übergehen.

den, vor allem durch die Feststellung, daß diese Idee seit dem 18. Jahrhundert bis heute kein Spezifikum der Geographie, sondern (aufgrund schon antiker Wurzeln) so etwas wie eine common sense-Theorie, besser vielleicht: eine naheliegende Denkgewohnheit der westlichen gebildeten Welt gewesen ist. Deshalb blieb sie auch in vielen nichtgeographischen (wissenschaftlichen und außerwissenschaftlichen) Literaturen präsent. Ebenso wichtig ist, daß diese Denkgewohnheit in der Geographie weniger (und kaum einmal konsequent) als operativ brauchbares Forschungsprogramm oder Paradigma eingesetzt wurde, sondern eher dazu diente, die Rhetorik der Bischöfe zu würzen, die Geographie an Hochschule und Schule wirkungsvoll im common sense zu verankern und nicht zuletzt dazu, die für den unbefangenen Blick unsichtbare »Einheit des Faches« vorzuspiegeln und die tatsächliche Heterogenität seiner Gegenstände unsichtbar zu machen, z. B. im Rahmen länderkundlicher Darstellung. Kurz, das »Mensch-Natur-Paradigma« diente eher einer Selbstillusionierung (nach innen) und einer Relevanzbeschaffung (nach außen), aber weniger als eine arbeitende (Orientierungs)Theorie.[24]

Vor allem aber ist eine Betonung des Mensch-Natur-Paradigmas als (historische oder gar aktuelle) Leitidee der Geographie ganz ungeeignet, den heutigen Studenten in der heutigen Geographie und im heutigen Wissenschaftssystem zu orientieren (von seiner professionellen Orientierung ganz zu schweigen). Erstens verzerrt man dann die disziplinäre Realität bis zur Unkenntlichkeit, zweitens werden im Lichte dieser Idee leicht alle Katzen grau, und drittens kann dieses Thema nach aller wissenschaftsgeschichtlichen Erfahrung schlechthin nicht (mehr) verwissenschaftlicht werden, zumindest nicht mehr nach seinem originären Sinn, nicht mehr im Rahmen der heutigen Geographie und nicht mehr im Kontext der heutigen Wissenschaften und wissenschaftsnahen, d. h. akademisch ausgebildeten Professionen. Kurz, das Mensch-Natur-Thema verdient es sehr wohl, thematisiert, reflektiert und relativiert zu werden; ein Insistieren auf diesem Thema als einer Leitidee (oder gar *dem* Paradigma) der Geographie wäre heute aber einfach nur noch eine grobe Irreführung der Studenten mit Hilfe einer ehrwürdigen Fachideologie. *In einer Einführung in die Geschichte unserer Disziplin sollte also, vor allem an Hand von ausgewählten Textabschnitten, nicht eine imaginäre *geographia perennis,* sondern gerade das Nebeneinander und die tiefgreifenden historischen Veränderungen der Erkenntnisinteressen, Fragehorizonte und Wissenschaftsideale herausgearbeitet werden. Um dieses mehr methodische als stoffliche Ziel zu erreichen, würden z. B. Abschnitte aus A.F. BÜSCHING, C. RITTER, A. von HUMBOLDT, F. von RICHTHOFEN, F. RATZEL, Vidal de la BLACHE, einem Landschaftsgeographen des deutschen Sprachbereichs und einem Vertreter der analytischen und theoretischen Geographie angelsächsisch-schwedischer Prägung fürs erste genügen, und zwar möglichst jeweils vertreten durch einen metatheoretisch-programmatischen und einen objektsprachlichen Text: so daß an Hand der Texte auch das (wiederum historisch sehr variable) Verhältnis von forschungslogisch-metatheoretischem Programm und tatsächlicher Forschungspraxis thematisiert werden könnte.

[24] Daneben konnte das Mensch-Natur-Thema – im Schutz von common sense-Überzeugungen und diffusen Terminologien – auch auf Details heruntergebrochen werden und z. B. in der länderkundlichen Literatur dazu dienen, einen roten Faden zu suggerieren, etwa durch wiederkehrende, mehr oder weniger vage Hinweise auf (begünstigende oder hemmende) Natureinflüsse und Naturbedingungen.

Literatur

ALBERT, H. 1964: Probleme der Theoriebildung. In: H. ALBERT (Hrsg.): Theorie und Realität. Tübingen. Pp. 3-70.

ALBERT, H. 1967: Probleme der Wissenschaftslehre in der Sozialforschung. In: R. KÖNIG (Hrsg.): Handbuch der empirischen Sozialforschung. Bd 1. 2. Aufl. Stuttgart. Pp. 38-63.

ALBERT, H. 1969: Traktat über kritische Vernunft. 2. Aufl. Tübingen.

BACHELARD, G. 1963: Le nouvel esprit scientifique. 8e éd. Paris.

BACHELARD, G. 1965: La formation de l'esprit scientifique. Contribution à une psychoanalyse de la connaissance objective. 4e éd. Paris.

BACHELARD, G. 1966: La philosophie du non. Essai d'une philosophie du nouvel esprit scientifique. 4e éd. Paris.

BARTELS, D. 1968: Die Zukunft der Geographie als Problem ihrer Standortbestimmung. Geogr. Zeitschr. 56 (1968), pp. 124-142.

BARTELS, D. 1970: Zwischen Theorie und Metatheorie. Geogr. Rundschau.22 (1970), pp. 451-457.

BARTELS, D. 1972: Zum Auftrag der Hochschulgeographie. In: Deutscher Geographentag Erlangen-Nürnberg, 1. bis 4. Juni 1971. Tagungsbericht und wissenschaftliche Abhandlungen. Wiesbaden. Pp. 206-215.

BARTLEY, W. W. 1964: Flucht ins Engagement. München.

BOLLNOW O.F. 1970: Philosophie der Erkenntnis. Stuttgart.

CUBE, F. VON 1970: Der kybernetische Ansatz in der Didaktik. In: G. DOHMEN, F. MAURER und W. POPP (Hrsg.): Unterrichtsforschung und didaktische Theorie. München. Pp. 219-242.

DOBROW, G.M. 1970: Aktuelle Probleme der Wissenschaftswissenschaft. Berlin [Ost].

DÖRRENHAUS, F. 1971a: Geographie ohne Landschaft? Geogr. Zeitschr. 59 (1971), pp. 101-116.

DÖRRENHAUS, F. 1971b: Die Antwort. Ein offener Brief. Geogr. Zeitschr. 59 (1971), pp. 289-299.

DÖRRENHAUS, F. 1971c: Urbanität und gentile Lebensform. Wiesbaden. Geogr. Z. Beihefte, Erdkundliches Wissen. 25.

EISEL, U. 1970a: Überlegungen zur formalen und pragmatischen Kritik an der Landschaftskunde. Geografiker. 4 (1970), pp. 8-18.

EISEL, U. 1970b: Über Selbstmißverständnisse der Landschaftskunde und Regionalanalyse. Geografiker. 4 (1970), pp. 18-22.

EISEL, U. 1972: Über die Struktur des Fortschritts in der Naturwissenschaft. Geografiker. 7/8 (1972), pp. 3-44.

FABER, K.-G. 1971: Theorie der Geschichtswissenschaft. München.

FEYERABEND, P.K. 1970: Wie wird man ein braver Empirist? Ein Aufruf zur Toleranz in der Erkenntnistheorie. In: L. KRÜGER: Erkenntnisprobleme der Naturwissenschaften. Köln und Berlin. Pp. 302-335.

GADAMER, H.-G. 1965: Wahrheit und Methode. Grundzüge einer philosophischen Hermeneutik. 2. Aufl. Tübingen.

HABERMAS, J. 1968: Erkenntnis und Interesse. Frankfurt/Main.

HARVEY, D. 1969: Explanation in Geography. London.

HENTIG, H. von 1972: Magier oder Magister? Über die Einheit der Wissenschaft im Verständigungsprozeß. Stuttgart.

HOLZKAMP, K. 1968: Wissenschaft als Handlung. Versuch einer neuen Grundlegung der Wissenschaftstheorie. Berlin.

KEMPSKI, J. VON 1964: Brechungen. Kritische Versuche zur Philosophie der Gegenwart. Reinbek b. Hamburg.

KLAFKI, W. 1970: Normen und Ziele der Erziehung. In: W. KLAFKI et al.: Erziehungswissenschaft. 2. Frankfurt a. M. pp. 13-51.

KÖNIG R. 1962 (Hrsg.): Handbuch der empirischen Sozialforschung. Bd 1. Stuttgart.

KRAFT, V. 1960: Erkenntnislehre. Wien.

KRYSMANSKI, H. J. 1967: Soziales System und Wissenschaft. Gütersloh.

KUBIE, L.S. 1962: The Fostering of Creative Scientific Productivity. Daedalus. 91 (1962), pp. 294 bis 309.

KUBIE, L.S. 1965: Blocks to Creativity. International Science and Technology. 3 (1965), pp. 69 bis 78.

KUBIE, L.S. 1966: Neurotische Deformationen des schöpferischen Prozesses. Reinbek b. Hamburg.

KÜMMEL, F. 1965: Verständnis und Vorverständnis. Essen.

KUHN, Th.S. 1967: Die Struktur wissenschaftlicher Revolutionen. Frankfurt a. Main.

LAZARSFELD, P.F. 1965: Wissenschaftslogik und empirische Sozialforschung. In: E. TOPITSCH (Hrsg.): Logik der Sozialwissenschaften. 2. Aufl. Köln und Berlin. Pp. 37-49.

MAREN-GRISEBACH, M. 1970: Methoden der Literaturwissenschaft. Bern.

MERTON, R.K. 1957: Social Theory and Social Structure. 2nd ed. Glencoe (Ill.).

OPP, K.-D. 1970: Methodologie der Sozialwissenschaften. Reinbek b. Hamburg.

OTREMBA, E. 1970: Gedanken zur geographischen Beobachtung. In: Moderne Geographie in Forschung und Unterricht. Hannover. Pp. 59-69.

PEIRCE, Ch.S. 1967 und 1970: Schriften 1 und 2. Frankfurt a. M.

POLANYI, M. 1958: Personal knowledge: Towards a post-critical philosophy. Chicago.

POLANYI, M. 1964: Science, faith and society. Chicago, London and Toronto.

POLANYI, M. 1966: The tacit dimension. London.

POLANYI, M. 1968: Schöpferische Einbildungskraft. Zeitschr. f. philosoph. Forschung. 22 (1968), pp. 53-70.

POPPER, K. 1966: Logik der Forschung. 2. Aufl. Tübingen.

RADNITZKY, G. 1970: Contemporary Schools of Metascience. 2nd ed. New York, Göteborg.

RÖHRS, H. 1968: Forschungsmethoden in der Erziehungswissenschaft. Stuttgart, Berlin, Köln, Mainz.

ROTH, H. 1966: Pädagogische Psychologie des Lehrens und Lernens. Hannover.

SCHAEFER, F.K. 1970: Exzeptionalismus in der Geographie. In: D. BARTELS: Wirtschafts- und Sozialgeographie. Köln, Berlin. Pp. 50-65.

SPRANGER, E. 1969: Der Sinn der Voraussetzungslosigkeit in den Geisteswissenschaften. Darmstadt. [1. Aufl. 1929.]

TOULMIN, S. o.J.: Einführung in die Philosophie der Wissenschaft. Göttingen.

WEINBERG, A.M. 1970: Probleme der Großforschung. Frankfurt a. M.

WEISSER, G. 1970: Die politische Bedeutung der Wissenschaftslehre. Göttingen.

WINCH, P. 1966; Die Idee der Sozialwissenschaft und ihr Verhältnis zur Philosophie. Frankfurt a. M.

WIRTH, E. 1970: Zwölf Thesen zur aktuellen Problematik der Länderkunde. Geogr. Rundschau. 22 (1970), pp. 444-450.

Für eine konkrete Wissenschaftskritik

Am Beispiel der deutschsprachigen Geographie (1977)

Summary:

Methodology and Future of Physical Geographies. First the term »perspective of research« and »methodology« are briefly considered and differentiated. Secondly some perspectives of research in modern German Physical Geography are discussed: Especially the ecological (»geoecological«) and geomorphological approaches. Stress is laid among other things on the misinterpretations of these approaches and of their practical research. The »separatistic« and »exceptionalist« arguments are stressed as well. With these arguments geographers have wrongly claimed that Physical Geographies differ basically from the corresponding geosciences.

Finally the political situation and the future of Physical Geographies in schools and universities are discussed. Among other things we propose to interpret and to focus each kind of Physical Geography in the following ways: Firstly as a more descriptive subdiscipline of the corresponding geoscience (mainly on the regional level); secondly as a subdiscipline which – on the theoretical level – deals mainly with the spatial variables; thirdly as a subdiscipline which concentrates on human interference in natural systems. Lastly a certain focussing on ecology as well as dynamic and theoretical geomorphology is proposed; as to the spatial and temporal scope we advocate the conservation of the traditional »anthropocentric« view, i. e. the middle of the scale of interest.

1. Zur Funktion einer konkreten Wissenschaftskritik

Wissenschaftskritik wird oft in relativ allgemeiner und abstrakter Form vorgetragen: etwa als eine locker mit Beispielen illustrierte Kritik an dem, was man für die fragwürdigen Ideale und zentralen Defizite »der« Wissenschaft, »der« Naturwissenschaft oder »der« objektivierenden Wissenschaften hält. Im folgenden handelt es sich um eine konkretere und spezifischere Form von Wissenschaftskritik.

Von einer ›spezifischen‹ oder ›konkreten‹ Wissenschaftskritik in diesem Sinne soll dann gesprochen werden, wenn der Kritiker (1.) auch zu handhaben versteht, was er kritisiert, und wenn er (2.) konkrete Probleme und Konflikte zu lösen versucht – aufgrund von Anlässen, in die er selbst als Wissenschaftler objektsprachlich und wissenschaftspraktisch ›verstrickt‹ ist. Eine solche Wissenschaftskritik hat eine größere Chance, auch gegenüber dem ›ausübenden‹ Wissenschaftler dialogisch und auch innerhalb der wissenschaftlichen Alltagspraxis anwendbar und wirksam zu sein.

Diese ›interne‹ Wissenschaftskritik hat z. B. die Funktion, eingefleischte Forschungsperspektiven, ›ontologisierte‹, ›absolut gesetzte‹ Wirklichkeitsaspekte, Fragehaltungen und Begrifflichkeiten als solche ans Licht zu bringen und historisch zu relativieren – um dadurch die Disziplin von steril gewordenen Blickfixierungen zu lösen, dergestalt innovationsfähiger und neuen Anforderungen gegenüber flexibler zu machen. (Genau dies ist ihr Beitrag zum Thema »Wissenschaft und Wirklichkeit«.) Allgemeiner:

Eine solche Wissenschaftskritik könnte – kathartisch und katalysatorisch – blockierende Denkkomplexe und Verhaltensmuster exponieren und dadurch, zumindest indirekt, auf Wirklichkeitsdefizite und Alternativen verweisen.

Ein solches Programm kann auf zweierlei Weise durchgeführt werden: Entweder mehr direkt und inhaltlich, oder aber mehr indirekt und formal. Der ›direkte‹ und ›inhaltliche‹ Angang besteht etwa darin, dominante und eingefleischte Wirklichkeitsperspektiven dadurch zu relativieren und kritisierbar zu machen, daß man sie in den historischen Kontext zurücktaucht, in dem sie entstanden sind, und indem man zeigt, was diese Perspektiven – eine jede eine spezifische Reduktion von Realität – ausblenden und welche Wahrnehmungsausfälle sie im Gefolge haben. Ein solches Verfahren habe ich einmal hinsichtlich des Landschaftskonzeptes der deutschsprachigen Geographie in extenso durchgeführt, indem ich gezeigt habe, daß Dominanz und Evidenz dieses Konzeptes im deutschen Sprachraum weitgehend sprachpsychologisch erklärt werden können, daß es in bestimmten (fachlichen und überfachlichen) Problemlagen entstanden ist, die nicht mehr die zeitgenössischen und/oder drängenden sind, und daß es mit Interessenlagen und Ideologemen verbunden ist, die ihre Legitimität weitgehend verloren haben.[1]

Ein Vorgehen dieser Art hat aber auch seine Defizite: Es wird leicht seinerseits als dogmatisch abgewertet und als aggressiv und herabsetzend empfunden; wer sich aber in die Ecke gedrängt fühlt, ist nur mehr sehr schwer zu bewegen, seine Einstellungen und Wirklichkeitsbilder zu ändern.

So scheint ein eher indirektes und formales Verfahren oft nützlicher zu sein. Die Relativierung fixer Perspektiven und die Wahrnehmung alternativer Ansätze werden hier auf mehr indirekte Weise erleichtert. An zeitgenössischer, miterlebter Disziplingeschichte wird ›undogmatisch‹ und grob-empirisch demonstriert, was ›festgelegte‹ Fachwissenschaftler leicht aus ihrem Blickfeld verbannen: daß Wissenschaftsentwicklung und wissenschaftlicher Fortschritt nicht unilinear-kumulativ vor sich gehen; daß sich vielmehr die Informationshorizonte und Ideensysteme von Wissenschaftlern und Wissenschaftlergruppen auch in der eigenen Disziplin und in kurzen Zeiträumen toto globo und fundamental verändern können und daß sie sich tatsächlich so verändert haben. Demonstriert man diese Veränderungen der Wirklichkeitsperspektive einer Wissenschaftlergruppe an mehr formalen Indikatoren, ohne die in Frage stehenden Inhalte selbst in extenso zu analysieren und zu werten, dann erreicht man womöglich eher jene ›kathartisch‹ und ›katalysatorisch‹ wirkenden Distanzierungen und Relativierungen absolut gesetzter Aspekte, zu denen eine konkrete Wissenschaftskritik beitragen sollte: vor allem dann, wenn diese Wissenschaftskritik an konkreten Anlässen ansetzt, dort also, wo der Einzelwissenschaftler das Gefühl hat, daß sua res agitur. – Ein solcher Versuch wird im 4. und 5. Abschnitt dieser Arbeit skizziert.

Ein Vorgehen dieser Art könnte unter Umständen noch eine andere Funktion erfüllen – vielleicht die zweitwichtigste Funktion konkreter Wissenschaftskritik: dem praktizierenden Einzelwissenschaftler innerhalb seines konkreten Erfahrungsbereichs Vorstellungen von seinen wissenschaftlichen Handlungen und der Entwicklung seiner Wissenschaft anzubieten, in denen er sein Alltagshandeln und seine Biographie als Wissen-

[1] HARD, G.: Die »Landschaft« der Sprache und die »Landschaft« der Geographen. Semantische und forschungslogische Studien. (Colloquium Geographicum, Bd. 11). Bonn 1970.

schaftler wiederfinden und auf die er sich beziehen könnte, nicht so sehr, um sich irgendein freischwebendes ›Selbstverständnis‹ zu verschaffen, sondern um seine konkreten Probleme und Konflikte aufzuarbeiten. In der allgemeinen Wissenschaftskritik hingegen wiederholt sich leicht in potenzierter Weise, was schon von den Denkmodellen der analytischen Wissenschaftsphilosophie gesagt wurde: daß sie in der Welt der modernen Wissenschaften nicht selten ziemlich funktionslos herumstehen wie Typen der commedia dell'arte auf der Suche nach einem Engagement im Theater des 20. Jahrhunderts.

Eine solche engagierte und als Dialog intendierte Wissenschaftskritik ist jedenfalls keine Wissenschaft ›außerhalb‹ oder ›über‹ der kritisierten Wissenschaft, noch weniger eine Wissenschaft ›über‹ und ›außerhalb‹ der ›objektivierenden‹ Wissenschaften insgesamt: weder ein Musterknabe, noch ein archimedischer Punkt. Sie ist nicht im Besitz besonderer Erkenntnismedien und gleicherweise (und im Prinzip immer der gleichen) Kritik unterworfen wie die von ihr kritisierte Wissenschaft.[2]

Eine ›spezifische Wissenschaftskritik‹, für die dieses Referat Beispiele enthält, wird zu einem wesentlichen Teil ›Metareflexion‹ von *Fachwissenschaftlern* sein müssen. Diese hat nun bei allen möglichen Vorzügen gegenüber einer ›allgemeinen‹ Wissenschaftskritik erfahrungsgemäß doch auch wieder ihre eigenen Handicaps.

2. Zu einigen Eigenheiten und möglichen Deformationen disziplininterner Wissenschaftstheorie und -kritik

Die Art und Weise, wie ein Fachwissenschaftler über seine Disziplin nachdenkt, hängt von Verschiedenem ab. Die zünftige Wissenschaftstheorie als zeitgenössische Spezialdisziplin dürfte nur geringen und mehr mittelbaren Einfluß haben. Was die Gedanken des ›reflektierenden‹ Fachwissenschaftlers steuert, sind vor allem andere Dinge. *Erstens* facheigene Denktraditionen in Form von fachliterarisch weitergereichten Philosophemen, die oft dem common sense sehr nahe stehen und meist irgendeiner älteren Erkenntnis- oder Wissenschaftstheorie entnommen sind, die, sagen wir, vor 30-60 Jahren modern war und nun in provinzialisierter Form reproduziert und ausgestaltet wird. *Zweitens* wird die Reflexion des Fachwissenschaftlers sich von aktuellen oder wieder aktualisierten überfachlichen bis wissenschaftsexternen *Denkmoden* leiten lassen (in Anpassung oder Widerspruch), z. B. von bestimmten holistischen Ideen in den dreißiger bis fünfziger Jahren; von neopositivistischen in den späten Fünfzigern bis frühen Sech-

[2] Es gibt zwar Wissenschaften, aber nicht *die* Wissenschaft, und deshalb gibt es auch keine Wissenschaft, die sagen könnte, was Wissenschaft und wissenschaftlich ist. »Wissenschaft(lichkeit)« tout court bleibt immer ein durchschaubares ideologisches oder ein mythisches Konstrukt, also gebunden an etwas, was keine Wissenschaft liefern, keine Wissenschaft (auch keine Sozial- oder Humanwissenschaft) auf Wissenschaft reduzieren, d. h. wissenschaftlich machen kann. Es wäre auch ganz unangemessen zu glauben, das, was wir pointiert als ontologische ›Verunsicherung‹ umschrieben und als eine Funktion der Wissenschaftskritik hervorgehoben haben, könne nur durch explizit betriebene Wissenschaftstheorie und Wissenschaftskritik erreicht werden. Lösung von fixierten Wirklichkeitsaspekten vollzieht sich, wie die Wissenschaftsgeschichte zeigt, mindestens ebenso sehr dort, wo sich diese fundamentalen Wirklichkeitsaspekte und Orientierungstheorien auch herausgearbeitet haben: In der konkreten Forschungspraxis und Forschungspolitik der communities of investigators.

zigern; von den Topoi des kritischen Rationalismus in den späten Sechzigern und von neomarxistischen und dialektisch-hermeneutischen Gedankenfragmenten in den frühen Siebzigern – und in den späteren Siebzigern vermutlich von einer ebenso modischen allgemeinen Wissenschaftskritik und Wissenschaftsskepsis (oder auch von einem neuen Geschmack an einer entspannteren, fröhlich-anarchischen Wissenschaft). *Drittens* wird die Art und Weise, wie der Fachwissenschaftler *über* sein Fach nachdenkt, auch abhängen von der Art und Weise, wie er *in* seinem Fach denkt: seine objektsprachlichen Gewohnheiten und Perspektiven werden sich auch in seine metasprachlichen hinein fortsetzen. Die Strukturparallelen bzw. Korrespondenzen können durchschlagend sein, auch wenn sie nicht sehr augenfällig sind.

Dieser Punkt scheint noch nicht näher erläutert worden zu sein (obwohl man natürlich schon oft darauf hingewiesen hat, wie wichtig die einzelfachliche Herkunft und Vorbildung von Wissenschaftstheoretikern für ihre wissenschaftstheoretischen Ansätze und Anschauungen war). Der genannte Zusammenhang soll auch hier nicht im allgemeinen erörtert werden; es genügt, vorauszuschicken, daß ein Geograph aus seiner gängigen Forschungspraxis und aus den traditionellen Forschungsperspektiven seines Faches z. B. die Neigung mitbringt, (1.) Probleme grob empirisch bis quantitativ-statistisch anzufassen, und daß er (2.) dazu neigt, soziale und andere Vorgänge von auffälligen und leicht feststellbaren Indikatoren her zu interpretieren (anders formuliert: er zeigt eine gewisse Vorliebe für relativ grobschlächtig-empirische, vor allem aber nicht-reaktive Beobachtungs- und Meßverfahren).

Daß durch diese spontanen Korrespondenzen von normaler Forschungspraxis und wissenschaftstheoretischer Reflexion spezifische Verzerrungen und Fehler in wissenschaftstheoretische Überlegungen einfließen, leuchtet ein; denn es ist von vornherein nicht sehr wahrscheinlich, daß die *objekt*sprachlich bewährten und routinisierten Sprach- und Denkgewohnheiten einer Disziplin auch besonders geeignet sind, um auch *über* die betreffende Disziplin nachzudenken. Ein Geograph, der auf mehr oder weniger geographische Weise über Geographie nachdenkt, fährt wahrscheinlich kaum besser als ein Physiker, der mittels der Denkgewohnheiten der Physik über Physik nachdenkt, oder ein Philologe, der mit den Mitteln der Philologie über Philologie reflektiert. Das ist die negative Ansicht der Sache. Andererseits hat der Fachwissenschaftler aber auch Vorzüge gegenüber dem professionellen Wissenschaftstheoretiker: Er ist mit der Sache, von der er handelt, intim vertraut, analysiert also eine Sprache und einen Methodenkanon, die er selbst auch zu handhaben versteht und läuft weniger als der professionelle, aber eben nicht fachkompetente Wissenschaftsphilosoph Gefahr, über fiktive Gegenstände zu reden und eine »meta-theory of science fiction« zu schreiben: vorausgesetzt freilich, er läßt sich vom professionellen Wissenschaftsphilosophen nicht dazu verführen, die ihm vertraute Welt seiner Wissenschaft durch eine Fiktion zu ersetzen.

Schließlich muß notwendig vieles von dem, was ein fachgebundener Methodologe beobachtet und diskutiert, dem professionellen Wissenschaftstheoretiker, wie auch dem allgemein wissenschaftstheoretisch Interessierten, etwas abseitig erscheinen. Das ist leicht zu verstehen. Ein Geograph ist, wenn er über die Geographie nachdenkt, an der Geographie und nicht an den vagen (und möglicherweise bloß fiktiven) Gegenständen ›Wissenschaft‹ oder ›Wissenschaftskritik‹ interessiert. Dem disziplininternen Methodologen geht es nicht um eine bessere Wissenschaftstheorie, sondern z. B. um eine bessere oder andere Geographie. Alle seine Beobachtungen, Argumente, Angriffe und Repliken haben einen fachgebundenen *strategischen* Sinn. Sie werden unternommen von jemandem, der selbst eine fachpolitische Position einnimmt und diese Position auf bestimmte Weise interpretiert; von jemandem, der mit seinem Text bestimmte fachinterne Intentionen verfolgt und bestimmte fachinterne Publika im Auge hat – teils um sie zu attackieren und zu provozieren, teils, um ihnen zu schmeicheln oder sie zu überzeugen. Jedes methodologische Dokument in der Geographie setzt genau da an, wo es sich Erfolg verspricht, antwortet auf eine individuell interpretierte einmalige Fachsituation und antizipiert eine spezifische Reaktion der Adressaten, ohne daß der Autor das im allgemeinen explizieren müßte; es braucht ihm nicht einmal besonders bewußt zu sein. Ja, man kann sagen: Bezugspunkt und Bewährungsinstanz eines methodologischen Argumentes ist für den fachinternen Methodologen nicht die zeitgenössische Wissenschaftstheorie, sondern die Forschungspraxis und Wissenschaftspolitik seines Faches. Auch daher rührt der von außen gesehen oft ›exotische‹ und ›provinzielle‹ Charakter innerfachlicher Grund-satzdebatten und innerfachlicher methodologischer Auseinandersetzungen, Argumente und Veröffentlichungen.

Infolgedessen kann ich nicht ausschließen, daß auch das Folgende nach Thematik und Behandlung etwas exotisch und/oder provinziell erscheinen wird. Dies könnte aber z. T. die Folge davon sein, daß die wirklichen Probleme einer Wissenschaft oft weitab von den gängigen wissenschaftskritischen und wissenschaftstheoretischen Gemeinplätzen und Standardproblemen liegen.

Das Erkenntnisinteresse fast aller geographischen Methodologen der jüngsten Zeit gilt einem wissenschaftsgeschichtlichen Ereignis, das meist als ein ›Umbruch‹ etikettiert und in die Jahre um 1970 datiert wird. Jeder Geograph fühlte sich von diesem Ereignis mehr oder weniger tangiert und hatte das Gefühl, daß er nolens volens ein Votum abgeben mußte – zumindest mittelbar über die Themen- und Methodenwahl seiner Publikationen. Charakteristika, Bedingungen und Legitimität dieses sogenannten Umbruchs (der die verschiedenen Teile und Forschungsrichtungen der Geographie allerdings in sehr unterschiedlichem Maße getroffen hat) sind bis zur Stunde nicht nur das eigentliche Thema der geographischen Methodologie; sie stellen auch die zentrale Problemlage jedes Geographen dar, in der er klarer zu sehen wünscht. Auch mein eigenes geographisches Beispiel für ›spezifische Wissenschaftskritik‹ ist sinnvollerweise eine Antwort auf eben diese Herausforderung.

Dabei will ich so verfahren: *Erstens* möchte ich vorweg kurz die disziplinhistorische Situation skizzieren, wie sie sich makroskopisch und nach verbreiteter Auffassung darstellt: nämlich als die Ablösung einer längeren Zeit relativ ruhigen Wissenschaftsbetriebes (ca. 1945-67) durch eine kürzere ›krisenhafte Phase‹ (etwa 1968-73), die nach ihrer disziplingeschichtlichen Bedeutung schon durch eine Reihe geographischer Autoren als Beispiel eines »Paradigmenwechsels« interpretiert wurde.[3] *Zweitens* möchte ich dann im Hauptteil einige leicht faßbare Züge im Verhalten und Argumentieren von Geogra-

---

[3] KUHN, Th.S.: Die Struktur wissenschaftlicher Revolutionen. Frankfurt a. M. 1967. Die schillernden Kuhnschen Termini werden in meinem Referat nur cum grano salis und als hinweisende Kürzel benutzt: Ob man sie außerhalb bestimmter »exakter Naturwissenschaften« überhaupt gebrauchen sollte, mag man mit Fug bezweifeln; daß hier andere »Paradigmenabfolgemodelle« nötig sind, steht wohl außer Zweifel.

phen verfolgen, an denen diese beiden Phasen jüngerer Disziplingeschichte abgelesen und präziser charakterisiert werden können.

3. Zur disziplinhistorischen und disziplinpolitischen Situation

Zunächst zur disziplinhistorischen und disziplinpolitischen Situation. Im deutschen Sprachbereich fällt in die Jahre um 1970 ein partieller Übergang von einer älteren, ›traditionellen‹, der ›klassischen‹ Geographie, die sehr stark regionaldeskriptiv, länder- und landschaftskundlich ausgerichtet war, zu einer anderen Form von Metatheorie und Forschungspraxis, die man heute normalerweise mit dem Terminus »theoretische und analytische Geographie« umreißt. Ein analoger und ebenfalls nur sehr partieller Übergang der Disziplin von einer mehr regionalistischen zu einer mehr analytischen und theoretischen Zielsetzung hatte sich in den USA und anderen Teilen des angelsächsischen Sprachraums (aber auch z. B. in Schweden) bereits in den späteren fünfziger und frühen sechziger Jahren vollzogen: hier auch unter den Fahnenwörtern einer »quantitativen« oder »konzeptuellen Revolution«, wobei der erste Ausdruck mehr auf die Verfahrensseite, der zweite Ausdruck mehr auf die inhaltliche Seite dieser »scientific revolution« anspielte. Denn als Träger einer »scientific revolution« haben sich die entsprechenden Geographengruppen im angelsächsischen Sprachraum immer begriffen und beschrieben; sie haben diesen Terminus schon vor Kuhns berühmtem Buch benutzt, dann freilich Kuhns Terminologie und Metaphorik aufgegriffen, um die eigene Rolle konsistenter zu formulieren und wirkungsvoller zu legitimieren.

Sucht man nach einer Beschreibung der wichtigsten Merkmalsdimensionen dieser Veränderungen, so muß man allerdings ins Auge fassen, daß die bisherigen literarischen Beschreibungen des sogenannten Umbruchs um 1970 im wesentlichen ein Teil und ein Instrument der Selbstdarstellung der Geographie, nicht zuletzt der »modernen Geographie« und ihrer »Revolutionäre« waren. Selbstdarstellungen aber neigen zu einer Art retrospektiver Fälschung: Der Weg der Disziplin erscheint im Nachhinein viel zu geradlinig und viel zu folgerichtig (wenn nicht gar als eine historische Notwendigkeit); die Ziele und Wege der beteiligten Teildisziplinen, Forschungsrichtungen und Individuen gelten als viel einheitlicher, als sie je waren, und auch der Blick auf die meist sehr heterogenen und unbeabsichtigten historischen Ergebnisse wird dadurch verzerrt, daß man in ihnen ein konsistentes Zielsystem wiederzufinden versucht, wie es niemals existiert hat. Auch meine folgende Skizze mag unter einigen perspektivischen Täuschungen dieser Art leiden.

Andererseits ist das Gegenbild der Traditionalisten schlechthin unbrauchbar: hier erscheint das, was auf der anderen Seite »das neue Paradigma« heißt, einfach als der »Untergang der Geographie«.

Die deutsche Geographie glaubte sich als Hochschulforschung seit mindestens 1920/30 solide begründet auf dem Programm einer »ganzheitlichen Beschreibung von Ländern«: Die Erdräume sollten als unverwechselbare Individuen herausgearbeitet werden – in einer Individualität, die nicht zuletzt auf der Einzigartigkeit ihres historischen Werdens beruhte. Ein »Erdraum« wiederum wurde begriffen als eine Gesamtheit von Phänomenen (Relief, Klima, Vegetation, Siedlung, Wirtschaft etc.), wobei die Grenzen des geographischen Interesses etwa dort liefen, wo auch das naturwüchsige Interesse des allseitig interessierten, gebildeten und vor allem mit »landschaftlichem Auge« beobachtenden Reisenden endete. Die »Einheit« und »Ganzheit« dieses Phänomenbereichs erschien auch deshalb unproblematisch als »gegeben«, weil diese Phänomengesamtheit als sogenannte »(geographische) Landschaft« einen augenfälligen Gesamteindruck hergab. Das Losungswort »Landschaft« bezeichnete über fünf Jahrzehnte hinweg die allgemein und fraglos akzeptierte Weltperspektive vor allem des deutschsprachigen Geographen, eine Weltperspektive, die imstande war, alle spezielleren Interessen innerhalb der Disziplin in einen großen Zusammenhang zu stellen – eben in den »Zusammenhang der Landschaft«.

Diese innergeographische, am Landschaftskonzept orientierte Wissenschaftsphilosophie war um so überzeugender, als schon das primärsprachliche Wort ›Landschaft‹ entsprechende Konnotationen besaß. Wie man durch linguistische Tests leicht zeigen kann, gehörten Vorstellungen wie ›Zusammenhang‹, ›Einheit‹, ›Ganzheit‹ und ›Integration‹ schon zum semantischen Hof des vorwissenschaftlich-bildungssprachlichen Wortes ›Landschaft‹ (wenn auch erst seit dem späten 18. Jahrhundert). Diese letztlich *ästhetischen* Bedeutungselemente oder Gebrauchsbedingungen eines bildungssprachlichen Wortes setzten sich in der Reflexion der Geographen dann als wissenschaftstheoretische Evidenzen durch – ein bemerkenswertes Beispiel für die Inspiration und Fixierung wissenschaftlichen Denkens durch semantische Züge eines wissenschaftlichen Fahnenwortes, die aus der Primärsprache vererbt waren. Die semantischen Merkmale des primärsprachlichen Wortinhalts wurden in der Geographie schließlich – in einer Art Reifizierung oder Ontologisierung – sogar als Wesensmerkmale der irdischen Wirklichkeit selbst aufgefaßt, auf denen die Existenzberechtigung der gesamten Geographie beruhen sollte. Die Erdräume waren als »Landschaften« wesenhaft *ganzheitliche* Gebilde; die »Landschaft« in ihrer Einheit und Ganzheit galt als der »ewige« Gegenstand der Geographie, als Garant der Einheit, Eigenständigkeit und Notwendigkeit des Faches, die dergestalt in der Struktur der Wirklichkeit selbst begründet zu sein schienen.

Charakteristisch für viele Produkte der Forschungsroutine waren (1.) ein hochgradiger Isolationismus der Fragestellung, des Methodenkanons und der Begriffsbildung – und (2.) ein extrem theorieabstinenter Hyper-Positivismus des gesunden Menschenverstandes.

Demgegenüber bedeutete die Umorientierung um 1970 (die sich allerdings auf bestimmte Wissenschaftlergruppen und Forschungsgebiete konzentrierte und die sich in Einzelheiten und einzelnen Veröffentlichungen in den sechziger, im angelsächsischen Sprachbereich schon in den fünfziger Jahren ankündigte) unter anderem folgendes: (1.) die Rezeption eines für das Fach völlig neuartigen Instrumentariums an Forschungstechniken, nicht zuletzt quantitativ-mathematischer Art; (2.) die forcierte Hinwendung zum Formulieren und Testen von expliziten Theorien »mittlerer Reichweite«; (3.) eine verstärkte Aufmerksamkeit für Planungsfragen, vor allem im Bereich der räumlichen Entwicklungsplanung, also die stärkere Bereitschaft, die technisch-sozialtechnische Transponierbarkeit sogenannter reiner Forschung eher als einen Vorzug zu betrachten und nicht mehr bloß als eine Gefahr für die ›reine Wissenschaft‹; schließlich (4.) eine gewisse Tendenz, die traditionellen Fragehaltungen der Disziplin nicht mehr unbedingt als unmittelbar gegeben zu akzeptieren, sondern mit Fragen zu behelligen: einerseits mit Fragen nach ihrer außerwissenschaftlichen Herkunft, andererseits mit Fragen nach ihrer außerwissenschaftlichen Verwertung und Wirkung.

Gleichzeitig geriet die Erdkunde in der Schule in den Strudel der Curriculumdiskussion und der Lehrplanrevisionen; sie hat sich aufgrund dieser Herausforderung seit 1968/69 zumindest zeit- und stellenweise gründlicher umstellen müssen als die Universitätsgeographie. Der Land-für-Land-Unterricht und die »Weltkunde« des klassischen Bildungsfachs »Erdkunde« hatten ihre absterbende Legitimation nicht zuletzt aus der Weltorientierung und den Welterschließungsphasen des 19. und frühen 20. Jahrhunderts bezogen (in Deutschland vor allem aus der zugleich vaterlandszentrierten *und* expansiven Weltorientierung des Kaiserreichs), seit dem 1. Weltkrieg in steigendem Maße aus der introvertierten Kontemplation der Kulturlandschaften, die als »Zusammenhang« und »Harmonie« von Natur, Mensch und Geschichte interpretiert wurden. Diese klassische Schulerdkunde wurde nun um 1970 in Lehrplan und Schulbuch weitgehend und fast schlagartig ergänzt (und weithin sogar ersetzt) durch eine einerseits sozialgeographische, andererseits ökologische Thematik – beide Thematiken nach ihrer ausdrücklichen Intention orientiert an den Raumordnungs- und Umweltkonflikten der Industriegesellschaften und der Entwicklungsländer.

Was um 1970-73 in Hochschulforschung und Schuldidaktik noch ›Umbruch‹ hieß und als Anpassungsreaktion einer ›ungleichzeitig‹ gewordenen Disziplin an ihre veränderten wissenschaftlichen und außerwissenschaftlichen ›Umweltbedingungen‹ verstanden werden kann, das wird seit 1974/75 wiederum gern als bloße ›Krise‹ bezeichnet, wie sie eben um 1970 viele Fächer betroffen habe. Partielle Rückbesinnungen und Rückzüge auf die klassischen Positionen sind inzwischen unverkennbar, sind wiederum von einer überfachlichen Tendenz getragen und werden – von den Hochschulgeographen übrigens viel stärker als von der Schulgeographie – sichtlich allgemein als eine (wenn auch vielleicht nur kurzfristige) Befreiung von illegitimen Legitimations-, Argumentations- und Veränderungszwängen empfunden und begrüßt.

4. Zitierverhalten

Der ›Umbruch‹ in der Geographie um 1970 ist also für jeden Geographen zur Zeit noch immer das stärkste Stimulans wissenschaftstheoretischen und diziplinkritischen Interesses. Dieses allgemeinere Interesse wurzelt aber gemeinhin noch konkreter in bestimmten Konflikten, in die der betreffende Geograph in diesem Zusammenhang persönlich geraten war.

Es wurde schon betont, daß der Einzelwissenschaftler durchweg sehr konkrete Anlässe für seine methodologischen Überlegungen hat; er zielt immer auf konkrete Konflikte und Effekte. Es wurde auch schon betont, daß dies nicht nur durchweg so ist, sondern auch durchweg so sein sollte: Die Metareflexion des Fachwissenschaftlers gewinnt ihre etwaige Qualität nicht zuletzt daraus, daß sie diese konkreten Konflikte ernst nimmt und theoretisch aufarbeitet – und nicht in die Abstraktheiten oder die Deklamatorik einer ›allgemeinen‹ Wissenschaftstheorie oder Wissenschaftskritik ausweicht. Diese konkreten Anlässe müssen dann aber auch genannt werden: nicht nur aus Gründen der Illustration, sondern auch aus Gründen der Legitimation von innerfachlicher Wissenschaftskritik.

In diesem Fall war der Anlaß eine Reihe von Kritiken an meinem eigenen Zitierverhalten um 1970. Dabei wurde ich (mit Recht oder Unrecht, sei dahingestellt) als »Neuerer« apostrophiert, und die Kritiken kamen aus dem Kreis der Honoratioren. In einer

Rezension von E. OTREMBA über ein Buch von 1973[4] war z. B. folgender Satz die Quintessenz der Kritik: »Die methodologische Diskussion stützt sich [bei Hard] mit wenigen Ausnahmen auf die Literatur nach 1960.« Ohne Kontext käme man kaum auf die Idee, daß diese Feststellung als vernichtende Kritik gemeint sein könnte. Der Rezensent fährt aber fort: »Das [d. h. dieses Zitierverhalten] ist verständlich, denn man will ja keine Geographie mehr, man möchte alles nur außerhalb der Geographie tun, was man lustig ist.«[5] Ein Zitierverhalten, welches, wie mir schien, wohl in jeder beliebigen Wissenschaft als ziemlich normal gelten würde, gerät in der Hitze der Grundsatzdebatten (sozusagen im Trubel des ›Paradigmenwechsels‹) und in den Augen des Fachhonoratioren zum Indikator anarchistischer Umtriebe.

»Erschrecken lassen müssen manche Formen einer vermeintlich sachlichen Kritik ... unter ... Berufung auf überwiegend fachfremde Autoren werden überkommene Werte, Ideen und wesentliche Erkenntnisse dreier geographischer Forschergenerationen einfach vom Tisch gefegt«.[6] In Fußnoten und Literaturverzeichnissen stehen für das Gefühl des Fachwissenschaftlers offenbar die höchsten Werte und tiefsten Erkenntnisse seiner Wissenschaft auf dem Spiel.

Mein Verhältnis zum Zitieren war zuvor weitgehend naiv gewesen, und dies dürfte bei Wissenschaftlern das Normale sein. Angesichts der zitierten Kritiken, die mich zunächst nur verblüfften und verständnislos ließen, begann ich, mich für Zitate und Zitierverhalten zu interessieren. Die Vermutung lag nahe, daß Zitierverhalten und Zitierkritik etwas zu tun haben müßten mit der »essential tension: tradition and innovation in scientific research«,[7] hier also mit dem beschriebenen Umbruch in der Geographie. Im folgenden nun die diesbezüglichen Überlegungen und Ergebnisse in systematisierter und verkürzter Form.

Krisen und Umbrüche eines Faches beruhen auf Meinungsänderungen von Wissenschaftlern. Der Wandel wissenschaftlicher Meinungen wiederum hat etwas mit veränderten Informationsradien und mit veränderten kommunikativen Beziehungen zu tun. *Direkt* sind diese intellektuellen Aktionsradien von Wissenschaftlern nur sehr schwer zu erfassen. Es gibt für diese direkte Erfassung auch keinen vollwertigen Ersatz; es scheint aber, daß die Literaturverweise dieser Wissenschaftler (Fußnoten und Schrifttumsverzeichnis, das ›Zitierverhalten‹ also) bis zu einem bestimmten Grade wenigstens einen bescheidenen Ersatz bieten können.

Daß sich die wirklichen und wirklich bedeutsamen Informationsquellen und die wirklichen Kommunikationsradien in den Literaturverweisen nur sehr unvollkommen und verzerrt spiegeln, liegt auf der Hand. *Erstens* sind die wirklichen Quellen viel unreiner und zufälliger, als die bereinigten Literaturverzeichnisse durchblicken lassen;

---

4 HARD, G.: Die Geographie. Eine wissenschaftstheoretische Einführung. Berlin/New York 1973.

5 OTREMBA, E.: Rezension von G. HARD, Die Geographie. In: Geographische Rundschau 27, 1975, S. 261 f.

6 So PAFFEN, K.: Einleitung. In: K. PAFFEN (Hrsg.): Das Wesen der Landschaft. Darmstadt 1973, S. X.

7 KUHN, Th.S.: The essential Tension: Tradition and Innovation in Scientific Research. In: TAYLOR, C.W. (ed.): The Third University of Utah Research Conference on the Identification of Creative Scientific Talent. Salt Lake City 1959, S. 162-177.

zweitens spielt in Fußnoten und anderswo der Bluff eine große Rolle; *drittens* haben die Literaturverzeichnisse eine stark rituelle Komponente (Literaturverzeichnisse werden weitgehend aus Literaturverzeichnissen gemacht); und *viertens* haben sie eine Reihe von *latenten* Funktionen, die jeder kennt, von denen man aber nicht gerne spricht. Schrifttumsverzeichnisse und Zitate gehören zum formalen Kommunikationssystem unter Wissenschaftlern. Sie haben die manifeste Funktion, Quellen offenzulegen; daneben spiegeln sie, wenn auch nur andeutungsweise und sehr verzerrt, die informellen Beziehungen unter Wissenschaftlern. Mindestens ebenso wichtig sind mehr latente Funktionen. Über Zitate und Zitieren werden vor allem Belohnungen und Strafen verteilt; es handelt sich um ein normalerweise ziemlich geräuschlos arbeitendes Instrument sozialer Kontrolle. Über Schrifttumsverzeichnisse und Zitate, über Zitieren und Nicht-Zitieren wird soziale Anerkennung, wird wissenschaftliche Reputation verteilt und entzogen.

In Literaturverweisen spiegeln sich also nicht nur Informationsradien, sondern auch Machtverhältnisse. In wissenschaftlichen Krisen und Revolutionen verändert sich erfahrungsgemäß beides (nicht ohne Zusammenhang miteinander). KUHN hat dies gelegentlich angedeutet: »Und wenn ich recht hatte damit, daß jede wissenschaftliche Revolution die geschichtliche Perspektive der Gemeinschaft, die sie erlebt, verändert, dann müßte dieser Wechsel der Perspektive auf die Struktur der Lehrbücher und Forschungsveröffentlichungen nach der Revolution einwirken. Eine derartige Wirkung – eine andere Streuung der in den Fußnoten zu Forschungsberichten zitierten Fachliteratur – müßte als möglicher Hinweis auf das Auftreten von Revolutionen studiert werden.«[8]

Die von Kuhn benutzte Vokabel »Streuung« ist noch sehr vage. Welche Merkmale des Zitierverhaltens sollen wir erheben? Diese Merkmale sollten (1.) aussagekräftig, d. h. theoretisch interessant, und (2.) leicht feststellbar sein.

Zitierverhalten kann in vielerlei Hinsicht interessant sein. Am bekanntesten ist seine Verwendung als – in seiner Validität sehr umstrittener – Indikator für wissenschaftliche Qualität (wissenschaftliche Qualität von Autoren und Institutionen abzulesen an der Häufigkeit, mit der sie von anderen Autoren und Institutionen zitiert werden). In unserem Zusammenhang sind zwei andere Perspektiven auf das Zitierverhalten fruchtbarer: 1. die Frage nach den Zitierkreisen und Zitierkartellen (wer zitiert wen, welche Gruppen zitieren welche Gruppen?); 2. die Frage nach bestimmten Sachmerkmalen der Zitatenmenge einer oder mehrerer Veröffentlichungen (wieviel wird zitiert, und aus welchen Wissenschaftsbereichen und aus welchen Zeiträumen wird zitiert?). Die erste Fragestellung bietet sich z. B. an, wenn man die Machtverhältnisse und deren Wandel innerhalb einer Disziplin studieren will; die zweite Fragestellung scheint in unserem Zusammenhang noch unmittelbarer interessant zu sein; es ist wohl auch diejenige, die Kuhn in der zitierten Textstelle andeutet.

Drei Variablengruppen bieten sich an: *Zitiermengen, Zitierräume* und *Zitierzeiten.* Die Vokabel ›Zitiermenge‹ versteht sich von selbst; sie kann die *absolute* Zahl der zitierten Publikationen meinen oder eine *relativierte* Zahl. Wir nennen im folgenden die absolute Anzahl ›Zitier*fülle*‹, die relativierte Anzahl (Zitate pro Standardseite, definiert als 5000 Buchstaben) nennen wir ›Zitier*dichte*‹. ›Zitierräume‹ könnten beliebig viele erhoben werden. Die interessantesten Dimensionen sind wohl: 1. deutschsprachige Lite-

[8] KUHN, Th.S.: Die Struktur wissenschaftlicher Revolutionen, S. 12.

ratur vs. fremdsprachige Literatur (differenziert nach Sprachräumen); 2. fachinterne vs. fachexterne (d. h. in unserem Falle: geographische vs. nichtgeographische) Literatur (die geographieinterne Literatur eventuell differenziert nach Forschungsrichtungen, die geographieexterne Literatur nach Herkunftsdisziplinen); 3. fachwissenschaftliche (›fachinhaltliche‹) vs. fachdidaktische Literatur. Die zitierte Literatur in ihrer Gesamtheit, aber auch die Literatur jedes einzelnen Zitierraums hat nun ihre ›Zitierzeiten‹, d. h. ihre spezifische Verteilung in der Zeit. Zur Beschreibung dieser zeitlichen Verteilung kann man verschiedene Indexzahlen konstruieren; ich habe einige sehr schlichte benutzt. Es wurde einfach festgestellt, in welche Zeitspanne ein Drittel, die Hälfte und zwei Drittel der zitierten Literatur fallen – gerechnet vom Vorjahr des Erscheinens an. Der Index, der die Zeitspanne angibt, in welche die Hälfte der zitierten Literatur fällt, wird auch ›literarische Halbwertzeit‹ genannt. Wenn man also sagt, in einer im Jahre 1970 erschienenen Publikation haben die Literaturzitate eine Halbwertzeit von neun Jahren, dann heißt das: Die Hälfte der überhaupt zitierten Literatur fällt in die letzten neun Jahre (gerechnet vom Vorjahr des Erscheinens an, d. h. ausgehend von 1969), also in die Jahre 1960–69, und der Rest in die Zeit davor (von den wenigen zitierten Publikationen abgesehen, die in das Erscheinungsjahr der zitierenden Publikation fallen). – Bei Klassiker-Zitaten wurde wie in allen anderen Fällen von Mehrfachauflagen die erste Auflage eingesetzt.

In welcher Literaturgattung, Forschungsrichtung oder Thematik wird sich eine ›Krise‹, ›Innovation‹ oder ›wissenschaftliche Revolution‹ am deutlichsten und direktesten abzeichnen – wo wird sich also vermutlich auch das Zitierverhalten am deutlichsten verändern? Das mag von Disziplin zu Disziplin, von ›Revolution‹ zu ›Revolution‹ verschieden sein. Es liegt aber nahe, vorweg an die *methodologische* Literatur zu denken, d. h. an jene Literatur eines Faches, die sich explizit mit Gegenstand und Methode der Disziplin befaßt.

Betrachten wir nun das Zitierverhalten in der deutschsprachigen methodologischen Literatur, soweit es in einigen wenigen Variablen sichtbar wird. In Tabelle 1 sind die Mittelwerte eingetragen – für den Gesamtzeitraum wie auch getrennt für die Zeiträume 1945-67 und 1968-73. Die Tabelle zeigt die Werte für selbständige *und* unselbständige Veröffentlichungen.[9] Betrachten wir zunächst die ›Zitierfülle‹ und die ›Zitierdichte‹ der Tabelle 1. Die absolute Menge der zitierten Literatur hat in allen Zitierräumen signifikant zugenommen: am wenigsten noch im Bereich der deutschsprachigen geographischen Literatur, am weitaus stärksten aber im Bereich der fremdsprachigen geographischen Literatur, sehr stark auch noch in den außergeographischen Zitierräumen. (»Fremdsprachig« kann man praktisch mit »angelsächsisch« gleichsetzen; »außergeographische Literatur« ist in diesem Zusammenhang zu einem großen Teil Literatur der allgemeinen und sozialwissenschaftlichen Wissenschaftstheorie.) Die Zitate aus diesen

[9] Berücksichtigt wurden sämtliche selbständigen Veröffentlichungen dieser Thematik und sämtliche unselbständigen Veröffentlichungen, soweit sie im Rahmen der ›Geographischen Standardliteratur‹ dieser Zeitspanne erschienen sind. Diese ›Standardliteratur‹ besteht aus sämtlichen deutschsprachigen geographischen Schriftenreihen und aus den führenden, nicht auf bestimmte Teilgebiete spezialisierten geographischen Zeitschriften des deutschen Sprachraums (Die Erde; Erdkunde; Geogr. Zeitschrift; Geogr. Rundschau; Petermanns Geogr. Mitteilungen; Mitteilungen der Österreichischen Geogr. Gesellschaft; Geographica Helvetica).

›fremden‹ (außerdeutschen und außergeographischen) Zitierräumen haben sich im Durchschnitt der absoluten Zahlen verfünf- bis versechsfacht. In den Zitier*dichten* sind die Unterschiede zwischen den beiden Zeitspannen nicht mehr so spektakulär, aber auch hier erkennt man, daß die höchsten Zuwachsraten bei der fremdsprachigen und bei der nichtgeographischen Literatur liegen. In diesen Zitierräumen hat sich auch die Zitatenmenge pro Standardseite vervierfacht bzw. verdoppelt.

				1	2	3	4
			Variable	1945-1973	1945-1967	1968-1973	Signifikanz
1	Zitierfülle	1	(gesamt. Lit.)	46,20	28,96	85,50	++
2	Zitierfülle	2	(deutschsprach. geogr. Lit.)	25,11	19,90	37,00	+
3	Zitierfülle	3	(fremdsprach. geogr. Lit.)	7,51	2,78	18,28	++
4	Zitierfülle	4	nichtgeogr. Lit.)	13,58	6,35	30,06	++
5	Zitierdichte	1	(gesamte Lit.)	2,75	2,36	3,64	++
6	Zitierdichte	2	(deutschsprach. geogr. Lit.)	1,72	1,64	1,89	-
7	Zitierdichte	3	(fremdsprach. geogr. Lit.)	0,38	0,20	0,79	++
8	Zitierdichte	4	(nichtgeogr. Lit.)	0,65	0,52	0,96	+
9	Zitierzeit	1	(1/3 gesamte Lit.)	6,14	7,06	4,45	+
10	Zitierzeit	2	(1/2 gesamte Lit.)	10,16	11,21	8,22	+
11	Zitierzeit	3	(2/3 gesamte Lit.)	14,96	16,38	12,35	+
12	Zitierzeit	4	(1/2 deutschspr. geogr. Lit.)	10,83	12,29	8,25	+
13	Zitierzeit	5	(1/2 fremdspr. geogr. Lit.)	9,85	11,98	7,56	+
14	Zitierzeit	6	(1/2 nichtgeogr. Lit.)	11,87	13,89	8,27	+

Tab. 1: Arithmetische Mittel für 14 Merkmale des Zitierverhaltens in der methodologischen Literatur der deutschsprachigen Geographie, und zwar für den gesamten Zeitraum 1945-73 (n = 164) sowie die Zeiträume 1945-67 (n = 114) und 1968-73 (n = 50). Für die einzelnen Merkmale (Variablen) vgl. Text. Die letzte Spalte enthält einen Signifikanzvermerk für die Differenz der Zeiträume 1945-67 und 1968-73 (aufgrund eines nicht-parametrischen Tests): ++ signifikant auf dem 1 %-Niveau, + auf dem 5 %-Niveau.

			Variable	1 1945-1973	2 1945-1967	3 1968-1973	4 Signifikanz
1	Zitierfülle	1	(gesamt. Lit.)	17,00	15,00	29,50	++
2	Zitierfülle	2	(deutschsprach. geogr. Lit.)	12,50	11,50	13,50	+
3	Zitierfülle	3	(fremdsprach. geogr. Lit.)	0,0	0,0	2,00	++
4	Zitierfülle	4	nichtgeogr. Lit.)	2,00	1,50	4,00	++
5	Zitierdichte	1	(gesamte Lit.)	2,45	2,20	3,30	++
6	Zitierdichte	2	(deutschsprach. geogr. Lit.)	1,45	1,35	1,65	-
7	Zitierdichte	3	(fremdsprach. geogr. Lit.)	0,0	0,0	0,20	++
8	Zitierdichte	4	(nichtgeogr. Lit.)	0,30	0,20	0,40	+
9	Zitierzeit	1	(1/3 gesamte Lit.)	4,00	5,00	3,00	+
10	Zitierzeit	2	(1/2 gesamte Lit.)	8,00	10,00	5,00	+
11	Zitierzeit	3	(2/3 gesamte Lit.)	13,00	15,00	8,00	+
12	Zitierzeit	4	(1/2 deutschspr. geogr. Lit.)	8,00	10,00	5,00	+
13	Zitierzeit	5	(1/2 fremdspr. geogr. Lit.)	6,00	8,50	6,00	+
14	Zitierzeit	6	(1/2 nichtgeogr. Lit.)	8,00	11,00	6,00	+

Tab. 2: Medianwerte für 14 Merkmale des Zitierverhaltens in der methodologischen Literatur der Geographie des deutschen Sprachbereichs, und zwar für den Gesamtzeitraum 1945-73 (n = 164) sowie die Zeiträume 1945-67 (n = 114) und 1968-73 (n = 50). Für die einzelnen Merkmale (Variablen) vgl. Text. Die letzte Spalte enthält einen Signifikanzvermerk für die Differenz der Zeiträume 1945-67 und 1968-73 (aufgrund eines nicht-parametrischen Tests): ++ signifikant auf dem 1 % Niveau, + auf dem 5 %-Niveau.

Hinter der Erhöhung der Zitatenmenge steht wohl nicht zuletzt der erhöhte Argumentations- und Legitimationszwang in Krisenzeiten – diese Zeiten sind ja geradezu dadurch definiert, daß die Übereinstimmungen und die Selbstverständlichkeiten wegschmelzen. Zweitens wird aber nicht nur der Legitimationsbedarf größer, sondern auch die Legitimationsbasen verändern ihr relatives Gewicht: Binneninstanzen verlieren (relativ) an Bedeutung, Außeninstanzen werden absolut und relativ wichtiger.

Was die Zitier*zeiten* angeht, so sind, wie die Tabelle 1 zeigt, die Veränderungen nicht weniger augenfällig: In allen Zitierräumen sind die Zitierzeiten kräftig geschrumpft. Ziehen wir anstelle der arithmetischen Mittel der Tabelle 1 die Medianwerte auf Tabelle 2 heran, die – wegen der Schiefe der Wertverteilungen – die ›mittlere Veröffentlichung‹ besser repräsentieren, dann sieht man, daß die Halbwertzeit der gesamten zitierten Literatur exakt halbiert worden ist, und zwar von zehn auf fünf Jahre.

Dieselbe Reduktion der Halbwertzeit erscheint bei der deutschsprachigen geographischen Literatur und in etwa auch bei der nichtgeographischen Literatur; nur bei der fremdsprachigen, d. h. angelsächsischen Literatur ist die Schrumpfung der Zitierzeit geringer.

Die disziplinhistorische Phase um 1970, die man allgemein als einen ›Umbruch in der Geographie‹ etikettiert, wird nicht nur charakterisiert durch eine erhöhte Produktion an methodologischen und didaktischen Veröffentlichungen.[10] Sie ist des näheren ge-

[10] Vgl. HARD, G. und FLEIGE, H.: Zitierzeiten und Zitierräume in der Geographie. Eine Studie zum Zitierverhalten in der methodologischen Literatur. In: Mitteilungen der Österreichischen Geographischen Gesellschaft 119, 1977, S. 3-33.

kennzeichnet durch stark erhöhte Zitatezahlen und stark erhöhte Zitierraten in der methodologischen Literatur – vor allem im Bereich der fremdsprachigen (angelsächsischen) und der nichtgeographischen (wissenschaftstheoretischen) Literatur; man beobachtet ferner ein auffälliges Schrumpfen der Zitierzeiten. In einer »wissenschaftlichen Revolution«, so vermuten wir nun, schrumpft *und* weitet sich der Informationshorizont: Er erweitert sich stark in allochthone Zitierräume, in ›Außenräume‹ hinein, während die Bedeutung der ›Binnenräume‹, der autochthonen, der naheliegenden Zitierräume relativ zurücktritt; gleichzeitig schrumpft auch der zeitliche Informationshorizont, d. h. man zitiert viel weniger weit zurück als in den ruhigeren Zeiten ›normaler Wissenschaft‹.

Charakteristisch war auch hier offenbar der ›angelsächsische Umweg des Denkens‹: teils in bezug auf die angelsächsische Geographie, teils in bezug auf die angelsächsische philosophy of science und Sozialwissenschaft.

Dieses pauschale und dichotomische Bild läßt sich noch stark verfeinern. Betrachtet man nicht die Zitierzeiten für die beiden großen Zeiträume 1945-67 und 1968-73, sondern für die einzelnen Jahre, dann erkennt man bis etwa 1968 ziemlich schwankende, aber insgesamt eher durchschnittliche bis überdurchschnittliche Zitierzeiten, die zudem – vor allem seit etwa 1960 – tendenziell deutlich ansteigen, bis sie um 1968 plötzlich zusammenschmelzen.

Auch diese Beobachtung enthält vermutlich ein allgemeines Merkmal von ruhigen Zeiten »normaler Wissenschaft«: Je länger eine mehr oder weniger kontinuierliche und ruhige Phase »normaler Wissenschaft« andauert, um so länger werden die Zitierzeiten. Der Konsens-Zeitraum wird ja im Verlauf des Ausreifens eines Paradigmas immer länger – und mit ihm die Zeitspanne, in der man zitierfähigen Zuspruch und Support für die eigene Auffassung (oder auch zitierfähigen Widerspruch zu dieser) finden kann.

Kommen wir nun zurück auf die Kritik Otrembas an meiner Art zu zitieren. Die Halbwertzeit der Literaturzitate in meinem Buch von 1973 beträgt fünf Jahre, und das ist, wie aus Tabelle 2 ersichtlich, genau der Medianwert *aller* methodologischen Veröffentlichungen der Zeitspanne 1968-1973.[11] Schon diese Feststellung hat etwas Beruhigendes: Der Tadel des Rezensenten trifft sozusagen die gesamte moderne methodologische Literatur der Geographie – und wer nun außerhalb der community of investigators steht, ist nicht mehr der Rezensierte, sondern der Rezensent.

Faßt man das Zitierverhalten des Rezensenten ins Auge, so liegen die Halbwertzeiten seiner eigenen methodologischen Veröffentlichungen in den fünfziger Jahren[12] innerhalb des damals Üblichen: Sein *persönlicher* Mittelwert betrug damals 10,7 (Medianwert:10), der Mittelwert aller Veröffentlichungen dieser Zeitspanne (1951-1960) lag bei 9,5 (Medianwert: 10). In seinen späteren methodologischen Veröffentlichungen steigen

[11] Die Halbwertzeit der physikalischen Literatur liegt schon um 1930 bei fünf, in den »Physical Review letters« sogar bei zwei Jahren. Für den naturwissenschaftlichen Zeitschriftenbestand des Jahres 1969 dürfte der Wert etwas über vier liegen. Vgl. dazu SZÁVA-KOVÁTS, E.: Beiträge zur Diskussion über Veralterung wissenschaftlich-geographischer »länderkundlicher« Informationen 2. In: Die Erde 107, 1976, S. 228-252.

[12] OTREMBA, E.: Wertwandlungen in der deutschen Wirtschaftslandschaft. In: Die Erde 2, 195 1, S. 236-247. – Ders.: Der Bauplan der Kulturlandschaft. In: Die Erde 3, 1951/52, S. 233-245. – Ders.: Struktur und Funktion im Wirtschaftsraum. In: Berichte zur deutschen Landeskunde 23, 1959, S. 15-28.

die Halbwertzeiten dann rasch an: 1961 auf 11, 1966 auf 38 und 1970 auf 59 Jahre[13]. Das Altern eines Paradigmas wiederholt sich in übersteigerter Form im intellektuellen Altern einer Person, und dieses abnorm werdende Zitierverhalten wiederum macht die eigenartige Kritik am Zitierverhalten eines andern sehr verständlich.

Zum Verständnis der Rezension trägt auch bei, daß die Zitier*dichte* in den methodologischen Veröffentlichungen Otrembas durchweg sogar unter dem arithmetischen Mittel und dem Medianwert der Zeitspanne 1945-67 lag, daß sein Zitierraum bzw. Zitierhorizont auch in bezug auf diese Vergleichsliteratur abnorm eng war und daß er dieses Zitierverhalten, in dem also die Charakteristika der Zeitspanne 1945-67 in extremer Form auftreten, auch im Zeitraum 1968-73 unverändert beibehalten hat, sehr im Gegensatz zu anderen Autoren, deren Zitierverhalten epochenspezifisch gewechselt hat. Das beschriebene Zitierverhalten dürfte für Wissenschaftler typisch sein, die sich selbst als Bischöfe und ihre Denkfiguren als kanonisch verstehen.

In ähnlicher Weise kann nun auch die andere von mir zitierte Kritik[14] verständlich gemacht und gleichzeitig relativiert werden. Auch hier war der Maßstab akzeptablen Zitierverhaltens das 1973 bereits ganz untypisch gewordene Zitierverhalten des Kritikers selber.[15] Dieses entsprach etwa dem durchschnittlichen Zitierverhalten geographischer Methodologen der 50er und frühen 60er Jahre (mit den zeittypisch langen Zitierzeiten und der ebenso zeittypischen Dominanz der deutschsprachig-geographischen Literatur), und mein eigenes Zitierverhalten erweist sich auch hier wiederum nicht als eine Idiosynkrasie; es stimmt vielmehr zu einer dominanten Tendenz des Zeitraums 1968-73, entsprach also durchaus dem ›disziplinhistorischen Moment‹.

Es lag nun nahe zu fragen, ob sich die Tendenzen, die im Zitierverhalten der methodologischen Literatur sichtbar werden (Außen- statt Binnenorientierung, Kurzzeit– statt Langzeitorientierung), in gleicher oder ähnlicher Form auch in anderen Forschungsrichtungen und Themenbereichen der Geographie bemerkbar gemacht haben. Die Frage konnte für mehrere Teildisziplinen und Forschungsrichtungen bejaht werden; es ergaben sich jedoch auch charakteristische Abstufungen dieses ›Modernisierungsprozesses‹ der Geographie bis hin zu Literaturgattungen, in denen auch um 1970 zumindest hinsichtlich des Zitierverhaltens so gut wie alles beim Alten blieb. Die Disziplin hat offensichtlich nicht als Monolith reagiert.

5. Diffuse und rigide Ideencluster

Bisher haben wir mehr formale und deshalb stark interpretationsbedürftige Beobachtungen ausgewertet. Fragen wir nun, ob und wie der genannte ›Umbruch‹ des Faches auch

---

[13] OTREMBA, E.: Das Spiel der Räume. In: Geogr. Rundschau 13, 1961, S. 130-135. – Ders.: Gedanken zur gegenwärtigen Lage der Wirtschaftsgeographie. In: Geogr. Zeitschrift 54, 1966, S 3-12. – Ders.: Gedanken zur geographischen Beobachtung. In: Moderne Geographie in Forschung und Unterricht. (Auswahl, Reihe 13, 39/40.) Hannover 1970, S. 59-69.

[14] Vgl. Anm. 6.

[15] Vgl. die methodologischen Publikationen von K. Paffen: Ökologische Landschaftsgliederung. In: Erdkunde 2, 1948, S. 167-173. – Ders.: Die natürliche Landschaft und ihre räumliche Gliederung. Eine methodische Untersuchung am Beispiel der Mittel- und Niederrheinlande. (Forschungen zur deutschen Landeskunde, Bd. 68.) Remagen 1953. – Ders.: Stellung und Bedeutung der physischen Anthropogeographie. In: Erdkunde 13, 1959, S. 319-343.

im ›ideologischen Raum‹, in den vorherrschenden Denkinhalten dingfest gemacht werden kann.

Diese Frage kann man sicher auf sehr unterschiedliche Weise angehen. Ich möchte hier aber die bisherige methodische Ebene einer systematischen und quantitativen Analyse nicht verlassen.

Will man so etwas wie den ›ideologischen Überbau‹ einer Disziplin erfassen, so muß man diejenigen Literaturgattungen betrachten, denen vorrangig die Produktion und Propagierung dieser Ideologien obliegt. Handelt es sich wie bei der Geographie um eine Disziplin, die eine Dependance im allgemeinbildenden Schulwesen hat, und handelt es sich um ein Fach, das seit Beginn seiner ins Gewicht fallenden universitären Existenz vorrangig, ja fast ausschließlich Lehrer ausbildete und im wesentlichen *daher* seine Existenzberechtigung zog und zieht, dann müßte unter anderem die schuldidaktische Literatur dieses Faches eine brauchbare Textgrundlage hergeben. Im Rahmen dieser didaktischen Literatur stützt man sich zweckmäßigerweise wiederum auf eine Textsorte, die das geographiedidaktische Ideenreservoir der betreffenden Zeitspanne gleichzeitig konzentriert und relativ vollständig widerspiegelt – und sei es auch mit einer gewissen Verkürzung und Trivialisierung. Dies verweist uns auf die Lehrpläne bzw. Richtlinien für Geographie/Erdkunde.

Aufgrund dieser Überlegung wurde die nahezu vollständig gesammelte geographische Lehrplanliteratur des Zeitraums 1945-73 einer systematischen Inhaltsanalyse unterzogen. Es handelt sich insgesamt um etwa 100 Lehrpläne für Hauptschulen, Realschulen und Gymnasien.

Lehrpläne enthalten nun sehr unterschiedliche Textteile. In die Analyse einbezogen wurden plausiblerweise nur die Richtlinienteile, nicht die Stoffverteilungspläne; nur die Richtlinienteile repräsentieren das, was wir untersuchen wollen: den fachdidaktischen Argumentationsraum der betreffenden Zeitspanne.

In unserem Zusammenhang ist das Ergebnis der Kontingenzanalyse am interessantesten. Die Kontingenzanalyse ist eine inhaltsanalytische Standardmethode, welche die *Verknüpfungen* von ›Ideen‹, Denkmotiven, argumentativen Figuren usf. aufdecken soll, also die für die untersuchten Texte charakteristischen ›ideologischen‹ bzw. kognitiven Assoziationsstrukturen. Die statistische Technik soll hier nicht weiter dargestellt und diskutiert werden.[16] Das Ergebnis kann man in Form eines Graphen wiedergeben. Der Graph bildet die einzelnen Denkmotive z. B. als Kreise ab; die Verbindungslinien zwischen diesen ›Knoten‹ stellen überzufällige Verknüpfungen der durch sie verbundenen Motive dar. Man erkennt dann ein ›zentrales‹ Cluster von Ideen bzw. Denkmotiven, die alle mehr oder weniger stark miteinander vernetzt sind. Es handelt sich durchweg um diejenigen Motive, die im Zeitraum 1968-73 entschieden häufiger geworden sind, z. B.:

- Kritik an der traditionellen Länderkunde – Umweltökologie
- die Motivgruppe »Sozialgeographie und Raumplanung«
- das Motiv »Umbruch in der Geographie«

---

[16] Für eine kurze und klare Darstellung der Methode vgl. etwa MAYNTZ R./HOLM K./HÜBNER P.: Einführung in die Methoden der empirischen Soziologie. Opladen 1974[4], S. 164 ff. Für eine ausführliche Darstellung der im folgenden nur eben angedeuteten Ergebnisse vergleiche man: HARD, G.: Inhaltsanalyse geographiedidaktischer Texte (Geographiedidaktische Forschungen, Bd. 2). Braunschweig 1978.

- die Motivik der Curriculumsdiskussion
- zwei sehr allgemeine Richtziele: »Rationalität« und »Emanzipation/Partizipa-tion«
- Sachlichkeit, Kritikfähigkeit
- die neue Sicht der Stellung der Geographie unter den Fächern: kooperativ, eingebunden in neue Integrations- oder Zentrierungsfächer (und zugleich den spezifischen Eigenbeitrag der Geographie betonend);
- ›moderne‹ Medien und Unterrichtsformen (z. B. Planspiele, Schülerprojekte usf.)

Dieses Ideen-Cluster hat nur wenig Verbindung zu den übrigen Denkmotiven. Außerhalb dieses dicht vernetzten zentralen Clusters, welches so gut wie alle Modernismen enthält, gibt es nur vergleichsweise lockere Motivverknüpfungen und viele solitäre Motive (also Motive, die nicht überzufällig mit anderen Motiven assoziiert sind). Hier finden sich zwei Gruppen von Motiven: (1.) die Omnibus-Motive, die durch alle Zeitabschnitte der geographiedidaktischen Ideengeschichte seit 1945 mit unveränderter oder wenig veränderter Häufigkeit hindurchgehen, (2.) aber auch die typischen Traditionalismen, die Leitmotive der Lehrpläne ›alter Konzeption‹ von vor 1968. Zu den durchgehenden Motiven gehören etwa:

- Betonung der physischen Geographie und ihrer Teile
- Betonung des Menschen als zentrales Thema im Geographieunterricht
- das kulturökologische Thema »Mensch und Erde«
- Wandern (mit Betonung der affektiven und/oder der kognitiven Ziele)
- Betonung des Faktenwissens

Zu den Leitmotiven der Zeit vor 1968 gehören etwa:

- Vaterländische Geographie, Erziehung zur Vaterlandsliebe u. ä.
- Heimatkenntnis, Heimatvertrautheit, Heimatliebe, Heimatprinzip u. ä.
- Betonung der Länderkunde als Kern und Krone der Geographie
- staunendes Erleben der Ordnung und der Harmonie des Kosmos
- Erlebnis der Schönheit von Natur und Landschaft
- Anschauung und Erlebnisnähe allgemein
- Bevorzugung exotischer Themen und frühzeitige Behandlung fremder Länder aus entwicklungspsychologischen Gründen
- Betonung des exemplarischen Vorgehens (»Wagenschein-Motivik«)
- Traditionelle Medien und Unterrichtsformen: vor allem Karte, Atlas, Globus und Sandkasten

Man kann den Befund wie folgt interpretieren: Die älteren Lehrpläne stellen relativ ›zufällige‹ oder ›freie‹ Kombinationen aus einem relativ zeitbeständigen Ideenpool dar. Die traditionellen Denkmotive und die Evergreens unter den geographiedidaktischen Denkfiguren wurden mit relativer Beliebigkeit eingebracht und kombiniert. Eine solche Liberalität der Motivwahl ist vermutlich am ehesten denkbar in einem Klima breiter Übereinstimmung, in dem relativ locker gedacht und formuliert werden kann – sofern die eingesetzten Argumente aus einem gemeinsamen und gut beleumundeten Ideenreservoir stammen.

In den jüngeren und jüngsten Lehrplänen (bis 1973) hingegen ist die Wahl der Motive und ihre Kombination viel stärker fixiert: was auf eine explizit wiederkehrende Plausibilitätsstruktur deutet, auf ein relativ geschlossenes, um nicht zu sagen: rigideres normatives Konzept.

Man kann vermuten, daß in dieser ›Straffung‹ der Lehrpläne in Richtung auf explizit wiederkehrende Motivstrukturen auch ein Merkmal von ›Krisen‹ oder ›Umbrüchen‹, von ›wissenschaftlichen Revolutionen‹ zu sehen ist. Sie würde eine Phase kennzeichnen, in der ein neues ›Paradigma‹, eine neue Perspektive durchgesetzt werden soll, aber doch noch unter starkem Legitimations- und Explikationszwang steht.

Die liberalere Kombinatorik der Zeit *vor* dem ›Umbruch‹, die sich in unserem Graphen in den diffusen Strukturen der älteren Motive widerspiegelt, könnte Merkmal eines ›alternden‹ disziplinären Programms sein, denn fast alle Ideen der ›traditionellen‹ Geographiedidaktik stammen schon aus den 20er und frühen 30er Jahren. In den frühen 20er Jahren (aber teilweise auch schon im späten Kaiserreich) müßte man das Pendant des ›Umbruchs‹ von 1970 suchen.

Etwas (informations)theoretischer formuliert: Geht man davon aus, daß effiziente Kommunikation ein ausgewogenes Verhältnis von Erstmaligkeit und Bestätigung enthalten muß und daß Bestätigung je nach der Situation bald mehr durch das Vorwissen der Empfänger, bald mehr durch die Redundanz der Nachricht besorgt werden kann, dann leuchtet ein, daß in den eigentümlich ›elliptischen‹ traditionellen Lehrplänen im wesentlichen das Vorwissen, der vorgewußte Pool an diffusen Evidenzen die ›Bestätigung‹ besorgte, in den eher ›überstrukturierten‹, explizit formulierenden modernen Lehrplänen die ›Bestätigung‹ aber eher durch Redundanz erzeugt wird. Dies läßt sich auch durch die Interpretation von Einzeltexten und durch Perzeptionsexperimente bestätigen. Um eine Parallele zu geben: Ein Deutscher versteht unter Umständen auch schwach strukturierte, verkürzte und verstümmelte deutschsprachige Nachrichten im Telegrammstil, die einem Ausländer auch bei sehr guten Deutschkenntnissen unverständlich bleiben können – ›gutes‹, d. h. redundantes und rigide strukturiertes Deutsch aber versteht auch dieser Ausländer. Innovative Nachrichten sind nun gewissermaßen an Ausländer gerichtet und werden im Telegrammstil nur schwer verstanden.[17]

---

[17] Vgl. WEIZSÄCKER, E. v.: Erstmaligkeit und Bestätigung als Komponenten der pragmatischen Information. In: WEIZSÄCKER, E. v. (Hrsg.): Offene Systeme 1, Stuttgart 1974, S. 82-113. Überdies liegen die Richtlinien-Texte ähnlich wie die methodologische Literatur auf einer ziemlich abstrakten, »hohen«, metatheoretisch-ideologischen Sprachebene, und das Verhältnis von Erstmaligkeit und Bestätigung, von Redundanz und Rekurs auf Vorwissen, von Strukturiertheit und Offenheit, von Ex- und Implizitheit, von Rigidität und Liberalität (usw.), das man auf der höheren Ebene findet, hat auch etwas mit dem Verhältnis von Erstmaligkeit und Bestätigung auf den tieferen, empirienäheren Ebenen zu tun. *Vor* dem »Umbruch« blieben einzelne Innovationen auf der Meta-Ebene deshalb leicht integrierbar (und gefährdeten die Kommunikation nicht), weil der ›Unterbau‹ an ›Stoffen‹, ›Einzelthemen‹, objektsprachlichen Fragestellungen, empirienahen Theorien, Termini, Techniken und Beobachtungen mehr oder weniger intakt blieb bzw. in gewohnter Weise weiter wuchs. Dieser ›Bestätigungsüberschuß‹ auf den ›niedrigeren Ebenen‹ verschwand aber um 1970: Nicht nur die Vorstellung davon, was eine sinnvolle und fruchtbare Fragestellung sei und was man als eine ›Theorie‹ bezeichnen könne, änderte sich; der Umbruch griff bis in die Beobachtungstechniken hinein und bis in die Vorstellungen davon, was ›unmittelbar beobachtbar‹ und was überhaupt eine ›wissenschaftliche Beobachtung‹ sei. Unter solchen ›revolutionären‹ Bedingungen spalten sich die innovativen Komponenten vom traditionalen Ideenpool ab; in der ›querelle des anciens et des modernes‹ zerbricht zeitweise der Diskussions- und schließlich auch der Intentionszusammenhang der

6. Schlußbemerkungen

Die zentralen Begriffe der traditionellen Geographie wurden seit Jahrzehnten als Abbildung oder ›Widerspiegelung‹ der ›irdischen Wirklichkeit selbst‹ betrachtet; die in diesem zentralen Begriffsapparat festgelegten Aspekte waren in allen wesentlichen Zügen reifiziert bzw. ontologisiert worden, hatten sich in den Köpfen zahlreicher Geographen zu einer evidenten und subjektiv fast unüberwindbaren Ontologie ausgewachsen.[18] Diese Ontologie ist niemals ›intern‹, sondern um 1970 durch eine Kritik in Frage gestellt worden, die alle wesentlichen Argumente aus ›Außenräumen‹ importierte und dadurch in gewissem Sinne die ›Gleichzeitigkeit‹ einer ungleichzeitig gewordenen Disziplin mit ihren z. T. fortgeschritteneren Nachbardisziplinen wieder herstellte. Diese extern angeregte »Paradigmenzerstörung« war es, die sich aufs deutlichste in der gleichzeitigen Veränderung des Zitierverhaltens spiegelte. Man darf vermuten, daß sich ähnliches in vielen (vor allem in geistes- und sozialwissenschaftlichen) Disziplinen zuträgt, wenn so etwas wie ein Paradigmenwechsel oder der Wechsel von umfassenden Forschungsprogrammen ins Haus steht: daß auch hier fachinterne Ontologien, d. h. ontologisierte Begriffe und ›Paradigmenkerne‹ ›von außen‹ aufgebrochen werden und daß ein entsprechender Umbruch des Zitierverhaltens als verläßlicher Indikator gelten kann.

Die Beobachtungen auf seiten der ›ideologischen Gehalte‹ lassen vermuten, daß für Innovationsphasen, Umbrüche usf. das Platzgreifen eines relativ geschlossenen und rigiden Denksystems charakteristisch ist. Die Traditionalisten stehen in solchen Augenblicken eher auf seiten eines alten und diffusen Konsenses und verteidigen, ›alte Freiheiten‹; das Neue nähert sich zu Anfang in Form eines kompakten Normen- und Begriffsystems hohen Explikationsgrades und verminderter Zulassungsbereitschaft, demgegenüber das vertraute Alte äußerst gefährdet erscheint.[19]

Disziplin – was wohl oft zunächst zum ›Pluralismus‹ eines vorparadigmatischen Zustandes und dann zu neuen, zunächst oft mit intellektueller Rigidität auftretenden dominanten Forschungsprogrammen führt.

[18] Vgl. Hard, G.: Die Diffusion der »Idee der Landschaft«. Präliminarien zu einer Geschichte der Landschaftsgeographie. In: Erdkunde 23, 1969, S. 249-264. Ders.: Die »Landschaft« der Sprache und die »Landschaft« der Geographen. Semantische und forschungslogische Studien. (Colloquium Geographicum, Bd. 11.) Bonn 1970. – Ders.: »Landschaft« – Folgerungen aus einigen Ergebnissen einer semantischen Analyse. In: Landschaft und Stadt, 1972, S. 249-264.

[19] Die zunächst kopf- und hilflosen intellektuellen Reaktionen der Vertreter der älteren ›Weltperspektive‹ des Faches (wie auch ihre späteren extra-argumentativen ›Racheakte‹ mit institutionellen Mitteln) sind in diesem Zusammenhang gut verständlich. Man muß im Auge behalten, daß die genannte *intellektuelle* Rigidität eines neuen Gedankenzusammenhangs keineswegs mit wissenschafts*politischer* Rigidität gekoppelt sein muß – diese lag wie angedeutet eher auf seiten der Vertreter des ›älteren Paradigmas‹, während die Innovatoren wohl immer von einer gewissen ›liberaldemokratischen‹ Lockerung der Standards profitieren (und zuweilen sogar auf diese angewiesen sein mögen). Das Lob der ›alten Freiheiten‹ (und der ›guten alten Zeiten‹ ›normaler Wissenschaft‹) übersieht auch leicht, daß zu deren Bedingungen ein breites konsensfähiges Vorwissen, ein mehr oder weniger gemeinsamer Ideenpool gehörten, die ihrerseits im allgemeinen nur dadurch existieren konnten, daß zahlreiche konkurrenzfähige Alternativen radikalerer Art (und das heißt auch: die entsprechenden Individuen und Gruppen) vom Diskurs ferngehalten oder ausgeschaltet wurden.

Zur Methodologie und Zukunft der physischen Geographien an Hochschule und Schule

Möglichkeiten physisch-geographischer Forschungsperspektiven (1973)

1. Zu den Begriffen »Methodologie« und »Forschungsperspektive«

Werfen wir einen Blick auf die Antworten, die wir normalerweise erhalten, wenn wir Vertreter eines Faches oder einer Forschungsrichtung fragen, womit sich das Fach oder die Forschungsrichtung beschäftigen, was ihre »Gegenstände« oder ihre »Ziele« seien. Dabei soll es uns nicht darum gehen, welche dieser Antworten richtig oder falsch, sinnvoll oder sinnlos sind – oder welche Antworten die bestehende »verfaßte Geographie« und deren tatsächliche Forschung und Lehre angemessen beschreiben. Es geht vielmehr darum, welches die typische Form und die stereotypen formalen Elemente sind, aus denen solche Formeln normalerweise bestehen. Fassen wir etwa folgende provisorische Sammlung ins Auge (Tab. 1).

Tab. 1:

Explikandum	Explikat A	B
Geographie (ist, beschäftigt sich mit)	Beschreibung und Erklärung	der räumlichen Differenzierung der Erdoberfläche.
	Wissenschaft (Lehre)	von den Ländern und Landschaften der Erde.
	Morphologie, Genese und Ökologie	der Landschaft(en)
	Beschreibung und genetische Deutung	der (Kultur)Landschaft.
	Beschreibung, Erlärung und Prognose	der Verteilung von menschlichen Aktivitäten (und ihrer Ergebnisse) an der Erdoberfläche.
	Analyse und Synthese (Theorie)	des weltweiten Geosystems Mensch-Erde.
	Lehre (Kunde, Wissenschaft)	vom individuellen Charakter der Erdräume.
	Erkenntnis	der individuellen Totalität eines Erdraumes.
	Erkenntnis	des Gesamtzusammenhanges von Litho-, Hydro-, Bio-, Atmo- und Anthroposphäre in der Erdhülle.
	Beschreibung und Erklärung	des Naturhaushaltes an der Erdoberfläche.
	Beschreibung und Erklärung	der räumlichen Organisation(sformen) der Gesellschaft.
	Beschreibung, Erklärung und Prognose	des raumwirksamen Handelns menschlicher Gruppen.

Es fällt mehreres auf. Erstens der meist »monistische«, exklusive Charakter dieser Formeln – es gibt für viele Autoren offensichtlich nur eine Geographie. Da aber die disziplinäre Realität sich eher darstellt als ein nur teilweise lose verkittetes Konglomerat von sehr unterschiedlichen Erkenntnisinteressen und Forschungsrichtungen, muß man den

Sinn dieser Formeln eher in ihrem programmatischen und normativen als in ihrem faktischen Gehalt sehen. Es handelt sich eher um Wünsche als um Beschreibungen.

In unserem Zusammenhang ist folgendes wichtiger (worauf z. B. auch D. HARVEY 1969, S. 3, hingewiesen hat): Daß diese Formeln offensichtlich in regelmäßiger Weise mehrgliedrig sind. Der explizierende Teil der Sätze besteht aus einem Teil B, der davon handelt, worüber man sprechen sollte, und einem Teil A, der davon spricht, wie darüber gesprochen werden sollte[1]. Der Teil B wiederum nennt (1.) in mehr umgangssprachlicher bis bildungssprachlicher Weise einen Stoff- oder Phänomenbereich allgemeinster Art – hier durchweg die Erdoberfläche, Erdhülle oder Geosphäre – und (2.) die Hinsicht, die Perspektive, den wissenschaftlichen »Sprachrahmen«, in denen dieser Stoff- oder Raumzeitbereich des Universums betrachtet werden soll.

Es wird z. B. genannt die Erdoberfläche, *insofern* sie in »Räume« differenziert ist (*insofern* sie räumliche Differenzierungen aufweist); die Erdhülle *als* Ökosystem; die Erdoberfläche *unter dem Aspekt* Kulturlandschaft oder *unter dem Aspekt* Naturhaushalt (*insofern* sie einen Teil des Naturhaushaltes darstellt); die Erdoberfläche *im Hinblick* auf die Distribution menschlicher Aktivitäten; die Geosphäre *als* gegliedert in Länder und Landschaften; die Erdoberfläche in landschaftskundlicher oder länderkundlicher *Perspektive*; die Erdoberfläche, *insofern* sie einen vertikalen und horizontalen Gesamtzusammenhang darstellt; die Länder und Landschaften, *insofern* sie individuelle Totalitäten sind – usw. usf.

Seltener und erst in jüngster Zeit werden andere Basisbereiche genannt als die Erdhülle: vor allem »die Gesellschaft« – und zwar *insofern* sie räumlich organisiert ist; oder auch die »sozialen« oder »sozioökonomischen Phänomene« – und zwar unter räumlich-distanziellem *Aspekt*; oder auch »die menschlichen Gruppen« bzw. »menschliches Gruppenhandeln« – und zwar *insofern* es »verortet«, distanzabhängig, flächenbeanspruchend oder »raumwirksam« sei (d. h. Raumstrukturen, Verteilungsmuster usw. schafft). In diesem Wechsel in der Angabe des Basisbereiches (von der »Erdoberfläche« zur »Gesellschaft«) spiegelt sich offensichtlich ein veränderter Gruppenbezug des einzelnen Geographen: der ältere Anthropogeograph sieht sich mehr als Erd-, der jüngere mehr als Sozialwissenschaftler.[2]

---

[1] Die Grenze zwischen dem A- und dem B-Teil der Explikate ist nicht *immer* eindeutig. Man mag z. B. im Zweifel sein, ob Termini wie »individuelle Totalität«, »System«, »Gesamtzusammenhang«, der Begriff der »Region« usf. nicht noch zu Teil A der Explikate gehören. Wo man die Grenze zieht, hängt, wie wir sehen werden, wesentlich davon ab, ob man glaubt, man könne die entsprechenden Begriffs- und Verfahrensprobleme forschungslogisch lösen, oder ob man glaubt, man müsse an dieser Stelle darüber hinaus eine disziplin*politische* oder sogar ontologische Entscheidung treffen. Wer vom Standpunkt des »kritischen Rationalismus« her argumentiert, wird diese Grenze naturgemäß anders ziehen als derjenige, der von einer dialektisch-hermeneutischen Metatheorie her argumentiert.

[2] *Es wird nicht behauptet, die beschriebenen Differenzierungen seien trennscharf, stabil und in jedem Fall richtig gesetzt (oder gar in aller Wissenschaft interessenfrei vorgegeben). Gemeint ist nur, daß viele Wissenschaftler solche Unterscheidungen in ihrer Selbstreflexion wirklich vornehmen, weil sie glauben, damit etwas Wesentliches auch an ihrer eigenen Praxis zu beschreiben. Es mag gelegentlich notwendig sein, diese und andere metatheoretischen Differenzierungen (und so z. B. auch die Differenz von Faktum und Norm, Entdeckungs- und Begründungszusammenhang, Theorie und Poesie, Wissenschaft und Kunst...) grundsätzlich in Frage

Die zweite Zusammenstellung (Tab. 2) zeigt, daß sich diese Textstruktur auch in den Selbstdefinitionen einzelner physisch-geographischer Forschungszweige wiederfindet – zumindest, wenn man den Inhalt dieser Formeln explizit macht. Die Kurzformel etwa, die Geomorphologie sei die »Beschreibung und Erklärung der Formen der Erdoberfläche«, impliziert, daß dieser physisch-geographische Forschungszweig sich auf die Erdoberflächenformen bezieht, *insofern* sie Ergebnisse von Naturprozessen (Prozessen in der physisch-materiellen Welt) sind – und nicht auf die Erdoberflächenformen, insofern sie Wahrnehmungs- bzw. Kognitionsphämomene sind und so z. B. Anmutungsqualität, Wertbesetzung, Symbolcharakter und Identifizierungsmöglichkeiten für Künstler, Naturliebhaber und Touristen aufweisen.

Tab. 2:

Explikandum	Explikat A	B
Geomorphologie (ist)	Beschreibung, systematische Ordnung und genetische Deutung	(1) der Formen der Erdoberfläche (mittlerer, »landschaftlicher«) Größenordnung (2) als Produkte geomorphologischer Prozesse.
Vegetationsgeographie (ist)	Untersuchung und Beschreibung	(1) des Pflanzenkleides der Erdoberfläche (2) nach seiner Bedeutung für den Charakter der Erdgegenden.
Klimageographie (ist	wissenschaftliches Begreifen	(1) des typischen Jahresablaufs des Klimas (2) als Teil vom Wesen der Länder.
Klimageographie (ist)	Beschreibung, genetische Deutung und räumliche Gliederung	(1) der atmosphärischen Zustände und Zusammenhänge, (2) insofern sie zur Erklärung der geographischen Substanz an der Erdoberfläche herangezogen werden müssen.

Vgl. etwa: H. LOUIS 1968, S. 1; J. SCHMITHÜSEN 1968, S. 7; J. BLÜTHGEN 1964, S. 2f.

Es ist nun klar, was mit einer »Forschungsperspektive« (einem Forschungsansatz, einer Forschungsrichtung) gemeint ist: Jener Aspekt, jene Wahrnehmungsselektion, die, wie wir sahen, in allen Selbstdefinitionen von Forschungsrichtungen wenigstens implizit angesprochen wird.

Aus der vorangegangenen, sehr schlichten Analyse gängiger Selbstdefinitionen können doch einige nicht mehr ganz so triviale Folgerungen gezogen werden.

Erstens, daß die Wissenschaften einen vorgegebenen Gegenstand des gesunden Menschenverstandes oder der Alltagssprache niemals als *einen* Gegenstand behandeln und daß folglich keine Disziplin und keine Forschungsrichtung einen solchen Gegenstand monopolisiert – obwohl der gesunde Menschenverstand und die Primärsprache ihn doch als *einen* Gegenstand ansehen. Nirgendwo infolgedessen werden diese Gegenstände, aus denen die vorwissenschaftliche Welt sich aufbaut (also »Gegenstände« wie Natur und Gesellschaft, Erdoberfläche und Erdhülle, Landschaften und Länder, Reliefformen

zu stellen; es mag sogar wissenschaftliche Praktiken geben, in denen solchen Unterscheidungen nichts (mehr) entspricht. Ob es sich dann um gelungene »Aufhebungen« von Differenzierungen handelt oder (wie meistens) bloß um faulen Programmzauber, muß man dann im einzelnen prüfen. Aber auch in einer »entdifferenzierten« Praxis müssen die »aufgehobenen« Differenzierungen doch intellektuell lebendig und verfügbar bleiben, damit man sich im unvermeidlichen Konfliktfall noch auf sie beziehen, ja überhaupt noch sinnvoll auf differenziertere Diskurse und Umwelten reagieren kann.*

und Vegetation) für sich und als solche betrachtet, sondern immer als etwas anderes. Denn der Ausdruck »Erkennen« bezeichnet bekanntlich eine *drei*gliedrige Relation. »›Das Subjekt S erkennt den Gegenstand A‹ ist ein unvollständiger Satz ... Eine vollständige Aussage, die das Wort ›Erkennen‹ enthält, muß lauten ›S erkennt A als C‹. Man kann nicht schlechthin etwas erkennen, sondern nur etwas als etwas erkennen« (W. STEGMÜLLER 1965, S. 283). Oder, um es heideggerisch zu sagen: »Das ›Als‹ konstituiert die Auslegung«. Es ist dies eine Einsicht, die den traditionellen geographischen Methodologien (mit ihrer Neigung zu »realgegenständlichen«, begriffsrealistischen und universalistischen Definitionen des »Gegenstandes der Geographie«) weitestgehend abging[3].

Es ist *zweitens* aber auch klar (und dies ist wiederum ein Punkt, den D. HARVEY 1969, S. 3 ff., akzentuiert hat), daß die verschiedenen Teile der analysierten Selbstdefinitionen nicht auf die gleiche Weise und mit den gleichen Mitteln diskutiert werden können.

Der Teil A bedarf *forschungslogischer* Behandlung. Es handelt sich z. B. um Fragen folgender Art: Was ist die logische Struktur von wissenschaftlichen Erklärungen in den verschiedenen Wissenschaftsgruppen, welche Typen von Erklärungen gibt es und was ist ihr relativer Wert? Wie verhalten sich Beschreibung und Erklärung, Erklärung und Prognose, Prognose und Planung? Ist die Dichotomie Analyse-Synthese geeignet, die Forschungspraxis der Geographie sinnvoll zu beschreiben und zu normieren? – usf. Fragen dieser Art können heute mit Bezug auf ein bestimmtes Corpus von Literatur diskutiert werden – nämlich mit Bezug auf die zeitgenössische Wissenschaftstheorie. »We can dispute it on logical grounds« (D. HARVEY 1969, S. 5). – »logisch« hier im weiteren Sinne von »forschungslogisch«.

Natürlich ist das, was man »zeitgenössische Wissenschaftstheorie« nennen kann, kein monolithischer Block. Für relativ simple forschungslogische Fragen aber, wie sie normalerweise in fachinternen methodologischen Disputen unter Geographen auftauchen, haben die »contemporary schools of metascience« in erster Annäherung aber im wesentlichen die gleichen Antwortmuster anzubieten; erst die mehr erkenntnis- und sozialphilosophischen Interpretationsrahmen sehen dann jeweils etwas oder auch sehr anders aus (wenn auch mehr hinsichtlich ihrer Weite als ihres Inhalts). Falls also nicht Ignoranz es verhindert, muß heute eine Einigung auf diesem Felde im allgemeinen möglich sein.

In Teil B der Explikationen aber geht es um eine Einigung über wesentlich andere Dinge. Hier geht es nicht mehr oder nicht mehr so sehr darum, ob die Beschreibungen, Hypothesen, Theorien, Erklärungen *in dieser Form* als wissenschaftliche Beschreibungen, Hypothesen, Theorien, Erklärungen akzeptabel sind; es geht überhaupt nicht mehr um *formale* Annehmbarkeit. Eine Hypothese, Theorie usf. redet auch über etwas, und auch das ist diskussionswürdig. Um es pointiert zu sagen: Es geht nun nicht mehr dar-

---

[3] Daraus folgt weiterhin, daß man die Zweige der physischen Geographie nicht, wie es immer wieder geschah, nach folgendem Stereotyp von den entsprechenden Geodisziplinen trennen kann: die Geowissenschaften wie Geobotanik, Klimatologie usf. erforschten ihre Gegenstände »als solche«, die Vegetations- und Klimageographie hingegen aber unter bestimmtem geographischem Aspekt, im Hinblick auf irgend etwas anderes (z. B. im Hinblick auf ihre Bedeutung für den Charakter oder die Individualität der Länder und Landschaften).

um, ob die Geschichte, die ein Wissenschaftler erzählt, richtig oder falsch ist – es geht nun vielmehr darum, ob er die richtige oder falsche Art von Geschichten erzählt.

Termini wie »Methodologie« und »methodologische Diskussion« haben also offensichtlich einen doppelten Sinn. Die eine Art von Methodologie diskutiert *forschungslogisch* über die Termini in Teil A der zitierten Selbstdefinitionen, und hier dürfte auch in der deutschen Geographie heute das Wesentliche gesagt (wenngleich noch nicht überall begriffen) sein. Die andere Art von Methodologie diskutiert indessen *pragmatisch* und *disziplinpolitisch* – also nicht mehr um angemessene forschungslogische Standards der wissenschaftlichen Rede, sondern um Wertentscheidungen darüber, ob etwas der Rede, des Studiums, der Beschreibung, der Erklärung überhaupt wert sei. Hier geht es nicht mehr um Forschungslogik und forschungslogische Beweise (»Forschungslogik« verstanden als Analyse, realistische und idealisierende Rekonstruktion, Normierung und Kritik der *formalen* Struktur wissenschaftlichen Sprechens), sondern eher um »Konversionen« aufgrund von veränderten Wertnormen und Relevanzgefühlen.

Um einige triviale Illustrationen zu geben: Es ist z. B. üblich geworden, an die Kulturgeographen zu appellieren, sich als Sozialwissenschaftler im Rahmen von Regionalpolitik und Raumplanung zu engagieren, statt z. B. die Morphogenese der deutschen Kulturlandschaft seit dem Hochmittelalter oder gar seit dem Neolithikum zu rekonstruieren – aber wen überzeugt das schon? Man kann auch versuchen, jemandem einzureden, es sei doch ein etwas abseitig-skurriles Geschäft gewesen, in den fünfziger bis siebziger Jahren im Walde nach spätmittelalterlichen Flurrelikten zu suchen und sich jahrzehntelang über die Frage zu erregen, ob es sich um Langstreifen oder Gewanne (oder um was sonst) gehandelt habe – wo sich doch gleichzeitig unter anderem die Alternative anbot, Modelle der Informations- und Innovationsausbreitung in den gegenwärtigen Gesellschaften zu konstruieren und zu testen. In ähnlicher Weise könnte man auch im Rahmen der westdeutschen *physischen* Geographie an das »Relevanzempfinden« appellieren und etwa den serienmäßigen Aufwand an Dissertationen und Habilitationen, der mit den periglazialen Mikroformen, mit Flußterrassen, Rumpfflächen, Schichtstufen und ähnlichen Dingen getrieben wurde, vergleichen mit dem auffälligen Mangel an Arbeiten, die planungsrelevante ökologische Probleme betreffen. Aber solche Appelle setzen bis zu einem hohen Grade immer schon voraus, was sie erreichen wollen: daß nämlich auch dem, an den appelliert wird, das eine wirklich und wenigstens »im Grunde« sinnvoller und interessanter erscheint als das andere[4].

In dieser Art von Methodologie, die sich an den B-Teil der zitierten Sätze knüpft, sind zwei *inhaltliche* und sozusagen weltanschauliche Entscheidungen zu treffen: *erstens* (und das geht Teil B 1 an), an welchen umgangssprachlich-vorwissenschaftlichen Größen der normalen Weltansicht sollen wir die Definitionen ansetzen lassen – etwa an der Größe »Landschaft«, an der Größe »Erdoberfläche« oder an der Größe »Gesell-

[4] Man mag der Meinung sein, auch dieser Diskussion könne man durch eine Kombination von Ideologiekritik mit Sozial- und Geschichtsphilosophie (verbunden mit einer Reflexion über die eigenen »letzten Interessen«), oder auch auf dem Wege »herrschaftsfreien Diskurses« bzw. »rationaler Beratung«, eine ähnliche Verbindlichkeit geben wie den im engeren Sinne forschungslogischen Argumenten (vgl. in der geographischen Literatur z. B. U. EISEL 1970, H.-D. SCHULTZ 1972); tatsächlich setzen diese Mittel aber wiederum Verbindlichkeiten voraus, die in praxi fast in keiner Gruppe von Wissenschaftlern vorhanden sind.

schaft«? *Zweitens* (und das geht den Teil B 2 an), welche Perspektive, welche Fragestellung wollen wir an diesen zunächst nur umgangssprachlich oder bildungssprachlich vage umrissenen Phänomenbereich anlegen, um aus einer Entität des naiven Weltbildes den Gegenstand einer Wissenschaft oder Forschungsrichtung zu machen? (Unsere Analyse macht also auch sehr klar, in welchem genaueren Sinne Disziplinen und Forschungsrichtungen nicht durch besondere Gegenstände, sondern vielmehr durch eigene »Fragestellungen« definiert sind.)

Im Folgenden geht es nun – von einigen Grenzfragen zweifelhafter Zugehörigkeit abgesehen – mehr um die Methodologie *zweiter* Art. Die vorangehenden Distinktionen, die vielleicht auf Anhieb umwegig erscheinen mögen, waren notwendig, um über Art und Verbindlichkeitsgrad der folgenden Erörterungen keine Mißverständnisse aufkommen zu lassen. Trotz dieser reduzierten Verbindlichkeit (im angedeuteten Sinne) brauchen wissenschaftspolitische Entscheidungen aber keineswegs ganz willkürlich und bloße Machtfragen zu sein, sondern sollten ebenfalls einigen Postulaten »rationalen« Diskurses genügen, die aber hier nicht mehr besonders aufgezählt zu werden brauchen (vgl. etwa V. KRAFT 1960, H. ALBERT 1969, J. HABERMAS 1971, H. LENK 1972).

2. Der landschaftsökologische Ansatz

Die in dieser Richtung arbeitenden Geographen neigen zu universalistischen Definitionen ihres ›Gegenstandes‹. Nach ihrer Auffassung handelt es sich um die Erfassung des (totalen) »Landschaftshaushalts« oder »Naturhaushaltes an der Erdoberfläche«, um die Erfassung des physisch-geographischen »Gesamtzusammenhanges« (»Geosystems«), um das Studium der ›Gesamtkorrelation‹ und ›Integration‹ von Litho-, Pedo-, Hydro-, Bio- und Atmosphäre.

Man kann auch sagen daß hier der »Standort« oder das »Milieu« des Ökologen, ein abstrakter und hoch selektiver Begriff (nämlich derjenigen Variablen, die für einen bestimmten Organismus oder ein bestimmtes Aggregat von Organismen von Bedeutung sind), zu einem realen Gegenstand, zu einem konkreten Stück Materie umgedeutet wurde, dessen Teile noch zusätzlich zu *einem* »Gesamtsystem« gekoppelt seien. Die Zukunftsprogramme sind von höchstem Ehrgeiz. Gegenstand ist nicht nur »die Gesamtheit aller den (Landschafts-)Haushalt prägenden Faktoren und Kräfte« (L. FINKE 1971, S. 179, Hervorheb. orig.), sondern sogar der gesamte »Massen- und Energiehaushalt der Ökosysteme« (S. 174) – wovon zumindest das erste eine leere Universalformel und das zweite zumindest verwunderlich ist, wenn man betrachtet, wo heute tatsächlich Stoffbilanzen und Stoffkreisläufe, Energieverteilungen, Energieflüsse und Energiebilanzen in »Ökosystemen« gemessen und theoretisch aufbereitet werden. (Zur ersten Orientierung vgl. etwa H. ELLENBERG Hg., 1973, und die »Ecological Studies« 1 ff., 1970 ff.)

Die geographische Forschungspraxis im Rahmen dieses Ansatzes sieht indessen anders aus. Es handelt sich um die Betrachtung bestimmter Aspekte dieses ›Naturhaushaltes‹ bei gemeinhin groben, makroskopischen Betrachtungsaggregaten ›mittlerer Größenordnung‹; gearbeitet wird oft mit stark vergröberten Beschreibungsmustern und Forschungstechniken aus verwandten Disziplinen (unter anderem aus Phytosoziologie, ökologischer Geobotanik und Pflanzenökologie; aus Feldbodenkunde und Bodenökologie; aus forstlicher Vegetationskunde und Forstökologie, Geländeklimatologie und Agrarmeteorologie). Die Arbeitsweise ist stark deskriptiv; äußerstenfalls werden die beschriebenen (floristisch-soziologischen, bodenkundlichen usf.) Merkmale als Indikatoren für meist grob definierte Nutzungsmöglichkeiten interpretiert.

Im Rahmen dieses Ansatzes haben sich einige *Hauptthemen* eingebürgert. Das traditionsreichste Thema ist die Untersuchung der Korrelationen und Kovariationen von Vegetation, Klima (und Boden) in *kleinem* bis globalem Maßstab – also innerhalb des ›Rahmenthemas‹ »Landschaftsgürtel« oder »Klima und Pflanzenkleid der Erde«. Das Ziel ist durchweg eine »informelle«, d. h. teilweise intuitive Typisierung und Regionalisierung der Erdoberfläche in mehrdimensionaler Weise, d. h. meist: bei *gleichzeitiger* Berücksichtigung vor allem von einigen Merkmalen der Vegetation und des Klimas; seltener findet sich das explizite Studium von Formenwandelreihen.

Insgesamt kann man sagen, daß diese Thematik heute zu einem großen Teil erschöpft ist, soweit es den in der Geographie traditionellen Maßstab und die zugehörigen Methoden angeht[5]. In großem Maßstab aber wird die genannte Thematik heute weitgehend von Nichtgeographen vertreten, und es sieht nicht danach aus, als ob sich daran noch einmal etwas ändern würde. Das ist disziplinpolitisch insofern ungünstig, als im Rahmen der Raumplanung und zugehörigen ›Umweltforschung‹ heute fast ausschließlich dieser große Maßstab von Bedeutung ist.

An zweiter Stelle zu nennen ist die Thematik der »landschaftsökologischen« und »naturräumlichen Standorterkundung«, die vor allem von den Schülern Neefs seit Ende der fünfziger Jahre vorangetrieben wurde. Hier wurde ein umfassendes *Beschreibungsschema* für die Erfassung und Typisierung von Standorten entwickelt, und zwar vor allem im Hinblick auf die landwirtschaftliche, seltener waldbauliche Nutzung der betreffenden Geländeteile. Dieses Beschreibungsschema umfaßt Boden, Vegetation und Geländeklima mit sehr starker Betonung des Bodenprofils und des Bodenwasserhaushaltes. Die Beschreibungstechniken sind zwar so gut wie ausnahmslos den schon genannten Nachbardisziplinen entliehen; die deskriptive Zusammenfassung (und teilweise Vereinfachung) war jedoch äußerst verdienstvoll insofern, als diese Arbeiten nachdrücklich auf die Möglichkeiten der Zusammenarbeit mit Boden- und Vegetationskunde sowie auf die Notwendigkeit hinwiesen, deren Feld- und Labormethoden zu rezipieren.

Der zugehörige metatheoretische Überbau hatte (etwa bei NEEF, RICHTER und HAASE) offenbar eine doppelte Funktion: Erstens, den Eigenstand dieser Arbeitsweise gegenüber den methodenliefernden Nachbardisziplinen zu betonen, andererseits den »genuin geographischen Charakter« dieser Studien herauszustellen. Das eine ist auf die Dauer unglaubwürdig, das andere überflüssig. Die physische Geographie ökologischer Arbeitsrichtung hätte gerade ohne diese verzerrenden Selbstdarstellungen wahrscheinlich durchaus eine Chance im Kreis der außergeographischen ökologischen Disziplinen: *vorausgesetzt*, der ›Ökogeograph‹ ist zugleich Boden- und/oder Vegetationskundler,

---

[5] Kennzeichnend ist, daß jüngere Arbeiten dieses Maßstabes sehr erfolgreich als Sekundäranalyse vorliegender Literatur durchgeführt werden konnten (LAUER 1952, SCHWEINFURTH 1957); der Ansatz bietet sich heute zu solcher Behandlung geradezu an. Sobald er mit dem ihm eigenen Instrumentarium kleinere Räume in Angriff nimmt, bekommen die entsprechenden Arbeiten leicht den Anstrich von zwar vielseitigen, aber doch im Detail und in der Hypothesenbildung allzu unscharfen und unspezifischen »naturkundlichen Führern« – jedenfalls, wenn man sie vom Standpunkt der heutigen Geobotanik, Pflanzensoziologie, Bodenökologie, Pflanzen- und Tierökologie her beurteilt.

oder Kulturtechniker, oder Hydrologe, oder Agrarmeteorologe (oder dergleichen). Er könnte von einer breiter angelegten Vorbildung her einen Sinn für Einflußgrößen, Relationen und übersehene Systemelemente in die ökologische Konkurrenz einbringen, durch den er einem heute vor allem *biologisch* ausgebildeten Ökologen (dem er in anderen Bereichen natürlich unterlegen ist) in manchen Bereichen überlegen sein könnte. Denn gerade dies müßte ja auch Ziel der geographischen Ausbildung sein: Als Spezialist mit anderen Spezialisten an einem Projekt kooperieren können und zugleich fähig werden, Spezialisten benachbarter Disziplinen annähernd zu kritisieren und zu kontrollieren (L. HUBER, zit. nach H. v. HENTIG 1972, S. 134) – ein heute stark propagiertes »Bildungsideal« für *jeden* Spezialisten, d. h. *jeden* Wissenschaftler.

Was die Ausflüge der Landschaftsökologen in die Systemtheorie angeht: Natürlich ist nicht das geringste einzuwenden gegen den Versuch, bestimmte Systeme und Zusammenhänge in systemtheoretisch-kybernetischer Weise zu formulieren. Zweifellos ist der systemtheoretische Ansatz auf Teilgebieten der physischen Geographie und der Geowissenschaften schon seit geraumer Zeit möglich und fruchtbar – das Buch von CHORLEY and KENNEDY (von 1971) etwa gibt eine Revue dieses »systems approach« in einigen Teilen der physischen Geographie und in verwandten Geowissenschaften. Leider stehen aber die systemtheoretischen »Modelle«, die bisher in der *deutschen* geographischen Literatur und Landschaftsökologie vorgelegt wurden, nur zu einem winzigen Teil im Kontext »konkreter«, d. h. problemorientierter Forschung; sie sind weit häufiger durch ihren ausschweifenden Ehrgeiz, umfassende Modelle der »Landschaft«, des »Geosystems« oder »Geokomplexes« zu sein, eher geeignet, von der empirischen Formulierung, Bearbeitung und Lösung der tatsächlichen Forschungsprobleme an überschaubaren Systemzusammenhängen *abzulenken*, und sie sind überdies meist sichtlich ohne Kontakt zu den anspruchsvollen systemtheoretischen Ansätzen im Bereich der biologischen Ökologie.

Was bisher in diesem Genre vorgelegt wurde, ist bestenfalls eine didaktisch oder heuristisch fruchtbare Schematisierung bekannter oder möglicher Zusammenhänge zu Schaubildern aus »black boxes«, schlimmstenfalls aber handelt es sich bloß um eine terminologische Transformation der traditionellen landschaftskundlichen Gemeinplätze[6]. Für die Forschungspraxis war diese Methodologie durchweg *nicht* förderlich. Sie erweckte das Bewußtsein einer sehr weitläufigen Komplexität, ja eines Allzusammenhanges der Phänomene und führte nicht viel weiter als bis zu der Feststellung, daß im Geokomplex, Geosystem oder Ökotop letztlich alles mit allem auf wechselnde Weise zusammenhänge: Gedanken, die nur bis zu einem gewissen Grade wissenschaftlich

---

6 Sagte man früher z. B. so »Die Landschaft ist ein ganzheitliches Wirkungsgefüge, in dem mannigfaltige Komponenten zu einer Einheit integriert sind«, so sagt man heute: »Das Geosystem ist ein integriertes Wirkungsgefüge von Systemelementen oder Teilkomplexen, die durch vielfältige Relationen miteinander gekoppelt sind.« Dieser Jargon verbirgt möglicherweise erstens den Leerformelcharakter dieser Aussagen (es wird meist nur der Inhalt des Wortes »System« expliziert) und zweitens die Tatsache, daß man sich noch immer bei den semantischen Strukturen der traditionellen deutschen Gebildetensprache (und im Rahmen des entsprechenden »gesunden Menschenverstandes«) befindet. Diese semantischen Strukturen sind nachweislich die direkte Quelle der landschaftskundlichen Überzeugungen und die indirekte Quelle von deren »systemtheoretischen« Transformationen (vgl. G. HARD 1970).

fruchtbar sind. Diese Denkfiguren sind, wie schon Cassirer, Piaget, Bachelard und Popper gezeigt haben, eher Merkmal eines vorwissenschaftlichen und wilden Denkens als Merkmal des wissenschaftlichen Geistes; wissenschaftliches Vorgehen ist eher dadurch definiert, daß es an die Stelle eines »plenum of nature« und an die Stelle der Allsympathie der Dinge (und ihrer ideengeschichtlichen Derivate) die bewußte Selektion und Isolierung von distinkten und scharf umrissenen Variablen und Systemzusammenhängen setzt. Ohne solche scharf zugreifende Isolierung der Probleme und Zusammenhänge, ohne solche bewußte Reduktion der Komplexität und ohne diese Dekomposition und Rekombination der Realitäten zu »simplifizierenden« Strukturen bleibt die Forschung leicht da hocken, wo die landschaftskundliche Ökologie nicht ganz selten verweilt: In der vagen Konstatierung weitläufiger Abhängigkeiten und diffuser Wechselwirkungen.

In dieser Art von Methodologie sind offenbar folgende Sachverhalte oft übersehen worden: Alle (geo)ökologischen Systeme, auch die kompliziertesten und komplexesten, sind, *so wie wir sie beschreiben*, selektive *Abstraktionen* perspektivischer Art, nicht etwa Realitäten. Zumindest kann man sagen: Es hatte verheerende Folgen, daß die Landschaftsökologen (wie viele andere Physiogeographen) ihre Gegenstände – von der »Landschaft« bis zum »Geoökosystem« – auch in ihrer methodologischen Selbstreflexion fast immer als perspektivefrei gegebene »Dinge an sich« betrachteten – statt als problemrelativ-kontingent zugeschnittene »Dinge für uns«, und daß sie sogar so (nutzungs)interessen- und (nutzungs)konfliktbezogene Relationsbegriffe wie »belastet« und »belastbar«, »stabil« und »labil«, »ungefährdet« und »gefährdet«, »intakt« und »beeinträchtigt«, »ungestört«, »gestört« und »zerstört« als Eigenschaften von »Systemen« – »Landschaften«, »Naturhaushalten«, »Geo(öko)systemen«, »Standortregelkreisen« usw. – mißverstanden haben.[7]

Ebensowenig wie die Systeme sind die Elemente dieser Systeme reale Objekte oder sonstwelche »Entitäten«; die Elemente in den Systemen, die in den Erfahrungswissenschaften beschrieben werden, sind keine realen Dinge, sondern variable Merkmale *von* Dingen. In den »Systemen« der Erfahrungswissenschaften sind nicht Objekte und Objektmengen, nicht Komplexe, Seinsschichten, ›Sphären‹ und dergleichen verknüpft, sondern variable *Merkmale* von Dingen. Daraus folgt, daß der Begriff »System« relativ ist. Derselbe Phänomenbereich, »dieselbe Sache« oder Objektmenge kann auf sehr verschiedene Weise als ein System betrachtet und abgebildet werden – und zwar relativ zu jeweiligen, problem- und theoriegeleiteten Erkenntnisinteressen der betreffenden Gruppe von Wissenschaftlern.

Die geläufige Rede von System, Geosystem, Geokomplex usf. bei geographischen Methodologen aber spezifiziert gemeinhin nichts, sondern »koppelt« bloß vage umschriebene Objektmengen, Seinsschichten, Landschaftssphären usf. Ohne etwas präzise-

[7] *Auch in der biologischen und vor allem in der populären politischen Ökologie z. B. des Naturschutzes gibt es verwandte holistisch-substantialistische Konzepte des »Ökosystems«; in der wissenschaftlichen Ökologie spielen sie keine Rolle mehr. Kurz, Ökosysteme sind interessenabhängige Konstrukte, also keine vorgegebenen Ganzheiten, keine erdräumlich begrenzten Körper und keine direkt wahrnehmbaren Gestalten – und deshalb auch keine »Systeme« im engeren Sinne der modernen Systemtheorie, wo ein System dadurch definiert ist, daß es sich selbst (»autopoietisch«) gegen seine Umwelt abgrenzt.*

re Kriterien für die Auswahl von Elementen und Relationen aber ist die Feststellung, die Geosphäre (oder die Landschaft oder der Geokomplex) sei ein System, bei wohlwollender Interpretation bestenfalls eine äußerst informationsarme Orientierungstheorie, d. h. eine sehr informationsarme Regel für das Verhalten des Wissenschaftlers – etwa im Sinne der Aufforderung, die Phänomene der Erdoberfläche in Form von *Systemzusammenhängen* abzubilden (und z. B. nicht morphologisch, nicht genetisch und nicht in unlinearen Zusammenhängen von Ursache und Wirkung). Diese Orientierungstheorie gilt heute aber zumindest für alle Geowissenschaften.

In der Landschaftsökologie der *west*deutschen Geographie steht die flächendeckende Naturraumgliederung im Vordergrund – vom Maßstab der »naturräumlichen Gliederung Deutschlands« bis zur naturräumlichen Gliederung im Sinne des Themas »Art und Anordnung der Ökotope« (H. J. KLINK 1966). Die Naturräume sollen »nach dem gesamten natürlichen« oder »physisch-geographischen Bestand«, »nach dem Gesamtcharakter der Landesnatur« usf. typisiert, abgegrenzt und kartiert werden.

Die wirkliche Forschungspraxis indessen besteht aus Folgendem: Aus einer oft breitangelegten und großzügigen Zusammenstellung regionaler naturkundlicher Information, aus einer naturkundlichen Informationsmasse aus verschiedenen Disziplinen, die nun nach Landschaften und Ökotopen gegliedert und vielfach durch eine Art landschaftsphysiognomisches Prinzip gefiltert wird. Diese nach ihren Selektionskriterien nicht selten schwer durchschaubare Synopse wird dann gekrönt durch eine mehr intuitiv gehandhabte, freilich meist durchaus plausible Regionalisierung und Kartierung. In diese Kartierung pflegen unter anderem Prinzipien der großmaßstäbigen Vegetationskartierung, der Bodenkartierung und der Geländeklimaaufnahme einzugehen.

Ist die Materialgrundlage aus anderen Disziplinen gut (geologische Karte, forstliche Standortaufnahme oder sogar Boden- und Vegetationskarten), dann kann man Arbeiten zur »Art und Anordnung der Ökotope« und noch mehr Arbeiten zur Naturraumgliederung *so, wie sie nun einmal sind*, heute bequem und schnell am Schreibtisch durchführen. Grundsätzliche methodische Fortschritte sind seit der Arbeit von PAFFEN (1953) kaum zu bemerken.

Die in dieses Thema investierte Mühe hat sich insofern gelohnt, als die durch Arbeiten dieser Art bekannt und üblich gewordenen, mehr oder weniger intuitiven Gliederungsgesichtspunkte durchaus brauchbar sind, wenn man sich (z. B. als Vegetationskundler) in einem bestimmten Gebiet einen ersten Überblick über die Variabilität und Verbreitung der häufigsten Standorttypen verschaffen will. Was die Bemühungen um naturräumliche Gliederungen insgesamt angeht, so sollte man aber folgende Argumente im Auge behalten.

Regionalisierung ist eine Art von Klassifikation – zur Forderung nach gemeinsamen Merkmalen und/oder gemeinsamen Beziehungen der Individuen einer Klasse tritt die Forderung nach räumlicher Nachbarschaft, nach Beibehaltung der räumlichen Ordnungsstruktur, nach Berücksichtigung der räumlichen Verteilung. Es gibt keine »natürliche«, sozusagen in der Wirklichkeit selbst vorgezeichnete Klassifizierung, und ebensowenig gibt es eine »natürliche« Regionalisierung, eine »richtige naturräumliche Gliederung«. Es gibt vielmehr Mehrzweck- und Spezialzweck-Klassifizierungen, und ebenso verhält es sich bei der Regionalisierung (vgl. etwa D. GRIGG, 1970). Vorgebliche Allzweck-Regionalisierungen sind entweder im Grunde ebenfalls bloß Mehr- oder Spezialzweck-Regionalisierungen, oder sie sind zu überhaupt nichts Rechtem nütze – und es steht zu befürchten, daß die vielfach als ›Allzweck-Regionalisierungen‹ gedachten naturräumlichen Gliederungen bald zu gar nichts mehr nütze sein werden als höchstens noch zum Vorzeigen. Selbst mit naturräumlichen Gliederungen, die als Beitrag zur Planung und vielleicht sogar als Auftragsarbeit erstellt wurden, steht es nicht besser als mit vielen sogenannten wissenschaftlichen Gutachten: »Sie wandern in die Schubladen der Auftraggeber und haben dort allenfalls Renommierfunktionen, wenn wissenschaftsgläubige Besucher zu betreuen sind« (K. GANSER 1971, S. 98). Bevor man also sinnvoll regionalisieren kann, muß man wissen, wozu man es tut – im Rahmen welcher Fragestellung, im Rahmen welcher Hypothese oder zugunsten welcher wohldefinierten praktischen Bedürfnisse[8]. Idealerweise sollten die gefundenen Geo- oder Ökotopbegriffe zentrale Begriffe in einer Theorie oder Hypothese sein, die Antwort auf eine wissenschaftliche oder praktische Frage gibt.

Die Landschaftsökologen gliedern aber durchweg, ohne irgendwelche sinngebenden Fragestellungen, Hypothesen usf. zu explizieren, die über die pure Gliederung selbst hinausgingen und in deren Rahmen eine naturräumliche Gliederung gleich welchen Maßstabs erst eine Funktion hätte. Naturräumliche Gliederungen und landschaftsökologische Ökotopgliederungen sind im allgemeinen nicht in eine objektsprachliche Theorie, sondern meist in allgemeine metatheoretische Erörterungen über das Wesen der Landschaft und des Ökotops eingebettet. Man findet meist nicht viel mehr als die schon erwähnte unpräzisierte allgemeine »Hypothese« des totalen Zusammenhangs. In solchem Kontext ergeben auch faktorenanalytische Techniken entweder uninterpretierbare oder nur noch zu Trivialitäten interpretierbare Resultate.

Beim geschilderten Stand der Dinge kann man nur hoffen, daß die geographischen Landschaftsökologen künftig nicht mehr ihre Arbeitskraft fast ausschließlich darin investieren, die Erdoberfläche nach ungeklärten Kriterien mehr oder weniger ganzheitlich zu gliedern und ökotopweise zu beschreiben, sondern damit, im Anschluß an die ökologischen Arbeitsrichtungen benachbarter Disziplinen ökologischen *Fragestellungen*, *prüfbaren* Hypothesen, Theorien, Vermutungen über Systemzusammenhänge nachzugehen. Nur auf diese Weise, durch eine Orientierung an Problem und Theorie, könnte die geographische Ökologie z. B. ihren vielberufenen, aber praktisch fast fehlenden Beitrag leisten zu den planungsbedeutsamen Fragen nach Möglichkeiten und Grenzen der Nutzung, nach »Belastung« und »Belastbarkeit« von Ökosystemen und Vegetationstypen (Begriffe, die nur dann einen angebbaren Sinn haben, wenn sie strikt auf bestimmte Nutzungen bezogen werden).

Es wäre eine sinnvolle Möglichkeit gewesen, die Traditionsbestände der physischgeographischen Landschaftskunde durch eine Gesundschrumpfung und Aspektspezialisierung zu sanieren auf eine solche Ökologie der Nutzung und des Nutzungswechsels, der Kultivierung und Verödung, der menschlichen Modifikation und Modifizierbarkeit natürlicher Systeme, gesehen im landschaftlichen Maßstab. Solche Modifikationen wären z. B. weiterhin: Rodung, Kahlschlag und Aufforstung, Pflügen und Beweiden, Holzartenwechsel und Wechsel der forstlichen Betriebsformen, Verbrachung und Re-

[8] Schon eine Klassifikation von Geländeklima und eine Definition und Kartierung von »Klimatopen« wird verschieden ausfallen, je nachdem, ob sie für den Weinbau, für den Ackerbau, für den Waldbau, für allgemein geobotanische, für geomedizinische oder für andere Zwecke entworfen wird.

kultivierung, Be- und Entwässerung. Die geographische Landschaftsökologie wäre auf diese Weise (vielleicht noch rechtzeitig) zum Anschluß an eine überdisziplinäre Forschungsfront und zur Kooperationsfähigkeit mit z. T. entwickelteren Nachbardisziplinen gezwungen worden: anstelle ihrer augenblicklichen Stagnation in einer von großen Worten und Ansprüchen umrahmten, teilweise isolierten und nicht selten provinziellen Praxis.

Was den landschaftsökologischen Ansatz in der *Schule* angeht: Wenn sich die *physische Geographie* auch in der Schule auf diese Thematik konzentrieren könnte, würde sie erlöst von der sterilen und global allgemeinbildenden Thematik alter Art, die da war: Die Erde als Himmelskörper; die Entstehung der Tages- und Jahreszeiten; die atmosphärische Zirkulation; wie das Wetter entsteht; Ebbe und Flut; die Landschaftsgürtel der Erde; die Eiszeiten und die Vulkane; die Schichtstufenlandschaft; die Kontinentaldrift usw. usf. Nicht, als ob das alles zu verschwinden hätte: Teile davon könnten – als eine Art geowissenschaftliche Propädeutik und Allgemeinbildung – neben dem eigentlichen, thematisch zentrierten Erdkundeunterricht stehen (soweit es nicht eher z. B. in den propädeutischen Physikunterricht gehören würde): so, wie es ja neben einem thematisch zentrierten (statt länderkundlichen) Unterricht in der Geographie des Menschen auch Kurse geben müßte, die ein topographisches und weltkundliches Übersichtswissen vermitteln. Die eigentliche Erdkunde naturwissenschaftlicher Art aber wäre landschaftsökologisch; Landschaftsökologie *in diesem* Sinne wäre ein Beitrag zu einer umfassenderen naturwissenschaftlichen Umweltforschung und Umweltkunde. Das hieße wiederum, daß der Geographielehrer schwergewichtig entweder als Ökologe vor biologisch-geowissenschaftlichem Hintergrund, oder als Sozialgeograph vor sozial- und wirtschaftswissenschaftlichem Hintergrund auszubilden wäre.

Ich möchte ein Forschungsprojekt zitieren – eine Auftragsarbeit, welche die großen Brachflächen betrifft, die in jüngerer und jüngster Zeit (mit gewissen regionalen Schwerpunkten) in Westdeutschland auf Kulturflächen entstanden sind und die auch in der Sozialgeographie als sog. Sozialbrache eine große Rolle gespielt haben. Beteiligt sind Biologen, Grünplaner, Kulturtechniker, Regionalplaner, Agrarökonomen und »Umweltpsychologen«. Ich skizziere das Projekt deshalb, weil das Thema auch in bescheidenerem Maßstab als hochschul- und schuldidaktisches Projekt geplant und durchgeführt werden könnte.

Das übergeordnete Thema ist wieder die Auswirkung *landbaulicher Nutzungsformen* auf den ›Haushalt‹ bestimmter Landschaftsteile und die künftige »Annehmbarkeit« dieser Landschaftsteile – hier vor allem ihre Wahrnehmungs- und Erlebniswirksamkeit, ihr Freizeitwert und Wohnwert, ihre Benutzbarkeit und Brauchbarkeit für verschiedene Freizeitaktivitäten und verschiedene Benutzerprogramme.

Das Projekt umfaßt unter anderem einen landschaftsökologischen (und »ökotechnischen«) Teil sowie eine Untersuchung zur »Umweltwahrnehmung« der Erholungssuchenden. Mit regionaler Differenzierung werden untersucht: Die (zeitlich variable) Auswirkung des Brachfallens von Acker- und Grünland auf Verdunstung, Oberflächenabfluß, Versickerung, Hochwassereinfluß und Bodenwasserhaushalt; auf die Wasserqualität und den Chemismus der Vorfluter; auf den bodenerosiven Abtrag; auf die Profilmorphologie des Bodens und die physikalischen und chemischen Bodenmerkmale; auf das Meso- und Mikroklima; auf Flora und Fauna (auf Artenvielfalt und Artenverarmung). Es werden vor allem auch die regional und pedologisch differenzierten pflanzensoziologischen Sukzessionen untersucht und nicht zuletzt die Variablen, die die Art und das Tempo der Verbuschung und Verwaldung steuern.

Auf diese Weise sollen schließlich die (positiven und/oder negativen) ökologischen Auswirkungen von Brachfallen und Brachflächen beurteilt werden. Mit Hilfe umweltpsychologischer Forschungstechniken soll dann festgestellt werden, welche psychologischen Wirkungen und ›Erlebniswerte‹ die bei der »Verödung« entstehenden Landschaftsbilder und Landschaftsteile z. B. für den Erholungssuchenden haben und wie er diese Landschaftsteile und ihre ökologischen Merkmale für seine Freizeitaktivitäten wertet und benutzt.

Schließlich soll ermittelt werden, welche ökonomisch tragbaren flächenspezifischen Maßnahmen (Brand, Überweidung, Mahd usf.) notwendig sind, um bestimmte ansprechende Landschaftsbilder herzustellen, zu erhalten und für Freizeitaktivitäten zu nutzen.

Die Arbeit umfaßt Expertenbefragungen, Sekundäranalysen sowie Geländearbeit an sorgfältig ausgewählten Vergleichspunkten. Auf diese Weise wird man schließlich der Planung Entscheidungshilfen anbieten können, die naturwissenschaftlich-ökologisch abgesichert sind und zugleich an menschlichen Bedürfnissen orientiert werden können.

Ein entsprechendes Unterrichtsvorhaben im Gemeindemaßstab (etwa: »Brachflächen in der Gemarkung«) könnte dazu dienen, (1.) den Schüler bzw. den Studenten mit Beobachtungsweisen, Meßtechniken und Überlegungen der naturwissenschaftlichen Ökologie vertraut zu machen, (2.) sozialwissenschaftliche Methoden einzuführen (bei der Frage nach Freizeitwert und Freizeitaktivitäten!), (3.) den Schüler oder Studenten für regionalpolitische Fragen und Interessenkonstellationen zu sensibilisieren.

Derlei Projekte werden häufig sein. Wer als Geograph mitarbeitet, empfindet die Notwendigkeit, daß die Geographie in den Rollenverteilungen der Projektarbeit eine akzeptable »ökologische Nische« besetzt – z. B. in dem oben angedeuteten Sinne. Wer mitarbeitet, wird aber auch den Anspruch als abwegig empfinden, daß in solchen Fällender der *Geograph* berufen sein soll, aus den »Einzelergebnissen benachbarter Wissenschaften« eine die Gesellschaft wie die Natur (»Kultur- und Naturlandschaft«) »verklammernde« »Synthese« herzustellen, und daß gerade der Geograph die Mission haben soll, »die Gesamtheit aller zu berücksichtigenden Fragen zu sehen, abzuwägen und dann eine praktikable Lösung vorzuschlagen« (L. FINKE 1971, S. 174). Die notwendigen »Synthesen« sind längst keine *»geographischen* Synthesen« mehr; sie werden in der Grundlagenforschung unter anderem durch *Theorie* hergestellt (die in der deutschen Geographie gerade nicht produziert wird); in der angewandten Forschung werden sie zusätzlich von den aufgetragenen Fragestellungen und den eingesetzten Konsenstechniken erzwungen und entstehen ganz allgemein aus der organisierten Kommunikation der Beteiligten, d. h. aus der informierten und organisierten Bereitschaft der Wissenschaftler, ihr Denken und Reden für einander verständlich, verfügbar, lernbar und allgemein kritisierbar zu halten, auch über (oft tabuisierte) Fach- und Kompetenzschranken hinweg. Der Reiz und die Fruchtbarkeit von Projekten der genannten Art liegen nicht zuletzt darin, daß die erwähnte Bereitschaft, die in gewissem Sinne die moralische Grundbedingung aller Wissenschaft ist, hier als Nötigung erscheint.

3. Der geomorphologische Ansatz

Die übrigen Ansätze im Rahmen der physischen Geographie scheinen wissenschafts- und schulpolitisch heute weniger bedeutsam zu sein und verdienen eher aus disziplinhistorischen Gründen Aufmerksamkeit. Erwähnt sei noch der geomorphologische Ansatz.

Wenn man aus Gründen der Deutlichkeit eine gelinde »Purifizierung zum Idealtyp« gestattet, kann man die *Geomorphologie* heute als *zwei* verschiedene Forschungsansätze charakterisieren. Man kann nach dem Vorschlag von Chorley unterscheiden, *einerseits* eine Geomorphologie als Beschreibung und genetisch erklärende Interpretation der Erdoberflächen*formen*, und zwar bevorzugt der Reliefformen ›mittlerer‹, landschaftlicher Größenordnung. Die Interpretationssprache ist hier im wesentlichen qualitativ; quantitative Einsprengsel beziehen sich fast ausschließlich auf die Beschreibung von Formen und von Materialeigenschaften, sind also in einem weiten Sinne *morphometrisch*. Die Variablenbereiche »Kraft«, »Energie«, »Widerständigkeit« sind nur ansatzweise quantifiziert.

Andererseits gibt es eine Geomorphologie als Studium der formengebenden *Prozesse* samt dem Versuch, die quantitativ formulierten Regularitäten dieser Prozesse an allgemeine geophysikalisch-physikalische Gesetzmäßigkeiten anzuknüpfen.

Die erstgenannte, synthetisch-genetische Geomorphologie (diejenige also, die dem Studenten noch immer fast ausschließlich nahegebracht wird) kann etwa wie folgt beschrieben werden: Man versucht, in dem hochkomplexen, durch zahlreiche Alt- und Vorzeitformen, durch ältere Erosionszyklen usf. verunklärten Gegenwartsbild *historische Sukzessionen von Formengenerationen* zu erkennen. Die ganze Perspcktive ist, ideen- und wissenschaftsgeschichtlich gesehen, offensichtlich eine Strukturparallele zur morphogenetischen Kulturlandschaftskunde und (in weiterem Rahmen) zum Historismus der Geisteswissenschaften. Man versuchte, die Erosions- und Denudationschronologie der Landschaft zu rekonstruieren. Neben der ›Evidenz‹ der Formen sind Terrassenschotter, alte Böden und Lockersedimente die wichtigsten Leitsterne dieser Rekonstruktionen. Die Forschungspraxis konzentrierte sich mit deutlich idiographischer Emphase auf denudations- und erosionsgeschichtliche Studien einzelner Gebiete. Es war ein Studium der Formen und ihrer Sukzessionen, nicht so sehr der Prozesse und der Systemzusammenhänge. Bei den Formen galt denen ein besonderes Augenmerk, die historische Rückschlüsse gestatteten; die formprägenden historischen Prozesse wurden in mehr qualitativer Weise aus den Formen erschlossen. Infolgedessen war und ist dic Geomorphologie im deutschen Sprachbereich ein oft sehr isoliert betriebener Ausschnitt aus der historischen Geologie und nicht einmal dynamische Geologie[9] .

Das »synthetisch-komplexe Anliegen« (J. BÜDEL) dieser Geomorphologie bestand also vor allem in der genetischen Deutung konkreter Reliefformen: diese Formen wurden betrachtet als Ergebnisse eines zeitlich oft sehr tief gestaffelten und sehr variablen

[9] »This idiographie attitude (...) isolated the subject from every other science except a small segment of historical geology. Largely deprived of the stimulus of cross-fertilization, geomorphology in the half century after 1890 developed by in-breeding a highly stylized discipline wherein the keen edge of research was blunted, and lacking the active professional echelon concerned with practical problems which during the same period, for example, transformed the sister science of meteorology« (R.J. CHORLEY 1970, S. 31 f.).

Zusammentretens sehr komplexer Vorgänge. Das »theoretische« Interesse war im wesentlichen auf anschauungsnahe, ›plastische‹ Typenbildung gerichtet. Es ist klar, daß diesem Erkenntnisinteresse die meisten Ansätze und Themen einer alternativen »analytischen und (system)theoretischen Geomorphologie« natürlich als »zu schematisch«, als »zu wirklichkeitsfern« und – von Hilfsfunktionen abgesehen – als weitestgehend irrelevant erscheinen mußten.

Wenn man sich, wie gesagt, eine gelinde »Purifizierung zum Idealtyp« gestattet, kann man also zwischen einer historisch-geologischen, »idiographischen« Geomorphologie, einem »historical hangover-approach« einerseits und einem dynamisch,-geologischen, »nomothetischen« »dynamic equilibrium-approach« andererseits unterscheiden: Die *genetische* Interpretation der Landschafts*formen* dort, das Studium von rezenten Prozessen und Systemen, von Gleich- und Ungleichgewichten hier – wobei von deutschen Geographen vorwiegend bis fast ausschließlich die erstgenannte Variante betrieben wurde und betrieben wird. Für den zweitgenannten Ansatz mögen Namen wie Leopold, Krumbein, Strahler, Scheidegger, Chorley und Melton stehen. Es scheint übrigens, daß gerade dieser *zweite* Ansatz, von dem oft geargwöhnt wird, er sei »keine Geographie mehr«, forschungslogisch und pragmatisch sehr viel engere Beziehungen zu anderen physisch-geographischen Forschungsansätzen hat als die traditionelle Geomorphologie – Affinitäten z. B. zum landschaftsökologischen sowie zum boden- und vegetationsgeographischen Ansatz, und selbst der heutige Kulturgeograph wird sich, wenn – überhaupt einmal, dann eher für die Daten und Ergebnisse der zweitgenannten als der erstgenannten Geomorphologie interessieren[10].

Der Hauptreiz der »traditionellen« Geomorphologie und wohl auch der Hauptgrund für ihre dominante Rolle in der physischen Geographie lag und liegt wohl im wesentlichen darin, daß dieses Studium der Landformen intim mit dem ›normalen‹ außerwissenschaftlichen Aspekt der menschlichen Umwelt und mit der traditionsreichen Weltperspektive der naturhistorischen Reisenden des 18. und 19. Jahrhunderts verknüpft blieb. Diese Geomorphologie erschloß dem naturkundlich interessierten Gebildeten die primäre physische Umwelt (d. h. die Welt, so wie sie sich dem »unverbildeten« Auge des vielseitig interessierten Reisenden darbot) auf eine intellektuell sehr befriedigende Weise, ohne ihm doch ein allzu starkes Engagement in den Naturwissenschaften abzunötigen. Vor allem in der französischen Geographie des 20. Jahrhunderts kann man sehr gut beobachten, daß der von Hause aus mehr philologisch-historisch gebildete Geograph an dieser Stelle am ehesten Zugang zu jenen weitverzweigten beschreibenden Naturwissenschaften fand, die man unter der Kollektivbezeichnung »physische Geographie« zusammenfaßte. Dieser Hintergrund macht auch verständlich, daß Fortentwicklungen

[10] Gerade die »traditionelle« Geomorphologie aber, die den Lehr- und Forschungsbetrieb in der deutschen physischen Geographie dominiert und die sich einst zugute hielt, Basis und Mittelpunkt der physischen, ja der gesamten Geographie zu sein, ist ironischerweise für die moderne Geographie des Menschen ohne Belang, für die übrigen Teile der physischen Geographie und die Geowissenschaften fast ohne Interesse. Und schließlich ist sie auch ohne Bedeutung für menschliches Handeln und ohne besondere Perspektiven hinsichtlich einer praktisch-kulturtechnischen Verwendbarkeit ihrer Resultate: Sehr im Gegensatz zu manchen anderen Erdwissenschaften, die sich solcher unmittelbaren Bezüge zum »Menschen« und zur »Kultur« nie gerühmt haben.

dieser ›klassischen‹ Geomorphologie (z. B. schon die Übernahme von etwas Forschungsstatistik und einiger an sich nicht sehr anspruchsvoller pedologischer und sedimentpetrographischer Labortechniken) sowie die in praxi sehr weitgehende Identifikation dieser Geomorphologie mit der Quartärgeologie leicht auf Skepsis und zuweilen fast instinktive Abwehr stießen obwohl dies alles doch prinzipiell noch ganz im Rahmen des »historical hangover-approach« verblieb: Diese Weiterungen schienen dem traditionsbewußteren Geomorphologen und Geographen vielfach ›zu speziell‹ und ›ungeographisch‹ zu sein, d. h. sie schienen ihm zu weit von jenem primären Aspekt der Erdoberfläche wegzuführen, als deren Interpret er sich seit eh und je begriffen hat.

Wenn am Ende noch der »vegetationsgeographische Ansatz« erwähnt wird, obwohl er im Rahmen der bestehenden Geographie kaum noch eine nennenswerte Rolle spielt, so nur deshalb, weil hier eine bestimmte Art von Argumentation besonders stark hervortritt: die »exzeptionalistischen« Argumente (F.K. SCHAEFER 1953), d. h. Versuche, Gegenstand und Methode der physischen Geographien als etwas grundsätzlich anderes von den korrespondierenden Geodisziplinen abzutrennen.

Die Geobotanik, heißt es etwa, untersuche ihren Gegenstand, die Vegetation, »als solche«; die Vegetationsgeographie hingegen untersuche die Vegetation unter besonderem geographischem Aspekt, nämlich insofern sie den Charakter oder das Wesen der Erdräume bestimmt. Es ist aber nicht zu verkennen, (1.) daß auch die Geobotanik nicht den »Gegenstand als solchen« untersucht (was immer das heißen mag), sondern, wie J. Schmithüsen selbst formuliert, die Vegetation ebenfalls unter bestimmtem Aspekt betrachtet – nämlich »nach ihrer Verbreitung und der Abhängigkeit von den Lebensbedingungen« (vgl. 1968, S. 7). Zweitens ist nicht zu verkennen, daß die Angaben über den besonderen geographischen Aspekt nur Leerformeln enthalten.

In älterer Literatur ist die Angabe häufig, die Vegetationsgeographie beschäftige sich im Gegensatz zur Geobotanik mit der Vegetation nur, insofern sie »landschaftlich«, d. h. landschaftsphysiognomisch »bedeutsam« sei. Es ist aber nicht einzusehen, welchen wissenschaftlichen oder anderen Sinn es haben könnte, das Beobachtungsfeld oder die Menge der Sachverhalte, die als einer Beschreibung oder Erklärung würdig gelten, auf einen Phänomenbereich wie »die Landschaft« oder »die landschaftlichen Phänomene« einzuschränken, auf einen Phänomenbereich also, dessen Abgrenzung aus der vorwissenschaftlichen Umgangssprache stammt.

Schließlich ist die Formulierung häufig, die Vegetationsgeographie betrachte die Vegetation im Gegensatz zur Geobotanik nicht isoliert und für sich, sondern in ihrem Zusammenhang mit der ganzen Landschaft, mit dem gesamten Wirkungsgefüge der Landschaft. Es ist aber nicht zu erkennen, was der Vegetationsgeograph, der die Vegetation im landschaftlichen Wirkungsgefüge betrachtet, anderes täte oder tun könnte als der Geobotaniker, der bei der Interpretation der Vegetation prinzipiell ebenfalls alle ökologisch wirksamen Faktoren berücksichtigen muß – also den ganzen »Standort« – »Standort« als Inbegriff aller Umweltfaktoren, die für einen Organismus oder ein Aggregat von Organismen von Bedeutung sind.

Diese und ähnliche separatistische Topoi (die in der Klimageographie ganz entsprechend wiederkehren), haben sich, wie man zeigen kann, in der Forschungspraxis oft sehr hemmend ausgewirkt: Sie fungierten nicht selten als Alibi dafür, daß man sich mit der oft entwickelteren Theorie und Forschungspraxis der entsprechenden Geodisziplinen nicht mehr allzusehr abzugeben brauchte und seinen eigenen Weg gehen konnte. Da aber Wissenschaften im Verbund zu wachsen pflegen und heute jede respektable Forschungsfront immer durch mehrere Disziplinen hindurchgeht (wenigstens durch eine der physischen Geographien *und* eine korrespondierende außergeographische Geowissenschaften) bedeuten solche Distanzierungen und Isolierungen zumindest auf längere Sicht immer eine Provinzialisierung der Disziplin und eine Trivialisierung ihrer Forschungsansätze.

4. Zur Zukunft der physischen Geographien

Das Hauptproblem der physischen Geographie steckt in den allzu weit gespannten Zielsetzungen. *Erstens* wollte sie künftigen Lehrern eine allgemeine erdwissenschaftliche Bildung mehr propädeutischer Art vermitteln: von der atmosphärischen Zirkulation über die Klima- und Vegetationszonen bis zur Geomorphologie traditionellen Stils. Es fragt sich aber, wie lange man der institutionellen Geographie an Hochschule und Schule diese heute meist lustlos entgegengenommene und oft auch lustlos ausgeübte Funktion lassen wird. *Zweitens* wollte die physische Geographie im Kreis der übrigen Geowissenschaften Eigenstand gewinnen und eine gewisse überdisziplinäre Anerkennung ihrer Bedeutsamkeit erlangen bzw. aufrechterhalten – was, von einzelnen Personen abgesehen, heute nicht einmal mehr der Geomorphologie ganz gelingen will, die doch den physisch-geographischen Forschungsbetrieb weitgehend beherrscht. *Drittens* wollte die physische Geographie in Forschung, Hochschulausbildung und Schule eine sinnvolle Beziehung zur Kulturgeographie aufrechterhalten – was ihr auf allen Feldern immer weniger gelingt. *Viertens* wollte sie sich trotz der prinzipiellen Vielfalt ihrer Ansätze als *ein* irgendwie sinnvoll zusammenhängendes Forschungsgebiet ausweisen: wozu sie sichtlich nicht mehr in der Lage ist. *Fünftens* sollte die physische Geographie die technologische Transponierbarkeit ihrer Resultate wenigstens andeutungsweise aufzeigen – was sie (wieder von einzelnen Personen abgesehen) sichtlich nicht getan hat. Der Versuch, bei mäßigem personellen Rückhalt und mäßigen finanziellen Ressourcen dennoch auf vier bis fünf Hochzeiten gleichzeitig zu tanzen: Dieser anspruchsvolle Versuch hat schließlich, wie es scheint, weitgehend alle fünf Zielsetzungen verfehlt. (Vgl. dazu auch R. CHORLEY 1971.)

Die wenig erbaulichen Effekte liegen auf der Hand. *Erstens*: Die physische Geographie stellte und stellt sich in Deutschland, was die Forschungsseite angeht, im wesentlichen als Geomorphologie dar. Dadurch geriet der physische Geograph an der Hochschule und indirekt auch an der Schule in eine Lage, die Chorley pointiert eine Jekyll-und-Hyde-Existenz genannt hat: »Tagsüber« lehrt er in wachsendem Maße desinteressierte Studenten einige traditionsreiche und allgemeinbildende Bestände der deskriptiven Erdwissenschaften; »nachts« aber treibt er eine an neuimportierten technischen Finessen zuweilen reiche »reine geomorphologische Forschung«, die sich wegen ihren unvermeidlichen sedimentologischen, bodenkundlichen, hydrologischen, klimatologischen und anderen Einschlüssen oft als eine Art allumfassende Landschaftsökologie mißversteht.

Zweitens: Die physische Geographie verwaltet heute eine Reihe von umfangreichen Wissensbeständen aus verschiedenen Geowissenschaften, und zwar vielfach auf mehr deskriptivem, wissenschaftspropädeutischem bis populärwissenschaftlichem Level – Wissensbestände, die von den Forschungsfronten dieser Geodisziplinen meist sehr entfernt sind, die von sich aus auch gar nicht mehr die Potenz besitzen, an diese Wachstumsspitzen heranzuführen, und die überdies in dieser Form auch technologisch-praktisch weitgehend bedeutungslos sind. Eine solche Traditionsverwaltung von Lehrbuch- und Prüfungswissen hat zwar auch positive Aspekte, aber doch nur, wenn reichlich Gegengewichte vorhanden sind.

Die angedeutete Situation hat einige weitere unerfreuliche Folgen für die Attraktivität und Weiterentwicklung des Faches. Wenn unter Wissenschaftlern der Eindruck verbreitet ist, daß auf einem bestimmten Felde große Meriten nicht oder nicht mehr zu erwerben sind (weil es z. B. in den großen Zügen als abgeschlossen gilt), dann ist dies entscheidend für einen jungen Wissenschaftler, wenn er sein »eigentliches Arbeitsgebiet« wählt. In jedem intellektuell lebendigen Umfeld wird er sich psychisch und sozial gedrängt fühlen, sich sozusagen forschungs- und wachstumsorientiert zu verhalten, also ein entwicklungsfähiges und sich rasch entwickelndes, problemreiches und deshalb auch prestigestarkes Gebiet zu suchen, dem wenigstens atmosphärisch der Geruch anhaftet, daß er hier voraussichtlich mit vertretbarem Aufwand Neues entdecken und Originalität beweisen kann: nicht zuletzt auch deshalb, weil er hier vor dem Erreichen der Forschungsfront nicht erst eine breitgestreute säkulare Tradition aufarbeiten muß. So läuft das gemiedene Gebiet Gefahr, immer weiter zurückzusinken zu den immer nachlässiger behandelten traditionellen bis klassischen Vorlesungsstoffen, zum bloßen Gedächtnis-, Lehrbuch- und Examenswissen, und diese Dinge werden von den Wissenschaftlern und Hochschullehrern durchweg für zweitrangig, ja eigentlich überflüssig gehalten: sowohl an der bisherigen, stark Spezialisten-orientierten Universität, wie an den künftigen, didaktisch bewußteren und teilweise mehr Anwendungs- und Projektorientierten Hochschulen.

Heute gibt es infolgedessen – um eine pointierte, aber tendenziell treffende Bemerkung CHORLEYS zu zitieren (vgl. 1971, S. 89) – eine »wirklich geographische«, mehr deskriptive Klimatologie einerseits und eine »wirkliche Meteorologie/Klimatologie« andererseits; eine wirklich geographische Vegetationsgeographie einerseits und eine biologische »wirkliche Vegetationskunde« oder Geobotanik andererseits; eine geographische Landschaftsökologie und die »wirkliche Ökologie« der Biologen – und nach Meinung Chorleys gibt es heute sogar schon eine geographische Geomorphologie einerseits und eine wirkliche Geomorphologie andererseits.

Die physische Geographie sieht sich zur Hauptsache also zwei Existenzfragen gegenüber: *Erstens* der *disziplininternen* Frage, wie sie einen wenigstens losen Bezug zur Kulturgeographie und vor allem zu einer künftigen sozialwissenschaftlichen Geographie des Menschen herstellen kann. *Zweitens* steht sie vor der Frage, wie sie sich *innerhalb der übrigen Geowissenschaften* als sinnvolles und relativ eigenständiges Forschungs- und Lehrgebiet argumentativ legitimieren und wissenschaftspolitisch behaupten kann.

Was die erstgenannte Zielsetzung betrifft (eine gewisse Beziehung zur Geographie des Menschen), so sind wohl nur noch sehr wenige Strategien erwägenswert. Sie werden im folgenden teilweise in Anlehnung an CHORLEY (1971) skizziert.

Der erste Weg wäre der Versuch, die beiden »Teile« der Geographie über die »theoretische Geographie« (im Sinne von W. Bunge) zu verbinden – d. h. über vorinhaltliche quantitative Techniken und Modelle.

Tatsächlich sind manche der einfachen und entwickelteren Techniken für beide Geographien bedeutsam: Neben dem Instrumentarium der Systemtheorie z. B. nearest-neighbour-Techniken, zentrographische Methoden, Trendoberflächenanalyse, die Verfahren der numerischen Taxonomie, faktorenanalytische und andere Regionalisierungsverfahren, Analyse und Konstruktion von Netzwerken, ja sogar Gravitations- und Diffusionsmodelle. Eine gemeinsame Basis dieser Art wäre, falls sie hergestellt werden könnte, zweifellos eine Klammer, die mehr leisten würde als all das, was im Augenblick im deutschen Sprachbereich angeboten wird, um die »Einheit der Geographie« forschungslogisch und forschungspraktisch zu fundieren.

Aber auch abgesehen von der Frage, ob die bestehende physische Geographie willens und imstande wäre, das betreffende Instrumentarium zu rezipieren: Selbst dann bliebe noch die Frage, ob ein einfacher Austausch von heute doch weithin überdisziplinären Techniken und Modellkonstruktionen formaler Art, ob ein solcher Austausch oder auch eine gemeinsame Entwicklung von quantitativen Formalismen ausreicht, um bestimmten Disziplinen mehr als einen oberflächlichen und ephemeren Zusammenhalt zu sichern. Zwar ist der »Zusammenhang durch die Theorie« zweifellos die forschungslogisch sinnvollste und wissenschaftspolitisch wirkungsvollste Bindung von Disziplinen und Forschungsrichtungen. Aber diese theoretische Gemeinsamkeit müßte entschieden auch *inhaltlicher* Art sein, und hier ist in der Tat die naturwissenschaftliche Theoriebildung der Geowissenschaften und die sozial- und wirtschaftswissenschaftliche Theoriebildung der Kulturgeographie auf absehbare Zeit schon in den Grundkategorien verschieden.

Der zweite Weg wäre, es der physischen Geographie zur Aufgabe zu machen, die physisch-biotischen Phänomene der Erdoberfläche als Ressourcen, Bezugspunkte und Einflußgrößen menschlichen Handelns zu studieren (wozu als Forschungsbeispiele etwa die Arbeiten von Saarinen, Kates, Gould, Wong, Maunder usf. zu nennen wären). Dann ginge es aber um gruppenspezifische *Wertungen* und *Ansichten* der »geographischen Umwelt«, um die *Informationen*, die bestimmte Guppen von ihrem physisch-biotischen Milieu besitzen und die ihr Handeln in diesem Milieu bestimmen: Denn der Mensch handelt bekanntlich nicht gemäß dem, wie seine Wirklichkeit ist, sondern gemäß dem, wie er glaubt, daß sie sei.

Dieser Ansatz wäre ein wesentlicher Beitrag zu den deskriptiven Handlungs- und Entscheidungstheorien, mit denen die künftige Geographie des Menschen raumwirksames Handeln menschlicher Gruppen beschreiben, erklären und prognostizieren wird – nach dem Satz: »The Geography of the future is the Geography of human choice« (R. Abler, J.S. Adams and P. Gould 1971, S. 572). Diese Zielsetzung würde aber die physische Geographie selbst auflösen. Die physische Geographie würde zu einem Teil der Sozial- und Wirtschaftswissenschaften und käme in Verbindung mit den sich rasch entwickelnden Umweltpsychologien und dem kulturgeographischen Ansatz »environmental perception«.

Eine andere Möglichkeit bestünde darin, daß sich die physische Geographie beschränkt und konzentriert auf solche Phänomenbereiche und »Ökosysteme«, in denen reale und potentielle menschliche Eingriffe eine bedeutende Rolle spielen. Dies könnte geschehen im Rahmen ihrer bisherigen Perspektive auf Phänomene mittlerer, landschaftlicher Größenordnung. Dadurch würden die »Systeme« des physischen Geographen in eine gewisse Verbindung gebracht mit den Zusammenhängen und Entscheidungsprozessen, die in der modernen Geographie des Menschen im Zentrum des Interesses stehen werden (CHORLEY 1971, S. 102 ff., 107f.).

Diese disziplinpolitische Strategie würde die physische Geographie unter anderem in die Nähe unserer Programmskizze für eine sinnvolle landschaftsökologische Forschung bringen: als Analyse derjenigen Prozesse und Systeme, die den Menschen bzw. bestimmte menschliche Eingriffe als wesentliche Steuergrößen enthalten.

Nach aller Wahrscheinlichkeit könnte nur die zuletzt genannte disziplinpolitische Strategie das gesetzte innerfachliche Ziel erreichen: eine wenigstens lose und nicht bloß verbale Bindung von physischer Geographie und Geographie des Menschen. Gegenüber den korrespondierenden Geodisziplinen könnten sich die physischen Geographen indessen etwa wie folgt definieren (und ihre Praxis entsprechend zentrieren): *Erstens* als mehr (aber nicht ausschließlich) deskriptive, vor allem regionaldeskriptive Teile jeweils korrespondierender, fast immer mehr *theoretisch* und/oder experimentell ausgerichteter Geowissenschaften; zweitens als Subdisziplinen, welche im *theoretischen* Bereich vor allem die Bedeutsamkeit der räumlich-distanziellen Variablen – relative Lage, Distanz, Richtung, »connectiveness« – studieren[11]. Hierzu gehören unter anderem Distributionsanalysen und Regionalisierungen ebenso wie das Studium von Formenwandelreihen (Catenen, Gradienten) und Ausbreitungsphänomenen. *Drittens* sollten die physischen Geographien verstanden werden als solche Subdisziplinen der Erdwissenschaften, die die Variablenklasse »menschliche Eingriffe« in den Vordergrund rücken. Als *vierter* Punkt wird eine gewisse Konzentration auf den *ökologischen* Ansatz einerseits, die nomothetisch-(system)theoretische Geomorphologie andererseits vorgeschlagen – wobei der zweite Teilvorschlag eher die größere Distanzierung von der Fachtradition bedeutet: Denn in dieser Fachtradition spielte eine solche analytisch-theoretische Betrachtung anthropogen mitgesteuerter geomorphologischer Systeme nie eine bedeutende Rolle. Als *fünfter* Punkt (der bereits in Punkt 3 wenigstens teilweise impliziert ist) könnte der traditionelle geographische »mittlere Maßstab der Betrachtung« beibehalten werden: wenngleich mit einer deutlichen Verschiebung auf die höheren Werte der G-Skala (vgl. etwa HAGGETT 1965). Diese Verschiebung ins relativ Großmaßstäbige würde allerdings nur einen säkularen disziplinhistorischen Trend fortsetzen. Der vorgeschlagene »anthrozentrische« Maßstab betrifft die zeitliche Dimension ebenso wie die räumliche: In der Zeitdimension würde das Interessenfeld auf die (prähistorisch-)historische Zeitspanne der Anwesenheit des Menschen und schwerpunktmäßig auf die weitere Gegenwart begrenzt.

Die bestehende physische Geographie hat *außerdem* zweifellos auch die *alternative* Chance, ein Ausbildungsmonopol für eine naturwissenschaftliche Schulerdkunde (als eine Propädeutik der Geowissenschaften) zu behaupten – ein Fach, das, sollte die physische Geographie oder die Geographie insgesamt an den Schulen verschwinden, sicherlich über kurz oder lang in veränderter Form wieder dorthin zurückkehren, aber dann

[11] »Chorologische Theoriebildung« dieser Art beschreibt vor allem die Beziehungen, die zwischen den formalen »Raumstrukturen« von Sachverhalten einerseits, den realen Austauschvorgängen, Inter- und Transaktionen, also den sog. funktionalen Verknüpfungen unter diesen Sachverhalten andererseits bestehen. (Hierbei muß man allerdings im Auge behalten, daß eine »räumliche Betrachtungsweise« in diesem Sinne in manchen Geodisziplinen bereits sehr viel entwickelter ist als in den bestehenden physischen Geographien.)

wahrscheinlich nicht mehr durch Geographen vertreten sein würde. Die (physische) Geographie hat, einstweilige schulpolitische Selbstbehauptung vorausgesetzt, möglicherweise eine gewisse Chance, die Ausbildung für ein neues, naturwissenschaftlich-ökologisches Zentrierungsfach ›Umweltkunde‹ zu monopolisieren oder mit der Biologie zu teilen und in *diesem* Rahmen die noch lernenswerten Bestände einer geowissenschaftlichen Propädeutik zu unterrichten.

Aber es ist sehr zweifelhaft, ob der bestehenden physischen Geographie beides zugleich gelingen kann: einerseits die konzentrative Neuanpassung und Entwicklung zu einer spezialisierten Geodisziplin *und* die Monopolisierung der Lehrerausbildung für ein (teilweise ganz neues) Zentrierungsfach in der Schule, das die Nachfolge der alten physischen Schulerdkunde antreten wird. Möglicherweise werden beide (Überlebens-) Chancen versäumt, weil man in diffuser Weise beide Ziele zugleich anstrebt und (als drittes und viertes Ziel) auch noch die traditionelle physische Geographie und die traditionelle Einheit der Geographie erhalten will. So wie die Dinge zur Zeit bildungspolitisch stehen, wäre es noch eine sehr glückliche Zwischenlösung der Affäre, wenn schließlich die physischen Geographen an den (ehemaligen) Pädagogischen Hochschulen mittels entsprechender rascher Anpassungen die skizzierte schulpolitische Chance wahrnähmen, während die universitäre physische Geographie sich als *ein* (ökologisches) Bezugsfach für dieses schulische Zentrierungsfach behaupten könnte. Die Vorschläge stehen teilweise in *relativ* guter Übereinstimmung mit der traditionellen Forschungspraxis – zumindest mit deren Hauptentwicklungstendenzen. Punkt 1 (die »mehr deskriptive bzw. regionaldeskriptive Orientierung«) soll noch etwas beleuchtet werden.

»Die Forschung wird gewöhnlich so dargestellt, als ob *erst* eine (präzise und operationale) Theorie formuliert würde, die *dann* einer empirischen Prüfung, unterzogen wird.« Eine solche Vorstellung ist aber nur auf der Makroebene und »in the long run« eine angemessene Beschreibung des Wissenschaftsprozesses; sie beschreibt sicherlich nicht den tatsächlichen Verlauf auch nur der Mehrzahl der einzelnen Forschungsprojekte (vgl. H. L. ZETTERBERG 1962, S. 79). Mindestens ebensosehr wird – wie in den Sozialwissenschaften, so auch in Geobotanik, Geomorphologie und Klimatologie –auch ein »Komposthaufen« von »empirischem Material« angehäuft und in Begriffe gefaßt, die teils der eigenen Beobachtungstradition, teils der theoretischen Sprache der eigenen Disziplin, teils anderen Disziplinen, teils der vorwissenschaftlichen Alltagssprache und teils der Phantasie des Empirikers entstammen. Dieser Apparat des Empirikers ist immer nur zu einem Teil mittel- oder unmittelbar mit Theorien und theoretischen Begriffen verknüpft.

Die relative Selbständigkeit der Beschreibung und die Toleranz des Theoretikers demgegenüber haben gute Gründe. Die Wissenschaftler handeln *erstens* offensichtlich nach der historisch gut bestätigten Meinung, daß solches empirisches Material wenigstens teilweise einmal für Theorie und Erklärung nützlich sein wird. Ein solcher Vor- und Überschuß an empirischem Kleingeld schafft ja unter anderem erst die Möglichkeit eines ex post-Theoretisierens und schöpferischen induktiven Räsonierens, die beide im »context of discovery« eine so stimulierende Rolle spielen. (Die erwähnte »Verwaltung von Traditionsbeständen« kann in dieser Hinsicht ebenfalls einen begrenzten Nutzen abwerfen.)

Zweitens scheint der relative Eigenwert und Eigenstand, welcher der Beschreibung praktisch zugebilligt wird, auch darauf zu beruhen, daß hier ein relativ eigenständiges

Erkenntnisinteresse am Werk ist: Ein Interesse an der Fülle der Empirie, ein Streben nach einer perspektivischen Übersicht über die Gesamtheit der Tatbestände, welches deutlich kontrastiert mit dem Erkenntnisinteresse am *Gesamzusammenhang*, an den »Grundstrukturen« eines (möglichst umfassenden) Phänomenbereichs, welches den Theoretiker ausmacht. Diese idealtypische Dichotomie Theoretiker-Empiriker freilich sollte uns nicht vergessen lassen, daß die Fruchtbarkeit einer sozial- und vor allem naturwissenschaftlichen Disziplin, insgesamt gesehen, doch weitestgehend auf einem organisierten Wechselspiel zwischen Theorie und Empirie beruht.

Entwickeln sich die beiden »Sprachen« allzuweit auseinander, dann beginnen oft Theoretiker und Empiriker gleicherweise unfruchtbar zu werden: Der Theoretiker z. B. im »Modellplatonismus«, der Empiriker z. B. in der aus der Geographie wohlbekannten Unsitte, alles mögliche nur deshalb ausführlich zu beschreiben, zu klassifizieren und regionalisieren, weil es bisher noch nicht oder nicht so eingehend und großmaßstäbig beschrieben, klassifiziert und regionalisiert worden ist. Die regionaldeskriptive Literatur der Geographie, etwa die Länderkunde, hat z. B. heute kaum mehr einen Bezug zur theoretischen und analytischen Geographie, geschweige denn zur Theorie der Sozial- und Wirtschaftswissenschaften. Diese Beziehungslosigkeit und nicht etwa die Betonung der Beschreibung ist das eigentliche Manko dieser Literaturmassen. Der Anschluß an »die Theorie« und an die mit der Theorie direkt kommunizierende empirische Forschung wäre um so dringender, als »theoretische Wissenschaft« heute dem Wissenschaftsideal viel mehr entspricht als die Betonung der »empirischen Fülle« und sich fast jede selbstbewußte Disziplin heute zumindest *auch* als *theoretische* Wissenschaft versteht.

Am Ende scheinen mir noch zwei Schlußbemerkungen angebracht zu sein. *Erstens*: Es kann hier nicht darum gehen, die Geographie oder die physische Geographie zu »retten« oder auch nur zu legitimieren. Zwar hat man als Geograph wahrscheinlich ein quasi naturbürtiges Interesse am Überleben der Gruppe im Rahmen der traditionellen Institutionen und Tätigkeitsfelder. Ein so gruppenegoistisches Ziel sollte man aber weder *direkt* ansteuern noch in sublimierteren Formen – indem man etwa das Überleben des Faches zu einer Angelegenheit des wissenschaftlichen oder gar gesellschaftlichen Gemeinwohls hochstilisiert. Wer zudem im Rahmen der bisherigen Geographie sinnvoll gearbeitet und unterrichtet hat (d. h. in Kooperation mit und unter Anerkennung durch die Nachbarwissenschaften und Nachbarfächer), der wird auch künftig sinnvoll weiterarbeiten und unterrichten können – gleichgültig, in welchem institutionellen Rahmen an Schule und Hochschule. Es geht vielmehr erstens darum, bestimmte nützliche Funktionen, die bisher von den physischen Geographien aktuell und virtuell ausgeübt wurden, dem künftigen Wissenschafts- und Schulsystem zu erhalten, und zweitens darum, ein weitgehend kooperationsunfähiges, von allen Seiten unterwandertes Superfach mit diffusem Inhalt und verschwimmenden Konturen zu konzentrieren auf einige wenige spezifische, gleichzeitig präzise und (an Schule und Hochschule) kooperativ verwendbare Fragestellungen und Problembereiche. Es sollten Fragestellungen sein, von denen wir in der bildungspolitischen Öffentlichkeit und in der curricularen Diskussion argumentativ vertreten können, daß sie nicht nur wiß*bar* und lehr*bar*, sondern auch wissens*wert* und lernens*wert* sind: Trotz der Konkurrenz zahlloser neuer rechtskundlicher, sozial-, wirtschafts-, arbeits-, naturkundlicher und anderer Inhalte, die mit Recht in die Schule drängen. Die raumwissenschaftlichen Lehrgänge, die wir an Schule und Hochschule anbieten, müssen der steten Frage standhalten: Wozu soll ich das eigentlich lernen – und nicht vielmehr etwas ganz anderes?

Zweitens: Im Rahmen meines mit manchen Hypothesen belasteten Diskussionsbeitrages schien es mir stellenweise sinnvoller zu sein, pointiert bis drastisch zu formulieren, als Meriten zu erwerben durch mildakademische, durchgehend vorsichtige und nach allen Seiten abgeklärte Betrachtungsweise. Infolgedessen habe ich einige Fragezeichen, Vorbehalte und Einschränkungen weggelassen, die ich bei einer spezifischeren Behandlung fast aller Einzelfragen durchaus zu setzen imstande bin.

Literatur

R. ABLER, J.S. ADAMS and P. GOULD: Spatial Organization: The Geographer's View. Englewood Cliffs (N. J.) 1971.

H. ALBERT: Traktat über kritische Vernunft. 2. Aufl. Tübingen 1969.

G. BACHELARD: La formation de l'esprit scientifique. Contribution à une psychoanalyse de la connaissance objective. 4e éd. Paris 1965.

G. BAHRENBERG: Räumliche Betrachtungsweise und Forschungsziele der Geographie. Geogr. Zeitschr. 60, 1972, S. 8-24.

D. BARTELS: Theoretische Geographie. Geogr. Zeitschrift 57, 1969, S. 132-144. J. BLÜTHGEN: Allgemeine Klimageographie. Berlin 1964.

J. BÜDEL: Das natürliche System der Geomorphologie. Würzburg 1971 (Würzburger Geogr. Arbeiten 34).

W. BUNGE: Theoretical Geography. 2. Aufl. Lund 1966.

J. BURTON and R.W. KATES: Perception of natural hazards in resource management. Natural Resources Journal 3, 1964, S. 412-441.

J. BURTON: R. W. KATES J. R. MATHER, R. E. SNEAD: The shores of Megalopolis: Coastal Occupance and human adjustment to fload hazard. Publications in Climatology 17, no. 3, 1965, S. 435-603.

E. CASSIRER: Philosophie der symbolischen Formen. 1.-3. Teil. 4. Aufl. Darmstadt 1964.

R.J. CHORLEY: Geography and Analogue Theory. Annals of the Association of American Geographers 51, 1964, S. 127-137.

–: Models in Geomorphology. In: R.J. CHORLEY and P. HAGGETT. Models in Geography. London 1967, S. 59-96.

–: A Re-Evaluation of the Geomorphic System of W.M. DAVIS. In: R.J. CHORLEY and P. HAGGETT (ads.): Frontiers in Geographical Teaching. London 1970, S. 21-38.

–: The role and relations of physical geography. In: Progress in Geography, vol. 3. London 1971, S. 87-109.

R.J. CHORLEY and B.A. KENNEDY: Physical Geography – a Systems Approach. Englewood Cliffs (N. J.) 1971.

K. H. CRAIK: Environmental Psychology. New York 1970 (Th.M. Newcomb's New Directions in Psychology, vol. 4).

U. EISEL: Überlegungen zur formalen und pragmatischen Kritik an der Landschaftskunde. Geografiker H. 4, 1970, S. 9-18.

–: Über Selbstmißverständnisse der Landschaftskunde und Regionalanalyse. Geografiker H. 4, 1970, S. 18-22.

H. ELLENBERG (Hg.): Ökosystemforschung. Berlin, Heidelberg, New York 1973.

L. FINKE: Landschaftsökologie als Angewandte Geographie. Ber. z. dt. Landeskunde 45, 1971, 2, S. 167-82.

K. GANSER: Der bisherige Beitrag der Geographie zu Fragen der räumlichen Umweltgestaltung. In: Der Erdkundeunterricht, Sonderheft 1, Stuttgart 1971, S. 96-101.

P. GOULD: Der Mensch gegenüber seiner Umwelt: ein spieltheoretisches Modell. In: D. BARTELS (Hg.): Wirtschafts- und Sozialgeographie. Köln und Berlin 1970, S. 388-400.

D. GRIGG: Die Logik von Regionssystemen. In: D. BARTELS (Hg.): Wirtschafts- und Sozialgeographie. Köln und Berlin 1970, S. 183-211.

G. HAASE: Zur Methodik großmaßstäbiger landschaftsökologischer und naturräumlicher Erkundung. Wiss. Abhandlungen d. Geogr. Gesellsch. d. DDR 5, 1967, S. 35-128.

J. HABERMAS: Vorbereitende Bemerkungen zu einer Theorie der kommunikativen Kompetenz. In: J. HABERMAS und N. LUHMANN: Theorie der Gesellschaft oder Sozialtechnologie – Was leistet Systemforschung? Frankfurt 1971.

P. HAGGETT: Locational Analysis in Human Geography. London 1965.

G. HARD: Die »Landschaft« der Sprache und die »Landschaft« der Geographen. Bonn 1970 (Colloquium Geographicum Bd. 11).

D. HARVEY: Explanation in Geography. London 1969.

M. HEIDEGGER: Sein und Zeit. Halle 1927.

H. v. HENTIG: Magier oder Magister? Über die Einheit der Wissenschaft im Verständigungsprozeß. Stuttgart 1972.

R. W. KATES: Hazard and Choice Perception in Flood Plain Management. Chicago 1962.

H.–J. KLINK: Naturräumliche Gliederung des Ith-Hils-Berglandes. Art und Anordnung der Physiotope und Ökotope. Bad Godesberg 1966 (Forschungen zur deutschen Landeskunde, Bd. 159).

–: Das naturräumliche Gefüge des Ith-Hils-Berglandes. Bad Godesberg 1969 (Forschungen zur deutschen Landeskunde, Bd. 187).

V. KRAFT: Erkenntnislehre. Wien 1960.

W. LAUER, R.-D. SCHMIDT, R. SCHRÖDER und C. TROLL: Studien zur Klima- und Vegetationskunde der Tropen. Bonn 1952 (Bonner Geogr. Abhandlungen, Heft 9).

H. LENK: Erklärung, Prognose, Planung. Skizzen zu Brennpunktproblemen der Wissenschaftstheorie. Freiburg 1972.

H. LOUIS: Allgemeine Geomorphologie. 3. Aufl. Berlin 1968.

W. J. MAUNDER: The value of the weather. London 1970.

R. K. MERTON: Social Theory and Social Structure. 2. Aufl. Glencoe (Ill.) 1957.

E. NEEF: Die theoretischen Grundlagen der Landschaftslehre. Gotha/Leipzig 1967.

K.H. PAFFEN: Die natürliche Landschaft und ihre räumliche Gliederung. Bad Remagen 1953 (Forschungen zur deutschen Landeskunde, Bd. 68).

J. PIAGET: La représentation du monde chez l'enfant. Paris 1947.

K. POPPER: Conjectures and refutations. London 1963.

–: Das Elend des Historizismus. Tübingen 1965.

G. RADNITZKY: Contemporary Schools of Metascience. New York and Göteborg, 2. Aufl. 1970.

H. RICHTER: Beitrag zum Modell des Geokomplexes. In: H. BARTHEL (Hg.): Landschaftsforschung. Beiträge zur Theorie und Anwendung (NEEF-Festschrift). Gotha/Leipzig 1968, S. 39-48.

TH. F. SAARINEN: Perception of Environment. Washington 1969 (Association of American Geographers, Resource Paper No. 5).

–: Perception of the Drought Hazard on the Great Plains. Chicago 1966.

F.K. SCHAFFER: Exceptionalism in geography: A methodological examination. Annals of the Association of American Geographers 43, 1953, S. 226-249.

J. SCHMITHÜSEN: Vegetationsgeographie. 3. Aufl. Berlin 1968.

H.-D. SCHULTZ: Vorgekonnte Überlegungen zum Wandel wissenschaftlicher Grundüberzeugungen in der Anthropogeographie. Geografiker H. 7/8, 1972, S. 53-64.

U. SCHWEINFURTH: Die horizontale und vertikale Verbreitung der Vegetation im Himalaya. Bonn 1957 (Bonner Geogr. Abhandlungen, Heft 20).

W.R.D. SEWELL; R.W. KATES and L.E. PHILIPS: Human response to weather and climate. Geographical Review 58, 1968, S. 262-280.

W. STEGMÜLLER: Hauptströmungen der Gegenwartsphilosophie. Eine kritische Einführung. 3. Aufl. Stuttgart 1965.

A. M. WEINBERG: Probleme der Großforschung. Frankfurt a. Main 1970.

S. T. WONG: Perception of Choice and Factors affecting Industrial Water Supply Decisions in Northeastern Illlinois. Chicago 1969.

H. L. ZETTERBERG: Theorie, Forschung und Praxis in der Soziologie. In: R. KÖNIG (Hg.): Handbuch der empirischen Sozialforschung. 1. Bd., Stuttgart 1962, S. 64-104.

Noch einmal: Die Zukunft der physischen Geographien

Zu Ulrich Eisels Demontage eines Vorschlags (1978)

Summary:

Once More: The Future of Physical Geographies. Answer to Ulrich Eisels Disassembly of a Suggestion. U. Eisel criticized (1977) several vague suggestions, which I had made in 1973 with regard to a future physical geography.

The following reply reconsiders once more the points at issue: Orientation in respect to extrascientific (»practical«) problems, concentration on the ecological perspective and the space-distance (chorological) aspect; particular consideration of »human interference«; consumption of theories, respectively »descriptive« orientation (instead of emphasizing autochthonous theory-formation); preference of the »medium scale of study«.

In case the objections, which are brought forward within a discussion, are subdivided into »proofs of errors«, »fundamental difference of opinions«, and »misunderstandings«, the objections which Eisel produces against my suggestions of that time, are in almost every point proofs of errors, and my proposals of 1973 are herewith obsolete. It is being tried to give Eisel's arguments precision and continuation. Eisel's critique also pertains to a revised version of my proposal, which Eisel himself did not reconsider (HARD 1976).

Furthermore it is an obvious consequence, not further explicated by Eisel, that within the limitations of an institutionalized physical geography there are some *individual* strategies for physical geographers, which can be reasonably justified, but there is no promising outlook for a future disciplinary programme. The above named »individual strategies« are being described, i. e. divided in accordance to the viewpoint whether they are acceptable for the established or not-established geographers (for instance students).

Concluding it is pointed out, that the practical meaning of the discussion should not be overestimated. The problem of the future physical geography (as of the entire geography) lies not so much in the fact that there is no arguable disciplinary programme, but the problem seems to present itself in the institutionalized survival of geography which, however, is secured for a measurable time.

1. Das Ziel dieser Replik

U. Eisel hat in dieser Zeitschrift (1977), S. 81-108, einen die physische Geographie betreffenden Vorschlag kritisiert. Der Text, auf den sich der Aufsatz von Herrn Eisel bezieht (G. HARD 1973, S. 5-35), enthält 1. einen analytischen und destruktiven Teil (vor allem S. 5-28) und 2. die Skizze einer von mir damals für tragfähig gehaltenen disziplinpolitischen Strategie (S. 28 unten bis 32 oben sowie S. 18 f. stellenweise). Die Kritik von Herrn Eisel bezieht sich ausschließlich auf diese Strategieskizze. Ich habe allen Anlaß zu der Vermutung, daß wir, was meine vorangegangene Analyse und Kritik der bestehenden physischen Geographien des deutschen Sprachbereichs angeht, zwar nicht unbedingt im argumentativen Detail, aber doch in der Tendenz und Konsequenz im wesentlichen übereinstimmen[1].

Was nun die Einwände Eisels gegen meine Strategieskizze betrifft, sollte man nach einem Vorschlag von O. SCHWEMMER 1974 (S. 154 ff.) in einer Theoriediskussion bestrebt sein, jeden Einwand begründet in eine der folgenden Rubriken einzuordnen: »Einwände« sind entweder »(echte) Fehlernachweise«, »(echte) Meinungsverschiedenheiten« oder aber »Mißverständnisse«, und sie sollten entsprechend unterschiedlich gewertet und beantwortet werden. Ein »(echter) *Fehlernachweis*« liegt dann vor, wenn ein Argumentationsfehler nachgewiesen wird: Wenn der Kritiker also zeigt, daß die These des Kritisierten unverträglich ist mit seinen anderen Thesen oder unverträglich mit Thesen, denen beide (der Kritiker wie der Kritisierte) zustimmen. Hierher gehört auch der Nachweis, daß der Vorschlag des Kritisierten gar nicht das Problem löst, das er nach Auffassung des Kritisierten lösen sollte[2].

Von »(echten) *Meinungsverschiedenheiten*« soll dann gesprochen werden, wenn These und Einwand zwar miteinander unverträglich sind, aber diese Unverträglichkeit nicht durch Bezug auf Inkonsistenz oder gemeinsame Annahmen und Ziele diskutiert werden kann – weil solche Inkonsistenzen bzw. gemeinsamen Bezugspunkte nicht vorhanden oder nicht sichtbar sind. In solchem Falle kann man nicht mehr tun, als die Differenzen so klar wie möglich zu konstatieren (was freilich schon sehr nützlich ist); der nächste (oft sehr schwierige) Schritt bestünde darin, nach zusätzlichen Annahmen und Argumenten zu suchen, die sich auf die diskutierte Materie beziehen und zugleich beiderseits akzeptiert werden können: um auf diese Weise (im idealen Falle) bloße Meinungsverschiedenheiten, die bloß noch konstatiert werden können, wieder diskutierbar zu machen.

Von »*Mißverständnissen*« soll dann die Rede sein, wenn der Dissens darauf beruht, daß der Kritiker dem Text des Kritisierten etwas entnimmt, was der Kritisierte »gar nicht gesagt« bzw. »gar nicht so gemeint« hat (etwa deshalb, weil die Kontrahenten die Wörter nach unterschiedlichen Regeln benutzen) – was (im Falle der Fehlformulierung) zu Lasten des Kritisierten oder (im Falle der Fehlinterpretation) zu Lasten des Kritikers geht (oder auch zu Lasten beider gehen kann). Die Rubrizierung eines Einwandes als »Mißverständnis« (vor allem als Mißverständnis zu Lasten des anderen) ist akademisch

---

[1] Leider hat Herr Eisel eine »reconsideration« meines Vorschlags, den ich 1976 in der TESG versucht habe, nicht mehr berücksichtigt (G. HARD 1976).
Vielleicht erscheint es merkwürdig, daß hier zwar meine Erwiderung auf EISELs Kritik, aber diese Kritik selber nicht abgedruckt wird. Nach Rücksprache war Ulrich EISEL aber damit einverstanden, weil seine Argumentation in meiner Replik hinreichend referiert sei. Wenn man allerdings den wissenschaftsphilosophischen Kontext kennenlernen will, in dem EISEL seine Überlegungen entfaltet hatte, muß man auf seinen Text in der Geographischen Zeitschrift (1977) zurückgreifen.

[2] In diesem Falle muß natürlich vorweg Einigung darüber erzielt werden, welche Aufgabe *der Kritisierte* eigentlich lösen wollte: Denn der Nachweis des Kritikers, daß der Vorschlag des Kritisierten nicht das Problem löst, das nach Auffassung *des Kritikers* gelöst werden sollte, kann nicht in diesem Sinne als »(echter) Fehlernachweis« gelten.

beliebt[3], weil sie den Konflikt vermeiden und davor schützen soll, für etwas einzustehen, zu argumentieren oder gar einem Einwand zustimmen zu müssen[4].

Was nun die Kritik von Herrn Eisel an meinem seinerzeitigen Vorschlag angeht, so stimme ich heute (fünf Jahre nach der Niederschrift) in allen Punkten zu – von einigen argumentativen Details abgesehen. Es handelt sich in allen Punkten um »(echte) Fehlernachweise« im definierten Sinn. (Herr Eisel hat dabei in wirkungsvoller Weise immer wieder die direkte Fehlernachweisstrategie eingesetzt, Inhalte, Voraussetzungen und Konsequenzen meines Vorschlags mit ihnen mittelbar oder unmittelbar widersprechenden Hard-Zitaten zu konfrontieren). Infolgedessen empfehle ich, die Seiten 18 unten bis 19 oben und 28 unten bis 32 oben meines Beitrags von 1973 für erledigt zu halten.

»(Echte) Meinungsverschiedenheiten« im oben umschriebenen Sinn sind indessen nicht vorhanden. Ein Mißverständnis, das eine besondere und etwas ausführlichere Aufklärung verdient, liegt nur in einem einzigen Punkt vor. Es geht meines Erachtens zu Lasten von Herrn Eisel, und ich werde darauf zurückkommen.

Die folgende Erwiderung ist entsprechend weniger eine Replik im eigentlichen Sinne als eine Verdeutlichung und Weiterführung. Eine solche Verdeutlichung und Weiterführung scheint mir unter anderem deshalb sinnvoll und notwendig zu sein, weil Eisel die Konsequenzen (wie auch einige wesentliche Voraussetzungen) seiner Kritik (nicht zuletzt die disziplinpolitischen Perspektiven oder besser: Perspektivenverluste) teilweise nur sehr implizit mitteilt. Da man vermuten darf, daß zumindest manche Geographen bei der Lektüre des Eiselschen Textes die Konsequenzen nicht wahrnehmen werden, scheint es mir schon aus diesem Grunde nützlich, diese Konsequenzen (wenigstens teilweise) sei es zu ziehen, sei es auf Klartext zu bringen.

Im folgenden soll also die Kritik Eisels 1. präzisierend reformuliert und 2. auf ihre Voraussetzungen und Konsequenzen hin erweitert werden; angesichts der Tatsache, daß Eisel eine detailliertere, präzisere und plausiblere Version meines Vorschlags (Hard 1976) nicht mehr in seine Kritik einbezogen hat, soll ferner 3. seine Kritik in einer Weise fortgeführt werden, daß sie auch auf diese »verbesserte Version« meines Vorschlags zutrifft.

2. Zur Funktion des Bracheprojekts als »verallgemeinerungsfähiges Beispiel«

Der Vorschlag von 1973 propagiert unter der Hand »Problem-« und »Anwendungsorientierung« als Organisationsprinzip einer Disziplin (wobei mit »Problemen« im wesentlichen wissenschaftsextern initiierte Probleme gemeint sind). Diese »nominalistische« und »pragmatische« Devise war in der Diskussion des letzten Jahrzehnts eine starke Waffe gegen den naiven Begriffsrealismus der klassischen geographischen Methodolo-

[3] Amüsante Beispiele: Wirth 1972, Weichhart 1976.

[4] Es versteht sich, daß bei alledem die bloße Behauptung, man habe es »nicht so gemeint«, argumentativ ohne jeden Wert ist; der Kritisierte muß sich schon die Mühe machen, es an seinem eigenen Text auf intersubjektiv akzeptable Weise zu demonstrieren. Manche Autoren entwickeln stattdessen eine Kunst nachträglicher Selbst-Uminterpretation, die jeden Anreiz auslöscht, die Diskussion fortzusetzen; ein beliebter Trick auf diesem Felde ist es z. B., die Widersprüche, schludrigen Argumentationen und Unklarheiten des eigenen Textes auszubeuten: Man kann sich vor der Kritik der einen Aussage dann immer auf eine andere zurückziehen, die entweder etwas anderes sagt oder auch nur alles offen läßt.

gie (und deren bizarre Ontologien), gegen Isolationismus, »Exzeptionalismus«, Anwendungs- und Politikferne des Faches. Das Manko dieser Devise ist aber, daß sie die Fragen der facheigenen Weltperspektive(n), der »Gegenstandskonstitution« des Faches überdeckte (die von HARD 1973 a nach HARVEY 1969 als die »philosophischen« Fragen der Methodologie bezeichnet wurden). Diese engstens mit facheigener Theoriebildung und Theoriedynamik verknüpfte disziplinäre Gegenstandskonstitution aber macht einen Tätigkeits- und Problemkomplex erst zu einer wissenschaftlichen Disziplin; andernfalls bliebe die physische Geographie die diffuse Summe der Auftragsforschung von Personen, denen nur eines gemeinsam ist: daß sie einmal eine – in eben dieser (industriellen oder administrativen) Auftragsforschung ziemlich irrelevante – Ausbildung in Physischer Geographie erhalten haben. Nach dem Modell bloßer flexibler Beteiligung an Projekten angewandter Forschung oder als bloße Summe von Dienstleistungen für Exekutive und Administration läßt sich keine universitäre Disziplin nach innen und außen legitimieren. Die Art von Forschung, die »Substanz«, auf der Beteiligung und Dienstleistung beruhen, muß »in the long run« von innen und außen als eigenständiger Korpus von Frage- und Theorieansätzen (mit eigenständigem Ausbildungsprogramm) identifizierbar sein.

Die physische Geographie scheint sich prima facie seit längerer Zeit in einem »nachparadigmatischen«, vielleicht auch »vorparadigmatischen Zustand« zu befinden, und solche Zustände sind unter anderem charakterisiert durch eine ausdrückliche Unzufriedenheit mit den überkommenen Forschungsprogrammen und Forschungsinstrumenten, durch wissenschaftsphilosophische Dispute sowie durch eine Bereitschaft (vor allem der jüngeren Wissenschaftlergeneration), sich versuchs- und beispielsweise mit allem Möglichen einzulassen. Solche »vorparadigmatischen« oder »explorativen« Unruhephasen sind außerdem nicht selten auch durch eine hochgradige »Funktionalisierung« der Forschung gekennzeichnet, d. h. die konkurrierenden »Beispiele« (also die potentiellen Paradigmenanwärter) sind vielfach extern initiiert, sind oft »Explorationen unter (externer) Problemorientierung« und Fälle von »Verwissenschaftlichung aus Anlaß und unter dem Einfluß von gesellschaftlichen Zielsetzungen und Relevanzkriterien« (durchweg auch mit deutlicher Dominanz der Schärfung von Forschungstechniken gegenüber der Entwicklung von Theorie). In diesem Zusammenhang ist die Devise der »Anwendungsorientierung« verständlich (gewissermaßen als die Wendung einer Not in eine Tugend), und auch das »Beispiel« von HARD (1973, S. 19-21) gehört in diesen Zusammenhang[5].

Obwohl es unter Umständen eher hinderlich für den Fortgang der Forschungspraxis ist, wenn die »naturwüchsige« Konkurrenz dieser »wilden« Versuche schon in frühen Stadien mit wissenschaftstheoretischen Reflexionen, Diskussionen und Legitimationszwängen belastet wird, so findet dies doch statt: Diese Versuche und Beispiele streben *selbst* zur wissenschaftstheoretischen und disziplinpolitischen Verallgemeinerung, indem sie von ihren konkreten Inhalten abstrahieren und sich als *Standard*beispiele von Problemlösungs*typen* zu verstehen und darzustellen bemühen; diese Bemühungen sind insofern auch notwendig, weil sonst überhaupt nicht über den relativen Wert der konkurrierenden Ansätze und vor allem nicht über den künftigen Inhalt von Forschung und Ausbildung diskutiert und entschieden werden könnte. Eine solche Verallgemeinerungs-

---

[5] Es ist inzwischen nach seinen wesentlichen Ergebnissen publiziert (E. BIERHALS, G. GEKLE, G. HARD und W. NOHL 1976).

fähigkeit bestimmter exemplarischer Ansätze auf »normale Wissenschaft«, auf eine paradigmengeleitete Disziplin hin (eine Disziplin mit theoriebezogener Fachsystematik, facheigenem Ausbildungsprogramm und facheigener Grundlagenforschung) ist zumindest mittelfristig auch unbedingt erforderlich, wenn die relativ unstrukturierte, »vorparadigmatische« Anfangsphase nicht zum quasi-anarchischen Normalzustand der Disziplin werden soll (mit auf lange Sicht fatalen Konsequenzen).

Mein Vorschlag von 1973 kann als Versuch einer solchen Verallgemeinerung eines konkreten Projekts interpretiert werden: dieser Versuch ist aber vollständig mißlungen. Fataler Weise wird das Beispiel dazu noch in einer solchen Weise zu einem Forschungsprogramm generalisiert, die den Eindruck hinterläßt, die physische Geographie könne sich durch bloße Modifikation und Neuinstrumentierung ihrer traditionellen Programme zu einer modernen ökologischen Disziplin entwickeln. Dies wird im folgenden zurechtgerückt.

3. Traditionsmerkmale als Zukunftsprogramme?

Der Aufsatz von 1973 registriert eine Reihe von Merkmalen oder Gesichtspunkten, durch die sich Forschungen und Veröffentlichungen von Physiogeographen (aber auch deren Lehrveranstaltungen sowie Lehr- und Unterrichtsmethoden) traditioneller Weise von thematisch verwandten Forschungen, Veröffentlichungen usf. anderer (»spezieller«) Geowissenschaften de facto unterscheiden (wobei die relative Dominanz dieser Gesichtspunkte individuell, historisch und nach den Teildisziplinen der Physiogeographie durchaus variiert). Diese disziplinspezifischen Aufmerksamkeitsakzente sollen hier in etwas präziserer Form aufgelistet werden:

1. eine relativ unspezialisierte allround-Aufmerksamkeit, ein Auge für schlechthin »auffällige Phänomene in der Landschaft« (also vor allem für Phänomene, die schon bei spontaner Beobachtung dem unbewaffneten, »unverbildet«-unspezialisierten Auge im Gelände auffallen);
2. eine Bereitschaft, sich bei Beobachtung und Interpretation dieser Phänomene nicht durch die (dem Geographen oft nur schlecht bekannten) Kompetenzschranken der »Spezialdisziplinen« und Spezialisten einschränken zu lassen; dieser Forschungsstil wurde von Geographen in jüngerer Zeit vielfach vage als (geo)ökologische Sehweise oder – in älterer Tradition – euphorisch als besonderer geographischer »Sinn für Zusammenhänge« umschrieben;
3. statt autochthoner Theorieentwicklung der relativ unsystematische ad-hoc-Konsum allochthoner Erklärungsmuster (soweit diese nicht »zu speziell«, zu sophisticated oder »zu mathematisch« waren) – wobei diese außenbürtigen Theorien und theoretischen Terminologien nicht nur zu Erklärungszwecken, sondern auch zur Systematisierung und Klassifizierung der Phänomene des eigenen Wahrnehmungsfeldes benutzt wurden;
4. bei Ansätzen eigenwüchsiger Theoriebildung eine Neigung zu Theorien aus »anschaulichen« black boxes, zu Lebenswelt-nahen Quasi-Theorien, Typologien, Klassifikationen und Taxonomien mit nichtexplizierten theoretischen Hintergrundannahmen;

5. das vorwiegende Interesse nicht für (»überräumliche«) generelle Theorie, sondern für die regionalen bis lokalen (»individuellen«, »idiographischen«) Ausprägungen und Konstellationen der Phänomene;
6. ein besonderes Interesse am »räumlichen Aspekt«, an »landschaftlichen Bindungen«, räumlichen Differenzierungen«, »Vergleichen« und »Formenwandelreihen«; moderner gesprochen: an örtlicher Fixierung, an Verteilungs-, Ausbreitungs- und Verknüpfungsmustern sowie »Feldern«, »Gradienten«, »Catenen«;
7. eine Bevorzugung von »Phänomenen mittlerer Größenordnung«, einer alltagsnah-physiognomischen Betrachtung im regionalen Maßstab und im Maßstab der *»Landschaft«* – dies nicht nur auf der Ebene der Beobachtung, sondern teilweise auch auf der Ebene der »Theorie-«Bildung;
8. die Betrachtung der Naturphänomene vor allem im Rahmen des Themas »Mensch versus Natur«, also vor allem als Ressourcen, als Gunst- und Restriktionsmomente menschlichen Handelns, im Hinblick auf die möglichen und tatsächlichen Ziele und Konsequenzen menschlicher Eingriffe – wobei die Behandlungsweise aber durchweg sehr technologiefern blieb.

Verantwortlich für diese Sondermerkmale sind einerseits die historischen Herkünfte der physischen Geographien (vor allem aus der Weltperspektive und der Literatur des gebildeten Reisenden und reisenden Naturhistorikers des 18./19. Jahrhunderts), andererseits ihre dominanten »Verwertungsfelder«: Sie fungierte (1.) als Beiträger zu einer überschlägigen Ressourcenbeschreibung (etwa im Rahmen der alten »Statistik« oder der Übersee-Reiseforschung des 18.-19. Jahrhunderts), (2.) als Beiträger zu einer geographieinternen Länder- und Landschaftskunde und vor allem (3.) als populärer Umschlagplatz geowissenschaftlichen Wissens für die *Schule*, für Schul-Erdkunde und Schul-Länderkunde. Die physische Geographie war insofern niemals eine »reine Wissenschaft« (die nun angewendet werden müßte) – sie war immer eine *angewandte* Wissenschaft, der aber inzwischen ihre traditionellen Anwendungsbereiche (zumindest großenteils) abhanden gekommen oder strittig geworden sind.

Diese empirisch auffindbaren Merkmale versuchte ich nun wenigstens teilweise als Kriterien und Maximen der Abgrenzung und Charakterisierung eines künftigen facheigenen Forschungsprogramms umzuformulieren: Offensichtlich, um (nach der berühmten Mahnung und Intention Hettners) die mögliche Zukunft der Disziplin aus ihrer Tradition zu entwickeln. Diese Maximen heißen nun etwa: ökologische (bzw. »geoökologische«) Problemstellung bzw. Perspektive (vgl. die Punkte 1 und 2 der aufgeführten Liste); Betonung der räumlich-distanziellen Variablen und zugehörigen »chorologischen« Theoriebildung (vgl. Punkt 6); besondere Aufmerksamkeit für die Variablenklasse »menschliche Eingriffe« (vgl. Punkt 8); teilweise Beibehaltung des »mittleren Maßstabs der Betrachtung« (vgl. die Punkte 1, 4, 7); mehr (regional) deskriptiv-theoriekonsumierende als theorieproduzierende Forschung (vgl. die Punkte 3 und 5).

Diese Maximen können aber höchstens als (vage) Charakterisierung einer ökologischen (physischen) Schulerdkunde dienen – etwa in der curricularen Propaganda und Stoffselektion; es würde sich um eine (physische) Schulerdkunde handeln, welche die geowissenschaftlichen Inhalte für den Geographielehrer, Schüler und (künftigen) Bürger ökologisch konzentriert und mit der alltäglichen Weltansicht und (privaten wie politischen) Lebenspraxis vermittelt (eine Art ökologisch-geowissenschaftliches Zentrierungsfach). Wie realistisch dieses Programm ist, muß aber sogar in diesem schulischen

Verwertungszusammenhang und Abnehmerkontext der physischen Geographie offenbleiben (obwohl dieses Konzept in der Schulgeographie z. Z. fast unisono vertreten wird). Denn die Schulfächer Physik, Chemie und Biologie könnten die üblichen Hauptthemen der physischen Geographie in den Schulen durchaus (und theoretisch-metatheoretisch sogar sehr sinnvoll) unter sich aufteilen; »die Erde als Himmelskörper«, »Geotektonik«, »Wetter und Klima« (bzw. »planetarische Zirkulation«) und Hydrologie; »Minerale, Gesteine, Verwitterung«; »Massenbewegungen«; »Boden, Klima, Vegetation«, »Ökosysteme« bzw. »Landschaftsökologie«, »Umweltprobleme« (um ganz naiv, aber schulpraxisnah aufzuzählen) – all das wäre in den genannten Fächern und bei deren Lehrern weitaus dichter am zugehörigen theoretischen Hintergrund und »Erklärungspotential« als gerade in der physischen Geographie (wie sie nun einmal gelehrt und unterrichtet wird) oder bei physischen Geographen (wie sie nun einmal sind). Die genannten »typisch physisch-geographischen« Stoffe könnten in den genannten *anderen* Fächern sogar die didaktisch interessante Rolle von lebensweltlichen Einstiegen, originalen Begegnungen, Motivatoren und Anwendungen spielen: mehr, als dies bisher der Fall ist.

Sind die Kriterien schon hinsichtlich einer physischen Schulerdkunde aus den genannten und anderen Gründen nicht unproblematisch, so werden sie – einzeln oder in wie immer gewichteter Kombination betrachtet – vollends sinnlos, wenn sie zur Abgrenzung und Charakterisierung einer wissenschaftlichen Disziplin »physische Geographie«, also als Leitfaden disziplinärer Spezialisierung dienen sollen. Dies wird im folgenden gezeigt.

4. Die »chorologische Perspektive« und die »menschlichen Eingriffe«

Die »*chorologische Perspektive*« der Theoriebildung (d. h. die Konzentration auf Theorien, in denen räumlich-distanzielle Variablen und »Muster« wesentlich sind, und/oder auf Theorien, die solche »Muster« erklären können) ergibt kein disziplinäres Programm: Solche »räumlichen« Theorien sind entweder direkt Teile, Derivate, Konsequenzen und Anwendungen »inhaltlicher«, »systematischer«, »spezialwissenschaftlicher« (biologischer, geophysikalischer usf.) Theorien, oder aber es handelt sich um Derivate (usf.) allgemeiner, »formaler« Systemtheorien. Eine spezifisch physisch-geographische Theorie ist immer eine biologische, hydrologische, geologische usf. Theorie (oder aber formale Systemtheorie), deren räumlich-distanzielle Implikationen ausgeführt werden. Es dürfte schwerfallen, auch nur ein diskutables Gegenbeispiel zu finden oder zu konstruieren. Wenn man das Gesagte aber auch nur näherungsweise akzeptiert, dann kann man sich kaum mehr vorstellen, wie die Gesamtheit der »raumrelevanten« Derivate, Konsequenzen und Anwendungen aller Theorien zahlreicher Einzelwissenschaften das Theoriekorpus und damit den Gegenstand einer bestimmten Disziplin abgeben könnte. Diese strikt »raumwissenschaftliche« Disziplin müßte im Hinblick auf einen unüberschaubaren Theoriefundus »räumlich anwendend« tätig werden, und zwar nachdem die diversen Spezialwissenschaften die inhaltliche Arbeit im wesentlichen schon getan haben. Tatsächlich aber erledigen die naturwissenschaftlichen Geodisziplinen »das Räumliche«, die »Raumwirksamkeit«, die regionale Differenzierung usf. selber: So gut wie alles, was z. B. in der Vegetationsgeographie oder geogragraphischen (Landschafts)ökologie an »räumlichen« Theorien erscheint, ist Import aus den biologischen Ökologien.

»Geographische« Theorien im Sinne von »Raumtheorien« oder »räumlichen Theorien« (bzw. »Theorien mit Raumbezug«) gehören tatsächlich in die verschiedensten »systematischen« Theorien hinein; Geographen bildeten und benutzten immer schon »inhaltliche«, »systematische« Theorie, keine spezifisch räumliche[6].

Mit der Geographie des Menschen verhält es sich weitgehend sehr ähnlich: »Sozialgeographische« Theorie ist sozialwissenschaftliche Theorie mit räumlichen oder »raumwirksamen« Implikationen bzw. Konsequenzen; »sozialgeographische« Theorien sind, wenn man sie analysiert, sozialwissenschaftliche Theorien, aus denen unter gewissen Rahmen- und Anfangsbedingungen *unter anderem auch* »raumwirksame« Handlungen, »raumrelevante« Prozesse und »räumliche Muster« resultieren. Das klassische Programm der jüngeren Humangeographie war es zwar, bestimmten spatial patterns Hypothesen über spezifisch »räumliches« (»raumwirksames«) Verhalten zuzuordnen – Hypothesen und Theorien irgendwie besonderer (»raumwissenschaftlicher«, »geographischer«) Art, die genau und möglichst exklusiv auf diese spatial patterns (den eigentlichen »Gegenstand der Geographie«) zugeschnitten sein sollten, indem sie sich eben mit spezifisch »raumwirksamem« Handeln, mit spezifisch »raumwirksamen« Gruppen usf. befassen. Das Scheitern dieses Programms wird im angelsächsischen Bereich markiert durch die Wendung vom »spatial« zum »behavioral approach«; wohin diese Fixierung auf »Raumwirksamkeit« unter spezifisch Münchner Bedingungen geführt hat, wird etwa bei MAIER u. a. (1977) in kompakter Eindringlichkeit sichtbar.

Natürlich ist damit die Arbeit des Sozialgeographen noch nicht unbedingt überflüssig; sozialwissenschaftliche Theorie liefert auch dort, wo sie bereits einschlägig vorliegt, die räumlichen Konsequenzen und Anwendungen noch nicht in jedem Falle ohne weiteres mit – so daß immerhin argumentiert werden könnte, diese »räumliche Anwendung« oder »Extraktion« raumrelevanter Theorieteile sei ein sinnvolles Programm für eine künftige Sozialgeographie (als einer spezialisierten Sozialwissenschaft): Ein Sozialgeograph »erklärt« weiterhin »räumliche Muster«, aber nun mit Bezug auf importierte oder selbst fabrizierte Handlungs- und/oder Sozialtheorie (die dann ihrerseits nichts »Räumliches« mehr zu enthalten brauchen). Was immer von diesem Argument für eine spezifisch »raumbezogene« Sozialwissenschaft zu halten ist: Eine entsprechende Strategie im Bereich der physischen Geographien scheitert von vornherein an der Heterogenität und Weitläufigkeit ihrer außergeographischen Bezugswissenschaften[7].

---

[6] Diese räumliche Perspektive war im übrigen immer schon in weit geringerem Maße ein Charakter- bzw. Unterscheidungsmerkmal der physischen Geographie, als die modernen geographischen Selbstinterpretationen (die im wesentlichen die Humangeographie im Auge hatten) es nahelegen.

[7] Vgl. dazu auch U. EISEL 1975. Es verdient wohl auch einen Hinweis, daß mit der Konzentration auf die räumliche Dimension eines Problembereichs in der Regel keineswegs erhöhte Praxis- und Planungsbedeutsamkeit einhergeht. Im Kalkül öffentlicher und privater Entscheidungsträger spielten *räumliche* Problemdimensionen meist eine untergeordnete Rolle. Das »Räumliche« ist höchst selten ein Problem »an sich«; räumliche Aspekte werden fast immer als »nebensächliche Bestandteile von dominant sozialen, wirtschaftlichen, (...) politischen oder finanziellen Problemen wahrgenommen« (H. DÜRR 1975, S. 189). Für die räumliche Dimensi-

Mit dem Kriterium: »*Besondere Beachtung menschlicher Eingriffe*« wird versucht, die kulturökologische Tradition der Mensch-Erde-Thematik in angepaßter Weise fortzuschreiben. Dieses vage formulierte Kriterium muß aber präzisiert werden, und das kann wohl nur so geschehen, daß man es nicht als Auszeichnung besonderer Inhalte, sondern als metatheoretisches Postulat, als eine wissenschaftspolitische Aufforderung versteht: Nämlich als eine Aufforderung, sich an lebenspraktischen Problemlagen (und das heißt: an wissenschaftsexternen Auftraggebern) zu orientieren.

Diese Anwendungsbezogenheit kann man sich einmal vorstellen im Rahmen und im Verlauf einer »explorativen«, »vorparadigmatischen« Phase, zum anderen im Sinne einer »Finalisierung« – d. h. einer Anwendung und Ausschöpfung eines bereits mehr oder weniger entwickelten, mehr oder wenigen »ausgereiften« Korpus von Theorien und Methoden. Daß die erstgenannte Anwendungsbezogenheit kein disziplinäres Programm für die physische Geographie abgibt, wurde schon erörtert. Was die »Finalisierung« angeht: Die tatsächliche physische Geographie ist heute (relativ etwa zu Physik, Chemie, Biologie, Physiologie ... und vor allem auch relativ zu anderen Geowissenschaften) kaum finalisierbar – war sie doch in ihrer klassischen Form selber so etwas wie eine finalisierte Geodisziplin, nämlich die Finalisierung von anderen Geodisziplinen auf Schule, Lehrerausbildung, auf geographische Länderkunde, auf Landschaftskunde und auf eine altertümliche Reiseforschung und überschlägige Ressourcenbeschreibung hin. Die Aufforderung zur Anwendungsorientierung oder Finalisierung setzt also voraus, was sie intendiert: Ein entwickeltes, exklusives disziplinäres Programm, eine ergebnisreiche »normalwissenschaftliche Forschung« und – als deren Resultate – ein mehr oder weniger entwickeltes Korpus von autochthonen Theorien, Methoden und Techniken, das nun der Finalisierung harrt.

Das genannte Kriterium übersieht nicht nur die außerhalb der physischen Geographie längst bestehenden, vor allem ingenieurwissenschaftlichen Ausbildungsmöglichkeiten[8]. Es übersieht – grundsätzlicher – daß die verschiedenen Naturwissenschaften bzw. deren ökologisch »finalisierbaren« Teile selber schon »technologische Transformationen« ihrer Kenntnisse anbieten, etwa Theorien und Instrumente, in denen die Variablen längst in Hinblick auf wünschenswerte und unerwünschte »menschliche Eingriffe« und »humanökologische Folgewirkungen« hin gewählt und formuliert sind.

---

on naturwissenschaftlich-technologischer (z. B. ökologischer) Probleme gilt dies durchweg in noch höherem Maße.

[8] Ein Blick etwa auf die »wissenschaftlichen Aus- und Fortbildungsmöglichkeiten im Umweltschutz« (Umweltschutzamt Berlin, Berichte 2/76) zeigt, daß es im Bereich »Umweltschutz (und Umweltsicherung)«, »Ökologie/Umwelttechnik«, »Umwelthygiene« usf. an Fachhochschulen und Hochschulen nicht nur einige eigenständige Studiengänge sowie Zusatz- und Aufbaustudiengänge gibt; wichtiger ist, daß dieser Bereich als Teilbereich, Schwerpunktbildung und Teilstudiengang in zahlreichen traditionellen Ingenieurwissenschaften studiert werden kann (von Siedlungs- und Wasserwirtschaft, Versorgungstechnik und Landespflege/Landschaftsplanung bis zum Physik-, Chemie-, Bio-, Maschinenbau- und Bauingenieurwesen).

5. »Theoriekonsum« und mittlerer Maßstab der Betrachtung«

Die Dichotomie (mehr)*theoretisch* – (mehr)*deskriptiv*, (mehr)*theorieproduzierend* – (mehr)*theoriekonsumierend*, wie sie von mir 1973, S. 30 ff. relativ ausführlich entfaltet wird, mag das wissenschaftsinterne Verhältnis von Disziplinpaaren oder »parallelen« Forschungsprogrammen wie Wirtschaftstheorie – Wirtschaftsgeschichte, Soziologie – (Sozial)Geschichte (oder auch theoretische – empirische Soziologie) usf., vielleicht auch von naturwissenschaftlichen Arbeitsteilungen wie theoretische – experimentelle Physik in etwa angemessen beschreiben[9]. Zur Beschreibung und Normierung des Verhältnisses der physischen Geographie(n) zu den sehr unterschiedlichen Geodisziplinen aber taugt dieses Begriffspaar nicht: Erstens sind die Theoriebildungen und Theoriebestände der Geodisziplinen zu heterogen, als daß *eine* Disziplin sie »konsumieren« könnte, und zweitens wird die genannte Arbeitsteilung längst *innerhalb* der einzelnen Geodisziplinen vorgenommen.

Das angeführte Begriffspaar: (mehr)theoretisch – (mehr)deskriptiv, (mehr)theorieproduzierend – (mehr)theoriekonsumierend könnte aber noch etwas anders interpretiert werden: Es könnte bezogen werden auf das Verhältnis einer theoretisch entwickelten bis »ausgereiften« Mutterdisziplin zu einer ihrer »finalisierten« (z. B. auf bestimmte Umweltprobleme und technisch-ökotechnische Anwendungsbereiche hin spezialisierten) Neo- oder Tochterdisziplinen. Das Verhältnis von (Strömungs)Physik zu Lärmforschung bzw. Aeroakustik oder – in etwas anderer Art – das Verhältnis von Quanten- bzw. Festkörperphysik zur Metallurgie mag als Beispiel dienen. Diese Tochterdisziplinen (und finalen Sonderentwicklungen am Rande traditioneller Wissenschaften) sind nach ihrer Problemstellung – nicht unbedingt nach Instrumentarium und theoretischem Hintergrund – oft »konkreter«, »phänomenaler«, alltagsnäher, alltagsbedeutsamer und enger mit ökonomischen und sozialen Interessen verbunden. Sie sind (sehr vereinfacht gesprochen) weniger als die traditionellen Naturwissenschaften auf eine fundamentale Theorie und Erklärung gedanklich und experimentell isolierter und idealisierter Phänomene gerichtet, sondern mehr auf konkreten technischen Erfolg in relativ komplexen Situationen; sie zeigen infolgedessen oft eine gewisse Tendenz, ihre Erklärungs- und Theorieansprüche vergleichsweise zu reduzieren und sich mit dem Erkennen und praktischen Beherrschen von bloß funktionalen Zusammenhängen, mit input-outpout-Modellen, gar nicht oder nur locker an Theorie angebundenen Know-how-Regeln, induktiven Verallgemeinerungen usf. zufriedenzugeben: eine Tendenz, die man auch als den »(mehr) deskriptiven« Charakter dieser Disziplinen umschreibt.

Physische Geographie als technologische oder ökotechnische Konkretisierung verschiedenster Geowissenschaften (oder auch nur einer bestimmten Geodisziplin): Angesichts der traditionellen und bestehenden physischen Geographien (die höchstens punktuell und individuell in diesem Sinne finalisierbar sind) und angesichts der bestehenden Ingenieurwissenschaften (von der Ingenieurgeologie über Kulturtechnik und Wasserbau bis zu Landschaftsarchitektur und Ingenieurbiologie) muß man eher sagen, daß dieses

---

[9] Hier und im folgenden hat »deskriptiv« also einen anderen Sinn als in der innergeographischen Diskussion; innergeographisch bedeutet »(bloß) deskriptiv« durchweg einfach »bloß qualitativ-klassifikatorisch verfahrend« und/oder »auf einen mittleren, ›physiognomischen‹, alltagssprachlichen Maßstab der Betrachtung begrenzt«.

Programm die Absurdität streift. Diese Finalisierung (normalerweise eine mehr oder weniger krisenlose Differenzierung nach festen, an der Mutterdisziplin orientierten Standards) müßte ja eine *eigenständige*, eine aus eigener Wurzel sein: Sonst bedeutet sie keine disziplinäre Lösung, sondern eine Auflösung der Disziplin. Für eine solche, an wissenschaftsexternen Zwecken orientierte Differenzierungsphase fehlt in der physischen Geographie von ihrer ganzen qualitativ-interpretierenden, deskriptiv-klassifizierenden Vergangenheit her aber »die für die Zweckforschung notwendige theoretische Basis in der Grundlagenforschung – d. h. es fehlen nicht nur die speziellen Grundlagen des zu bearbeitenden Problems, sondern die allgemeinen theoretischen Grundlagen des Gebiets überhaupt. Der Versuch, zweckorientierte angewandte Forschung zu machen, wird daher auf die Notwendigkeit verwiesen, zunächst diese Grundlagen zu entwickeln.« (G. BÖHME u. a. 1974, S. 290 f.)

Was die »*(teilweise) Beibehaltung des (traditionellen) mittleren Maßstabs der Betrachtung*« angeht, so muß man festhalten, daß es die problemlösende Theorie oder Technologie ist, die über die »Betrachtungsdimension« entscheidet (und nicht irgendeine traditionelle Betrachtungsdimension über die Theorie oder technische Effizienz – wie geographische Landschaftsökologen meist anzunehmen geneigt sind). Letztlich ist es also das anstehende Problem, von dem aus entschieden wird, wie die Meßskalen und die (theoretischen) Begriffe dimensioniert sein müssen. Weil künftige Umweltprobleme und vor allem ihre Lösungsstrategien nicht vorweg bestimmbar sind, ist eine festgelegte »Betrachtungsdimension« eher ein Handicap; schon jetzt dürfte aber klar sein, daß der geographische »mittlere Maßstab der Betrachtung« nicht die Daten, Konzepte und Theorien lieferte, mit denen heute Umweltprobleme theoretisch und technisch angegangen werden: Das ist ja gerade der Kern der »Malaise der (physischen) Geographie«.

Zwar wird ein Problem im politischen Raum vielfach unter anderem auch in alltagssprachliche Formeln gekleidet, also auch in jener »mittleren Dimension« wahrgenommen, vorformuliert, diskutiert und propagiert: Die ökologisch-ökotechnische Problemlösung erfordert aber so gut wie immer eine Übersetzung in eine andere (naturwissenschaftlich-technische) Sprache und damit auch in andere Beobachtungsdimensionen. Daß traditionelle physische Geographen sich so leicht als »Ökologen« entdecken, beruht z. T. schlicht darauf, daß ihre Sprache, wenn sie über ökologische Probleme sprechen, mit der vulgär- und politökologischen Sprache der Gebildeten oder der Bürgerinitiativen so vieles gemein hat: vor allem die Dimensionierung der Beobachtungssprache sowie die Interessenimprägnierung und Ideologienähe der »theoretischen« Vokabeln.

Besonders absurd wird die Berufung auf »mittlere Maßstäbe« (inhaltlich oft identisch mit der Berufung auf den Wert »klassischer«, »qualitativer Methoden«) dann, wenn diese alltagsnahen Dimensionen der Beobachtung und der Theoriesprache als ein Garant besonderer »Praktikabilität« und »Praxisrelevanz« ausgegeben werden, d. h. als Basis besonderer Tauglichkeit zur Lösung »praktischer Umweltprobleme«. Aber Immunologie ist z. B. eine sehr »praktische«, und Kulturlandschaftskunde war und ist meistens eine sehr unpraktische Wissenschaft (obwohl es sich nach der Alltagsnähe der Beobachtungsebenen doch eher umgekehrt verhalten müßte) – und mit der Ökologie und Physiologie der Biologen steht es im Vergleich zur Landschaftsökologie der Geographen kaum anders[10]. In der bevorzugten »mittleren« Maßstabsebene und alltagsweltlichen Gegenstandskonstitution der »modernen geographischen Landschaftsökologie« spiegelt sich vor allem die Tatsache, daß sie (im Banne des klassischen Mensch-Natur- und des Landschaftsparadigmas) fast bewußtlos auf die Weltsicht und Praxis traditioneller, stark landschafts- und naturraumgebundener Landnutzungen bezogen blieb.

6. Die »ökologische Perspektive«

Die von mir 1973 genannte *ökologische Perspektive* – welchen Sinn könnte sie nach allem bisher Gesagten noch haben? Auf den ersten Blick scheint sie einige Vorzüge zu besitzen: Sie ist der Intention nach nicht neu in der Geographie; sie paßt ins traditionelle Selbstbild der Geographen, und hier scheinen also von alters her legitime Ansprüche der Disziplin zu bestehen.

Eisel macht demgegenüber auf meine widersprüchliche Argumentation aufmerksam: Ich selbst habe in der Tat mit einigem polemischen Aufwand des öfteren gezeigt, daß diese allökologische (landschaftsökologische) Tradition mit ihrer »allzubekannten, monströsen und nichtssagenden inhaltlichen Allzusammenhangsmetaphorik« (Eisel) und ihren z. T. bizarren Interessenfixierungen (z. B. auf naturräumliche Gliederungen) eher *hinderlich* als förderlich war und ist. Um es mit Eisel zu sagen: »Offensichtlich ist eine »falsche« Ökologie überkommen, die »richtige« Ökologie wurde außerhalb der Geographie entwickelt«. Nur so ist ja auch mein von Eisel zitierter, etwas zynischer Rat zu verstehen, daß ein geographischer Ökologe auch in mindestens*einer anderen* Disziplin zuhause sein müsse, um als Ökologe ernst genommen zu werden – und daß ein guter Geograph infolgedessen mehr, noch besser: etwas anderes als ein Geograph scin müsse. Eisel verweist auch auf meine Formulierung, daß (z. B.) Umweltprobleme von Expertengruppen bewältigt würden, deren Funktionstüchtigkeit eben in der Fähigkeit der beteiligten Spezialisten bestehe, ihre je spezifische Spezialistentüchtigkeit einzubringen[11].

---

[10] Man vergleiche z. B. (um nur einen relativ rezenten Beleg zu geben) die Ausführungen bei LESER 1976 (S. 161, 230, 272, 293 und öfter), wo dieses Argument geradezu leitmotivisch zur Legitimation der Landschaftsökologie (im Sinne Lesers) und ihrer Methoden eingesetzt wird: Gerade daraus, daß die Landschaftsökologie – im Gegensatz etwa zu Physiologie und Biochemie – sich nicht um »Mikro- und Nanodaten« kümmere (sondern eben um die Daten, die auf einer »mittleren« Ebene aufgelesen werden können), wird auf die Möglichkeit »direkter Verwendung in der außerwissenschaftlichen Praxis«, auf besondere und direkte »Praxisbezogenheit« geschlossen; just durch diese »mit qualitativen Methoden« (wohl mit bloßem Hinschauen, Fingerproben, Spaten, Handbohrer usf.) »auf äußerst rationelle Weise gewinnbaren« Meso-Daten-Sammlungen seien »die Aussagen und Ergebnisse der Landschaftsökologie in für Mensch und Wirtschaft praktikablen Dimensionen angelegt«.

[11] Solche multidisziplinären mixed communities von Spezialisten werden meist nur relativ kurzfristig durch die spezifischen externen Probleme und konkreten Aufträge zusammengehalten. (Daß sie in vielen Fällen vor allem der nachträglichen Legitimationsbeschaffung dienen und wie Beratergremien mehr aus renommierten elder scientific statesmen als aus den wirklichen Experten, eher z. B. aus Ökodidaktikern als aus Ökologen bestehen, ist eine andere Sache.) Die Problemhorizonte, die big problems hinter den Einzelaufträgen, sind i. a. zu diffus und divergent, als daß die einzelnen Team-Mitglieder sich in ihrer Forschung längerfristig an ihnen orientieren könnten: Für theoretische Orientierung, aber auch für Karriere und Reputation bleibt die Herkunftsdisziplin entscheidend (wenngleich die Berufung in Expertenteams der in-

Von einer entsprechenden *geographischen* Spezialität (als Eigenbeitrag des Geographen und als geographische Perspektive auf ein eigenständiges disziplinäres Forschungsprogramm mit eigener Grundlagenforschung, eigener Fachsystematik und eigenen Ausbildungsinhalten) aber wird tatsächlich weder in meinem Beispiel noch in meinen anderen Argumenten etwas sichtbar. Eisel findet in der Tat nicht viel mehr als die ebenso traditionsreiche wie substanzlose Formel vom »(besonderen geographischen) Sinn für Relationen und (übersehene) Systemzusammenhänge«.

Will man dergleichen präzisieren, dann läuft dies nach Eisel entweder auf den traditionellen Anspruch auf eine inhaltliche Synthese hinaus (wie es etwa Hettner klassisch formuliert hat) – oder aber auf den Anspruch, die Synthese formal zu leisten: Was eine »Synthese« in Form von allgemeiner formaler Systemtheorie bedeuten würde, »konkretestenfalls ... eine sehr fundamentale physikalische Systemtheorie« wie etwa »allgemeine Kybernetik«. Die erste Auslegung wäre das »klassische Nonsense-Postulat«, die zweite kann – als Programm für eine zukünftig mögliche physische Geographie – schon angesichts der tatsächlichen physischen Geographien nicht ernstlich erwogen werden.

In diesem Zusammenhang schreibt mir Eisel die (von ihm trefflich ironisierte) Vorstellung zu, der Geograph könne so etwas wie einen »koordinierenden Manager-Generalisten« abgeben. Hier liegt nun das anfangs erwähnte »Mißverständnis zu Lasten von Herrn Eisel«. Da es für die Schlüssigkeit der Eiselschen Argumentation nicht entscheidend ist, kann es im Kleingedruckten aufgeklärt werden. – Bei dem Versuch, meine leichtsinnige und vage Formel vom besonderen geographischen »Sinn für Einflußgrößen, Relationen und übersehene Systemelemente« zu interpretieren, zieht Eisel eine Stelle im Lotsenbuch (2. Aufl. 1975, S. 84) heran, wo in einem fiktiven Gespräch der Advokat der »Einheit der Geographie« vom »Einheitsgeographen« als von einem »Generalisten« oder »Spezialisten für das Ganze« spricht, von einer Art »Verbindungsoffizier« oder »Konzertmeister« (der das Konzert zwar dirigiert, der aber nicht selber jedes Instrument zu beherrschen braucht). Diese Definition des Geographen als eines »Generalisten« schreibt Eisel nun im wesentlichen auch mir zu. Im Lotsenbuch-Text wird aber im Zusammenhang der Argumentationsfolge klar, daß ich selber mich mit dem *Gegen*argument identifiziere, und dieses Gegenargument lautet, daß es diesen Generalisten zwar geben mag, daß dieser »Manager-Generalist« (im Gegensatz zum Experten-Spezialisten) jedoch ein »Organisations- und Planungsfachmann besonderer Art« sei, der sein anspruchsvolles Training sicher nicht in der bestehenden Geographie erhalten könne und der somit sicher keine Rolle darstelle, die ein Geograph (oder physischer Geograph) als *Geograph* zu spielen vermöchte. Aus dem engeren Kontext (S. 84 oben) geht m. E. auch hervor, daß ich diese Rolle überhaupt nicht für eine Wissenschaftlerrolle hielt (sondern, wie ich jetzt verdeutlichend hinzufüge, für eine teils planend-verwaltende, teils politische Rolle). Im weiteren Kontext

---

nerwissenschaftlichen Reputation u. U. durchaus förderlich sein kann). Auf einigen relativ gut umrissenen und konstanten gesellschaftlichen Problemfeldern haben sich zwar »interdisziplinäre« Neo-Disziplinen angesiedelt (z. B. Stadtforschung, Altersforschung, Umweltschutz/ Umwelttechnik/ Umweltgüteplanung; Raumplanung ...); aber auch deren Personal rekrutiert sich noch immer ganz oder überwiegend aus den »klassischen«, »traditionellen« Disziplinen, und es ist bezeichnend, daß »eigenständige Studiengänge« auf diesen Gebieten regelmäßig mißglücken oder doch nicht recht reüssieren: Nach entsprechenden Versuchen kommt man immer wieder auf »bloße« Kombinations- und »Vertiefungsstudien« (auf der Basis traditioneller Ausbildungsgänge) zurück. Dies liegt wohl nicht nur an der bekannten Tatsache, daß die Abnehmer vielfach (aus berechtigter oder unberechtigter Skepsis) Absolventen traditioneller Studiengänge vorziehen oder daß Behörden und Industrien dazu tendieren, neu anfallende Aufgabenfelder den schon eingestellten »Fachkräften« zu übertragen.

(Lotsenbuch, S. 69) wird in Bezug auf »Probleme der Umweltsicherung« entsprechend davor gewarnt, »die Geographie ... als den großen Manager der Gesamtsynthese hochzustilisieren« – mit einem Argument, aus dem sich m. E. ebenfalls ergibt, daß Eisels Interpretation unrichtig ist: »Dabei wird aber verkannt, daß die einzelnen Wissenschaften ihre Ergebnisse durchaus wechselseitig zu verwerten imstande sind oder, an den Nahtstellen, dort, wo praktische Probleme zu lösen sind, eher einen Organisationsfachmann als eine besondere Super- oder Zwischenwissenschaft benötigen, die sich nur vom Zweck statt vom eigenen Ansatz konstituieren könnte«. Zwar tauchen in den von Eisel herangezogenen Textstellen zweierlei »Generalisten« auf: Ein Generalist à la Hettner (das traditionelle Selbstbild des Geographen), der die *inhaltliche* Synthese beansprucht, und eine sozusagen »pfiffige«, moderne Variante, der »Manager-Generalist«. Keineswegs aber ist es so (wie Eisels Text suggeriert), daß nur der erste kritisiert, der zweite aber von mir *als eine Geographenrolle* propagiert würde. Eisel ist vermutlich der Ansicht, es gebe weder den einen noch den anderen Generalisten – und ich stimme insofern zu, als weder der eine noch der andere eine institutionell und disziplinär fixierbare Wissenschaftlerrolle sein kann.

1976 habe ich (S. 364 ff.) ausführlich darauf hingewiesen (ein an sich wenig origineller Gedanke, der mir aber physischen Geographen ungewohnt und *deshalb* formulierenswert zu sein schien), daß alle umweltökologischen Probleme nach ihrer Genese *und* Geltung Flächennutzungskonflikte, d. h. Gruppen- und Interessenkonflikte sind – und daß z. B. auch alle vulgärökologischen Schlüsselbegriffe, die auch in Schule und Lehrerausbildung eine so große Rolle spielen (von »Belastung« und »Belastbarkeit« bis zum »ökologischen Gleichgewicht«), entsprechend nicht nur (auf der einen Seite) in natur- und ingenieurwissenschaftliche Begriffe, sondern (auf der andern Seite und sogar vorgängig) auch in politische Begriffe übersetzt werden müssen, wenn sie keine bloßen pseudoökologischen Mythen und ideologischen Mystifikationen sein sollen[12].

Diese Hinweise könnten insofern mißverstanden werden, als sei hier ein Programm ausgerechnet für die Geographie angedeutet. Es handelt sich aber eher um einen Vorschlag, wie *jeder* ökologische Experte seine naturwissenschaftliche, ökotechnische oder planende Tätigkeit *meta*wissenschaftlich und politisch interpretieren und beurteilen sollte; ferner um einen Vorschlag für *alle* Fächer, die sich im Rahmen von Schule und Lehrerausbildung mit ökologischen Fragen befassen.

7. Einige weitere Konsequenzens

An dieser Stelle läßt sich auch die naheliegende Frage beantworten, was Herrn Eisel bewogen haben mag, einen so skizzenhaft-vagen Vorschlag aus dem Jahr 1973, der insgesamt nur 2-3 Druckseiten umfaßte, im Jahre 1977 so ausführlich (auf mehr als 25 Seiten) zu kritisieren.

Der Vorschlag war schon 1973 nicht im entferntesten originell, sondern zirkulierte seit etwa 1968 allgemein unter jüngeren Geographen und hatte zunächst exakt die Funk-

[12] Zwar erscheinen dem Experten innerhalb seiner Expertenrolle das »Politische« und die »Gruppeninteressen« immer nur in Form von naturwissenschaftlichen und technischen Variablen: Trotzdem sind die *ökologischen* Probleme, mit denen er befaßt wird, ebensowenig »objektiv gegeben« wie *soziale* Probleme: Ökologische Probleme werden vielmehr (ganz wie soziale Probleme) vorweg im sozialen und politischen Kontext, Prozeß und Konfliktaustrag als solche definiert, anerkannt und durchgesetzt – und wie in den Problemen, mit deren Lösung der Ökologe beauftragt wird, stecken auch in den Sollwerten, auf die er hinarbeitet, immer ganz bestimmte, mehr oder weniger partikulare Interessen.

tion, die Eisel ihm zuschreibt. Er verschaffte disziplin-internen Spielraum, disziplinpolitische Legitimation und gutes Gewissen für eine »rationale, arrivierte Überlebensstrategie« ausgebildeter klassischer Physiogeographen, die, am Rande der alten Disziplin stehend, unterschiedliche Arbeitsschwerpunkte außerhalb der Disziplin hatten (sei es, weil sie dort von Anfang an zumindest mit einem Spielbein standen, sei es, weil sie diese externen Qualifikationen nachholten) und die sich flexibel, effektiv und reputierlich an inter- und multidisziplinären Projekten der angewandten Forschung beteiligen wollten. (Analog kann man die durchaus nützliche Funktion solcher Formeln im schulgeographischen Bereich umschreiben.) Inzwischen ist aber klar, daß diese Slogans nicht nur wissenschaftstheoretisch sinnlos, sondern auch disziplinpolitisch dysfunktional sind. Während die ursprünglichen Propagatoren längst skeptisch wurden, leben ihre Formeln weiter und treiben die falschen Mühlen an: Sie nähren die Illusion, die bestehende physische Geographie könne sich einfach durch modernisierende Operationalisierung-Instrumentierung ihrer traditionellen Begriffe und Methoden zu einer wissenschaftlich respektablen ökologischen Disziplin mausern; sie dienen immer neuen hochschul- und schulgeographischen Versuchen, dem traditionellen geosynergetischen Nonsense auf verbaler Ebene neue Plausibilität zu verleihen; was aber das Schlimmste ist: Sie gaukeln den Anfänger-Studenten des Faches irrelevante wissenschaftliche, berufspraktische und politische Perspektiven vor (vor allem hinsichtlich »Ökologie« und »Umwelt«) und veranlassen sie, mittels falscher Studien-Festlegungen in Sackgassen zu rennen.

Aus allen Argumenten folgt, daß es für eine physische Geographie keine disziplinäre Zukunft gibt – und infolgedessen für physische Geographen keine auf seine eigene Disziplin bezogenen und zugleich respektablen Strategien. Was aber dann tun? Wenn der Blick auf ein disziplinäres Forschungsprogramm verstellt ist, gibt es nur *individuelle* Lösungen.

Nehmen wir den unproblematischen Fall, in dem die existentielle Sicherung an einer Hochschule gegeben oder in Aussicht ist. Dann kann man (1.) auf die Beharrungskräfte akademischer Institutionen bauen und *nichts* tun (bzw. weiterwursteln im Rahmen derjenigen physischen Geographien, nach denen man angetreten ist und die ich im kritischen Teil meines Aufsatzes von 1973 geschildert habe)[13]. Die *zweite* Strategie bestünde im Wechseln des Faches, im stillen oder deutlich sichtbaren Überwechseln in eine andere »Forschergemeinde«, um *dort* die Reputation zu gewinnen, die für die Selbstachtung notwendig ist. (Dergleichen beginnt in der Tat oft mit »flexibler Beteiligung an Projekten«.) Ein solcher Geograph kann das, was er tut, mit ein wenig rhetorischem Geschick immer noch leicht als Geographie verkaufen, nicht nur seinen geographischen Kollegen, sondern, wenn er naiv genug ist, auch sich selber.

Neben dieser ersten (gemütlichen) und zweiten (eskapistischen) Strategie gibt es (wenigstens) noch eine dritte: Sich auf die Aufgabe konzentrieren, Lehrer auszubilden, und zwar in Richtung auf eine popularisierende, umwelt- und humanökologisch konzentrierte »Propädeutik der Geodisziplinen« – mit den Adressaten »Lehrer und Schüler« und vor allem gedacht als Teil einer »staatsbürgerlichen Grundbildung«. Wie dieser

[13] Dies bedeutet im allgemeinen, daß man 1. die bekannten, z. T. eher bizarren Hobbies von Physiogeographen forschend weiterpflegt und 2. einige (nach unklaren Kriterien zusammengestellte) geowissenschaftliche Fragmente und Versatzstücke, die dem physischen Geographen traditionell naheliegen, auf college-Niveau für künftige Lehrer popularisiert.

geographische Anteil sinnvoller Weise aussehen könnte, müßte noch diskutiert werden; der Output bestünde jedenfalls (grob gesprochen) nicht in Forschungsergebnissen, sondern eher z. B. in Unterrichtsthemen, Unterrichtsmaterialien und Unterrichtseinheiten. Ein solches Lehrausbildungs(teil)fach – »Lehrer« und »Lehrerausbildung« im weitesten Sinne! – hätte im wesentlichen nicht originäre Forschung zu treiben, sondern zu vermitteln, und die Forschung, die es zu vermitteln hätte, wäre nur zum geringsten Teil physischgeographische Forschung (d. h. Forschung von physischen Geographen), im wesentlichen aber nichtgeographischer Herkunft.

Für die erste, gemütliche und (individuell betrachtet) risikofreie Lösung gibt es viele, für die zweite, ungleich aufwendigere Lösung etliche Beispiele. Die dritte Strategie wird (als unzumutbar) an den Universitäten kaum offen ins Auge gefaßt – obwohl doch die physischen Geographien seit einem halben Jahrhundert praktisch nur noch einen nennenswerten »Verwertungszusammenhang« haben: die Schule, und obwohl sie doch nach ihren Inhalten wie auch nach ihrem Niveau bis heute von nichts mehr geprägt sind als von der Tatsache, daß sie auf ein Schulfach vorbereiten. Warum sollte aber eine stark verbesserte Variante dessen, was man tatsächlich tut, aus Prestigegründen unzumutbar sein?

Was den Nicht-Etablierten angeht, so kann man ihm nicht (wie dem Etablierten) einfach den Rat geben, auf diese oder jene Weise »das Beste daraus zu machen«, und auf noch reineren Zynismus läuft es hinaus, wenn man Geographiestudenten empfiehlt, besonders darauf zu achten, »flexibel« zu werden oder zu bleiben, um dann aufgrund dieser Flexibilität mit Nichtgeographen erfolgreich konkurrieren zu können. Um einige Formulierungen von G. ROELLECKE (1977, S. 156f.) zu variieren: Wenn alle Geographen stets nach allen möglichen Seiten flexibel sind, dann gibt es in der Tat zwischen »Ausbildungs-« und »Beschäftigungssystem« keine Probleme mehr; diese Forderung nach Flexibilität ist infolgedessen glänzend geeignet und entsprechend beliebt, um eine drohende substanzielle Diskussion über Ausbildungsziele, Ausbildungsinhalte und Berufschancen für Physiogeographen zu verharmlosen oder zu ersticken. Sie gibt dem geographischen Establishment immer recht; »denn flexibel, das müssen immer die andern sein« (während meines Wissens noch kein lebender Privatdozent oder Ordinarius der Physiogeographie auf einen biologischen, meteorologischen, geologischen, agrar- oder ingenieurwissenschaftlichen Lehrstuhl überwechselte – das Umgekehrte scheint einfacher zu sein).

Dem Lehrerstudenten (und Lehrer) sollte man sagen, was er in der physischen Geographie bestenfalls (und ziemlich selten) findet: Eine teilweise auf einige Umweltprobleme hin geraffte Propädeutik einiger Geowissenschaften.

Man sollte ihm sagen, daß er eine »umweltökologische Grundbildung für den mündigen Bürger« (was immer dies im einzelnen sein mag) eher als in einem geographischen Institut mittels eines gut beratenen Selbststudiums erwerben kann; daß die Ansätze zu einer »Umwelterziehung« z. B. in der Biologie weiter gediehen sind und daß auch da, wo (im weitesten Sinne) ökologische Stoffe von *Schulgeographen* für Schule und Lehrer mundgerecht gemacht werden (z. B. bei HENDINGER 1977), die zitierte forschungsnahe Literatur so gut wie ausschließlich *nicht*geographisch ist (und die – relativ wenigen – geographischen Einführungs- und Populärdarstellungen, die noch zitiert werden, ohne Schaden, ja mit Vorteil durch nichtgeographische ersetzt werden könnten).

Wenn ein Student in der Geographie etwa die Ökologie oder gar *die* Ökologie zu außerschulischer Verwendung sucht, dann sollte man ihm in aller Klarheit sagen, daß die von Geographen faktisch betriebene Ökologie ein sehr kleiner, sehr uneinheitlicher, sehr randlicher und technologisch bedeutungsloser Ausschnitt aus dem weiten Feld der zahlreichen »Umweltökologien« ist – und daß die geographische Landschaftsökologie bis heute teils damit beschäftigt ist, sterile bis utopische Terminologie-, Selbstfindungs-, Rechtfertigungs-, Abgrenzungs- und Programmliteratur zu produzieren, teils (was die Forschungspraxis angeht) hinsichtlich Themen, Techniken, Methoden und Theorien von zweiter Hand in den Mund lebt, d. h. von der Substanz *anderer* Disziplinen.

8. Zur praktischen Bedeutung der Eisel-Argumente in der heutigen disziplingeschichtlichen Situation

Um Mißverständnissen zuvorzukommen, muß noch betont werden, daß das Ergebnis der Diskussion in seiner praktischen Bedeutung nicht überschätzt werden sollte. Das Problem der physischen Geographie (wie wohl der gesamten Geographie) liegt zur Zeit nicht so sehr darin, daß ihr (worauf Eisel zu Recht insistiert) ein disziplinäres Programm oder auch eine Pluralität von zukunftsträchtigen disziplinären Programmen fehlt (und nach menschlichem Ermessen auch künftig fehlen wird). Ihr Problem liegt heute eher darin, daß ihr institutionelles Überleben (bei allen Abstrichen im einzelnen) auf absehbare Zeit *trotzdem* gesichert (um nicht zu sagen zementiert) zu sein scheint. Um 1970 sah das kurze Zeit etwas anders aus. Die heutige wissenschaftsgeschichtliche Situation kann man, kaum pointierend, etwa so andeuten: Gesichertes Überleben ohne legitimen Inhalt; institutionelle Zementierung ohne intellektuelle Legitimation. Möglicherweise ist diese disziplinäre Situation so ungewöhnlich nicht, sondern nur eine Variante der Dauersituation, in der sich die Disziplin, von einigen kritischen Augenblicken abgesehen, seit mindestens 100 Jahren befindet – d. h. mindestens, seitdem sie an den Hochschulen nennenswert vertreten ist.

Das Thema regt die soziale Phantasie an. Wie verhält sich eine (wissenschaftliche) Institution (und wie verhält man sich innerhalb einer solchen Institution), in der man zwar faktisch und sicher lebt, die aber in den Augen zumindest eines Großteils ihrer aufgeklärteren Mitglieder keinen argumentativ vertretbaren »typisch gleichartig gemeinten Sinn« (Max Weber) mehr hat – in der also »richtiges« und »falsches« Verhalten nicht mehr so leicht unterschieden und deshalb auch nicht mehr effektiv und guten Gewissens sanktioniert werden können? In solcher Situation werden nicht nur die Identifikation mit der Disziplin und eine entsprechende »Identität« als »Geograph« schwierig; weil es keine allgemein als legitim empfundenen »objektiven Ziele« der Geographie mehr gibt, die zu relativ gleichartigen *und* legitimen »subjektiven Motiven« von Geographen internalisiert werden könnten, wird wissenschaftliche Konformität als subjektives Bedürfnis unwahrscheinlich, fallen persönliche Motive und institutionelle Zwänge auseinander, schlagen effektiver und unverhohlener als zuvor ökonomisch-rationaler Karrierekalkül oder persönlicher Spaß (»fun morality«) als Rechtfertigungsgründe durch: bei Etablierten und Nichtetablierten, Hochschullehrern und Studenten.[14]

[14] Vielleicht sind diese und die folgenden Andeutungen, sozialwissenschaftlich gesehen, zu sehr im Rahmen des »normativen Paradigmas« gedacht (d. h. im Rahmen eines Paradigmas, das

Wie wird man sich de facto, wie kann man sich de jure (d. h. argumentativ vertretbar) in einer solchen, gleichzeitig festgeschriebenen und entleerten Disziplin arrangieren; wie sieht ihr künftiges Innenleben vermutlich aus, falls sich die Rahmenbedingungen nicht dramatisch ändern? Einige Strategien wurden im vorigen Kapitel skizziert. Das tatsächliche Spektrum könnte sehr viel größer sein. Nennen wir nur noch zwei denkbare Pole in sehr allgemeinen Worten: Im Hintergrund einer Lehrerausbildung auf college-Niveau *einerseits* eine Art Feyerabend-Strategie (z. B. in Form individualanarchistischer Ein-Mann-Paradigmen) in einem relativ liberalen disziplinären Klima (wobei individuelle Psychologien und Biographien als Determinanten dominieren würden); andererseits traditionsgebundene, an den »klassischen« Ideen des Faches orientierte Produktion von Allgemeinbildung und Ideologie unter verstärkten institutionellen Zwängen und Sanktionen. Man kann sich vorstellen, daß die Prädominanz der einen oder der andern Tendenz stark nach den lokalen Gegebenheiten des akademischen Milieus variieren wird.

In mehr pragmatische Überlegungen zur Zukunft der physischen Geographien müßten wohl noch weitere Gesichtspunkte eingeführt werden – etwa folgende Verwertungsmöglichkeiten: Die physischen Geographien als Teil und akademische Infrastruktur einer möglicherweise neu erblühenden »höheren Heimatkunde«, die sich nicht zuletzt aus den mehr kultur-, sozial- und geisteswissenschaftlich als naturwissenschaftlich Gebildeten rekrutieren würde. Die Bildungsexpansion hat bei einer stark angewachsenen Bildungsschicht eine (auch ins Renten- bzw. Pensionsalter hineinreichende) Bildungsbeflissenheit und ein Umweltinteresse erzeugt, deren intellektuellen und politischen Habitus man andeutungsweise und salopp als eine Art »Epplerisierung« umschreiben könnte. Man könnte vermuten, daß diese Bildungsschicht sich (auch im Rahmen einer gewissen politischen Resignation und in Anpassung an die realistischer als bisher eingeschätzten politischen Möglichkeiten und individuellen Handlungsspielräume) teilweise regionalen bis lokalen, im weitesten Sinne heimatkundlich-historisch bis heimatlich-naturkundlichen Themen zuwenden wird[15].

Technologisch oder naturwissenschaftlich im engeren Sinne wäre das hierzu benötigte Wissen kaum, und die eigentlichen Naturwissenschaften würden denn auch nicht (oder zumindest nicht unmittelbar) als Bezugswissenschaften dieses Interesses dienen können. Fortgeschriebene traditionelle physische Geographie indessen (»Erdkunde«, etwas bereichert durch kommunalpolitisch relevante Naturschutz-, Umwelt- und Lebensqualitätsfragen) könnte sehr wohl als Vermittlungsinstanz (zumindest als *eine*

---

die Bedeutung von vorgegebenen sozialen Normierungen für das Handeln betont und, wie die Kritiker sagen, stark überschätzt); sie scheinen mir aber trotzdem realistische Gesichtspunkte zu enthalten.

[15] Weiteres Antriebsmoment könnte eine Art »konkretistische« und »empiristische« Reaktion auf die (gesellschafts)theoretischen Superstrukturen und Weltdeutungsmuster sein, die seit den späteren sechziger Jahren an den Hochschulen und in den Kulturmedien in verstärktem Maße propagiert werden: Wenn diese nämlich allgemeiner als bisher nicht mehr so sehr als gesellschaftlich relevante Aufklärungen, sondern (mehr oder weniger diffus) eher als lebens- und erfahrungsferne Produkte intellektueller Schwadronierkulturen empfunden würden – und die entsprechenden »kritisch-emanzipatorischen« Schulcurricula nur noch als zusätzliche Versuche, diese Produkte auch außerhalb von Hochschule und Gebildetenkaste monopolistisch durchzusetzen.

Vermittlungsinstanz) fungieren, die der genannten relativ breiten Schicht (wie den von ihr beherrschten Schulen) regional und lokal anwendbares naturkundliches Wissen bereitstellt. Man muß dabei im Auge behalten, daß die angedeutete Art »höherer Heimatkunde« einerseits eine der billigsten Freizeitbeschäftigungen ist, zugleich aber im konkreten kommunalen Lebensraum auch ein beträchtliches Prestige besitzen und vermitteln kann. – Das Gesagte war selbstverständlich nicht als Programm, sondern als eine vage Trendvermutung gemeint.

Literatur

BARTELS, D. und G. HARD: Lotsenbuch für das Studium der Geographie als Lehrfach. 2. Aufl. Bonn und Wien 1975.

BIERHALS, E.; L. GEKLE; G. HARD und W. NOHL: Brachflächen in der Landschaft. (KTBL Schrift 195.) Münster-Hiltrup 1976.

BÖHME, G.; W. VAN DEN DAELE und W. KROHN: Die Finalisierung der Wissenschaft. In: W. DIEDERICH (Hrsg.): Theorien der Wissenschaftsgeschichte. Frankfurt a. M. 1974. S.276-311.

– und W. VAN DEN DAELE: Erfahrung als Programm. Über Strukturen vorparadigmatischer Wissenschaft. In: G. BÖHME et al.: Experimentelle Philosophie. Frankfurt a. M. 1977. S.183-236.

– et al.: Die gesellschaftliche Orientierung wissenschaftlichen Fortschritts. Frankfurt a. M. 1978.

DÜRR, H.: Berufsgeographie im Spannungsfeld zwischen Hochschulforschung und planerischer Praxis. (Geographische Zeitschrift, Jg. 63, 1975.) S. 177-194.

EISEL, U.: Vom »Spatial Separatist Theme« zum »Behavioral Approach«. Manuskript 1975.

–: Physische Geographie als problemlösende Wissenschaft? Über die Notwendigkeit eines disziplinären Forschungsprogramms. (Geographische Zeitschrift, Jg. 65, 1977.) S. 81-108.

HARD, G.: Zur Methodologie und Zukunft der Physischen Geographien an Hochschule und Schule. Möglichkeiten physisch-geographischer Forschungsperspektiven. (Geographische Zeitschrift, Jg. 61, 1973.) S. 5-35.

–: Die Geographie. Eine wissenschaftstheoretische Einführung. Berlin und New York 1973 a.

–: Physical Geography – its Function and Future. (Tijdschrift voor Economische en Sociale Geografie, Jg. 67, 1976.) S. 358-368.

HARVEY, D.: Explanation in Geography. London 1969.

HENDINGER, H.: Landschaftsökologie. Braunschweig 1977. (Westermann-Colleg, Raum und Gesellschaft, H. 8.)

LESER, H.: Landschaftsökologie. Stuttgart 1976. (Uni-Taschenbücher 521.)

MAIER, J.; R. PAESLER; K. RUPPERT und F. SCHAFFER: Sozialgeographie. Braunschweig 1977. (Das Geographische Seminar.)

ROELLECKE, G.: Zwischen Bildung und Akademikerbedarf. (Mitt. d. Hochschulverbandes, Jg. 25,1977.) S. 153-159.

SCHWEMMER, O.: Appell und Argumentation. Aufgaben und Grenzen einer praktischen Philosophie. In: F. KAMBARTEL (Hrsg.): Praktische Philosophie und konstruktive Wissenschaftstheorie. Frankfurt a. M. 1974. S. 148-211.

WEICHHART, P.: Anmerkungen zum Dogma der uneinigen Geographie. Gerhard Hards Kritik an der Ökogeographie. (Mitteilungen d. österreichischen Geogr. Gesellsch., Bd. 118, 1976.) S. 195-210.

WEINGART, P.: Wissenschaftsproduktion und soziale Struktur. Frankfurt a. M. 1976.

WIRTH, E.: Offener Brief an Herrn Prof. Dr. G. Hard. (Geografiker, H. 7/8, März 1972.) S.45-46.

Die Disziplin der Weißwäscher

Über Genese und Funktionen des Opportunismus in der Geographie (1979)

> Meine Freunde, ich bin aufgewachsen in der besten Tuischule des Landes, ich beherrsche die tuistische Literatur, ich diskutiere seit zwanzig Jahren mit den bedeutendsten Tuis alle Ideen, die China retten könnten. Meine Freunde, es gibt keine.
>
> B. BRECHT, Turandot oder Der Kongreß der Weißwäscher, Bibl. Suhrkamp, S. 12
>
> Erstens: Erkenne die Lage. Zweitens: Rechne mit deinen Defekten, gehe von deinen Beständen aus, nicht von deinen Parolen . Nochmals: Erkenne die Lage.
>
> G. BENN, Ges. Werke 5, 1404

Vorbemerkung (1979)

Der hier gedruckte Text lag für die Tagung in Münster im wesentlichen in dieser Form vor, war aber wegen der vorgeschriebenen Zeitbegrenzung sehr stark verkürzt vorgetragen worden. Es ist deshalb wohl sinnvoll, ihn hier in seiner ungekürzten Form vorzulegen.

1. Die geheime Selbstverachtung der Geographen

Ich beginne mit einem empirischen Befund – nicht um etwas zu beweisen, sondern um etwas zu illustrieren.

Tabelle 1 ist das Ergebnis zweier zeitlich getrennter Befragungen von Geographiestudenten in Osnabrück. Sie waren erstens gefragt worden, aus welchen Gründen sie sich seinerzeit entschlossen hätten, Geographie zu studieren, und zweitens waren sie gefragt worden, aus welchen Gründen die *anderen* Geographiestudenten im Hörsaal sich seinerzeit entschlossen hätten, Geographie zu studieren.

Die genannten Gründe kann man nach ihrer Respektabilität recht verläßlich wie folgt einteilen: 1. in »potentielle Rechtfertigungsgründe«, d. h. Gründe, die wenigstens prinzipiell für eine Legitimation der Fächerwahl argumentativ eingesetzt werden können, und 2. in »bloße Erklärungsgründe«, d. h. solche Gründe, die zwar als faktische Motive durchaus denkbar sind, die aber kaum dazu taugen würden, die Entscheidung moralisch-argumentativ zu rechtfertigen. Ich spreche im folgenden einfachheitshalber von »respektablen Gründen« einerseits, »suspekten Gründen« andererseits. Zur ersten Kategorie der »respektablen« oder »guten Gründe« würde etwa die Angabe gehören, das Geographiestudium sei gewählt worden, weil man sich von ihm ein besseres Verständnis der Weltprobleme verspreche; zur zweiten Kategorie (der »suspekten Gründe«) gehört etwa die Angabe, man habe Geographie gewählt, weil das Fach vermutlich wenig intellektuelle Anforderungen stelle. Motive bzw. Gründe, deren Einordnung zweifelhaft war, wurden weggelassen.

		Zuschreibung (Selbst- oder Fremdzuschreibung) der »Motive« bzw. »Gründe« für die Wahl des Studienfaches Geographie	
		sich selbst zugeschrieben	den anderen zugeschrieben
Art bzw. Respektabilität der »Gründe«	»respektable Gründe«	44 (63)	14 (31)
	»suspekte Gründe«	14 (14)	26 (31)

Chi^2 = 16,36 (15,88) ***
Phi = 0,41 (0,34) ***

Tab. 1: Zusammenhang von Zuschreibung und Respektabilität der »Motive« bzw. »Gründe« für die Wahl des Studienfachs Geographie. Die Angaben wurden in zwei zeitlich getrennten Befragungen erhoben (Wintersemester 77/78 und 78/79)

Wie man leicht sieht, haben die Befragten die beiden Arten von Gründen nicht ganz gleichmäßig auf sich und ihre Kommilitonen verteilt. Vielmehr sehen die Befragten die eigenen Motive entschieden mit freundlicheren Augen als die Motive der andern: Für sich selbst geben sie eher respektable Gründe an, bei ihren Kommilitonen vermuten sie eher suspekte Gründe. Der Unterschied ist in beiden Befragungen hochsignifikant. Es bedarf keiner großen psychologischen Phantasie, um hier einen Fall von Rationalisierung und Projektion zu vermuten: Die wahren Gründe oder Motive wurden offensichtlich nicht so sehr auf die Frage hin genannt, warum man selbst Geographie studiere, sondern eher auf die Frage hin, warum die Kommilitonen Geographie studieren. Was vorliegt, ist eine Tendenz, die Motive des Geographiestudiums sogar vor sich selbst zu leugnen bzw. zu schönen: Eine Art von diskreter Scham, ein Geograph geworden zu sein. Meine Nachfragen bei Kollegen ergaben übrigens, daß das Ergebnis wohl nicht nur in Osnabrück reproduzierbar ist.

Zu analogen Resultaten kommt man, wenn man mit einem Polaritätenprofil aus wertenden Wortpaaren arbeitet (vgl. HARD und WENZEL 1979). Die Studenten beurteilen die Geographie, direkt danach gefragt, durchaus positiv, vermuten aber, daß Nicht-Geographen die Geographie ziemlich schlecht beurteilen. Erstaunlicherweise aber beurteilen die Nicht-Geographen die Geographie gar nicht so schlecht, wie die Geographen vermuten, sondern ziemlich ähnlich, ja z. T. fast so gut wie die Geographen selber.

Man kommt wohl kaum um die Interpretation herum, daß die Geographiestudenten ihre wahre Einschätzung der Geographie nicht auf die direkte Frage hin geäußert haben, sondern auf die Frage hin, wie »die anderen« die Geographie einschätzen. So wie ihre »wirklichen« Gründe, Geographie zu studieren, so haben sie auch ihr wirkliches Bild von der Geographie »den andern« zugeschrieben.

Das gar nicht so negative »reale« Geographiebild der Nichtgeographen brauchen wir hier nicht weiter zu diskutieren. Ich neige zu der von der Einstellungsforschung nahegelegten Interpretation, daß es sich bei dieser Außenansicht, dem Fremdbild der Geographen, wenigstens teilweise um ein Artefakt der Methode handelt: Es wurde gar kein bestehendes Heterostereotyp erhoben; ein (mäßig) positives Ergebnis dieser Art ist vielmehr gerade auch typisch für Fälle, in denen gar keine feste Meinung angetroffen wird, die Befragten aber der vermuteten Einstellung der Interviewer entgegenkommen.

Natürlich ist es schade, daß die Befragten »bloß« Studenten waren und das Ergebnis nicht bei einer Befragung von Hochschullehrern der Geographie heraussprang. Trotzdem schlage ich vor, das Ergebnis einmal phantasievoll zu erweitern. Diese Erweiterung würde dann z. B. wie folgt lauten: Das vielberufene »schlechte Image« der Geographie, die Geringschätzung der Geographie lebt heute und vielleicht zu fast allen Zeiten der Geographiegeschichte nicht zuletzt und vielleicht sogar vor allem im Herzen der Geographen selber, wird aber stets verleugnet und verdrängt. Diese heimliche Geringschätzung war und ist vielleicht sogar das Motiv vieler Geographen, Geograph zu werden und zu bleiben.

Das Gesagte widerspricht scheinbar wohletablierten Erfahrungen und ist überdies sehr geeignet, mit viel argumentativem Aufwand verdrängt zu werden. Es könnte nicht verwundern, wenn der Nachweis einer Wahrnehmungsverweigerung mittels Wahrnehmungsverweigerung bekämpft würde. Andererseits: Ist das Auge durch die genannte Hypothese erst einmal aufmerksam geworden, sieht es doch manches, was in die gleiche Richtung deutet, aber bisher schwer verständlich war.

Wir sind, vermute ich, der geheimen Selbstverachtung des Geographen auf der Spur: Er weiß im Geheimen zumindest schattenhaft, was und wer er wirklich ist und warum er was betreibt; aber keine dieser potentiellen bis halbbewußten Einsichten ist öffentlichkeitsfähig: Weder disziplinintern, noch nach außen, und infolgedessen kann der einzelne es auch sich selber nicht ohne weiteres gestehen (es sei denn in einer Form, die durch akademische Ironie, Späßchen und Paradoxien verkleidet und entschärft ist).

Meine These ist, daß diese Wissenschaftlergruppe aus institutionellen, sozusagen objektiven Gründen lebenslang ihren institutionellen Realitäten nicht offen und öffentlich ins Auge blicken konnte und kann: Aus Gründen der individuellen Selbstachtung und institutionellen Selbsterhaltung. Realitätsverleugnung und Wahrnehmungsangst sind Grundzüge im Sozialcharakter des deutschen Geographen: Erstens und vor allem gegenüber der eigenen Disziplin, zweitens und in der Folge aber auch in ihrer Sicht der Welt.

Es scheint mir wichtig, vorweg zu betonen, daß dies alles – mag es auch individuell, »individualpsychologisch« vorfindbar sein – ausschließlich die »institutionelle Person« des Geographen betrifft; die entsprechenden Verhaltensweisen interessieren hier nicht als privat motivierte, sondern ausschließlich als institutionell bedingte und geförderte, als Funktionen einer institutionellen Situation. Es geht im folgenden also nicht etwa um den Opportunismus von Personen, sondern um den (systemnotwendigen) Opportunismus einer Disziplin, nicht um die Charakterlosigkeit von Geographen, sondern um so etwas wie die Charakterlosigkeit der Geographie. Infolgedessen sind im folgenden auch alle individuellen und kollektiven Schuldzuschreibungen abwegig oder zumindest unergiebig: Für das, um was es hier geht (nämlich Situationsanalyse und Handlungsorientierung) sind bedeutsam nur die Fragen nach der historischen Genese, der institutionellen Basis und den systemischen Funktionen (z. B.) dieses Opportunismus – an dem im übrigen bis zu einem hohen Grade alle Mitglieder der Disziplin beteiligt sind: Von ihren enragiertesten Apologeten bis hin zu ihren radikalsten Kritikern.

2. Gute Geschichten

> Die Dynastien, d. h. die Aufeinanderfolge von Herrschern, die als ihr Hauptverdienst anführen müssen, daß sie aus einem berühmten Hause stammen, sorgen dafür, daß die jeweiligen Speichellecker der Herrscher noch die gestorbenen Speichellecker der gestorbenen Herrscher rühmen. Man sieht kaum, wie anders überhaupt eine Geschichtsschreibung sich entwickeln hätte können.
>
> B. BRECHT, Die Kunst des Speichelleckens. In: Der Tui-Roman, ed. Suhrkamp, S. 98

An dieser Stelle kann ich nicht mehr tun, als die skizzierten Thesen ein wenig zu entfalten und punktuell zu illustrieren. Ihnen und mir ist wohl gleichermaßen klar, daß erst eine »Geschichte der modernen Geographie« eine akzeptable Beweisführung darstellen könnte. So abstrakt, wie ich hier verfahren muß, kann es sich nur um einen suggestiven Vorschlag, eine pointierte Aufforderung handeln, die Sache – d. h. die Geschichte und Situation der modernen Geographie – einmal etwas anders als üblich, nämlich *so* zu sehen.

Bereits die Geschichtsschreibung der Geographie ist ein exemplarisches Feld geographischer Wirklichkeitsverleugnung. Zwar neigt vermutlich jede Disziplin dazu, ihre Geschichte retrospektiv zu fälschen (und z. B. jahrtausendealte Traditionskontinua zu imaginieren, die niemals existiert haben). Die neuere wissenschaftshistorische Literatur hat hierzu vor allem aus der Physikgeschichte eindrucksvolle Beispiele beigebracht: Aber auch angesichts dieser Paradebeispiele scheint mir die Geographie und ihre Historiographie einzigartig zu bleiben.

Die folk history der Geographen besteht, scheint es, aus lauter »guten« oder »schönen Geschichten«. Was ist eine »gute Geschichte«? Eine gute Geschichte ist in der Regel »eine solche Geschichte, die die anerkannten Werte bestätigt und die herrschende Ordnung als die beste erscheinen läßt ... In den USA ist eine gute Geschichte, wenn von einem Millionär erzählt wird, daß er als Kind ein armer Zeitungsjunge war. Die Geschichte bestätigt, daß im Lande wirklich das Prinzip der equal opportunity ... herrscht und daß die Leistung mit Erfolg belohnt wird.« (SCHREIER 1978, S. 90 f.)

In der Geographie sind es z. B. typische gute Geschichten, daß Alexander von Humboldt die Landschaftsökologie begründet und Carl Ritter das Fach methodisch fundiert habe – und daß die »wahre Geographie« des 18./19. Jahrhunderts bei den reisenden Naturwissenschaftlern und heroischen Reiseforschern zu finden sei (zufällige Beispiele, die allein schon zeigen, daß diese guten Geschichten, die doch alle gleichzeitig geglaubt werden, keineswegs konsistent zu sein brauchen).

Kaum eine Disziplin hat selbst im Maßstab von Jahrhunderten eine so vielsträngige und diskontinuierliche Geschichte (wenn man überhaupt von *einer* Geschichte *der* Geographie sprechen kann); kaum eine Disziplin hat indessen so oft in so mythischen Bildern ihre mehr oder weniger unilineare Kontinuität durch die Jahrtausende beschworen. H.-D. Schultz hat in einem Kapitel seiner Dissertation die Belege für die Kontinuität dieses Kontinuitätsmärchens eindrucksvoll zusammengestellt. Viele dieser Textstellen verraten schon einer halbwegs sensiblen Interpretation, daß sie ihrem eigentlichen Sinn nach weniger Tatsachenbeschreibungen als Beschwörungs- und Disziplinierungsformeln sind, in denen eine Eigensubstanz-lose, konstitutionell zerrissene und zentrifugale akademische Disziplin ihre inexistente »wahre Mitte«, ihren imaginären »ewigen

Kern«, sozusagen die ewige Gegenwart ihres unzerstörbaren Ursprungs beruft, um damit potentielle Nonkonformismen zur einzig wahren Ordnung zu rufen. Konsistenz war dabei niemals gefordert, wie schon H. Wagners Stoßseufzer von 1915 belegt: »Wie viele Richtungen und Zweige ... habe ich in meinem langen Leben nun schon als die »eigentliche Geographie«, ja als die »einzig wahre« preisen hören« (1915, S. IV).

Vor welchen gedanklichen Hintergründen solche guten Geschichten konstruiert werden, wird z. B. bei Hettner generöser offengelegt, als es normalerweise geschieht. Erstens ist die Geographie schon »ihrer ganzen historischen Entwicklung nach« das, was sie für ihn sein *soll* (nämlich in diesem Falle: Länderkunde); zweitens ist dieses (in diesem Falle: länderkundliche) Wesen der Geographie auch »vor dem Richterstuhl der Logik«, aus dem logischen »System der Wissenschaften« legitimierbar; drittens (aber) ist dies in der Gegenwart praktisch und theoretisch (noch) keineswegs allgemein anerkannt, eher im Gegenteil. Fragt man sich angesichts so offenbarer Widersprüche verwundert, wie es sein kann, daß etwas das nicht ist, was es seiner »ganzen historischen Entwicklung nach« und nach den Maßstäben der Logik doch ist, so stößt man auf die Idee, daß »die Wissenschaften« im Laufe ihrer Geschichte eben immer mehr »in ein logisch berechtigtes System hineinwachsen« und sich dabei dem »inneren Wesen der Objekte« »anpassen« – also historisch das werden, was sie eigentlich immer schon sind, sein sollen und nach der Natur der Sache, d. h. mit ontologischer Notwendigkeit, auch sein müssen (vgl. z. B. HETTNER, 1905, S. 254 ff.)

Diese Ideen setzen natürlich die Sehergabe des Methodologen voraus, in den faktischen Geographiegeschichten jeweils die »wahre Geographie« zu erkennen, in der verworrenen Realgeschichte die gute Geschichte zu »schauen«: eine Gabe, über die so gut wie alle Geographen, die sich zur Methodologie und Geschichte ihrer Disziplin äußern, in höchstem Maße verfügen.

Die Hauptfunktion einer solchen guten Geschichte ist es, daß sie eine bestimmte erwünschte, im allgemeinen aber »die herrschende Ordnung ... als Ideal bestätigt. Je häufiger solche Geschichten erzählt werden, je schwerer kann sich der Hörer oder Leser dem Schluß entziehen, daß der Verlauf der Ereignisse wirklich ... so ist, wie die Geschichten berichten, und die Werte, die in der betreffenden Gesellschaft oder Wissenschaft gelten, mit Recht anerkannt werden. (Man kann diesen Prozeß einen erzwungenen Induktionsschluß nennen).« (SCHREIER 1978, S. 91)

All diese schönen Geschichten der Geographie, deren rituelle Wiederholung zu ihrem Wesen gehört, arbeiten also daran, der je gegenwärtigen Geographie Legitimation, Identität, Sinn und Logik zu beschaffen. Eine wahre Geschichte wird demgegenüber notwendig als eine schlechte Geschichte empfunden werden: je wahrer sie wäre, umso mehr bestünde ihr Effekt ja darin, die durch die professionellen Märchenerzähler aufs angenehmste reduzierte Komplexität wiederherzustellen, d. h. Erwartungen zu enttäuschen, Legitimität und Sinn zu ruinieren. Andererseits muß man doch wohl auch für wahre Geschichten plädieren: um die verkürzte Selbstwahrnehmung der Geographie wieder zu öffnen und, wenn schon nicht die Disziplin, so doch einige ihrer Mitglieder intellektuell und disziplinpolitisch handlungsfähiger zu machen.

An dieser Stelle interessiert nun vor allem ein bestimmter Zug der geographischen folk history: Die Verleugnung ihrer schulischen Herkunft, Infrastruktur und Legitimation, die Verleugnung ihrer als niedrig empfundenen Abkunft.

3. Schlechte Geschichten

> Man darf sich die alten Geschichten nie so anhören, als wären sie wahr. Denn die Geschichtenerzähler haben vieles verändert an ihnen, so daß sie jetzt zuweilen das Gegenteil besagen.
>
> STRABO, 8. Buch, 3. Abschn., 31 (sinngemäß)

Es folgen nun einige schlechte Geschichten in Form von Thesen zur Geographiegeschichte – nicht zuletzt zu der entscheidenden Phase zwischen (etwa) 1870 und 1900.

1. Die »Rittersche Wissenschaft« hatte bis dahin (literarisch-intellektuell wie personell) kümmerlich als Schulgeographie, »als die verachtete Küchenmagd der Geschichte ihr elendes Dasein gefristet« (KIRCHHOFF 1882, S. 94), als der »bedeutungsloseste aller Unterrichtsgegenstände« (vgl. LÜDDE 1842, S. 22), von Oberlehrern (meist der Alten Geschichte) und Militärpädagogen (an Militärakademien und Kadettenanstalten) dilettierend mitvertreten: Eine topographisch orientierte Staatenkunde plus (bestensfalls) einige triviale teleologische Träumereien in der Nachfolge Ritters. Im preußischen Prüfungsreglement zu den historisch-philologischen Fächern gezählt, wurde das Gebiet an den Universitäten von (Alt-)Historikern mit abgeprüft und war dergestalt gegen alle Impulse der sich gleichzeitig rasch entwickelnden Natur- bzw. Geowissenschaften abgeschirmt. Vor dem Hintergrund der Ahnungslosigkeit dieses geographischen Publikums ist wohl auch der Erfolg verständlich, den Peschels »Neue Probleme« hatten, die vom Standpunkt der gleichzeitigen Geowissenschaft (vor allem der allgemeinen Geologie) bloß als journalistische Popularisierungen bis ärgerliche Dilettantismen beurteilt wurden.

2. Die gründerzeitliche Gründung oder Neugründung der Universitätsgeographie, ihre bei Null oder nahe Null beginnende Expansion an Universität und Schule etwa 1871 – 1906 erfolgte zumindest in Preußen zunächst gegen den Rat und Widerstand der Fakultäten. Es ist nicht sehr wahrscheinlich, daß es sich in den anderen deutschen Ländern grundsätzlich anders verhielt. Die Universitätsgeographie war ein politischer Octroi, von Anfang an vor allem gerichtet auf eine Schulwissenschaft für Lehrer-, Volks- und allgemeine Bildung, von (Kultur)Politikern aus (polit)pädagogischen Motiven und Hoffnungen durchgesetzt (vgl. z. B. die sprechenden Belege bei SCHULTZ 1978, S. 124 ff.). Zu diesen Hoffnungen gehörte wohl nicht zuletzt die Produktion eines soliden Weltbildes aus vaterländisch-nationaler Perspektive. Es ist gut belegbar, daß sich die Neuberufenen all dessen bewußt waren.

3. Es war denn z. B. auch nicht oder nur in Ausnahmefällen die naturhistorische und/ oder explorative und ressourcenbeschreibende (Übersee-)Reiseforschung, die 1871 – 1906 auf die 23 Lehrstühle (plus etliche Extraordinariate) kam. Sehr grob gesprochen: Die Oberlehrer haben die Lehrstühle erklommen (Autodidakten der disparatesten fachlichen Provenienz); Paradigma ist Kirchhoff, nicht Richthofen. (Aus Gründen der Zeit und der Einfachheit übergehe ich die journalistische Onkellinie in der Genealogie der modernen Geographie, zu der etwa Peschel und Ratzel gehören.)

Schon die Bemerkungen und Notizen, die man bei BECK (1973, S. 261 ff.) oder PLEWE (1960, S, 17 f.) findet, belegen die Heterogenität dieser ersten Schar von Neugeographen, ohne doch schon ein hinreichendes Bild ihrer Buntheit zu bieten. Es waren (um den Stand von 1886 zu nehmen) vor allem Philologen, zuvorderst Altphilologen;

Sprachwissenschaftler; Historiker, vor allen Althistoriker (Fischer, Guthe, Kirchhoff, Partsch, Ruge, Sievers), seltener Gymnasiallehrer der Mathematik (Wagner, Rein), ein Geologe (v. Richthofen), ein vormaliger a. o. Professor für mathematische Physik (v. Zöppritz) – sowie die Ausnahmefigur des »Apothekers und Auslandskorrespondenten« Ratzel. Für fast alle waren neben dilettantischen auch polyhistorische Züge charakteristisch, nicht zuletzt eine erstaunliche Fähigkeit zur Autodidaxe – auch noch in der Zeit nach ihrer Berufung.

Man darf die neue akademische Geographie also keinesfalls nahe an die explorative Reiseforschung und praktische Ressourcenkunde der Expeditionsreisenden des mittleren bis späten 19. Jahrhunderts und an deren vielfache, rohstoff- und handelspolitische Interessen und Funktionen heranrücken (die Personenkreise sind weitestgehend getrennt) – auch nicht so sehr an die nicht zuletzt diesen Interessen gewidmeten geographischen Gesellschaften dieser Zeit. Eher kann man sagen, daß die universitäre Expansion der Geographie erfolgte, als diese, das Publikum lange faszinierende »heroische« Reiseforschung der »Entdeckungsreisenden«, bereits für alle sichtbar zu Ende gegangen war. Von Hettner stammt die typisch »schöne Geschichte«, die »wahren Geographen« des 18./19. Jahrhunderts seien die reisenden Naturforscher und naturforschenden Auslands- bis Überseereisenden (nach der Art der G. Forster, A.v. Humboldt, L. v. Buch bis G. Schweinfurth) gewesen. Diese »schöne Geschichte« Hettners (die sich ziemlich schlecht mit seinen anderen schönen Geschichten verträgt, vgl. Kapitel 2) hatte aber, einmal geglaubt, reale Folgen, ja, sie hat im 20. Jahrhundert Disziplingeschichte gemacht: Die physischen Universitätsgeographen zumal bildeten nicht selten ihr Identitätsbewußtsein, ihre Forschungsgegenstände und sich selbst nach dieser imaginären Tradition – bis hin zu fast tragischen Phantom-Identitäten.

4. Die Expansion der akademischen Geographie fällt in eine Zeitspanne, deren politische und ideologische Tendenzen unter anderem mit »Imperialismus« etikettiert werden; hypothetische Verknüpfungen liegen nahe. Eine solche Verknüpfung mißversteht aber wohl gründlich die Intention des staatlichen Octrois und überschätzt auch die politische Bedeutung der akademischen Geographie dieser Zeit. Sicher gibt es ideologische Obertöne in der geographischen Literatur; insgesamt haben die neuen akademischen Geographen aber eher die Politikferne gepflegt und sich auf die reine Wissenschaft berufen, haben weder Politik noch öffentliche Meinung nennenswert beeinflußt, sondern im wesentlichen reaktiv und unoriginell den Zeitgeist konsumiert und repetiert. »Sichtet man (z. B.) die publizistisch-propagandistischen Beiträge der deutschen Geographen zur Kolonialdiskussion ..., so bleibt der Eindruck, daß sie weder durch gedankliche Selbständigkeit noch durch ihre Darstellungsweise aus dem Gros anderer Schriften ... hervorragen.« (SCHULTE-ALTHOFF 1971, S. 114) Der Prototyp des damaligen akademischen Geographen, Alfred Kirchhoff, ist auch in diesem Punkt typisch: Er plädiert zuerst so unoriginell und mitläuferhaft für Kolonien wie späterhin für eine große deutsche Flotte (und eröffnet damit die etwas schäbig-opportunistische Tradition geographischen Politisierens). Neben einer bemerkenswerten institutionellen Entfaltung steht insgesamt der Eindruck eines öden ideologisch-intellektuellen Mitläufertums sowie der Eindruck wissenschaftlicher und literarischer Mediokrität: relativ zu den benachbarten Wissenschaften dieser Hochzeit der deutschen Universität und der deutschen wissenschaftlichen Weltgeltung.

5. Von den wohletablierten modernen Universitätswissenschaften, nicht zuletzt von den naturwissenschaftlichen Geodisziplinen her, erschien diese neue akademische Disziplin von vornherein als substanzlos, überflüssig und parasitär, als Nicht- und Raubwissenschaft. Die geographische Literatur ist voll von klagenden Belegen für diese dominante Außenansicht der oktroyierten Neu-Wissenschaft, und in dieser Lage entstand dann der kompensatorische, gänzlich unhistorische »Gegenmythos« von der Geographie als der »Mutter aller (Geo)Wissenschaften«, von der die Tochterwissenschaften abgezweigt wären: Tochterdisziplinen, die, einmal verselbständigt, die Allmutter schließlich gegenstandslos (oder aber zuständig für die große »Synthese«) zurückgelassen hätten.

6. Die Disziplinpolitik der neuen Universitätsgeographen zielte vor allem in zwei Richtungen: 1. auf einen Ausbau der schulischen Infrastruktur, also auf Unterrichtsstunden, dann auf mehr Unterrichtsstunden (vor allem in den Gymnasien), auf die Eigenständigkeit der Geographielehrerausbildung und des schulischen Geographieunterrichts. Zugleich versuchte sie 2. etwas, was eigentlich jenseits der Intentionen derer lag, von denen sie akademisch etabliert worden war: Sie versuchte darüber hinaus, eine reputierliche moderne Universitätswissenschaft zu werden – in einer Situation, die PENCK 1916 (S. 11) im Rückblick wie folgt charakterisiert: »Es gab weder ein bestimmtes Programm, das allgemein anerkannt gewesen wäre, noch eine (wissenschaftliche) Tradition, an der sie (die neuen Hochschullehrer) sich hätten halten können. Sie mußten ein Universitätsfach sozusagen erst schaffen«. Das Grundkonzept war zunächst – bei beträchtlichen Varianten im einzelnen – eine »allgemeine Erdwissenschaft«, eine Geographie als ein »Komplex von (Geo)Wissenschaften« – plus einiger kulturwissenschaftlich-ethnologisch-historischer Problemkreise: Eine Art Fakultätslösung gewissermaßen.

Das literarische Denkmal dieser Situation und dieses Konzeptes ist das Geographische Jahrbuch, in dem (kaum pointiert) nur die Methodologie, die Frage, was Geographie eigentlich sei, von Geographen, alles andere von Nichtgeographen ausgefüllt wurde. Nach Plewes treffender Charakteristik »zeigt ein Blick in die ersten Jahrzehnte des seit 1866 erscheinenden »Geographischen Jahrbuchs«, unseres wichtigsten Referierorgans, wie wenig man auch nur noch den Schein einer Geographie als selbständige Disziplin aufrechterhalten konnte« (1960, S. 18): Was nur heißen kann, daß diese akademische Geographie schon aufgelöst war, bevor es sie gab. »Denn in ihm (dem Geographischen Jahrbuch) kamen damals ausschließlich Forscher der Nachbarwissenschaften mit ihren Berichten zu Wort: Geologen, Geodäten, Geophysiker, Botaniker, Zoologen, Statistiker, Ethnologen und Anthropologen, während der Geograph als Herausgeber nur wie anhangweise in Abständen das methodologische Schrifttum der Geographie mit einer Mischung aus Zorn, Hohn und Bedauern der geschliffenen Kritik seines mathematisch geschulten Scharfsinns unterzog ... In der gleichen Richtung lag es, wenn das in jenen Jahrzehnten gehaltreichste Lehrbuch der »Allgemeinen Erdkunde« von drei Nichtgeographen, dem Meteorologen Hann, dem Geologen von Hochstetter und dem Botaniker Pokorny stammte.«

7. Schon dieses erste Konzept einer Universitätswissenschaft Geographie war ein Phantom-Projekt und eine Phantom-Identität. Es war eine Geographie, die es einerseits (noch) nicht gab (nämlich als Geographie und in der institutionellen Geographie), andererseits aber schon längst gab (nämlich außerhalb der Geographie – und dort schon als eine Schar wohletablierter, größtenteils auch schon universitär etablierter Einzelwissenschaften). Schon hier also das Ur- und Dauerproblem der Geographie – durchaus analog

ihrem heutigen Verhältnis oder Mißverhältnis etwa zu den Regionalwissenschaften; schon hier also auch der stets fehlschlagende Versuch, beides zugleich zu sein: Einerseits eine moderne (Einzel)Wissenschaft (oder auch ein Komplex moderner Einzelwissenschaften),andererseits eine Ethnoscience, d. h. hier vor allem: eine Schul-, Lehrer- und Volksbildungswissenschaft.

H.-D. Schultz hat gezeigt, daß die Phantomhaftigkeit dieses Projektes schon von Zeitgenossen in großer Klarheit erkannt werden konnte – wenn auch eher von »Außenseitern« wie etwa von Professor Richard Mayr an der Wiener Handelsakademie (1882, S. 206 ff.). Die Abgrenzung einer Wissenschaft »Geographie« gehöre »ins Bereich der Unmöglichkeiten«, »sie ist und bleibt wesentlich eine Aneinanderreihung von Abrissen spezieller Wissenschaften«, und wenn die Geographen »mit geheimnisvollen Winken« vorbrächten, »daß sie erst wieder vereinigten, was die Spezialforscher getrennt hätten«, dann bleibe dunkel, wie man »eine höhere Einheit« durch Rezipieren, Exzerpieren und Synthetisieren anderer Wissenschaften herstellen könne. Diese Geographie »befindet sich in der Lage, unerfüllbare Prätensionen zu hegen, als Königin ohne Land die Welt der Wissenschaften zu durchschweifen«; sie sei nichts anderes als ein Schulfach, das »in einer allerdings bequemen, pädagogisch schätzbaren, vielleicht geistreichen und überraschenden Weise die Ergebnisse einiger spezieller Naturwissenschaften zusammenfaßt, ohne aus eigenen Mitteln, mit Hilfe besonderer Methoden, die wissenschaftliche Erkenntnis extensiv zu bereichern.« So blieben den Spezialisten unter den Geographen vor allem die Kuriositäten unter den Spezialitäten der Geo-, Sozial- und »Kulturwissenschaften«. Diese disziplinäre Situation der Geographie schloß natürlich außerordentliche wissenschaftliche Leistungen einzelner Geographen keineswegs aus.

8. Die eine (schulorientierte) der beiden Strategien war überaus erfolgreich, die zweite (einzelwissenschaftlich-wissenschaftsorientierte) erwies sich schon in den achtziger, spätestens den neunziger Jahren des 19. Jahrhunderts als vollkommen illusionär. Dies war die Stunde Hettners, d. h. der Länderkunde, und dann der Landschaftskunde.

Was war die Rolle Hettners? Er hat die Länderkunde als wissenschaftliche Aufgabe für die universitäre Geographie programmiert und vor allem wirkungsvoll propagiert. Hettners Methodologie schrieb aber in hohem Maße nur eine jahrhundertalte schulgeographisch-unterrichtsmethodische Tradition fort und fest: Sein Programm war in gewissem Sinne nur der universitäre Überbau einer längst existierenden, stets weiterlaufenden Unterrichtspraxis. Hettners relativer Erfolg (zumindest auf der programmatisch-methodologischen Ebene) war zu einem guten Teil Folge seiner Plausibilität auf der institutionellen, auf der schulischen Ebene: diesem einzigen Praxis- und Berufsfeld von Bedeutung, das sich die deutsche Universitätsgeographie realistischerweise ausrechnen konnte. – Dies gilt analog, aber in noch höherem Maße für die landschaftskundliche Geographie der Folgezeit.

Hettners Kontinuitätsbehauptungen, von denen im vorigen Kapitel die Rede war, sind auf der wissenschaftsgeschichtlichen Ebene ein Mythos; eine Kontinuität der Länderkunde aber gab es, auf welchem Niveau auch immer, in den Schulen, und es fiel um 1900 manchem durchaus auf, daß »die Geographie ihr wahres (d. h. länderkundliches) Wesen an den niederen Schulen getreuer bewahrt hat als an den höheren Anstalten und als im Bereich der Forschung« (RICHTER 1899, S. 83): Aber diese (schlechte) Geschichte konnte, als zu wenig respektabel, von der Universitätsgeographie nicht oder kaum öffentlich ins Auge gefaßt und deshalb auch von Hettner nicht argumentativ verwertet werden. Er konnte sie auch deshalb nicht gut verwerten, weil die (auf »natürliche Einheiten« zielende) geographiesch–schulgeographische Länderkunde sich zwar nach ihrem Programm – spätestens seit Ritter – von der Staatenkunde/Statistik getrennt hatte, aber in ihrer Praxis oft noch immer kaum von dieser zu unterscheiden war.

9. Die genannten Abstammungsverhältnisse und Zusammenhänge sind, wie die entsprechenden Belege zeigen, zu Beginn des 20. Jahrhunderts zumindest den Schulleuten noch klar, werden von den universitären Methodologen aber bald verdrängt und verleugnet: Eine der vielen Spurenverwischungen in der folk history der Disziplin. Schon nach Meinung Hettners hinkt die Schulgeographie ihm nach, und diese Verdrehung ist bis heute die offizielle Version bei Universitäts- und Schulgeographen geworden und geblieben. Seit den zwanziger Jahren berufen sich die universitär ausgebildeten Länder- und Landschaftskundler der Schule dann auf die entsprechenden »neuen« Richtungen und Trends der Universitätsgeographie – obwohl es sich bei diesen Innovationen (auch, was die Landschaftsgeographie betrifft!) doch offensichtlich um Akademisierungen eigentlich *schulischer* Praxen und Konzepte handelte.

10. Die »Geographie als Länderkunde« war ein Rückzugs- und Notprogramm – wenn nicht geradezu erzwungen, so doch nahegelegt 1. durch die wissenschaftspolitisch-wissenschaftsorganisatorische Situation und 2. vom einzigen relevanten Praxisfeld der neuen akademischen Disziplin: Der länderkundlichen Schulgeographie. Das neue Programm einer Reduktion auf »das Eigentliche« und »Eigene« hat sich auf Universitätsebene aber nie recht durchgesetzt.

Die akademische Situation des späten 19. Jahrhunderts war etwa folgende. Die Länderkunde war, »wesentlich zum Zwecke der Lehre« (WAGNER 1882, im Geogr. Jahrbuch, S. 683), weitergelaufen, und die neuen Ordinarien haben teilweise auch eifrig länderkundliche Schul- und Populargeographien produziert (eine andere Länderkunde gab es nicht) – und zwar nicht nur diejenigen neuen Hochschullehrer, bei denen es zu wissenschaftlicher Produktion im Sinne des neuen (geowissenschaftlichen) Programms nicht langte. Als Prototyp kann wieder Kirchhoff genannt werden. Wie die Quellen belegen, galt aber die »allgemeine Geographie« als die »wahre«, die »eigentliche Geographie« und die »eigentliche Wissenschaft«, jedenfalls aber als »das Höhere«, und die Länderkunde, »unsere darstellende Geographie«, galt ganz offen »nicht als eine Wissenschaft im eigentlichen Sinne« – im universitären Milieu eine naheliegende Verteilung der Reputation. Und dies, obwohl (wie wiederum viele Zeugnisse belegen) die Geographen in der allgemeinen Geographie von Anfang an und weiterhin kontinuierlich von dem »quälenden Gefühl« verfolgt wurden, »auf fremdem Besitz wandeln zu müssen« (so noch HAHN 1914, S. 1). – Das Gesagte gilt nach Ausweis der Belege zumindest bis weit in die zwanziger Jahre.

Das also, was man weiterhin, wenn auch zunehmend weniger offen, eher abschätzig beurteilte, das, womit man sich universitär und sogar innergeographisch nur wenig wissenschaftliche Reputation verschaffen konnte: Eben das mußte man in zunehmendem Maße öffentlich-methodologisch zugleich als den »Kern«, die »Krone« und die »Existenzberechtigung« der wissenschaftlichen Geographie deklarieren: Eine der zentralen Ambivalenzen im Verhältnis der Geographen zur Geographie und wohl auch eine der wesentlichen Quellen seiner geheimen Selbstverachtung.

11. Bei Hettner (und einigen Vorläufern) sowie später in der Landschaftsgeographie wurden, grob gesprochen, die Unterrichtseinheiten, Unterrichtsmethoden und Unter-

richtsprinzipien in der Schulgeographie zum Gegenstand (zu den Gegenständen) der geographischen Wissenschaft. Dies kann erweitert werden: Die methodologischen (und letztlich auch die disziplinären) Probleme und Problemlösungen der Universitätsgeographie sind, räumt man die Phraseologien beiseite, von Anfang an und in hohem Maße bis heute im wesentlichen Oberlehrerprobleme, die ihre Herkunft vertuschen müssen. Pointierter: Fast jedes gewichtige methodologische Problem in der Universitätsgeographie, vor allem aber die Frage, was Geographie sei und was der Gegenstand der Geographie sei, versteht man fortan am besten als die akademisch verfremdete Form der Frage: »Wie soll man Geographie unterrichten, in welchen Einheiten, Stundenverläufen und Formalstufen?« Der Ursprungssinn der Frage: Was ist Geographie, ist die Frage: Wie soll man Geographie unterrichten? Später werden diese beiden Fragen (die didaktisch-methodische und die wissenschaftstheoretisch-methodologische) für strikt unterschiedene Fragen gehalten. Die Antworten aber bleiben verräterisch parallel – wobei die universitäre Methodologie normalerweise nachhinkt, sich aber hinterher stets als Innovationsquelle ausgeben muß. Die Schule war ja der wichtigste Ort der »gesellschaftlichen Praxis« der Geographie, der Ort, wo ihre Probleme und Ergebnisse vorrangig auf die gesellschaftliche Umwelt hin »geeicht« und »finalisiert« wurden, während die akademische Geographie viel unabhängiger von solchen Praxiskontrollen (und in diesem Sinne auch altertümlicher) bleiben, also auch leicht ältere Probleme und Ansätze bewahren und weiterentfalten konnte.

12. Die verleugnete Realgeschichte der Universitätsgeographie, vor allem aber die verleugnete Geschichte ihrer Methodologien, müßten von der Schule, von der Unterrichtspraxis, von den Lehrerhandbüchern und Musterlektionen her neu geschrieben werden: Auch die der Landschaftsgeographie.

In der Schulgeographie setzt sich seit dem frühen 19. Jahrhundert im Programm die Länder- gegen die (bloße) Staatenkunde durch. Hier, in der Schulgeographie, wird im 19. Jahrhundert das länderkundliche Schema (als Gedächtnisstütze und Phasengliederung des Unterrichts, als Unterrichtsprinzip und als Ordnung des Unterrichtsstoffes nach seinen Kausalverhältnissen) erst propagiert, dann durchgesetzt und angewendet, Hier wird aber auch im späteren 19. Jahrhundert das länderkundliche Schema im Namen des Kindes und der Schülermotivation kritisiert und verdammt. In der Schulgeographie werden seit etwa 1860, verstärkt seit den 90er Jahren und auf breitester literarischer Front seit 1900, die Landschaft, das Landschaftsbild, das Naturbild und die Physiognomie der Landschaft als Unterrichtsprinzip propagiert und durchgesetzt – begründet mit den Forderungen nach Anschaulichkeit des Unterrichts, nach (wie man später sagte) »originaler Begegnung«, nach (wie man schon damals sagte) Selbsttätigkeit und Gemütsbildung der Schüler. Schon in den 90er Jahren ist von der »jetzt so beliebten Landschaftsmethode« die Rede; die Landschaft biete nicht nur Anschauung (usf.), sondern auch Ganzheiten, »in sich abgeschlossene Ganze« und »ursächlichen Zusammenhang« des bisher getrennt Behandelten; hier seien »alle Einzelobjekte und Einzelerscheinungen aufs innigste miteinander verwebt« (alle Zitate aus der schulgeographisch-methodischen Literatur zwischen etwa 1870 und 1900). Kurz, in den letzten Jahrzehnten des 19. Jahrhunderts ist in der Schulgeographie schon die gesamte Landschaftsmethodologie der Universitätsgeographie der 50er Jahre des 20. Jahrhunderts präsent – sozusagen der gesamte Schmithüsen und Neef, wenn auch »bloß« als Unterrichtsmethode und Unterrichtsprinzip; in der Schulgeographie wurden seit 1870 Innovationen diskutiert und propagiert, die erst Jahrzehnte später unter dem Namen Landschaftskunde und dynamische Länderkunde (»Länderkunde nach dominanten Faktoren«) usf. in der Universitätsmethodologie auftauchen.

13. An dieser Stelle muß der Blick auf die Geschichte der Geographie erweitert werden. Mehrere Autoren, darunter ich selbst, haben die starke Heterogenität der Forschungsansätze der Geographie betont – und zwar ihre synchrone und ihre diachrone Heterogenität. Ulrich Eisel indessen betont in seiner Dissertation mit Recht, daß es »unter« und »neben« den ungemein diversen Forschungspraxen so etwas wie ein »Kernparadigma der Geographie« gegeben habe und gibt: »Mensch und Erde« oder »Land und Leute« im Sinne von »der konkrete Mensch im konkreten Raum« (oder »der konkrete landschaftliche Mensch in Harmonie und Konflikt mit konkret-ökologischer, landschaftlicher Natur«). Das war auch der weltanschauliche Kern der Länder- und/oder Landschaftskunde. Dieses Paradigma war im 19./20. Jahrhundert freilich nicht nur (und wahrscheinlich sogar weniger) als universitäres Forschungsparadigma, sondern auch (und sogar vor allem) als »volkswissenschaftliches« und als Schulparadigma lebendig.

Dieses Land-und-Leute-Paradigma schlug am deutlichsten in der geographischen Methodologie, Selbstversicherung und Selbstdarstellung durch (je nach der weltanschaulich-politischen Situation unterschiedlich stark und sehr variabel ausgeformt); es hat aber als ein alltagsphilosophisch-populärweltanschaulicher Hintergrund auf wechselnd starke Weise fast alle geographischen Forschungsprogramme (wenigsten zeitweise) auf sich hin modifiziert und zentriert.

Die Ideologiegeschichte, die sozialgeschichtlichen Entstehungs- und Überlebensbedingungen sowie die gesellschaftlichen Funktionen dieses »Kernparadigmas« sollen hier völlig ausgespart werden: Obwohl dieses Thema ein wichtiger Treibsatz der Geographiegeschichte gewesen ist.

14. Da eine Begründung dieses Paradigmas im Sinne einer modernen Einzelwissenschaft nicht möglich war, mußte eine Begründung immer massiv politisch-weltanschauliche (bis vulgärphilosophische) Züge annehmen: meist über die Formel vom individuellen oder typischen Gesamtzusammenhang des Landes oder der Landschaft.

Die Geschichte der geographischen Methodologie (und in gewissem Sinne auch die Geschichte der wissenschaftlichen Geographie selbst) ist die variable politisch-weltanschauliche Legitimierung dieses »Gesamtzusammenhangs« 1. als ein einzigartiger Forschungsgegenstand und 2. als ein einzigartiger Praxis- und/oder Bildungswert. Die politisch-weltanschauliche Komponente wurde je nach den politischen Umständen bald stolz hervorgekehrt, bald entschieden verleugnet. Es gibt quasi nichts, was nicht schon zur Legitimation dieses Paradigmas aufgeboten wurde: Kant, die Lebensphilosophie, die »nationalsozialistische Weltanschauung«, die Hermeneutik, der kritische Rationalismus (um nur sehr weniges zu nennen); die Autoritätsberufungen spannen sich von Adolf Hitler über Karl Marx bis jüngstens zu Karl Popper. Was als Residuum durchgeht, ist das Paradigma, der Genotyp sozusagen, was wechselt, ist der Phänotyp, sind die Überbauten, die ideologischen Derivate, die zeitgebundenen Wegwerf-Vehikel.

15. Die erste wirksame dieser weltanschaulichen Begründungen lieferte Ritter; der Versuch Hettners, Ritter positivistisch zu reinigen (einen Ritter ohne Teleologie zu bieten), endete in Leerformeln; dann geriet das Paradigma in den weltanschaulichen Auf-

wind der zwanziger und dreißiger Jahre und wurde so (als »Landschaft« vor allem) gerettet.

Hettners Verhältnis zu den landschaftsgeographischen Neuerungen und Neuerern der universitären Geographie (die ihm um 1930 die Geographie in einen »Hexenkessel« zu verwandeln schienen) war auf der Ebene seiner literarischen Auseinandersetzungen auffallend zänkisch-polemisch; zugleich neigte er paradoxerweise dazu, all dies als »nichts Neues« abzutun, Das muß wie folgt interpretiert werden. Hettners »Tragik« war es, daß er (in positivistisch-aufgeklärtem Bewußtsein und im Namen der reinen und strengen Wissenschaft) eben das bekämpfen mußte, was seine leerformelhafte chorologische »Lösung« jetzt – in der gegebenen weltanschaulich-politischen Situation – erst hätte »verständig« machen und begründen können. Die Banse, Volz, Granö, Spethmann, Schrepfer ... versteht man – bei aller Verschiedenheit im einzelnen – am besten als diejenigen, die das Uraltparadigma der Geographie im Zeichen des Zeitgeistes und im holistischen Aufwind dieser Jahrzehnte reformulierten und so den Hettnerschen Formeln erst die nötige semantische Füllung sowie weltanschaulich-philosophische Substruktur und Legitimität nachlieferten, eine Substruktur, die, terminologisch vernüchtert und herabgetrimmt, bis in die sechziger und siebziger Jahre wirksam blieb: bis zu Neefs »Grundlagen der Landschaftslehre« und der »Allgemeinen Geosynergetik« Schmithüsens.

16. Die Lage der Geographie war also von vornherein diese: daß ihr Kernparadigma, ihre raison d'être vormodern und vorwissenschaftlich, jedenfalls im Kreis der modernen Wissenschaften prinzipiell nicht mehr zu legitimieren war. Dieser Kern lebte, wie wir schon betonten, unter anderem, aber für die Institution am folgenreichsten, als Schulparadigma (und Lehrerausbildungs-Paradigma) weiter und »legitimierte« sich zu einem Teil einfach auf diese Weise (gewissermaßen durch die normative Kraft des Faktischen), zum anderen durch zeitweilig gut honorierte Anpassungsleistungen weltanschaulich-politischer Art. Das Spektrum dieser »Leistungen« reichte von manifester Ideologie(nach)produktion bis zur glaubwürdigen Garantie vollkommener politischer und ideologischer Harmlosigkeit.

Dies ist die Situation bis heute. Die »wissenschaftliche Geographie« ist »legitimierbar« nicht als modernes Forschungsprogramm (oder als ein System bis Konglomerat moderner Forschungsprogramme bis Einzeldisziplinen), nicht als Einzelwissenschaft im Kreise der Einzelwissenschaften, sondern nur als das, wozu auch die kritische Rekonstruktion ihrer Ursprünge, ihrer historischen Lebens- und Überlebensbedingungen, ihrer historischen Zwecke und Verwendungszusammenhänge führt: als eine Art folk science oder Ethnoscience: z. B. als Stück einer allgemeinen politischen und politökologischen Bildung bis Erbauung für Lehrer, Schüler und Bürger.

17. Als »Volkswissenschaft« soll eine Disziplin bezeichnet werden, deren Existenz, Reputation und Alimentierung nicht oder nicht so sehr auf ihrer wissenschaftlichen und/oder technischen Effizienz (und heutzutage notwendig elitären) Kompetenz beruht. Eine »Volkswissenschaft«, sei sie nun akademisch und/oder schulisch etabliert oder nicht, lebt vielmehr vor allem oder ausschließlich davon, daß sie für außenwissenschaftliche Abnehmergruppen (direkt oder indirekt) weltanschaulich, ideologisch, politisch, politpädagogisch ... interessant ist: Also für Laienpublika, nicht zuletzt (aber nicht nur) für Laienpublika innerhalb der politisch, kulturell, literarisch führenden und/oder tonangebenden Gruppen.

Eine solche folk science gibt sich je nachdem romantisch, konservativ, reaktionär; populistisch, radikaldemokratisch, kulturrevolutionär, marxistisch; positivistisch, technokratisch, planungseuphorisch; gesellschaftstragend, gesellschaftskritisch; szientistisch, philanthropisch, pädagogisch ... Je anspruchsvoller die tragenden Laienpublika sind, umso mehr muß zumindest die akademische Dépendance einer solchen folk science eine »große Literatur« schaffen und/oder eine respektable Wissenschaft so genau wie irgend möglich zu imitieren versuchen. Daran gemessen, hatte die Geographie (relativ etwa zur Soziologie oder Geschichtswissenschaft) offensichtlich fast immer nur sehr mäßig anspruchsvolle Publika – wie überhaupt die Geographie eine nur sehr mäßig erfolgreiche folk science war und ist, die überdies ihre relativen Erfolge allem Anschein nach schon hinter sich hat. (Um mit Brecht zu reden: Auch auf dem politischen Strich ist die Geographie nicht sehr erfolgreich.) Den notwendig opportunistischen Charakter der akademischen Vertretung einer solchen Disziplin hat RAVETZ 1973, S. 449 beschrieben: »Die innere Schwäche des Faches setzt es in verstärktem Maße äußeren Einflüssen aus, und selbst veränderte Strömungen im Denken des Laienpublikums, wie sie durch persönliche Erfahrungen und populärwissenschaftliche Darlegungen bedingt werden, können zu einer Veränderung der Untersuchungsgegenstände führen. Die »volkswissenschaftlichen« Aspekte einer Disziplin können also auf die »wissenschaftlichen« zurückwirken; und wenn sich auch die einzelnen Arbeiten in diesen beiden Aspekten oberflächlich betrachtet sehr deutlich nach Stil und Inhalt unterscheiden, erfüllen sie doch sehr weitgehend nur verschiedene Funktionen in einem gemeinsamen Unternehmen«. Die ältere landschaftsgeographische und die jüngere ökologische Welle in der »wissenschaftlichen Geographie« sind gleichermaßen gute Illustrationen für das Gesagte.

Es gibt verwandte Disziplinen, die in ähnlicher Weise zumindest eine starke »volkswissenschaftliche« und »ideologieproduzierende« *Komponente* haben (etwa Geschichtswissenschaft und Soziologie). Aber auch ein Vergleich auf dieser Ebene fällt eher zuungunsten der modernen Geographie aus. Erstens scheint es sich selbst bei Soziologie und Geschichtswissenschaft (und ähnlich bei den Philologien) um forschungstechnisch und/oder definitorisch-theoretisch »härtere« Disziplinen zu handeln; außerdem haben ihre Forschungs- und Ausbildungsprogramme wohl auch einen höheren Grad an Eigenständigkeit und Autochthonie. Wie dem auch sei – wichtiger ist (zweitens), daß die Geographie auch als sinn- und ideologieproduzierende folk science ihnen gegenüber abfällt: gemessen an der (zugeschriebenen oder tatsächlichen) historisch–gesellschaftlichen Wirkung ihrer jeweils zentralen Ideen, gemessen an der intellektuellen Bedeutung ihrer »großen«, »klassischen« Autoren und Literaturen; gemessen schließlich an der Bedeutung ihrer Theoreme für die Selbst-, Sinn- und Zielreflexion der modernen Eliten.

18. Die »quantitative und theoretische Geographie« (und ihre »Revolution«) ist in ihrem Glanz wie in ihrem Elend der nur in Grenzen fruchtbare Versuch (gewesen), das vormoderne Kernparadigma der modernen Geographie nun der Moderne anzupassen; es war ein Versuch, auf diese Weise die Geographie als eine eigenständige »raumwissenschaftliche« Disziplin zu »retten«. (Die Gründe für die nur begrenzte Ausbau- und Zukunftsträchtigkeit dieses »spatial approach« sind in der Dissertation von U. Eisel systematisch diskutiert). Ironischer-, aber auch verständlicherweise wurde dieser einzig rele-

vante Versuch, die Geographie als Geographie und als eine Wissenschaft zu »retten«, von denen, die gerettet werden sollten, eher bekämpft als verstanden.

Anders formuliert: Die »quantitative und theoretische«, überhaupt die neue »raumwissenschaftliche« Geographie war ein Versuch, ein archaisches, in gewissem Sinne »vorkapitalistisches«, »vor-industriegesellschaftliches« Paradigma, welches im 18./19. Jahrhundert pragmatisch (statistisch-staatenkundlich oder auch in Form einer überschlägigen Ressourcenkunde) »verwissenschaftlicht« worden war, das im 19./20. Jahrhundert im Rahmen der Schul- und Universitätsgeographie länder- und/oder landschaftskundlich »verwissenschaftlicht« wurde, nun auf eine neue Weise gründlicher, und zwar so zu verwissenschaftlichen, daß es fortan nach Methodologie und Effizienz als moderne Einzelwissenschaft unter den modernen Einzelwissenschaften leben könnte.

Aus dem konkreten Menschen im konkreten Raum (und ihren spezifischen und typischen Symbiosen) wurde dergestalt der abstrakte Mensch im abstrakten Raum – im Extremfall der homo oeconomicus und seine Geometrien an der Erdoberfläche, »der homo oeconomicus und seine spatial patterns«; die Morphogenese der Kulturlandschaft mutierte zu den dynamics of spatial patterns, die Deutung der Kulturlandschaft aus den sie gestaltenden Kräften zur Erklärung der »spatial distributions« durch »movements«, »interactions«, »diffusions«.

Zwar ist im Kontext dessen, was »behavioral approach« oder »verhaltenswissenschaftliche Geographie« heißt, der homo oeconomicus zumindest programmatisch durch (abstrakte) Subjekte und Subjektivität ersetzt worden: Subjekte mit unterschiedlichen Raumperzeptionen und räumlichen Präferenzen, die sich »verhalten«, »entscheiden« und »anpassen«. Die Entwicklung der fortgeschrittensten Forschungspraxis (in- und außerhalb der Geographie) hat aber gezeigt, daß die Distanzvariable (wie »subjektiv« auch immer sie transformiert werden mag) und die »räumliche Perspektive« (wie immer sie auch durch Perzeptions- und Kognitionsgesichtspunkte differenziert werden mag) keinesfalls genügend hergeben, um eine fruchtbare Einzelwissenschaft (mit relativ eigenständigen Forschungsprogrammen und von der institutionellen Größenordnung etwa der heutigen Universitätsgeographie) zu definieren und zu legitimieren.

*Die an sich treffende Ausgangsformulierung , das Mensch-Erde-Paradigma der Geographie sei von Hause aus »archaisch«, »vor-industriegesellschaftlich« usw., darf man allerdings nicht zu einfach verstehen. Denn erstens war dieses »vormoderne«, im Hinblick auf seine Wurzeln sehr alte Mensch-Natur-Paradigma *auch* ein Bestandteil und Produkt der modernen Welt, also trotz aller Anknüpfung an vormoderne und schon antike Ideen keineswegs bloß ein Relikt, und es enthielt auch keineswegs eine verläßliche Abbildung der vormodernen Welt, wie sie wirklich war. Zweitens mußte der Geograph, der in diesem Muster dachte – also Geschichte und Gesellschaft/Kultur als Ergebnis einer Mensch-Erde- bzw. Mensch-Natur-Auseinandersetzung betrachtete – nicht unbedingt konservativ-fortschrittsskeptisch votieren (wenn er es auch vor allem im 20. Jahrhundert sehr oft tat); er konnte, wenn der Zeitgeist es nahelegte, innerhalb dieses Mensch-Erde-Paradigmas durchaus auch proindustriell-fortschrittsfreundliche Ideen kultivieren, z. B., indem er Industrie und Weltmarkt als eine progressive Intensivierung und Höherentwicklung der Mensch-Natur-Relation verstand. Man muß aber trotzdem festhalten, daß dieses strukturell retrospektive Paradigma grundsätzlich wenig geeignet war, angemessene Bilder der Welt des 19. und 20. Jahrhunderts zu liefern.*

19. Die Geschichte der modernen Geographie ist die Geschichte ihrer mißglückten Legitimationen als einer normalen universitären Wissenschaft. Deshalb gab es auch wohl niemals so etwas wie eine »normalwissenschaftliche Phase« in der Geschichte der Geographie. Die Dauerkrise der akademischen Geographie wurde mit der akademischen Geographie geboren. Der Mythos vom Ganzen, das Bewußtsein der Krise und die enorme Fähigkeit zu politisch-weltanschaulichen Anpassungsleistungen (die Konsumstärke im Ideologiebereich): Das waren und sind – neben ihrem vor- und volkswissenschaftlichen, ebenso unsterblichen wie weltanschaulich fungiblen Mensch-Erde-Paradigma – wohl die einzigen Kontinuitäten in der Geschichte der modernen Geographie. Zwischen 1880 und 1980 gibt es kaum ein Jahr, in dem nicht wenigstens ein respektabler Hochschullehrer der Geographie feststellt, die Geographie befinde sich (gerade wieder einmal) in einer schweren Krise; über ihr Wesen bestehe bei Geographen und Nichtgeographen völlige Unklar- und Widersprüchlichkeit; sie werde im Kreise der Wissenschaften nicht als eine Wissenschaft und im Kreise der Schulfächer nicht als ein vollwertiges Schulfach anerkannt. Die Dissertation von H.-D. Schultz präsentiert eine amüsante Revue von Belegen. Es gibt zwar Zeiten, in denen sich die Belege fürs Krisenbewußtsein stark verdichten, aber sie sind insgesamt doch kontinuierlich präsent.

Die hektische bis verzweifelte Suche nach dem unauffindbaren Gegenstand der Geographie ist so alt wie die Universitätsgeographie; ebenso alt ist die bewegte Klage um ihren verlorenen oder geraubten Gegenstand: Beide Topoi stehen in den Texten nicht selten unmittelbar nebeneinander. In den beiden Uralt-Topoi steckt, halbmythisch verformt, doch eine historische Selbsterkenntnis: Der »eigentliche« und »ureigene« Gegenstand der Geographie (jenes z. B. von Neef seit Jahrzehnten mit so monomanem Wiederholungszwang unter immer neuen Namen beschworene »konkrete Objekt«, jene »konkrete Wirklichkeit« in ihrem »Gesamtgefüge«, jene »volle irdische Wirklichkeit mit aller Komplexität und Mannigfaltigkeit«, deren Existenz eingestandenermaßen die Existenzberechtigung der Geographie, zumal der Länderkunde und der Landschaftsforschung ist, vgl. z. B. 1956, S. 85 ff.) – dieser »Gegenstand« ist in eben dem Augenblick verloren, in dem die Geographie ernsthaft eine moderne Wissenschaft sein will, und er kann in der »Welt« dieser Wissenschaften in der Tat nicht mehr aufgefunden bzw. (re)konstruiert werden. Eben dies mit allen möglichen und unmöglichen Mitteln zu verschleiern, ist die eigentliche, die systemische Funktion der »offiziellen«, immer apologetischen Methodologie der Geographen – bis hin zu ihren jüngsten Verrenkungen, die man bei E. Wirth studieren kann.

An dieser Stelle breche ich aus Zeitgründen meine schlechten Geschichten ab.

4. Die über-legitimierte Disziplin

Das wenigstens schattenhafte Bewußtsein der geschilderten Lage hat nun Folgen, die in dieser Kontinuität und Massivität bei anderen akademischen Disziplinen wohl kaum belegbar sind, auch nicht bei solchen, die in anderer Hinsicht eine gewisse Analogie zur Geographie darstellen.

Erstens: Die konstitutionelle Verwechslung von didaktischem und wissenschaftlichem Gehalt, von didaktischer und wissenschaftlicher Potenz geographieüblicher Ideen und Methoden. Die Münchner Sozialgeographie blühte nicht zuletzt deshalb an Hochschule und Schule, weil (um an dieser Stelle Ficks sicher nicht falsche Charakterisierung der gesamten Geographie von 1978 zu zitieren) auch hier die »geographischen Sachverhalte und Prozesse« so »anschaulich und leicht faßbar« sind, daß sie »jedem Schüler, jeder Altersstufe zugänglich und eingängig« blieben.

Das physisch-geographische Pendant ist der Geoökodidaktiker, der brauchbare Tafelbilder für den Unterricht entwirft, sich aber unter der Hand gern für einen Ökologen hält, der sich anschickt, die Umweltprobleme zu lösen: Eine typisch geographische Form des Größenwahnsinns. Die innergeographische Landschafts- oder Geoökologie nähert sich an fast allen ihren Publikations- und Forschungsfronten, wo sie nicht reine Programmliteratur ist, auffällig dem Charakter eines Volkshochschulkurses oder dem möglichen Inhalt eines Leistungskurses der gymnasialen Oberstufe; Neefs Landschaftskunde etwa ist als Anregung für Unterrichtseinheiten in der Sekundarstufe 1 ungleich brauchbarer als in der Planung oder gar im Kreise der »Umweltwissenschaften«, was unter Umständen ihre Brauchbarkeit zu Legitimations- und Verschleierungszwecken nicht ausschließt.

W. SPERLING charakterisiert (1978, S. 21 f.) trefflich, wie diese »folk ecology« fast unverändert in den Erdkundeunterricht der DDR eingeht, die Forderung nach gleichzeitiger Wissenschaftlichkeit und Ideologierelevanz (»das fachlich-ideologische Prinzip«) vorbildlich erfüllend: »Nach der neuesten Geographiemethodik ... kann man folgendes Bild entwerfen: Die Physische Geographie in der DDR hat eine Geokomponentenlehre entwickelt, die in der »Landschaftsanalyse« gipfelt. Dieses »Modell der Landschaft« wird in der 9. Klasse, also im Zuge der Pflichtschulzeit, in den Unterricht übernommen. Dabei sollen nicht nur Kenntnisse vermittelt, sondern auch theoretische Positionen im Sinne des Marxismus-Leninismus bezogen werden. Landschaftsanalyse im Geographieunterricht dient in hohem Maße der Systematisierung, d. h. dem Transfer der gewonnenen Begriffe in eine neue, höhere Begriffsebene. So leistet die Physische Geographie gleichzeitig einen Beitrag zur naturwissenschaftlichen und zur ideologischen Bildung.« Die analogen Ideologiegehalte und -funktionen in den Landschafts-, Geo- und anderen Ökologien der bundesrepublikanischen Geographie müssen hier aus Zeitgründen übersprungen werden.

Mit der genannten Verwechslung von wissenschaftlichem und didaktischem Gehalt und Wert ist nahe verwandt die zumindest in der deutschen Geographie typische Verwechslung von »Forschung im Gebiet x« und »Verfassen« bzw. »Vorliegen einer Einführung in das Gebiet x«, von »eine (eigene) Disziplin sein« und »eine (andere) Disziplin exzerpieren«. Die allgemeine Geographie ist (kaum pointiert) eine Disziplin von Einführungen in alles Mögliche ad usum delphini. Nicht selten und gerade in den qualitätvolleren dieser Einführungen entstammt kaum ein Promille der angeführten relevanten Fakten und Theorien einer originären Forschung innerhalb der Geographie. So gibt es (und vermutlich war das schon immer so) auf den meisten (und auch auf zentralen) Feldern der Geographie mehr gewichtige Einführungen, Lehrbücher und (natürlich) Programmschriften als gewichtige Forschungen auf dem Niveau der Bezugsdisziplinen. Die besten dieser Einführungen sind intelligente Exzerpte aus den betreffenden Fremddisziplinen (wenn auch mehr aus deren klassischen Lehrbüchern als von deren Forschungsfronten); weniger gut sind solche Einführungen, die den Ehrgeiz hatten, aus den Importen etwa spezifisch Geographisches zu machen, und am schlechtesten sind solche, die sich vorwiegend auf innergeographische (oder gar deutschgeographische) Literatur stützen. Die Beispiele auch aus jüngster Zeit liegen auf der Hand. Dem entspricht im mehr informellen Bereich die Tatsache, daß unter den ehrgeizigeren Geographen der jüngeren Generation seit einiger Zeit vielerorts private und organisierte Nachhilfekurse betrieben werden, in denen man aus der Literatur anderer Wissenschaften das zu rezipieren sich bemüht, was die Geographie angeblich immer schon ist und tut: Entwicklungs(länder)forschung. Raumwirtschaftstheorie, Regionalforschung, Ökologie, Systemtheorie und Modellbildung (usw. usf.).

Eine weitere Folge der im vorangehenden Kapitel umrissenen Situation ist die ausgeprägte Neigung zur Über-Legitimation, zur overstatement-Legitimation, zu einer Art argumentativem overkilling, die der Selbst- und Fremdüberredung gleichermaßen dienen sollen. Die geographischen Methodologen und Didaktiker machen seit über 100 Jahren die Geographie zu einer Wissenschaft vom Makro- und Mikrokosmos für Kopf, Herz und Hand, zur leider oft verkannten Mutter aller Wissenschaften, zum bildendsten aller Fächer. Den Über-Legitimationen auf seiten der Apologeten entspricht in spiegelbildlicher Widerspruchsbindung das argumentative overkilling auf seiten der »Illegitimationen«, d. h. auf seiten der Kritik: Das Kieler Manifest und dieses Referat mögen zur Illustration dienen.

Die (positiven) Über-Legitimationen berufen sich typischerweise 1. auf die Sache selbst, auf Sein und Seinstruktur, 2. auf den politischen Zeitgeist – genauer: auf die herrschende Zeitgeist-Fraktion (oder auf beides zugleich). Um die Topoi der Kürze halber in abstrakter und moderner Reinkultur des Jahres 1970 zu zitieren: Nach dem einen Autor sind die Geographie und ihre Einheit »begründet« in der »Integration der Seinsbereiche« (vgl. SCHMITHÜSEN 1970, S. 16 – und ähnlich seit Jahrzehnten); der andere setzt gleich beide Topoi ein: Einerseits: »die Gesellschaft verlangt« nach einer »wissenschaftlichen Geographie«, andererseits: »Die räumlich geordneten Verhältnisse erzwingen eine wissenschaftliche Geographie«, woraus folgt: »Es ist einfach Pflicht und Schuldigkeit«, wissenschaftliche Geographie zu treiben (vgl. OTREMBA 1970, S. 15 f.)

Die beiden Topoi haben mehr miteinander zu tun, als man auf den ersten Blick glauben mag. Der »Zeitgeist«, ein etwas undurchsichtiger Ausdruck für die herrschenden Ideen, redet den Leuten ein, wie die Welt wirklich ist: geschwollener ausgedrückt, er sorgt für den ontologischen Konsens – und zwar so, daß die Verhältnisse, wie sie gerade sind und oder ausgerufen werden, schließlich so aussehen, als seien sie die Seinsstruktur. Die Phantom-Loyalität des Geographen zur »Sache« oder zum Aufbau des Seins hat so seine reale Basis in seiner Loyalität zu den herrschenden (räumlichen) Verhältnissen.

In der älteren Literatur geht es blumiger zu. Um mich kurz zu fassen, ziehe ich aus meinen und Herrn Schultzens Zettelkästen eine Stichprobe und greife die Jahre 1916 – 20 heraus (einige Legitimationsformeln der 30er Jahre werden an anderer Stelle zitiert):

> »Die Wissenschaft der Geographie besitzt eine umfassende Geltung ähnlich der Philosophie, nur ohne Übersinnlichkeit, sondern mit festen Wurzeln im Erdboden, auf dem so mannigfache Dinge beisammen stehn ... Der junge Deutsche, der sich zum Staatsbürger eines Reiches entwickelt, das in gewaltigem Ringen sich Weltgeltung erstritten hat, bedarf der Möglichkeit, viele Bildungsstrahlen zum einheitlichen Licht einer Weltauffassung in sich zusammenfließen zu lassen; deshalb darf ihm die Unterweisung in einem Lehrfach nicht verkümmert werden, das da zeigt, »wie alles sich zum Ganzen webt, eins in dem andern wirkt und lebt«« (LAMPE 1916, S. 159 f.). »(Die Geographie) ist eine Wissenschaft, die nicht nur erd-, sondern weltumspannend ist, die die Gesetze der großen Harmonie des Lebens erforschen und im

> Weltganzen einen »Kosmos« erkennen will, (eine solche Wissenschaft) muß schließlich den Geist mit einem Schauer der Anbetung erfüllen vor der Größe der Schöpfung und ihres Meisters« (WAGNER 1918, S. 11). »*Die Erdkunde* ist in Wahrheit die *zentrale Wissenschaft*. Alle anderen Wissenschaften sind nach ihrem Wesen ... abgeleitete Wissenschaften. Trotzdem gibt es Wissenschaftler, die die Erdkunde zur Dienerin anderer Wissenschaften machen möchten. Damit muß es ein für allemal vorbei sein! *Die Erdkunde ist nicht Dienerin sondern Königin der Wissenschaften*. Wir erhoffen von der neuen Zeit, daß sie ihr (der Geographie) – vor allen Dingen durch Zubilligung einer ausreichenden Stundenzahl in allen Schulen – zu ihrem Recht verhelfen werde« (HARMS 1919, S. 68). Die Geographie hat, »wie es in gleicher Weise keiner Einzelwissenschaft beschieden ist, die Kraft, das philosophische Einheitsbedürfnis menschlichen Geistes zu befriedigen ... Die Geographie vereinigt so letzten Endes das Naturwirken und das Walten geistiger Kräfte zu einem großen, weitgespannten Zusammenhange, der den ganzen Weltprozeß umfaßt« (ROLLE 1920, S. 98; Hervorhebungen orig.).

Eine solche Disziplin ist selbstverständlich geeignet, alle alles zu lehren, und zwar von Grund auf und gründlichst – springen wir der Kürze halber gleich zu einem Text von 1978:

> »Als Bildungsfach präsentiert die Geographie im komplexen geistigen Umgriff die fundamentalen Kategorien Natur, Raum, Kultur und Gesellschaft. Dieses fachspezifische Prinzip läßt den jungen Menschen ein lebendiges Verhältnis zum Ganzen gewinnen. Indem er sich geographischer Grundeinsichten versichert, weitet sich sein Verhältnis sowohl in globalen Dimensionen wie im Bereich seiner unmittelbaren Umwelt und eigenen Selbstbestimmung. Die Geographie fördert in unverwechselbarer Weise erdkundliches Weltbegreifen und menschliche Selbstentfaltung« (FICK 1978).

Und all dies ist zu kleinsten Preisen zu haben:

> »Ob im Gelände angesprochen oder aus Quellen erarbeitet: geographische Sachverhalte und Prozesse sind anschaulich und leicht faßbar; sie sind jedem Schüler, jeder Altersstufe zugänglich und eingängig.« (ebd.)

Und dieses didaktische Über-Angebot wird seit 100 Jahren mittels der prinzipiell gleichen Potemkinschen Dörfer ausgeschrien:

> »Im komplexen Bereich der Raumforschung und Raumordnung, Landesplanung und Verkehrslenkung bilanzieren Geographen die Naturgrundlagen und menschlichen Aktivitäten, die konkurrierenden Interessen menschlicher Individuen und Gruppen. Herangezogen werden auch Aussagen und Regelerkenntnisse der Natur-, Geistes- und Sozialwissenschaften. Geographische Basiserhebungen übernehmen dabei die Funktion eines Bezugrahmens oder Koordinatennetzes für die Einzelbeiträge der Nachbardisziplinen ... Für die Analyse, Klärung und Ordnung der Umweltprobleme sind geographische Aspekte und Methoden unentbehrlich. Keiner anderen Fachwissenschaft sind vom Denkansatz und Instrumentarium her so optimale Voraussetzungen gegeben, die komplexen Inhalte, Kräfte und Interdependenzen der Raumrealität ins Bewußtsein zu heben. Im Rückbezug auf das räumliche Gesamtgefüge finden die untersuchten Einzelphänomene ihren eigentlichen Wert. Geographische Grundlagenforschung macht die vielfältige Beanspruchung des Raumes in allen ihren Auswirkungen und Zusammenhängen transparent ... Die Erfahrungen der Wirtschaftsgeographie in mehrdimensionaler Deskription und Interpretation ermöglichen, die Sicherheitsgrade und Fehlergrenzen wirtschaftsräumlicher Entscheidungen abzuschät-

> zen. Die wissenschaftstheoretisch abgeklärten Bezugssysteme der Geographie, insbesondere ihre mannigfachen Querverbindungen zu den Wirtschafts- und Sozialwissenschaften, garantieren profunde Einsichten in die Leitmotive der Wirtschaft, in Welthandel und Weltverkehr, in die funktionalen Beziehungen der Weltwirtschaftsräume sowie in die Chancen und Probleme supranationaler Zusammenschlüsse.« (ebd.)

Bei dieser Revue spielt heute stereotyp die Schwindelwissenschaft »Geoökologie« (oder wie immer man sie nennen mag) ihre zentrale Rolle; die Geographie

> »ermittelt die Ursachen und Konsequenzen der ein Ökosystem belastenden Gleichgewichtsstörungen. Sie erarbeitet Präventiv- und Lösungsvorschläge. Geographische Einsichten schärfen das Bewußtsein der Öffentlichkeit für die Bedeutung der Umwelt und die ihr drohenden Belastungen. Zunehmend verstärken sich geographische Untersuchungen über das Spiel der Geo- und Humanfaktoren im Ökosystem Umwelt-Mensch. Der Geograph liefert Daten und Grundkenntnisse über die Gesetzlichkeiten, Invarianzen und Systemzusammenhänge im bedrohten oder schon gestörten Naturhaushalt; seine wissenschaftlichen Erkenntnisse bieten Werkzeuge und Lösungen an, das Gleichgewicht wiederherzustellen.« (ebd.)

Die Topoi dieser Über-Legitimationen sind historisch-psychologisch dadurch verständlich und darin begründet, daß die Geographie wurzelhaft und in ihrem »Kernparadigma« tatsächlich eine (oberflächlich »verwissenschaftlichte«) Kosmologie und Kosmosphilosophie ist – eine Alltagskosmographie bzw. eine Ethnoscience vom »Ganzen« der »natürlichen Lebenswelt«. Die manifeste Absurdität der zitierten Über-Legitimationen besteht nicht zuletzt darin, daß sie argumentativ das Genus wechseln, d. h., eine folk science und ihre Qualitäten als eine moderne Super-Wissenschaft ausrufen. Pointiert: Eine verdrängte Selbsterkenntnis erscheint verkleidet in eine absurde Rationalisierung.

5. Der Opportunismus der Selbstdarstellung

Eine weitere Folge der geschilderten disziplinären Herkunft und Dauersituation ist eine Art von systemnotwendigem Opportunismus – d. h. eine Orientierung an kurzfristigen partikularen Vorteilen, eine Selbstauslieferung der Disziplin an die wechselnden politischen Umstände und Außensuggestionen, ein durch intellektuelle Skrupel fast ungetrübter Weltanschauungskonsum und eine fast animalische Witterung für die gerade herrschenden (oder heraufziehenden) politwirksamen Zeitgeist-Fraktionen. (Das ist etwas anderes als intellektuelles Modebewußtsein und intellektueller Schick: In dieser Hinsicht ist die geographische Literatur im Gegensatz zu großen Teilen etwa der soziologischen, literatur- und sprachwissenschaftlichen Literatur seit eh und je eher durch einen tumben Provinzialismus gekennzeichnet.)

Um keine Mißverständnisse aufkommen zu lassen: Es geht hier nicht um eine jener albernen bis giftigen Vergangenheitsbewältigungen, die in Deutschland immer wieder in Mode kommen und die meist nur illustrieren, daß da, wo ein Deutscher Vergangenheit bewältigt, man nur einer Sache ziemlich sicher sein kann: daß es nicht seine eigene Vergangenheit ist. Es geht hier nicht darum, ob irgendwelche Geographen irgendwelcher politischen Couleur waren bzw. diese Couleur den Umständen entsprechend ein- bis mehrmals gewechselt haben. Jenseits der Frage nach persönlichen Überzeugungen und Konversionen aber ist es für unsere institutionelle Betrachtung interessant, daß z. B. das gleiche Individuum exakt dieselben oder verbal leicht variierten wissenschaftstheoretischen Phantome – geographische Synthese, Integration, verwickeltes Kräftespiel und ganzheitlich-komplexes geographisches Denken – in den 30er Jahren unter dem Namen Länderkunde im unverwechselbaren Jargon der NS-Pädagogik als nationalpolitisch bildendes Fach sowie als »nationale Lebensraumkunde« anbietet und als Kernstück einer »nationalpolitischen Erziehung der Studentenschaft« empfiehlt (zum ideologischen Bezug und zur einschlägigen Terminologie vgl. etwa KRIEGK 1934); daß er dasselbe in den 50er und 60er Jahren unter dem Namen Landschaftsforschung (und unter Marx-Zitaten) der Territorialplanung der DDR verkauft und in den 70er Jahren wieder dasselbe unter dem Namen Geographie (tout court) den Umweltwissenschaften als »tragfähige Basis« sowie der Umweltgestaltung und dem »Umweltschutz der sozialistischen Gesellschaft« als »Basiswissenschaft« andient (vgl. z. B. NEEF 1935, 1969, 1972).

1935 vermerkt der Autor zu seiner Vision von geographischer Synthese, und vom später sogenannten »Geo-« oder »Landschafts(öko)system«, das alles sei noch »zum großen Teil Zukunftsmusik« (S. 26); 1972 meint er von der gleichen Vision, »dieser Entwicklungsschritt (dürfte der Geographie) keine unüberwindlichen Schwierigkeiten mehr bereiten« (S. 88) und kündigt eine Konzeption (!) an (S. 87): ein von Neef u. Co. seit Jahrzehnten unter manischen Wiederholungszwängen repetiertes Versprechen. Über 40 Jahre Zukunftsmusik – und was noch auffälliger ist: Der Geograph singt immer jedem, was er hören will (vermutlich ohne je wirklich loyal sein zu können).

[Nachtrag 2002:] Und noch zur Jahrtausendwende ist für den geographischen Geo- oder Landschaftsökologen sein langversprochenes und tausendfach beschworenes Geo- oder Landschafts(öko)system sowie sein »holistisches Modell des Landschaftsökosystems« vor allem eine »bestechende (!) Perspektive (!)« und ausdrücklich »mehr Zukunftsmusik (!) als reale Forschungsfront« (LESER 2000, S. 108 und 1997, S. 13). Welch wunderbare Treue der Geographen zu ihren Phantomen! Von Zeit zu Zeit fällt die Phantomhaftigkeit dieses Programms auch Geographen auf, jedoch erwartungsgemäß folgenlos (vgl. z. B. die kurze Diskussion in: Die Erde 2000, S. 61 ff., 39 ff., Geogr. Rundschau 2000, Heft 6 und 2001, Heft 3).

6. Didaktischer Opportunismus

Um eine weitere Illustration zum Thema »konstitutioneller Opportunismus einer substanzlosen Disziplin« zu geben, wähle ich einen Geographiedidaktiker. (Meine Illustrationen wären im übrigen noch eindrucksvoller ausgefallen, wenn ich mich für die verschiedenen Zeiten jeweils auf unterschiedliche Autoren bezogen hätte.)

1929 plädiert er aus dem Geist der späten Reformpädagogik für einen Unterricht vom Kinde her, diesem »Wesen von Eigenart, Eigenwert und Eigengesetzlichkeit«, »das (seine) natürliche Bestimmung in sich (selbst) trägt«. »Der Schulgeograph widmet sich dem Dienst am Schüler. Diesen hat er zu fördern«, der Unterricht ist »aus der Eigengesetzlichkeit unserer (sic!) jugendlichen Köpfe und Herzen zu entwickeln«, der »Stoffkreis« mit dem Interessenkreis der Schüler in innere Verbindung zu bringen«; »Wir müssen die Seele des Kindes zum Mitschwingen bringen, mehr noch bei den Mädchen als bei den Knaben.« Das Mittel dazu ist die Länder- und Landschaftskunde (»das Land, die Landschaft, die Ortschaft als Totalität im Kleinen«) – »sowohl weil es dem Wesen unseres Faches entspricht als auch weil es den Schülern ... zusagt«. Der reformpädagogische »Geist von Weimar« kongruiert glücklich mit dem Wesen der Universitätsgeographie, so sehr, daß ein solcher Geographieunterricht, der die Seelen der Mädchen zum Schwingen bringt, zugleich doch auch »den Schüler in jeder Beziehung willens und fähig macht, nach der Reifeprüfung, wenn er zur Universität geht, in ein geographisches Seminar einzutreten und hier mit Erfolg wissenschaftlich zu arbeiten«. (E. HINRICHS 1930, S. 240 ff.)

Im Jahre 1933 indessen – in einem Beitrag über »Nationalsozialismus, Erziehung und Geographie« – hat der Didaktiker seine geistigen Bezugspunkte gewechselt: Bezugspunkt ist nun (wie bei E. NEEF 1935) vor allem die »nationalpolitische Erziehung« (KRIEGK, 1. Aufl. 1932). Nun brandmarkt er eben jenen pädagogischen Geist von Weimar, dem er zuvor die Geographie so warm angedient hatte: den »Subjektivismus in der Kultur«, den »Pazifismus im Zusammenleben der Völker«, den »Liberalismus in der Wirtschaft«: und jetzt soll die Geographie ganz anderem dienen: nämlich der »aus triebhaften Untergründen des Volkstums« aufsteigenden neuen Ordnung; der »organischen Ganzheit« und einem »neuen Staat«; nun soll die Geographie dazu dienen, mit dem »Geist« des »liberalen Bürgertums« und der »marxistischen Arbeiterschaft« aufzuräumen: »Beider Geist soll ausgerottet werden, damit das deutsche Volk wieder zu Einheit und Macht aufsteigen kann« (249 f.).

Man muß die Institution im Auge behalten, um gegenüber dem Individuum gerecht zu bleiben. Es sind die Jahre, da ein Universitätsgeograph versichert, »daß wir jetzt nur noch eine Pflicht kennen: uns mit allen Mitteln, die unsere Wissenschaft bietet, in den Dienst des Staates und der Politik zu stellen« (OBST 1935, S. 6). Die Geographie biete sich, versichert ein anderer Geograph, geradezu »als Vorbild für eine allgemeine Neuordnung« der Wissenschaften an, »da sie bisher schon durch ihren Stoff und ihre Betrachtungsweise eine im Kern nationalsozialistische Wissenschaft war« (SCHÄFER 1936, S. 534). Ein späterer Ordinarius versichert, »mit gutem Recht« behaupten zu können«, »daß in ihr (der Geographie) mancher Gehalt steckt, der uns nicht nötigte, erst umzulernen« (BURCHARD 1936, S. 531). Der Vorsitzende des Verbandes deutscher Hochschullehrer der Geographie, L. MECKING, versichert 1934 (S. 1) der Behörde in einer Denkschrift zugunsten des Geographieunterrichts an den Schulen: »Es mag nicht viele Wissenschaften geben, bei deren Vertretern die neue Zeit mit ihren hohen Zielen ein solches Echo wecken kann und muß wie bei uns Geographen ... nun klingen uns ... Losungsworte wie »*Blut und Boden*« entgegen, die dem Inhalt und Ziel geographischer Forschung, der Synthese von Erde und Mensch, so nahestehen.« (Hervorhebung orig.) »Das liegt«, um wieder einen Didaktiker zu zitieren, »darin begründet, daß erdkundliches Denken weithin übereinstimmt mit dem, was gedanklich den Nationalsozialismus ausmacht« – nämlich »die Wechselwirkung von Land und Volk, ... organhaftes Kräftespiel im Erdraum« (vgl. SCHWEIZER 1935, S. 778).

Angesichts der zitierten Texte könnte ein naiver Leser zu dem Eindruck gelangen, daß dieses Schulfach und diese Wissenschaft nur noch durch Abschaffung entnazifiziert werden können. Er würde den opportunistischen Charakter, die institutionellen Bedingtheiten übersehen. Der Tenor dieser (beliebig vermehrbaren) Zitate aus der Nazi-Zeit ist zwar, daß der wahre Geograph immer schon ein Nationalsozialist war – aber es läßt sich in jüngerer und jüngster Zeit z. B. auch reichlich belegen, daß er immer schon ein Ökologe oder immer schon ein Regionalforscher gewesen ist. Der »Eigentlich-immer-schon«-Topos, die beliebig auswechselbare Anbiederung ist es, worum es hier geht, und dies geschieht nicht selten auch in viel subtileren Formen und Texten (die ich der Kürze halber hier nicht vorführe): Denn »oft ist es ungünstig, wenn der Eindruck entsteht, es werde Speichel geleckt, wenn Speichel geleckt wird« (B. BRECHT, Die Kunst des Speichelleckens. In: Der Tui-Roman, ed. Suhrkamp, S. 100).

Daß es auch in anderen folk sciences (wie etwa der Volkskunde) Parallelen gibt, tut im Rahmen dessen, um was es hier geht, folglich ebenfalls nichts zur Sache. (In der Germanistik und in der Geschichtswissenschaft z. B. liegen die Dinge allerdings schon etwas anders – von den Gesellschaftswissenschaften ganz zu schweigen: weil es hier im Gegensatz zur Geographie auch Gegenfraktionen gab, die eine qualitätvolle Gegenliteratur hervorgebracht haben.)

Kehren wir zu unserem Didaktiker zurück. In den 50er Jahren preist er die Länder- und Landschaftskunde zeitfolgerichtig als Mittel zur Entideologisierung: »Alle Geistigkeit, die den realen Boden unter den Füßen verliert, ist fragwürdig. Erdkunde bedeutet stets einen kräftigen Schuß gesunden Denkens und eine Sicherung gegen die weltfremden Theorien, Utopien und Illusionen, die der Menschheit so viel Leid bereiten.« (HINRICHS 1955, S. 13 F.)

In dieser Zeit verbreiteter Ideologie- und Politikphobie im posttotalitären Biedermeier empfinden und preisen die Geographen ihr Fach, für dessen entschiedene Politiknähe bis Politisierung sie in den dreißiger Jahren plädiert hatten (H.-D. Schultz hat die Belege präsentiert), in zeitgemäßer Weise als politisch neutral, besser: als un- und vorpolitisch. Es ist entsprechend die Zeit der scholastischen Methodologien und Systematisierungen im Stile Schmithüsens; diese Scholastisierungen waren geradezu ein Mittel manifester politisch-weltanschaulicher Neutralisierung bei latenter Bewahrung all dessen, was den Geographen in den (20er und) 30er Jahren politisch-weltanschaulich lieb und teuer gewesen war – und, noch wichtiger: bei offenkundiger Bewahrung des klassisch-geographischen Paradigmas.

1970 schließlich – und hiermit kommen wir zum Kieler Geographentag – haben sich die Argumente unseres Didaktikers für die Länder- und/oder Landschaftskunde noch einmal gewandelt, aber ihre Funktion ist immer noch die von 1930, 1933, 1955: Die Abschirmung der Geographie, wie sie ist.

> »Die Fachschaft der Geographischen Institute will den Professoren vorschreiben, was sie unter Geographie zu verstehen, was sie zu erforschen und wie sie zu lehren haben ... Aber es ist nicht daran zu denken, daß die Geographie-Professoren sich die Behandlung solcher Probleme bei der Ausbildung der Studenten ... von den Studenten vorschreiben lassen ... Leben wir in einer Demokratie, in der jeder tun und lassen kann, was er will, oder in einem kommunistisch regierten Land, in dem jedermann vorgeschrieben wird, was er tun und lassen soll ... ? ... die Professoren ... wollen nicht aufgrund augenblicklicher Zeitströmungen ... den Gegenstand ihrer Wissenschaft durch »Fragestellungen«, »aktuelle Probleme«, »problemorientierte Fragestellungen« ersetzen.« (1970, S. 35-37)

Man erhält den Eindruck vollständiger Fungibilität der ideologischen Derivate, während doch eines unverändert bleibt: Die Geographiedidaktik als Vorfeld-Bastion und Propagandaagentur der universitären Geographie.

7. Der Opportunismus der Forschungspraxis

Dem Opportunismus einer sich stets, wenn auch politisch nicht ganz wahllos andienenden Methodologie und Didaktik entspricht der Opportunismus auf der Ebene der Forschungspraxis: sowohl hinsichtlich der Wahl der Gegenstände und Themen wie hinsichtlich der Wahl der Variablen und Interpretationen. Ich beschränke meine Illustrationen diesmal auf die jüngere und jüngste Zeit, und hier liegt der Opportunismus der Geographen vor allem in ihren Exzessen an intellektueller (theoretischer) und politischer Harmlosigkeit.

Um zu illustrieren, erinnere ich das an sattsam bekannte Strandleben, dessen didaktische Qualitäten des öfteren gerühmt wurden. Das typisch Geographische an ihm ist nicht so sehr die hier waltende »räumliche Perspektive«, sondern die Tatsache, daß diese räumliche Perspektive hier 1. an einem schon an und für sich harmlosen Phänomen und 2. zusätzlich noch an einem ausgesucht harmlosen Strand demonstriert wird: Wo sich heiter Gleiche unter Gleichen räkeln; wo nur Natur die Menschen unterscheidet und auch die Marktphänomene (in Form von Eisverkäufern und ihrer Kundschaft) nur im menschenfreundlichsten Licht erstrahlen. Schon die Erwähnung einer Kurtaxe würde einen Hauch von sozialer Ungemütlichkeit über diesen Strand wehen lassen.

Selbstverständlich ist aber auch am Musterstrand Haggetts und des Lotsenbuchs all das anwesend, was Geographen traditionsgemäß sich schon zu nennen scheuten (vom Analysieren ganz zu schweigen): z. B., daß bestimmten Kategorien von Leuten aus schwerlich vertretbaren Gründen der Zugang zu bestimmten Positionen zugestanden, anderen aber verweigert wird. Die räumliche Perspektive trägt nun zusätzlich noch das ihre bei: sie ist (wie die landschaftliche) ein sehr geeignetes Instrument, dergleichen vollends unsichtbar zu machen. Die Distanzvariable schluckt die Probleme und Konflikte so wirkungsvoll wie einst die Landschaft es tat; infolgedessen ist dieser raumwissenschaftliche Strand schließlich so idyllisch wie weiland die landschaftliche Welt.

Gerade aus didaktischen Gründen hätte es naheliegen müssen, ein Beispiel oder doch wenigstens einen Strand zu wählen, wo weder das physiognomische Kinderauge des Landschaftsgeographen noch das raumwissenschaftliche Expertenauge des Modernisten das Ungemütliche hätten übersehen können: z. B. an einem südafrikanischen Strand. Hier wird ja auch die nicht ohne Grund so schulbuchbeliebte Daseinsgrundfunktion Sich-Erholen auf landschaftlich-sichtbare Weise räumlich »getrennt entwickelt«: Weiße sonnen sich, Inder verkaufen Eis (und beherrschen den Strandhandel), und Schwarzafrikaner sammeln den Müll auf (oder betreiben folkloristisch herausgeputzte persönliche Dienstleistungen); nach Erreichbarkeit und Qualität gestaffelt, folgen (sagen wir, in Abständen von 5 Kilometern) ein dicht belegter stadtnaher Europäerstrand, ein schütter besetzter Strand für Inder (wo sich Familien und/oder Kasten clustern) und ein abgelegener, fast leerer Strand für Schwarzafrikaner.

Soweit kann es kommen, wenn Wirtschafts- und Sozialgeographen (und sei es nur in ihrem furor didacticus) verschwitzen, daß »räumlich(-distanzielle) Phänomene« und »Probleme«, wenn man sie ihrer falschen Unschuld entkleidet, finanzielle, soziale, ökonomische, politische, juristische ... Probleme sind (oder doch – theoretisch, technologisch und politisch – oft ziemlich nebensächliche Bestandteile von solchen »nichträumlichen« Phänomenen und Problemen), daß die Distanzvariable weder etwas erklärt noch auch nur etwas sagt, wenn sie nicht als (meist sehr komplexer und diffuser) Indikator für Soziales, Ökonomisches, Politisches gelesen wird. »An sich interessant« ist und bleibt diese Welt der spatial patterns (wie die Welt der Landschaft) vor allem dem naiven Blick, dem Blick des (sozial- und naturwissenschaftlichen) Dilettanten sowie dem Blick dessen, der sich die politischen Probleme vom Leib halten will.

Diese Landschaft der spatial patterns kann für den Sozialwissenschaftler (nicht anders als für den Natur-, Geistes-, Kultur- und Geschichtswissenschaftler) im allgemeinen nicht mehr sein als ein Feld der Deskription, der Beobachtung und Operationalisierung, der Heuristik, des Blickfangs und der Hypothesenstimulation. Vom Standpunkt der Theorie und Erklärung aus handelt es sich fast immer um (oft ziemlich triviale und beiläufige) räumliche Konsequenzen nicht-räumlicher, »systematischer« Theorie: wahrscheinlich, weil es (außerhalb der Geometrie) keine spezifisch »räumlichen«, »geographischen« Theorien gibt. (Für »räumliche Probleme«, »Raumprobleme« im Kontext von Technik und Politik gilt durchaus Analoges.) »Raumtheorien«, »räumliche Theorien« gehören tatsächlich in die verschiedensten »systematischen« Theorien hinein, »Raumwissenschaftler« sollten endlich auch aus ihren didaktischen Träumereien die Suggestion tilgen, zur Betrachtung und Erklärung von »räumlichen Mustern« und »räumlichem Verhalten« gebe es so etwas wie spezifisch »geographische« bzw. »raumwissenschaftliche« Ansätze, »Erklärungen« und »Theorien«. Die auf den ersten Blick so eminent »räumlichen« Migrationsphänomene (und die entsprechenden sozialwissenschaftlichen Versuche der Theoriebildung auf diesem Gebiet) geben ein gutes Beispiel: Je mehr die Betrachtung die Phänomenebene, die Ebene der Vordergrund-Deskription verläßt, umso mehr verschwinden die räumlich-distanziellen Variablen zugunsten nicht-räumlicher Variablen und nicht-räumlicher theoretischer Terme. Für die spatial patterns, mit denen die diversen physischen Geographen zu tun haben (vom Klima bis zur Vegetation), gilt so offensichtlich Analoges, daß Illustrationen sich erübrigen.

Sicherlich liefern nicht-räumliche Theorien und Politiken ihre räumlichen Anwendungen und Konsequenzen noch keineswegs immer automatisch mit, etwa als leicht überschaubare triviale Konsequenzen: Insofern kann die räumliche Perspektive unter Umständen eine interessante Sonderfrage sein. Das gilt z. B. für den Bereich des physical planning im weitesten Sinne sowie, vor allem, beim Verständnis von Alltagsphänomenen, d. h. bei (z. B. didaktischen) Versuchen, landschaftliche und andere alltagsweltliche Impressionen, überhaupt augenfällige räumliche Konfigurationen mit theoretischen Interpretationen zu verknüpfen.

Eine gute Einführungsdidaktik müßte aber auch und eher dies demonstrieren: Daß die Distanzvariable, daß der räumliche Aspekt weithin (und zwar sehr häufig auch da, wo sie sich dem naiven Auge als Determinanten aufdrängen) meist sehr nachgeordnete bis völlig nebensächliche Folge- oder Epiphänomene sind – für Erklärung und Planung, für Theorie und Politik. Gerade das Strandleben ist sogar gut geeignet, die Illusion einer »Raumwissenschaft« zu demolieren – indem man z. B. zeigt, daß auch in diesem Fall alle »Theorien«, die auf diesem Strand »räumliche Muster«, überhaupt »Räumliches« erklären, Konsequenzen (»abgeleitete Theorieteile«) von »systematischen«, nicht-räumlichen, nicht-raumwissenschaftlichen und in diesem Sinne nicht-geographischen Theorien sind, die keinerlei Angaben über spatial patterns und räumliche Distanzen mehr enthalten; daß man die »räumlich-distanzielle« Phänomen- und Sprachebene im allgemeinen am besten als eine (aber keineswegs die einzige oder auch nur eine besonders wichtige) beobachtungssprachliche Operationalisierungsebene von nichträumlichen Theorien auffaßt.

Die Realitätsverdrängungen des »Strandlebens« (das hier zur Illustration dessen stehen sollte, wozu eine »räumliche« oder »raumwissenschaftliche« Betrachtung fähig oder unfähig sein kann) werden wohl noch übertroffen von der Frankfurt-Münchner Sozialgeographie, dieser vielleicht gemütlichsten Soziologie, die es je gab: Die mehr oder weniger machtlosen (sozialstatistischen) Betroffenengruppen an der »sozialen Basis« und ihre Bedürfnisse wurden schon im Programm als die raumwirksam handlungsfähigen, ja entscheidenden Gruppen und Bedürfnisse ausgerufen: Eine geradezu karnevalistisch verkehrte Welt, welche nun weithin die modernen Schulbücher und Unterrichtseinheiten beherrscht.

Der kurzgeschlossene Gedankenkreislauf von den »Grund«bedürfnissen über die Raumbewertungen und räumlichen Aktivitäten zu den verorteten Bedürfnisbefriedigungen oder raumrelevanten Verhaltensweisen: Diese »Theorie« ist eine griffige Formulierung dessen, was man gelegentlich als das »entmündigte Konsumentenbewußtsein« bezeichnet hat – als jenen »gesellschaftlich notwendigen Schein« einer prästabilierten Harmonie der jeweiligen Bedürfnisse und der Möglichkeiten, sie zu befriedigen: Die Ruppert-Schaffersche Welt, das ist die Welt als Warenhaus und/oder Erholungslandschaft. (Vgl. RUPPERT und SCHAFFER 1969; MAIER, PAESLER, RUPPERT und SCHAFFER 1977.)

Die Ruppert-Schaffer-Theorie ist außerdem eines der vielen typisch geographischen Arrangements zur Umgehung sozialwissenschaftlicher Theorie. Nachdem (sozusagen) der funktionsentmischte Flächennutzungsplan zu einer hochplausiblen Trivialanthropologie der Grundfunktionen umstilisiert worden war, konnte man sich bei dieser »fundamentalen« Theorie beruhigen (bei diesen common sense-Prämissen und common sense-Begriffen, die selbst Wirth 1977 »irgendwie fast ein wenig selbstgebastelt« findet). So konnte man leicht übersehen, daß schon jeder Versuch zur Systematisierung allein der Liste und der »Träger« der Daseinsgrundfunktionen in intellektuell anspruchsvolle und zumindest disziplinpolitisch brisante theoretische Probleme hineingeführt hätte: Denn diese Systematisierung hätte natürlich sehr verschieden ausfallen müssen, je nachdem, ob sie z. B. in einem »verhaltenswissenschaftlichen« Theorierahmen, einem systemtheoretischen (»strukturell-funktionalen«) Theorierahmen oder einem konflikttheoretischen Theorierahmen vorgenommen worden wäre (um von einem marxistischen einmal ganz zu schweigen). In dieser Sozialgeographie war (bis auf einige Anleihen im Bereich der Datenerhebung) die gesamte Sozialwissenschaft, zumal die ganze sozialwissenschaftliche Theorie ausgesperrt – was freilich stillschweigende »funktionalistische« oder behavioristische Hintergrundannahmen trivialer Art nicht ausschloß. Dergestalt war von vornherein schon ein schlichtes Weiter-Fragen wenn nicht ganz blockiert, so doch ferngerückt, etwa die Frage nach der sozialen Genese und Transformierung dieser Daseinsgrundfunktionen sowie die Frage nach den sehr ungleich verteilten strukturellen Privilegierungen und Restriktionen bei den Versuchen, sie zu befriedigen.

Gehen wir einmal aus von der plausiblen Hypothese, daß eine sozialwissenschaftliche Theorie oft genau dort unklar und anonymisierend wird, wo der Sozialwissenschaftler aus Opportunitätsgründen keine veränderbaren Variablen und Relationen sieht, sehen will oder sehen darf: An diesem Kriterium gemessen, lebten und leben Natur- und Kulturgeographen, Sozial- und Ökogeographen in einer Welt, die nur noch an der äußersten Oberfläche variabel war und ist, ansonsten aber so ewig und stabil wie Schmithüsens landschaftliche Seinsstruktur.

Man vergleiche nur die Auflösungsschärfe geographischer Beschreibung in harmlosen Bereichen und ihre Unschärfe in brisanten: etwa ihre akribischen Bautypologien und ihre diffuse soziale Welt, ihre parzellenpräzise Erfassung landschaftlicher Indikatoren mit der Vagheit in der Beschreibung dessen, was diese Indikatoren an Sozialem indizieren sollten; die skurrile Exaktheit, mit der geographische Ökologen »Bio-Indikatoren« für »Raumbewertung« und »Umweltbelastung« beschreiben, ohne daß man erfährt, welcher Raum welcher Gruppe dadurch als wie bewertet oder belastet indiziert ist; die relative theoretische Fülle und Präzision der modernen Schulbücher, wenn es um Bodentypen und Geosynklinalen geht, mit der theoretischen Armut und Anonymität in Texten, wo es um soziale und politische Phänomene geht.

Im Vorfeld dieser Praxen sind die Metatheoretiker und Didaktiker der Geographie pausenlos damit beschäftigt, alle auch nur potentiell kritischen Ideen systematisch auszusieben – oder auch, sie durch Trivialisierung und systematische Mißverständnisse systemadäquat zu entschärfen. Der Robinsohn-Ansatz wurde dergestalt auf eine Propaganda für das Weltbild der Münchner Sozialgeographie heruntertrivialisiert; der Terminus »Emanzipation« bedeutete bald in etwa das Gegenteil von dem, als was er in seinen originalen Kontexten intendiert war (und wurde bei geographiedidaktischen Autoren mehr oder weniger ein euphemistisches Synonym für »Anpassung«); das »Strukturgitter« wird tendenziell aller gesellschafts-, wissenschafts-, disziplin- und bildungskritischen Potenz beraubt und so zum Instrument einer disziplinorientierten Didaktik und zu einer Passepartout-Legitimation fachwissenschaftlicher Kategorien und Inhalte in der Schule (vgl. zum Vorstehenden SCHRAND 1978). In der fachwissenschaftlichen Methodologie sind die Bartels-Zitate eine unerschöpfliche Fundgrube für solche Trivialisierung und Entschärfung; einen gewissen Höhepunkt solcher Strategien stellen die jüngsten Arbeiten von E. Wirth dar, der es z. B. fertigbringt, die bisherige Kritik an der Münchner Sozialgeographie auszuschreiben und dabei fast jeden einzelnen dieser kritischen Gedanken solange an seiner Logik und an seinem kritischen Kern zu kastrieren, bis er sich in ein Plädoyer für die traditionelle Geographie verwandelt. (Ich muß mir an dieser Stelle das Vergnügen versagen, die Textinterpretationen im einzelnen auszuführen.)

8. Die disziplinäre Situation

Kommen wir zur heutigen Situation der Geographie zurück. Die heutige Situation der wissenschaftlichen Geographie ist, pointiert gesagt, eine altbekannte: Ein vorläufig gesichertes Überleben ohne legitimen Inhalt; institutionelle Zementierung, aber ohne intellektuelle Legitimation und – wenn man die Geographie als eine wissenschaftliche Einzeldisziplin, nicht als eine Didaktik betrachtet – ohne auch nur ein einziges zukunftsträchtiges Eigenprogramm.

Dieser Situation ist man sich zwar wenigstens schattenhaft bewußt; dieses Bewußtsein wird aber stets mittels Methodologie und Fachdidaktik verleugnet, und die Zwecke der Disziplin, auf die eine kritische Rekonstruktion ihrer Genese und Geschichte führt, müssen stets unter Tabu gehalten werden.

Um die pointierte These in ein (entlehntes) Bild zu kleiden: Die Geographen gleichen einer Gruppe von Zechbrüdern, die sich an einen Laternenpfahl lehnen und in ihrer Euphorie glauben, sie hielten auf diese Weise das ewige Licht der Geographie aufrecht. In Wirklichkeit halten sie aber nur sich selber aufrecht, und auch das nur, weil die Laterne sie aufrechterhält. Die Institution selbst als solche ist ihr Halt, und so geistesabwesend sind sie auch wieder nicht, um dies nicht wenigstens dunkel zu ahnen.

Wie verhält sich eine solche Institution, wie verhält man sich im Rahmen einer solchen zugleich leeren und festgeschriebenen Institution? Dies ist nun ein klassisches Thema der klassischen Soziologie (wie es in wohl abstraktester und »theoretischster« Form Talcott Parsons in »The Social System« behandelt hat); an dieser Stelle müssen einige Andeutungen genügen.

Zumindest halbbewußt und in den Augen ihrer aufgeklärten Mitglieder gibt es (nun) keinen argumentativ annehmbaren »typisch gleichartig gemeinten Sinn« der Institution (mehr), keine institutionellen Ziele, die zu relativ gleichartigen und als legitim empfundenen subjektiven Motiven ausgearbeitet werden könnten. Sozialisation, Identifikation und Identität von Geographen werden sehr schwierige Kapitel (ausgenommen natürlich für Naivlinge und Zyniker); wissenschaftliche Konformität innerhalb der Disziplin als mehr oder weniger unmittelbares subjektives Bedürfnis wird unwahrscheinlicher, und private Motive schlagen (verschleiert oder unverhohlen) stärker durch als bisher: Karrierekalkül, persönliche Macht und – am sympathischsten – fun morality, d. h. persönlicher Spaß.

Um einige weitere Folgen solcher Sozialsituationen anzudeuten: Ein Nebeneinander von zwanghaftem Konformismus und zwanghaftem Non-Konformismus, beides in aktiver und passiver Variante; das Spektrum reicht von den McCarthys bis zu den Sekten und Beatniks der Geographie, von den Traditionspäpsten bis zu den Individualanarchisten der Innovation – wobei der Eindruck von Anarchie und Häresie schon deshalb immer naheliegt, weil in einer substanzlosen Wissenschaft jede innovatorische Regung notwendig zentrifugale Innenwirkungen zeitigt. Fernerhin eine seltsam ambivalente, nikodemische Haltung, bemerkbar vor allem bei manchen jüngeren Geographen, die sich in ihren Publikationen wie in ihrem disziplinären Sozialverhalten abmühen, gleichzeitig ihre emotional verankerten Konformitäts- *und* Abweichungsbedürfnisse zu befriedigen. Künftig dürften Formen passiver Abweichung deutlicher hervortreten, die bisher wohl deshalb nicht so sehr auffallen, weil sie prinzipiell nur mangelhaft sichtbar sind: Von Motivationsstörungen bis Apathie und Absentismus. In einem solchen Sozialmilieu sind auch die üblichen moralischen Standards nur noch schwer anwendbar; jenseits des engeren Kreises der weithin sichtbaren Päpste und Ketzer ist z. B. der blanke Opportunismus von wertvoller Lebensklugheit kaum noch zu unterscheiden – beides verfließt leicht in einem zweideutigen Attentismus, der vorsichtig abwartet, wer wohl gewinnen wird, um dann erst (karrieregerecht) zu optieren.

Nachbemerkt sei, daß das Gesagte zwar in solchen Phasen deutlicher hervortritt, in denen das Bewußtsein der realen Situation weniger gut verdrängt werden kann; tendenziell handelt es sich aber wohl um eine Art Dauerphänomen der Geographiegeschichte.

9. Ein Hauch von Korruption

In diesen Zusammenhang gehört schließlich der Hauch von Korruption, der über der Disziplin liegt. Korruption in einer Wissenschaft besteht natürlich nicht so einfach darin, daß Banknoten gegen Gefälligkeiten getauscht werden; Korruption in einer Wissenschaft ist etwas Subtileres, aber die Basis ist dieselbe.

Man kann eine Tätigkeit als korrupt bezeichnen, wenn die tatsächlich verfolgten Ziele so sehr in Widerspruch zu den vorgeblichen, öffentlich deklarierten Funktionen einer Institution stehen, daß das Vertrauen der Klienten (oder der Öffentlichkeit schlechthin) mißbraucht wird. »Gelegentlich gibt es flagrante Fälle von Korruption (in einer Wissenschaft), aber häufiger gedeiht sie in einem Zwielicht von Zweideutigkeit; sowohl die Divergenz der Endzwecke als auch das Bewußtsein von dem Bestehen einer solchen Divergenz sind nicht genau umrissen. Es ist daher möglich, daß ein Mensch in einer korrupten Atmosphäre arbeitet, ohne selbst korrumpiert zu sein. Wenn er sich des Zustandes nicht bewußt oder wenn er völlig zynisch ist oder wenn er schließlich die Fähigkeit zur doppelten Moral hat, kann er seine persönliche Integrität bewahren. Für gewöhnlich aber (gibt es) ein schattenhaftes Bewußtsein, daß die Dinge nicht so sind, wie man behaupten muß, daß sie seien ... Und eine solche Erkenntnis führt zumeist zu einer Aufrechterhaltung und Verstärkung des korrumpierten Zustandes; die Angst vor Bloßstellung wird zu einem beherrschenden Motiv, und die ganze Gruppe wird durch gegenseitige Erpressung zusammengehalten. In einer solchen Situation gewinnen die schlechtesten Elemente Macht über die besseren, und die Erfüllung der vorgeblichen gesellschaftlichen Funktionen ist das letzte, worauf bei individuellen und kollektiven Entscheidungen Rücksicht genommen wird.« (RAVETZ 1973, S. 469 f.)

Die Funktionäre einer solchen Institution können selbstverständlich im beschriebenen Sinne korrumpiert sein, ohne direkt das private Interesse persönlicher Vorteile oder eines persönlichen Gewinns zu verfolgen: Sie können korrumpiert sein »bloß dadurch, daß sie es (wie halbbewußt auch immer) einerseits für unmöglich erkennen, die (deklarierten) Absichten (der Institution) ... zu verwirklichen, und für ebenso unmöglich, den Bankrott (der Institution) einzugestehen« (S. 470; Zusätze in Klammern von mir).

Die Geographie ist in der Tat seit längerem in der Lage einer Firma, die Lieferungen verspricht, obwohl sie weiß, daß sie die Zusagen nicht wird einhalten können, und die auch gar nicht die Absicht hat, diese zu erfüllen – gleichzeitig aber unter den herrschenden Bedingungen meist fest darauf vertrauen kann, daß ihr dies zumindest mittelfristig keinen Schaden bringen wird.

In einer solchen Disziplin geschieht schließlich fast alles Offizielle (von der Annahme und Ablehnung von Manuskripten über Berufungsgeschichten bis zu den Verlautbarungen der Verbände) hinter einem Schleier von Argumenten, von denen jedes Mitglied der Institution zumindest halbbewußt weiß, daß sie bloß vorgeschoben sind, daß sie nicht intellektuell, sondern nur taktisch gerechtfertigt werden können – und als einzig funktionierendes Kriterium bleibt schließlich übrig, daß gut ist, was der Firma nützt. In einer solchen Disziplin funktionieren die internen und externen Qualitätskontrollen begreiflicherweise nur schlecht; was vor allem kaum noch funktioniert, ist sichtlich die Entmutigung mittelmäßiger bis schlechter Arbeiten, von »shoddy science« und »pointless publications« (die zentrale Funktion wissenschaftlicher Qualitätskontrolle).

Die Bemühungen einer solchen Firma laufen folgerichtig immer darauf hinaus, die Kontrollorgane teils auszuschalten, teils zu bestechen. Ausgeschaltet wurde die (Selbst-) Kontrolle an den analogen Nachbardisziplinen: Die exzeptionalistischen Theoreme hatten und haben genau diese Funktion. Bestochen wurde (von wenigen Phasen der Disziplingeschichte abgesehen) die Didaktik des Faches.

Eine Fachdidaktik zu bestechen, ist wohl für keine Fachwissenschaft allzu schwierig: Der Zustand der PH-Fachdidaktiken illustriert es. Wie soll ein unkorrumpierter Fachdidaktiker schon sein Brot verdienen und Reputation gewinnen? Welcher Didaktiker kann schon sein Fach (oder auch nur große Teile davon) überflüssig finden oder die betreffende Universitätsdisziplin (ganz oder auch nur großenteils) für didaktisch irrelevant halten? Welcher Fachbereich beschäftigt schon einen (Fach)Didaktiker, der nicht sein Fach, so wie es ist, zu didaktisieren verspricht? Und welcher Geographiedidaktiker spekuliert bei dem bestehenden Reputationsgefälle nicht auf Zuteilung von Reputation von seiten der »Fachwissenschaft« – als Prämie für disziplinäres Wohlverhalten?

Eine solche Fachdidaktik hat im allgemeinen nur noch dem Anschein nach Interesse und Nutzen der Klienten oder Adressaten im Auge; sie funktioniert kaum noch als Anwalt der Klienten oder Adressaten von Wissenschaft – etwa als Anwalt von »Bildung«, Schüler(interessen), Gesellschaft oder Gesellschaftsteilen (wie immer diese externen Instanzen präzisiert und interpretiert werden mögen). Eine solche adressatenzugewandte Komponente oder auch nur erziehungswissenschaftliche Orientierung würde die Fachdidaktik ja zur möglichen Quelle auch von disziplinkritischen Ideen machen. Die didaktischen Phraseologien mögen das noch verkünden: Tatsächlich fungiert die Geographiedidaktik weithin als verlängerter Arm der Fachwissenschaft, als Agentur für die Propaganda des fachwissenschaftlichen Welt- und Selbstbildes, als Transformation von Fachwissenschaft in Unterrichtseinheiten. Die didaktische Theorie schrumpft schließlich zusammen auf ein Repertoire opportuner (methodologischer, wissenschafts- und bildungspolitischer) Argumente im Überlebenskampf der Disziplin, auf ein Repertoire von Gemeinplätzen im Kampf um Stundentafelanteile. (Äußerstenfalls hat die Fachdidaktik noch die Funktion, die internen Legitimationsideen der Disziplin mit den jeweils geltenden externen Bildungsinteressen und Ideologien in einen verbal plausiblen Zusammenhang zu bringen.) Selbst die rebellischste Geographiedidaktik war, wie es im Rückblick aussieht, so etwas wie eine disziplinäre Propagandaagentur – nämlich der Münchner Sozialgeographie (im weitesten Sinne).

10. Strategien: 1. Das heimliche Wechseln des Faches

Nach den vorangegangenen Überlegungen kann man wohl realistischer über Strategien nachdenken. Es geht im folgenden – was von den Teilnehmern dieser Tagung her nahegelegt wird – zunächst um Strategien für solche Geographen, die bereits im Hochschulbereich etabliert sind. (Strategien für Studenten müssen anders aussehen; sie werden nicht expliziert, aber implizit mitbehandelt.)

Außerdem geht es um individuelle Strategien, nicht um Strategien für »die Geographie« (für die Institution Geographie): Denn Strategievorschläge für »die Geographie«, Antworten auf die Frage, was »die Geographie« sein und tun soll, bekommen leicht und vielleicht sogar fast immer etwas Surreales und Illusionäres – es sei denn, sie reproduzierten und legitimierten nur, was ohnehin so läuft. Solche Vorschläge für »die Geographie« (wie a fortiori solche für »die Wissenschaft«) täuschen wohl (fast) immer Handlungsspielräume und eine Kenntnis künftiger Randbedingungen vor, die meist nicht im entferntesten vorhanden sind. Nicht zuletzt vergißt man, daß für die Normierung der öffentlich-gesellschaftlichen Funktion, die eine Institution auszuüben hat – wie auch für die Legitimation dieser Institution und ihrer Aufgaben – de facto wie de jure nicht oder doch nicht nur die Mitglieder dieser Institution zuständig sind: Wie demokratisch auch immer es unter ihnen zugehen mag. Wer also z. B. die Institution Geographie verändern will, sollte nicht so sehr versuchen, die Geographen zu verändern als die historisch wahrscheinlich sehr stabilen Erwartungen der Öffentlichkeit gegenüber der Geographie.

Für einen jungen oder jüngeren Hochschulgeographen gibt es in der Situation, die in den vorangehenden Kapiteln beschrieben wurde, wohl nur noch zwei respektable Strategien.

Die erste Strategie, die Ihnen von einigen Geographen weniger vorgeschlagen als vorgelebt wird, besteht darin, außerhalb der leitenden Tradition der Geographie etwas Sinnvolles zu tun, und das heißt in der Konsequenz: nicht institutionell, aber inhaltlich das Fach zu wechseln. In einer diffusen Disziplin ist so etwas oft schwer wahrzunehmen und nicht leicht zu sanktionieren.

Was dies für einen physischen Geographen bedeutet, habe ich andernorts (1978) beschrieben: Stilles Überwechseln in jeweils sehr verschiedene Außen-Disziplinen (was gegenüber der Institution und im Interesse der innergeographischen Karriere leicht hinter geoökologischen Phraseologien verborgen werden kann).

Solche Fälle mehren sich. Nicht selten ist es sogar so, daß ein physischer Geograph de facto das Fach gewechselt hat und längst (mehr oder weniger gut) dasselbe tut, was in irgendeiner anderen, nichtgeographischen Disziplin mit Selbstverständlichkeit getan wird, sich aber selbst (z. B. mittels der genannten geoökologischen Phraseologien oder anderer Über-Legitimations-Formeln) mit Erfolg einredet, gerade auf diese Weise ein »echter« Geograph zu sein, ja vielleicht sogar die »eigentlichste« Geographie zu treiben. Ein solches »objektiv falsches Bewußtsein« ist subjektiv befriedigend und im Hinblick auf die Karriere auch funktional: Daher seine Verbreitung.

Für den Kultur- bzw. Wirtschafts- und Sozialgeographen bietet sich heute nach der Meinung einiger jüngerer Geographen z. B. die Regionalforschung i. w. S. an. Sie ist heute (noch) keine konsolidierte, »gehärtete« Disziplin (und wird es möglicherweise nie werden), sondern eher ein relativ diffuser Komplex von Subdisziplinen unterschiedlicher Stammwissenschaften. Sie rekrutiert sich noch nicht ausschließlich aus sich selbst, ihre Ausbildungs- und Forschungsprogramme sind entsprechend heterogen und teilweise (noch) sehr offen. Als ein Komplex von relativ unentwickelten und offenen Forschungsfeldern bietet sie auch einem Geographen (noch) eine gewisse Chance, an der ernstzunehmenden Forschung und Publikation teilzunehmen, sofern er sich einen gewissen Hintergrund (z. B.) in Ökonomie und Ökonometrie verschafft.

Diese Strategie hat Vor- und Nachteile. Ein erster Vorteil besteht darin, daß Sie etwas tun bzw. sich in etwas hineinarbeiten, was Ihre intellektuellen Ansprüche an sich selbst und ihr Bedürfnis nach seriöser wissenschaftlicher Reputation mehr befriedigen könnte als das, was sie längs der herrschenden Traditionslinien der Geographie (weiter)treiben würden. Zweitens: Ein solcher heimlicher Wechsel des Faches wird Ihnen heute, geschickt verfolgt, auch nicht mehr unbedingt die innergeographische Karriere verderben. Sie tun ja etwas, was auch die wissenschaftliche Geographie zu tun vorgibt –

wenn man nur auf die Parolen sieht, nicht auf die wirklichen Bestände; zumindest können Sie das, was sie tun, im Rahmen einer innergeographisch akzeptablen »raumwissenschaftlichen« Phraseologie unschwer als eine Art »echter Geographie« umschreiben. Ja, jeder Geograph, der (im weitesten Sinne) empirische Sozial- oder Wirtschaftswissenschaft treiben will, kann sich in diesem Sinne mit dem Etikett »Regionalforschung« – taktisch noch besser: »geographische Regionalforschung« – schützen. Sicher gibt es funktionale Äquivalente.

Der erste Nachteil ist die intellektuelle und vor allem autodidaktische Anstrengung, die Sie bei diesem »Fachwechsel« auf sich laden. Der zweite Nachteil ist die zumindest gespaltene Loyalität und psychische Zusatzbelastung, in die Sie sich bringen. Sie sind ja nun in keiner Disziplin (mehr) ganz zu Hause; Sie lesen bald fast nur noch Publikationen von Nicht-Geographen (zumindest fast nur noch Literatur außerhalb der deutschsprachigen Geographie) und haben bald vorzugsweise außergeographische Informationsbeziehungen, ohne doch einer dieser anderen Disziplinen formell anzugehören.

Ein weiterer Nachteil ist, daß Sie, wenn Sie nicht gerade sehr glücklich lokalisiert sind, in Ihrem Institut eine Jeckyll-and-Hyde-Existenz führen müssen (was den notwendigen Arbeitsaufwand ebenfalls vermehrt): »tags« Ausbildung von Geographielehrern, »nachts« (z. B.) Regionalforschung – bei wachsender inhaltlicher Distanz der beiden Bereiche. Daß eine Sozialwissenschaft so schlicht und unmittelbar adressatenzugewandt ist, daß sie von der Sekundarstufe über die Lehrerausbildung bis zur Forschungsfront nach etwa gleichen Kategorien und Inhalten unterrichtet und betrieben werden kann, so daß (auch individuell) eins das andere befruchtet – das gilt nur in den glücklichen Augenblicken erster Anfänge und Primitivstadien, wie z. B. für große Teile der deutschen Sozialgeographie und Landschaftsökologie teilweise bis heute.

Schließlich: Was wird das für eine Lehrerausbildung sein, die von Leuten betrieben wird, die zwar in und von geographischen Instituten und Stellen leben, aber – womöglich neben einem hohen Lehrerausbildungs-Lehrdeputat im Rahmen fester Studienpläne – »eigentlich« Regionalökonomie, Hydrologie, Geobotanik, Quartärgeologie, Bodenkunde, Sedimentologie, Meeresbodenmorphologie, eine spezialisierte Geophysik der Atmosphäre oder ökologische Zoologie betreiben und die für entsprechende individuelle Freiräume kämpfen müssen? Die Frage ist inzwischen nicht mehr ganz abstrakt. An großen Instituten mag sie relativ weniger wichtig sein, anders an kleineren. Diejenigen, die diese Strategie verfolgen, werden bestenfalls (Lehrer)Studenten für ihre Spezialitäten begeistern und hauptsächlich nach Diplomanden und Doktoranden Ausschau halten.

Worüber sie sich aber schon aus Selbsterhaltungsgründen keine ernsthaften, d. h. für ihr Handeln relevanten Gedanken machen können, ist dies: Wie soll eine didaktisch–curricular und methodisch sinnvolle geowissenschaftlich-sozialwissenschaftliche Lehrerausbildung für die verschiedenen Schulstufen und Schularten aussehen, und wie der entsprechende Unterricht in der Schule? Ich rede nicht einmal fachorientiert von Geographielehrerausbildung und Schulgeographie, weil es hier weniger um die Institution Geographie als um den institutionellen Zweck »Lehrerausbildung« geht, an der die Geographen beteiligt sind und beteiligt sein werden – wofür man sie eigentlich (wenigstens zu einem guten Teil) alimentiert.

Es wäre wohl eine Illusion zu glauben, die Universitätsgeographie könne den Verlust oder auch nur einen Teilverlust der Lehrerausbildung auf die Dauer auch nur einigermaßen überleben. Und auch wenn die Diplomausbildung gleichziehen, gar dominieren sollte, werden die Probleme nicht kleiner – es sei denn, man kümmert sich einfach nicht darum, daß Diplom- und Lehrerausbildung, welche Ziele auch immer sie verfolgen mögen, unterschiedliche Ziele verfolgen. Außerdem steht auch eine sinnvolle Diplomausbildung den Forschungsfronten oft nicht viel näher als eine sinnvolle Lehrerausbildung.

Die beschriebene Strategie ist also oft eine Strategie für wenige auf Kosten anderer und vieler. Sie empfiehlt sich für jene, die der Lehrerausbildung im Fach Geographie und durch Geographen ohnehin gleichgültig bis negativ gegenüberstehen – etwa, weil sie die Zurückdrängung der Geographie in der Schule (zugunsten anderer Fächer) nicht bedauern oder sogar befürworten und eine dann voraussehbare Schrumpfung der Universitätsgeographie (etwa zugunsten stärkerer Forschungsorientierung der Restbestände) zumindest in Kauf nehmen wollen.

Bei solcher Perspektive muß man sich freilich im klaren sein, daß auch die Regionalwissenschaften heute kaum zu den wenigen Forschungsfeldern mit realen personellen, finanziellen und institutionellen Wachstumschancen gehören und daß es für den Geographen auch bei noch so geschickten Strategien »aktiver Professionalisierung« wahrscheinlich keine nennenswerten neuen Absatz- und Bewährungsfelder außerhalb von Schule und Hochschule zu erschließen gibt – so eingeengt auch diese schon sein mögen.

11. Strategien: 2. Die Geographie als eine »bewußte Didaktik«

Eine Alternative zu der beschriebenen Strategie wäre die folgende: Die Geographen sehen sich und ihrer Geschichte endlich ohne Augenwischerei ins Auge: einem Schul- und Lehrerausbildungsfach bzw. einer (wenigstens implizierten) Didaktik, und sie akzeptieren dieses historisch gegebene »eigentliche Wesen der Geographie«. D. h.: Die universitäre Geographie sieht sich als schul- und (allgemein-)bildungsorientierte Forschungsverwertung auf einem weiten geo– und sozialwissenschaftlichen Feld: Die »wissenschaftliche Geographie« als eine bewußte Didaktik statt einer verschämten und verleugneten Didaktik, welche »originäre und eigenständige Wissenschaft« spielt, ohne doch je eine legitimierbare und effektive Universitäts- oder »Akademiewissenschaft« werden zu können. Das wäre dann eine Disziplin, die einerseits nicht bloß Wissenschaft umsetzt und weitergibt, andererseits aber auch nicht bloß bestimmten Schultraditionen und bildungspolitischen Positionen zuarbeitet, vielmehr zwischen originärer Forschung womöglich mehrerer Disziplinen einerseits, den Adressaten solcher Forschung andererseits »kritisch vermittelt« – im Sinne einer Art politischer Allgemeinbildung unter gleichgültig welchem Namen. (Zum Vorstehenden vgl. auch JANDER 1976, BARTELS 1978, SCHRAMKE 1978.)

Es ist nicht wahrscheinlich, daß es so etwas wie eine prinzipielle Didaktisierung der Forschung und der Forschergemeinden geben wird oder auch so etwas wie eine Vermittlung und Aufhebung der Dichotomien Wissenschaft-Didaktik, Fachwissenschaft–Fachdidaktik. Es ist nicht wahrscheinlich, daß die (im weitesten Sinne) didaktische Reflexion auf gesellschaftliche Adressaten, auf faktische und auf sinnvolle disziplinäre Zwecke, daß die Bemühung um (Wieder)Herstellung von möglichst weitreichender Lehr- und Lernbarkeit oder gar von Gemeinverständlichkeit und allgemeiner Verfügbarkeit von Wissenschaft sich als Bestandteil und »im Herzen« originärer Forschung und etablierter Universitätswissenschaften selbst festsetzen könnte. Das sind wohl nur

Pädagogenträume (vielleicht schon deshalb, weil dies eine ständige Bedrohung der Strukturen und Identitäten aller Disziplinen bedeuten – und kaum mehr zulassen würde, daß eine Disziplin den Zustand relativer methodischer und/oder theoretischer »Härte« und »Reife« erreichen könnte). In der Geographie indessen wäre eben dies von den rekonstruierbaren Zwecken und Strukturen der Institution her sinnvoll und notwendig – weil die »wissenschaftliche Geographie« erst als eine Didaktik zu sich selbst und »zu einem Bewußtsein ihrer selbst« gelangen würde.

Auch diese Strategie, obwohl als disziplinäre in gewissem Sinne notwendig, ist doch wohl nur als individuelle möglich und sogar als solche für die Karriere schlecht. Es gehört zu den Paradoxien unserer Disziplin, daß heute (wie eh und je) die sinnvollste Strategie als allgemeine höchst unwahrscheinlich ist und aus Karrieregründen zumindest als offen deklarierte auch keinem einzelnen empfohlen werden kann (es sei denn alternden Ordinarien, die es eigentlich nicht mehr nötig hätten, sich und andern etwas vorzumachen).

Ein Geograph, der sich auf dem Aufgabenfeld dieser zweiten Strategie engagiert, kann, von Übergangszeiten und besonders glücklichen Konstellationen einmal abgesehen, nicht auch noch reputierlich eine moderne Geo- oder Sozial- oder Wirtschaftswissenschaft betreiben; Strategie 1 und 2 schließen sich m. E. im allgemeinen aus. Ist eine Kombination der beiden Strategien schon individuell wenig aussichtsreich, so noch weniger eine entsprechende Doppelfunktion und »Zweigleisigkeit« der Disziplin insgesamt.

Disziplinär werden wir vermutlich behalten, was wir haben: eine Disziplin, in der Weißwäscherei, Opportunismus und jener Hauch von Korruption Funktionsbedingungen des Systems sind und bleiben werden, eine »moderne wissenschaftliche Geographie«, die in ihren klassischen Teilen und Intentionen (welche wenigstens zum Schein aufrechterhalten werden müssen, weil sie die offizielle Existenzberechtigung der Geographie abgeben) im wesentlichen die wissenschaftliche Verkleidung der Inhalte und Methoden eines auch seinerseits schon ziemlich altertümlichen Erdkundeunterrichts ist.

Die Strategie 2 – der Vorschlag, die Geographie auch an der Universität als eine bewußte, reflektierte »Schulwissenschaft« und folk science zu betreiben – kann hier noch weniger ausgearbeitet werden als Strategie 1. Jedenfalls könnte vieles, was als »urgeographisch« gelten darf, in diesem Rahmen (und meist nur in diesem Rahmen) sinnvoll aufgehoben werden: Etwa der im Rahmen der modernen Natur- und Sozialwissenschaften eher etwas exotisch wirkende Hang zur Lebenswelt-Nähe, zur »Physiognomie«, zur »unmittelbaren« Beobachtung in »originaler« Begegnung, zum Einzigartigen und Besonderen, zu einem alltagsnahen Hyperempirismus und Hyperinduktivismus, zu augennahem Klassifizieren und Typisieren – überhaupt die ganze »herrlich konkrete« Art des traditionellen geographischen Erfahrung-Machens – aber auch die jüngsten Interessen für kommunalpolitische Aktualität und Hautnähe der Themen, für Welt- und Raumwahrnehmung normaler und marginaler Bevölkerungsteile, für »sozialräumliche Jugendforschung« und dergleichen.

Diese »Geographie als Didaktik« wäre eine Stelle, wo wenigstens im Ansatz die Transformation von lebensweltlichen in wissenschaftliche Interessen und Theoreme stattfinden könnte, wo das eine durch das andere vermittelt, korrigiert und kontrolliert werden sollte: Die Volkswissenschaft durch die »richtige« Wissenschaft – und umgekehrt; die Tuis, Magier und Magister durch die von ihnen Betroffenen (und umgekehrt), die »objektive« Empirie und die sauberen Begriffe der Wissenschaften an den schmuddeligen Begriffen und den »subjektiven« Erfahrungen der Bürger (und umgekehrt). Diese »Geographie als Vermittlung« müßte, um nicht bloß eine naturwüchsige folk science zu bleiben, sondern eine wirkliche Didaktik zu werden, die Reflexion auf die historisch-gesellschaftlichen Subjekte und Herkünfte der genannten Wahrnehmungen, Erfahrungen, Interessen, Wertungen, Theoreme und Begriffe einschließen und die Betroffenen dieser Didaktik an dieser Reflexion beteiligen (vgl. hierzu auch SCHULTZE-GÖBEL und WENZEL 1978): an dieser Stelle würde die Geographie endlich auch das Etikett »Hermeneutik« einmal sinnvoll anwenden und verdienen können.

Ich wüßte auch nicht, wie das meiste von dem, was heute im Angelsächsischen als humanistic geography und phenomenology umläuft (außerdem vieles, was als radical geography firmiert) letzlich auf etwas anderes hinauslaufen könnte – sofern man in den neuen geographischen Humanismen und Phänomenologien nicht nur irrationalistische bis vulgärexistenzialistische Plädoyers für den Primat lebensweltlichen Wissens sehen will. Ich möchte wissen, in welchem anderen Kontext und zu welchen anderen Zwecken dieser ganzen Sozialbrache-Vergrünlandungs-Aufforstungs-, Hopfen-Erdbeer-Spargel- und vor allem dieser Hütekinder-Seldner-Krenhausierer-Reichsritterschafts-Landfahrer-Sozialgeographie ein besserer Sinn zu entlocken wäre. Geipel hat (1978) die »Sozialgeographie von den landschaftlichen Indikatoren her«, die (vorsichtig formuliert) soziawissenschaftlich nur sehr begrenzt fruchtbar war, in etwa diesem Sinne als eine noch unausgeschöpfte »humanistische Geographie« interpretiert, die in Schule und Erwachsenenbildung eine hohe didaktische Potenz besitze: Unter dem Lernziel einer intensiveren Wahrnehmung, Problematisierung und (gleicherweise kognitiven, ästhetischen und emotionalen) Erschließung der unmittelbaren Erfahrungswelt nicht zuletzt zu dem Zwecke einer anschaulich-augenfälligen Vermittlung von Wissenschaft und primärer Weltsicht.

Die augenfälligen Bestandteile gruppenspezifischer Umwelten als Indikatoren, Indizien, Spuren, Zeichen, Signale, Informationsträger ... zu betrachten; sie so zu wählen und zu validieren, daß sie kognitiv aufschlußreich sind (d. h. auf bedeutsarne Problemfelder und Theorien verweisen), zugleich aber (bis zu einem gewissen Grade) die Welt auch ästhetisch und emotional befriedigend erschließen: das beschreibt wohlwollend den traditionellen Zugriff des Geographen auf die Welt, das umschreibt aber auch in etwa die Intentionen einer Geographie als einer bewußten Didaktik. Die spezifischen Erfahrungsfelder dieser Didaktik müßten allerdings von denen verwandter Didaktiken zuordnend abgehoben werden.

Im Rahmen eines solchen Konzeptes kann man schließlich auch sinnvoller, präziser und praxisbedeutsamer über bestimmte Sonderartikel der Geographietradition und ihre Revalorisierung sprechen: z. B. über Heimat-, Landes-, Landschafts- und Länderkunde, über die Landschaftsökologie (eine Art folk ecology), sogar über Hermeneutik, Idiographie und die »Einheit der Geographie«: Konzepte, die (wenigstens teilweise) im Munde von Geographen nur dann exotisch bis abstrus wirken, wenn sie (wie unter Geographen üblich) als Bestandteile oder gar Konstruktionsprinzipien einer modernen Einzelwissenschaft interpretiert und ausgewiesen werden sollen – und nicht in ihrer volkswissenschaftlich-didaktischen, politisch und allgemeinbildenden Funktion.

12. Einige Schlußbemerkungen

Erstens: In diesem Vortrag mußte ich (im wörtlichen wie im übertragenen Sinn) alle Fußnoten weglassen, d. h. fast die gesamte Infrastruktur der empirischen Belege und differenzierenden Beweisführungen. Die gelegentlich eingesetzten Belege waren nur als Beispiele, Illustrationen und Verdeutlichungen gedacht; solche Illustrationen aber sollen und können natürlich nur bescheidene Beweislasten tragen.

Meine Ausführungen mußten also erstens streckenweise reichlich unbelegt erscheinen (ohne es zu sein), und zweitens mußten sie zumindest streckenweise einen etwas aphoristischen bis plakativen Charakter tragen – was zur Folge hat, daß sie von seiten derer, die die leise und feine (bis undeutliche und nichtssagende) akademische Art lieben, spontan einen Malus erhalten werden.

Zweitens: Das Referat hinterläßt bei mir ein irrational schlechtes Gewissen erstens gegenüber denen, die in Kiel und in den 10 Jahren »nach Kiel« redlich daran gearbeitet haben, die Geographie unter neuen Perspektiven zu verändern und als eine moderne Einzelwissenschaft zu »retten«; zweitens gegenüber denjenigen Studenten, die aufgrund dieser neuen Perspektiven zum Fach gestoßen oder im Fach geblieben sind. Beide mögen das Gefühl haben, ich werte ihre Bemühungen ab – oder gar, ich fiele ihnen wissenschaftspolitisch sozusagen in den Rücken.

Was die scheinbare Abwertung angeht, so muß jedermann anerkennen, daß sie – die betreffenden Studenten und Kollegen – die Disziplin tatsächlich verändert haben. Es gibt heute z. B. intellektuelle, literarische, wissenschaftliche, disziplinpolitische Denk- und Handlungsspielräume für individuelles Engagement, die vor 1-2 Jahrzehnten nicht bestanden haben, die wohl auch nicht wieder ganz auf den Stand von (sagen wir) 1965 verengt werden können und von denen heute auch Studenten profitieren. Meine Strategie-Vorschläge kalkulierten diese Freiräume bereits unverhohlen ein, und diese Tagung ist ja wohl auch ein Beleg für ihre Existenz.

Was den (scheinbaren) Dolchstoß angeht, so glaube ich, daß das Argument trügt. Es kann auf nichts anderes hinauslaufen als entweder auf konkreten Widerspruch in der Sache (dann nur zu) – oder aber, es handelt sich um die kaschierte Aufforderung, sich (unter dem Gesichtspunkt wissenschafts- und professionspolitischer Vorteile) sei es zynisch, sei es redlich wieder in den fatalen Kreislauf von Apologie, Opportunismus und Wirklichkeitsverleugnung zu begeben, der den Redlichen gewöhnlich am meisten schadet und letztlich für alle Beteiligten entwürdigend ist.

Es will mir auch nicht gelingen, gute bzw. honorige Disziplinkritik (»offene und freimütige Diskussion« genannt) und schlechte, nicht honorige Disziplinkritik (»destruktive Kritik« oder »Nestbeschmutzung« genannt) voneinander zu trennen, ohne in eben den gleichen Zirkel zu geraten. Außerdem war ich der Meinung, daß ein Lebenszeitbeamter, der 10 Jahre nach Kiel über das Kieler Thema spricht, sich in seiner ungleich privilegierteren Lage vor dem Klarblick und der mutigen Offenheit der damaligen studentischen Akteure nicht allzusehr blamieren sollte.

Drittens: Wenn man mich direkt fragt, »was das Ganze sollte«, so antworte ich direkt und wie folgt (es gibt nun einmal Leute, deren Zuschnitt so ist, daß man sehr direkt werden muß, um verstanden zu werden): Das Ziel war, die Geographen zu ermutigen, sich sehenden Auges zur Geographie zu bekennen, zur wirklichen Geographie, wie sie nun einmal ist und was sie nun einmal (nur) sein kann. Ich zähle mich selbst schon immer zu denen, die die Geographie und ihr Kernparadigma – wozu auch das »Land« und die »Landschaft« gehören – wirklich ernst nehmen und verteidigen.

Diese Loyalität hat eine solide emotionale Basis: Bei mir wie wohl bei vielen (die nicht *nur* aus Zufall und Bequemlichkeit Geographen wurden) war es gerade dieses Kernparadigma, dieser quasi kosmographische Reiz, der mich in dieses Fach hineingelockt und mich in ihm festgehalten hat (obwohl ich mein akademisches Brot auch reputierlicher hätte verdienen können). Gegenüber einer Menge anderer Apologeten der Geographie nehme ich allerdings zweierlei in Anspruch: daß ich genauer weiß, was ich liebe, und daß ich über meiner nicht geringeren Vorliebe für »die wahre Geographie« nicht die Realität und den Verstand verleugne.

Viertens: Sehen Sie auch meine Ausführungen kritisch im Lichte meiner Thesen. In einem so gründlich opportunistischen und korrupten Milieu muß man auch Folgendes einkalkulieren: »Selbst Werke voll von trotzigen und umstürzlerischen Sätzen sind Ergebnisse feiner Speichelleckerei« (B. BRECHT, Der Tui-Roman, ed. Suhrkamp, S. 100).

Schließlich: Sehr viel mehr, als ich durch Zitate zum Ausdruck bringen konnte, verdanke ich Hans-Dietrich Schultz und Ulrich Eisel (beide Berlin) – nicht nur ihren Manuskripten, sondern auch ihren Gesprächen mit mir. Für die Art, wie ich ihre Erkenntnisse verwertet habe, bin ich allerdings allein verantwortlich.

Literatur

BARTELS, D.: Geographie: Einige Gedanken zum Thema Fachwissenschaft und Schule. In: E. Ernst und G. Hoffmann (Hrsg.): Geographie für die Schule. Ein Lernbereich in der Diskussion. Braunschweig 1978, S. 40-45.

BECK, H.: Geographie. Europäische Entwicklung in Texten und Erläuterungen, Freiburg und München 1973 (Orbis Academicus).

BECK, H.: Das Problemfeld der Geschichte der Geographie. Erläuterungen einer Strukturkrise. Erdkunde 31, 1977, S. 81-85.

BECK, H.: Krise der Geographie – Krise der Geschichte der Geographie? Sudhoffs Archiv 61, 1977, S.45-53.

BURCHARD, A.: Die Stellung der Geographie und des geographischen Unterrichts in der nationalsozialistischen Wirklichkeit. Geogr. Anzeiger 35, 1934, S. 529-532.

EISEL, U.: Die Entwicklung der Anthropogeographie von einer »Raumwissenschaft« zu einer Sozialwissenschaft. Diss. FU Berlin 1979. Erschienen als: Urbs et Regio 17, Kassel 1980.

FICK, K.E.: Erdkunde mangelhaft. FAZ 4,10.78, S. 10.

GEIPEL, R.: The landscape indicators school in German geography. In: Ley, D. and M.S. Samuels (ed.): Humanistic Geography. Chicago 1978, S. 155-172.

HAHN, F.: Methodische Untersuchungen über die Grenzen der Geographie (Erdbeschreibung) gegen die Nachbarwissenschaften. Petermanns Mitteilungen 60, 1914, S. 1-4, 56-68, 121-124.

HARD, G. und H.J. WENZEL: Wer denkt eigentlich schlecht von der Geographie? Neues zur Studienmotivation im Fach Geographie. Geogr. Rundschau 31, 1979, S. 262-268.

HARMS, H.: Verschmelzung des »physischen« und »politischen« zu einem einheitlichen Geographieunterricht. Geogr. Anzeiger 20, 1919, S. 65-68.

HETTNER, H.: Das System der Wissenschaften, Preuß. Jahrbücher 122, 1905, S. 251-277.

HINRICHS, E.: Geographie als Wissenschaft und als Unterrichtsfach an höheren Schulen. In: Verhandlungen und wissenschaftliche Abhandlungen des 23. Deutschen Geographentages zu Magdeburg 1929. Breslau 1930, S. 240-251.

HINRICHS, E.: Nationalsozialismus, Erziehungs und Geographie. Geogr. Anzeiger 34, 1933, S. 249-260.

HINRICHS, E.: Unsere Zeit fordert eine bessere Kenntnis der Erde. In: Zum Erdkundeunterricht im höheren Schulwesen in der Bundesrepublik und in Westberlin. Stuttgart 1955, S. 10-15.

HINRICHS, E.: Die Unterbewertung der Erdkunde – ihre Ursachen und ihre Überwindung. In: Moderne Geographie in Forschung und Unterricht. Hannover 1970, S. 29-58.

KIRCHHOFF, A.: Schulgeographie. Halle 1882.

KRIEGK, E.: Nationalpolitische Erziehung. 17. u. 18. Aufl. Leipzig 1934 (1. Aufl. 1932).

LAMPE, F.: Erdkunde. In: J. Norrenberg: Die deutsche höhere Schule nach dem Weltkrieg. Leipzig und Berlin 1916, S. 149-160.

LEY, D. and M.S. Samuels (ed.): Humanistic Geography, Chicago 1978.

LODDE, J.G.: Die Methodik der Erdkunde. Magdeburg 1842.

MAIER, J., PAESLER, R., RUPPERT, K., SCHAFFER, F.:

MAYR, R.: Allgemeine und spezielle Erdkunde im Kreise der Wissenschaften und der Schuldisziplinen. Zeitschr. f. Schulgeographie 3, 1882, S. 204-212 und 254-261.

MECKING, L.: Blut und Boden – Erdkundliche Bildung im neuen Staat. Geogr. Anzeiger 35, 1934, S. 1-6.

NEEF, E.: Stellung und Aufgaben der Hochschulgeographie. In: Nationale Lebensraumkunde. Grundsätze zur Gestaltung des erdkundlichen Unterrichts in der deutschen Schule, hg. v. F. Gorsch, Leipzig 1935, S. 17-26.

NEEF, E.: Die axiomatischen Grundlagen der Geographie. Geogr. Berichte 2, 1956, S. 85-91.

NEEF, E.: Die theoretischen Grundlagen der Landschaftslehre. Gotha und Leipzig 1967.

NEEF, E.: Der Stoffwechsel zwischen Gesellschaft und Natur als geographisches Problem. Geogr. Rundschau 21, 1969, S. 453-459.

NEEF, E.: Geographie und Umweltwissenschaft. Petermanns Geogr. Mitteilungen 116, 1972, S. 81-88.

NEEF, E.: »Destruktive Geographie‹.‹ Einige notwendige Bemerkungen zu G. Hard »Die Geographie«. In: Petermanns Geogr. Mitteilungen 121, 1977, S. 138 f.

OBST, E.: Zur Auseinandersetzung über die zukünftige Gestaltung der Geographie. Geogr. Wochenschrift 3, 1935, S. 1-16.

OTREMBA, E.: Gedanken zur geographischen Beobachtung. In: Moderne Geographie in Forschung und Unterricht, hrsg. von L. Bäuerle u. a., Hannover 1970, S. 59-69.

OTREMBA, E.: Gegenwartsprobleme der Geographie im Hochschulstudium. In: Geographie und Atlas heute. Beiträge zum Erscheinen des Atlas Unsere Welt. Berlin 1970, S. 11-18.

PEET, R.: (ed.): Radical Geography: Alternative Viewpoints on Contemporary Social Issues. Chicago 1977.

PENCK, A.: Der Krieg und das Studium der Geographie. Zeitschr. d. Gesellsch. f. Erdkunde zu Berlin 1916, S. 1-45.

PETERSEN, V.C.: Kritik systemtheoretischer Planungsansätze. In: Bahrenberg, G. u. W. Taubmann: Quantitative Modelle in der Geographie und Raumplanung. Bremen 1978, S. 135-152.

PLEWE, E.: Alfred Hettner. Seine Stellung und Bedeutung in der Geographie. In: Gedenkschrift Alfred Hettner. München 1960 (Heidelberger Geographische Arbeiten 6), S. 15-27.

RAVETZ, J. R.: Die Krise der Wissenschaft. Neuwied und Berlin 1973.

RICHTER, E.: Neue Richtungen in der Geographie. Zeitschr. f. Schulgeographie 20, 1899, S. 82-84

ROLLE, H.: Die Erdkunde auf der höheren Schule. Monatsschrift für höhere Schulen 19, 1920, S. 97-106.

SCHÄFER, O.: Erdkunde als Wissenschaftsgebiet. Geographischer Anzeiger 37, 1936, S. 529-540.

RUPPERT, K. und SCHAFFER, F.: Zur Konzeption der Sozialgeographie. In: Geogr. Rundschau 1969, S. 205-214.

SCHMITHÜSEN, J.: Anfänge und Ziele der neuzeitlichen geographischen Wissenschaft. In: Moderne Geographie in Forschung und Unterricht, hrsg. von L. Bäuerle u. a., Hannover 1970, S. 9-20.

SCHRAMKE, W.: Geographie als politische Bildung – Elemente eines didaktischen Konzepts. In: Geographie als Politische Bildung, Beiträge und Materialien für den Unterricht. Göttingen 1978, S. 9-48 (Geographische Hochschulmanuskripte).

SCHRAND, H.: Neuorientierung in der Geographiedidaktik? Zur Diskussion um geographiedidaktische Strukturgitter. Geogr. Rundschau 30, 1978, S. 336-342.

SCHREIER, J.: Göttinnen. München 1978.

SCHULTE-ALTHOFF, F.J.: Studien zur politischen Wissenschaftsgeschichte der deutschen Geographie im Zeitalter des Imperialismus. Paderborn 1971 (Bochumer Geographische Arbeiten 9).

SCHULTZ, H.-D.: Die deutschsprachige Geographie von 1800 bis 1970. Ein Beitrag zur Geschichte ihrer Methodologie. Diss. FU Berlin 1979. Erschienen als: Abhandlungen des Geographischen Instituts der FU, Anthropogeographie, 29. Berlin (West) 1980.

SCHULTZE-GÖBEL, H. und WENZEL, H.-J.: Umwelt und Sozialisation als Gegenstand der Sozialgeographie und als Problem von Wahrnehmung, Identitätsbildung und enteigneter Realität. In: Geographie als Politische Bildung, Beiträge und Materialien für den Unterricht. Göttingen 1978, S. 295-307 (Geographische Hochschulmanuskripte).

SCHWEIZER, E.: Geographie im Dienste der nationalpolitischen Erziehung. Der deutsche Erzieher 3, 1935, S. 778-779.

SPERLING, W.: Randbemerkungen zur Geschichte der Physischen Geographie in Forschung und Lehre. Hefte zur Fachdidaktik der Geographie, 2. Jg., 1. H., 1978, S. 3-32.

WAGNER, H.: Länderkunde von Europa. Hannover und Leipzig 1915 (Lehrbuch der Geographie, 6. Aufl. Bd. 2, Abt. 1).

WAGNER, P.: Die Stellung der Erdkunde im Rahmen der Allgemeinbildung. Leipzig, Berlin 1918.

WIRTH, E. : Zwölf Thesen zur aktuellen Problematik der Länderkunde. Geogr. Rundschau 22, 1970, S. 444-450

WIRTH, E.: Die deutsche Sozialgeographie in ihrer theoretischen Konzeption und in ihrem Verhältnis zu Soziologie und Geographie des Menschen. Geogr. Zeitschr. 65, 1977, S. 162-187.

Nachtrag 2002:

LESER, H.: Landschaftsökologie. 4. Aufl. Stuttgart 1997.

LESER, H.: Geoökosysteme – Ganzheiten oder Fragment? Gedanken zum Problem einer holistisch ansetzenden Landschaftsökologie. Klagenfurter Geogr. Schriften 18, 2000, S. 105

Studium in einer diffusen Disziplin

(1982)

1. Die Fragestellung

Wie sollte ein »wissenschaftliches« Geographiestudium für das Lehramt aussehen? Was kann »wissenschaftlich«, »wissenschaftsorientiert« usf. in diesem Zusammenhang überhaupt heißen? *Der Hauptbezugspunkt des folgenden Textes ist zwar das Lehramtsstudium; man wird aber bemerken, daß die geographischen Diplomstudiengänge ähnliche Probleme aufwerfen. Muß man die Lehrenden der Geographie wirklich daran erinnern, daß sie ihre intellektuell wacheren Studenten oft unter Lehramtsstudenten finden (wenn diese auch oft eher in ihren anderen Fächern geweckt worden sind)? Und immerhin läuft ein Lehramtsstudium auf eine einigermaßen umrissene berufliche Tätigkeit (oder doch eine Gruppe verwandter professioneller Praxen) zu und nicht, wie das Diplomstudium auf sehr heterogene und sich rasch verändernde Tätigkeitsfelder.*

Ich beziehe mich dabei nicht nur auf die (nicht seltene) Extremsituation: Im »Kurzstudium« für das Lehramt an Grund- und Hauptschulen sind in einem sechssemestrigen Studium weniger als ein Drittel der Geographie gewidmet; der Studienanteil »Geographie« steht neben dem des anderen Fachs (in der Konzeption des Studierenden meist das Hauptfach), neben einem oft umfangreichen erziehungs- und gesellschaftswissenschaftlichen Studienanteil und (z. B. in Niedersachsen) einem Mini-Drittfach, welches seinerseits wieder etwa ein Drittel der beiden anderen Fachstudien ausmacht. In den Studienordnungen der künftigen Realschullehrer liegt die Sache nicht viel anders.

Über dieses Problem wird, soweit ich sehe, selten in concreto gesprochen, vielleicht vor allem deshalb nicht, weil das Problem vielen überhaupt nicht sinnvoll lösbar zu sein scheint.

Man versteht meines Erachtens die Probleme der Lehrer-, aber auch der Diplomausbildung in unserem Fach am besten, wenn man bestimmte Charakteristika der Universitätsgeographie und ihrer Geschichte ins Auge faßt, und sei es (wie im folgenden) auf eine notgedrungen verkürzte und etwas plakative Weise.

2. Merkmalsdimensionen der Geographie

Die beiden Merkmalsdimensionen der wissenschaftlichen Geographie, von denen aus gesehen das Problemfeld Lehrerbildung am deutlichsten sichtbar wird, sind meines Erachtens: (1.) Geographie als eine Universitätsdisziplin mit stark »volkswissenschaftlichen« Zügen; (2.) Geographie als eine in weiten Teilen diffuse und explorative, »vorparadigmatische« Disziplin.

Die benutzten Schlagworte beziehen sich auf bekannte Begriffe der wissenschaftstheoretisch-wissenschaftshistorisch-wissenschaftskritischen[1]; sie mögen, in kontextfreier Kürze vorgebracht, schon auf Anhieb zu Mißverständnissen Anlaß geben. Vielleicht können neben den Hinweisen auf die Literatur folgende Bemerkungen vorweg wenigstens die ärgsten Fehlinterpretationen verhindern:

1. Selbstverständlich kann die Universitätsdisziplin Geographie sehr sinnvoll auch ganz anders, mittels ganz anderer und möglicherweise wesentlicherer Begriffe charakterisiert werden; die genannten Begriffe werden hier nur deshalb so stark betont, weil sie für *unser* Problemfeld wesentlich zu sein scheinen.

2. Die vorgeschlagene Charakterisierung der wissenschaftlichen Geographie als ein besonderer Wissens- und Disziplintyp darf keinesfalls als eine Abwertung gegenüber Disziplinen anderen Typs verstanden werden. Die Ausführungen laufen vielmehr gerade darauf hinaus, daß es sinnlos und gefährlich wäre, alle akademischen Disziplinen nach dem Bild bestimmter kompakter, reifer und effektiver Prestigedisziplinen zu modeln.[2]

3. Der Kürze halber muß ich die Verhältnisse stark zum Idealtyp hin stilisieren; vielleicht handelt es sich bei beiden Merkmalsdimensionen (»diffus-kompakt«, »Volkswissenschaft-Expertenwissenschaft« usf.) zuweilen eher um kontinuierliche Skalen als um Dichotomien, und man muß sie oft auch als korrelative Begriffe verstehen, die ihre (kontextrelativen) Bedeutungen im Kontrast zueinander gewinnen.

3. Volkswissenschaftliche Erwartungen

Zunächst soll die Formel. »Geographie als Volkswissenschaft (folk science)« verdeutlicht werden.[3] Dies geschieht vielleicht am besten durch eine Illustration, die an die Alltagserfahrung von Geographiedozenten und Geographiestudenten appelliert.

---

[1] Zu diesen und verwandten Begriffen findet man z. B. Erläuterungen TOULMIN 1978 (S. 440 ff. u. ö.), KUHN 1967 (S. 44 ff. u.ö.), RAVETZ 1973 (S. 413 ff. u.ö.), BÖHME u. a. 1977 (S. 183 ff. u.ö.), BÖHME u. a. 1978 (S. 12 u.ö.), LAKATOS und MUSGRAVE 1974 (S. 129 ff. u.ö.), NOWOTNY 1979 (S. 44 u.ö.).

[2] Um es mit einer (bei TOULMIN 1978 entliehenen) Metapher zu verdeutlichen: Es ist nicht sinnvoll, am Kohlendioxyd zu kritisieren, daß es von Begriff und Theorie des idealen Gases abweicht – und ihm z. B. den Wasserstoff als Ideal vorzuhalten. Das Kohlendioxyd will und soll kein ideales Gas werden, und der Vergleich mit dem Wasserstoff (oder der Gastheorie) kann nur den Sinn haben, die wirklichen Eigenschaften des Kohlendioxyds besser zu verstehen. Das Ergebnis des Vergleichs ist nicht etwa eine »Kritik am $C0_2$«, sondern eine Herausforderung an die bestehenden Gastheorien. Entsprechend läuft die folgende Erörterung nicht etwa auf eine Kritik der Geographie hinaus, sondern eher auf eine Kritik unserer offenbar zu engen und allzu normierten Vorstellungen und Ideale von »Wissenschaft(lichkeit)« und »wissenschaftlicher Ausbildung«.

[3] Der Inhalt der Termini »folk science«, »ethnoscience«, »Laien-« oder »Volkswissenschaft« (usw.) kann in notwendig mißverständlicher Kürze wohl etwa wie folgt umschrieben werden: Gemeint ist ein Wissen oder ein (variantenreicher) Wissenstyp, die für ein außeruniversitäres und außerwissenschaftliches Laienpublikum intellektuell attraktiv, ästhetisch reizvoll und/oder emotional befriedigend, jedenfalls in irgendeiner Weise unmittelbar alltagsbedeutsam sind oder zu sein scheinen. Es handelt sich also ein Wissen, welches alltags- bzw. lebensweltlich unmittelbar verwertbar sein scheint, sei es für erfolgreiches Alltagshandeln (i. w. S.), sei es zu politischen und privaten Legitimationszwecken, sei es zur persönlichen Existenzerhellung oder

In einem geographischen Institut, Seminar oder Fachbereich mögen auf der Dozentenseite die strengsten Kriterien seriöser Wissenschaftlichkeit Geltung und vielerlei Forschungen von sehr esoterischem Charakter im Gange sein: Man darf die Hypothese wagen, daß die Lehramtsstudenten der Geographie wie bisher so auch künftig bestimmte »Utopien« von »*richtiger* Erdkunde« einschleppen werden, die solchem »Verwissenschaftlichen« strikt widersprechen. Diese »Utopien« prägen aber bis heute (meist ebenso sprachlos wie wirkungsvoll) das intellektuelle Milieu zumindest *der* Institute und Veranstaltungen, in denen die Lehramtskandidaten dominieren.

Es geht im folgenden wohlgemerkt nicht um eine Beschreibung der Geographie, wie sie wirklich ist, sondern um Vorstellungen über Geographie, die vielleicht irreal sein mögen, aber doch reale Folgen haben. Für die folgende Illustration appelliere ich zunächst an die geographische Alltagserfahrung.

Die disziplinhistorisch und disziplinpolitisch wichtigste Gruppe dieser Vorstellungen kann man (etwas hochtrabend) als »alltags-kosmographisch« umschreiben: wobei diese Utopie von »richtiger Erdkunde« sowohl eine weltkundlich-exotenkundliche wie eine nahweltlich-heimatkundliche (bis binnenexotische) Dimension besitzt. In ihrer Konsequenz drängt diese Utopie die Geographie/Erdkunde an Hochschule und Schule einerseits in Richtung Geomagazin (oder in die Richtung eines Weltbildes, wie es z. B. in den interessanteren unter den beifallssicheren Dia-Vorträgen einer normalen Gesellschaft für Erd- und Völkerkunde aufscheint); andererseits zielt diese Utopie auf eine Art höhere Heimatkunde, auf eine nicht *unbedingt* anspruchslose, aber eben doch laienwissenschaftliche Gelände-Naturkunde, welche aber auch Landes- und Volkskundliches sowie Regionalhistorisches einbezieht und heute auch eine natur-, umwelt- und heimatschützerische Komponente hat (günstigenfalls im Sinn und Trend von Horst Sterns Umweltmagazin). Es handelt sich (wenn man ein wenig parodieren darf) etwa um all das, was ein gebildeter Vater seinen aufgeweckten Kindern auf Spaziergang, Wanderung und Urlaubsreise über alles Auffällige – Interessante, Schöne, Bedrohte ... – am Wege zu erzählen weiß (oder gerne zu erzählen wüßte): Von der Natur- bis zur Volkskunde, von der Erd- und Landschafts- bis zur Landesgeschichte.[4]

---

für eine (vielseitig befriedigende) kontemplative Weltbetrachtung und Weltdeutung. Eine solche Volkswissenschaft kann akademisch etabliert sein (oder wenigstens akademische Bezugsdisziplinen besitzen); in solchen Fällen muß man unterscheiden zwischen der [1]ethnoscience, die akademisch produziert und »gepflegt« wird, und einer [2]ethnoscience, wie sie das Laienpublikum rezipiert und seinen Bedürfnissen anverwandelt, aber auch »informell« selber produziert. Wie esoterisch und abgehoben, »verwissenschaftlicht« und lebensweltlich unbrauchbar (d. h. »rein wissenschaftlich«) eine akademisierte folk science sich auch immer geben mag: Man erkennt sie unter anderem daran, daß von ihrer laienweltlichen »Parallelwissenschaft« ein Erwartungsdruck ausgeht, dem der akademisierte Überbau sich nur zeit- und teilweise und an mehr oder weniger formalisierten Oberflächen, aber kaum jemals in den durchgehenden Kernparadigmen zu entziehen vermag.

4 Für die Existenz dieser Utopie(n) von »richtiger Erdkunde« gibt es viele Einzelbelege, nicht nur bei »alten Meistern« und nicht nur in der geographischen Subliteratur. (Für die mehr weltkundlich-exotenkundliche Variante vgl. z. B. WIRTH 1978, S. 293, für die mehr heimatkundlich-binnenexotische Variante vgl. z. B. SCHMITHÜSEN 1961, S. 70 ff. und 1967, S. 534 ff.) Auch in studentischen Blättern wird der exotenkundlich-kosmographische Hintergrund immer wieder liebevoll-ironisch ausgemalt, z. B.: »Und interessant ist der Stoff ohnehin. Fremde

Der Basisdruck der geschilderten Doppel-Utopie ist historisch alt und relativ sanft, aber zugleich auch kontinuierlich und wirkungsvoll: wirkungsvoll wohl nicht zuletzt deshalb, weil Vorstellungen dieser Art eine gewisse Entsprechung und einen sympathetischen Widerhall auch in Kopf und Herz vieler Geographiedozenten finden (und so z. B. auch beim Autor dieses Textes).

Relativ selten hingegen (und je nach Universität sehr unterschiedlich stark) taucht »an der Basis« eine andere volkswissenschaftliche Utopie von »richtiger Erdkunde« auf und verbreitet dann in geographischen Instituten nicht selten einen gewissen Schrecken. In dieser alternativen Utopie erscheint Geographie/Erdkunde nicht als eine naturkundlich-ethnographische Heimat- und Weltkunde, sondern eher als eine exoterische und möglichst auch »eingreifende«, aktivistische *Gesellschafts*wissenschaft (seltener als eine Art »eingreifende Ökopolitik«). In diesem Fall sind die studentischen Erwartungen meist deutlicher artikuliert. Man erwartet dann z. B. (wenn ich auch hier wieder ein wenig parodieren und vereinseitigen darf), auch in der Wirtschafts- und Sozialgeographie möglichst schnell und unverblümt z. B. zu erfahren oder bestätigt zu bekommen, wer denn nun wen wie ausbeute oder benachteilige, sei es weltweit, sei es im nationalen oder im kommunalen Maßstab. Außerdem möchte man wissen, was diese Erkenntnis räumlicher und anderer Disparitäten, Ungerechtigkeiten, Umwelt- und Friedensbedrohungen »für einen selbst bedeutet«, d. h., welches Engagement für welche Sache daraus folge. Kurz, man möchte möglichst umstandslos gesellschaftlich-politisch aufgeklärt, bestätigt und motiviert werden.

Auch hier geht es um lebensweltlich unmittelbar bedeutsame Fragen und Interessen, um möglichst unmittelbare lebensweltliche Verwertbarkeit; die Bedürfnisse und Interessen sind jetzt aber weniger kosmologisch-naturkundlich und/oder kontemplativ-ästhetisch, sondern viel direkter *polit*ökologisch bis *polit*ökonomisch. Es handelt sich nun eher um eine Geographie für den kommunal- bis gesellschafts- und ökopolitisch Engagierten, und die implizierte Zielprojektion ist weniger oder nicht nur eine Geographie für den gebildeten Urlauber, sondern eher so etwas wie eine Geographie für die Aktivisten an der (kommunal)politischen Basis, für den zugleich höchst anspruchsvollen und kritischen Konsumenten wohlfahrtsstaatlicher und anderer Infrastruktur. In beiden Geographieprojekten aber regt sich gleichermaßen ein Bedürfnis nach einem relativ

---

Länder, garniert mit bunten Bildern und netten Geschichterln, ziehen an einem vorüber ...: Zumindest werden Fernweh und Reisefieber gestillt. Fast ein jeder von uns wird wohl zugeben müssen, daß er/sie zumindest teilweise insgeheim so gedacht hat. Kann sein, daß sich mancher auch von dem Gedanken angezogen fühlt, daß unter Geographie so ziemlich alles fällt, was es auf der Erde gibt und sich das Fach als einziges wohltuend von den Spezialwissenschaften unterscheidet. Geographie als letztes allgemeinbildendes Fach!!«, BLATT der Institutsgruppe..., Univ. Wien, September 1980.) Eine systematischere (auch historische) Behandlung dieser geographischen Utopie-Motive wäre eine aufschlußreiche Fallstudie auf einem Felde, das HOLTON (1981, S. 20) als eine der vernachlässigsten Themen der Wissenschaftsgeschichte nennt: Das spannungsreiche Verhältnis zwischen den wissenschaftlichen Institutionen und Entwicklungen einerseits, den Psychobiographien ihrer (permanenten und zeitweiligen) Mitglieder andererseits.

weichen und alltagsverwertbarem Wissen, anders gesagt, ein Interesse an folk science und eine Art populistisches Wissenschaftsverständnis.[5]

Schwund- und Kümmerformen des Bedürfnisses nach der richtigen, der lebensnahen Erdkunde erscheinen noch in der (Alltäglichkeit einfordernden, Wissenschafts- und überhaupt intellektuelle Ansprüche abwehrenden) Studentenfrage: »Brauche ich das (überhaupt) für die Schule?« (bzw. allgemeiner bei Diplomstudenten: »Brauche ich das überhaupt für die Praxis?«). Die Antwort müßte z. B. darin liegen, daß »brauchbar« keine Eigenschaft von irgendetwas ist, sondern eine mehrstellige Relation zumindest zwischen einem Gegenstand, einem Ziel *und einer Person*, und daß das, was man für irgend etwas braucht, wesentlich davon abhängt, was für ein Mensch (was für ein Lehrer, was für ein Praktiker) mit welchen Zielen man ist und sein will.

Das Vertrackte an den charakterisierten Utopien von »richtiger Geographie/Erdkunde« liegt darin, daß sie in gewissem Sinne sogar im Recht sind: Sie treffen auf eine historisch abgewandelte und angepaßte Weise sozusagen den »historischen Sinn«, den »gesellschaftlich-historischen Auftrag« nicht nur des traditionellen erdkundlichen Popularwissens, sondern auch der modernen akademischen Geographie, wie sie vor allem nach 1870 an den deutschen Universitäten etabliert wurde. Wenn man es in einer einzigen Formel resümieren muß, darf man wohl sagen, daß diese moderne Universitätsgeographie (zumindest in Deutschland) kultuspolitisch und polit-pädagogisch von Anfang an durchaus als eine »diffuse folk science« im Sinne unserer Begriffe projektiert worden ist, und in der Folgezeit ist sie trotz einer Reihe disparater Verwissenschaftlichungen diesem gründerzeitlichen Anfangs-Auftrag nach Ausweis der Disziplingeschichte im ganzen durchaus treu geblieben. (Vgl. dazu etwa HARD 1979, SCHULTZ 1960, 1981.) Eine wissenschafts- und geographietheoretische Diskussion unter Geographen und vor allem auch mit Geographiestudenten, zumal mit Anfängerstudenten, müßte sich gerade auch mit dieser Dimension des Faches auseinandersetzen.

4. Eine diffuse Disziplin

Wie der Begriff und die Charakteristika einer »folk science«, so kann man auch den Begriff und die Merkmale einer »diffusen Disziplin« mit sehr unterschiedlicher Präzision, Systematik und Generalisierbarkeit sowie mit sehr unterschiedlichem theoretischem Tiefgang beschreiben. Die folgende Beschreibung einer diffusen Disziplin ist (wie schon das vorangehende Kapitel) vergröbernd-pointierend und ziemlich unsystematisch, und sie hält sich außerdem so weit wie möglich an die »konkrete« Erscheinungsebene und an einen Subtyp von diffuser Wissenschaft, der unter anderem auch von der Geo-

[5] Mit »Populismus« ist in diesem wissenschaftspolitischen Zusammenhang die (meist antiszientifisch/»antipositivistisch« getönte) Forderung gemeint, daß exoterische, lebensweltliche Laien- und »Betroffenen«-Standpunkte (also die Bedürfnisse, Interessen, Werte und Weltbilder von Laien und »Betroffenen«, überhaupt von Nicht-Professionellen und Nicht-Experten, einen prinzipiellen Vorrang vor esoterisch-spezialwissenschaftlichen Interessen, Werten und Weltdeutungen haben sollen (vgl. z. B. NOWOTNY 1979, S. 44 ff.). Dieser Populismus kann als spontane Selbstverständlichkeit auftreten (so wohl normalerweise in dem von uns diskutierten Fall), aber auch als ausdrücklich formulierter wissenschaftsphilosophisch-wissenschaftspolitischer Standpunkt. In jüngster Zeit hat bekanntlich P.K. FEYERABEND eine bestimmte Variante dieses Populismus wieder in die wissenschaftstheoretische Literatur eingeführt.

und an einen Subtyp von diffuser Wissenschaft, der unter anderem auch von der Geographie repräsentiert wird: Nicht nur aus Gründen der Deutlichkeit, sondern auch, um die Beschreibungen und Thesen angreifbarer zu machen.

Was nun die Skala »diffus-kompakt« betrifft: Kompakte Disziplinen besitzen (wenn man von relativ seltenen Ausnahmesituationen absieht) einen esoterischen, nur den Experten unmittelbar zugänglichen »disziplineigenen Gegenstand«, und sie verfügen über einen bestimmten, ebenfalls nur expertenzugänglichen Typ der »Produktion wissenschaftlichen Wissens«. »Expertenzugänglichkeit« soll heißen: Zugänglichkeit (fast) nur aufgrund einer elitären Kompetenz, d. h. einer Kompetenz, die im allgemeinen schwierig und langwierig zu erwerben ist und bestimmte, nicht allgemeine verfügbare Begabungs- und Persönlichkeitsmerkmale voraussetzt – nicht zuletzt auch eine »(Selbst)-Konditionierung« auf bestimmte Interessen und unalltägliche Gegenstandswahrnehmungen im Verlaufe einer entsprechenden, durchweg harten (tertiären) Sozialisation.

Als Beispiele solcher Disziplinen gelten nicht nur die sog. exakten Naturwissenschaften, sondern auch Teile der Biologie, eine Reihe relativ ausgereifter und systematisierter Technik- oder Ingenieurwissenschaften, Teile der Wirtschaftswissenschaften, der Jurisprudenz usf..

Eine diffuse Disziplin mit »offener« Struktur hat hingegen im Laufe ihrer Geschichte weder ein disziplineigenes (Formal)Objekt, noch eine disziplineigene Wahrnehmungs- und Erfahrungskompetenz ausgebildet, die von Alltagsgegenständen und (außerwissenschaftlichen) Alltagskompetenzen hinreichend unterscheidbar wären. Damit fehlen aber auch Kriterien und Instrumente, um das disziplinär Bedeutsame aus der »Alltagswirklichkeit« herauszufiltern bzw. »herauszukonstruieren« (oder auch nur von anderweitigen wissenschaftlichen Erfahrungsmöglichkeiten zu trennen). Man hat in einer solchen diffusen Disziplin auch keine anerkannten und zuverlässigen Bezugspunkte, um disziplineigene Tatsachen (empirischer oder theoretischer Art) von alltagsweltlich-außerwissenschaftlichen »Tatsachen« – oder von »Tatsachen« anderer Disziplinen zu unterscheiden.

Da es keine *eigen*theoretischen Leitlinien gibt, um disziplineigene Tatsachen (empirischer wie theoretischer Art) von alltagsweltlich-außerwissenschaftlichen Tatsachen oder von Tatsachen anderer Disziplinen zu trennen, ist das Aufgreifen von Themen wie das Sammeln, Interpretieren und Verwerten von Tatsachen in einer solchen Disziplin eher extensiv als intensiv und kaum zu zügeln, in hohem Maße willkürlich und leicht von disziplin-externen (und gelegentlich sogar von wissenschaftsexternen) Instanzen her zu beeinflussen: Die Forschungstätigkeit wird nach Thema und Methode bald von eigenen oder fremden Traditionen gesteuert, bald von Moden, Interessen und Zielvorgaben sei es aus der Alltagswelt, aus fremden Disziplinen, aus dem »Bildungssystem« oder aus der politischen Administration. (Im Extremfall wird das Suchverhalten weitgehend von unspezifischer Neugier auf Kurioses, auf Neu-, Fremd- und Andersartiges gesteuert – wobei die Kuriosität, Neu-, Fremd- und Andersartigkeit weniger an diszplinären und anderen Begriffsrahmen als am common sense, an flottierenden Relevanzgefühlen, am Alltags- und Schlicht-Bekannten gemessen wird.)

Die relativ unkoordiniert und nach wechselnden Interessen aufgegriffenen Themen und Tatsachen werden ihrerseits wieder »quasi-launisch« klassifiziert und interpretiert, werden bald in solche, bald in ganz andere Problem-, Theorie- und Verwertungszusammenhänge eingehängt (vgl. z. B. Mastermann 1974, S. 73). Damit wird aber auch der Fortschrittsbegriff diffus, ja sinnlos: Denn Begriffe wie »Erkenntnis-« oder »Wissenschaftsfortschritt«, überhaupt die epistemologischen Forschrittsbegriffe machen doch wohl nur dann einen leicht nachvollziehbaren Sinn, wenn man wenigstens die Probleme – zumindest die Hauptprobleme – konstant hält. (Vgl. hierzu etwa Stegmüller 1979, S. 164ff.)

Kurz, es gibt in solchen diffusen Disziplinen weithin keine hinreichend klaren und anerkannten disziplineigenen Maßstäbe dafür, um zu entscheiden, was verläßliche Beobachtungen, gute Erklärungen, relevante Themen und interessante Probleme sind; es ist weithin (und jedenfalls viel öfter als in kompakteren Disziplinen) unklar, was in einem bestimmten Phänomen- und Forschungsbereich eigentlich unklar ist, und es ist vielfach ein Problem, wo die »eigentlichen Probleme« liegen. Die Geschichte der Geographie illustriert es hinreichend – auch und gerade auch die beiden letzten Jahrzehnte können als Beispiel dienen. Wenn ein Geograph vor Geographen eine Geschichte erzählt, wird oft nicht etwa nur darüber gestritten, ob die Geschichte, die er erzählt, sachlich richtig, d. h. wahr oder falsch ist. An jeder Stelle kann auch eine Diskussion *darüber* vom Zaune gebrochen werden, ob dieser Geograph (mag seine Geschichte auch an und für sich ganz richtig sein) überhaupt die richtige Art von Geschichten erzählt (und nicht etwa eine ganz irrelevante Geschichte). Offenbar erzählte Christaller 1933 in diesem Sinne zwar keine falsche Geschichte, aber eine falsche Art von Geschichten (wobei die Mitglieder der Disziplin selten fähig sind, die beiden Ebenen auseinanderzuhalten: so daß der Vorwurf, das sei eine falsche Sorte von Geschichten, bei flachen Köpfen sofort in den Vorwurf umgemünzt wird, es handle sich um eine unrichtige Geschichte). In den sechziger Jahren waren viele Universitätsgeographen der Meinung, daß die Münchner Sozialgeographen eine falsche Sorte von Geschichten erzählen, und Sozialgeographen meinten das gleiche von den Geschichten der Landschaftsgeographen. Jedem Geographen fällt es leicht, die Beispiele zu vermehren und zu aktualisieren. Vielleicht erzähle ich selber in diesem Text eine falsche Sorte von Geschichten, und ich muß darauf gefaßt sein, daß viele meine Geschichte schon deshalb auch für unrichtig halten. Was die einen für eine Entdeckung oder wenigstens für eine respektable Leistung halten, welche zumindest die wissenschaftliche Diskussion weiterbringt, das halten die anderen (wie es z. B. Toulmin 1978 beschreibt) oft eher für eine pure Verschwendung von Zeit, Kraft und Geld. Anders gesagt, was in kompakteren Disziplinen schlimmstenfalls in den relativ seltenen Phasen des Paradigmenwechsels und der »wissenschaftlichen Revolutionen« hervortritt, das ist hier, in den konstitutionell vor- oder polyparadigmatischen Disziplinen, sozusagen das tägliche Brot (oder hat doch ungleich kurzfristigere Zyklen).

In diffusen Disziplinen gerät man auch leichter als anderswo in Situationen, in denen die disziplinär verfügbaren Maßstäbe und Erfahrungen überhaupt nicht mehr ausreichen, um im Einzelfall Sinn, Tiefsinn und Unsinn wenigstens mit mäßiger Sicherheit zu unterscheiden. Auch dies ist sozusagen strukturell bedingt. Eine wesentliche Quelle des innerwissenschaftlichen Unsinns ist z. B. der mit (z. T. notwendig) unzulänglichen bis untauglichen Mitteln unternommene Versuch, disparate bis inkompatible Theorien, Sprachen, Problemstellungen... zu verknüpfen, sozusagen allzu leichtfertig und/oder hausbacken-plump von einem »Sinn«, »Kontext« und »Bedeutungszusammenhang« zum anderen zu hüpfen (sagen wir, von der Landschaft zur Faktorenanalyse, von der Geoökologie zur Systemtheorie, von der naturräumlichen Gliederung zur Festlegung von Entwicklungsachsen, von der »landschaftsökologischen Bestandsaufnahme« zu den

»Bedürfnissen des Menschen«, von den Grunddaseinsfunktionen zur Gesellschaftstheorie, von Nicolai Hartmann zu Nystuen, von Heidegger zur Heimatkunde). In einer vor *und* polyparadigmatischen folk science wie der Geographie, wo sich auf Schritt und Tritt vorwissenschaftliche und wissenschaftliche Ideen und Theorien begegnen und wo in den (teil)verwissenschaftlichten Bezirken ein diffuser Pluralismus unausrottbar zu sein scheint, da gehören solche Überbrückungs- und Übersetzungsmanöver für alle nicht ganz abgeschotteten Köpfe sozusagen zum täglichen Brot, können aber doch in bestimmten Öffnungs-Phasen ungeahnte Höhepunkte erreichen; die siebziger Jahre z. B. sind in der deutschsprachigen geographischen Literatur eine unerschöpfliche Fundgrube für wissenschaftlichen Nonsense der beschriebenen Genese.

Eben weil allgemein anerkannte, zeitlich relativ stabile und operable Bedeutsamkeits- und Qualitätsmaßstäbe disziplineigener Art weithin fehlen, beruft man sich in solchen Disziplinen auch schneller als in anderen auf disziplin-, ja wissenschaftsexterne Maßstäbe – wie z. B.: »gesellschaftliche Relevanz«, »(Allgemein)Bildung«, »Konkurrenzfähigkeit« (sei es im Kreise der Wissenschaften, sei es unter den Schulfächern, sei es auf dem Arbeitsmarkt), »Praxisbedeutung« (wobei mit »Praxis« oft relativ eng umschriebene, konjunkturgebundene und/oder ephemere außerwissenschaftliche Tätigkeits- und Problemfelder gemeint sind) – usf..

Bezugspunkte dieser Art sind in bestimmten disziplinhistorischen Situationen durchaus legitim und nützlich (etwa in wissenschafts- und bildungspolitischen Krisenzeiten und Schrumpfungsphasen); in diffusen Disziplinen sind sie sogar unumgänglich, ja konstitutiv. Entsprechende Diskussionen werden aber oft mit dem falschen Bewußtsein geführt, es handle sich um einen Weg, eine diffuse und weiche Disziplin zu härten, zu stabilisieren und zu paradigmatisieren. In dieser Hinsicht führen aber solche Kriterien und Bezugspunkte nur vom Regen in die Traufe: Denn sie sind offensichtlich ihrerseits wieder diffus, »weich« und heterogen (zuweilen auch sehr eng und konjunkturanfällig), vor allem aber appellieren sie durchweg an disziplin*externe* Instanzen. Die Anwendung von Kriterien dieser Art macht nicht etwa diffuse Disziplinen kompakter, sondern sorgt eher dafür, daß eine diffuse Disziplin diffus bleibt.

Viele gängige Spontanargumente geographischer Hochschullehrer z. B. fallen in diese Kategorie: So z. B. das Argument eines der Herausgeber der »Geographischen Zeitschrift«, vor allem seit der zusätzlichen Einrichtung von Diplomstudiengängen habe die Geographie inzwischen »gegenüber anderen Fächern« »aufgeholt« und sei »mit anderen Fächern wie der angewandten Mathematischen Statistik, der Regionalökonomie und anderen Nachbarwissenschaften konkurrenzfähig geworden. Diese Fächer würde Hard aber sich nicht so (d. h. als diffuse Volkswissenschaften) kennzeichnen«. Die zitierten Tatsachenbehauptungen mögen richtig oder falsch sein: Die Art der verwendeten Kriterien selber (z. B. die unverblümte Außenorientierung an unter sich sehr heterogenen »Nachbarwissenschaften«) ist – ganz entgegen der Intention des Argumentierenden – gerade ein glänzender Beleg für den diffusen Charakter der betreffenden Disziplin: hier der Sozial- und Wirtschaftsgeographie.

*Was ferner die oft formulierte Hoffnung auf »Härtung« und Verwissenschaftlichung der Universitätsgeographie durch Diplomstudenten und Diplomstudiengänge (bzw. »professionelle Tätigkeitsfelder«) angeht: Erstens orientierten moderne Wissenschaften sich gerade nicht (mehr) an Problemen und Bedürfnissen außerwissenschaftlicher Tätigkeiten und Professionen, sondern müssen, um Wissenschaftsstatus zu gewinnen und zu behaupten, ihre Probleme, Themen und Wissensbestände im Kern und zur Hauptsache selber (»autopoietisch«) erzeugen; Orientierung an professionellen Anwendungen ist demgemäß schon vom Grundsatz her eher ein unfehlbares Mittel, Verwissenschaftlichung zu verhindern.

Erschwerend kommt hinzu, daß es mit der außerschulischen Professionalisierung der Geographen nicht weit her ist, und dabei wird es wohl bleiben. Das wird beim Vergleich mit den Lehramtsstudiengängen besonders deutlich: Das Lehramtsstudium läuft, wie schon gesagt, immerhin auf eine sozial gut sichtbare, ziemlich einheitliche, stabile und nicht schlecht definierte professionelle Praxis, auf so etwas wie eine wirkliche Profession hinaus und kann insofern sogar als eine gewisse Analogie zu den Studiengängen für die alten »Leitprofessionen« bzw. »höheren Berufe« – Ärzte, Juristen, Theologen – betrachtet werden. Typischerweise waren z. B. die Assoziationen der Geographielehrer und die der Hochschulgeographen schon immer über gemeinsame Interessen und Themen sehr eng verbunden, und die Schulerdkunde war und ist bis heute die wichtigste Überlebensressource der deutschen Universitätsgeographie. Dem Diplomstudium aber stehen auf unabsehbare Zeit eher diffus-heterogene, d. h. weitläufige, schwer überschaubare, wechselnde und sich rasch verändernde Beschäftigungsmärkte und Tätigkeitsfelder gegenüber, auf denen überdies Personen mit sehr unterschiedlichen Qualifikationsvoraussetzungen ihre Chancen wahrnehmen können. Im Diplomstudium werden die Probleme einer diffusen Disziplin also noch durch diffus-heterogene Außenorientierungen verstärkt.[6]

Unter solchen Bedingungen ist auch eine »sekundäre« Disziplinbildung unwahrscheinlich, d. h. die Formierung, Konzentration und »Härtung« einer Universitätsdisziplin aufgrund der Ansprüche (mindestens) einer außeruniversitären Profession. Professionen, die eine solche Entwicklung anstoßen könnten, müssen im allgemeinen wohl über eine professionelle Kernrolle und ein hohes Ausmaß von professioneller Autonomie verfügen, die sich vor allem als professionelle Problemdefinitionsmacht gegenüber Auftraggebern und Klienten äußert – wie z. B. bei Ärzten, Juristen, sogar Ingenieuren und bis zu einem gewissen Grade auch noch bei den (Erdkunde)Lehrern. Die Probleme, mit denen es »Berufsgeographen« zu tun bekommen, werden aber in der Regel eher von ihren Arbeitgebern und von anderen, »wirklichen« Professionen definiert.[7]*

---

[6] Schon die Publikation »Geographen und ihr Markt« des Deutschen Verbandes für Angewandte Geographie listet Berufsfelder bzw. Tätigkeitsbereiche von Geograph/innen auf, die (um einige wenige in alphabetischer Reihenfolge zu zitieren) von Altlastensanierung und Arbeitsmarktforschung über Biotopkartierung, Bodenkunde und Consulting, DED, Fremdenverkehr, Fernerkundung, Geotechnik und GTZ, Landschaftsplanung, Kartographie, Kirchliche Einrichtungen, Klima-, Markt-, Mobilitäts- und Ökosystemforschung sowie Ökomanagement bis zu Naturschutz, Stadtplanung, Unverträglichkeitsprüfungen, Verkehrspolitik, Verlagswesen, Wirtschaftspolitik und Wirtschaftsförderung reicht.

[7] In dieser Hinsicht bilden Diplomgeographen oft wohl eher eine Art von semi- oder subprofessionellem Hilfspersonal. (Vgl. zu diesem Themenkreis z. B. STICHWEH, R., Wissenschaft, Universität, Profession, Frankfurt a. M. 1994).

5. Folgelasten

Welche Gefahren von den beschriebenen Charakteristika einer *diffusen* folk science ausgehen (sei es auf der Ebene der methodologischen Diskussion, sei es auf der Ebene der disziplinären Selbstwahrnehmung und Selbsdarstellung, sei es auf der Ebene der Disziplinpolitik und des individuellen Verhaltens innerhalb einer solchen Disziplin) – das habe ich in pointierender Form bereits 1978 zu beschreiben versucht; überhaupt kann man viele der dort genannten Merkmalsdimensionen der »Disziplin der Weißwäscher« als Folgelasten ihres konstitutionell diffusen Charakters betrachten.[8]

Auch die bedeutende Rolle, die ein (sozusagen institutionalisierter) Opportunismus und ein »Hauch von Korruption« in solchen Disziplinen spielt (vgl. HARD 1978, S. 27 ff., 34 ff.), sind in diesem Kontext leicht verständlich. Es handelt sich bis zu einem hohen Grade um funktionale Äquivalente für die hier weithin fehlenden verläßlichen Qualitätsmaßstäbe und Qualitätskontrollen, an die sich die Mitglieder einer kompakteren Disziplin glücklicherweise halten können, andererseits aber auch weithin halten *müssen*. Anders gesagt: Was in kompakteren Disziplinen leichter und in höherem Maße *institutionell* gesichert werden kann – z. B. ein *im Normalfall* relativ faires, sachbezogenes und nicht ganz schiefes Urteil über den wissenschaftlichen Wert von Projekten, Texten, Individuen und Forschungsrichtungen – das bleibt in diffusen Disziplinen in viel stärkerem Maße auf die *persönliche* Lauterkeit, Klugheit, Charakter- und Geistesstärke der beteiligten Individuen angewiesen: Eine der wesentlichen Ursachen dafür, daß der tatsächliche intellektuelle und moralische Standard in diffusen Disziplinen einerseits viel stärker schwankt, andererseits im Durchschnitt tiefer liegt.

Ein mehr äußerliches Erkennungszeichen solcher diffus-ineffektiven Disziplinen ist z. B. die Tatsache, daß Laien, Dilettanten und vor allem auch Individuen, die von anderen Disziplinen herkommen, noch immer eine gute Chance haben, relativ umstandslos und erfolgreich an die Forschungsfront einer solchen Disziplin zu gelangen und diese sogar beschleunigt weiterzutreiben. Die Geschichte der modernen Geographie (seit dem späten 19. Jahrhundert) lehrt, daß (z. B.) Althistoriker, Geologen, Botaniker, Zoologen, Physiker, Mathematiker, (Agrar)Meteorologen, Anthropologen und Linguisten... geographische Lehrstühle und Professuren erklimmen und bekleiden könnten; das Umge-

[8] Es ist z. B. leicht zu verstehen, daß solche Disziplinen ihren diffusen oder alltagsenzyklopädischen Charakter leicht zu einem Synthese-Anspruch hochstilisieren, neuerdings auch zu einem Anspruch auf eine ganz besondere geographische Kompetenz für Inter- oder Transdisziplinarität – oder zu dem anspruchsvollen Selbstverständnis, besonders »grundlegende« und »umfassende« (wenn nicht allumfassende) Disziplinen, jedenfalls Disziplinen ganz besonderer, sozusagen höherer Art zu sein. In solchen diffusen Ethno-Wissenschaften werden verständlicherweise auch leichter als anderswo didaktischer und wissenschaftlicher Wert und Anspruch verwechselt oder sogar prinzipiell ununterscheidbar: Die Literatur der Geoökologie ist ein gutes Beispiel. Typisch ist auch die Verwechslung von »andere Disziplinen exzerpieren (verdünnen, didaktisieren...)« einerseits, »geographische Teildisziplinen begründen (bzw. betreiben)« andererseits, oder die Verwechslung der Tätigkeit »ein (mehr oder weniger gutes) geographisches Lehrbuch schreiben« mit der Tätigkeit, »andere, nichtgeographische Disziplinen bzw. deren Lehrbücher (mehr oder weniger intelligent) um- und ausschreiben«. Die »Wald- und Forstwirtschafts-Geographie« (vgl. etwa Windhorst 1978) ist nur ein Beleg von vielen möglichen.

kehrte scheint seit anderhalb Jahrhunderten fast unmöglich zu sein. Extern Professionalisierte, Laien- und Hobbywissenschaftler sowie solche Mitglieder der Disziplin, die nur einmal in eine kompaktere Wissenschaft (z. B. Wirtschaftswissenschaft, Biologie, Hydrologie, Quartärgeologie/Bodenkunde) hineingerochen haben, lösen hier, wenn sie zufällig einmal die Chance bekommen, nicht selten elegant und kurzfristig Probleme, welche die Insider der Disziplin möglicherweise nicht einmal klar formulieren konnten.[9]

Im übrigen erkennt man in solchen diffusen Disziplinen meist auch einige der Merkmale wieder, die in der Literatur den explorativ-vorparadigmatischen Phasen einer Wissenschaft zugeschrieben werden (vgl. z. B. BÖHME u. a. 1977, S. 183 ff.; 1978, S. 226ff. u.ö.): Relativ unkoordiniertes Aufgreifen und Fallenlassen aller möglichen Chancen der (scheinbaren oder tatsächlichen) »Verwissenschaftlichung«, Auftreten von disparaten Ein-Mann- bis Kleinstgruppen-Paradigmen, von fragwürdigen Disziplin- und Teildisziplin(be)gründungen in Buch- und anderer Form, exzessive bis monomane »Ausbeutung« bestimmter, meist importierter Instrumente und quantitativer Beschreibungs-Modelle (mit denen dann relativ beliebig aufgegriffene und weitläufige Gegenstandsbereiche mehr oder weniger theoriefrei durchsucht oder »durchkämmt« werden); reichlicher Einsatz von Analogien und Analogmodellen (als Ersatz für Eigentheorie); relativ willkürliches Aufgreifen externer Probleme, Themen und Lösungsmuster; theoriearm-deskriptive und methodisch relativ beliebige Exploration »modischer« (politisch, pädagogisch usf. »relevanter«) Phänomenbereiche; Entwicklung umfassender, oft ausgeklügelter Beobachtungsschemata vor einem Hintergrund sehr diffuser Ziele und Theorien; eine Neigung zu grobempirischen Klassifikationen und Taxonomien nach theoretisch unklaren und relativ unkontrolliert wechselnden Gesichtspunkten; speziell in der Geographie die Obsession für Regionalisierungen, d. h. räumliche Klassifikationen (Räume, Raumtypen und Grenzen): wobei diese theoriearm-verworrene Tätigkeit sogar selber zur Theorie und Basistheorie, je zum »Wesen« und »Kern« der Geographie stilisiert wurde. – Für alle Punkte dieser sehr unvollständigen Liste kann man leicht schlagende geographische Belege auch aus der jüngsten Zeit finden.

Eine »diffuse Disziplin« ist aber nicht ohne weiteres eine »Disziplin, die sich in einer vorparadigmatischen (explorativen usf.) Phase befindet«. Die Termini »vorparadigmatisch«, »explorativ«, »vortheoretisch-problemlösend« (oder gar »unreif«) kann man nur dann auf diffuse Disziplinen im beschriebenen Sinne anwenden, wenn man diese Termini nicht oder doch nicht nur als Bezeichnungen eines disziplinhistorischen Entwicklungsstadiums (etwa im Rahmen des bekannten »Drei-Phasen-Modells«) versteht. Vor

[9] Um nur ein Beispiel aus jüngster Zeit zu geben: A.G. WILSON autobiographiert sich etwa so: Zunächst Atomphysiker, der wenig Chancen sieht, sich auf diesem Gebiet überdurchschnittlich zu profilieren; tritt 1968 in das Center of Environmental Studies (London) ein und wird von dort 1970 nach Leeds auf einen Geographie-Lehrstuhl berufen; seither gilt er als einer der fruchtbarsten unter den führenden Theoretikern der Geographie. Die Haltung der Autochthonen ist demgegenüber ambivalent und gruppenspezifisch: Ihre wohlwollende bis ablehnende Reaktion hängt unter anderm davon ab, wie gut die Importe auf der ideologischen und/oder der forschungspraktischen Ebene jeweils traditionsverträglich und assimilierbar zu sein scheinen, wie sehr der Import die Autochthonen mit interner Konkurrenz bedroht und in welchem Ausmaß er ihnen eher das Außenprestige (die externe Konkurrenzkraft) des Faches zu stärken verspricht.

allem die Termini »unreif« und »vorparadigmatisch« bringen leicht einen historisch-genetischen, ja teleologischen Aspekt in die Betrachtung: So, als ob es sich in jedem Falle (oder auch nur normalerweise) um ein Vor- und Durchgangsstadium zu einer wirklichen, »normalen Wissenschaft« handle – oder, allgemeiner gesagt, als ob diesen Disziplinen noch etwas Wesentliches fehle, das sie sich erst noch aneignen müßten und könnten, um eine »(richtige) Wissenschaft« zu werden. Für die physische Geographie hat Eisel schon 1977 gezeigt, daß es kaum sinnvoll ist, sie als eine Disziplin oder Teildisziplin im explorativen, vorparadigmatischen, vortheoretisch-problemlösenden Stadium zu betrachten (jedenfalls nicht sensu stricto), und das gilt m. E. auch für die Geographie schlechthin.

Was in solchen diffusen Disziplinen gelegentlich einen Schein von Solidität verbreiten kann, das sind, bei Licht besehen, entweder Theorien und Instrumentarien aus Disziplinen, die zumindest ein wenig kompakter sind oder auch nur zu sein scheinen (z. B. die naturwissenschaftlichen Geodisziplinen und/oder die Sozial- und Wirtschaftswissenschaften), oder es handelt sich um Wissensbestände und Fertigkeiten, die auch schon alltagsweltlich vorhanden sind oder leicht auch im lebensweltlichen, außerakademischen Kontext produziert werden können, z. B. landeskundliche Information über natürliche Ressourcen, Bevölkerung und Wirtschaft einer Region. In ambitionierten Zweigstellen einer diffusen Disziplin folgt man vielfach der Logik prestigestarker forschungstechnischer Importe aus anderen Disziplinen, z. B.: teure Meßapparate, mathematische Modelle, connaisseurhafter EDV-Einsatz. Man kann nicht übersehen, daß heute fast jede diffuse Disziplin und folk science sich durch ein entsprechendes Ameublement, sei es aus Laborausstattung und anderen Apparaturen, sei es aus Computer, Statistik und anderer Mathematik, ohne besonderen Aufwand den Schein einer kompakten und normalen, »paradigmatisierten« Wissenschaft verleihen kann.

Charakteristisch für solche diffusen Disziplinen ist zuweilen auch eine von geschickten akademischen Entrepreneuren betriebene »Wachstumsindustrie inhaltsarmer bis inhaltsleerer (Auftrags)Forschung«; »in Erwiderung eines Hilferufs nach Forschung kann sich eine geschickte Mittelmäßigkeit ein ganzes Imperium von Macht und Prestige auf Kosten vorsichtigerer oder weniger skrupelloser Kollegen aufbauen«(Ravetz 1973, S. 436), ein Imperium, welches oft erst nach längerer Zeit einen mehr oder weniger stillen Bankrott macht.

6. Über einige Schwierigkeiten, eine diffuse Disziplin zu unterrichten

In solchen Disziplinen (und so z. B. auch in der Geographie) ist es z. B. auch schwer bis fast unmöglich, die vorgesehenen Unterrichts- und Studieninhalte begründet auf der Linie elementar-fortgeschritten oder auf einer Skala einfach-schwierig anzuordnen. Eine solche Strukturierung gelingt bezeichnenderweise noch am besten im Rahmen von Stoffkomplexen, die aus anderen Disziplinen entlehnt sind. Es ist entsprechend schwierig, unter Geographiestudenten Anfänger und Fortgeschrittene zu unterscheiden: Wenn es auch im Rahmen eines einzelnen Instituts noch gelingen mag, so gelingt es institutsübergreifend doch wohl kaum mehr. In der Geographie kann es geschehen, daß ein engagierter Erdkundelehrer schon im ersten Jahr der gymnasialen Oberstufe einen Kurs durchführt, der nach Thema, Stoff und Niveau ohne Aufsehen auch im zweiten bis vierten Jahr des Universitätsstudiums, z. B. auch im dritten, d. h. letzten Studienjahr eines

Kurzstudiums ablaufen könnte. In zahlreichen kompakteren Disziplinen ist das im Normalfall offensichtlich anders.

Natürlich kann man auch diese Probleme wieder unter den Teppich kehren, indem man (geschlossen oder potpourri-haft) Ausbildungsprogramme imitiert, die – meist systematischer, intensiver und professioneller – längst auch anderswo laufen, nämlich in Disziplinen, die man (mit welchem Recht auch immer) für kompakter und seriöser hält als die eigene. Eine solche Imitation kann, vor allem, wenn sie hausgemacht ist (z. B. einen innergeographischen Traditionsstoff aufgreift), sichtlich unangemessen sein, ja geradezu parodistisch und lächerlich wirken; eine solche Imitation kann aber auch anders und seriöser aussehen. Vor allem in einigen Zweigen der Physischen Geographie bieten sich solche imitativen Strategien an, in der Wirtschafts- und Sozialgeographie kann man es z. B. mit Forschungsstatistik, Methodenkursen in empirischer Sozialforschung, ökonomischer Standorttheorie oder anderer (Regional)Ökonomie versuchen: Wobei man vielfach nur etwas imitiert, was seinerseits schon etwas anderes imitiert.

Unter den beschriebenen Bedingungen muß auch die Aufstellung konkreter und eigenständiger Ausbildungsprogramme auf ziemlich willkürlichen und machtmäßigen Entscheidungen beruhen. (Dies hängt wohl auch damit zusammen, daß die Außenanforderungen an eine diffuse Disziplin meist auch ihrerseits ziemlich diffus sind.) In einer (Experten)Diskussion um Schul- und Hochschulcurricula, die auch nur einigermaßen pluralistisch und »herrschaftsfrei«, wäre, könnte und müßte in einer solchen Disziplin über fast alle Einzelqualifikationen und Einzelinhalte grundsätzlich und hochkontrovers gestritten werden – vorausgesetzt natürlich, man versteckt die Streitpunkte nicht hinter Fortschreibungen und Leerformeln. Um nur eine jüngste Erfahrung zu zitieren (wohl jeder Leser kann analoge Beispiele beisteuern): Der eine meint, der Lehramtsstudent müsse denn doch zum aktiven, wenigstens passiven Verständnis elementarer Forschungsstatistik geführt werden (sagen wir, bis zur doppelten Regression und zur multiplen und partiellen Korrelation); der andere hält das für eine sinnlose Belastung des Lehramtsstudenten und ein gewisses wirtschafts- oder sozial-wissenschaftliches Grundwissen für ungleich wichtiger (z. B. makroökonomische Grundbegriffe, die wesentlichen Paradigmen der Soziologie oder was auch immer); der dritte möchte beides oder nichts von beiden. Der eine möchte in der Wirtschaftsgeographie ein gewisses Verständnis für Standortmodelle vermitteln, der andere hält das prinzipiell oder im Hinblick auf die Lehramtsstudenten für vollkommen sinnlos (usw. usf.).

An dieser Stelle geht es nun nicht darum, was dies und anderes für den intellektuellen Habitus und die (Forschungs)Psychologie der Angehörigen einer solchen Disziplin bedeutet, auch nicht darum, welche individuellen (Forschungs)Strategien in einer solchen Universitätsdisziplin üblich und möglich, respektabel und weniger respektabel sind – oder welche besonderen Merkmale die Wissenschafts*geschichte* einer solchen Disziplin hat. Es geht hier vielmehr einzig um die Frage, was das alles für den universitären *Unterricht* in diesem Fach bedeutet.

Ich paraphrasiere einfachheitshalber einen angelsächsischen Autor (RAVETZ 1973, S. 430 ff.) und glaube nicht, daß die Verhältnisse im folgenden überdramatisiert sind. Dieser Autor hatte übrigens nicht die Geographie im Auge – was darauf hinweist, daß sie auch in dieser Hinsicht nicht einzigartig ist.

»In der *Forschungstätigkeit* eines Fachgebietes kann man dessen diffusen, ineffektiven und unreifen Zustand durchaus verschleiern, aber in der *Lehre* tauchen brennende und unlösbare Probleme auf. In mancher Hinsicht ist die Aufgabe, in einem Fachgebiet dieser Art zu unterrichten und zu lernen, ein anregender und herausfordernder Lern- und Erziehungsprozeß – mehr als in einer Disziplin, wo der Student erst einmal einen riesigen Grundstock von Standardinformationen, Standardtheorien und Standardwerkzeugen meistern muß, ehe man ihn für leidlich kompetent halten kann, selber zu denken. Wo es aber keine große Menge von zugleich gutorganisiertem, anspruchsvollem und unumstrittenem Lehrstoff gibt, der vorweg übermittelt werden müßte, da könnten Lehrer und Studenten bald als nahezu Gleichberechtigte an einer gemeinsamen Sache arbeiten, und die Rolle des Lehrers müßte eher sokratisch als schulmeisterlich sein«. Den Unterschied zur Lehre in einer modernen Naturwissenschaft möge die folgende Charakteristik Bachelards zu Bewußtsein bringen: »Schlagen Sie das Lehrbuch einer modernen Naturwissenschaft auf! Der wissenschaftliche Stoff wird stets präsentiert mit Bezug auf eine umfassende Theorie. Der Gesamtzusammenhang ist so strikt, daß es schwierig wäre, Kapitel zu überspringen. Spätestens nach den ersten Seiten hat der gesunde Menschenverstand nichts mehr zu melden. Nie wieder kommt eine Frage des Lesers auf. Das *Buch* stellt die Fragen. Das *Buch* kommandiert. Anstelle des »Lieber Leser!« steht ein: »Paß auf, Schüler!»» (vgl. BACHELARD 1965, S. 24). Der Unterricht in solchen Disziplinen verläuft im Normalfall analog.

Der angedeutete »ideale Unterricht in einer diffusen Disziplin« erinnert an die vielberufene Idee von der Einheit von Forschung und Lehre bzw. vom zugleich forschenden *und* lehrenden akademischen Unterricht – eine Idee, die wohl immer schon vor allem diffusen (nicht zuletzt hermeneutisch-geisteswissenschaftlichen) Disziplinen auf den Leib geschrieben war. Ein solcher Idealzustand ist aber, wie man leicht sieht, in praxi fast nie erreichbar, und wird er einmal erreicht, dann ist er kaum auf Dauer zu stellen. Um dies einsichtig zu machen, genügt es, einige der Voraussetzungen zu explizieren, die vorweg erfüllt sein müßten.

Erstens müßte vorweg der diffuse Zustand der Disziplin wenigstens disziplinöffentlich zugestanden werden können – d. h., es müßte wenigstens »institutsöffentlich« anerkannt sein, daß das Fach so ist, wie es nun einmal ist: Das es nämlich einfach keinen größeren Grundstock von soliden disziplineigenen »Fakten« zu lehren und zu lernen gibt (seien es nun »Fakten« empirischer, methodischer, theoretischer oder metatheoretisch-methodologischer Art). Ein solches Eingeständnis ist aber im Bewußtsein der Angehörigen einer Disziplin so schädlich für ihr »Bild in der (wissenschaftlichen wie außerwissenschaftlichen) Öffentlichkeit«, daß es normalerweise tabuiert wird.[10]

---

[10] Wenn dergestalt die disziplinäre Situation aufgrund einer fragwürdigen »Diziplinräson« nicht mehr öffentlich angesprochen werden darf, *obwohl* die Insider (zumindest die klügeren unter ihnen) wenigstens halbbewußt mehr oder weniger Bescheid wissen, dann beraubt sich die betreffende Disziplin nicht nur vieler Entwicklungsmöglichkeiten – sie schlittert dann auch in jenen konstitutionellen Opportunismus hinein, den ich 1979 (in »Die Disziplin der Weißwäscher«) zu beschreiben versucht habe. So sind z B. auch die Überlegungen dieses Textes (selbst in inhaltlich verschärfter und stilistisch verlangweilter Form) wahrscheinlich in keiner der deutschsprachigen geographischen Zeitschriften »öffentlichkeitsfähig«. (Zwar, so hieß es einmal von seiten eines der Herausgeber, müsse man »Hard in etlichen seiner Aussagen ja Recht geben« – ja er »spreche Schwachstellen an, die den das eigene Fach ernsthaft überdenkenden Geographen oftmals bedrücken und nicht leicht zu einem naiven Selbstverständnis finden lassen«. Aber : Durch Äußerungen dieser Art werde »in der Öffentlichkeit eine falsches

Zweitens sind die Anforderungen an den Dozenten größer als normal: Wenn Diskussionen über die Materialien einer diffusen (»unreifen«) Disziplin wirklich frei und intelligent (d. h. nicht ganz anspruchslos) sind, dann bewegen sie sich notwendig über alle Gebiete – von den Daten bis zur Methodologie, von den handwerklichsten bis zu den philosophischsten Fragen.[11]

Ein solcher Unterricht wäre *drittens* schon deshalb schwer zu institutionalisieren, weil er eine suspekte Anomalie im universitären Normalbetrieb darstellt und seine Ergebnisse kaum so einfach und »objektiv« abgeprüft werden könnten wie standardisierter Stoff und standardisierte Fähigkeiten. Viertens aber »ist es unter den gegenwärtigen Bedingungen vielleicht noch schwieriger, *Studenten* zu finden, die mit Erfolg und Nutzen an einem solchen »idealen Unterricht« teilnehmen könnten. Sie müßten sehr intelligent und im abstrakten Denken gut geschult sein, sonst sinkt diese Art von Unterricht leicht auf einen Austausch persönlicher Gefühle und trivialer Meinungen ab. Doch in ihrem vorherigen Unterricht an den Oberschulen sind sie mehr zur manipulativen Beherrschung unumstrittenen Lehrstoffs angeleitet worden; hier werden nun eine völlig neue Einstellung und ganz andere Fertigkeiten verlangt« – dies und die fehlende Möglichkeit, sich und seine Fortschritte an klaren Standards zu messen, müssen aber notwendig sehr beunruhigend wirken. Der Normalstudent wird also solchen Unterricht von sich aus kaum begrüßen – warum soll er sich auch auf etwas einlassen, was offenbar ziemlich ungesichert, praktisch weitgehend unbrauchbar (bis irrelevant) und nicht einmal direkt schulverwertbar ist, was gleichzeitig aber unter Umständen auch noch ungewöhnliche intellektuelle Ansprüche stellt, z. B. ähnlich hohe wie eine harte, kompakte Disziplin? Warum sollen sie etwas auf sich nehmen, was vielleicht bestenfalls eine gute Übung im abstrakten (d. h. hier: nicht-mehr-alltagsweltlichen) Denken ist – oder ein Versuch, die Alltagsansicht der Welt an einer bestimmten Stelle geistreich-originell zu korrigieren?

Die »Normallösung« ist bekannt: »Im Interesse der akademischen Respektabilität und der Bedürfnisse der weniger begabten Studenten wird man schlichten Lehrstoff vortragen und erwarten, daß die Studenten diesen Stoff beherrschen müssen, ehe sie ihre Meinung zu offenen Fragen äußern.« Mit anderen Worten: Man organisiert das Geographiestudium im einzelnen und im ganzen so, als handle es sich (z. B.) um Physik

---

(d. h.: politisch abträgliches) Bild der Geographie erzeugt bzw. weiter gefestigt« (Zusatz: G. H.).

[11] Niveauvoller akademischer Unterricht im Fach Geographie müßte dem nahekommen, was ein Naturwissenschaftler noch immer mit Staunen unter intellektuell lebendigen Nicht-Naturwissenschaften erleben kann: »Ein Jahr in einer Gemeinschaft, die sich überwiegend aus Sozialwissenschaftlern zusammensetzte«, berichtet z. B. Th. S. KUHN (1967, S. 10), »konfrontierte mich mit unerwarteten Fragen über die Unterschiede zwischen solchen Gemeinschaften und jenen der Naturwissenschaftler, in denen ich ausgebildet worden war. Insbesondere war ich überrascht von der Zahl und dem Ausmaß der offenen Meinungsverschiedenheiten unter den Sozialwissenschaftlern über das Wesen der gültigen wissenschaftlichen Probleme und Methoden«, und diese Dauerpräsenz und Dauerreflexion der Grundlagenprobleme (bis in die alltäglichste Empirie hinein!) wurde zu einer Art Schlüsselerlebnis, aus dem nach KUHNs eigener Darstellung der Begriff des »Paradigmas« entsprang: »Der Versuch, die Ursachen jener Differenz zu enthüllen, führte mich dazu, die Rolle der Paradigmata in der (natur)wissenschaftlichen Forschung zu erkennen«.

(also eine Disziplin, wo ein intelligenter Normalstudent erst einmal ein paar Jahre lang feste »Tatsachen« lernen muß, bevor er sich sinnvoll zu einem relevanten Forschungsproblem äußern darf und kann) – was dann z. B. so aussieht: Sozialgeographie I, II, III; Physische Gographie I, II, III (u. dgl.). Aber – man kann es wohl nicht oft genug betonen! – in diffusen Disziplinen gibt es einfach keinen disziplineigenen und wenigstens zu didaktischen Zwecken eindeutig systematisierbaren Grundstock von zuverlässigen standardisierten Fakten empirischer, theoretischer und anderer Art, der solche Analogiebildungen rechtfertigen könnte.

Natürlich kann man diese Lücke auch durch Tatsachen-Substitute auffüllen, die dann (z. B. in manchen »hermeneutischen« Disziplinen) eine ähnliche disziplinierende Funktion ausüben können wie echte wissenschaftliche Tatsachen: Etwa umfangreiche Sekundärliteraturen, verzweigte Quellenkunden sowie andere Informationsberge aus vorwissenschaftlich-vortheoretischen Einzelheiten; esoterische, aber für die Sachfragen selber oft ziemlich unerhebliche »Hilfswissenschaften«; subtile und trickreich entfaltete, aber weitgehend implizit gehaltene und schon deshalb nur langwierig und auf vielen Umwegen zu erwerbende Kennerschaften, Sprachstile und Eigensemantiken.

Den Effekt solcher »nachahmenden Standardisierungen« (die institutionell vielleicht unvermeidlich sind) kann man mit Blick auf die Geographie wie folgt andeuten: Die braveren unter den Studenten lernen brav, was in einer anderen Disziplin durchweg solider gelehrt wird, und sie halten bald etwas für Wissenschaft, was doch nicht viel mehr darstellt als mehr oder weniger gesunden Menschenverstand oder ein auf dessen Begriffe, Horizonte und Kapazitäten gebrachtes Wissen anderer Herkunft: Weil innerhalb dieses Wissenstyps noch gar nicht vollzogen ist, was – unter anderem – eine Wissenschaft i.e.S. konstituiert: Der irreversible »Bruch« mit der Alltagswelt in Form einer disziplineigenen Welt- und Gegenstandskonstruktion. Die pfiffigsten Studenten konzentrieren sich auf ihr Erstfach, weil sie rasch lernen, daß man die Standardanforderungen in Geographie vergleichsweise immer noch leichter unterlaufen kann. Wenn aber solche intelligenten und arbeitsfähigen Studenten die Geographie ernst- und engagierter nehmen (wenn also jene Geographiestudenten auftauchen, von denen ein Geographiedozent oft nur träumen kann), dann merken sie normalerweise bald, daß die Sache, auf die sie sich eingelassen haben, wenig solide ist, und der Dozent gerät, wenn er kein Naivling und kein Zyniker ist, leicht in eine prekäre Situation, die Ravetz wie folgt beschreibt: »Er muß einerseits den Normalstudenten den (geographischen) Lehrstoff vermitteln, als ob es Physik wäre, und zugleich versuchen, die unbeantwortbaren Fragen einer Handvoll kritischer Studenten zu beantworten; und soweit er sich des wirklichen Zustandes seiner Disziplin bewußt ist, sind die sich aus seiner Lage ergebenden Widersprüche sehr ernst« (vgl. RAVETZ 1973, S. 434).

Die Wissenschaftsgeschichte zeigt zwar, daß sich auch in einer ziemlich diffusen Disziplin wie der Geographie bestimmte innerdisziplinäre Ansätze zeitweilig zu relativ effektiven und kompakten Forschungsprogrammen (mit deutlich gerichtetem und kumulativem Forschungsfortschritt) auswachsen können. Gerade auch die letzten Jahrzehnte der Geographiegeschichte belegen es mehrfach. Als Beispiele können im humangeographischen Bereich der standorttheoretisch-»raumwissenschaftliche« sowie der Perzeptions-Ansatz gelten, in der physischen Geographie wahrscheinlich bestimmte boden- und hydro»geographische« Kleingruppen-»Paradigmen«. Solche »Verwissenschaftlichungen« innergeographisch gewachsener – oder auch bloß aufgegriffener oder wieder ausgegrabener – Forschungsprogramme enden aber nach Ausweis der Disziplingeschichte und mit sozusagen historischer Notwendigkeit immer bei einer schon längst bestehenden (oder, seltener, bei einer sich gerade konstituierenden) *außer*geographischen Disziplin oder Teildisziplin und werden von diesen außergeographischen (Teil)Disziplinen praktisch ununterscheidbar: Zwar nicht unbedingt institutionell, aber doch inhaltlich. Um dies zu demonstrieren, genügt es, die Literaturbezüge und das Zitierverhalten solcher Geographen und Geographengruppen zu studieren.

Diese Vorgänge – die Versuche einer »Verwissenschaftlichung« der Geographie und die Logik ihrer Entwicklung – hat jüngst Eisel (1980) systematisch beschrieben und interpretiert. Insofern »Verwissenschaftlichung« auch Isolierung und Isolierbarkeit disziplinärer, eigenwüchsiger, zumindest aber relativ eigenständiger Forschungs- und Ausbildungsprogramme impliziert, ist Geographie *als Geographie*, also » auf genuin geographische Weise« schlechthin nicht zu verwissenschaftlichen. (Diese Erkenntnis bzw. »Eisel-Theorie der Geographie« steckte zumindest implizit auch schon in der Aversion älterer Geographen gegen solche »szientifischen« Versuche – und noch deutlicher in ihrem stereotypen Einwand, das alles sei »keine Geographie mehr« und »die anderen könnten das alles ohnehin besser als die Geographen«.) Versuche der Verwissenschaftlichung, die den Ehrgeiz *und den Effekt* haben, dabei »echt geographisch« zu bleiben, erweisen sich mit Regelmäßigkeit als zwar unter Umständen (z. B. im Schonraum einer isolierten akademischen Disziplin) langlebige, aber doch von ihrer Geburt an bankrotte Pseudo-Programme, die schließlich entweder bei einer offen regressiven bis antiszientifischen Haltung enden – oder aber am Ende doch noch den »zentrifugalen« Weg »nicht-mehr-geographischer Verwissenschaftlichung« einschlagen. Um nur wenig zu pointieren: Sobald sich der Geograph seinen Gegenständen intellektuell auch nur nicht ganz anspruchslos nähert und sie nicht einfach nur ethnoszientifisch-alltagsweltlich und altgeographisch beschreiben will, beginnen sie vieldeutig zu flimmern und sich aufzulösen – oft in so viel Gegenstände, wie es außegeographische Wissenschaften gibt.

Von einem Geographen, der sich einem solchen zentrifugalen Trend anschließt, wollen wir sagen, er wähle eine szientifische (oder, allgemeiner, eine spezialistische bzw. spezialwissenschaftliche) Strategie. Das ist für einen jüngeren Hochschulgeographen sicher ein nicht nur mögliches und respektables, sondern im allgemeinen auch karrieregerechtes Unterfangen. Werden an dem betreffenden Institut nur oder vorwiegend Diplomanden ausgebildet, ergeben sich vielleicht nicht einmal dann ernste Ausbildungsprobleme, wenn die szientifische Strategie um sich greift. In einem Institut aber, in dem auch Erdkunde*lehrer* (und zu einem bedeutenden Teil sogar im Kurzstudium) ausgebildet werden, da sieht die Sache aber wohl anders aus.

Hier könnten die Dozenten die szientifische Strategie wohl nur in Form einer Jeckyll-and-Hyde-Existenz durchhalten: Tags Lehrerausbildung in traditioneller Erdkunde oder moderner Geographie (im Kontakt mit den curricularen Erfordernissen der unterschiedlichen Schularten), nachts reine oder angewandte Spezialforschung im Anschluß an eine durchweg außergeographische Forschungsfront (und oft auch im Kontakt mit überwiegend außergeographischen Forschergruppen). Eine solche Doppelrolle ist redlich kaum durchzustehen, und sie führt oft zu schlechten Kompromissen, die weder für die Dozenten, noch für Studenten befriedigend sind.[12]

Besteht der Dozent indessen auch im Unterricht auf seiner Forscherrolle und will seine Forschung in seine Lehre einbringen (und sei es nur nach ihren Grundlagen), dann wird er in der Lehrerausbildung leicht zu einer Katastrophe – indem er z. B. als »exakter moderner Wissenschaftler« auftritt, der z. B. den Lehramtsstudenten seine (zuweilen bis zu groteskem technischen Raffinement und mit kostspieligem apparativem Aufwand) hochentwickelten szientifischen Spezialitäten nahe- und beizubringen versucht – und diese auch noch so lehrt (und curricular organisiert), als handle es sich um Physik. Bei aller Fragwürdigkeit ist das aber wohl noch immer besser als die komplementäre Strategie: Wenn nämlich den Studenten zugemutet wird, die traditionelle Universitätsgeographie und ihre Stoffe so zu studieren und zu lernen, als handle es sich um eine solide und seriöse wissenschaftliche Materie.

Hier breche ich meine sehr überschlägigen Situationsanalysen und Problemskizzen etwas abrupt ab und versuche am Ende noch einmal, falschen Interpretationen der vorangehenden Kapitel zuvorzukommen.

In diesen Kapiteln wurde eine diffuse und weiche folk science vor der Folie kompakter, harter und elitärer Disziplinen gezeichnet. Ein solches Vorgehen kann leicht falsch verstanden werden: Erstens als eine Abwertung und zweitens als eine Aufrichtung von Vorbildern, die es zu imitieren gelte. So war es aber gerade *nicht* gemeint. Es gibt (wie unter anderen Toulmin 1978 betont hat) offenbar akademische Disziplinen, deren Ziele, deren Güte- und Erfolgskriterien, deren Erkenntnisinteressen, deren Fragenkataloge und wünschbaren Antworten nicht esoterisch und stabil, nicht situations- und subjektneutral genug sind – und das heißt auch: nicht leicht, eindeutig und scharf genug vom übrigen intellektuellen und gesellschaftlichen Kontext zu isolieren, als daß man sie ohne wesentliche Horizont- und Problemverluste zu isolierten, hochselektiven, stabilen und nicht zuletzt deshalb esoterischen und progressiven Forschungsprogrammen kanalisieren könnten. Wenn einige der Charakterisierungen der Geographie vielleicht sarkastisch klangen, dann zu diesem Zweck: Den geographischen Lesern mit drastischer Unmißverständlichkeit vor Augen zu führen, was die Geographie – auch als Universitätswissenschaft! – *nicht* ist und *nicht* sein kann; und dies wiederum zu dem (End)Zweck, ihre tatsächlichen Strukturen und Potenzen sichtbarer zu machen.

7. Eine Illustration

Die Frage lautet nun etwa so: Wie unterrichtet man in einer diffusen Disziplin Studenten (nicht nur Lehramtsstudenten!), die stabile volkswissenschaftliche Erwartungen und populistische Normen mitbringen (Erwartungen und Normen, die in einem Kurzstudium alter oder neuer Art kaum wirkungsvoll und nachhaltig durch ein szientifisches oder anderes Geographieverständnis ersetzt werden können)? Eine Lösung kann ich nicht

[12] Sehr häufig ist diese szientifische Strategie, diese Verwissenschaftlichung in eine andere Disziplin hinein, mit einer grotesken Philosophie verbunden und verschleiert: indem der zum »Spezialisten« gewordene Geograph sich mittels altgeographischer Kosmos- und Ganzheitsphantasmen als moderner Arbeiter am Gesamtsystem der Landschaft, am umfassenden Geoökosystem oder am Geosphären-Kosmos begreift.

anbieten, nur eine Illustration, die vielleicht eine der Richtungen andeutet, in denen man Antworten suchen könnte. Es geht dabei nicht so sehr um den mehr zufälligen Inhalt als um die transferierbare didaktische Struktur dieser Illustration. Ich greife dabei auf einige Materialien aus einer anderen Publikation zurück (HARD 1981), ergänze und rearrangiere sie aber in mehrfacher Hinsicht.

Nehmen wir an, es handle sich um eine Einführungsveranstaltung, in der – vor allem oder nur unter anderem – »die Stadt« das (oder ein) Thema ist. Nehmen wir weiterhin an, daß diejenigen Studenten, die auf etwas Bestimmteres hinaus wollen, den Wunsch äußern, sich mit »den« Problemen »der« Stadt und im besonderen mit den problemreichsten Teilen der eigenen Stadt (z. B. Osnabrück) zu beschäftigen. Welches sind aber nun z. B. in Osnabrück die problemreichsten Stadtteile und ihre Probleme? Beginnen wir also mit der »spontanen« mental map der Studenten. Sie kann aufgrund des spontanen Vorwissens erstellt werden oder auch aufgrund zusätzlicher physiognomischer Stadterkundung. Abb. 1 zeigt eine solche spontane Problemoberfläche der Stadt Osnabrück. Die Kriterien und die Perspektive, die dieser mental map zugrundeliegen, sollten im Unterricht thematisiert werden: Es handelt sich im wesentlichen um das Negativ der vermuteten quartiersbezogenen Lebensqualität (nicht zuletzt der vermuteten Wohnungs-Wohnumfeld- und Infrastrukturqualität), und zwar aus studentischmittelständischer Perspektive. Die Studenten bemerken rasch, daß sie in ihrer hypothetischen Problemverteilung intuitiv die gewachsene Stadtstruktur und vor allem den in Osnabrück idealtypisch ausgeprägten Westend-Eastend-»Kontrast« der Kernstadt (Stadtteil 1-15, ohne 7) reproduziert haben (vgl. Abb. 2 und 3). Dieser »Kontrast« lehnt sich an das alte, nordwestlich-südöstlich ziehende Gewerbeband im Hasetal an; dieser Gegensatz zwischen einem (mehr) bürgerlichen und einem (eher) nichtbürgerlichen Osnabrück gilt bis zu einem gewissen Grade auch für die jüngeren Außenbezirke.

Wie sollen wir diese zwar hochplausible, aber doch auch hypothetische »Problemoberfläche« auf »Richtigkeit« testen? Eine »Betroffenenbefragung« erschien im Rahmen der Veranstaltung als zu aufwendig, eine »Expertenbefragung« (bei Administratoren, Stadtplanern i. w. S., Stadträten usf.) zu stark für Verzerrungen anfällig. Man kann aber an die Lokalpresse denken: Zumal die Neue Osnabrücker Zeitung als im kommunalpo litischen Bereich nicht unkritisch gilt. Auch weniger als 20 Veranstaltungsteilnehmer haben den Lokalteil einiger weniger Jahrgänge einer Zeitung rasch verschlüsselt.[13]

[13] Analysiert wurden die Jahrgänge 1976-78. Wir berücksichtigten nur Probleme bzw. Konflikte, deren Gegenstände zumindest auf Stadtteilebene lokalisierbar waren. Von einem »Problem« wurde dann gesprochen, wenn der Text eindeutig konkurrierende Interessen (konkurrierende und unvereinbare Flächennutzungs- und Standortinteressen) erkennen ließ. Das »Gewicht« des jeweiligen Problems wurde 1. durch die Zahl der Problemnennungen, 2. durch den Umfang von Text und Bild (in qcm) operationalisiert.

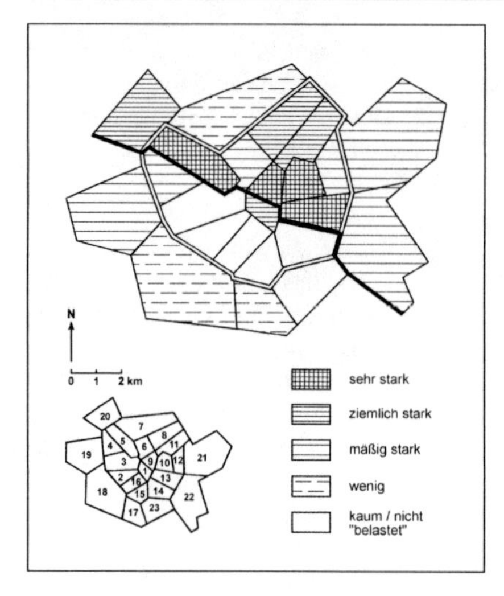

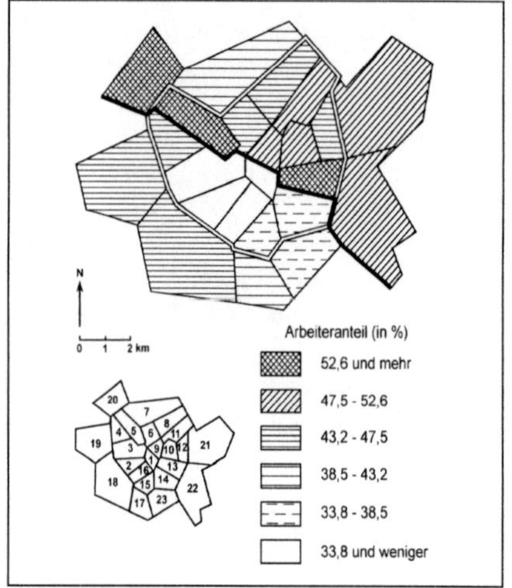

Abb. 1: (links) *Die »Problembelastung« der Osnabrücker Stadtteile in der Sicht von 27 Studenten der Geographie (1980). Die Nebenkarte enthält die offiziellen Nummern der Stadtteile; 1 Stadtteil »Innenstadt*

Jeder Stadtteil wurde auf einer fünfstufigen Skala bewertet (s. Legende); in die Zeichnung wurden jeweils die Medianwerte eingesetzt, die meistens auch die Modalwerte waren. Es handelt sich sozusagen um ein »volkswissenschaftliches« common sense-Problemrelief von Osnabrück. – Auf der stark schematisierten Karte von Osnabrück ist die mehr oder weniger dicht überbaute Kernstadt (und damit auch der Stadtbereich vor den Eingemeindungen 1940 und 1970/72) von einer doppelten Linie begrenzt. Die kräftige schwarze Linie, welche die Stadt auf der Kartenskizze in etwa nordwestlich-südöstlicher Richtung quert, trennt ein traditionellerweise eher »bürgerliches« Osnabrück im W von einem eher »nichtbürgerliches« Osnabrück im O dieser Linie. Diese sozialräumliche Differenzierung ist im Kernstadtbereich am deutlichsten.

Abb. 2: (rechts) *Der Arbeiteranteil an der Wohnbevölkerung in den Stadtteilen von Osnabrück (1970). Zur Darstellung des Stadtgebietes vgl. Text zur Abb. 1*

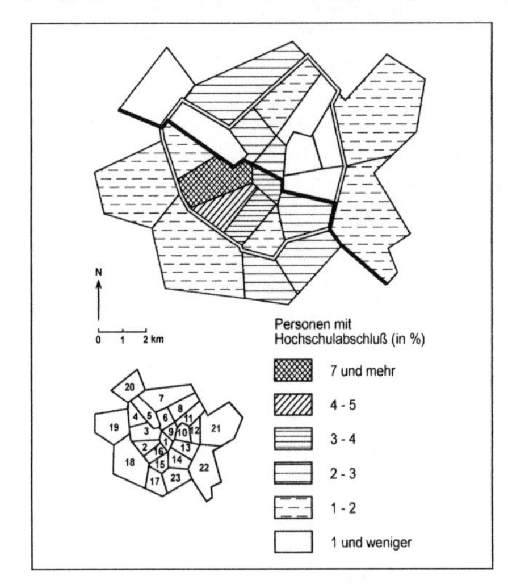

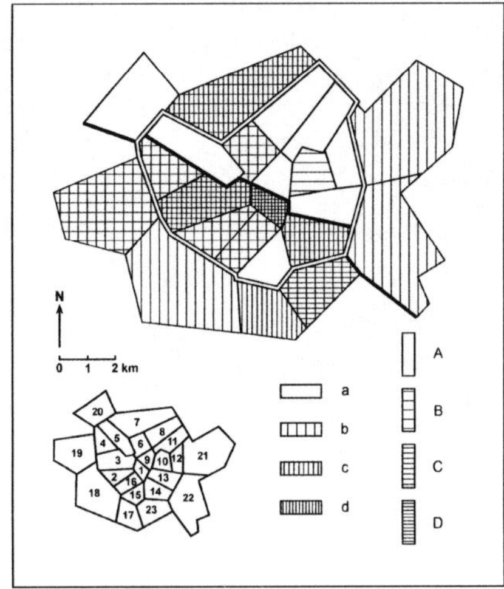

Abb. 3: (links) *Der Anteil der Personen mit Hochschulabschluß an der Wohnbevölkerung in den Stadtteilen von Osnabrück (1970). Zur Darstellung des Stadtgebietes vgl. Text zur Abb. 1*

Abb. 4: (rechts) *»Problembelastung« der Osnabrücker Stadtteile in der Sicht der Neuen Osnabrücker Zeitung 1976-78. In der Karte sind jeweils die Zahl der Problemgegenstände (Skala a-d) und die Zahl der Problemnennungen (Skala A-D) eingetragen (vgl. Legende). Dabei bedeuten:*

a 1 - 3 Problemgegenstände	*A 0 - 9 Problemnennungen*
b 4 - 6	*B 10 - 19*
c 7 - 9	*C 20 - 29*
d ≥ 10	*D ≥ 30*

Abb. 4 zeigt eines der Ergebnisse. Es handelt sich überraschenderweise um eine Art Kippfigur zur »spontanen mental map« (vgl. Abb. 1). Verglichen mit den Erwartungen der Studenten (Abb. 1) und der sozioökonomischen Gliederung (Abb. 2 und 3) ist das Ergebnis eher paradox: Gerade die renommierten, als Wohnstandorte – auch vom Wohnumfeld her! – attraktiven »bürgerlichen« Quartiere sind hoch problembelastet (allen voran die alte gold coast von Osnabrück, der Stadtteil Nr. 3); die ausgeprägten Arbeiterwohnquartiere (vor allem die Stadtteile Nr. 5, 9, 10, 11, 13, 20 usf.) erscheinen als eher problem*arm*. Die Veranstaltungsteilnehmer sind verblüfft, aber dann merken sie etwas.[14]

An dieser Stelle liegt die Vermutung nahe, daß die öffentlichkeitsfähigen, veröffentlichten und »öffentlich anerkannten« Probleme und Konflikte in der Stadt etwas zu tun haben mit der Artikulations– und Durchsetzungsfähigkeit bestimmter Gruppen. Ist die Vermutung einmal aufgetaucht, dann sind die Belege im Rahmen einer Veranstaltung

[14] Als (meist überflüssiger) zusätzlicher Denkanstoß hat sich ein weiteres, gleichsinniges Verteilungsbild bewährt: Eine Karte von Osnabrück mit allen lokalisierbaren Konfliktanlässen aller Osnabrücker Bürgerinitiativen von 1972 bis 1980, wieder gewichtet nach Text- und Bildfläche in der Neuen Osnabrücker Zeitung (vgl. PREUSS und HARD 1982).

leicht beizubringen und zu vermehren. Man beginnt einfachheitshalber mit »kartographischen Belegen« über den Wohnstandort einflußreicher und/oder artikulierungsfähiger Bürger[15], ersetzt dann aber Kartenvergleich und »Kartenpausendenken« durch (ökologische) Korrelationen; vor allem die Korrelation von »Problembelastung« einerseits, Akademiker- und Arbeiteranteil andererseits sind eindrucksvoll (Tabelle 1).

	Sozialstatistische Merkmale der Stadtteile	
»Problembelastung« der Stadtteile von Osnabrück	Arbeiteranteil	Akademikeranteil
Zahl der Problemgegenstände	–0.34	+0.62
Zahl der Problemnennungen	–0.50	+0.61
»Problemfläche« insgesamt (Text und Bild in der »Neuen Osnabrücker Zeitung« 1976-78)	–0.51	+0.59

Tab. 1: »Ökologische« Korrelationen zwischen der »Problembelastung« (bzw. »Konfliktbelastung«) und zwei sozialstatistischen Merkmalen der 23 Osnabrücker Stadtteile, gemessen mittels der Rangkorrelationskoeffizienten nach Spearman. Die Werte für die »Problemgegenstände«, »Problemnennungen« und »Problemflächen« beziehen sich auf den Lokalteil der Neuen Osnabrücker Zeitung 1976-78, die sozialstatistischen Daten auf die Volkszählung 1970. Bei unterschiedlich großen Stadtteilen sollten die Werte bzw. Indikatoren der Problembelastung auf die Einwohnerzahl bezogen werden. – Zur Interpretation vgl. Text.

Liegen diese Karten und Korrelationen einmal vor, dann führt schon schlichtes Räsonieren weiter zu common-sense-Theorien etwa folgender Art (die zuvor doch sehr ausgefallen erschienen wären): Probleme sind nicht einfach vorhanden, sondern werden im sozialen und politischen Kontext »geschaffen«, indem bestimmte Phänomene von bestimmten Leuten als Probleme wahrgenommen, definiert, politisch-öffentlich durchgesetzt und als lösungsbedürftig anerkannt werden – und da Problemanerkennung wie Problemlösung knappe Ressourcen sind, geschieht dies wohl immer zum Nutzen und Vorteil bestimmter Leute und unter Absehung von anderen. Ferner liegt nun die »polarisationstheoretische« common-sense-Vermutung nahe, daß Qualität und Status eines Quartiers sich in einem zirkulär-kumulativen Prozeß herausbilden: Ein Quartier, welches seine Probleme eher auf eine mehr oder weniger respektable, politik- und durch-

[15] In unserem Falle ergeben etwa folgende Kartenskizzen sehr schöne Analogien: Die Wohnstandorte vermutlich »einflußreicher Mitglieder der Stadtverwaltung« (bis zu den Dezernenten und Amtsleitern); die Wohnstandorte der leitenden Redakteure der Neuen Osnabrücker Zeitung; die Wohnstandorte der Sprecher (aber auch der Vorstände und Hauptrekrutierungsbereiche) der Osnabrücker Bürgerinitiativen (seit 1970) sowie der Bürgervereine (seit 1950); die Wohnstandorte des wissenschaftlichen Personals der Universität. All diese Gruppen haben vermutlich einen gewissen – wenngleich unterschiedlich starken – Einfluß auf die Kommunalpolitik, und alle bilden – wenngleich unterschiedlich deutlich – in ihren Wohnstandorten tatsächlich den beschriebenen Westend-Eastend-Kontrast nach.

setzungsfähige Weise zu artikulieren versteht, hat größere Chancen, daß sie allgemein anerkannt und gelöst werden; ein solches Quartier zieht eher wieder artikulationsfähige Individuen und Gruppen an – usf. (Zur Anwendung dieses »Schemas« auf die Stadt vgl. in der geographischen Literatur z. B. HARVEY 1973.)

Mit solchen Perspektiven auf das Problemfeld »Stadt« ist aber die anfängliche, »volkswissenschaftliche« und naive Spontanansicht verunsichert und durchbrochen. Die Verteilung der städtebaulichen Probleme (und Konflikte) kann offensichtlich nicht ohne weiteres von der Stadtphysiognomie, an den Objekten selber abgelesen werden. Wenn wir die politischen und sozialen Tatsachen wahrnehmen wollen, reicht die alltagsweltliche Beobachtungsebene des »Räumlich-Konkreten« nicht nur nicht aus, sondern führt uns sogar durch falsche Evidenzen in die Irre. Wenn man auf der »stadtlandschaftlichen« Erscheinungs- und Konkretisierungsebene verstehen (und nicht irregeführt werden will), muß man sich auf den sozialen und politischen »Hintergrund« einlassen und von diesem her interpretieren. Das sind sicherlich Trivialitäten: Aber sie sollten den Geographiestudenten so früh wie möglich nicht einfach mitgeteilt werden, sondern aufstoßen.

Es scheint mir unbedingt notwendig, daß diese und andere metatheoretisch-forschungslogischen Aspekte in der Veranstaltung ausdrücklich thematisiert werden. Was war in dieser Hinsicht die Quintessenz des »Forschungs«-Ganges? Verkürzt gesagt, wurde ein Alltagsaberglauben ruiniert, ein »obstacle épistémologique« (G. BACHELARD) übersprungen – und zwar *die* Barriere beim Fortschreiten vom volkswissenschaftlichen, »wilden« zum wissenschaftlichen Denken. Der spontanen mental map lag ein naiver Substanzialismus zugrunde: der treuherzig-naive, instinktive Substanzialismus oder »Realismus« ethnoszientifischen Denkens. Die Probleme der Stadt erschienen als (Bau)Substanzen, Realitäten, Objekte, die einfach da sind und die man einfach sehen kann. Das Haus, die Straße, der (lärmende) Verkehr usf.: das ist jeweils selber schon das Problem. Probleme sind etwas zum Anfassen, und es liegt in der Linie des wilden Denkens, daß man Probleme löst, indem man (Problem)Gegenstände beseitigt. Spontanes Denken tappt immer wieder in die gleiche Sprachfalle: Weil »Problem« ein Dingwort ist, sind Probleme Dinge. (Allgemeiner: Es handelt sich um den Aberglauben, daß sprachliche oder gedachte Gegenstände, Erfahrungsganzheiten und Wahrnehmungskonfigurationen der Alltagswelt unmittelbare Entsprechungen in der Realität haben und eben deshalb auch die unzersetzlichen »objektiven Korrelate« für nicht-mehr-alltägliches Denken sein und bleiben müssen.) Man muß diesen Fehler sehr nachdrücklich mit den Studenten analysieren: Probleme sind keine Dinge, auch keine Eigenschaften von Dingen, sondern (mehrstellige) Relationen zwischen Dingen (genauer: bestehenden oder *nicht-bestehenden* Sachverhalten), Personen und Interessen (Bedürfnissen usf.) – zumindest zwischen städtischen Phänomenen einerseits, problematisierenden Individuen, Gruppen, Institutionen andererseits. Eine scheinbare Substanz wird als eine Relation »entlarvt« – das ist die Quintessenz des »Sprungs« von wilden zum disziplinierten (und in gewissem Sinne relationierenden und relativierenden) wissenschaftlichen Denken.[16]

[16] In der Didaktik der Naturwissenschaften (nicht zuletzt bei der akademischen Initiation in eine anspruchsvolle naturwissenschaftliche Disziplin) scheint es Analoga zu geben: Der Student müsse sich u. a. mit der »Objektentbundenheit« der naturwissenschaftlichen Begriffe befreun-

Man kann nun auch die primäre Problemwahrnehmung der Studenten, das spontane »Problemrelief« der Stadt besser verstehen. Es wurde bereits deutlich, daß die Tatbestände der sozialen Wirklichkeit nicht einfach da sind, sondern in der sozialen Interaktion konstituiert, d. h. definiert und durchgesetzt werden, und in diesem Sinne ist auch die spontane mental map der Studenten eine bestimmte »Konstitution sozialer Wirklichkeit« – eine Konstitution aus einer bestimmten Perspektive und aufgrund von bestimmten Informationen und sozialen Erfahrungen, welche man auch im Unterricht wenigstens ansatzweise explizieren kann. Die beschriebene studentische »Konstitution sozialer Wirklichkeit« ist insofern nicht eigentlich »falsch«; was man sagen kann, ist eher, daß sie meilenweit von der relevanten kommunal-politischen Wirklichkeit entfernt ist. In diesem Zusammenhang geht es eben weniger um »richtig« oder »falsch« als um die Skala »politisch relevant« – »politisch irrelevant«.[17]

Der nächste Unterrichtsschritt besteht darin, die bisherigen Überlegung zur »Problemgenese in der Stadt« zu bremsen, zu korrigieren und zu präzisieren. Zunächst kann man den bisherigen Spekulationen über den Zusammenhang von Problembelastung und Quartiersbevölkerung mit dem Argument des ökologischen Fehlschlusses und mit »Galton's Problem« (BERRY 1973) in die Parade zu fahren. Was z. B. die »kausalen Fehlschlüsse aufgrund ökologischer Korrelationen« angeht: Obwohl Arbeiteranteil und Problembelastung auf der räumlichen Ebene (auf der Ebene der Quartiere) negativ korreliert sind (und der Akademikeranteil positiv mit der Problembelastung korreliert), könnte es natürlich auf der Individualebene (der Ebene der Handlungsträger und Entscheidungsinstanzen) ganz anders, z. B. genau umgekehrt liegen: Trotz der angeführten ökologischen Korrelationen könnten es z. B. gerade die Arbeiter (und *nicht* die Akademiker) sein, die Probleme artikulieren und durchsetzen[18]. Diese statistische Möglichkeit

---

den, z. B. mit dem »Denken von »Schwere« ohne schwere Gegenstände« (vgl. z. B. BÖHME und ENGELHARDT 1979, S. 125). Der naive »Realismus« oder »Reismus« (chosisme) des vorwissenschaftlichen Denkens (und seine Überwindung) ist eines der zentralen Themen in der Wissenschaftsphilosophie von BACHELARD 1974; vgl. z. B. (einführend) BACHELARD 1974, S. 149 ff. (sowie S. 36 ff, 44 f., 133 ff.).

[17] Man sollte im Unterricht, dann auch nach den Gründen dieser (relativen »Irrelevanz«, »Weltfremdheit«, Politik- und Praxisferne der eigenen (studentischen) Problemkarte fragen – zumal zu vermuten ist, daß dieser relativ »weltfremden« Problemoberfläche auch ein relativ »weltfremdes« (realpolitikfernes) Stadtbild insgesamt entspricht. Daran wiederum lassen sich leicht allgemeinere Überlegungen zur Problematik der studentischen (bzw. akademischen) Seh- und Existenzweisen knüpfen. Die Pointe solcher Überlegungen liegt jedenfalls darin, daß es völlig unangemessen wäre, die eigene Problemsicht (und das heißt auch: die eigene Konstitution der kommunalpolitischen Wirklichkeit) abstrakt-besserwisserisch oder abstrakt-moralisierend als die »richtigere« oder »gerechtere« hochzuspielen (eine typisch »akademische« Reaktionsweise). Das hieße bloß, der (kommunal)politischen Realität vorzuwerfen, daß sie sich nicht nach den eigenen (studentischen oder akademischen) Definitionen richtet. Andererseits kann man natürlich versuchen, die eigenen (abweichenden) Problemdefinitionen im politischen Raum zu vertreten und durchzusetzen.

[18] Eine kurze, schlichte und hinreichende Diskussion des »ökologischen Fehlschlusses« (die leicht auf unser Beispiel zu übertragen ist) findet sich z. B. bei KRIZ 1973, S. 262 ff., zur Terminologie auch z. B. FRIEDRICHS 1977, S. 350 ff., sehr ausführlich HUMMELL 1972, S. 55 ff., S. 71 ff.

wäre sogar inhaltlich interpretierbar: Es könnte ja sein, daß das Problembewußtsein und die kommunal-politische Durchschlagskraft der Arbeiterbevölkerung mit dem sozialen Status des Quartiers ansteigt (wobei dieser »Status« hilfsweise durch die »ökologischen« Merkmale »Akademiker-« bzw. »Arbeiteranteil« gemessen wird). Zugleich muß aber klargestellt werden, daß die ökologische Korrelation nicht etwa einfach eine Irreführung ist: Man kann zwar von ökologischen Korrelationen nicht auf individuelle schließen, aber das Umgekehrte ist ebenfalls nicht möglich, und schon deshalb sind ökologische Korrelationen nicht »irreführender« als individuelle[19]. Die Überlegungen sollten vielmehr darauf hinauslaufen, daß (zumindest) *zwei* Einflußgrößen berücksichtigt werden müssen, um das »Problemrelief« der Stadt, d. h. die unterschiedliche Problembelastung der Stadtteile zu interpretieren: 1. *auf der ökologischen Ebene* der Status der Quartiere (gemessen am Akademiker- bzw. Arbeiteranteil), und 2. *auf der Individualebene* der Status der Problemartikulateure[20].

Zu etwa gleichen Resultaten führen die Überlegungen zur »räumlichen Autokorrelation«. Bei den Korrelationen und ihrer Interpretation haben wir unbemerkt vorausgesetzt, daß die korrelierten Größen (z. B. Akademikeranteil und Problembelastung) in jedem Falle, d. h. in jedem Stadtteil, auf gleiche Weise kausal verknüpft sind. Vorgehen und Interpretation waren nur dann korrekt, wenn wir annehmen, daß die Korrelationen Zusammenhänge innerhalb »geschlossener« Raumeinheiten abbilden. Nun sind die Stadtteile aber sicher keine fensterlosen Monaden; man kann vielmehr Kontakte aller Art, nicht zuletzt Nachbarschafts- und Spread-Effekte vermuten. Auch Problembewußtsein und Problemartikulation in der Stadt beruhen, wie schon die Alltagserfahrung und viele Analogieschlüsse nahelegen, nicht nur auf örtlichen, innergebietlichen Bedingungen; auch außergebietliche Kontakte mit problematisierten Gegenständen und erfolgreichen Bürgerinitiativen können z. B. durchaus stimulierend wirken. So drängt sich die Frage auf, ob unsere »Karten der Problembelastung« stellenweise nicht als Karten der Diffusion von kommunalpolitisch-städtebaulichem Problembewußtsein gelesen werden können (mit entsprechenden »Ausbreitungszentren« und »Barrieren«). Wenn wir z. B. in unseren Werten und Karten der Problembelastung auch nur teilweise die Momentaufnahmen unabgeschlossener Diffusionsvorgänge vor uns haben, dann ist die Art und Weise, wie wir die Korrelationen interpretierten (nämlich als Kausalzusammenhänge innerhalb »geschlossener Systeme«), offensichtlich und wenigstens teilweise unangemessen[21].

---

[19] Gute Demonstrationen: HUMMELL 1972, Kap. 4 (»individualistischer Fehlschluß«, S. 86).

[20] Die wichtigste *formale* Präzisierung führt sichtlich zum Modell der »Mehrebenenanalyse« (zur Einführung immer noch geeignet: HUMMELL 1972; für ein Beispiel in der geographischen Literatur vgl. HARD u. a. 1985). Man kann auch Anfängerstudenten der Geographie dieses Modell auf eine zugleich relativ untechnische *und* intellektuell redliche Weise erläutern; schließlich wird auch Studenten der Sozialwissenschaften dergleichen zugemutet. In unserem Zusammenhang geht es vor allem um die »Idee« des Modells und um die Überlegung, welche Daten verfügbar sein müßten und wie sie zu beschaffen wären.

[21] Die Problematik der »räumlichen Erhaltungsneigung« umreißt knapp und prägnant schon BERRY 1973, S. 4-7. In deutscher Sprache geben NIPPER und STREIT 1977 einen guten Einstieg – auch in formale Lösungsversuche (vgl. auch NIPPER und STREIT 1978); ausführlicher HAGGETT u. a. 1977 sowie das »Standardwerk« von CLIFF und ORD 1973. Man sollte bei der Erörterung des Themas klar unterscheiden, ob die »räumlichen Erhaltungsneigungen« (räumlichen

Die (wenn auch relativ untechnische und »bloß« grundsätzliche) Erörterung des ökologischen (Fehl)Schlusses, der Mehrebenenanalyse und der räumlichen Autokorrelation gehören m. E. in die Anfängerveranstaltungen des Faches hinein. Es handelt sich schließlich um die Explikationen und Präzisierungen der geographischen »Urprobleme«, welche im geographischen Denken und Studium allgegenwärtig sind, aber leider durchweg auf eine sehr diffuse Weise. Die ersten beiden Themata explizieren das geographische Urthema: Die »Verknüpfung« von »Raum« und »Mensch« (Raumganzheit bzw. Umwelt und menschlichem Handeln), und das dritte Thema (»Galton's problem, a ghost that haunts geography«, BERRY 1973) expliziert bis zu einem gewissem Grade das geographische Urproblem, welchen Anteil an der »räumlichen Differenzierung der Erdoberfläche« einerseits die »Raumqualität«, andererseits die »erdoberflächlichen Verknüpfungs- und Bewegungsmuster« haben; was autochthone, in Auseinandersetzung mit der konkreten Raumökologie erwachsene Kultur ist und was »der Gang der Kultur (bzw. der kulturellen Elemente) über die Erde« zu einem Kulturraum beigetragen haben.

So kann nun auch die alte, geographische Zauberformel »Raumwirksamkeit« schon für die Anfängerstudenten deutlichere Züge gewinnen: »Raumwirksamkeit« nun nicht so sehr als »Wirksamkeit auf den Raum« (das ist eher die abgeleitete Sondersemantik des Paradigmas »Morphogenese der Kulturlandschaft«), sondern »Raumwirksamkeit« im urgeographischen Sinne von »Wirksamkeit *des* Raumes«, aber gerade *nicht* in der unfruchtbaren Engführung auf »Wirksamkeit des *Natur*raumes« und/oder auf »Wirksamkeit von Lage und Distanz«. Diese Differenzen können Geographiestudenten gar nicht früh genug begreifen, und die zweite Version, diese Kernidee des geographischen Mensch-und-Raum-Paradigmas, können sie nicht früh genug ernsthaft prüfen (statt sie bloß irgendwann als unbegriffene vieldeutige Geographenfloskel aufzuschnappen und zu kolportieren); man muß sie zwingen, diese Kernfrage der Geographie – »Wie wirken Räume?« – mit theoretischer Klarheit und empirischer Härte zu stellen. Kurz, das kommunalräumliche Beispiel ist gut geeignet, auch die Frage »Wie wirken Räume?« einzuführen und zu empirisieren.[22] Das hat dann vermutlich den aufklärerischen Effekt, daß

Klumpungen und Trends) in Daten und Residuen auf theoretisch bedeutsamen Austauschprozessen zwischen den Meßpunkten bzw. Beobachtungseinheiten beruhen (z. B. auf Austausch von Masse, Energie, Information ...; Fall 1) – oder ob diese räumlichen Erhaltungsneigungen im Hinblick auf den Zusammenhang, um den es geht, inhaltlich (theoretisch) unerheblich bzw. bloß zufällig sind (Fall 2). Nur der erstgenannte Fall enthält das spezifisch geographische Problem »räumlicher Autokorrelation«; im zweiten Fall handelt es sich »bloß« um eine Variante des sehr allgemeinen (und in der Forschungspraxis sozusagen allgegenwärtigen), mehr formalen Problems, ob und in welchem Grade die vorliegenden Datenstrukturen die Voraussetzungen der in Frage kommenden statistischen Modelle verletzen (und wie dem abzuhelfen wäre). Ob Fall 1 vorliegt (z. B. »Klumpung« der Problembelastung aufgrund von Diffusion entsprechender Informationen) oder aber nur Fall 2 (z. B. »Klumpung« der Problembelastung aufgrund ähnlicher stadthistorischer, baustruktureller, sozialer oder anderer Voraussetzungen), das kann immer nur aufgrund theoretischer Überlegungen (vorläufig) entschieden werden.

[22] »Räume« wirken z. B., indem sie bestimmte »Opportunitätsstrukturen« und Optionsmöglichkeiten bieten oder nicht bieten – oder die Optionen durch soziale Kontrolle und andere Restriktionen einschränken. Ein räumlicher Kontext kann aber auch über sein »symbolisches Potential« wirken, z. B., indem hier bestimmte soziale oder physische Gegebenheiten auf be-

daß der Raum in sozialgeographischem Kontext schließlich als ein vortheoretisches, aber empiriesprachlich tolerierbares und stellenweise vielleicht sogar unvermeidbares Kürzel für *Soziales* erscheint.

Die bisherigen Überlegungen laufen auch auf die Forderung hinaus, die Mikroprozesse der Problembelastung zu studieren. (Das sind dann auch die Daten, die für eine Mehrebenenanalyse beschafft werden müßten.) Im Rahmen einer Veranstaltung kann man in dieser Hinsicht nur einige erste Schritte tun. Einige erste Informationen über die »Individualebene« erhält man mühelos, indem man die Sprecher und das aktive Personal der bisherigen Osnabrücker Bürgerinitiativen erhebt und nach ihrer sozialen Herkunft sortiert. Das Ergebnis ist in der Literatur natürlich bekannt[23]. Trägt man die »Problemgegenstände« und die Wohnstandorte des Führungspersonals der Osnabrücker Bürgerinitiativen (sowie verwandter Gruppen und Initiativen) in einen Stadtplan ein und fügt das erste Datum ihres öffentlichen Auftretens hinzu, dann erhält man auch einen *ersten* Hinweis darauf, daß Problemartikulationen in der Stadtbürgerschaft *auch* Diffusionsprozesse sind. Es ist aber klar, daß man nun die Prozesse der Problemgenese und Problemanerkennung detailllierter studieren müßte.

Damit kommen wir nach einigen Präzisierungen zu einigen Horizonterweiterungen unserer volkswissenschaftlichen Ausgangsperspektiven. Die Studenten müssen zunächst darauf aufmerksam gemacht werden, daß »ihr« Thema – die Genese und Karriere (kommunal)politischer, städtebaulicher und (stadt)ökologischer Probleme – bereits eine breite Literatur, und zwar nicht nur einzelne Theorien und Fallstudien, sondern ausgedehnte und langlebige Forschungsprogramme (und Gegenprogramme) hervorgebracht hat – freilich weniger in der deutschsprachigen Geographie als anderswo: vor allem in der (auch in deutscher Sprache gut aufgearbeiteten) US-amerikanischen community

stimmte Weise wahrgenommen werden (oder zur Identifikation einladen) – und nicht zuletzt können »Räume wirken«, weil Gegebenheiten der genannten Art selektive Migration (zu den betreffenden Räumen hin oder von ihnen weg) provozieren, welche dann die Bevölkerung »ausfiltert« und die positiven oder negativen Sondermerkmale eines Raumes auch auf diese Weise zirkulär-kumulativ fortschreibt und steigert ... Auch all das kann man am gegebenen kommunalräumlichen Beispiel illustrieren und empirisieren.

[23] Man erhält auch für Osnabrück die bekannten Verhältnisse: Die Träger der erfolgreichen Bürgerinitiativen, überhaupt der kommunalpolitisch brisanten Kritik an den öffentlichen Infrastruktur-Investitionen rekrutieren sich im wesentlichen aus der (oberen) Mittelschicht, werden nicht zuletzt vom »Machtanspruch« der neuen (oft SPD-nahen) Mittelschichten getragen (vgl. schon R.-P. LANGE u. a. 1973, für Bremen vgl. z. B. BILLERBECK 1975 am Ende einer Fallstudie »Zur Selektivität öffentlicher Investitionen« in der Stadt; für Osnabrück vgl. PREUSS u. HARD 1982). Der unbezweifelbare Tatbestand diese sozialen Rekrutierung kann freilich unterschiedlich interpretiert werden: oft wird gegen die »Verzerrungshypothese« (d. h. gegen die These einseitiger Verfolgung von Interessen der gehobeneren Mittelschichten) eingewandt, von diesen »mittelständischen« Initiativen würden die Interessen der weniger Privilegierten wenigstens teilweise mitvertreten. (Zu dieser »Mitvertretungshypothese«, die zwar kaum zu widerlegen, aber auch für Osnabrück empirisch leicht zu relativieren ist, vgl. etwa MAYER-TASCH 1976, S. 90 ff.).

power-Forschung[24], im rivalisierenden non decision-Ansatz[25] und schließlich in der deutschsprachigen »Lokalen Politikforschung«[26], in der auch versucht wurde, die kommunalräumlich-kommunalpolitischen Problem- und Konfliktlagen mit großmaßstäbigen und »gesamtgesellschaftlichen« Problem- und Konfliktlagen zu verknüpfen. In dieser Literatur liegt – bei allen Defiziten und Sackgassen – doch ein Reservoir von Methoden, Ansätzen, empirischen Hypothesen, kontroversen Argumenten und Erfahrungen aller Art bereit.

Es geht nicht etwa darum, daß die Studenten die entsprechenden Hypothesen und Orientierungshypothesen (»Ansätze«) »lernen« sollen, als handle es sich um Theorien der Geophysik oder der Bodenchemie. Sie sollten aber auch in einem Kurzstudium (1.) wenigstens einmal nachdrücklich erfahren, daß und wie man auch im sozialgeographisch-sozialwissenschaftlichen Bereich über ein common sense-Räsonnieren hinauskommen kann; sie sollten (2.) erfahren, daß die theoretischen Ansätze im Vergleich mit den Früchten ihres anfänglichen wilden Denkens zwar vielleicht keine größere Erklärungskraft für regional-lokale Details besitzen, aber doch auch entschiedene Vorteile haben: Sie sind (1.) weniger ad hoc gesponnen; sie sind (2.)weniger partikulär (d. h. sie beziehen sich auf ein ungleich größeres Faktenfeld); sie liefern (3.) einen breiteren Interpretationshorizont, haben sozusagen eine größere Tiefenschärfe in bezug auf die soziale und politische Umgebung der stadtgeographisch-kommunalpolitischen Gegenstände, um die es hier geht, und schließlich machen sie (4.) nachdrücklich bewußt, daß man die Interpretationsrahmen für räumliche Phänomene (und »raumwirksame Aktivitäten«) außerhalb der räumlichen Phänomene und nicht nur in der geographischen Literatur suchen darf: alles »Lernziele für Anfänger«, die man m. E. höher veranschlagen sollte, als es bisher wohl oft geschieht.

Am Ende müßte noch eine andere, allgemeinere Horizonterweiterung stehen. Städtebaulich-kommunalpolitische Probleme sind ein Sonderfall sozialer Probleme schlechthin, und man kann die Veranstaltungsteilnehmer schon durch einen kurzen Einzeltext darauf aufmerksam machen, daß die Frage nach dem Wesen, d. h. nach Definition, Genese und Karriere sozialer Probleme ein, vielleicht *das* fundamentale Problem der Sozialwissenschaften ist[27]. Dies gilt in einem doppelten Sinne: Erstens handelt es sich um ein Problem, in dem sich die zentralen Paradigmen, die Basisansätze der modernen Soziologie polemisch scheiden, und zweitens um eine Frage, die für Selbstinterpretation

---

[24] In deutscher Sprache ist der Ansatz aufbereitet z. B. bei AMMON 1967, ZOLL 1972, HAASIS 1978, KEVENHÖRSTER und WOLLMANN 1978 (vgl. auch die kommentierten Bibliographien bei NASSMACHER 1978 sowie NASSMACHER und NASSMACHER 1979).

[25] In deutscher Sprache liegt die paradigmatische Studie von BACHRACH und BARATZ 1977 (zuerst 1970) vor, welche nicht nur Fallbeispiele, sondern auch eine grundsätzliche Erörterung des Ansatzes enthält.

[26] Als Einführung noch immer geeignet: GRAUHAN 1975.

[27] Vgl. z. B. einführend HONDRICH 1975, S. 15 ff.. Klassische Texte zu diesem Thema sind auch in der deutschsprachigen Literatur mehrfach zusammengestellt worden (leicht erreichbar z. B. im »Textanhang« zu HONDRICH 1975). Einen guten Überblick über den Stand und die Breite der Diskussion findet man bei ALBRECHT 1977 und in den Referaten zum »Themenbereich 1« (»Die Konstitution sozialer Probleme«) des Deutschen Soziologentages 1980 (MATTHES, Hg., 1981, S. 125 ff.).

und Selbstkonstitution der Sozialwissenschaften (nicht nur der Soziologie) seit mindestens anderthalb Jahrhunderten zentral ist[28].

8. Ein Rückblick auf den Sinn des Demonstrativbeispiels

Möglicherweise war das sehr grob skizzierte Beispiel (im Großen und/oder in den Details) nicht besonders gut, und vielleicht war auch das didaktische Arrangement schlechter als nötig. Dies ist aber hier nicht der springende Punkt. Es genügt, wenn durch diese Illustration verständlicher wurde, was mit den Kurzformeln vom »Überspringen der ›rupture épistemologique‹« und vom »Aufbrechen einer volkswissenschaftlichen Ansicht der Dinge« gemeint ist.

Um zu resümieren: Der Hochschullehrer geht bewußt auf die diffus-volkswissenschaftlichen »Zumutungen«, Erwartungen und Vorstellungen der Studenten ein, akzeptiert sie erst und drängt dann darauf, daß sie verändert (»rekonstruiert«) werden. Es handelt sich um eine Route des Unterrichts, die gut geographisch und traditionsloyal von dem ausgeht, was der Alltagsansicht, dem »naiven« Auge naheliegt, und die dann versucht, diese Alltagsansicht auf szientifisch-theoretische Perspektiven hin zu öffnen – auch wenn dies zuweilen an den Rand der Welt der traditionellen Geographie führen sollte. Das Nahziel solcher Themen und Arrangements ist es, die Lehramtskandidaten für diesen Ansatz exemplarisch zu interessieren; dies setzt voraus, daß auch die allgemeine Struktur dieses Ansatzes Gegenstand des Hochschulunterrichts wird. Das weitere Ziel. ist, den Studenten die *schulische* Potenz dieses Ansatzes sichtbar zu machen: nicht zuletzt als ein autochthoner und traditionsloyaler Beitrag der Geographie zur politischen Bildung im weitesten Sinne. Als »traditionsloyal« kann der Ansatz zumindest dann bezeichnet werden, wenn man diese Tradition nur ein wenig besser versteht, als sie sich oft selber verstanden hat. Sofern man der Geographie überhaupt ein »ureigenes« Paradigma und »Wesen« zuschreiben kann, dann bestand dieses Kernstück eben darin,

---

[28] Um dies wenigstens schlagwortartig zu illustrieren: Der »naive« Strukturfunktionalist versucht, soziale (kommunalpolitische, städtebauliche ...) Probleme als Dysfunktionen von Systemelementen, als Systemprobleme aufgrund nicht-erfüllter Systembedürfnisse zu verstehen (der raffiniertere versteht die Problemgenese eher als Reduktion von Umweltkomplexität durch Selbstreferenz und Sinnproduktion sozialer Systeme). Der im weitesten Sinne politisch-ökonomisch orientierte Sozialwissenschaftler wird die Problemanerkennung und Problemdurchsetzung als knappe Ressource betrachten und fragen, wie politische und ökonomische Macht, überhaupt politische und ökonomische Parameter und Prozesse die Verteilung dieser knappen Ressource steuern; im politökonomischen Ansatz i. e. S. sollen die lokalen Probleme und Konflikte als lokale Manifestationen latenter oder manifester gesamtgesellschaftlicher Konflikte erscheinen. In der »Familie« der »interpretativen«, ethnomethodologischen und symbolinteraktionistischen Ansätze wird man eher bei der Frage ansetzen, welche wiederkehrenden Muster der Umwelt- und Selbstinterpretation in den vorliegenden Problemdefinitionen unterschiedlicher Individuen, Gruppen und Institutionen stecken, und man wird dann studieren, wie diese handlungsbedeutsamen Interpretationsmuster und Problemdefinitionen in der Alltagsinteraktion gebildet (ausgehandelt), übertragen, verbreitet, durchgesetzt und »ausgespielt« werden. – Es ist sinnvoll, im Hochschulunterricht auszumalen, wie die entsprechenden Forschungsabläufe für unseren Gegenstand in etwa aussehen und wie sie sich in ihren Akzentsetzungen unterscheiden könnten. (Für eine eingängige Formulierung der »paradigmatischen Struktur der Soziologie« vgl. z. B. MATTHES, 1973, S. 199 ff.)

darin, »Mensch« und »Natur« bzw. den Zusammenhang von »Raum« und »Gesellschaft« von ihrer alltagsweltlich-physiognomischen Konkretisierungsebene her zu verstehen[29].

»Lehrforschung« der beschriebenen Art sollte einerseits die »eigentliche Arbeit« in den Vordergrund rücken (möglichst mit aller empiristischer Härte), aber andererseits auch stets (methodologisch) fragen, was dabei »eigentlich geschieht«[30]. Nicht zuletzt muß der Dozent thematisieren und Studenten bewußt machen, was der Wechsel von der »ethnoszientifischen« zur »szientifischen« Perspektive (dieser »epistemologische Bruch«) methodisch, inhaltlich und psychisch jeweils bedeutet: Was sind die Gewinne und Verluste, Voraussetzungen *und* Folgelasten dieses Vorganges; welches sind die intellektuellen Schwierigkeiten und emotionalen Widerstände (z. B. die Entfremdungs- und Sinnlosigkeitserlebnisse) beim Übergang von der Laien- und Schul- zur Universitätswissenschaft, überhaupt beim »Lernen von Wissenschaft« – Erlebnisse, von denen es heißt, daß Studenten heute stärker von ihnen heimgesucht werden als »früher«, z. B. in den sechziger Jahren. Dieses ideale Programm beleuchtet auch sehr deutlich die Defizite meines Beispiels: nicht zuletzt die Tatsache, daß die *Verluste* und *Folgelasten* dieser »Verwissenschaftlichung« primärer Gegenstands- und Problemwahrnehmungen fast gar nicht erörtert wurden[31].

Mit »Lehr-« oder »Ausbildungsforschung« meine ich eine Forschung, die von Studenten unter Anleitung des Dozenten durchgeführt werden kann und die sich nicht so sehr an der gerade gängigen disziplinären (hier: geographischen) Spezialforschung orientiert, sondern ebensosehr – oder sogar mehr bis ausschließlich – an den Ausbildungszielen und wohlverstandenen (»aufgeklärten«) spontanen Erkenntnisinteressen der Studenten (hier vor allem: der künftigen Geographielehrer). Solche Ausbildungsforschung

---

[29] Die innergeographischen Etikettierungen (»räumlich«, »idiographisch«, »landschaft(skund)lich«, »landschaftsökologisch«, »Indikatorenansatz« ...) waren allerdings oft mißverständlich und irreführend, und was aufgehoben werden verdient, ist nicht die Ontologie, sondern der methodische Gehalt dieses Ansatzes. Die Programme der »humanistic geography«, der »life world geography« und bestimmter »phänomenologischer« Bemühungen in der angelsächsischen Geographie erhalten, glaube ich, vor allem in diesem Kontext einen Sinn. (Vgl. als eine sehr heterogene Sammlung solcher Bemühungen z. B. LEY und SAMUEL 1978.) GEIPEL hat (1978, S. 155 ff.) ausdrücklich auf die entsprechende Traditionen in der deutschsprachigen Geographie hingewiesen. (Vgl. zum Konzept der »Alltagsgeographie« auch GEIPEL 1976.)

[30] Zu den Vorzügen solcher *begleitenden* und konkreten Methodologie innerhalb der Geographie vgl. HARD 1973, 1977.

[31] Überlegungen zur Tragfähigkeit, zum *Eigenwert* und zur Rehabilitation von ethnosciences sowie zu den Grenzen und Handicaps von universitären »Verwissenschaftlichungen« (auch zu entsprechenden »Wissensverlusten« und »Verödungen« durch Wissenschaft) findet man z. B. bei BÖHME 1980 (z. B. S 75 ff.) sowie BÖHME und ENGELHARDT 1979 (z. B. S. 128 ff.); der zuletzt genannte Sammelband enthält (z. B. S. 87ff-114 ff.) auch interessante, wenngleich ziemlich allgemein gehaltene wissenschaftsdidaktische (und schuldidaktische!) Überlegungen zum Verhältnis und zur didaktischen Vermittlung von wissenschaftlicher und »lebensweltlicher« Erfahrung. Es scheint mir heute aber wichtig, den Studierenden erst einmal die intellektuellen *Gewinne* erlebbar zu machen, die mit einer De- und Rekonstruktion vorwissenschaftlicher Gegenstands- und Meinungswelten verbunden sind.

sollte m. E. das Kernstück der geographischen Lehrerausbildung sein, und es ist schwer zu sehen, warum das nicht auch für die Diplomausbildung eine nützliche Zielsetzung wäre. Daß sich solche Ausbildungsforschung häufig auf die alltäglichen Nahumwelten der Studierenden beziehen sollte, dafür sprechen nicht nur theoretische Gründe; dazu zwingen schon die restriktiven Normalbedingungen der Universitätsausbildung. Als Faustregel: Je mehr der akademische Geographieunterricht die Studenten anregt und anleitet, die Gegenstände ihrer Alltagsumwelten als potentielle Forschungsgegenstände zu begreifen und zu problematisieren, desto besser ist er.

»Ausbildungsforschung« ist also nicht einfach und ohne weiteres »Simulation von (wirklichen) Forschungsprozessen« oder »Teilhabe« von Studenten – oder gar von Anfängerstudenten – an »wirklicher Forschung«: Das wäre in entwickelten Disziplinen weithin illusorisch und in diffusen Disziplinen, falls es möglich wäre, in Anbetracht ihrer Forschungsverfassung nicht einmal unbedingt wünschenswert. Gute »Ausbildungsforschung« setzt wahrscheinlich voraus, daß die Dozenten vor allem deshalb forschen, um gute Lehrer zu sein, und ihre Forschung so konzipieren und durchführen, daß sie vor allem ihrem Unterricht zugute kommt. (vgl. hierzu z. B. Lobkowicz 1980, S. 292f.)

9. Versuch einer Generalisierung von Beispiel und Programm

Wie könnte man das skizzierte Beispiel und Programm eines sinnvollen »Unterrichts in einer diffusen folk science« verallgemeinern?

Zunächst eine ziemlich vordergründige Generalisierung: Auf die vorgeschlagene Weise – d. h. mit einem »spontanen Problemrelief« – kann man vermutlich fast alle geographischen Themen eröffnen: Regionalgeographische Gegenstände ebensogut wie sozial-, wirtschafts- und politisch-geographische »Räume« könnten im Geographieunterricht wohl fast immer explizit als Problemoberflächen (Problemreliefs) aufgefaßt und präsentiert werden. Diese Devise spezifiziert übrigens nur eine alte Schulmeisterregel: Daß sich der Unterricht möglichst aus alltagsweltlich augen- und auffälligen Problemkonstellationen heraus entwickeln sollte.

Die Physische Geographie macht mitnichten eine Ausnahme: Der Ausgang vom »spontan-volkswissenschaftlichen Problemrelief« eines realen oder bereits modellierten (geomorphologischen) Reliefs ist wahrscheinlich ein stimulierender Einstieg in eine geomorphologische Veranstaltung, nicht zuletzt in eine Veranstaltung der »klassischen«, historisch-genetischen Geomorphologie. Wer glaubt, so könne man eine geomorphologische Veranstaltung nicht beginnen, der verneint zumindest implizit, daß die Formen der Erdoberfläche bei Laien bzw. bei (Anfänger)Studenten spontan Interessen und Probleme stimulieren; er glaubt also, die klassische Geomorphologie, die doch von ihrem Inhalt her eine geradezu typische Volkswissenschaft ist, sei für dieses »Volk« (d. h. die Laien) eigentlich ziemlich bis völlig uninteressant. Gerade solche Geomorphologen neigen bekanntlich häufig dazu, ihr volskwissenschaftliches Hobby – nicht selten eine Art intellektuelle Folklorismus an den Rändern der wissenschaftlichen Ökumene – als »reine und strenge Wissenschaft« zu stilisieren und zu präsentieren – genauer: als eine Parodie auf eine solche »reine und strenge Wissenschaft«.

Wie könnte man schließlich eine *idealisierende* Verallgemeinerung der skizzierten Intention formulieren?

Diese Intentionen bestanden, um es noch einmal formelhaft zu wiederholen, darin, ethnoszientifische Interessen, Wahrnehmungen und »Theorien« aufzunehmen und sie dann – an der »epistemologischen Verwerfung« – szientifisch zu zersetzen und auf neue, nicht-mehr-alltägliche, theoretisch-metatheoretische Perspektiven hin zu öffnen. Das ist ein relativ anspruchsvolles Unternehmen, welches zumindest im Ansatz mehrere Kompetenzen verlangt, zumindest die Bemühung um mehrere Kompetenzen.

Erstens müßte der Geographiedozent ein Laien- oder Volkswissenschaftler sein zumindest in dem Sinne, daß er die volkswissenschaftlichen Ansichten, die volkswissenschaftlichen Wissensbestände über den jeweiligen Phänomenbereich ernstnimmt und passabel beherrscht: angefangen von denjenigen Ansichten, die seine Studenten mitbringen. Das ist heutzutage oft keine Kleinigkeit mehr: Eine berufspraktisch verankerte folk science – und nicht nur sie – kann heute so anspruchsvoll und so aufgeschlaut sein wie klassische Geomorphologie oder wie übliche Landschaftsökologie und Naturraumgliederung (oder auch wie traditionelle historisch-genetische Siedlungsgeographie): Man denke etwa an das petrographische Handlungs- und Orientierungswissen eines Steinmetzmeisters, die Waldboden- und Waldvegetationskunde eines Forstamtmanns, die Länder-, Völker- und Sozialkunde eines langjährigen Reiseleiters, das mögliche Umweltwissen eines politisch aktiven, gut informierten Ökofreaks – oder auch eines ehrenamtlichen Umweltschutz-Beauftragten. Längst sind über alle große Stücke »wirklicher Wissenschaften« in umgedeuteter und angepaßter Form in das »indigene Wissen« eingearbeitet (so daß z. B. den Sozialwissenschaftlern ihre Theorien und Erklärungen, auf die sie so stolz sind, oft schon von ihren Forschungsobjekten her entgegenkommen); die Transformationen dieser Fragmente beim Weg in die folk sciences sind selber wieder ein interessantes Thema.

Zweitens sollte der Dozent auch ein Methodologe dieser Laien- oder Volkswissenschaft(en), also (in diesem Sinne) auch ein Ethnomethodologe sein. Er sollte gewissermaßen Ethnologe (Soziologe), Historiker, (Forschungs)Logiker und Psychologe der betreffenden Ethnoscience sein; d. h., er sollte in etwa wissen, was methodisch und inhaltlich in dieser folk science steckt, wo sie historisch herkommt, für wen sie in welchen Situationsfeldern und aus welchen Gründen praktisch oder ideologisch brauchbar ist (oder war), was dieses Wissen und diesen Wissenstyp (zumindest für manche Leute) intellektuell so attraktiv und/oder emotional so befriedigend macht (oder doch einmal gemacht hat).

Drittens muß der Dozent bis zu einem bestimmten Grade auch ein scientist (allgemeiner: ein Nicht-mehr-Laienwissenschaftler) sein; d. h., er müßte fähig sein, den betreffenden Phänomenbereich auch wissenschaftlich zu betrachten und aufzuschließen – d. h., die entsprechende Ethnoscience zu »verwissenschaftlichen«. Er muß zumindest imstande sein, in die nicht-volkswissenschaftlichen (und das heißt oft auch: in die nicht-mehr-geographischen) Disziplinen dieses Phänomenbereichs auf eine fruchtbare und methodologisch bewußte Weise propädeutisch einzuführen: Auch gegen die oft emotional grundierte anti-szientifische Resistenz der Lehramts- und sogar der Diplomstudenten.

Viertens müßte der Dozent ein Epistemologe sein, und d. h. hier vor allem: Er müßte wissen, was dieser Wechsel von der lebensweltlichen zur wissenschaftlichen Perspektive methodisch, inhaltlich und psychisch bedeutet. Mit »Epistemologie« ist hier – mit Bezug vor allem auf die französischen »Epistemologen« von Bachelard und Canguilhem bis Foucault – diejenige »Theorie der Wissenschaft« gemeint, die nicht nur die mehr oder weniger entwickelten und etablierten Wissenschaften sowie deren artikuliertes Wissen und Bewußtsein beobachtet, sondern auch die biographischen und historischen, zumindest »untergründig« noch heute wirksamen »Archäologien« dieser Wissenschaften – sowie die vielfältigen Prozesse der »Verwissenschaftlichung« und »Entwisschaftlichung« bzw. Delegitimierung dieser vor- und außerwissenschaftlichen Wissensbestände und Praxen. Gerade die universitären Geographen haben allen Grund, sich der Archäologien ihres Faches bewußt zu bleiben, d. h. der zahlreichen heterogenen folk sciences an der »Basis« der wissenschaftlichen Geographie.

Der Dozent müßte fünftens – sozusagen in seiner Rolle als Wissenschaftsdidaktiker – den Studenten diesen Vorgang der Verwissenschaftlichung, diesen empistemologischen Bruch thematisieren, bewußt machen und konkret illustrieren können: Unter anderm die Gewinne und Verluste, Voraussetzungen und Folgelasten dieses Vorgangs, dieser veränderten Ansicht, Manipulation und Realisation der Gegenstände – aber auch die intellektuellen Schwierigkeiten und emotionalen Widerstände der Beteiligten, die Entfremdungs- und Sinnlosigkeitserlebnisse der Lernenden, von denen schon die Rede war. Idealerweise müßte er den Studenten auch einsichtig machen können, daß es nicht darum geht, szientifisches und ethnozientifisches Wissen gegeneinander abzuwerten, sondern darum, zu verstehen, wo das eine und wo das andere angemessen und funktional (bzw. unangemessen und dysfunktional) ist. In diesem Zusammenhang läßt sich auch am ehesten verständlich machen, wie (bei Wissenschaftlern und Nichtwissenschaftlern) Wissenschaftsaberglauben entsteht: Durch einen falschen (kurzschlüssigen) Verbund von wissenschaftlichem und volkswissenschaftlichem Wissen, dessen Defizit darin besteht, daß die spezifische Genese und Kontextgebundenheit wissenschaftlicher »Ergebnisse« abgedunkelt und ihr Geltungsbereich falsch eingeschätzt (meistens enorm überdehnt und überschätzt) wird.

Um zu resümieren: Der Dozent müßte eine gewisse Kompetenz in fünferlei Hinsichten haben (die natürlich teilweise miteinander verwandt sind): als Ethno-Wissenschaftler, Ethnomethodologe, Wissenschaftler und Wissenschaftstheoretiker (»Epistemologe«), und er müßte diese vier Perpektiven auch als (Wissenschafts)Didaktiker vermitteln können.

Den beschriebenen Anforderungen und Schwierigkeiten stehen zwar bis zu einem bestimmten Grade die Hochschulwissenschaftler vieler Disziplinen gegenüber, sofern sie auch Grund- bis Gymnasiallehrer ausbilden wollen oder müssen (ja, insofern sie überhaupt auf Berufspraxen vorbereiten wollen, die noch nicht völlig »verwissenschaftlicht« sind oder gar nicht völlig »verwissenschaftlicht« werden können). In einer Disziplin wie der Geographie aber, wo schon nach historischer Erfahrung so gut wie jede ernsthafte »Verwissenschaftlichung« aus der Disziplin hinaus und in eine andere Disziplin oder Profession hineinführt (sei dies nun eine kompakte »normale Wissenschaft« oder nicht), da stellen sich diese Anforderungen aber noch auf eine besondere und besonders dringliche Weise.

Die skizzierten Anforderungen scheinen auf den ersten Blick auf eine Art Pansophie hinauszulaufen; sie formulieren aber nur, was jedes durchdachte didaktisch-pädagogische Konzept von einer guten »didaktischen Analyse« erwartet. Was formuliert wurde, ist im Prinzip das Ideal eines jeden reflektierten Unterrichts. Jeder Unterricht und jedes Lernen kann ja verstanden werden als Umstrukturierung eines perceived environment, als Umzeichnung einer kognitiven Landkarte im Kopf des Lernenden. Die Vorschläge laufen nun unter anderm, aber nicht zuletzt darauf hinaus, daß der Dozent und die Studenten diese Rekonstruktion und Transformation einer mental map nicht nur irgendwie vorschlagen, vornehmen, oktroyieren, geschehen oder nicht geschehen lassen, sondern sich auch bewußt machen und bewußt verfolgen, was da eigentlich geschieht, wenn im akademischen Unterricht neue und ungewohnte mental maps angeboten werden und gelernt werden sollen.

Vom Sachinhaltlichen her gesehen, also von dem her, was z. B. der Experte einer kompakten natur- oder ingenieurwissenschaftlichen Disziplin, überhaupt der Experte irgendeiner Bezugswissenschaft an der Forschungsfront im Rahmen der von ihm erwarteten speziellen Kompetenz weiß und kann, ist die geforderte Sachkompetenz als scientist in mancher Hinsicht eher (und zwar bewußt) bescheiden. Was die skizzierte Wissenschaftlerrolle, überhaupt die skizzierte Rollenkombination schwierig macht, ist die zugehörige, ziemlich anspruchsvolle Theorie und Metatheorie dieser Bescheidenheit, die erforderliche hohe Kompetenz zu einer fruchtbaren relativen Inkompetenz (sozusagen zu einer Inkompetenz-Kompetenz) auf vielen Gebieten: und dies erfordert unter anderm einige soziale (und pädagogische) Fähigkeiten sowie einige emotionale Reserven, die man von einem »bloßen« Spezialwissenschaftler nicht unbedingt zu verlangen braucht. Ohne dies gerät der Geographiedozent aber leicht entweder zu einem hoffnungslosen Dilettanten oder aber zu einem hoffnungslosen Spezialisten – »hoffnungslos« vor allem in Bezug auf seine Rolle als akademischer Lehrer, und das nicht nur in der geographischen Lehrerausbildung.

Parallelen zu den skizzierten Gedankengängen über die Aufgaben einer Geographie als einer bewußten folk science kann man übrigens in der didaktischen Literatur finden: nicht zuletzt unter der Überschrift »didaktische Analyse«, ein Ansatz, der in der Fachdidaktik der Geographie allerdings weitgehend ausgespart blieb (als knappen Einstieg vgl. etwa Klafki 1964.) Vielleicht wäre es sinnvoll gewesen, die vorangegangene Gedankenskizze nachträglich dadurch zu verfremden, daß man ihre Parallelen mit einer (nicht-trivialen) didaktischen Analyse entwickelt (oder sogar einen Übersetzungsschlüssel konstruiert). Eine solche Parallelisierung würde die einen den Vorschlägen gegenüber wohl versöhnlicher stimmen, bei den andern aber die Vorschläge vielleicht endgültig kompromittieren.

Die angedeutete Parallele habe ich an anderer Stelle mißverständlich auf den Slogan gebracht, die wissenschaftliche Geographie solle sich (zumindest auch) als eine bewußte Didaktik interpretieren (und z. T. auch konstituieren). Dieser Slogan hat, wie schon angedeutet, eine gewisse historische Berechtigung darin, daß er (wenn auch z. T. abzüglich des Wortes »bewußt«) ziemlich gut das »historische Wesen« (die »historische Identität«) der Geographie trifft, d. h. ihre tatsächlichen historischen Zwecke und Tendenzen, ja bis zu einem gewissen Grade auch ihr verschämtes Selbstverständnis, ihre ungern ausgesprochene intentionale Identität. Nach allem, was wir von der »Archäologie« unseres Faches, von der Vorgeschichte der akademischen Geographie und der Schulgeographie wissen, scheint mir die genannte Anforderung oder Strategie eine legitime Konsequenz der Geschichte gerade unserer Disziplin zu sein, sozusagen die aufgeklärte Entfaltung der historischen Zwecke, des historischen Paradigmenkerns (und insofern auch des »Wesens«) der Geographie. Die Geographie könnte auf diese Weise mit Bewußtsein und argumentativ vertretbar auf einigen ihrer zentralen Traditionen und »Forschungsprogrammen« beharren.

Nur auf dem ersten Blick scheint es eine Alternative zu geben: Das Projekt nämlich, die 6(-8) Semester – genauer: den der Geographie gewidmeten (d. h. etwa: den dritten) Teil des 6(-8)semestrigen Lehramtsstudiums – zu benutzen, um die beschriebenen folk science-Utopien der Studenten fundamental zu korrigieren, und das heißt praktisch: szientistisch zu zer- und zu ersetzen, etwa mittels einer Kombination von Zwang und Faszination. Bevor man an eine Detaillierung des Vorschlags denken kann, scheitert das Projekt wohl schon an der Vorfrage: *Welches* Alternativsystem von wissenschaftlichen Ideen und Fertigkeiten soll im genannten zeitlichen Rahmen denn aufgebaut werden? Zwar zielt diese Frage hier vor allem auf das Lehramtsstudium, sie scheint mir aber auch im Rahmen der geographischen Diplomstudiengänge schwer beantwortbar zu sein. Es müßte sich um ein alternatives Paradigma und eine alternative Intuition handeln, über welche die Studenten nach relativ sehr kurzer Zeit fruchtbar (d. h. anwendungs- und ausbaufähig) verfügen könnten, und es müßte ein wenigstens weithin gebilligtes, teilweise berufsbezogenes und instituionell gestütztes Programm sein; und wenn es nicht einfach irgendwo entliehen werden soll, müßte es sich außerdem um ein »spezifisch geographisches«, also um ein *Eigen*programm handeln.

Wie immer man die Chance solcher »szientistischen« oder »szientifischen« Alternativen einschätzt, besser als eines sind sie wohl in jedem Fall: Besser als das, was herauskommt, wenn die Universitätsgeographie und die Unviversitätsgeographen einerseits die modernen Impulse zur (letztlich zentrifugalen und aus der Geographie hinausführenden) Verwissenschaftlichung nicht aufnehmen, andererseits aber auch ohne ein entwickeltes Bewußtsein von der volkswissenschaftlich-didaktischen Funktion ihres Faches und ihres Tuns bleiben. Was dann herauskommt bzw. stabilisiert wird, ist eine Disziplin, deren »reine Wissenschaftler« eine alte Volkswissenschaft als eine reine Wissenschaft inszenieren und deren Didaktiker allzu häufig der Verführung ausgesetzt sind, eine mit mehr oder weniger modernen Mitteln arbeitende Propagandaagentur und Vorfeldbastion dieser »wissenschaftlichen Geographie« zu sein, welche doch ihrerseits zumindest nach ihrem paradigmatischen Kern weithin eine akademisch-eigengesetzlich entfaltete und verhärtete ehemalige Schulerdkunde ist, sozusagen eine akademisierte archaische Didaktik.

10. Zur Lehrerausbildung und zum »Epistemologischen Sprung« in der Physischen Geographie

Der Geographiedozent, der z. B. Lehramtsstudenten in die Geomorphologie, Quartärgeologie (überhaupt Geländegeologie), Geobotanik/Vegetationskunde/Vegetationsgeographie, Meteorologie/Klimatologie oder in andere »naturgeschichtlich-naturkundliche« und geowissenschaftliche Inhalte einführen will – der müßte von diesen Gegenständen mehr und vor allem noch anderes kennen und wissen als nur den »Stoff« dieser Disziplinen: Gleichgültig, ob er eine herkömmlich-geographische oder eine szientifisch-naturwissenschaftliche Variante lehren will.

Er müßte *erstens* eine Petrographie, Geomorphologie, Geologie, Meteorologie, Vegetationskunde, Ökologie usw. lehren, die auch und gerade auch für Nicht-Petrographen,.Nicht-Geomorphologen, Nicht-Meteorologen, Nicht-Botaniker, usf., allgemeiner: die auch in außerdisziplinären Zusammenhängen verständlich, interessant, verwertbar sind – und die auch auch nicht bloß aus abstrakten oder unterhaltsamfarbigen Popularisierungen bestehen (etwa von der Art, wie in den geographischen Schulbüchern z. B. die Plattentektonik behandelt wird: popularisierte Wissenschaft als Märchen für Laien). *Zweitens* müßten die »physisch-geographischen« bzw. »geowissenschaftlichen« Gegenstandsbereiche dann (wenigstens im Ansatz auch verwissenschaftlicht werden, und zwar auf eine Weise, die auf der Objektebene (auf der objektsprachlichen, »objektwissenschaftlichen«, »inhaltlichen« Ebene) anspruchsvoll ist und auf der Metaebene (der metasprachlichen, epistemologisch-wissenschaftstheoretischen Ebene) durchreflektiert wird. Damit kommen auch all die anderen Kompetenzen ins Spiel, von denen die Rede war.

Um dies wenigstens auf lapidare Weise anzudeuten: Eine noch so knappe »Einführung in die Gesteinskunde für Lehramtsstudenten der Geographie« könnte bei den existierenden »Ethno-Petrographien« ansetzen. Die Lehrerstudenten könnten z. B. die »Petrographie der Privatleute« (sozusagen die »Petrographie aus Konsumentenperspektive«) kennenlernen und damit in gewissem Sinne auch die eigene folk science und die ihrer künftigen Schüler. Es handelt sich z. B. um die spontanen Anmutungsqualitäten und Taxonomien der mehr oder weniger alltagsbekannten Gesteine, um deren wahrgenommene Tausch- und Gebrauchswerte für unterschiedliche Verwendungssituationen (vom Grab- und Fassaden- bis zum Edelstein). Die Studenten müßten dann auch mindestens eine der z. T. hochentwickelten, »professionellen« Ethno-Petrographien kennenlernen (z. B. die der Steinmetze oder der Denkmalpfleger) – und sie müßten studieren, inwiefern diese teilweise professionalisierten folk sciences aufgrund bestimmter Praxen und Erkenntnisinteressen strukturiert – und je in ihrem Rahmen je auf ihre Weise angemessen und funktional sind. Diese Frage könnte auch an Hobby-Petrographien, Hobby-Mineralogien (sowie an entsprechende Hobbyisten) gestellt werden. nicht minder an *historische* Petrographien (von der Antike bis zur Neuzeit).

Dann müßte aber auch sichtbar gemacht werden, wie sich die heutige »wissenschaftliche« Mineralogie/Petrographie« – nach Theorie und »Praxis« und gerade in ihren unterschiedlichen Forschungsprogrammen – zu diesen Ethno-Wissenschaften und Ethno-Praxen verhält: Wie vertraut oder wie fremd, wie relevant oder wie irrelevant, wie vermittelt oder wie unvermittelt sie den genannten Wissensbeständen und Praxen gegenübersteht. Ein gut vorbereiteter Besuch in einem entsprechenden petrographisch-mineralogischen Universitätsinstitut *und* die Durcharbeitung einziger zentraler Kapitel in einem wirklich anspruchsvollen wissenschaftlichen Lehrbuch der Petrographie oder der Mineralogie könnten gute Anhaltspunkte sein, die »rupture épistémologique« auch an diesem Beispiel augenfälliger, begreifbar und bewertbar zu machen.

Sicher kann man diese Exerzitien nicht an allen »Stoffen« und »Teilgebieten« der Physischen Geographie durchführen – dies wäre sicher zeitlich zu aufwendig, und vielleicht sind die unterschiedlichen Gebiete auch unterschiedlich geeignet. Aber einmal wenigstens müßte der Lehramtsstudent auch in der Physischen Geographie das Programm durchlaufen, für das ich hier plädiere.[32]

---

[32] *Für entsprechende Überlegungen und (Teil)Versuche vgl. in der Publikationsliste am Ende dieses Bandes z. B. die Nummern 96, 103-106, 110, 164, 174, 194; auch Nr. 9 ist aus einem solchen Studienprojekt hervorgegangen.*

In gewisser Hinsicht stellen sich die »hochschuldidaktischen Probleme« in der Physischen Geographie also wohl ähnlich wie in der Humangeographie. Insofern es sich bei der »Physischen Geographie« genauer: im Rahmen jenes Konglomerats von geowissenschaftlichen Ansätzen, das sich »Physische Geographie« nennt – um *Natur*wissenschaften handelt, stellen sich die Probleme des Hochschulunterrichts aber auch etwas anders dar. Denn hier, in den Physischen Geographien, führt ein ernsthafter Versuch der Verwissenschaftlichung nicht (wie im sozial- und wirtschaftsgeographischen Hochschulunterricht) aus einer diffusen folk science in eine (meist) polyparadigmatische Sozialwissenschaft, die oft selber noch mehr oder weniger hohe Grade von Diffusheit und Ethno-Wissenschaftlichkeit aufweist; physisch-geographischer Unterricht führt vielmehr nicht selten (direkt und indirekt) in eine mehr oder weniger monoparadigmatische Naturwissenschaft. Dies gilt zumindest insofern, als die jeweilige Science (Natur- oder Ingenieurwissenschaft), in die man hineingerät, oft nicht mehr nur metatheoretisch, sondern auch forschungspraktisch dem »Superparadigma« der modernen Naturwissenschaften verpflichtet ist.

Von denen, die Physische Geographie lehren, ist z. B. die »rupture épistémologique« zwischen den farbigen, sinnenfroh-leichtverständlichen Geomorphologie der Schulbücher (und wohl auch der normalen Geomorphologie-Veranstaltungen) einerseits, den »wirklichen« und wirklich schwierigen Natur- und Technikwissenschaften andererseits bisher, so weit ich sehe, noch nicht als Phänomen oder gar als Problem formuliert worden: es sei denn auf eine ziemlich verzerrte oder indirekte Weise. Diese Diskontinuität zwischen ethnowissenschaftlicher und (natur)wissenschaftlicher Naturansicht ist aber einmal von einem Geographiestudenten beschrieben und historisch reflektiert worden (nämlich von Böttcher 1979) aufgrund eines verständnisvollen Erlebens der klassischen Geomorphologie an der Freien Universität Berlin und auf einem Niveau, welches z. B. gegenüber der ebenso arroganten wie verständnislosen Rezension eines Hochschullehrers der Geomorphologie noch besonders hervortritt (vgl. HEMPEL in »Geographie und ihre Didaktik«, 8. Jg. 1980, Heft 1, S. 45f.). Schon im Vorwort des Buches wird die entscheidende Dimension angeschlagen:

> Angeregt durch den Schulerdkunde-Unterricht, der mir einen ersten Eindruck von dem, was ich für die »Gesetze« der »Natur« hielt, vermittelt hatte (seinerzeit war das Thema der Klasse 11), habe ich mich für das Studium der Geographie entschieden, mit dem Ziel, das während des Studiums erworbene Wissen an folgende Schülergenerationen weiterzugeben. Was mich angezogen hatte, waren die mir aus der heimischen Natur fremden Absonderlichkeiten (!) dessen, was von Geographen als »Formenschatz der Erde« bezeichnet wird, vor allem aber die anschaulichen (!) Erklärungen (!) ihrer Entstehung im Seydlitz Band [...]. Dieser Motivation folgend habe ich den Schwerpunkt meines Studiums von Anfang an auf die Geomorphologie gelegt und bin dem [...] – wenn auch mit veränderter Motivation – treu geblieben.
>
> Die Veröffentlichung dieser (Examens-)Arbeit hat vor allem das Ziel, Studienanfängern davon abzuraten, ein gleiches zu tun [...]. Wer sich durch das Vorkommen von Flußmäandern, Schwemmfächern, Strandwällen, Barchanen und Seitenmoränen beeindruckt fühlt, der sollte, wenn er Lehrer werden will, sie auf Ferienreisen statt auf geographischen Exkursionen in Augenschein nehmen, oder aber, wenn er an einer Erklärung mit dem Ziel der Beherrschung und Steuerung der (Natur)Prozesse interessiert ist, die zu ihrer Entstehung und Veränderung führen, beizeiten seine mathe-

> matischen und physikalischen Kenntnisse zu erweitern suchen, sich mit Lehrbüchern der Hydromechanik usw. vertraut machen – und seine Berufsperspektiven verändern. (BÖTTCHER 1979, S. 5)

Der zitierte Text hat mehrere interessante Aspekte und Aussageebenen; hier seien nur die in unserem Zusammenhang wichtigsten herausgegriffen.

Obwohl es sich sichtlich um einen Studenten aus der kleinen Menge derjenigen handelt, von denen (wie bereits andernorts formuliert) ein Geographiedozent gemeinhin nur träumen kann, klingt doch zunächst ein sehr populäres Motiv an: Die Utopie einer laienwissenschaftlichen, bildkräftig-anschaulichen, in mehrfachem Sinne exotischen Naturkunde, die als eine Art Basis-Motivation erscheint – wobei »Heimat(natur)« und »Heimat(natur)kunde« als Folien fungieren, vor denen sich die interessanten »Figuren« der Exotik und der Exotenkunde faszinierend abheben können.

Ungewöhnlicher schon ist das Motiv der (mehrfachen) Enttäuschung – zunächst einmal darüber, daß ihm die »rupture épistémologique« und – jenseits von ihr – der Ernst einer harten Wissenschaft sogar als Ausblick und Propädeutik vorenthalten wurden – und zwar auf der forschungspraktisch-objektsprachlichen wie auf der metatheoretischen Ebene. Die Diskontinuität zwischen der diffusen, weichen, anschaulich-leichten und amüsant-konkreten folk science, nämlich der »geographischen Geomorphologie« – und den gegenständlich »entsprechenden«, aber kompakteren, harten und wirklich schwierigen Natur- und Technikwissenschaften (eine Diskontinuität, von denen manche Hochschullehrer der Physischen Geographie nicht einmal etwas zu ahnen schienen) wird schon hier, im Vorwort, klar formuliert.

Die weitere Enttäuschung des studentischen Autors besteht darin, daß er diese Einsichten umwegreich auf eigene Faust erwerben mußte – und daß diese aufwendige Selbstaufklärung sich absetzen und durchsetzen mußte gegenüber einem offensichtlich ziemlich unaufgeklärten, weitgehend volkswissenschaftlichen Geomorphologielehrbetrieb an der Universität, welcher jahrzehntelang ungewollt eine (sicher nicht immer geistlose, aber doch fast immer unreflektierte) Parodie auf eine »reine Wissenschaft« aufführte.

Eine dritte Enttäuschung schließlich lag darin, daß diese »echt geographische« »Geomorphologie für den interessierten gebildeten Urlauber« dem Studenten, der sich auf ein Lehramt vorbereiten wollte, auch keine *schulisch* verwertbare folk science mehr zu sein schien: Die klassische Geomorphologie (einschließlich ihrer klimamorphologischen Fortsätze) schienen ihm in ihrer Weltperspektive zu sehr an jenes diffus-volkswissenschaftliche Mensch-Natur-Paradigma der traditionellen Geographie gekettet zu sein, welches er auch als »Schulparadigma« ablehnte (und ideologiekritisch zu durchschauen glaubte). Es handelt sich um die schon mehrfach umschriebene alte »Sinntheorie« des Faches: »Verständnis des konkreten Menschen (und seines Handelns) aus einem konkret-ökologischen, landschaftlich-regionalen Naturmilieu«, und das hieß auch (und oft sogar vor allem): aus den landschaftlich-physiognomischen Gestaltmerkmalen des Reliefs.

Diese vormodern-vorindustrielle »Theorie« des Mensch-Natur-Verhältnisses sei auch die Legitimation der Geomorphologie gewesen; dieses Erkenntnisinteresse habe die Geomorphologie (in den Augen und Aussagen der Geographen selber) sogar zur »Basis« und »Mitte« der klassischen Geographie gemacht – und zwar zur Basis sowohl der Anthropogeographie wie der Landschafts- und Länderkunde. Das in anthropozentrischen Maßstäben und Kategorien beschriebene Relief konnte in der Tat – wenigstens neben, aber oft noch vor der Vegetation und dem Klima – als der wichtigste Teil jener »konkret-ökologischen«, »noch-nicht-naturwissenschaftlichen« Natur betrachtet werden, mit der es der konkrete handelnde Mensch in vor-industriellen, »natürlichen« Handlungskontexten vor allem zu tun hatte.

So schließt die Arbeit (deren Wert im übrigen nicht zuletzt auf der informierten und umsichtigen Historiographie der Geomorphologie liegt) mit der Perspektive: die traditionelle Geomorphologie hat selbst im Kontext der Geographie Sinn und Funktion eingebüßt – einerseits habe die moderne Anthropogeographie das zugehörige konkretistisch-vormoderne Paradigma überschritten (zugunsten eines besseren Verständnisses der Industriegesellschaften und der vom Weltmarkt erschlossenen Welt), und andererseits sei auch und gerade auch die moderne, szientifisch gewordene Geomorphologie für die traditionelle wie für die moderne Anthropo- und Regionalgeographie nicht mehr von Belang.

> Die deutsche geographische Morphologie, einst »Mittelpunkt« und »Basis« einer vom öffentlichen Interesse getragenen Geographie, findet sich heute, nach fast hundert Jahren ihrer Geschichte, in der Rolle einer von der allgemeinen wissenschaftlichen Entwicklung isolierten und irrelevanten Disziplin wieder, der sich nur dann eine Perspektive öffnen wird, wenn sie mit ihrem bisherigen (»geographischen«) Erkenntnisinteresse radikal bricht und sich, dem Beispiel der angelsächsischen und schwedischen Geomorphologie folgend, von dem ganz anderen Erkenntnisinteresse der (technisch-industriellen) Verfügung über die (natur- und technikwissenschaftlich modellierten) Naturprozesse leiten läßt. Ob sie dann weiterhin als Teildisziplin der Geographie begriffen werden kann, hängt weitgehend davon ab, inwieweit sich in der Geographie die Erkenntnis durchsetzt, daß Menschen sich nicht (nur und heute nicht mehr so sehr) durch das Überqueren von Gebirgen und das Durchwandern von Ebenen zur Natur ins Verhältnis setzen, sondern (eher und auf eine historisch-gesellschaftlich bedeutsamere Weise) durch den Produktionsprozeß« (BÖTTCHER 1979, S. 139; sinngemäß verdeutlichende Zusätze G. H.).

Es bliebe nur hinzufügen, daß es Lebensbereiche, Lebensformen und Lebenssituationen gibt, in denen sich der Mensch noch immer (oder auch schon wieder) mit mehr oder weniger Erfolg auf eine eher vormodern-vorindustrielle (oder auch alternativ-postindustrielle) Weise »mit der Natur ins Verhältnis setzt«, zu setzen glaubt oder zu setzen wünscht – allerdings nicht so sehr im »Produktionsprozeß« als im »Reproduktionsbereich«, z. B. in Konsum, Freizeit und Urlaub. Es ist deshalb nicht sinnlos zu fragen, welche der alten und jüngeren, naturhistorischen und anderen folk sciences (wie z. B. die klassische Geomorphologie) in solchen Situationsbereichen welche Funktionen haben oder haben könnten: Gleichgültig, wie wir dies dann bewerten wollen.

Analoge Fragen werden in mehreren Didaktiken gestellt. In der »Didaktik der Geschichte« etwa lautet die Frage in allgemeiner Form etwa so (vgl. z. B. SCHÖRKEN 1981): Gibt es Bedürfnisse nach Geschichte, die eventuell von der »modernen (akademischen) Geschichtswissenschaft« und ihrer Literatur nicht abgedeckt werden – und vielleicht auch gar nicht (mehr) abgedeckt werden können? Solche »populären« Bedürfnisse zielen dann kaum auf eine »popularisierte« oder »didaktisch umgesetzte« »reine Wissenschaft« (schon gar nicht auf eine Art »Abfallprodukt« der akademischen Disziplin); die gewünschte Information hat wahrscheinlich ihre Eigenstrukturen, und sie sollte (wie die entsprechenden Bedürfnisse) weder von vornherein abgewertet noch von vornherein besonders hochgeschätzt werden, sollte weder am Maßstab von »wirklicher Wissenschaft« gemessen, noch als »alternative« (»emanzipatorische«, »gegenkulturelle«, »plebejisch-proletarische«) Wissenschaft gegen die »offizielle« oder »etablierte« Wissenschaft ausgespielt werden.

In solchen »populären« außerwissenschaftlichen Bedürfnissen, Fragen und »Forschungsprinzipien« leben dann unter anderem ältere Richtungen akademisch-historischen Fragens und akademisch-historischer Darstellung »erstaunlich ungebrochen« weiter (also nicht nur als »verspätete«, vom Aussterben bedrohte Survivals): Im Falle der Geschichte z. B. eine anschaulich-erzählende Ereignis- und Personengeschichte, aber auch i.w.S. »teleologische« und »heilsgeschichtliche« Erzähl- und Interpretationsweisen (vgl. SCHÖRKEN 1981, S. 15 u.ö.).

Ähnliches gibt es sichtlich auch in den Natur-, nicht zuletzt in den Geowissenschaften. Allerdings ist hier der »Bruch« zwischen volkswissenschaftlichen und akademischen Interessen, Gegenständen und Theorien heute weit schroffer und schwerer zu überspringen als etwa im Fall der Geschichte (oder auch der Sozialwissenschaften). In der akademischen Geschichtswissenschaft z. B. wird wohl noch die »wissenschaftlichste« Rekonstruktion des Geschehens durch den zünftigen Historiker doch dem »Gesamt-Erfahrungshintergrund lebensweltlichen Wissens« (z. B. dem gebildeten common sense-Wissen über menschliche Beziehungen und Möglichkeiten) nicht völlig widersprechen – jedenfalls nicht in dem Maße, wie die Expertenphysik der Alltagsphysik widerspricht: nämlich bis zur völligen Verfremdung und Neukonstruktion aufgrund von alltagsweltlichen gänzlich unbekannten und unverständlichen Prinzipien und Beobachtungen.

11. Alltags- und Wissenschaftsparadigmen im naturwissenschaftlichen Unterricht

Daß die Didaktik der Naturwissenschaften (zumal der »exakten Naturwissenschaften«) besondere Probleme stellt, kann man unter anderm ihrer didaktischen Literatur entnehmen. Hier scheinen das Phänomen und Problem des »Bruches« zwischen »Alltags-« und »Wissenschaftsparadigma« so augenfällig, und die Belastungen und Schwierigkeiten, die sich daraus ergeben, scheinen für Lehrer und Schüler so vital zu sein, daß sie in der didaktischen Literatur ausdrücklich thematisiert werden – und zwar in jüngster Zeit auch in einer »radikalisierten«, auf eine Art »alternativen Unterricht« zielende Weise. Allerdings wird das (epistemologische und psychologische) Problem der »rupture épistémologique« hier vor allem auf der schuldidaktischen Ebene beschrieben und zu lösen versucht, also vor allem als eine schuldidaktische Diskontinuität und Problemlage diskutiert (und kaum als eine Frage des Hochschulunterrichts).

Im »naiveren« Fall erscheint die Problemlage wie folgt: Man konstatiert (1.) die geringe Effizienz z. B. des Physikunterrichts und der hier gelernten Denkweisen, (2.) die »Diskontinuität« zwischen den »wissenschaftlichen« und den alltäglichen Sichtweisen, (3.) die ganz überlegene Durchschlagskraft und Persistenz vorunterrichtlich-»vorwissenschaftlicher« Vorstellungen, Begriffe und »Theorien« sowie (4.) die naturwüchsigen »Integrationen« und »Mischungen« z. B. von Alltags- und Schulbuchphysik in den Köpfen der Schüler – »irre« Mischungen aus mitgebrachtem Alltagswissen und plötzlich Angelerntem, die dem »Fachmann« die Haare zu Berge stehen lassen (vgl. etwa WEERDA 1981, S. 90ff.). Man betont (5.) die Schwierigkeit, ja Unmöglichkeit, im Unterricht an die Alltagsphänomene (statt an sorgfältig »zubereitete« Laborphänomene) anzuknüpfen und (6.) die Notwendigkeit, die »falschen« »unwissenschaftlichen«, »unphysikalischen« (usf.) Alltagsvorstellungen« »gezielt« und unerbittlich abzubauen.[33]

Schon 1969 hatte DAUMENSCHLAG am Ende einer empirisch-methodisch wohl vorbildlichen Dissertation des Faches Psychologie (über »Physikalische Konzepte junger Erwachsener«) resümiert, daß »die physikalischen Konzepte der jungen Erwachsenen in quantitativer und qualitativer Hinsicht denen der dreizehnjährgen (Haupt-)Schüler« entsprachen und daß bei den Schülern wie bei den Erwachsenen »ein direkter Einfluß schulischer Information (auf die Erklärung physikalischer Naturphänomene der »Alltagswelt« wie Blitz, Donner, Regenbogen, Fahrraddynamo, Magnet, Lupe, das Kreisen von Erdsatelliten, das Entstehen von Winden und Jahreszeiten sowie das Schwimmen von Schiffen) nicht nachzuweisen war« (DAUMENSCHLAG 1969, S. 190). Der Kenntnisstand der Volksschüler und Volksschulabsolventen war, gemessen an der sorgfältig operationalisierten »physikalischen Richtigkeit« (bzw. »Schulbuch-Richtigkeit«) gleich niedrig – gleichgültig, ob der »Stoff« im Unterricht schon einmal »dran« gewesen war oder nicht.

Bei den »nicht-korrekten Anschauungen« handelte es sich nicht eigentlich um »kindliche Anschauungen«: Nicht nur die Schüler, auch die Erwachsenen und selbst Studierende der PH Nürnberg kehrten immer wieder zu ähnlich »kindlichen« Erklärungen und Vorstellungen zurück. Brämer hat 1980 diese Ergebnisse und andere Erfahrungen wie folgt resümiert: »Übrig bleibt (vom Naturlehre-Unterricht) lediglich das bestenfalls geringfügig modifizierte Alltagswissen über die Natur, das zumeist schon vor Beginn des Fachunterrichts voll ausgebildet war. Und genau dahin geht die ewige Klage realitätsbewußter Naturwissenschaftslehrer« (BRÄMER 1980, S. 16, dort auch reichlich literarische Belege; vgl. auch BRÄMER 1977, 1982).

Für den Unterricht in Physischer Geographie dürfte prinzipiell Ähnliches gelten. Weil die naturwissenschaftliche Vorbildung der Geographielehrer bedeutend schlechter und ihr »naturwissenschaftlicher« Unterricht ohnehin stärker »volkswissenschaftlich« ist, werden die beschriebenen Probleme hier aber vielfach kaum wahrgenommen; die Probleme, die sich z. B. dem Physiklehrer schon auf der Sekundarstufe aufdrängen, stellen sich im Falle der Physischen Geographie meist erst im Universitätsunterricht –

[33] Man vgl. etwa folgende Reflexion über die Behandlung der »Verbrennung« im Chemieunterricht: »Es wird immer wieder übersehen, daß die zum Verständnis chemischer Phänomene erforderlichen Erfahrungen nicht aus der Erfahrungswelt der Schüler kommen. Diese (einfachen Erfahrungen aus der alltäglichen Erfahrungswelt der Schüler) sind (vom wissenschaftlichen Standpunkt her betrachtet) viel zu komplex; man denke nur an die Verbrennung oder die Photosynthese. Die notwendigen Phänomene müssen in Form sorgfältig ausgewählter Beispiele erst bereitsgestellt werden« (HAUPT 1981, S. 350, sinngemäß erläuternde Zusätze von G. H.). Der Text erinnert zumindest implizit an zwei typische Erfahrungen an der rupture épistémologique: Die »Verwandlung« von vertrauter Alltags- in unbekannte »Kunst«natur, in der sozusagen nichts Bekanntes mehr gilt und wo Erinnerungen und »Anknüpfungen« an Alltagserfahrung nur hinderlich, ja »gefährlich« (JUNG 1979, S. 43) sind – und die Erfahrung, daß alles, was auf der einen Seite ein Einfaches war, auf der jeweils anderen Seite in der Regel als etwas Vielfältiges, Komplexes und Schwieriges wiedererscheint.

und auch dort nur dann, wenn die Physischen Geographen in einer bereits mehr oder weniger »verwissenschaftlichen« Variante betrieben werden.

Die beschriebenen Schwierigkeiten scheinen, nach der Literatur zu urteilen, den Lehrern und Didaktikern der Naturwissenschaften in den letzten Jahren zunehmend bewußt zu werden (vgl. auch REINDERS u. a. 1982), und seither gehen die Vorschläge stärker als zuvor dahin, (1.) die beschriebene »Diskontinuität« zwischen Alltagserfahrung und »Alltagsparadigma« einerseits, der exakten Naturwissenschaft andererseits als unaufhebbar anzuerkennen; (2.) diesen »Bruch« im Unterricht selbst zu thematisieren und (3.) die »vorunterrichtlichen Alltagsparadigmen« in ihrer Eigenstruktur und in ihrem relativen Eigenwert zu rehabilitieren: nicht nur gegenüber der Schulbuch-Naturwissenschaft, sondern auch gegenüber der etablierten Naturwissenschaft schlechthin.[34]

Es sei leicht verständlich, daß es dem naturwissenschaftlichen Unterricht selbst an Gymnasien kaum (oder doch nur bei wenigen Schülern) gelinge, naturwissenschaftliche Vorstellungen über verbale Reproduktionsleistungen hinaus verfügbar zu machen: In der Welt, in der Schüler und Laien leben und hantieren, tauge das »korrekte wissenschaftliche (Schulbuch-)Wissen« durchweg weder zur kognitiven noch zur praktischen Weltorientierung. (Hierzu und zum Folgenden vgl. vor allem BRÄMER 1980, 1982.)

Die Lehrer der Naturwissenschaften sollten bewußt darauf verzichten, halbresigniert und doch immer wieder von neuem mit allen möglichen Tricks »falsche (Alltags)Vorstellungen abzubauen« und »richtige«, »wissenschaftlich korrekte« zu oktroyieren. Es nütze auch wenig, stückchen- und fallweise (etwa in »alltagsorientierten Motivationsphasen«) auf die »lebensweltlichen Vorstellungen« einzugehen; beim »Sprung« zum »Wissenschaftsparadigma« stünde der Lehrer dann doch wieder vor den gleichen Schwierigkeiten und erlebe die gleichen Desaster. Die »rupture épistémologique« erscheine im Normalunterricht als Kluft zwischen Gebrauchs- und (bloßem) Tauschwissen – d. h. zwischen einem Wissen, das man im Leben gebrauchen kann, und einem Wissen, das nur dazu taugt, Noten einzutauschen, und das man nach getanem Tausch (etwa nach der Klassenarbeit oder nach der Prüfung) ohne Schaden wieder abstößt.

Der »Normalunterricht« neige dazu, das als »primitiv«, »naiv« oder »kindlich« diskriminierte Natur- und Technikverständnis der Kinder und Laien auf eine rohe und doktrinäre Weise zu »falsifizieren« und die Schüler dann dem praktisch unprüfbaren Wissens- und Sprachmonopol eines elementarisierten Wissenschaftsparadigmas zu unterwerfen, welches kaum mehr einen rationalen Bezug zu den elementaren Erfahrungen der Adressaten habe und statt nachvollziehbar meist nur noch nachsprechbar und nachwunderbar sei. Vielleicht sei es sinnvoll, einen durchschnittlichen Physikstudenten in seinen ersten Semestern auf eine so autoritäre und dogmatische Weise mit wirklich »wissenschaftlicher Physik« zu disziplinieren; es sei aber nicht einzusehen, warum künftige Bürger und Laien dergestalt mit Schulbuch-Physik traktiert werden müßten (Vgl. auch HIEBER 1979, S. 143ff.)

---

[34] Überlegungen zur Tragfähigkeit, zum Eigenwert und zur Rehabilitation von ethnosciences sowie zu den Grenzen und Handicaps von universitären »Verwissenschaftlichungen« im weitesten Sinne (auch zu entsprechenden »Wissensverlusten« und »Verödungen« durch Wissenschaft) findet man auch in der »wissenschaftswissenschaftlichen Literatur«, z. B. bei BÖHME 1980 (z. B. S. 80 ff.) sowie BÖHME und ENGELHARDT 1979 (z. B. S. 128 ff.).

Statt dessen könne und solle man im Unterricht verdeutlichen, in welchen Gebrauchsituationen die unterschiedlichen Wissenstypen jeweils für wen brauchbar und unbrauchbar sind – und vielleicht auch, worin sie sich strukturell unterscheiden. Die »physikalisch richtigen Erklärungen« etwa nützen im allgemeinen nur dem professionell mit und in einer Natur- oder Technikwissenschaft Beschäftigten etwas (und stellenweise wohl auch dem Ingenieur, der z. B. in der wissenschaftsförmig technisierten Großproduktion arbeitet). Die »Erklärungen im Alltagsparadigma« hingegen, die aus dem Umgang mit alltäglicher natürlich-technischer Umwelt stammen, seien viel direkter am alltäglichen Herstellen, Handhaben, Funktionieren und Funktionieren-machen orientiert und deshalb in eben diesen Alltagsumwelten vielfach unmittelbar nützlich und gebrauchsfähig. »Schülerorientierter«, »nicht-entfremdender« Unterricht bedeute auch die Rehabilitation solcher Alltagsparadigmen, zumindest eine grundsätzliche Neuinterpretation des Postulats von der »Wissenschaftsorientierung« (selbst für höhere Schulstufen) und nicht zuletzt einen sensiblen Umgang des Lehrers mit den Alltagserfahrungen und dem »vorunterrichtlichen« Wissen seiner Schüler: Auch wenn dann vom herkömmlichen Unterrichtsstoff oft nicht mehr viel übrigbleiben sollte.[35]

Ein solcher Ansatz rückt gelingendenfalls dann nicht nur die Redensart von der »Wissenschaftsorientierung des Unterrichts« zurecht, sondern auch die ebenso mißverständliche wie vielmißbrauchte Phrase, daß »wir in einer (natur)wissenschaftlich-technischen Welt« leben.[36]

---

[35] Für entsprechende Unterrichtsvorschläge vgl. man z. B. SOZNAT 1978 ff. – Bei einigen Didaktikern scheint allerdings die Grenze zwischen alternativer Wissenschaftsdidaktik und alternativer Wissenschaft undeutlich zu werden: Bei PUKIES (1979) etwa werden stellenweise aus sicherlich interessanten Vorschlägen zu einem alternativen Physikunterricht unvermittelt Träume von einer alternativen (»nicht-interventionistischen«, »humanisierten«, nicht-ausbeuterischen...) Naturwissenschaft etwa in (vorgeblich) alt-chinesischem Geist, und im elementaren Physikunterricht der Sekundarstufe I und II sieht sich die moderne Naturwissenschaft vom Oberlehrer und seinen Schülern fundamental in Frage gestellt zugunsten einer Natur, wo (nach Marx) »die Materie wieder in poetisch-sinnlichem Glanze den ganzen Menschen anlacht«... Die Auseinandersetzung mit der neuzeitlichen Naturwissenschaft wird in solchen Fällen leicht auf einer abstrakten geschichts- und sozialphilosophischen Meta-Ebene ausgetragen, deren Konzepte und Theoreme dann in ähnlicher Weise verdinglicht sind wie im normalen Physikunterricht die (oft weit weniger fragwürdigen) Begriffe und Theorien der Physik.

[36] Das von Didaktikern – nicht zuletzt von Didaktikern der »Wissenschaftsorientierung« – vielgebrauchte, unklare Argument: »Wir leben in einer wissenschaftlich-technischen Welt« ist richtig oder falsch, je nachdem, wie man es versteht (vgl. hierzu etwa auch BÖHME und ENGELHARDT 1979, S. 130 ff.). Der Satz ist falsch, wenn er sagen will, daß wir im Alltag nach, in, von (natur)wissenschaftlichen Erfahrungsweisen, Techniken, Methoden und Theorien leben; wenn sie also meint, daß unser Gebrauchswissen im Umgang mit natürlichen, technischen, sozialen, psychischen und anderen Phänomenen (z. B. Gebrauchswissen für konkrete Umweltbewältigung) in irgendeinem spezifizierbaren Sinne »(natur)wissenschaftlich« sei oder sein müsse. Die Masse unseres alltäglichen Handlungs- und Orientierungswissens stammt weder von der Forschungsfront, noch aus den Lehrbüchern der exakten und anderen Naturwissenschaften, und es stammt auch nicht aus den Büchern und Lektionen der entsprechenden Schulfächer; das gleiche gilt, wenn man für »Naturwissenschaften« andere Wissenschaften (von den Sozial- bis zuden Geisteswissenchaften) einsetzt. Halbwegs richtig ist die Phrase, daß »wir in einer (natur)wissenschaftlich-technischen Welt leben«, allerdings z. B. in dem Sinne,

Soweit es im besonderen um die gymnasiale Oberstufe und die Lehrerausbildung geht, so scheint die Diskussion tendenziell auf eben diesen Prinzipien und Strategien hinauszulaufen, die ich für den geographischen Hochschulunterricht skizziert habe: Vor allem auf die Devise, die »rupture épistémologique« zwischen Volkswissenschaft und »wirklicher« Wissenschaft (sowie die nützliche Pluralität der »Paradigmen« diesseits und jenseits dieser »Verwerfung«) nicht nur zu respektieren, sondern auch bewußt und verständlich zu machen.

Dies kann auf unterschiedliche Weise geschehen. PUKIES (1979), HIEBER (1979) und WEINMANN (1980) haben – z. T. mit besonderem Bezug auf die Lehrerausbildung – auf unterschiedliche Weise WAGENSCHEINS Anregungen zu einem »historisierenden«, historisch-genetischen Unterricht aufgegriffen. Bevorzugtes Thema sind die berühmten »Brüche« in der Wissenschaftsgeschichte der Physik, vor allem solche, in denen lebensweltliche Wissensbestände szientifisch »aufgebrochen« wurden. Statt bloß in »gesicherte Wissensbestände« eingeübt zu werden, sollen die Schüler und Lehramtsstudenten im reflektierten Nachvollzug solcher »epistemologischen Sprünge«, in der »rationalen Rekonstruktion der Genese der die (neuzeitliche) Physik konstituierenden Theorien und Begriffe« exemplarisch ein Verständnis dafür gewinnen, »was Physik ist« und »naturwissenschaftliche Denkweise« bedeutet – und wie sie sich zur Alltagsphysik und zu den alltäglichen Denkweisen verhalten.

Ein »genetischer Lehrgang« dieser Art, in dem »Physik lernen« und »Physikgeschichte lernen« sich einander annähern (WEINMANN 1980) und in dem (durch Einbettung in die Kultur- und Sozialgeschichte) darüber hinaus »ein gesellschaftsbezogener Begriff von Naturwissenschaft vermittelt« werden soll (vgl. etwa HIEBER 1979, S. 162 u.ö.) – ein solcher Unterricht läuft indessen leicht Gefahr, daß die Schüler und Studenten nicht so sehr den Vorgang der »Verwissenschaftlichung« intellektuell und emotional durcharbeiten, sondern eher klassische (und entsprechend dramatisierte) Kapitel der Wissenschafts-Geschichte repetieren: Und zwar so, wie der Lehrer (oder Hochschullehrer) sie z. B. in den modernen Darstellungen und Theorien der Wissenschaftsgeschichte interpretiert findet. In solchen Fällen wird möglicherweise bloß die eine Autorität, die eine »Verdinglichung« durch eine andere ersetzt: z. B. die Autorität und Verdinglichung physikalischer Theorien durch die Autorität und Verdinglichung einer Theorie der Phy-

---

daß in der Produktionssphäre und in vielen anderen Teilbereichen, die meist direkt und indirekt mit ihr verknüpft sind, oft natur- und technikwissenschaftliche, von Experten verwaltete Problemlösungen offiziell bevorzugt werden; die Probleme werden dann bevorzugt so definiert und (intellektuell und technisch-real) so aufbereitet, daß sie in den Zuständigkeitsbereichen der Natur- und Technikwissenschaften zu fallen scheinen – oder wenigstens in einer strukturanalogen, »szientifischen« Weise bearbeitet werden können. Analoge Phänomene auch bei den Nicht-Naturwissenschaften (etwa Soziologie und Pädagogik) werden bekanntlich seit geraumer Zeit stark diskutiert.

Präzisiert man die Aussagen von der »Wissenschaftsbestimmtheit der Welt, in der wir leben« in dieser Weise, dann taugen sie allerdings nicht einmal mehr an der Hochschule als Argument für »Wissenschaftsorientierung des Unterrichts« im üblichen Sinne – oder gar für eine »Abbilddidaktik«, in der »Wissenschaft« (oder gar ein einzelnes Universitätsfach) zum Kriterium und zur einzigen Quelle des Unterrichts insgesamt oder eines einzelnen Schulfaches eingesetzt wird. (Zur Frage der »Wissenschaftsorientierung« vgl. in der geographiedidaktischen Literatur z. B. auch JANDER 1982.)

sikgeschichte (oder gar, wie etwa bei PUKIES 1979, durch die Autorität einer verdinglichten Sozial- und Geschichtstheorie). Der Lehrer, von dem »Kenntnis der Wissenschaftsgeschichte«, ja »die Kenntnis des kulturgeschichtlichen Weges der Theoriebildung« erwartet wird (vgl. HIEBER 1979, S. 156, 168), oktroyiert dann wohl nicht mehr Physik, aber z. B. Geschichtstheorie. Daß ein solcher Unterricht eher die erstrebte (intellektuelle und andere) »Mündigkeit« erzeugen soll als das »didaktische Normalverfahren«, ist nicht unbedingt einsichtig.

Ich selber würde deshalb darauf bestehen, daß das Programm der »durchgearbeiteten und reflektierten Verwissenschaftlichung von Alltagswissen« primär an »wirklichem«, gegenwärtigem Alltagshandeln, Alltagswissen und Alltagsfragen ansetzen sollte und nur in zweiter Linie an den heroischen (und d. h. meist: an den heroisierten und dramatisierten) Epochen, Figuren und »Revolutionen« einer Disziplin.

12. »Verwissenschaftlichung« und »Popularisierung«

Ein wesentliches Ziel des geographischen Hochschulunterrichts sollte es sein, den Studenten »Verwissenschaftlichung« erfahrbar zu machen: Das war (um es noch einmal zu resümieren) die zentrale These dieser Studie; auch die Rede von einem »wissenschaftsorientierten« (oder gar »wissenschaftlichen«) Geographiestudium sollte man auf diese Weise verstehen.

Um Mißverständnissen zuvorzukommen: »Verwissenschaftlichung« (und ähnlich »Wissenschaftsorientierung«) kann vieles heißen, was mit dem hier Gemeinten wenig zu tun hat (vgl. etwa BÖHME 1979, S. 114ff.). Mit »Verwissenschaftlichung« kann *erstens* gemeint sein, daß alltagsweltlich-lebensweltliche Erfahrung »spontan« durch wissenschaftliche Erfahrung beeinflußt, sozusagen »naturwüchsig« durch wissenschaftliches Wissen beeinflußt, durchsetzt und überformt wird. *Zweitens* könnte gemeint sein, daß wissenschaftliches Wissen dort, wo bisher nur oder auch außerwissenschaftliches Laien- und Betroffenenwissen legitim und zuständig waren, wissenschaftliches, überhaupt Expertenwissen mehr oder weniger offiziell alleinzuständig und alleinlegitim wird – meist mit dem Effekt, daß die Laien und zumal die Betroffenen, nachdem sie ihre Zuständigkeit abgesprochen bekamen, am Ende auch ihre tatsächliche Kompetenz verlieren[37]. *Drittens* kann gemeint sein, daß Wissen irgendwelcher Art (programmatisch oder tatsächlich) durch ein Wissen ersetzt wird, welches nach seinem quantitativ-mathematischen, apparativ-experimentellen und theoretischen Charakter (scheinbar oder tatsächlich) dem »naturwissenschaftlichen Superparadigma« entspricht, und *viertens* könnten auch entsprechende Anpassungen an eines der akademisch (und/oder politisch) etablierten sozial- und wirtschaftswissenschaftlichen Paradigmen »Verwissenschaftlichung« genannt werden.

Fünftens kann »Verwissenschaftlichung« auch meinen, daß eine Ethnoscience sich selbst reflektiert, also ein Laienwissen »immanent« und mit eigenen Mitteln reflekiert und systematisiert wird, und *sechstens*, daß eine akademische Ethnomethodologie sich dieser Ethnoscience annimmt, also eine akademische Disziplin diese »Volkswissen-

[37] Akademische folk sciences (etwa aus den Erziehungs- und Gesellschaftswissenschaften) können auf diese Weise sozusagen« »hoheitlich« auch auf jene Laienwissenschaften und Laienpraxen zurückschlagen, von denen sie abstammen und denen sie zu dienen vorgeben.

schaft« zum Gegenstand der wissenschaftlichen Interpretation und Erklärung macht. Schließlich kann *siebstens* gemeint sein, daß spontan-alltagsweltliches Laienwissen (nach seinen Perspektiven, Methoden und Erfahrungen) auf eine reflektierte Weise mit der Perspektive und der Theorie von entwickelten akademischen Wissenschaften konfrontiert wird, die sich prima vista auf den »gleichen« Phänomen- oder Gegenstandsbereich beziehen.

Diese Begriffe von »Verwissenschaftlichung« überschneiden sich teilweise und decken auch nicht alle Gebrauchsweisen des Wortes ab. Die Liste genügt aber, um (noch einmal) zu verdeutlichen, in welchem Sinne »Verwissenschaftlichung« ein Inhalt der Geographieausbildung sein sollte: In der *fünften*, *sechsten* und vor allem der *siebten* Bedeutungsvariante – vorausgesetzt, diese »Verwissenschaftlichung« wird so betrieben, daß sie als ein sinnvolles »radikales Fragen über den Alltag hinaus« erscheint; vorausgesetzt, es wird den Studenten deutlich, was dabei eigentlich geschieht, und vorausgesetzt, der Vorgang wird begleitet von einer Reflexion über den relativen Wert und Unwert des einen wie des anderen Wissenstyps.

Die vorgeschlagene »Verwissenschaftlichung« (oder »Wissenschaftsorientierung«) ist auch ein Gegenbegriff und eine Gegenstrategie zur »Popularisierung von Wissenschaft« in Schule und Hochschule, zumal im geographischen Schul- und Hochschulunterricht.

Was der Lehrer der Geographie für die »Sache der Wissenschaft« hält und eventuell in seiner »Sachanalyse« ausbreitet, ist ja durchweg eine Sache der *Populär*wissenschaft, ein (oft schon über mehrere Stufen) *popularisierter* Sachverhalt. Das geographische Schulbuch und das naturwissenschaftlich-geowissenschaftliche Sachbuch enthalten weithin popularisierte Wissenschaft, in der der Entwicklungsprozeß der Naturwissenschaft, welcher sozusagen aus dem Salon ins Labor, von den unmittelbar einleuchtenden Demonstrationen der Schulmeister zur Mathematik führte, wieder teilweise zurückgedreht wird: aus der mathematischen Formulierung zurück zu der »glücklichen Einfalt der ursprünglichen Anschauungen« (Bachelard), aus dem mißtrauischen, aktiven, konstruierenden, experimentellen Empirismus der modernen Naturwissenschaften (wo verläßliche Beobachtung ein *Ziel* ist) zurück zum gutgläubigen, trägen, passiven Empirismus der populären Naturbetrachtung (wo Beobachtung immer als *Basis* und evidenter *Ausgangspunkt* erscheint).

Diese populariserte Wissenschaft (eine abgesunkene und verzerrte Wissenschaft ohne die Vorzüge lebenspraktisch verwurzelter und geprüfter folk science, sozusagen Volkswissenschaft aus zweiter bis n-ter Hand) übersetzt also durchweg schwierige und vorläufige Theorien zurück in Bilder und Geschichten, die leicht eingehen und jedermann überzeugen: Und heimtückischerweise tut sie das im Schul- und Sachbuch oft auch noch mit dem Anspruch, das wissenschaftliche Weltbild von heute zu vermitteln und eben dadurch gar »emanzipatorische Prozesse« auszulösen. (Für die Sachbuchautoren vgl. etwa H.v. DITHFURT in »Die Zeit« vom 20. Nov. 1981; im Hinblick auf die Didaktik erübrigen sich die Belege.)

(Natur)Wissenschaftliche Theorien sind Frage-und-Antwortkomplexe, Reaktionen auf problematische *wissenschaftliche* Beobachtungen (und nicht z. B. auf verblüffende Alltagsphänomene); die popularisierende »Aufbereitung«, »Veranschaulichung« und »didaktische Umsetzung« aber schneidet diese »Modelle« oder »Theorien« notwendigerweise von eben den Beobachtungen und Problemen ab, die der Theorie erst ihren

Sinn geben. Die Schüler, Studenten und Lehrer, die sich auf ein popularisiertes »Modell« (z. B. der Plattentektonik) einlassen, können im Regelfall also gar nicht wissen, wovon sie eigentlich reden (oder erzählt bekommen). Sie ahnen z. B. oft nicht einmal, wie die empirischen Tatsachen aussehen, auf die die betreffende Theorie sich stützt, und wie diejenigen Tatsachen aussehen müßten, die die Theorien in Frage stellen könnten.

Popularisierte Theorie spielt in der Geographie eine große Rolle – nicht nur in der Schule. Manche Programme z. B. für die Physische Geographie an Schule und Hochschule und zumal für die Lehrerbildung (vgl. z. B. BIRKENHAUER 1975; zur Kritik HARD 1981, 1982) könnten überhaupt nur auf die beschriebene popularwissenschaftliche Weise durchgeführt werden und würden den Hochschullehrer in eine Dauerrolle als Popularisator (im hier gemeinten, eher negativen Sinne) zwingen. Deshalb soll die Fragwürdigkeit solcher Popularisierungen auch durch ein längeres, ziemlich plastisches Zitat illustriert werden; es bezieht sich zwar primär auf die Popularisierung physikalischer Theorien, kann aber leicht auf die Geographie übertragen werden – z. B. auf die durchschnittliche Behandlung geophysikalischer Theorien im schulischen und universitären Geographieunterricht.

> Es wäre besser, wenn die popularisierenden Autoren uns statt dessen (z. B. anstelle der »anschaulichen Modelle«) zuerst ein deutliches Bild von den Tatsachen geben würden, die mit Hilfe dieser Theorie erklärt werden sollen, um dann zu zeigen, auf welche Weise die Theorie zu diesen Tatsachen paßt. (Das Fatale ist nur, daß der Laie auch die halbwegs präzise Formulierung dieser Tatsachen meist gar nicht mehr verstehen könnte; d. h., diese Tatsachen müßten auch ihrerseits wieder popularisiert werden...)
> So aber wird der Laie bestenfalls ein irreführendes Bild von der fraglichen Theorie bekommen, und schlimmstenfalls wird er sie nach der Lektüre noch unverständlicher finden als vorher.
> Nur allzuoft haben die betreffenden Autoren bloß das getan, was vergleichsweise unwesentlich ist, nämlich uns die eigentümlichen Begriffe und Modelle dieser Theorien vorgeführt, und versäumt, das zu tun, was wesentlich ist, nämlich die Funktion dieser Modelle, theoretischen Begriffe usw. genauer zu erläutern [...]. Schließlich ist der einzige (legitime) Grund, aus dem die Wissenschaftler an eine Theorie glauben, der, daß sie ihnen hilft, gewisse Dinge zu erklären, die sie vorher nicht erklären konnten. Und wenn man das Modell [...] aus dem Zusammenhang mit diesen Phänomenen herauslöst und es uns kommentarlos vor Augen stellt, kann es uns nur verwirren und (z. B.) ebenso irreale wie überflüssige Ängste auslösen [...].
> Und das [...] gilt – bedauerlicherweise – für viele von den Bildern, die unsere Phantasie so gefesselt haben: das Bild von den Elektronen, die im Atom umherschwirren [...], das Bild vom Gehirn als einer Art Telefonzentrale (das Bild von den schwimmenden Kontinentalplatten) usw.
>
> Ich habe »bedauerlicherweise« gesagt, weil diese Bilder ohne Zweifel ihren Reiz haben und sogar eine echte Verständnishilfe sein könnten, wenn sie nicht ausschließlich auf ihre eigene Aussagekraft angewiesen blieben. So aber wirken sie eher wie Scheinwerfer, mit denen man an Sommerabenden berühmte Bauwerke für Touristen anstrahlt: Sie greifen hier einen Giebel heraus und dort ein Erkerfenster oder einen Schornstein; jedes Detail, das vom Licht erfaßt wird, erscheint in blendender Helligkeit; aber die umgebende Finsternis wird dadurch nur noch schwärzer, und wir verlieren jedes Gefühl für die Proportionen des Gebäudes, das wir vor uns haben.

> Einem wirklichen Laien sind nicht nur die Theorien, um die es geht, kaum bekannt; er verfügt auch nicht über die notwendigen Voraussetzungen, um die Ausdrücke zu verstehen, die der Wissenschaftler von sich aus bei der Erklärung einer solchen Theorie verwenden würde. Und wenn man ihm die Wissenschaft nahebringen will, indem man ihm – gleichsam aus der Konservendose – ein Konzentrat von Theorie vorsetzt und es mit ein paar bunten Bildern garniert, handelt man fast genauso wie jemand, der Kindern (die noch nicht z. B. zwischen Fabelwesen und wirklichen Personen, zwischen Märchen und wirklichem Geschehen unterscheiden können) all die üblichen Einschlafgeschichten erzählt, ohne sie auf die wesentlichen Unterschiede, die da vorkommen, aufmerksam zu machen [...]. (So) kann der Laie nie genau wissen, welches »Wirklichkeitsgewicht« er den verschiedenen Dingen, die ihm vorgeführt werden, beimessen soll, welche Aussagen [...] er (nicht) beim Wort nehmen darf und welchen Akteuren der Geschichte er hinter der nächsten Straßenecke begegnen könnte. (Toulmin o. J., S. 10ff., Text durch Zusätze in Klammern sinngemäß ergänzt sowie an einigen Stellen nach dem englischen Originaltext verdeutlicht.)

13. Nachträge zu einigen Begriffen dieser Studie

Einige der in dieser Studie verwendeten Begriffe wurden im Text nicht weiter erörtert, und manche Konzepte und Erörterungen blieben sehr lückenhaft. In den folgenden (abschließenden) Notizen sollen einige dieser Lücken provisorisch aufgefüllt oder doch wenigstens benannt werden.

Die Begriffe »Alltag(swelt)« und »Lebenswelt« wurden in relativer Vagheit belassen: Sie sollten die »Laien-Wirklichkeiten« gegen diejenigen Wirklichkeiten absetzen, die in den etablierten Wissenschaften »szientifisch« konstruiert werden. (Vgl. für eine erste Klärung etwa HAMMERICH und KLEIN 1978, BÖHME 1979.) Diese Begriffe werden im übrigen weitgehend – und so auch in dieser Studie – durch die jeweiligen Gegenbegriffe bestimmt, also etwa von dem, was jeweils Nicht-Alltag, Nicht-Alltagswelt oder nicht lebensweltlich ist. Vermutlich ist es wenig sinnvoll, solche Begriffe ohne Bezug auf bestimmte historische Kontexte zu gebrauchen und zu bestimmen; darauf weisen auch die vielen Versuche hin, die »Wesensmerkmale« etwa von »lebensweltlichem« (gegenüber »wissenschaftlichem«) Wissen verbindlich zu fixieren. Zu diesen sozusagen dialektischen Begriffen gehört auch der Begriff »Volkswissenschaft« (»folk science«, »Ethnoscience« usw.): Auch er kann kaum absolut definiert werden, sondern wohl nur (oder doch sehr viel leichter) in Bezug zu dem, was jeweils Nicht-Volkswissenschaft ist – und dies ist bei ein wenig Distanz und historischem Kontext meist nicht zweifelhaft. Diese »Volkswissenschaft« ist im übrigen eine sehr differenzierte Angelegenheit; auch diese Differenzierungen wurden hier kaum betrachtet.[38]

Der Paradigmenbegriff wurde in dieser Studie in einem engeren Sinn (als »wissenschaftliches ¹Paradigma«) und in einem weiteren Sinn gebraucht: so, wenn gelegentlich

---

[38] Es gibt z. B. schlichte und elaborierte, anspruchslose (leichte, »weiche«) und anspruchsvolle (schwierige, »harte«), bloß praxisleitende und explizit systematisierte, mehr literarisch und mehr szientifisch auftretende, professionalisierte und nicht professionalisierte, akademisierte und nicht akademisierte folk sciences – und unter den akademischen z. B. wieder solche, die (auch) in außerakademischen Interessen, Weltansichten, Sozialmilieus, Klientengruppen und Lebenspraxen verwurzelt sind, und solche, die diese »lebensweltlichen Wurzeln« weitgehend eingebüßt haben.

auch einer Volkswissenschaft ein oder mehrere »^{2}Paradigmen« zugeschrieben wurden.[39] Um Mißverständnissen hinsichtlich des hier also sehr locker gebrauchten Paradigmenbegriffs vorzubeugen: Die Geographie des 18. bis 20. Jahrhunderts war *als ganze* nie eine ^{1}paradigmatisierte Wissenschaft *jenseits* des »szientifischen Bruches« (der rupture épistémologique«). EISEL hat aber (1979, 1980) gezeigt, daß die Geographie doch – *diesseits* der genannten Diskontinuität – einem relativ stabilen volkswissenschaftlichen ^{2}Paradigma folgte (in mißverständlicher Kürze: »Der konkrete territoriale Mensch in Gleich- oder Ungleichgewicht, Harmonie oder Disharmonie mit konkret-ökologischer, landschaftlich-regionaler Natur«). Dieses Kern^{2}paradigma erhielt im Verlauf von zweihundert Jahren an Schule und Hochschule unterschiedliche Ausformungen und wurde an unterschiedlichen Stellen und in unterschiedliche Richtungen spezialistisch »verwissenschaftlicht«. In manchen Phasen der Geographiegeschichte konnten diese mehr oder weniger szientistischen, heterogenen und letztendlich immer geographieflüchtigen Teile der akademischen Geographie sogar den Anschein erwecken, die Geographie sei eine poly^{1}paradigmatische Disziplin. Die durchhaltende eigengeographische Kerntheorie aber blieb immer ethnoszientifisch, und die zugehörige Metatheorie hatte geradezu die Funktion, Verwissenschaftlichungen abzuwehren oder in Schranken zu halten.[40]

Damit ist auch der Punkt bezeichnet, an dem unsere »traditionsloyale« Beantwortung der Frage, wie man an der Hochschule Geographie unterrichten solle, »ungeographisch« wird, und in welchem Sinne eine solche »Einführung in die Geographie« immer auf eine »Hinausführung aus der (traditionellen) Geographie« sein muß.

Ich möchte auch noch einmal hervorheben, daß das »hochschuldidaktische« Beispiel nach seinem Inhalt weitgehend zufällig war. Vermutlich könnte die Intention an ande-

---

[39] Gebraucht man den Terminis »Paradigma« in einem so weiten Sinne, dann kann auch »Paradigmenwechsel« Unterschiedliches bezeichnen: Je nachdem, ob dieser »Paradigmenwechsel«, diese wissenschaftliche »Revolution«, vor oder nach der »Verwissenschaftlichung« (diesseits oder jenseits der »rupture épistémologique«) stattfindet – oder ob die betreffende »Revolution« gerade diese »Verwissenschaftlichung« zum Inhalt hat (ein Ergebnis, welches immer auch die »Konstitution eines disziplineigenen Gegenstandes« einschließt). – Die vielberufene »wissenschaftliche Revolution« in der Geographie der fünfziger bis siebziger Jahre bietet in dieser Hinsicht, wie es scheint, mehrere Interpretationsmöglichkeiten.

[40] Zu den indirekten »Abwehrstrategien« gehören auch Schein- oder Pseudo-Verwissenschaftlichungen; ein guter Teil der deutschsprachigen Landschafts- oder Geo-Ökologie kann als eine solche Schein-Verwissenschaftlichung interpretiert werden. BÖTTCHER beschreibt (1979, S. 6 f.) gut das typische Miteinander der traditionellen geographischen Sinntheorie einerseits, der technischen und terminologischen Modernismen andererseits: »...gerade die krampfhaften Relevanzbeweise bei den (geo-ökologischen) Modernisierungsversuchen der Physischen Geographie rekurrieren metatheoretisch auf das, was ich als Basisorientierung und Innovationsbarriere des geomorphologischen Paradigmas gezeigt habe, auf die alte, philosophische Ökologie-Perspektive (der traditionellen Geographie), das (als unmittelbar und konkret-landschaftlich interpretierte) Mensch-Natur-Verhältnis. Sie mobilisieren als naturwissenschaftliche Theorieperspektive (!) den Bodensatz des Geographieverständnisses der Umgangssprache, um gesellschaftliches Überleben (der Disziplin und ihres traditionellen Paradigmas) zu sichern: den Schein der unmittelbaren Abhängigkeit der Gesellschaft von der konkreten Natur. In diesem Sinne sind sie (im traditionellen Sinne) »geographisch« (und nicht naturwissenschaftlich) trotz des zunehmenden Einsatzes experimenteller Techniken bei der Bearbeitung der Details solcher (traditionellen) Fragen«. (BÖTTCHER 1979, S. 6 f., erläuternde Zusätze G.H.)

ren Beispielen überzeugender verfolgt werden: z. B. mittels einer guten Einführung in den spatial approach (vielleicht sogar anhand der wesentlich umgestalteten und ergänzten »Strandleben«-Illustration). Gerade auch an diesem Beispiel können Gewinne und Verluste einer »Verwissenschaftlichung« eindrucksvoll demonstriert und durchgedacht werden, und der Hochschulunterricht kann ebenso spontan wie konsequent ein wesentliches Stück der modernen Geographiegeschichte »nachspielen«.[41] Das »Nachspielen einer dramatischen Phase der Disziplingeschichte« sollte aber eher als zusätzlicher Reiz denn als eigentlicher Zweck solcher Lernarrangements betrachtet werden; »historisierende« Projekte dieser Art sollten im Zweifelsfall eher der gegenwärtigen Eigendynamik ihrer Fragestellung folgen als der »Disziplingeschichte, wie sie wirklich gewesen ist«.

Didaktisch wirkungsvoll ist wohl immer eine »Verwissenschaftlichung«, die zu verblüffend »kontra-intuitiven« Ergebnissen führt, d. h. zu »Outputs«, die auf der commonsense-Ebene schlechthin nicht vorhersehbar sind, ja als paradox erscheinen. Ich nehme an, daß Forrester-Modelle in diesem Sinne didaktisch fruchtbar sind und könnte mir vorstellen, daß es Geographiedozenten gibt, die ihren Anfängerstudenten den Vorgang der »Verwissenschaftlichung« spontan-lebensweltlicher Fragestellungen anhand System Dynamics und DYNAMO erlebbar, verständlich und kritisierbar zu machen verstehen. (In der deutschsprachigen geographischen Literatur findet man einige erste Hinweise auf »räumlich relevante Beispiele« bei KLAUS 1980.)

Sicher zu knapp behandelt wurde in dieser Studie auch die Frage nach den *Besonderheiten* der »rupture épistémologique« in den Sozialwissenschaften einerseits, den Naturwissenschaften andererseits – und was dies für die Didaktik z. B. der Sozialgeographie einerseits, der Physischen Geographie andererseits bedeutet. Die *Gemeinsamkeiten* liegen zwar auf der Hand, und auch in der soziologischen Literatur wird diese »rupture« denn auch immer wieder als ein »Erfahrungsumbruch« beschrieben, bei dem die sozialen Wirklichkeiten, die im Alltagshandeln begegnen, »verfremdet«, »relativiert«, »dekomponiert« und »desorganisiert« werden zugunsten der »Konstitution« und »Konstruktion« einer neuen »sozialen Wirklichkeit« »zweiten Grades« (diese Vokabeln z. B. bei MATTHES 1973, S. 96ff.; für eine literarisch reizvolle und leicht konsumierbare Umschreibung dieser »Neukonstitution der sozialen Wirklichkeit« vgl. BERGER 1969). Andererseits ist der »Produktionsprozeß« des nicht-mehr-lebensweltlichen Wissens und die Relation des akademischen Wissens zum alltäglichen Wissen hier (z. B. in der Soziologie) in vielerlei Hinsicht anders, und dies müßte in einer eingehenderen didaktischen Analyse mitbedacht werden.

Um dieses (hochschul)didaktische Problem des Unterrichts in einer Sozialwissenschaft wenigstens andeutungsweise und beispielhaft zu erläutern: Wenn in der Sozialgeographie oder Soziologie den Anfängerstudenten z. B. hochtheoretische (und meist

---

[41] Die wissenschaftsgeschichtliche Studie von JOHNSTON (1979) über »Geography and Geographers, Anglo-American Human Geography since 1945« gibt (vor allem in den Kapiteln 2-5) eine gute Übersicht sowie zahlreiche Hinweise auf charakteristische Literaturtitel und die einschlägigen konzeptuellen Entwicklungen; das dritte (und vierte) Kapitel der Dissertation von EISEL (1980, S. 185 ff.) über »Die Entwicklung der Anthropogeographie von einer »Raumwissenschaft« zur »Gesellschaftswissenschaft« könnte als Interpretationsrahmen dienen.

problemgeschichtlich schwer belastete) »Grundbegriffe« und »Konzepte« der Soziologie bzw. unterschiedlicher Soziologien (wie Norm, Sanktion, Rolle, Position, Herrschaft, (soziales) System, Kommunikation, Handlung...) nahegebracht werden oder sonstwie ins Vokabular geraten, dann liegt die Gefahr nahe, daß die Studenten glauben (der Dozent glaube), man könne dergleichen sozusagen auch im außerwissenschaftlichen Diskurs, im »Leben« oder »in der Wirklichkeit begegnen«, oder gar, es handle sich dabei um »die Sache« oder »die (gesellschaftliche) Wirklichkeit« selber. Es handelt sich im allgemeinen aber um zersplitterte Fragmente von theoretischen Antworten auf nicht-mehr-alltagsweltliche (durchweg akademische) Probleme, wobei die Studenten weder die Fragen, noch die Antworten kennen – noch wissen, welche Antwort zu welcher Frage gehört. Man erzählt fast unweigerlich etwas von der Art der Toulminschen Gute-Nacht-Geschichten. Auch innerhalb der Soziologie machen Termini dieser Art nur von bestimmten (und unterschiedlichen) Beobachtungsstandpunkten her einen Sinn; man müßte also diese Standpunkte oder paradigmatischen Perspektiven mitliefern.

Was in solchen »Einführungen« und »Aufklärungen« tatsächlich nicht selten geschieht, kann man wohl auch beschreiben als die reflexionslose Durchsetzung einer soziologischen Ontologie, d. h. von mehr oder weniger prestigebeladenen akademischen Wirklichkeitsdefinitionen. Diese »Wirklichkeiten« können aber für die Studenten im Regelfall keine sinnvolle »Wirklichkeitsqualität« gewinnen, weil sie mit ihrer normalen Lebenspraxis nicht sinnvoll zu vermitteln sind und diejenige akademische »Lebenspraxis«, in der sich die entsprechenden Problem- und Wirklichkeitsdefinitionen herausgespielt und verfestigt haben, ihnen weitgehend unzugänglich bleiben muß (z. B. die interaktive Denk- und Redepraxis der verschiedenen Soziologengemeinden samt ihren spezifischen Umwelten und Umweltperzeptionen).[42]

Jedenfalls scheint mir, gerade Anfängerstudenten müßten viel intensiver als üblich (anstelle einer Konfrontation mit sozialwissenschaftlichen Grundbegriffen, Theorien und methodischen Routinen) mit dem konfrontiert werden, was man die »Konstitutionsproblematik sozialwissenschaftlichen Wissens« nennt (vgl. z. B. Matthes 1973); zumindest müßten sie wenigstens beispielhaft erfahren, auf welche *nicht-mehr-alltagsweltlichen* Probleme die betreffenden soziologischen Konzepte, Theorien und Methoden eine (immer umstrittene) *theoretische* Antwort zu geben versuchten. Mein Unterrichtsbeispiel sollte auch einen möglichen Schritt in *diese* Richtung illustrieren.

Auch meine Skizzen der studentischen »Utopien von (richtiger) Erdkunde« waren sicher sehr verkürzt und vielleicht auch stellenweise falsch akzentuiert: Empirische und historische Studien über diese »Popularinteressen« an Geographie/Erdkunde wären si-

---

[42] Die Reaktionen der Normalstudenten sind leicht zu prognostizieren: Da ihnen die voraussetzungsvollen akademischen Erkenntnisinteressen, Problemstellungen und Problemlösungsversuche, die »hinter« den angelernten Konzepten stehen, weithin dunkel bleiben müssen, behandeln sie im günstigsten Fall das Angebotene als reines Tauschwissen; im ungünstigeren Fall (den der Dozent fälschlicherweise leicht als »Erfolg« verbucht) benutzen sie die »neuen« Konzepte, um ihren geläufigen Sozial- und Problemerfahrungen bei Gelegenheit neue Worthülsen überzustülpen – oder gar, um ihre Alltagserfahrung in bestimmten Sprech- und Handlungssituationen einer neuen, dogmatischen und undurchschauten Interpretation zu unterwerfen (der typische Fall einer »Selbstkolonialisierung«, welche sich selber leicht als »Aufklärung« und »Emanzipation« mißversteht).

cher wünschenswert (vgl. aber z. B. schon FILIPP 1978). Sicher versteht man diese »geographischen« Utopien besser, wenn man auch ihre »ideologischen Verwandten« betrachtet: Die beschriebene alltagsweltlich-kosmographische, exotenkundliche bis binnenexotische Utopie von »richtiger Erdkunde« hat z. B viele Gemeinsamkeiten mit den (unter anderm von SCHÖRKEN 1981 beschriebenen) »außerwissenschaftlichen Geschichtsinteressen« oder »popularen Geschichtsbedürfnissen«. Dies ist wohl generalisierbar: hinter akademischen Disziplinen, die heute sehr verschieden sind oder sich stark auseinanderentwickelt haben, stehen oft noch immer sehr ähnliche Popularinteressen und ethnoszientifische Wissenstypen und Disziplinutopien.[43]

Ausgespart wurden in dieser Studie auch die älteren bis jüngsten Konjunkturen dieser Popularinteressen und (mehr oder weniger utopischen) Ethnowissenschaften, also auch die Fragen, ob und wie z. B. die alten Utopien von »richtiger Erdkunde« heute »passen«: Sei es zum kulturkritisch-konservativen bis nostalgischen Revival von »Heimat« und »Heimatkunde«[44], sei es zu den regionalistisch-antizentralistischen Bewegungen und Ideologien[45], sei es zu einer modischen, anti- bis alternativwissenschaftlichen Theorie-Exotik (z. B. zu jenem »Uganda, das sich in den Köpfen der Linken ausbreitet«, BAIER 1978). Wer die blühenden Literaturen auf diesen und verwandten Gebieten auch nur oberflächlich kennt, wird allerdings feststellen, daß die Geographie vor allem auf den intellektuell anspruchsvollen Teilmärkten weithin absent ist: Obwohl die Thematik für das Gefühl eines Geographen wohl oft sehr nahe am alten Kernparadigma der Geographie liegt und insbesondere das Thema »Regionalismus« bzw. »regionale Autonomiebewegungen«, von Geographen aufgegriffen, möglicherweise eine konsequente Fortsetzung der geographischen Paradigmengeschichte darstellen würde. (Zu dieser »Projektion« vgl. jetzt EISEL 1982.)

In dieser Abhandlung wurde vor allem *eines* der Probleme zur Sprache gebracht, die das Lehrerstudium und vor allem die Kurzstudiengänge, aber auf ihre Weise auch die Diplomstudiengänge aufwerfen: Die Frage nämlich, was in einem solchen Studium der Geographie sinnvollerweise unter »Wissenschaftlichkeit« und »Wissenschaftsorientierung« (oder auch nur unter »Wissenschaftspropädeutik«) verstanden werden könnte. Ausgespart wurde unter anderm die Frage nach den vorrangigen Inhalten eines solchen Studiums und die Frage nach dem direkten »Berufspraxisbezug« – eine Frage, die, wenn es um ein Lehramtsstudium geht, auch unter der Überschrift »(fach)didaktische Studienanteile« abgehandelt wird. Während aber die zuletzt genannten Fragen schon

---

[43] Die historischen und erdkundlichen Popularinteressen haben z. B. sichtlich einen ähnlichen Hang zum Ursprünglich-Naturhaften, Archaisch-Urtümlichen, Idyllisch-Vorindustriellen, A-benteuerlich-Bunten sowie zum physiognomisch (z. B. landschaftlich-ästhetisch) Erlebbaren. Beide Popularinteressen sind in ähnlicher Weise mit einem aktiven Erlebnistourismus verbunden und gleichen sich wohl auch in ihrer Neigung, die politisch-soziale Gegenwart abzublenden (oder klischeehaft zu stilisieren).

[44] Zur Interpretation vgl. etwa GREVERUS 1979 und die flotte Bestandsaufnahme bei v. BREDOW und FOLTIN 1981.

[45] Zum Hintergrund vgl. z. B GERDES und v. KROSIGK in GERDES, Hg. 1980, ESTERBAUER 1979 und STIENS 1980 (sowie das gesamte Heft 5, 1980, der »Informationen zur Raumentwicklung«).

vielfach diskutiert wurden, scheint mir die erstgenannte bisher nicht einmal klar formuliert zu sein, obwohl sie meines Erachtens die grundsätzlichere und wichtigere Frage ist.

*14. »Bildendes Studium«

Schließlich ist vielleicht noch eine historische Notiz nützlich. Das skizzierte und illustrierte Programm hat sichtlich eine entfernte Familienähnlichkeit mit dem (schon oft verabschiedeten und wieder aufgerufenen) neuhumanistischen Bildungsprogramm und der zugehörigen Universitätsidee Wilhelm von Humboldts. Das Universitätsstudium war hier ja nicht für künftige Wissenschaftler gedacht, ebensowenig als Ausbildung für eine professionelle oder andere Praxis: Für dergleichen war es wohl nie besonders gut geeignet. Dieses primär »bildende«, nicht (so sehr) ausbildende Studium war vielmehr vor allem für künftige Praktiker in sog. »höheren Berufen« gedacht und geeignet, die – z. B. als Juristen, Ärzte, Theologen, Mediziner, (Gymnasial)Lehrer ... – auf eine anspruchsvolle (lebensweltliche) Praxis (vor allem im Staatsdienst oder in sogenannten freien Berufen) anstrebten. Weil diese künftige lebensweltliche Praxis auf anspruchsvolle Weise ausgeübt werden sollte (also z.B. nicht nur problemlösend, sondern auch problemerkennend, problemfindend und problemdefinierend), eben deshalb sollte es sich um ein *bildendes* Studium handeln, d. h. um eine (Selbst)Bildung durch Wissenschaft, Theorie, Philosophie, Reflexion – also (z. B.) um eine Bildung *durch*, aber nicht *für* die Wissenschaft. Kurz, im bildenden Studium bzw. in bildenden Disziplinen reflektieren künftige Praktiker im Lichte von Wissenschaft/Theorie/Philosophie die anspruchsvolle lebensweltliche Praxis anspruchsvoller »höherer Berufe«.[46]

Wissenschaft/Theorie/Philosophie/Reflexion sollten dabei nicht (nur) um ihrer selbst willen, sondern (eher) dazu benutzt werden, die lebenspraktischen und existentiellen Probleme, denen der Student künftig begegnen würde, nicht mehr bloß lebensweltlich und als Lebensweltler, sondern »reflektiert« anzugehen, und das heißt auch: im Lichte von Wissenschaft/Theorie/Philosophie/Reflexion. Damit war eine Erwartung verbunden, daß der so durch Reflexion Gebildete eine habituelle »philosophische« Distanz nach zwei Seiten gewinnen könnte: erstens gegenüber der Lebenswelt (und damit auch gegenüber den partikularen, »egoistischen«, professionellen und politischen Interessen des bürgerlichen Lebens), zweitens aber auch gegenüber bloß (einzel)wissenschaftlichen und anderen »fachidiotischen« Gegenstands- und Problemkonstitutionen.

Der geistige Habitus, der durch diese Art von Bildung erworben werden sollte, wurde von Hause aus oft mit heute sehr »alteuropäisch« (LUHMANN) klingenden Floskeln beschrieben: z. B. als »Sinn für das Ganze«, d. h. als die »Haltung«, in der Praxis stets auch »das Ganze und für das Ganze zu denken« – wobei dieses »Ganze« unterschiedliche Namen annehmen konnte (von »Staat«, »Volk«, »Gemeinschaft« und »Gemeinwohl« bis zu »(Welt)Gesellschaft« und »Menschheit«, von der »Humanität« bis zum »Allgemeinen«, von der 7»Persönlichkeit« bis zum »ganzen Menschen«). Heute würde

---

[46] An dieses Konzept erinnert wohl auch noch der moderne Slogan, »die Praxis« könne man ohnehin nur in der Praxis selber wirklich lernen, im Studium dagegen solle man eher lernen, seine künftige Praxis zu beobachten (auch teilnehmend zu beobachten!) und »kritisch zu reflektieren«. Daß dieses neuhumanistisch-idealistische Studienprogramm wohl immer mehr Ideal als Realität war und bald auch als Ideologie von Standesinteressen und für Statuskämpfe fungierte, ist eine andere Sache.

man auch hier eher als auf solche Einheitsformeln auf Differenzformeln abheben, z. B. auf einen Zugewinn an Differenzierungs- bzw. an Auflösungs- und Rekombinationsvermögen.

Vielleicht gibt es auch heute noch einige Stellen im Wissenschafts- und Universitätssystem, an denen eine Variante dieses »bildenden Studiums«, zumindest als Teil- oder Beiprogramm, angemessen wäre (vgl. dazu – mit anderen Akzenten – z. B. TREPL 2001). Wenn man will, kann man das von mir skizzierte geographische (Lehramts)Studium als eine solche (demokratisierte) Variante betrachten. Damit habe ich auch an einen alten Anspruch von Schul- *und* Universitätsgeographie angeknüpft, im Kern oder doch wenigstens nicht zuletzt ein »Bildungsfach« zu sein (ein Anspruch, der, wie diffus auch immer, durch die ganze Geographiegeschichte der letzten 200 Jahre läuft).*

Literatur

ALBRECHT, G.: Vorüberlegungen zu einer »Theorie sozialer Probleme«. In: FERBER, Chr. v., und KAUFMANN, F.X. (Hrsg.): Soziologie und Sozialpolitik. Opladen 1977, S. 143-185.

AMMON, A.: Eliten und Entscheidungen in Stadtgemeinden. Die amerikanische community power-Forschung und das Problem ihrer Rezeption in Deutschland Berlin 1967.

BACHELARD, G.: Epistemologie. Ausgewählte Texte. Frankfurt a.M., Berlin und Wien 1974.

BACHELARD, G.: Die Bildung des wissenschaftlichen Geistes. Beitrag zu einer Psychoanalyse der objektiven Erkenntnis. Frankfurt a.M. 1978. (La Formation de l'Esprit Scientifique, Contribution à une Psychanalyse de la Connaissance Objective.4e éd., Paris 1965.

BACHRACH, P. und BARATZ, M.S.: Macht und Armut. Eine theoretisch-empirische Untersuchung. Frankfurt a.M. 1977.

BAIER, L.: Ein Uganda, das sich in linken Köpfen ausbreitet. In: Frankfurter Rundschau, 22.4.78.

BERGER, P.L.: Einladung zur Soziologie. Eine humanistische Perspektive. Olten und Freiburg i.Br.1969.

BERGER, P. und LUCKMANN, Th.: Die gesellschaftliche Konstruktion der Wirklichkeit. Frankfurt a.M. 1969.

BERRY, B.J.L.: A paradigm for modern geography. In: CHORLEY, R.J.: Directions in Geography. London 1973, S. 3-21.

BILLERBECK, R.: Stadtentwicklungspolitik und soziale Interessen: Zur Selektivität öffentlicher Investitionen. In: GRAUHAN, R.-R. (Hrsg.): Lokale Politikforschung, Bd. 2, Frankfurt a.M. und New York 1975, S. 192-220.

BOCK, M.: Soziologie als Grundlage des modernen Wissenschaftsverständnisses. Zur Entstehung des modernen Weltbildes. Stuttgart 1980.

BÖHME, G., u. a.: Experimentelle Philosophie. Frankfurt a.M. 1977.

BÖHME, G., u. a.: Starnberger Studien 1: Die gesellschaftliche Orientierung des wissenschaftlichen Fortschritts. Frankfurt a.M. 1978.

BÖHME, G. und ENGELHARDT, M.v. (Hrsg.): Entfremdete Wissenschaft. Frankfurt a.M. 1979.

BÖHME, G.: Die Verwissenschaftlichung der Erfahrung. Wissenschaftsdidaktische Konsequenzen. In: BÖHME, G. und ENGELHARDT, M.v. (Hg.): Entfremdete Wissenschaft. Frankfurt a.M. 1979, S. 114-136.

BÖHME, G.: Alternativen der Wissenschaft. Frankfurt a.M. 1980.

BORRIES, B.v.: Alltägliches Geschichtsbewußtsein. In: Geschichtsdidaktik 5, 1980, S. 243-62.

BÖTTCHER, H.: Zwischen Naturbeschreibung und Ideologie. Versuch einer Rekonstruktion der Wissenschaftsgeschichte der deutschen Geomorphologie. Oldenburg 1979 (Geographische Hochschulmanuskripte, Heft 8).

BRÄMER, R. (Hg.): Fachsozialisation im mathematisch-naturwissenschaftlichen Unterricht. Marburg 1977.

BRÄMER, R.: Über die Wirksamkeit des Physikunterrichts. Zum 10jährigen Untergang der Untersuchung Konrad Daumenlangs. In: Naturwissenschaften im Unterricht (Physik/Chemie) 28, 1980, Heft 1, S. 6-17.

BRÄMER, R.: Physik als Sprachnatur. In: Der Deutschunterricht. Jahrgang 34, Heft 1, 1982, S. 27-38.

CANGUILHEM, G.: Wissenschaftsgeschichte und Epistemology. Frankfurt a.M. 1979.

CLIFF, A.D. und ORD, J.K.: Spatial Autocorrelation. London 1973. (2. Aufl. 1981).

DAUMENLANG, K.: Physikalische Konzepte junger Erwachsener. Phil. Diss. Erlangen-Nürnberg 1969.

EISEL, U.: Physische Geographie als problemlösende Wissenschaft. Über die Notwendigkeit eines disziplinären Forschungsprogramms. In: Geogr. Zeitschrift 65, 1977, S. 81-108.

EISEL, U.: Paradigmenwechsel? Zur Situation der deutschen Anthropogeographie. In: SEDLACEK, P. (Hg.): Zur Situation der deutschen Geographie zehn Jahre nach Kiel. Osnabrück 1979, S. 45-58. (Osnabrücker Studien zur Geographie, Bd. 2).

EISEL, U.: Die Entwicklung der Anthropogeographie von einer Raumwissenschaft zur Gesellschaftswissenschaft. Urbs et Regio 17, Kassel 1980.

EISEL, U.: Regionalismus und Industrie: In: SEDLACEK, P. (Hg.): Kultur-/Sozialgeographie. Beiträge zu ihrer wissenschaftstheoretischen Grundlegung. Paderborn usw. 1982, S. 125-150. (Uni-Taschenbücher 1053)

ESTERBAUER, F. (Hg.): Regionalismus. Wien 1979.

FILIPP, K.: Geographie und Erziehung. München 1978.

FRIEDRICHS, J.: Stadtanalyse. Reinbek b. Hamburg 1977. (rororo studium)

GEIPEL, R.: Didaktisch relevante Aspekte der Geographie aus der Sicht der Sozialgeographie. In: BAUER, L. und HAUSMANN W. (Hrsg.): Fachdidaktisches Studium in der Lehrerausbildung. München 1976, S. 50-59.

GEIPEL, R.: The Landscape Indicators School in German Geography. In: LEY, D. und SAMUELS, M.S. (Hrsg.): Humanistic Geography. Chicago 1978, S. 155-172.

GERDES, D. (Hg.): Aufstand der Provinz. Frankfurt a.M. und New York 1980.

GRAUHAN, R.–R. (Hrsg.): Lokale Politikforschung. Bd. 1 und 2, Frankfurt und New York 1975.

GREVERUS, J.M.: Auf der Suche nach Heimat. München 1979.

HAGGETT, P., CLIFF, A.D. und FREY, A.: Locational Analysis in Human Geography Vol. 2: Locational Methods. London 1977.

HAASIS, H.A.: Kommunalpolitik und Machtstruktur. Eine Sekundäranalyse deutscher empirischer Gemeindestudien. Frankfurt a.M. 1978.

HARD, G.: Die Methodologie und die »eigentliche Arbeit«. In: Die Erde 104, 1973, S. 104-131.

HARD, G.: Für eine konkrete Wissenschaftskritik. Am Beispiel der deutschsprachigen Geographie. In: ANDEREGG, J. (Hrsg.): Wissenschaft und Wirklichkeit. Zur Lage und Aufgabe der Wissenschaften. Göttingen 1977, S. 134-161.

HARD, G.: Noch einmal: Die Zukunft der Physischen Geographien. Zu Ulrich Eisels Demontage eines Vorschlags. In: Geogr. Zeitschrift 66,1978, S. 1-23.

HARD, G.: Die Disziplin der Weißwäscher. Über Genese und Funktion des Opportunismus in der Geographie. In: SEDLACEK, P. (Hg.): Zur Situation der deutschen Geographie zehn Jahre nach Kiel. Osnabrück 1979 (Osnabrücker Studien zur Geographie, Bd. 2), S. 11-44.

HARD, G.: Die Kompetenz des Geographen. In: Geographie und ihre Didaktik 7, 1979, Heft 3, S. 141-151.

HARD, G.: Physisch-geographische Probleme im Unterricht. In: JANDER, L., SCHRAMKE, W. und WENZEL, H.-J. (Hg.): Metzler Handbuch für den Geographieunterricht. Stuttgart 1982, S. 273-288.

HARD, G. und WENZEL, H.-J.: Wer denkt eigentlich schlecht von der Geographie? Neues zur Studienmotivation im Fach Geographie. In: Geographische Rundschau 31, 1979, S. 262-268.

HARD, G.: Problemwahrnehmung in der Stadt. Osnabrück 1981. (Osnabrücker Studien zur Geographie 4).

HARD, G., v. STERNSTEIN, H. P. und SCHMITT, M.: Die Suizidhäufigkeit als sozialräumlicher Indikator. In: Geogr. Zeitschrift 73, 1985, S. 1-25.

HARVEY, D.: Social Justice in the City. London 1973.

HAUPT, P.: Schülervorstellungen zur Verbrennung. In: Naturwissenschaften im Unterricht (Physik/Chemie) 29, 1981, S. 347-350.

HERBERT, D.T. und SMITH, D.M. (Hrsg.): Social Problems and the City. Oxford Univ. Press 1979.

HIEBER, L.: Möglichkeiten zur Verbindung naturwissenschaftlichen und lebenswelt-praktischen Wissens im genetischen Lernen. In: BÖHME, G. und ENGELHARDT, M.v. (Hg.): Entfremdete Wissenschaft. Frankfurt a.M. 1979, S. 137-173.

HOLTON, G.: Thematische Analyse der Wissenschaft. Frankfurt a.M. 1981.

HONDRICH, K.O.: Menschliche Bedürfnisse und soziale Steuerung. Eine Einführung in die Sozialwissenschaft. Reinbek b. Hamburg 1975.

HUMMELL, H.J.: Probleme der Mehrebenenanalyse. Stuttgart. 1972.

JANDER, L.: Wissenschaft im Unterricht. In: JANDER, L., SCHRAMKE, W. und WENZEL, H.-J.: Stichworte und Essays zur Didaktik der Geographie. Osnabrück 1982, S. 109-119 (Osnabrücker Studien zur Geographie, Bd. 5).

JANELLE, D.G. und MILLWARD, H.A.: Locational conflict patterns and urban ecological structure. In: Tjidschrift voor Econ. en Soc. Geografie 67, 1976, S. 102-117.

JOHNSTON, R.J.: Geography and Geographers. Anglo-American Human Geography since 1945. London 1979.

JUNG, W.: Schülervorstellungen in Physik. In: Naturwissenschaften im Unterricht (Physik/Chemie) 27, 1979, S. 39-46.

KEVENHÖRSTER, P. und WOLLMANN, H. (Hrsg.): kommunalpolitische Praxis und lokale Politikforschung. Berlin 1978.

KLAUS, D.: Systemanalytischer Ansatz in der geographischen Forschung. Karlsruhe 1980 (Karlsruher Manuskripte zur Mathematischen und Theoretischen Wirtschafts- und Sozialgeographie, Heft 47).

KRIZ, J.: Statistik in den Sozialwissenschaften. Reinbek b. Hamburg 1973 (rororo studium).

KUHN, T.S.: Die Struktur wissenschaftlicher Revolutionen. Frankfurt a.M. 1967.

LAKATOS, I. und MUSGRAVE, A. (Hrsg.): Kritik und Erkenntnisfortschritt. Braunschweig 1974.

LANGE, R.P. (Hrsg.): Zur Rolle und Funktion von Bürgerinitiativen in der Bundesrepublik und West-Berlin. In: Zeitschrift für Parlamentsfragen 4 Jg., Heft 2, 1973, S. 247-286.

LEY, D. und SAMUELS, M.S. (Hrsg.): Humanistic Geography. Chicago 1978.

LOBKOWICZ, N.: Ziele und Ansätze für eine neue Universitätsidee. In: Mitteilungen des Hochschulverbandes 28, 1980, S. 291-296.

MATTHES, J.: Einführung in das Studium der Soziologie. Reinbek b. Hamburg 1973. (rororo studium)

MATTHES, J. (Hrsg.): Lebenswelt und soziale Probleme. Verhandlungen des 20. Deutschen Geographentages zu Bremen 1980. Frankfurt a.M. und New York 1981.

NASSMACHER, H.: Ausgewählte Literatur zur Kommunalpolitik. Eine kommentierte Bibliographie. In: Kommunale Politik. Schriftenreihe der Bundeszentrale für Politische Bildung. Bd. 143, Bonn 1978, S. 170-183.

NASSMACHER, H. und K.H.: Kommunalpolitik in der Bundesrepublik. Opladen 1979.

NIPPER, J. und STREIT, U.: Zum Problem der räumlichen Erhaltensneigung in räumlichen Strukturen und raumvarianten Prozessen. In: Geographische Zeitschrift 65, 1977, S. 241-263.

NIPPER, J. und STREIT, U.: Modellkonzepte zur Analyse, Simulation und Prognose raumzeitvarianter stochastischer Prozesse. In: BAHRENBERG, G. und TAUBMANN, W. (Hrsg.): Anwendung quantitativer Modelle in der Geographie und Raumplanung (Bremer Beiträge zur Geographie und Raumplanung 1). Bremen 1978, S. 1-17.

NOWOTNY, H.: Kernenergie: Gefahr oder Notwendigkeit? Anatomie eines Konflikts. Frankfurt a.M. 1979.

PUKIES, J.: Das Verstehen der Naturwissenschaften. Braunschweig 1979.

RAVETZ, J.R.: Die Krise der Wissenschaft. Neuwied und Berlin 1973.

REINDERS, D., JUNG, W. und PFUNDT, H. (Hg.): Alltagsvorstellungen und naturwissenschaftlicher Unterricht. Köln 1982

SCHMITHÜSEN, J.: Natur und Geist in der Landschaft. Brief an den sechsjährigen Sohn. In: Natur und Landschaft 36, 1961, S. 70-73.

SCHMITHÜSEN, J.: Der geistige Gehalt in der Kulturlandschaft. In: STORKEBAUM, W. (Hrsg.): Zum Gegenstand und zur Methode der Geographie. Darmstadt 1967 S. 534-538. (Wege der Forschung 58).

SCHÖRKEN, R.: Geschichte in der Alltagswelt. Wie uns Geschichte begegnet und was wir mit ihr machen. Stuttgart 1981.

SCHULTE, W. (Hg.): Soziologie in der Gesellschaft. Bremen 1981.

SCHULTZ, H.D.: Die deutschsprachige Geographie von 1800 bis 1970. Ein Beitrag zur Geschichte ihrer Methodologie. Berlin 1980. (Abhandlungen des Geographischen Instituts der FU Berlin – Anthropogeographie).

SCHULTZ, H.D.: »Mehr Stunden!« Der Kampf der Geographie um die preußisch höhere Schule 1870-1914. Manuskript 1981.

SINGER, G.: Person, Kommunikation, soziales System, Wien, Köln, Graz 1976.

STEGMÜLLER, W.: Rationale Rekonstruktion von Wissenschaft und ihrem Wandel, Stuttgart 1979.

STEGMÜLLER, W.: Neue Wege der Wissenschaftstheorie. Berlin, Heidelberg, New York 1980.

STIENS, G.: Zur Wiederkunft des Regionalismus in den Wissenschaften. In: Informationen zur Raumentwicklung 1980, Heft 5, S. 315-333.

*TREPL, L.: Planungswissenschaften und Hochschulreform, I und II. In: Stadt und Grün 5 und 6, 2001, S. 313-139 und 502-508.

TOULMIN, St.: Einführung in die Philosophie der Wissenschaft. Göttingen o.J. (zuerst 1953)

TOULMIN, St.: Kritik der kollektiven Vernunft. Frankfurt a.M. 1978.

WEERDA, J.: Zur Entwicklung des Gasbegriffs beim Kinde. In: Naturwissenschaften im Unterricht (Physik/Chemie) 29, 1981, S. 90-98.

WEINMANN, K.F.: Die Natur des Lichts. Einbeziehung eines physik-geschichtlichen Themas in den Physikunterricht. Darmstadt (Wissenschaftl. Buchgesell.) 1980. (Erträge der Forschung, Bd. 128)

ZAPF, W.: Zur Theorie und Messung von »side effects«. In: Matthes, J. (Hg.): Lebenswelt und soziale Probleme. Verhandlungen des 20. Deutschen Soziologentages zu Bremen 1980. Frankfurt und New York 1981, S. 275-287.

Alltagswissenschaftliche Ansätze in der Geographie?

(1985)

»Je näher man den Alltag anschaut, umso ferner blickt er zurück.«
(KOHOUTEK und MAIMANN 1981, S. 78; frei nach KARL KRAUS)

1. Themenstellung

Seit etwa 10 Jahren – ungefähr seit dem Alltags-Heft des Kursbuches (41/1975) – ist es ein literarischer Topos, daß der »Alltag« Konjunktur hat. Seit etwa fünf Jahren ist es sogar Topos zu sagen, daß es ein Topos sei, von der »Konjunktur des Alltags« zu sprechen. Man setzt seitdem nicht selten auch noch hinzu, die Alltagskonjunktur habe inzwischen schon nachgelassen. Angesichts dieser deutlichen Regung des Zeitgeistes erstaunt die relative Abstinenz der Geographie. Weder ist Geographie in der literarischen Alltagswelle vernehmbar geworden, noch war eine nennenswerte innergeographische Resonanz zu bemerken. Diese Nicht-Reaktion ist im folgenden mein Thema. Dabei gehe ich davon aus, daß es nicht genügt zu sagen, eine sklerotisierte Disziplin habe eben ihre Witterung für den Zeitgeist der Saison und für die Signale, die von den intellektuellen Marktplätzen ausgehen, weitestgehend eingebüßt.[1]

Dabei werde ich wie folgt vorgehen: Zunächst werden einige Prämissen und einige Schlüsselbegriffe vorgestellt, mit deren Hilfe das Thema behandelt werden soll. Dann werde ich in Kürze – und deshalb in teils lückenhafter, teils pointierter Form – einige Nährböden, Karrieren, Funktionen und (Haupt)Inhalte der »Alltags«-Konzepte außerhalb der Geographie zu skizzieren versuchen. Nach dieser Vorbereitung kann dann (drittens) die geographische Abstinenz gegenüber der jüngsten Alltagswelle als eine paradoxe, aber durchaus verständliche Nicht-Reaktion erklärt werden. Schließlich werde ich – als Folgerung und Quintessenz – skizzieren, in welcher Weise Termini wie »Alltagsansatz« oder »alltagswissenschaftlicher Ansatz« in der Geographie künftig sinnvoll benutzt werden könnten.

2. Der Alltag und der »szientifische Bruch«

Wie der Terminus »konkret«, meint auch der ganz unalltägliche Begriff »Alltag« (»Alltagswelt«, »Lebenswelt des Alltags«) etwas Hochabstraktes, und das auch noch auf eine polemische, sozusagen dialektische, auf einen jeweiligen *Gegen*sinn und *Gegen*begriff bezogene Weise. Ohne diese mitgemeinten Kontraste oder Gegenpole verliert der Ausdruck »Alltag« (usf.) erfahrungsgemäß alle Konturen. Es gibt sozusagen so viele »All-

[1] Anlaß der Thematisierung war eine Veranstaltung der Thomas-Morus-Akademie (Bensberg) zum Thema »Alltag« im März 1985 – wohl das erste Mal, daß das Thema unter Geographen verhandelt wurde (freilich unter Beteiligung einiger benachbarter Fächer); vgl. den Sammelband ISENBERG, Hg., 1985.

tage« wie »Gegen–Alltage«.[2] Immerhin kann man sagen, daß in vielen dieser »Definitionen durch den Gegensinn« »Alltag« gegen unterschiedliche Varianten (und Konsequenzen) von Wissenschaft, Szientismus und szientifischer Rationalität steht.[3]

Wir führen, um das hier Gemeinte zu verdeutlichen, den aus der Wissenschaftsgeschichte wohlbekannten Begriff des »szientifischen Bruchs«, der »rupture épistémologique« ein (vgl. z. B. BACHELARD 1978). Gemeint sind jene historischen Stellen, wo die Gegenstände und Gegenstandskonstruktionen der Laienwelt auf eine oft kontraevidente und kontraintuitive Weise durch Gegenstände und Gegenstandskonstruktionen ersetzt werden, die in Laienwelt, Laienwissenschaft und Laiensprache weder vorher noch nachher aufgefunden werden können. Das ist z. B. der Sprung von einem Kochbuch zu einem akademischen Lehrbuch der Chemie. Diesseits dieses Bruchs gibt es mehr oder weniger alltagsverwertbares Alltagswissen (Laienwissen, Alltags¹wissenschaft), jenseits gibt es ²wissenschaftliches, »szientifisches Wissen«, das weder aus der Alltagswelt stammt, noch von der Alltagswelt redet (und wenn, dann auf ganz unalltägliche Weise) und das in der Alltagswelt dann auch nicht mehr oder nur noch sehr mittelbar verwertet werden kann.

Daß dieses ²wissenschaftliche Wissen auf unterschiedliche Weise und mit z. T. erwünschten, z. T. unerwünschten Konsequenzen in den Alltag zurückkehren kann, ist eine andere Geschichte – in der Küche wie anderswo. Es gibt aber durchaus auch szientifisches Wissen, welches nie »zurückkehrt«.[4]

Ein nicht-szientifischer und eben deshalb für ein alltags- und bildungssprachliches Publikum direkt (praktisch, ideologisch – wie immer) alltagsverwertbarer akademischer Wissenstyp soll »Ethno-« oder »Volkswissenschaft« heißen (für Eingehenderes vgl. z. B. HARD 1982). Was prinzipiell und im einzelnen jeweils »schon« esoterisch-szientifisch und deshalb nicht-mehr-alltagsweltlich – und was dagegen »noch« exoterisches Alltagswissen oder auch Volkswissenschaft ist, das ist in abstracto nur sehr schwer und umständlich beschreibbar. In unserem Zusammenhang genügt es aber, die Sache kontextrelativ zu erläutern: Man sieht es z. B. leicht, wenn man die Geographie *zu einem bestimmten Zeitpunkt ihrer Geschichte* mit Nachbarwissenschaften vergleicht, die sich ganz oder teilweise auf die »gleichen Gegenstände« beziehen – z. B. Geomorphologie vs. Strömungslehre um 1960.

---

[2] Deshalb treten Definitionen von »Alltag« ja auch meist im Dutzend auf, vgl. z. B. ELIAS 1978, BERGMANN 1981, DEWE und FERCHHOFF 1984.

[3] Oft auch für das, was damit an Zweifelhaftem konnotiert wird: Anonymität/Fremdheit/(Selbst)Entfremdung/Entsubjektivierung etc. Viel seltener ist der »Alltag« der negative bzw. defizitäre Pol, etwa auf den Skalen »(partikularer) Alltag – (gesellschaftlich-historischer) Totalität«, »alltägliches – transzendentes Sinnerleben«, »(falsches) Alltagsbewußtsein – (entmystifizierende) wissenschaftliche Reflexion« (usf.).

[4] Hier wie an anderer Stelle ist »szientifisch« nota bene in einem sehr weiten Sinn gemeint: »Szientifisch« meint nicht nur »nach Art der exakten Naturwissenschaften«, »gemäß dem Superparadigma der mathematisierenden und apparativ-experimentellen Wissenschaften«; »szientifisch« meint hier vielmehr alle nicht-mehr-alltagsweltlichen, nichtmehr-volkswissenschaftlichen (und deshalb auch immer esoterischen) Wissens- und Welterzeugungstypen, sofern sie in einer akademischen Disziplin institutionalisiert sind. (Um vorzugreifen: Die Ethnomethodologie des Alltags ist – zumindest vom intendierten Wissenstyp her – szientifisch, die Alltagsgeschichte nicht.)

All das ist nicht wertend gemeint; »Volkswissenschaft« meint nicht »wertlose oder schlechte Wissenschaft«, aber es wird auch nicht die (»alternative«) Wertsetzung suggeriert, jenseits der Alltags- oder Lebenswelt begänne die Welt der Entfremdung und der Frankensteinschen Monster. Die beschriebene Ausdifferenzierung ist schließlich nur ein Einzelbeispiel für die generelle Ausdifferenzierung moderner Funktionssysteme, die sich im Interesse ihrer spezifischen Leistungen von den immer schon alltagsweltlich praktizierten Differenzen, Schemata usf. distanzieren müssen. Nicht nur Biochemiker und Alltagsweltler, auch Künstler und Alltagsweltler betrachten und bearbeiten die Natur heute auf sehr verschiedene Weise. »Schlichte Gemüter wollen hier mit Ethik gegenangehen. Nicht viel besser Hegels Staat. Und nicht viel besser die Marxsche Hoffnung auf Revolution. Die Frage kann allenfalls sein, ob es möglich ist, Funktionssysteme dazu zu bringen, die von ihnen praktizierte Differenz von System und Umwelt als Einheit zu reflektieren. Das hieße: Distanz zu sich selber gewinnen« (LUHMANN 1985, S. 599). Der Versuch von Wissenschaftlern, über »Alltag« und »Alltagswissen« nachzudenken, ist, differenziert genug durchgeführt, vielleicht eine kleine Vorübung für eine solche Reflexion.

3. »Alltagswenden« in den siebziger Jahren

Die weltanschauungsliterarischen Trends werden im deutschen Sprachbereich (wie wohl überhaupt in der westlichen Welt) vor allem seit dem zweiten Weltkrieg eher von links gesetzt, und so ist auch die Alltagskonjunktur der 70er Jahre zu einem guten Teil ein Stück Ideengeschichte der fortschrittlich gesonnenen Kulturintelligenz. Der »Alltag« steht unter jenen »Manawörtern«, die die Selbstentwicklung des Zeitgeistes gleichzeitig anzeigen und anfeuern, zeitlich und semantisch irgendwo in der Zeitreihe zwischen »Theorie« (ca. 1960 ff.) und »Körper« (ca. 1980 ff.), also in einer Zeitreihe, die sozusagen von den Exzessen der Abstraktion und des Wissenschaftsglaubens zu Exzessen der Konkretheit und der Natürlichkeit führte. Dieser Zeitgeist hat unter anderem den Vorzug einer stets mitlaufenden, z. T. hochrangigen Selbstinterpretation. Wenn man sich auf diese Selbstinterpretation bezieht, dann war die Karriere des Alltags in der Weltanschauungsliteratur der 70er Jahre erstens ein Effekt enttäuschter revolutionärer Eschatologie und Endzeitstimmung und zweitens ein Produkt des Katzenjammers der großen Theorie, des Wissenschaftsoptimismus und des »wissenschaftlichen Fotschrittsglaubens«.[5] Der »Alltag« lieferte noch einmal eine »Ganzheitsformel«, die die Kluft zwischen der alten großen Theorie und der neuen Subjektivität und Sinnlichkeit glücklich zu unterlaufen schien. Der Alltag war darüber hinaus ein ergiebiger »neuer« Topos der Gesellschafts- und Kapitalismuskritik, ein (freilich gedämpfter) Hoffnungstopos und nicht zuletzt ein neuer Unterhaltungswert.

[5] Dies ist eine wiederkehrende (Selbst-)Interpretationsformel; schon eine der wichtigsten literarischen Anknüpfungspunkte (LEFEBVRE) wurde so verstanden und (selbst-)verstanden – als Enttäuschungsverarbeitung angesichts der Entwicklung im »befreiten Frankreich« (nach 1945) und nach dem Pariser Mai 1968. Ähnlich – als Kombination von Enttäuschungs- und Hoffnungsmotivik – wird auch das philosophische Interesse am »Alltag« gesehen, das man bei unorthodoxen bis dissidentistischen marxistischen Philosophen im realen Sozialismus (als Beispiel: KOSIK 1970, HELLER 1978, zuerst 1970) findet; vgl. z. B. JOAS 1978, S. 7 ff.; zum »Alltag« beim »späten LUKÁCS« vgl. auch POTT 1974.

Im gesellschaftskritischen Alltagstopos erschien der Alltag einerseits als Ort einer kapitalistisch beschädigten Praxis sowie eines verarmten und falschen Bewußtseins, aber auch als ein Rest von Lebensganzheit und Widerstandspotentialen, die ihrer revolutionären Erlösung entgegenharren (vgl. LEFEBVRE 1972; LEITHÄUSER 1972, 1976 u. ö.), und in ähnlicher Weise bezogen sich die Selbstinterpretationen fast aller »Bewegungen« dieser Zeit ex- oder implizit auf den »kapitalistischen Alltag«. Der »neue« Unterhaltungswert des Alltags wiederum lag nicht zuletzt in den wiederentdeckten schönen und schaurigen Bildern zurückgebliebener oder vormoderner (oder anderswie marginaler, binnen- und nahweltexotischer) Alltage, die Züge von relativer Intaktheit (oder gerade eine besonders gräßliche Beschädigung) aufwiesen – vom Arbeiter- bis zum Zigeunerleben. Der Alltagshunger zeigte sich dergestalt vielfach als ein Wirklichkeits- und Erlebnishunger nach relativ unalltäglichen (inzwischen ja schon eifrig musealisierten) Alltagswelten. Es ist nicht schwer zu sehen, daß diese Alltagsthematisierungen dem Normalgeographen teils fremd waren, teils durch funktionale Äquivalente aus der eigenen Tradition abgesättigt werden konnten.

Alltagsthematisierungen (bis regelrechte »Alltagswenden«) gab es in deutlicher zeitlicher Parallele auch in vielen, sehr unterschiedlichen universitären Disziplinen: Besonders auffällig in Soziologie, Philosophie, Volkskunde, Ethnologie, Psychologie, Pädagogik (auch Jugend- und Erwachsenenbildung sowie Sozialarbeit), in Geschichts- und Kunstwissenschaft, Geschichts- und Kunstdidaktik ... Solche Listen von infizierten Disziplinen werden in der Literatur ziemlich häufig aufgeführt, wobei gelegentlich auch Ökonomie und Linguistik (nach meiner Erfahrung aber nie die Geographie) genannt werden. Diese innerwissenschaftlichen Alltagsthematisierungen haben allerdings nicht selten nur undeutliche, sozusagen atmosphärische Bezüge zur beschriebenen »weltanschauungsliterarischen« Alltagswelle; dagegen sind sie oft in einer sehr deutlichen Widerspruchsbindung auf innerfachliche Antithesen bezogen und scheinen nicht selten in hohem Grade auch Teil einer innerdisziplinären Entwicklungslogik zu sein. Es ist hier nicht möglich, die »Alltagswenden« in den genannten Disziplinen durchgängig zu referieren (oder gar die Anteile der externen und der internen Stimulierungen herauszuarbeiten); es muß genügen, durch drei ziemlich unterschiedliche Beispiele die Bandbreite anzudeuten.

In der deutschsprachigen *Psychologie* erschien die Alltagswende – in einer auch terminologischen Anlehnung an US-amerikanische Entwicklungen der sechziger Jahre – als eine »ökologische Wende«, die in den späteren 70er Jahren zu einer Literaturexplosion und zu einem seit 1977 laufenden DFG-Schwerpunktprogramm geführt hat. (Zu dieser Entwicklung vgl. z. B. KRUSE und GRAUMANN 1984.) Es handelt sich durchaus auch um den Versuch, eine innerdisziplinäre Sackgasse zu bewältigen: Die auch disziplinintern deutlicher empfundene und formulierte »mangelhafte ökologische Validität« (d. h.: die geringe »Alltagsübertragbarkeit«) der theoretisch, operationalistisch und experimentell geprägten Psychologie der 50er und 60er Jahre, anders gesagt, die »Alltags-« und »Umweltvergessenheit« (L. KRUSE) eines stark laborgeprägten »szientifischen« Psychologietyps, der auch seinerseits schon stark angelsächsisch geprägt worden war.[6]

---

[6] Die Termini »ökologisch« und »Umwelt« beziehen sich (in Termini wie: ökologische bzw. Umweltpsychologie, ökologische Validität usf.) natürlich nur am Rande auf »Umwelt- (probleme)« und »(Umwelt)Ökologie« im umgangssprachlichen Sinn; sie deuten vielmehr einen

»*Alltagsgeschichte*« ist eins der Schlüsselwörter der »neuen Geschichtsbewegung« (FREI 1984), die sich unter anderem in den »Geschichtswerkstätten« organisiert hat und durchaus auf eine gewisse Nachfrage (von Seiten der Kommunen, im Umkreis von Bürgerinitiativen, im Freizeitbereich, im Städtetourismus usw.) gestoßen ist. Diese »Alltagsgeschichte« meint nicht »Geschichte der elementaren Kultur« schlechthin, sondern vor allem auch eine »Alltagsgeschichte von unten«, und das heißt einerseits die mehr oder weniger noch ungeschriebene Geschichte der in vielerlei Hinsicht vernachlässigten »kleinen Leute (zumal der Unterschichten, Randgruppen und anderen nichtelitären Minderheiten); das heißt andererseits aber auch, daß die Geschichte dieser vernachlässigten Gruppen mit ihnen zusammen, aus ihrer Sicht (»von innen«) und für sie erforscht und geschrieben werden soll. Diese *gemeinsame* »Erinnerungsarbeit« (RUPPERT 1982) durchweg auch »oral history« – fungiert dann sozusagen als ein geschichtswissenschaftliches Äquivalent der Aktionsforschung in den Sozialwissenschaften.

Dieses methodisch und methodologisch schwierige alltagswissenschaftliche Programm bildet natürlich auch einen bewußten Kontrast zur »großen« Politikgeschichtsschreibung, zur herkömmlichen Lokal- und Regionalgeschichte und auch zur sozialwissenschaftlich-theoretisch orientierten Sozial- und Wirtschaftsgeschichte; es hat – gerade auch in seinem starken moralischen Impetus – viel stärker als die beiden anderen Beispiele (ökologische Psychologie, Soziologie des Alltags) die Züge einer »Bewegung« außerhalb und teilweise sogar in Konfrontation mit der akademisch und anderswo etablierten Geschichtswissenschaft.[7]

Der Kontext, in dem »Alltagswelt«, »Alltagshandeln«, »Alltagswissen« in der deutschsprachigen *Soziologie* der siebziger Jahre eine neue Bedeutung erlangt haben, ist (wenigstens zu einem guten Teil) viel esoterischer. Hier wurden diese Begriffe – in unterschiedlichen Termini – nicht zuletzt ein zentraler Bestandteil der Grundlagenreflexion und Konstitutionsproblematik des Faches, d. h. einer Proto- oder Metasoziologie.[8]

Was mit dieser »Basisproblematik« gemeint ist, kann hier nur eben angedeutet werden. – Der Sozialwissenschaftler findet in seinem Untersuchungsfeld immer schon ein funktionierendes soziales Alltagswissen, ein kompetentes Kommunizieren und Handeln vor (»kompetent« insofern, als es zumindest im großen und ganzen erfolgreich ist, d. h. unter anderem soziale Billigung und Anerkennung findet). Außerdem findet er immer eine Realität vor, die immer schon eine eigene Selbstbeschreibung hervorgebracht hat.

Bezug zu alltäglichen, komplexen (noch nicht experimentell zugerichteten) Verhaltensmustern und Verhaltensumwelten an.

7 Ziemlich bekannt geworden sind ja die Attacken Wehlers gegen diese »Alltagsgeschichte« auf dem 35. Historikertag 1984 (vgl. WEHLER 1984).

8 Wie in der Psychologie gaben auch hier (symbolinteraktionistische, phänomenologisch-interpretative und ethnomethodologische) Entwicklungen in der US-amerikanischen Soziologie den Anstoß, wenngleich auf diese Weise auch viele Denkmotive aus der deutschen Wissenschafts-, vor allem Philosophiegeschichte wieder rückgewandert oder bei dieser Gelegenheit wiederentdeckt worden sind. Für die erwähnten Rezeptionen und Fortentwicklungen im deutschen Sprachbereich vgl. vor allem: Arbeitsgruppe Bielefelder Soziologen 1973, 1975, WEINGARTEN u. a. 1976, HAMMERICH und KLEIN 1978. Natürlich gibt es auch in der Soziologie auch eine exoterischere und/oder stärker (kultur-, mentalitäts- und universal)historisch orientierte Alltagsthematik; auch die fulminanten Rezeptionen von MICHEL FOUCAULT und die massenhaften Wiederentdeckungen der Schriften von NORBERT ELIAS fallen ja in diese Zeit.

Welche Freiheitsgrade hat der Sozialwissenschaftler (der ja meistens gerade nicht kompetent im angedeuteten Sinne ist) demgegenüber überhaupt noch? Kann er das vorgefundene Wissen bloß nachvollziehen – oder soll er es zu unterlaufen und zu überbieten versuchen (aber wie)?

»Soziale Tatsachen«, »Strukturen«, »Normen« usf. sind ja keine Wirklichkeitsklötzchen, die man einfach vorfindet. Ihre Existenz besteht vielmehr genau darin, daß sie von den kompetenten Akteuren (als ihre gemeinsame soziale Wirklichkeit) immer wieder kommunikativ-interaktiv im sozialen Handeln selber hergestellt, »ausgehandelt«, aufrechterhalten, interpretiert, uminterpretiert und verändert werden. Deshalb kommt der Sozialwissenschaftler an die »soziale Wirklichkeit« auf gar keine andere Weise heran als nur über dieses wirksame Alltagswissen – gleichgültig, was er dann damit anfängt. Und nur die Gesellschaftsmitglieder selber – die Eingeborenen sozusagen – können dieses Alltagswissen wirklich haben. Erst auf dieser Basis (dem begriffenen autochthonen Alltagswissen) kann der Sozialwissenschaftler dann z. B. daran denken, an diese ethnotheoretischen Konstrukte anzuknüpfen und über diesen Konstrukten und Theorien ersten Grades sozusagen Konstrukte und Theorien zweiten Grades (d. h. eine ²wissenschaftliche Theorie) zu konstruieren.

Der Status dieser »Konstrukte 2. Grades« ist aber prekär: Sie sollen sich zwar auch auf die primäre Handlungswirklichkeit der Leute beziehen, aber sie werden nun auf ganz andere Weise konstruiert und geprüft als die direkt handlungswirksamen Ethnotheorien 1. Grades: Nicht mehr im kompetenten Handeln selber, sondern im Darüber-Reden (und zwar im allgemeinen im bloßen Darüber-reden-können ohne eine vergleichbare Handlungskompetenz!); sie entstehen nicht mehr in der Teilhabe an der (Konstruktion der) sozialen Wirklichkeit, sondern in einer davon abgehobenen akademischen Kommunikations- und Handlungswirklichkeit (in der spöttisch sogenannten akademischen Schwadronierkultur). Was bei dieser abständigen akademischen Sprech- und Interaktionspraxis konstruiert wird, ist sicherlich nicht »die Sache selber«, aber was ist es dann? Ist »die Sache selber« nicht eher oder wenigstens ebensosehr das, was die Leute, wenn sie kompetent handeln, ohnehin immer schon wissen?

Die Struktur und das Verhältnis dieser sehr unterschiedlichen Konstruktionen der »gleichen« sozialen Wirklichkeit (einerseits das alltagsweltliche, andererseits das sozialwissenschaftliche Konstrukt), die Art und Weise, wie diese Wirklichkeitskonstruktionen jeweils hergestellt, stabilisiert und verändert werden, wie diese oft nur schwer vergleichbaren »Weisen der Welterzeugung« (GOODMAN 1984) arbeiten und aneinander arbeiten, sich verstehen und mißverstehen – das ist ein wesentlicher Teil der Grundlagen- und »Konstitutionsproblematik« *aller* Sozialwissenschaft. Diese Problematik ist aber auch Ausgangspunkt einer bestimmten sozialwissenschaftlichen Empirie, als deren konsequenteste Variante die Ethnomethodologie gelten kann. Indem sie den naivalltagsweltlichen, »objektivistischen« Umgang mit sozialen Phänomenen (wie er die »normale« empirische Sozialwissenschaft weithin durchzieht) radikal beendet, handelt es sich um einen szientifischen Ansatz im oben definierten Sinn.

Man darf wohl sagen, daß die skizzierten Fundierungs- und Legitimationsprobleme auch an der Basis der Geographie (und zwar nicht nur der Sozialgeographie!) rumoren. Trotzdem sind solche Denkfiguren nicht nur den Geographen, sondern auch der Geographie insgesamt ziemlich fremd. Man wird dies im großen und ganzen sogar verallgemeinern dürfen: Dem Normalgeographen (es sei gestattet, diese realitätsnahe Kunstfigur zu bilden) sind wohl alle außergeographischen »Alltagsansätze« der 70er Jahre ziemlich fremd und folglich auch ziemlich fremd geblieben, die [2]wissenschaftlichen nicht weniger als die anderen, und zwar bald aus diesem, bald aus jenem Grund: Bald stimmte der weltanschaulich-politische Habitus nicht zum Geographen, bald war der zugehörige Reflexionstypus geographiefremd, bald war die disziplingeschichtliche Problemlage unvergleichbar – oder diese Fremdheiten kombinierten sich sogar. Werfen wir nun einen genaueren Blick auf diese paradoxe Alltagsvergessenheit der Geographie.

4. Die »traditionelle« und die »moderne Geographie« – als Alltagswissenschaften ohne Alltagswende

Die Abstinenz der Geographie ist ja zunächst gerade deshalb erstaunlich, weil die Geographie von Hause aus dem »Alltag« nahesteht, d. h., eine alltagsweltliche Weltkonstitution besitzt. Diese alltagsweltliche-volkswissenschaftliche Weltkonstitution war ein unabdingbarer Teil der klassischen Geographie, war die Konstruktionsweise und die Legitimationsbasis ihres »Kernparadigmas«. Dieses Kernparadigma der klassischen Geographie ist ja vor allem von U. EISEL (1980) inhaltlich und historisch im einzelnen rekonstruiert worden: als die Beschreibung »des konkreten territorialen Menschen in Harmonie und Kontrast, im Gleich- und Ungleichgewicht mit seinem konkret-ökologischen, landschaftlich-regionalen Milieu«. Die Pointe ist freilich, daß diese Milieus (samt dem zugehörigen homo geographicus) durchaus nicht-szientifisch, ja z. T. sogar bewußt antiszientifisch als *Alltags*welten konstruiert wurden, und das heißt auch: als eine dem Geographen, dem beschriebenen Auchthonen und dem regionsfremden Leser (und Laien) weithin *gemeinsame* (Alltags)Wirklichkeit. Die beschriebene (meist ungebrochene, selten reflexiv gebrochene) Alltagsnähe der Geographie war einerseits eine Legitimationsquelle und ideologiepolitische Ressource – vor allem in der Bildungs- oder Schulpolitik sowie in bestimmten zivilisations– und wissenschaftskritischen Weltanschauungs-Großwetterlagen (um 1900, um 1930, um 1980); innerwissenschaftlich war dieser volkswissenschaftliche Charakter aber andererseits auch ein steter Krisengenerator, eine bleibende Quelle von De-Legitimationen, denn jeder ernsthafte Verwissenschaftlichungsschub bedrohte ja nicht nur irgendein Paradigma, sondern die Geographie schlechthin (und dies nicht zuletzt in den Augen der Hochschullehrer der Geographie).

Man kann nicht ohne weiteres sagen, daß diese klassische Geographie sich über ihren alltagswissenschaftlichen Charakter und die lebensweltliche Art ihrer Weltkonstruktion *völlig* im Unklaren gewesen wäre: Sie war sich – zumindest bei ihren Klassikern – stellenweise durchaus bewußt, daß die Geographie im Verlauf der modernen Wissenschaftsgeschichte deutlich weniger verwissenschaftlicht war als ihre weitere und engere akademische Umgebung und sich, relativ zum Gros der übrigen Natur- *und* Geisteswissenschaften, nach ihrem kognitiven Stil deutlich *weniger* von Alltagswelt, Alltagswissen und common sense abhob. Eine der klassischen Formeln lautete z. B., die Geographie beschreibe die Welt nicht wie die »anderen Wissenschaften«, d. h. nicht so, wie diese Welt an sich sei; sie beschreibe die Welt vielmehr (anthropo-, ja: ethnozentrisch) als eine »Welt für uns«.

Von heute her gesehen, läuft das (die Rekonstruktion der Welt, wie sie »für uns« ist) sichtlich auf den Perzeptionsansatz hinaus, und die klassische Geographie ist – von den

»(Proto)Geographen« RITTER und HUMBOLDT an – voll von perzeptionsgeographischen Brechungen ihrer Gegenstandswelt. (Die von RITTER und HUMBOLDT fast kontinuierlich bis heute durchlaufende Tradition der »ästhetischen Geographie« ist nur eine dieser »Brechungen« und »Perzeptionsgeographien avant la lettre«.) So gesehen, ist die Perzeptionsgeographie, überhaupt die perceptual and behavioral geography, der geradlinigste und legitimste Erbe der klassischen Geographie und ihrer Alltagswelt. Die alten Alltagswelten der Geographie erscheinen (z. B.) in den perception of landscape-, perception of wilderness- und perception of natural hazard-Studien durchaus wieder, freilich in einem anderen ontologischen Aggregatzustand: Was einmal der »geographische Gegenstand« und »die geographische Substanz« selber war (Landschaft als ein konkretökologisches Mensch-Natur-Anpassungssystem und die anschauliche Natur als Gegenspieler des konkreten Menschen), diese Gegenstände leben nun – sozusagen subjektiviert – als Perzeptionen und Kognitionen in den Köpfen von »Versuchspersonen« weiter; hier können die alten Alltagskosmen der klassischen Geographie – entsprechenden Aufwand an Sozial- und kognitiver Psychologie vorausgesetzt – auch heute noch aufgefunden werden.

Obwohl also die akademische Geographie (und die schulische ohnehin) so oder so immer beim Alltag geblieben ist, hat sie doch kaum ernsthaften Kontakt zur Alltagskonjunktur der 70er Jahre gefunden. Das ist nun, wie ich glaube, besser verständlich: wenn man nämlich die beschriebenen disziplinären Erblasten in Betracht zieht. Die »klassische Geographie« mußte ihren alltagswissenschaftlichen Charakter in der Latenz halten, d. h. unthematisiert lassen, weil ihr Selbstverständnis als Wissenschaft auf dem Spiel stand; die »moderne Geographie« mußte reserviert bleiben, weil sie sich explizit und dezidiert als eine Verwissenschaftlichung, Objektivierung und Theoretisierung begriff (und sich gegenüber der Tradition auf methodologischer Ebene auch kaum anders als szientifisch und durch Theorie legitimieren konnte). Die »Alltagswenden« in akademischen Disziplinen aber setzten immer die Kritik an einer bereits etablierten Verwissenschaftlichung, an einem disziplinär erfahrenen szientifischen Objektivismus (oder auch an einer Hypertrophie der Theorie) voraus: also etwas, was in der Geographie (noch) gar nicht erreicht war. So kam es zu der paradoxen Situation, daß die vielleicht alltagsweltlichste aller akademischen Disziplinen dem Alltagsboom der 70er Jahre fremd blieb, sich gerade dadurch aber auch wieder sehr treu war – als eine »konstitutionell verspätete Disziplin«. Dieses »verspätet« ist natürlich keine Wertung, eine Wertung könnte es nur für denjenigen sein, der einen (metaphysischen) Glauben an den Fortschritt – oder sein Gegenteil – besitzt.

5. Fünf Alltagsgeographien

Soweit der Versuch, einige geographische Schneisen ins Dickicht der »Alltagswelt« zu schlagen.[9] Von diesen Schneisen aus können wir uns jetzt etwas mehr semantische Übersicht verschaffen: Was könnte mit den (von uns synonym gebrauchten) Ausdrücken

[9] Die benutzte Metapher (»Dickicht«) ist nicht von mir; vgl. z. B. U. MATTHIESEN: Das Dickicht der Lebenswelt und die Theorie des kommunikativen Handelns, München 1983 (kritisch zur Inanspruchnahme der »Lebenswelt« bei J. HABERMAS, Theorie des kommunikativen Handelns, Bd. 1, Frankf. 1981).

»Alltagsgeographie« und »Alltagsansatz« (in der Geographie), »Geographie des Alltags« oder »alltagswissenschaftliche Geographie« im geographischen Sprachgebrauch überhaupt gemeint sein? Die folgende Liste kann zumindest *einen* Dienst erweisen: Daß derjenige, der künftig in der Geographie von einer »Geographie des Alltags« oder ähnlichem redet, die Gelegenheit hat (und sich der Forderung ausgesetzt sieht), genauer zu sagen, worauf er hinauswill.[10]

»^{1}Geographie des Alltags« könnte heißen, daß man die Welt auch weiterhin ungebrochen in alltagsweltlicher Perspektive betrachten und mit dem Repertoire von Alltagswissen und Alltagssprache beschreiben möchte (was auch »Bildungswissen« und »Bildungssprache« einschließt) – d. h. im Grundzug so wie die klassische Geographie. In diesem Falle meint »Geographie des Alltags«, daß man bei einer volks- oder ethnowissenschaftlichen Geographie diesseits des »szientifischen Sprungs« bleiben möchte, gleichgültig, ob man sich diese Geographie mehr natur- oder mehr landeskundlich vorstellt.

»Geographie des Alltags« kann sich dabei auch auf einen engeren Themenbereich beziehen: Man meint dann eine ethnowissenschaftliche ^{2}Geographie des Alltags, die sich nun aber vor allem auf Themen und Bereiche beziehen soll, die schon der alltägliche Sprachgebrauch zum Alltäglichen oder Tagtäglichen rechnet. Dann sind wir z. B. bei den berühmt-berüchtigten »Grunddaseinsfunktionen sozialer Gruppen« angekommen, die ja im wesentlichen und fast immer als alltägliche Verrichtungen von Normalverbraucher-Durchschnittsmenschen in ihren Alltags-Umwelten gemeint waren. Wer mit »Alltagsgeographie« so etwas im Schilde führt, würde besser sagen, er verteidige eine volkswissenschaftliche Geographie alltäglicher Funktionsbereiche, z. B. das Spektrum der traditionellen Sozialgeographie des deutschen Sprachbereichs der 50er und 60er Jahre, in der man die Alltagswelt im wesentlichen auf alltagsweltliche, d. h. alltagswissenschaftliche (volkswissenschaftliche) Weise traktierte.

Als Projekte für Ausbildung oder Forschung in der akademischen Geographie wären diese beiden »Geographien des Alltags« offensichtlich neue Schilder an sehr alten Hüten. Will man hingegen auf einen außerwissenschaftlichen Freizeit- und Unterhaltungswert oder auf eine jugend- und erwachsenenpädagogische Neuinwertsetzung dieser Tradition hinaus, dann müßte man einige wesentliche Zusätze machen und Transformationen vorschlagen, auf die ich im Schlußkapitel zurückkomme.

Mit »Geographie des Alltags« könnte man aber auch etwas ganz anderes meinen – nämlich eine szientifische (statt ethnowissenschaftliche) Behandlung des Alltagshandelns in Alltagsumwelten, etwa im Rückgriff auf verhaltenswissenschaftliche, sozialpsychologische, handlungstheoretische oder andere Theorien und Beschreibungsschemata. Hier meint »^{3}Alltagsgeographie« etwa eine »(Sozial)Geographie alltäglicher Lebensbereiche«. Diese »Alltagsgeographie« entspräche dann in etwa dem Stil der »behavioral and perceptual geography«, und sie wäre z. B. von vielen Teilen (und vor allem vom Programm) der heutigen »ökologischen Psychologie« (die sich ja als eine Psychologie des Verhaltens oder Handelns in Alltagsumwelten versteht) kaum mehr zu trennen.

---

[10] Zu diesem Systematisierungsversuch haben vor allem die Diskussionsbeiträge von Heiner Dürr auf der eingangs genannten Tagung der Thomas-Morus-Akademie beigetragen.

Diese »Geographie des Alltags« ist sicher in viel geringerem Maße ein alter Hut; es fragt sich aber, ob es nicht verwirrend bis irreführend wäre, ein geographieinternes Projekt mit so dezidiert *szientifischem* Anspruch auf »Alltag-« zu taufen. Aus der Perspektive der stärker szientifisch geprägten Psychologie der 50er und 60er Jahre mag die »ökologische Wende« eine gewisse Veralltäglichung bedeuten; aus der Perspektive einer alltagswissenschaftlich geprägten Wissenschaftstradition, wie die Geographie sie aufweist, bedeutet diese [3]Alltagsgeographie aber gerade einen Schub in Richtung Verwissenschaftlichung, und das läßt den Terminus »Geographie des Alltags« an dieser Stelle wohl etwas mißverständlich werden. Auch wenn man an die Stelle einer verhaltenstheoretischen Orientierung eine handlungstheoretische setzt, bleibt man im Rahmen dieser [3]Alltagsgeographie.

»[4]Alltagsgeographie« (usf.) könnte aber auch eine Geographie heißen, die mit (jenen wenigstens andeutungsweise beschriebenen) »interpretativen«, »hermeneutischen« oder »phänomenologischen« Prämissen arbeitet, wie sie in der Ethnomethodologie ihre konsequenteste Ausformung gefunden haben. Man könnte sich ja durchaus eine (Human)Geographie vorstellen, die, wo immer sie forscht, jeweils alltags- und lebensweltanalytisch an Alltagswelt und Alltagswissen anknüpft und nach altem phänomenologischem Programm erst einmal versucht, die Alltagswissensbestände des betreffenden Sozialbereichs »von innen« und »wie sie an sich selber sind« zu beschreiben (d. h. ohne sie vorweg durch wissenschaftliche und andere allochthone Konstrukte zu reklassifizieren, umzuzeichnen und insofern zu verzerren); eine solche Geographie müßte dann die grundlegenden Strukturen dieses Alltagswissens rekonstruieren, es auf seine jeweiligen Träger, Interaktions- und Kommunikationssysteme beziehen sowie seine Genese, Wirkungsweise und Reproduktion im sozialen Leben studieren. Eine solche [4]Alltagsgeographie würde man dann allerdings besser eine »ethnomethodologische Geographie« (oder ähnlich) nennen. Sie könnte sich z. B. auch darauf beschränken, eine Art Proto- oder Meta-Geographie zu sein, die dem »Datenmaterial« des Empirikers seinen falschen Schein von Dinghaftigkeit nimmt (indem sie zeigt, wie diese Daten im sozialen Kontext erzeugt werden).

Eine solche phänomenologische oder interpretative Geographie der Alltags- oder Lebenswelt wäre, wenn das in anderen Disziplinen erreichte Niveau des Ansatzes in der Geographie nicht beliebig unterschritten werden soll, ein anspruchsvolles und esoterisches Geschäft. Offenbar ein Geschäft mit Fußangeln: Denn was z. B. im angelsächsischen Sprachbereich als geography of the lifeworld oder phänomenologische Geographie auftritt, ist zum Teil eher eine Karrikatur auf eine solche geographische Phänomenologie und Ethnomethodologie im strengen Sinne und erschöpft sich nicht selten in einer naiven »Bilderbuchphänomenologie« (um einen kritischen Ausdruck des Phänomenologen Max Scheler zu zitieren). »Naiv« hat hier einen ziemlich präzisen Sinn: »Naiv« ist eine Untersuchung, die sich zwar selber für phänomenologisch, interpretativ oder hermeneutisch hält, tatsächlich aber in alltags- und bildungsweltlichen Evidenzen schwelgt, statt sie zu brechen und als konstitutive Leistungen, als spezifische Gegenstands- und Welterzeugungen zu verstehen (so z. B. RELPH 1976, SEAMON 1979).

»[5]Geographie des Alltags« kann aber auch so etwas wie eine eingreifende, interventionistische, engagiert-partizipierende Geographie meinen, in der (wie ROBERT GEIPEL formuliert hat) der Geograph einmal nicht mehr auf der Seite der Administration, sondern »diesseits der Theke« unter den Leuten steht, oder, wie es in dem bekannten Bildsymbol von ANNE BUTTIMER (vgl. z. B. 1984, S. 20) dargestellt ist: der Wissenschaftler legt die Rolle des abständigen Beobachters ab, steigt zu den Eingeborenen ins Boot, macht mit und versucht, einer der ihren zu sein.[11]

Hier steht »Geographie des Alltags« für ein bestimmtes Projekt von politisch relevanter Geographie, z. B. für eine populistische »Geographie von unten«, die sich aus lebensweltlicher Innenansicht« gegen eine »Kolonialisierung der Lebenswelt« engagiert[12]. Wie immer sich eine solche ^{5}Alltagsgeographie auslegt: Wie in ^{1}Alltagsgeographie und ^{2}Alltagsgeographie geht es auch hier darum, daß eine akademische Disziplin ein unmittelbar alltagsbezogenes Wissen produzieren (und in ihren akademischen Ausbildungsprogrammen auch weitergeben) soll, nun freilich nicht mehr ein natur- und landeskundliches Bildungswissen, sondern ein Sozial-, Politik- und »Ökowissen« für den kommunal-, gesellschafts- und ökopolitisch »an der Basis« Engagierten. Dieses Wissen müßte einerseits weich und volkswissenschaftlich genug sein, um laienverständlich und alltagsbrauchbar zu bleiben, andererseits aber auch professionell genug, um z. B. der planenden Verwaltung und ihren Experten Paroli bieten zu können[13].

Eine engagierte Alltags- oder Advokatengeographie dieser Art müßte allerdings erstens zeigen, wie sie gewisse paradoxe Konsequenzen eines solchen Engagements vermeiden kann, die darin bestehen, daß man in jene Alltagswelten, deren Perspektive man respektieren und deren Sache man unterstützen will, bloß eine entfremdende »Ver(sozial)wissenschaftlichung« der Selbst- und Weltdeutungsmuster einschleppt. Die Aktions-, Handlungs- und Betroffenenforschungswelle der siebziger Jahre z. B. hatte, wenn überhaupt eine, dann möglicherweise nur diese Wirkung – und keinen der eigentlich intendierten, sehr menschenfreundlich gedachten (emanzipatorischen u. a.) Effekte (vgl. z. B. WIESE 1984, S. 15). Zweitens müßte gezeigt werden, was die Geographie von ihren Beständen her an spezifisch Geographischem für eine »Alltagswende« speziell dieser Art zu bieten hätte; sogar die Inwertsetzung ihrer Traditionsbestände für Unterhaltung, Urlaub, Freizeit, Bildung, Wissenschaftspropädeutik usf. scheint mir näher zu liegen. Drittens scheint in funktional hochdifferenzierten Gesellschaften ein politisch-parteiliches Engagement der angedeuteten Art nur noch als individuelle (Neben)Strategie einzelner Wissenschaftler, aber kaum mehr als Strategie einer wissenschaftlichen Institution (oder gar Disziplin) sinnvoll und möglich zu sein.

Die genannten »Alltagsgeographien« sind weniger als trennscharfe Klassenbildungen zu lesen denn als Dimensionen, von denen in einer geographischen Annäherung an den Alltag durchaus mehrere (wenn auch in unterschiedlichem Ausmaß) ins Spiel kommen könnten. Tatsächlich waren schon in der Vergangenheit an mehreren Stellen der akademischen und außerakademischen Geographie immer schon mehrere dieser Dimensionen

---

[11] Das weise Bild scheint freilich auch zu sagen, daß das nicht gelingt: Er bleibt ein weißer Fremder unter Farbigen.

[12] Zum Terminus »populistisch« und »Populismus« im wissenschaftswissenschaftlichen Zusammenhang vgl. z. B. NOVOTNY 1979, S. 44 ff.

[13] Die schwindende Wahrscheinlichkeit, daß ihre Ausbildungsabsolventen einmal im öffentlichen Dienst hoheitlich »hinter der Theke« Platz nehmen können, macht diese Art von »Geographieutopie« heute vielleicht sogar für solche Hochschullehrer unseres Faches attraktiv, die von einer politisch engagierten Geographie dieser oder ähnlicher Art zuvor eher verschreckt gewesen wären.

zugleich präsent – nicht zuletzt da, wo (an Schule oder Hochschule) Geographie mit Erfolg und einem Minimum an Reflexion *unterrichtet* wurde.

6. Ein Resümee: Mindestanforderungen an eine »Geographie des Alltags«

Wir können nun ein Resümee ziehen. Was immer künftig als »Geographie des Alltags« und Inhalt einer geographischen »Alltagswende« in Betracht gezogen werden sollte: Es können jedenfalls keine Ansätze in Betracht kommen, die schon innergeographisch überholt worden sind, und es können keine Ansätze sein, die so tun, als sei außerhalb der Geographie nie etwas gewesen. Was das im einzelnen heißt, ist weniger leicht zu sagen; es heißt aber zumindest das Folgende: Ein geographischer Alltagsansatz könnte durchaus bestimmte Züge der traditionellen Weltansicht der Geographie aufgreifen – z. B. den »mittleren Maßstab«, den das Auflösungsvermögen des unbewaffneten menschlichen Auges vorgibt – und überhaupt die von Alltagssprache und Alltagserfahrung vorgegebenen Sinn-, Intentions- und Wahrnehmungsstrukturen. Dann könnte er aber diese primäre Welt nicht mehr nur einfach als »die« Welt akzeptieren, sondern müßte die Relativierung und Perspektierung solcher Alltagswelten einbeziehen, die die perceptual and behavioral geography inzwischen vorgenommen hat. Das heißt, die traditionelle Alltagswelt der Geographie müßte wie jede andere Alltagswelt immer auch als Perzeption und Kognition bestimmter Subjekte und Lebensformen betrachtet werden, und das heißt auch, als eine bestimmte, auch-anders-mögliche Selektion, Projektion und Konstruktion. Auch ein *geographischer* Alltagsansatz und eine *geographische* Rückkehr zu Alltagswelt und Alltagswissen müßten nach der Devise arbeiten, daß es in der Region des Alltagswissens keine akzeptable Fremd- und Gegenstandserkenntnis ohne Selbsterkenntnis geben kann und daß gerade hier eine hinreichende Objektivität nur erreichbar ist durch eine Reflexion auf die beteiligten Subjekte bzw. Beobachter.

Mit Blick auf außergeographische Annäherungen an den Alltag kann man in etwa das gleiche sagen: *Ohne* eine hochgradige Ethnomethodologisierung und Hermeneutisierung bleibt jede Alltagsgeographie wissenschaftlich steril und unterhalb eines noch tolerierbaren intellektuellen Niveaus; *mit* dieser Ethnomethodologisierung und Hermeneutisierung dagegen könnten selbst traditionelle Geomorphologie und Siedlungsgeographie intellektuelle Abenteuer werden. Diese Forderung nach Objektivierung durch Subjektivierung muß man aber auch und gerade auch an etwaige Alltagsgeographien außerhalb des akademischen Wissenschaftsbetriebs stellen, also da, wo es um den Unterhaltungs-, Freizeit- oder Bildungswert der (Alltags)Geographie geht. Auch eine laienwissenschaftliche Geographie alltäglicher Phänomene wird sich nicht mehr einfach als naive Welterkundung, sondern als eine Methode der Welt- *und* Selbsterkundung organisieren müssen; d. h., auch sie müßte prinzipiell über die als [1]Alltagsgeographie und [2]Alltagsgeographie beschriebenen Traditionen hinausgehen.

Eine Alltagsgeographie, welche die alltags- und volkswissenschaftliche Tradition des Faches bewußt aufgreift und reflexiv macht (auch mit perzeptionsgeographischen Mitteln!), eine solche [6]Alltagsgeographie scheint mir in der Tat die interessanteste und eigenbürtigste Alltagswende zu sein, die in der Geographie überhaupt möglich ist.[14] Man

[14] Für einige kommentierte Illustrationen des Konzeptes in geographiedidaktischem Kontext vgl. HARD 1981, 1982, 1985 und vor allem 1985a.

kann so die Tradition auf eine Weise fruchtbar machen, an welche die Traditionalisten gemeinhin nicht denken.

*Einen ausführlicheren, detail- und nuancenreicheren Text zum Thema und seinen geographiedidaktischen Implikationen findet man in Hard 1985a; vgl. Literaturverzeichnis

Literatur

Arbeitsgruppe Bielefelder Soziologen (Hrsg.): Alltagswissen, Interaktion und gesellschaftliche Wirklichkeit. Bd. 1: Symbolischer Interaktionismus und Ethnomethodologie, Bd. 2: Ethnotheorie und Ethnographie des Sprechens. Reinbek 1973.

Arbeitsgruppe Bielefelder Soziologen (Hrsg.): Kommunikative Sozialforschung. München 1975.

BACHELARD, G.: Die Bildung des wissenschaftlichen Geistes. Beitrag zu einer Psychoanalyse der objektiven Erkenntnis. Frankfurt a. M. 1978.

BARKER, R.: Ecological Psychology. Stanford 1968.

BARKER, R. und WRIGHT, H. F.: Midwest and its Children. The Psychological Ecology of an American Town. New York 1955.

BERGER, P., und LUCKMANN, Th.: Die gesellschaftliche Konstruktion der Wirklichkeit. Stuttgart 1969. BERGMANN, W.: Lebenswelt des Alltags oder Alltagswelt? Ein grundbegriffliches Problem alltagstheoretischer Ansätze. In: Kölner Zeitschr. für Soziologie u. Sozialpsychologie 33,1981, S. 50-72.

BÖHME, G. und ENGELHARDT, M. v. (Hrsg.): Entfremdete Wissenschaft. Frankfurt a. M. 1979.

BÖHME, G. (Hrsg.): Alternativen der Wissenschaft, Frankfurt a.M. 1980.

BUTTIMER, A.: Ideal und Wirklichkeit in der angewandten Geographie. Kallmünz/Regensburg 1984 (Münchner Geogr. Hefte Nr. 51).

DEWE, B. und FERCHHOFF, W.: Alltag. In: KERBER, H. und SCHMIEDER, A. (Hrsg.): Handbuch Soziologie. Reinbek b. Hamburg 1984, S. 16-24.

DOUGLAS, J. D. (Hrsg.): Unterstanding everyday life. Chicago 1970.

EHMER, H. K. (Hrsg.): Ästhetische Erziehung und Alltag. Lahn-Gießen 1979.

EISEL, U.: Die Entwicklung der Anthropogeographie von einer »Raumwissenschaft« zur Gesellschaftswissenschaft. Kassel 1980 (Urbs et Regio 17).

ELIAS, N.: Zum Begriff des Alltags. In: HAMMERICH, K. und KLEIN, M. (Hrsg.): Materialien zur Soziologie des Alltags. Köln, Opladen 1978 (Sonderheft 20 der Kölner Zeitschr. f. Soziologie und Sozialpsychologie). S. 20-29.

FIETKAU, H.-J. und GÖRLITZ, D. (Hrsg.): Umwelt und Alltag in der Psychologie. Weinheim 1981.

GOODMAN, N.: Weisen der Welterzeugung. Frankfurt a.M. 1984.

GRAUMANN, C. F. (Hrsg.): Ökologische Perspektiven in der Psychologie. Bern 1978.

GREVERUS, I. M.: Alltag und Alltagswelt: Problemfeld oder Spekulation im Wissenschaftsbetrieb? In: Zeitschr. f. Volkskunde 79,1983, S. 1-14.

HAMMERICH, K. und KLEIN, M. (Hrsg.): Materialien zur Soziologie des Alltags. Köln, Opladen 1978. (Sonderheft 20 der Kölner Zeitschrift für Soziologie und Sozialpsychologie)

HARD, G.: Lehrerausbildung in einer diffusen Disziplin. Karlsruhe 1982 (Karlsruher Manuskripte zur Mathematischen und Theoretischen Wirtschafts- und Sozialgeographie, Heft 55).

HARD, G.: Problemwahrnehmung in der Stadt. Osnabrücker Studien zur Geographie, Bd. 4. Osnabrück 1981.

HARD, G.: Zu Begriff und Geschichte der »Natur« in der Geographie des 19. und 20. Jahrhunderts, In: GROßKLAUS, G. und OLDEMEYER, E. H. (Hrsg.): Natur als Gegenwelt. Beiträge zur Kulturgeschichte der Natur. Karlsruhe 1983, S. 139-167.

HARD, G.: Städtische Problemwahrnehmung am Beispiel einer Zeitung – Möglichkeiten im stadtgeographischen Unterricht. In: STONJEK, D. (Hrsg.): Massenmedien im Erdkundeunterricht (Geographiedidaktische Forschungen, Bd. 14). Lüneburg 1985, S. 149-171.

HARD, G.: Die Alltagsperspektive in der Geographie. In: ISENBERG, W. (Hg.): Analyse und Interpretation der Alltagswelt. Osnabrücker Studien zur Geographie, Bd. 7. Osnabrück 1985a, S. 15-77.

HELLER, A. (Hrsg.): Das Alltagsleben. Versuch einer Erklärung der individuellen Reproduktion. Frankfurt a. M. 1978 (zuerst 1970).

ISENBERG, W. (Hrsg.): Analyse und Interpretation der Alltagswelt. Lebenweltforschung und ihre Bedeutung für die Geographie. Osnabrücker Studien zur Geographie, Bd. 7, Osnabrück 1985.

JEGGLE, U.: Alltag. In: BAUSINGER, H. u. a.: Grundzüge der Volkskunde. Darmstadt 1978, S. 81-126.

JOAS, H.: Einleitung. In: HELLER, A.: Das Alltagsleben. Versuch einer Erklärung der individuellen Reproduktion. Frankfurt a. M. 1978 (edition suhrkamp 805), S. 7-23.

KAMINSKI, G. (Hrsg.): Ordnung und Variabilität im Alltagsgeschehen. Göttingen 1984.

KOHOUTEK, R. und MAIMANN, H.: Exotik des Alltags? Zur Konjunktur eines Begriffes. In: KREMEYER, N. u. a. (Hrsg.): Heute schon gelebt? Alltag und Utopie. Offenbach 1981, S. 73-91.

KOMMER, D. und RÖHRLE, B. (Hrsg.): Ökologie und Lebenslagen. Gemeindepsychologische Perspektiven 3. Deutsche Gesellsch. für Verhaltenstherapie. Tübingen 1983.

KOSIK, K.: Dialektik des Konkreten. Frankfurt a.M. 1970.

KREMEYER, N. u. a. (Hrsg.): Heute schon gelebt? Alltag und Utopie. Offenbach 1981.

KRUSE, L.: Katastrophe und Erholung. Die Natur in der umweltpsychologischen Forschung. In: GROßKLAUS, G. und OLDEMEYER, E. (Hrsg.): Natur als Gegenwelt. Beiträge zur Kulturgeschichte der Natur. Karlsruhe 1983, S. 121-135.

KRUSE, L.: Räumliche Umwelt. Die Phänomenologie des räumlichen Verhaltens als Beitrag zu einer psychologischen Umwelttheorie. Berlin 1974.

KRUSE, L. und ARLT, R. (Hrsg.): Environment and Behavior. An International and Multidisciplinary Bibliography (1970-1981). München 1984.

KRUSE, L. und GRAUMANN, C. F.: Environmental Psychology in Germany. Berichte aus dem Psychologischen Institut der Universität Heidelberg. Diskussionspapier No. 41. Heidelberg 1984.

LECKE, D. (Hrsg.): Lebensorte als Lernorte. Handbuch Spurensicherung. Skizzen zum Leben, Arbeiten und Lernen in der Provinz. Reinheim 1983.

LEFEBVRE, H.: Das Alltagsleben in der modernen Welt. Frankfurt a. M. 1972.

LEFEBVRE, H.: Kritik des Alltagslebens. 3 Bd.e, Kronberg/Ts. 1977.

LEITHÄUSER, Th.: Untersuchungen zur Konstitution des Alltagsbewußtseins. Genf, Berlin, Hannover 1972.

LEITHÄUSER, Th.: Formen des Alltagsbewußtseins. Frankfurt 1976.

LEITHÄUSER, Th., VOLMERG, G., WUTKA, B.: Entwurf zu einer Empirie des Alltagsbewußtseins. Frankfurt a. M. 1977 (edition suhrkamp 878).

LEY, D. und SAMUELS, M. (Hrsg.): Humanistic Geography. Prospects and Problems. Chicago 1978.

LENZEN, D. (Hrsg.): Pädagogik und Alltag. Stuttgart 1980.

LIESSMANN, K.: Zaungäste – Über die Grenzen des Denkens. Prolegomena zu einer hermeneutischen Soziologie der Vernunft. In: Österreichische Zeitschr. f. Soziologie 1983, 2, S. 17-28.

LIST, E.: Alltagsrationalität und soziologischer Diskurs. Frankfurt a. M. 1983.

NIETHAMMER, L. (Hrsg.): Lebenserfahrung und kollektives Gedächtnis. Die Praxis der »Oral History«. Frankfurt a. M. 1980.

NOVOTNY, H.: Kernenergie: Gefahr oder Nowendigkeit. Anatomie eines Konfliktes. Frankfurt a. M. 1979.

POTT, H.-G.. Alltäglichkeit als Kategorie der Ästhetik. Studie zur philosophischen Ästhetik im 20. Jahrhundert. Frankfurt a. M. 1974.

RELPH, E.: Place and Placelessness. London 1976.

RUDOLPH, F.: Zur Soziologie des Alltags. Eine Einführung in die sozialwissenschaftliche Forschung über Alltagswissen. In: Politische Bildung 1976, 2, S. 6-18.

RUPPERT, W. (Hrsg.): Erinnerungsarbeit. Geschichte und demokratische Identität in Deutschland. Opladen 1982.

SAARINEN, R., SEAMON, D. und SEIL, J. L. (Hrsg.): Environmental Perception and Behavior: Inventory and Prospekt. Chicago 1983.

SEAMON, D.: Geography of the Lifeworld. New York 1979.

Starnberger Studien 1: Die gesellschaftliche Orientierung des wissenschaftlichen Fortschritts. Frankfurt a.M. 1978.

WALTER, H. und OERTER, R. (Hrsg.): Ökologie und Entwicklung. Donauwörth 1979.

WEHLER, U.: Alltagsgeschichte. Maschinenschr. Manuskript, Bielefeld 1984.

WEINGARTEN, E., SACK, F. und SCHENKEIN, J. (Hrsg.): Ethnomethodologie. Beiträge zu einer Soziologie des Alltagshandelns. Frankfurt a. M. 1976.

WIESE, M.: Aktionsforschung. In: KERBER, H. und SCHMIEDER, A. (Hrsg.): Handbuch Soziologie. Reinbek b. Hamburg 1984, S. 13-16.

Städtische Rasen, hermeneutisch betrachtet

Ein Kapitel aus der Geschichte der Verleugnung der Stadt durch die Städter (1985)

1. Das Thema

Mit welcher Art von Thema kann ein Vegetationsgeograph und Methodologe Frau Lichtenberger zum Geburtstag gratulieren? Ich dachte, es müßte erstens etwas über die Stadt sein, zweitens etwas zur Physiognomie der Stadt und drittens etwas zur Hermeneutik dieser Stadtphysiognomie: Insgesamt also ein Stück Stadtgeographie, ein Stück Physiognomik und ein Stück Hermeneutik, und da ich außerdem noch bei meinen Leisten bleiben wollte., sollte es außerdem noch ein Stück Vegetationskunde sein.

Als Nicht-Stadtgeograph denke ich mir den idealen Stadtgeographen als einen praktizierenden Physiognomiker und Hermeneutiker: Er erschließt mir die Stadt von ihrer Physiognomie her auf eine hermeneutische Weise. Dieses Ideal schien mir übrigens einmal sehr lebendig zu sein, als Frau Lichtenberger mich auf einer Art Privatexkursion durch den Wiener 1. Bezirk führte. Für diese inspirierende Exkursion im Jahre 1975 versuche ich mich im folgenden ein wenig zu revanchieren. Als Vegetationsgeograph kann ich mich dabei allerdings nur einem ziemlich belanglosen Zug der Stadtphysiognomie widmen – oder, um eine hermeneutischere Metapher zu benutzen: Einer ziemlich belanglosen Fußnote in jenem komplizierten städtischen Text, zu dessen Interpretation Frau Lichtenberger so viel beigetragen hat.

Mit »Physiognomik« ist dabei die Kunst gemeint, in der äußeren Erscheinung eines Gegenstandes dessen Sinn, z. B. eine bestimmte Geistesbeschaffenheit, zu erkennen – und mit »Hermeneutik« die Kunst, einem Betrachter den Gegenstand auf eine solche Weise verständlich zu machen, daß er nicht nur den Gegenstand besser sehen und verstehen lernt, sondern auch die Art und Weise, wie dieser Gegenstand gemeinhin und von ihm selber gesehen und verstanden wird.

Die Physiognomik hat eine alte und breite geographische Tradition (vgl. z. B. HARD, 1970), die Hermeneutik weniger. Deshalb ist es auch im allgemeinen ziemlich klar, was gemeint ist, wenn ein Geograph von »Physiognomie« und »physiognomischer Betrachtung« spricht, aber ziemlich unklar, auf was er abzielt, wenn er (was ohnehin selten ist) von »Hermeneutik«, »hermeneutischer Methode« und »hermeneutischer Betrachtung eines Gegenstandes« redet. Im folgenden versuche ich, diese Redensarten etwas sinnvoller und klarer werden zu lassen, einfach, indem ich versuche, diese »hermeneutische Methode« auf einen trivialen Gegenstand der städtischen Alltagswelt anzuwenden und anwendend zu kommentieren.

Mit »Gegenstand« ist in diesem Zusammenhang natürlich immer ein *sinnhaltiger* Gegenstand gemeint, d. h. ein Gegenstand, mit dem – gewollt oder nicht – etwas mitgeteilt oder ausgedrückt wird. Für einen enragierten Hermeneutiker freilich gibt es nur solche Gegenstände; für ihn ist sozusagen die ganze Welt ein Text – oder, um ein vielleicht besseres, weil ausbaufähigeres Bild zu benutzen: Er betrachtet seine Welt als eine

Art Manuskript, das er entziffert und interpretiert, in dem er sich auch selber wiederfindet und in das er sich interpretierend noch einmal selber hineinschreibt. Das ist sozusagen sein Weltmodell und seine »absolute Metapher«: Die Welt als Text (oder, um eine aktivistischere Formel zu benutzen: Die Welt als Manuskript). Deshalb werde ich im folgenden öfters auch dann von »Text« und »Manuskript« sprechen (und sogar ohne Anführungszeichen!), wenn eigentlich der »Gegenstand der Interpretation« oder »die Welt des Interpreten« gemeint ist.

Sicher kann man das, was man mit »Interpretation« und »Hermeneutik« meint, besser an der Interpretation eines *wirklichen* Textes illustrieren. Aus diesem Bereich stammen ja nicht nur das Wort und der Begriff »Hermeneutik«, sondern auch die zugehörige Praxis, Methode, Theorie und Metatheorie. Eine gewisse Rechtfertigung für meine Gegenstandswahl liegt aber darin, daß »Hermeneutik« im 20. Jahrhundert oft auch in einem viel weiteren Sinn verstanden wurde: Nicht nur als eine Praxis, Methode und (Meta)Theorie der Interpretation von *Texten*, sondern auch als eine Praxis, Methode und (Meta)Theorie der Erkenntnis sinnhaltiger Phänomenen überhaupt, und nicht zuletzt als ein Zugang zu den sinnhaltigen Phänomenen der *Lebenswelt*.

2. Magere Weiden in der Stadt

Das Interpretieren beginnt normalerweise damit, daß jemand Verständnis- oder andere Schwierigkeiten mit einem Text hat: Ein Textstück paßt, so scheint es, nicht in den Kontext, und der Verständniszusammenhang (oder sogar ein Kommunikations- und Handlungszusammenhang) zerreißt. Man wünscht sich einen verständlicheren (oder anderweitig besseren) Text, beginnt zu interpretieren und den unbefriedigenden Text in einen befriedigenderen zu übersetzen. Was dabei geschieht, kann man als eine Kontextualisierung, als »Einfügen in einen plausibleren Kontext« beschreiben.

Anlaß und Durchführung solcher erzwungenen Interpretationen sind im Alltag oft nicht besonders erfreulich, und man strebt sie wohl nur selten direkt an: Sie unterbrechen ja das fraglos-routinierte Textverstehen und Textverwerten und damit auch die gewohnte Verständlichkeit und Verwertbarkeit der Welt.

Der Hermeneutiker indessen ist geradezu versessen auf solche Textschwierigkeiten, ja, er produziert sie sogar. Er entdeckt beim genauen Lesen *gerne* Verständnisschwierigkeiten, auch an Stellen, über die man normalerweise hinwegliest, und zuweilen setzt er seinen ganzen Ehrgeiz in den Nachweis, daß der Text schwieriger ist, als er prima vista zu sein schien. Der typische Fall besteht auch hier darin, daß dem Interpreten ein Textelement und ein Text, ein Text und sein Kontext nicht mehr zueinander zu passen scheinen oder daß eine bestimmte Konstellation doch bei weitem nicht so selbstverständlich ist, wie man gemeinhin glaubt, sondern eher verwunderlich und schwer verständlich. Aber auch hier ist das Ziel der Interpretation – zumindest im Regelfall – die Wiederherstellung der Stimmigkeit.

Die west- und mitteleuropäische Stadt ist traditionellerweise voll von Scherrasen; die Stadt, in der ich selber wohne, ist nur ein typisches Beispiel unter zahllosen anderen. Wahrscheinlich gilt dies, wenn auch in stark wechselndem Maße, für fast alle Städte der Welt. Obwohl diese Scherrasen gewöhnlich von bestimmten Regelsaatgutmischungen abstammen, entwickeln sie sich im Verlauf weniger Vegetationsperioden zu einer wohldefinierten und, relativ zum Saatgut, auch ziemlich artenreichen Pflanzengesellschaft, im westlichen Mitteleuropa z. B. zum Festuco-Crepidetum oder Rotschwingel-Pippau-Rasen.

Wie paßt und kommt dieser Rasen in den Kontext »Stadt«? Wie vertraut uns Text und Kontext sein mögen, auch in diesem Falle ist es nicht schwer, eine Unstimmigkeit wahrzunehmen.

Zunächst, was den städtischen Kontext dieser Rasen angeht: Nirgendwo in den Städten Mitteleuropas wächst eine Pflanzengesellschaft mit dieser oder verwandter Artenkombination von selber, d. h. ohne hohen gärtnerischen Aufwand. Das Festuco-Crepidetum ist in der städtischen Ruderalvegetation ein völliger Fremdling. (Mit »Ruderalvegetation« ist hier die gesamte Vegetation gemeint, die in den Freiräumen unserer Städte von selber wächst oder von selber wüchse, wenn alles städtische Leben weiterginge wie bisher, aber kein Gärtner sich mehr um das »Stadtgrün« kümmern würde.) Kurz, der typische Scherrasen der Stadt ist kein Teil der »Natur der Stadt«; überall, wo er wächst, substituiert er »Unkraut«, d. h. spontane und insofern »natürlichere« Stadtvegetation, die bei nachlassendem Pflegedruck all diese Rasen alsbald überwachsen würde, und zwar deshalb, weil diese Ruderalgesellschaften (samt ihren trittverträglichen Assoziationen) dem städtischen Leben, d. h. den alltäglichen und anderen Flächennutzungen in der Stadt, in ungleich höherem Maße angepaßt sind.

Die städtischen Festuco-Crepideten haben also überhaupt keine Vorbilder im breiten Spektrum der spontanen Stadtvegetation; sie gehören von Haus aus in einen ganz anderen Kontext: Sie entsprechen in ihrer floristisch-pflanzensoziologischen Struktur wie in ihrer Ökologie am ehesten bestimmten *Weiderasen* des Wirtschaftsgrünlandes. In der pflanzensoziologischen Taxonomie gehören die städtischen Scherrasen denn auch zu den agrarlandschaftlichen Cynosurion-Gesellschaften.

Die Festuco-Crepideten scheinen also nach der Kombination und Ökologie ihrer Arten in den Kontext »Agrarlandschaft« zu gehören. Aber diese erste Kontextualisierung, die sicher nicht ganz falsch ist, produziert zunächst neue Schwierigkeiten: Denn in der *heutigen* Agrarlandschaft sind Vegetationsbilder, die dem Festuco-Crepidetum etwas genauer entsprechen, nur noch schwer aufzufinden. Wenn man z. B. im Grünland der nordwestdeutschen Agrarlandschaft, in diesem klassischen Land des Cynosurion und des Lolio-Cynosuretum, eine solche »genauere Entsprechung« finden will, dann kann man heute lange suchen.

Warum das so ist, verraten schon die beiden dominanten Gräser dieser »gepflegten städtischen Scherrasen«: Der Rotschwingel (Festuca rubra) hat seinen Schwerpunkt in mageren, unterdurchschnittlich gedüngten und überhaupt extensiv bewirtschafteten Formen des Wirtschaftsgrünlandes, und das rote Straußgras (Agrostis tenuis) gilt den Kennern des heutigen nordwestdeutschen Grünlandes sogar als ein typischer Hunger-, Säure- und Magerkeitszeiger. Man findet z. B. die Entsprechung der Osnabrücker Festuco-Crepideten heute weniger in der nordwestdeutschen oder niederländischen Agrarlandschaft als in den peripheren und »rückständigen« Agrarräumen Mitteleuropas, vor allem in den ballungsfernen Regionen, »Problemgebieten« und »Passivräumen« Süd- und Südwestdeutschlands, wo die natürlichen Voraussetzungen, die agrarstrukturellen Bedingungen und die außerlandwirtschaftliche Erwerbsstruktur gleichermaßen ungünstig sind und immer eine Erhebung zum »Naturpark« in der Luft liegt. »Einst«, liest man bei ELLENBERG (1978, S. 782), »müssen diese Hungerzeiger auch im Flachland auf allen Weiden verbreitet gewesen sein«; dann habe ihnen aber die Intensivierung und vor allem die Stickstoff-Mineraldüngung dort den Garaus gemacht. Das Design der städtischen (und von hier aus dann auch in die verstädternden Dörfer diffundierenden) Scherrasen oder »Scherweiden« ist also nach Ansaat und Ergebnis ein Stück ästhetischer Historismus.

Seither zieht sich im deutschen Nordwesten das einförmige Intensiv-Grünland der Tiefland-Standweiden in sehr ähnlicher Zusammensetzung über die unterschiedlichsten Substrate hinweg und erreicht seine äußerste Form in den vom Weidel- und Lieschgras beherrschten, oft äußerst artenarmen Umtriebs- oder Rotations-Mähweiden (die bei starker Gülledüngung oft rasch zu Quecken-Ampfer-Grünland degenerieren, dann umgebrochen und neu angesät werden). Die alte, man muß fast sagen, die ausgestorbene nordwestdeutsche Agrarlandschaft indessen hat sich auf die Böschungen alter Deiche und vor allem in die nordwestdeutschen Städte zurückgezogen. Unter den vielschürigen städtischen Scherrasen findet man auf bestimmten Substraten gelegentlich sogar die magersten, sozusagen archaischsten Varianten der ozeanischen Tieflandweiden wieder, und man kann diese, in der intensivierten Agrarlandschaft der Region nahezu ausgestorbenen Survivals nun nicht selten sogar dort besichtigen, wo die Quadratmeterpreise des Bodens bei 5000 DM und darüber liegen.

Jetzt können wir unsere Ausgangsfrage präzisieren. Die Frage, »wie kommt der Rasen in die Stadt«, lautet nun etwa so: Wie kommt dieses teure Versatzstück einer fast ausgestorbenen archaischen Agrarlandschaft in die Stadt und sogar auf die teuersten Böden unserer Städte; warum verdrängt es dort unter oft hohem Aufwand von Arbeit, Gift und Geld nicht nur die spontane Stadtvegetation, sondern nicht selten sogar die renditestärksten innerstädtischen Nutzungen, deren vielberufener Verdrängungskraft sonst kaum etwas zu widerstehen vermag?

Nach alter hermeneutischer Devise suchen wir den »größeren Kontext«, in dem die genannten Unstimmigkeiten wieder stimmig, d. h. verständlich werden können.

3. Die Auratisierung der Rasen

Versuchen wir zunächst, die *originalen* Kontexte zu rekonstruieren: Nicht zuletzt in der Erwartung, daß hinter dem Phänomen dann sein verdeckter originaler Sinn zutage tritt.

Abb.1 zeigt eines der Urbilder: Wiesen und vor allem Weiden der ozeanisch-subozeanischen Auen, aus Weich- und vor allem aus Hartholzauewäldern herausgerodet und durch die agrarische Nutzung (Mahd oder Verbiß und Tritt) stabilisiert. In relativ niederschlagsreichen und wintermilden Gebieten, z. B. im deutschen Nordwesten, wurde dieses Grünland seit der »Agrarrevolution« weitgehend als (Stand)Weide genutzt. Ein anderes Urbild sind die oft mit zerstreutem Buschwerk, malerischen Weidebäumen und Baumgruppen besetzten Hügeltriften und Heiden, wie sie – vor allem in der vormodernen Kulturlandschaft – für die Außenteile der Gemarkungen charakteristisch waren.

Abb. 1: Eines der Urbilder landschaftsgärtnerischer Arrangements: Wirtschaftsgrünland in einer ozeanisch-subozeanischen Auenlandschaft

Abb. 2: Das Wirtschaftsgrünland gerät in ein Kunstwerk und meint dort eine arkadische Wunschlandschaft: Ausschnitt aus einem Landschaftsgarten

Abb. 2 illustriert, daß diese Formation der *Wirtschaftslandschaft* dann in einen neuen, *fiktionalen* Kontext geriet. Der Weiderasen wurde im 18. Jahrhundert Bestandteil des Landschaftsgartens, also eines Kunstwerks aus idealen Landschaftsbildern, das der Groß- und andere Grundbesitzer um seinen Landsitz errichtete. Dieser Landschaftsgarten wiederum war voller Bildformeln und Versatzstücke aus der Landschaftsmalerei des 17. Jahrhunderts: Die großen Landschaftsgärtner des 18. Jahrhunderts waren durchweg in erster Linie *Maler* – wörtlich und bildlich gesprochen; ihre Gartenkunst realisierte (wie schon die idealisierende Landschafts- und Vedutenmalerei, die dem Landschaftsgarten voranging und ihn begleitete) ein Wunsch- und Traumbild: Arkadien, das utopische Schäferland und seine Weidegründe, ein Land, in dem Liebe, Freiheit, Muße, Poesie und Intimität herrschten.

Der Landlord ist – wie man es z. B. noch in den »Wahlverwandtschaften« geschildert findet – oft selber der gedankenreich dilettierende Gartenarchitekt, von dem die Idee des Ganzen wie der einzelnen »Szenen« stammt. Nicht zuletzt deshalb ist der klassische Landschaftsgarten angefüllt mit Anspielungen aus den Gefilden einer elitären literarischen Bildung: Die Idee von Arkadien war vor allem in der Tradition der europäischen schönen Literatur verankert. Literaten und Dichter, die (mit ihren engsten Freundeskreisen) unter den frühen Schöpfern des Landschaftsgartens besonders stark vertreten waren, projizierten diese »geistige Landschaft« aus der malerischen und literarischen Tradition nun in »die Natur«, d. h. in die damalige, sich agrarkapitalistisch modernisierende Agrarlandschaft Englands hinein.

Die alten Bilder von Landschaftsgärten zeigen, daß diese arkadischen Weidegründe auch im Rahmen des Kunstwerks noch durch Schafe und Rinder stabilisiert werden mußten; auch im Rahmen des landschaftlichen Kunstwerks galt eben weiter der alte Satz, daß es ohne Verbiß, Tritt oder Mahd kein Grünland gibt. Produktionsziel war aber in diesem neuen Rahmen natürlich nicht mehr Wolle, Milch oder Fleisch, sondern das sinnliche Erscheinen einer Idee; das eigentliche Produktionsziel war jetzt die unsterbliche Pastorale, deren phantasievolle landschaftliche Projektion dann vom Landlord und seinen kunstsinnigen Freunden als Bildergalerie, Stimmungsträger, Ideenreservoir und welthaftes Übergesamtkunstwerk genossen wurde. Die Vornutzungen und Vornutzer waren vertrieben, alle banalen Publika und Zwecke ausgesperrt. Die ausgesperrten Publika und Vornutzer wurden nach dieser partiellen Umwidmung der Agrarlandschaft zu einem Kunstwerk nur noch als Pflegepersonal (oder, seltener, zu Erbauungs- und Erziehungszwecken) zugelassen und vor allem (meist gleichzeitig) als Statisterie, als Teil des Kunstwerkes und als Requisit eines lebenden Landschaftsbildes kunstvoll eingesetzt.

»Ein zeitgenössischer Stich zeigt weidende Kühe in der unmittelbarsten Nähe des Herrenhauses, die zum Bestandteil des Gartenbildes geworden sind« (v. BUTTLAR 1980, S. 59, von der Woburn Farm, einer um 1740 im Stil des Landschaftsgartens umgestalteten »ornamental farm«). Gerade auch in diesen landschaftsgärtnerisch überarbeiteten »geschmückten Meiereien« verwandelten sich für die aus ganz Europa herbeiströmenden Betrachter die Bestandteile einer alten Agrarlandschaft – ihre Tiere, Vegetationstypen und Pflanzenphysiognomien, ihre architektonischen Elemente und ihr typisches Personal (ihre »Lebensformen«) – in »Staffagen der pastoralen Szenerie« (ebd.); neben dem »reinen« Landschaftsgarten war nicht zuletzt die »geschmückte Meierei« der Ort, an dem bestimmte Bestandteile alter Agrarlandschaften – vor allem ihre Hutungen und Schaftriften – ästhetisiert, ästhetisch nobilitiert und symbolisch aufgeladen wurden.

Je öfter ein Inventarstück der Agrarlandschaft die (gedichtete und gemalte) Pastorale verziert hatte, um so wahrscheinlicher war jetzt seine Ästhetisierung. Seither stehen die (Weide)Rasen in vorderster Linie der Kandidaten für eine Auratisierung zum Kunst- und Kultwerk, d. h. für die Verleihung jener Aura, die (nach der berühmten Formel von W. Benjamin) auch den an sich banalsten und nächstbesten Gegenstand zu einer »einmaligen Erscheinung einer Ferne« machen kann. Sie verleiht den Dingen einen »höheren«, aus verehrten, wenn auch vielleicht vergessenen Traditionen gespeisten Sinn und entzieht sie zumindest tendenziell allen bloß zweckhaften, z. B. direkt alltagspraktischen Zugriffen und Bedürfnisbefriedigungen. Originaler formuliert: Vom Künstler belehnt, schlagen die Dinge, die ihm und uns zuvor entfremdet waren, mit träumerischem Blick die Augen auf und ziehen den Betrachter in eine rätselhafte Ferne und einem Traume nach, dessen Inhalt eine »bessere Natur« und ein glücklicheres, weil natürlicheres Leben ist – in diesem Falle: Arkadien.

Dieser Weg des Weiderasens ins Kunstwerk wird nicht zuletzt von den frühen Standardwerken der Gartenkunst belegt. Das Ziel dieser Gartenkunst ist gemeinhin eine Darstellung Arkadiens, welche »das Bild des theokritischen Zeitalters erneuert« und »die lieblichen Bilder der Idyllendichter zurückbringt«, was eine solche »Anlage« in ihrem Kern »fordert«, wird in immer neuen Formeln wiederholt: »Sie fordert anmutige, ruhige und grasreiche Täler und Hügel zur Weide der Herden« – *das* ist die einfache landschaftliche Matrix, in die dann die vielfältigen Akzessoires eingelassen werden.

Von den »Leasowes oder Hirtenfeldern« z. B., einem im Stile des Landschaftsgartens zu einer »arkadischen Meierei« umgestalteten »Landgut«, heißt es bündig: »Alle Teile sind ländlich und natürlich. Eigentlich machen sie nur eine um das Wohnhaus herumgeführte Schaftrift aus«. (Zu den Zitaten vgl. HIRSCHFELD, 4.Bd., 1782, S. 151, 5.Bd., 1785, S. 65, 125, 138, 147 u. ö.).

4. Die Land-Stadt-Wanderung der Versatzstücke Arkadiens

Das beschriebene Garten- und Landschaftsideal war von Städtern aufs Land gebracht worden; man kann sogar sagen, daß diese nostalgisch-utopischen, ganz und gar urbanen Bilder und Bildchen schöner Ländlichkeit in ideologischer *und* ökonomischer Hinsicht Produkte der Stadt und der Städter waren. »In England kehrten sich im 17. und im 18. Jahrhundert die Verhältnisse um: Die Stadt, bisher Ort des Verbrauchs der in der Landwirtschaft erworbenen Reichtümer, wird nun selbst der Ort der Bereicherung. Die Landgüter, die vorher dem sich in der Stadt vergnügenden Herrn das Einkommen zu liefern hatten, werden damit zu Lustgärten, in welchen das in der Stadt gewonnene Geld für Liebhabereien verausgabt wird« (BURCKHARDT 1978, S. 10). Vor allem im 19. Jahrhundert kehrte diese ästhetisierte Agrarlandschaft zurück in die Stadt, erst in die zu Landschaftsgärten umgestalteten Schloßgärten, dann in die Wallanlagen und Volksparks; hier nahm sie dann die Gestalt des »modernen Stadtgrüns« an, in dem sich die agrarromantisch-landschaftsgärtnerischen Designs in modisch wechselndem Ausmaß mit Elementen des älteren, »architektonischen« Repräsentationsgartens verbanden. Das Ende des ancien régime und die Schleifung der Bastionen waren zwei erste Stadien beim unaufhaltsamen Aufstieg eines neuen Großgrundbesitzers und Verfügers über ästhetisch gestaltbare Grünflächen: Das städtische Gartenamt.

Um und nach 1900 ging eine zweite »grüne Welle« von Kulturpessimismus, Naturanbetung und Stadtkritik über weite Teile des außermediterranen Europas hinweg (also ungefähr ein Jahrhundert nach der ersten »rousseauistischen« und aufgeklärt-empfindsamen »grünen Welle«, die unter anderm den Landschaftsgarten über ganz Europa hinweg verbreitet hatte). Aus dieser Zeit stammen auch die rasch populär gewordenen Heilserwartungen ans öffentliche Stadtgrün. Diese Erwartungen wurden in der einschlägigen Literatur bis in die jüngste Zeit hinein tradiert: Der kulturentwurzelte und naturentfremdete Großstadtmensch ist von allen möglichen physischen, psychischen und sozialen Schäden bedroht, und als Heilmittel gilt nicht zuletzt die *Natur*. Eben diese heilende Natur sollte in den städtischen Grünanlagen angeboten werden. »Natur« und »Gärtnergrün« wurden in diesem Ideenzusammenhang fast identisch; im Stadtgrün, in der »Natur der Gärtner«, wird die Natur (wie es in immer neuen Formeln heißt) dem naturbedürftigen Stadtbewohner sogar in einer besonders konzentrierten, künstlerisch veredelten und deshalb auch besonders wirksamen Form angeboten.

So eroberte sich das Requisit des Landschaftsgartens und der »geschmückten Meierei« die städtischen Freiräume. Die Effekte der Begrünung öffentlicher Freiräume waren oft sehr ähnlich wie bei der älteren Landschaftsgärtnerei auf dem Lande: Sie bestanden und bestehen bis heute vor allem in der Vertreibung und Aussperrung der spontanen und sozial eingespielten Nutzungen, in der Vernichtung der historisch angewachsenen Vegetation und vielfach auch in einer Nivellierung der Kulturlandschaft: Jede intensivere Fallstudie zur »Raumwirksamkeit des öffentlichen Stadtgrüns« führt auf Effekte dieser Art (vgl. z. B. HARD 1984). Und auf den okkupierten Flächen erstellten die Stadtgärtner seither ihre Kunstwerke nach alten und neuen Meistern, deren einzige genuine Funktion vielfach die distanzierte Besichtigung der ausgestellten Naturschönheit war (sei es zum ästhetischen Genuß, sei es zu einer sonstwie erbaulich-belehrenden Betrachtung).

Eine wesentliche Folge war die Verdrängung der »Natur der Stadt« – erstens aus dem Stadtbild und zweitens aus dem Bewußtsein der Städter. Mit der »verdrängten Natur der Stadt« ist in unserem speziellen Zusammenhang die spontane, d. h. spezifisch und genuin städtische Vegetation gemeint. Man wird auch heute noch kaum einen Gebildeten finden, der eine sinnvolle Vorstellung von dieser genuin städtischen Natur hätte und der nicht zutiefst davon überzeugt wäre, daß in seiner Stadt »ohne großes Gerät, Geld und Planen«, d. h. ohne Stadtgärtner, »eigentlich (fast) nichts grün wäre« (HÜLBUSCH 1980, S. 193). Vor allem die an zweiter Stelle genannte »Verdrängung aus dem Bewußtsein« steht sichtlich noch in einem größeren Zusammenhang, in einer (keineswegs nur deutschen) Ideen- und Ideologiegeschichte, in der »Natur« und »(alte Agrar)Landschaft« sich einander fast bis zur Identifikation annäherten und in deren Verlauf das Gegen- und »Schreckbild Stadt« zu einer Inkarnation von »Unnatur« wurde.

Auf den skizzierten Entwicklungslinien geriet der Weiderasen (und sein Gebüsch) schließlich auch auf die Abstandsflächen des sozialen Wohnungsbaus (Abb. 3). Traditionell wird dieses Grün als »Schaugrün« und »hygienisches« oder »sanitäres Grün« betrachtet; alle anderen »Freiraumfunktionen« wurden wohldefinierten und genau abgegrenzten, durchweg viel kleineren Spezialflächen zugewiesen. Über die großen Grünflächen verfügten meist nicht die Bewohner (die ihre Anlagen oft nicht einmal zu betreten, sondern nur zu schützen hatten); Verfüger waren und sind vielfach noch immer die Administration, die Gärtner und Hausmeister der Wohnungsbaugesellschaften: Auch hier hat die Verwaltung den Flächenherrschaftsanspruch der Landlords übernommen. Nicht selten stehen die Häuser wie Kulissen in einem nicht oder kaum nutzbaren Landschaftsgarten; auch manche Entwürfe von Le Corbusier im Stil der »vertikalen Gartenstadt« sind fast vollkommene Beispiele für diese Vision vom städtischen Wohnen in arkadischer Landschaft: Punkt- und andere Hochhäuser in einem monumentalisierten, riesigen Landschaftspark.

Es ist nicht schwer, das Fortlaufen der Tradition zu sehen. Noch die scheinbar banalsten Grünanlagen entpuppen sich bei näherem Hinsehen als Abkömmlinge von Mustern, die in der Gartenkunst-Literatur des 18. Jahrhunderts expliziert und illustriert wurden; noch durch die Grünarrangements der heutigen Grünflächenämter und anderer Stadtgärtner spukt die originale KontextBedeutung all dieser Rasen: Die unsterbliche Pastorale (Abb. 4).

Hier wie im folgenden wird natürlich nicht behauptet, daß die originären Intentionen und Sinngehalte jedem Stadtgärtner oder auch Landschaftsarchitekten bei jeder Routinehandlung und jedem Entwurfsdetail (oder auch nur überhaupt einmal) präsent seien; aber auch sie fänden, wenn sie ernsthaft und akribisch den guten Sinn ihres Tuns eruieren würden, etwas ähnliches wie das, was der Interpret herausgefunden hat.

Abb. 3: Eins der zahllosen Nachbilder des Landschaftsgartens im Abstandsgrün des sozialen Wohnungsbaus

Abb. 4: Arkadische Bronze-Schafe in städtischem Verkehrsbegleitgrün: Ein urbaner Nachklang der unsterblichen Pastorale

5. Folgen einer Auratisierung

Ein öffentliches Gartenkunstwerk in der Stadt (oder auch nur ein einzelner Bestandteil dieses öffentlichen Stadtgrüns wie z. B. ein Rasen) verhält sich zur städtischen Wirklichkeit wie ein fiktionaler zu einem nichtfiktionalen Text – also z. B. wie ein Stück Poesie zu einem Stück Zeitungs-, Wissenschafts- oder Alltags-Prosa. Fiktionaler und nichtfiktionaler Text unterscheiden sich z. B. darin, daß man einen fiktionalen Text (etwa einen Roman) oder auch einen lyrischen Vers gemeinhin und auch sinnvollerweise weder auf Informationsgehalt noch auf banale Praxisdienlichkeit hin liest. Der fiktionale Text ist gemeinhin nicht als Teil von realen und alltäglichen, pragmatischen Kommunikations- und Arbeitszusammenhängen gedacht und brauchbar; seine Bezüge zu realen Umgebungen und alltäglichen Situationen bleiben, wo sie nicht offenkundig fehlen, zumindest mehrdeutig und in der Schwebe. Wer diese »ästhetische Differenz« nicht begreift, ist ein Banause, und wer diesem Unverstand auch noch Taten folgen läßt, ist ein Vandale.

Ganz analog das gestaltete Stadtgrün: Es hat von Hause aus keine praktische Funktion, zumindest nicht in erster Linie. (Die praktischen, z. B. ökologischen Funktionen, die man ihm seit längerem und z. T. bis heute zuschreibt, sind, wie wir sehen werden, spätere und ihrerseits weithin fiktive sekundäre Motivationen.) Auch angesichts einer traditionellen städtischen Grünanlage ist traditionellerweise eine alltagspraktische Perzeption und Aneignung nicht vorgesehen (und durchweg auch nicht möglich, ohne diese Anlage tendenziell zu zerstören); ein normal gepflegter Rasen mit seinen gestuften Gebüschen z. B. wirkt tendenziell eher als ein Verbot, ihn in die Abwicklung einer Alltagsrolle einzubeziehen. Er taugt z. B. weder als Schafweide noch als Bolzplatz, und auch sein (von der gärtnerischen Theorie festgehaltener) Anspruch, Natur, sogar überhöhte Natur zu sein, bezieht sich nicht auf die (reale oder ideale) Natur der Stadt, die ihn umgibt, sondern auf die (reale oder idealisierte) Natur eines fernen Landes.

Nur ein Banause mißt den Wert eines poetischen Textes (und überhaupt eines Kunstwerkes) an dem alltagspraktischen Nutzen, den man aus ihm ziehen kann oder könnte; in analoger Weise ist es banausenhaft, das Ergebnis einer städtischen Gründgestaltung ganz oder vorwiegend an ihrer Tauglichkeit für alltägliche und bloß nützliche Freiraum-Verrichtungen zu messen. Der Rasen einer stadtgärtnerischen Anlage ist – eben als Teil eines Kunstwerkes – herkömmlicherweise nicht für den direkten Zugriff gedacht, er bietet keinen Gebrauchswert, sondern höchstens ein arkadisch-utopisches Gebrauchswert*versprechen*, »une promesse de bonheur«.

Nachdem ein ganzes Bild, sozusagen eine ganze Landschaft einmal ästhetisiert worden ist, können auch deren Einzelteile (wie etwa Rasen und Gebüsch) für sich allein weiterstilisiert, d. h. jenseits praktischer Funktionen und für kontemplativ-ästhetische Einstellungen zu immer raffinierteren »Schönheiten« stilisiert werden. Der Rasen der Anlagen etwa wurde immer reiner und feinfloriger, das Buschwerk immer »interessanter« und phantastischer (zumindest in der Intention der Grünexperten). Den originären Sinn dieser hochgezüchteten Derivate versteht man erst wieder, wenn man sie in dasjenige Ensemble zurückversetzt, aus dem sie stammen: In ein »reizendes arkadisches Gemälde« (um die Diktion der alten Gartenbücher zu benutzen).

Werden Freiraum- und Grünplanung dergestalt auch oder sogar vor allem als Grün*gestaltung*, ja als Garten*kunst* gedacht und ins Werk gesetzt (was bis heute das Normale ist), dann wird die Forderung nach dem Schutz dieser Anlage eine Tautologie: Bürger, schützt Eure Anlagen. Dieser Schutz wiederum läuft auf Unberührbarkeit hinaus – zumindest für alle nicht von vornherein ins Kunstwerk eingeplanten Zugriffe: Denn nur diese Unberührbarkeit (das ist eine normale Gärtnerüberzeugung) garantiert die Absenz aller oder doch wenigstens aller ungeplanten Entwicklungen und Veränderungen, die, einmal zugelassen, ja gerade das zerstören würden, was geschützt werden sollte.

Je wertvoller das Kunstwerk ist, umso mehr bedarf es des Schutzes und umso unberührbarer muß es sein. Im öffentlichen Grün der Stadt entscheidet meist der Künstler, der städtische Gartenbeamte, zugleich auch über den Wert seines Kunstwerks, der sich bei sinkendem Kunstverstand immer stärker an den Anlage- und Pflegekosten mißt. Die traditionelle Schönheit verwandelt sich in eine »finanzielle Schönheit« (um eine berühmte Formel Th. Veblens zu gebrauchen). Und je höher die Aufwendungen werden, umso mehr muß das Werk durch Aussperrungen und Aussperrungssignale gerahmt werden, und seien es nur niedrige Riegelzäune oder jene Mitteilungen, die schon die augenfällige Gepflegtheit einer Grünfläche ausstrahlt.

Kunstwerdung bedeutet also normalerweise auch Unberührbarwerden: Zumindest für alle alltagspraktisch – trivialen Verrichtungen, und das sind vor allem jene Zugriffe und Berührungen, die nicht ins Bild passen, d. h., die im Rahmen des Kunstwerkes nicht in gleicher Weise ästhetisierbar sind wie sein beraster Boden und seine buschigen Kulissen. Mußevolles Lagern (ein altes arkadisches Motiv!), das geht eher als einfach »den Arbeitsweg abkürzen«, »Fußball spielen« oder gar »Motorrad reparieren«.

Weil man die wertvolleren Kunstwerke aber gerne in einem angemessenen Rahmen ausstellt – in würdiger Umgebung und dort, wo möglichst viele sie bewundern können – ergibt sich auf der Erscheinungsebene schließlich eine für die öffentlichen Grünflächen unserer Städte durchgängig sehr charakteristische und hohe Korrelation von Imagelage, Bodenpreis und Gärtnergrün. Jeder genauere Blick zeigt, daß die Stadtgärtner ihre edelsten Kunstwerke am liebsten an den Stellen höchster Sichtbarkeit ausstellen, zumal an den Orten, auf die das Selbstbild und die »Identität« einer Stadt sich unmittelbar beziehen. Insgesamt aber gilt: Sie stellen ihre teuersten, pflegeintensivsten, unberührbarsten und ökologisch nutzlosesten Grünkunstwerke vor allem da aus, wo rundherum die im Bodenpreis antizipierte Bodenrente und die Investitionsbereitschaft des Kapitals am höchsten sind – und dies, obwohl die Grünflächen selbst gar keinen ökonomischen Wert haben, vielmehr ein beträchtlicher Kostenfaktor sind.[1]

So setzte sich allem Anschein nach auch in der Gartenkunst der Stadtgärtner durch, was in der klassischen Ästhetik (die in etwa zeitgleich mit dem Landschaftsgarten und seinen Rasenkulturen entstand) unter anderem das Kunstwerk ausmacht: Zeitenthobenheit, Abstand von den Alltagsbedürfnissen sowie (als die angemessene Haltung) »interesseloses Wohlgefallen«, d. h. ein kontemplatives Wohlgefallen aus höheren Interessen heraus – und nicht aufgrund der Interessen, die im »zersplitterten«, trivialisierten und

[1] Die Grünflächenämter benutzen ihr Dekogrün also auch, um den ökonomischen Wert und/oder den sozialen Status seines unmittelbaren Umfeldes zu symbolisieren; sie zeichnen in ihren Grünanlagen gewissermaßen eine mental map des politökonomischen Stadtplans nach. So legt sich über das arkadisch-poetische Bedeutungssystem ein zweiter, ökonomischer Symbolismus. Für die öffentlichen Rasen im Stadtbereich vgl. im einzelnen HARD 1983a.

entfremdeten bürgerlichen Alltag entstehen und dort in trivialer Weise befriedigt werden müssen.

Soweit die Skizze eines Versuchs, die Intentionen und Einstellungen der Stadtgärtner von ihren Ursprüngen, d. h. aus ihren originären Kontexten zu verstehen (und damit auch Intention, Sinn und Gestalt ihrer Kreationen). Wir beschreiben damit auch Intention und Einstellung dessen, der in der gleichen Wirkungsgeschichte steht und die beschriebenen Intentionen adäquat, d. h. im Sinne der Künstlerintentionen rezipiert oder konkretisiert. Um mit einem altertümlichen Ausdruck zu resümieren, der auch ein Ausdruck der Epoche ist, in der die Gartenkunst sich als Kunst emanzipierte: Das Stadtgrün gehört von Haus aus in einen von allen pragmatischen (utilitären, alltagspraktischen, ökologischen ...) Perspektiven ausgegrenzten *ästhetischen* Horizont, und diese Zugehörigkeit setzt sich bis heute durch, nicht nur in der Stadtgärtnerei, sondern auch bei jedem Stadtbewohner, der sich gegenüber dem Stadtgrün mit wohlerzogener Verständigkeit benimmt.

Die Stadtgärtnerei legitimiert die nach ihrem originären Sinn *ästhetischen* Konstrukte inzwischen auch mit zeitgemäßeren, z. B. mit im weitesten Sinne *ökologischen* (bio-, human- und sozialökologischen) Argumenten. Gerade dies aber erweist sich als ein Versuch am völlig untauglichen Objekt. Nimmt man alle heute verfügbaren Belege und seriösen Argumente zusammen, so kann man sagen: Die ökologischen und sozialen Funktionen, die man dem angebauten Stadtgrün zuschreibt, sind zu einem guten Teil imaginär, und was davon übrigbleibt, würde die gärtnerisch verdrängte Vegetation (das, was so von selber wüchse) durchweg weit besser erfüllen. Das spontane Grün, dieses »Stadtgrün ohne Stadtgärtner«, wäre z. B. zugänglicher, nutzbarer, anpassungsfähiger (an wechselnde Nutzungen), stabiler, strapazier- und belastbarer, dauerhafter, alterungsfähiger, pflegeleichter und klimameliorativ wirksamer, und außerdem würde es auch noch einen weit besseren Bodenschutz abgeben. Grob gesprochen: Ökologisch am ungünstigsten ist fast immer das übliche, gärtnerisch angelegte und scheingenutzte (»gepflegte«) Grün; ökologisch ungleich günstiger sind wirklich genutzte Gärten und vor allem die wirklich genutzte oder ohne jede Nutzung aufkommende Spontanvegetation. Wenn es wirklich nur um Ökologie und Nutzbarkeit ginge, gäbe es stadtgärtnerisch nur eine sinnvolle Devise: »Bäume, das genügt«, und den Rest könnte man – im ozeanisch-subozeanischen Klima auf möglichst vielen wassergebundenen Decken – bis auf minimale Eingriffe weitgehend der Natur der Stadt überlassen.

Wir haben Ökologisches nur eben erwähnt, um anzudeuten, wie die ökologischen Legitimationen des Gärtnergrüns zu lesen sind: Als zeitgeistinspirierte Versuche, einem per definitionem untauglichen Objekt, einem Objekt, das nach seinem originären Sinn ein Kunstwerk war und ist, auch einen berechenbaren Nutzen, einen nennenswerten und vorzeigbaren Alltags-Gebrauchswert zuzuschreiben. Um zwei Schlüsselbegriffe aus einem der Gründertexte der modernen Ästhetik (Baumgartens »Aesthetica« von 1750) zu gebrauchen: Das Stadtgrün der Gärtner gehört, richtig besehen und verstanden, in den horizon aestheticus; wer es hingegen im horizon logicus zu betrachten versucht (oder, um nach Kant sinngemäß zu ergänzen, im Horizont der Praxis und der Sitten), der fördert, wenn er konsequent bleibt, nur die Sinnlosigkeit dieser Grünarrangements zutage und verpaßt zugleich deren eigentlichen Sinn.

6. Die Ästhetisierung eines archaischen Ensembles

Nachdem wir die städtischen Rasen aus ihrem originalen Kontext verstanden haben, liegt es nahe, uns im hermeneutischen Zirkel ein wenig weiterzubewegen: Der gewonnene Kontext sollte nun umgekehrt neue Details sichtbar und verständlich machen, und das Verständnis dieser neuen Details sollte uns dann wieder den Kontext erweitern – und so fort.

Abb. 5: Gärtnerisch wohlabgezirkeltes Nachbild einer Sproßkolonie

Was ist z. B. mit der bis heute völlig ungebrochenen Vorliebe der Garten- und Landschaftsarchitekten für kunstvoll »gestufte Gebüsche«, die die Rasenflächen gliedern und umrahmen und die ihrerseits oft von Zwerg- und Dornsträuchern eingerahmt werden (vgl. Abb. 5)? Diese Grünarrangements imitieren (in den Landschaftsgärten des 18. und frühen 19. Jahrhunderts noch ganz bewußt!) die charakteristischen Gehölz-Polykormone oder »Sproßkolonien«, wie sie auf Weiden – und besonders eindrucksvoll auf den Extensivweiden archaischer Agrarlandschaften – durch selektive Unterbeweidung entstehen (vgl. Abb. 6). Auch hier wurde vom Landschaftsgartenkünstler im Rahmen eines Kunstwerkes kunstvoll geplant und nachgebaut, was zuvor und daneben sozusagen von selber entstanden und spontan gewachsen war; dieser feste Bestandteil des Landschaftsgartens und dann des Stadtgrüns war zuvor eine ungeplante und sogar durchaus unerwünschte Folge- und Begleiterscheinung agrarischer Arbeitsprozesse und Landnutzungen gewesen.

Abb. 6: Typische Kriechweiden-Sproßkolonie auf ehemaliger Schaftrift, hier: in atlantischen Zwergstrauchheiden; im Mittelpunkt des Polykormons eine eingeflogene Moorbirke

Mit den »anmutigen Rasen« wurden offensichtlich auch noch andere typische Wuchsformen und Formationen der Weidelandschaft landschaftsgärtnerisch ästhetisiert. Es ist in der Tat nicht schwer, auch noch in den modernsten Grünanlagen unserer Städte das Vegetationsmosaik Arkadiens wiederzufinden: Von den (Mager-)Rasen und Gehölzpolykormonen bis zu den Zwergstrauch-, Wacholder-, Dornstrauch- und macchieähnlichen Gebüschformationen, wie sie in den vormodernen und peripheren Agrarlandschaften Europas und Asiens überweidete oder anderweitig devastierte Geländeteile markieren.

Wenn wir so die Herkünfte der stadtgärtnerischen Grünformeln prüfen, dann stoßen wir allerdings auch auf Elemente, die sich, wie es scheint, dem Kontext »arkadische Weidelandschaft« nicht mehr so zwanglos einfügen und uns zwingen, Kontext und Interpretationsformel zu erweitern.

Die moderne Stadt ist nämlich nicht nur vollgepflanzt mit Vegetationsphysiognomien aus altertümlicher und peripherer Agrarlandschaft, sondern auch voller Vegetation von der Peripherie dieser Peripherie, d. h. vom Rand der Ökumene. Ein Beispiel ist die stadtgärtnerische Karriere von Pinus montana, die Imitation subalpiner Legföhrengebüsche, z. B. im Herzen nordwestdeutscher Städte (vgl. Abb. 7, 8). Ein anderes Beispiel sind die großen Flächen, die in den letzten Jahrzehnten mit Cotoneaster-Arten bepflanzt wurden, d. h. mit Felsspaltenwurzlern asiatischer Gebirge, deren ursprüngliche Wuchsorte oft nahe und jenseits der Wärmemangel- oder Trockengrenzen des Waldes liegen, und aus ähnlichen Formationen stammen auch die ausgedehnten Vegetationsbilder, die die Stadtgärtner mit Potentilla fruticosa, Lonicera nitida, Symphoricarpus chenaultii und Berberis candidula (sowie anderen Dornsträuchern) produzieren. Ein jüngstes Beispiel dieser Art ist die Karriere von Stranddünenvegetation als »Verkehrsbegleitgrün«, vor allem von Elymus arenaria (dem »Strandroggen«), ein Gras, das in Mitteleuropa in Spülsaumgesellschaften, salzhaltigen Vordünen und niedrigen Weißdünen wächst, d. h. in instabilen, an die extremsten Meeresküsten-Standorte angepaßten Gesellschaften. Jeder Versuch, dergleichen Pflanzungen ökologisch oder funktional zu begründen, läuft, wie schon die geringe Nachhaltigkeit dieser Pflanzungen zeigt, auf Absurditäten hinaus (vgl. z. B. HARD 1983a).

Abb. 7: Pinus mugo auf Kalkschutt im Knieholz der Alpen

Die Stadtgärtner umstellen die Städter also nicht nur mit Bildern und Versatzstücken archaischer und devastierter Agrarlandschaften; ihr Repertoire hat sich erweitert, aber die Novitäten variieren nur die alten Intentionen. Entsprechend müssen wir unsere Interpretationsformel erweitern: Die Gartenkunst der Stadtgärtner, das ist die urbane Ästhetisierung der Peripherie.

Die gleichen Tendenzen, die man am traditionellen Gärtnergrün feststellt, finden sich übrigens in den jüngsten Grün- und Gartenmoden wieder – und hier nicht nur als Routine mit verblaßtem Sinnhintergrund, sondern wieder als Programm. »Ich wollte mit *naturnahen* Lebensgemeinschaften aus *vorindustrieller Zeit* versuchen, etwas mehr *Naturleben*, Abwechslung und *Ästhetik* in die Anlage zu bringen ... Man lerne von den *Bauern*!« – so formuliert U. SCHWARZ 1980 in einem berühmt gewordenen Programmbuch der »Naturgartenbewegung« die Intentionen, die er auf den Freiflächen an einer Solothurner Schule verfolgte (Kursivsetzungen G.H.). Was der Naturgärtner dann tatsächlich in die Stadt verpflanzt, ist auch hier wieder vormoderne Agrarlandschaft, d. h. die alte (fiktive und fiktionale) Identität von Natur, archaischer Agrarlandschaft, Schönheit und gutem, weil naturnahem Leben.

Abb. 8: Pinus mugo als Stadtgrün (mit gärtnerisch imitierter alpiner Schutthalde)

7. Der weitere Kontext: Eine moderne Kritik an der Moderne

Interpretieren heißt (um es noch einmal zu formulieren), in einen Kontext stellen, und die ideale, sozusagen welthaltige Interpretation bestünde in einer seriellen Kontextualisierung jedes einmal gewonnenen Kontextes. Wir haben den Rasen der Stadtgärtner verstanden, indem wir ihn in seinen originären Kontext gestellt haben: In ein frühmodernes Gartenkunstwerk, eine ästhetisierte archaische Agrarlandschaft. Seitdem gibt es die Agrarlandschaft und ihr Grünland sozusagen in doppelter Ausführung: Einmal als Wirtschaftslandschaft und Wirtschaftsgrünland, zum anderen als schöne Landschaft und Zierrasen, und entscheidend für die Zuordnung zum einen oder zum anderen sind seitdem nicht mehr so sehr (und oft gar nicht mehr) die materiellen Bestände, sondern eher die ästhetische oder außerästhetische Einstellung, in der man sich dem Gegenstand nähert.

Diese spezifisch (früh)moderne Ausdifferenzierung eines quasi-autonomen ästhetischen Horizontes betraf nun keineswegs nur die Landschaft, sondern in gewissem Sinne die gesamte Wirklichkeit; gleichzeitig entstand auch die moderne Ästhetik und versuchte, diese Dissoziation auf den Begriff zu bringen: Die Dissoziation des Aestheticus vom Logicus, des Hirten-Himmels vom Himmel der Astronomen, des poetischen Sonnenaufgangs vom Sonnenaufgang des Astrophysikers (um die berühmten Beispiele aus BAUMGARTENS Aesthetica von 1750 und G.F. MEIERS »Anfangsgründen aller schönen Wissenschaften« von 1748 aufzugreifen) – oder, um es abstrakter zu sagen: Die Dissoziation der empfindenden und fühlenden Subjektivität von der objektivierenden Vernunft und die Unterscheidung der ästhetischen von der philosophischen und szientifischen Wahrheit. »Wo die ganze Natur als Himmel und Erde des menschlichen Lebens philosophisch und im objektiven Begriff ... ungesagt bleibt, übernimmt es die Subjektivität, sie im Empfinden und Fühlen gegenwärtig zu halten, und Dichtung und Kunst bringen sie ästhetisch zur Darstellung« (RITTER 1971, Sp. 558). Was hier »Himmel und Erde des menschlichen Lebens« heißt, nennen wir im weiteren Text »konkret-ökologische Natur«.

Das ist der (vor allem in der philosophischen Literatur schon oft beschriebene) größere Kontext, in dem auch das ästhetische Konstrukt »Landschaft« entstanden ist: Landschaft, das ist die moderne, ästhetisch-subjektive Repräsentation jenes großen Ganzen, welches der objektiven Erkenntnis zu entgleiten schien, und die Bewahrung der konkret-ökologischen Natur im Medium von Kunst, Schönheit und Sympathie. (Vgl. hierzu z. B. RITTER 1974, PIEPMEIER 1980, EISEL 1980, HARD 1983b.)

Das ästhetische Konstrukt »Landschaft« (und seine künstlerischen Realisierungen in Landschaftsgarten und Gärtnergrün) hielten also ästhetisch und als *ästhetischen* Gegenstand präsent, was andernorts – als Gegenstand gesellschaftlicher Arbeit und als Gegenstand rationaler Erkenntnis – verloren zu gehen schien. Genau besehen war aber das dergestalt Repräsentierte nie *wirklich* vorhanden, nie *wirklich* besessen und nie *wirklich* erkannt worden: Die moderne Gesellschaft und Wirtschaft hat keine heile Landschaft arkadischer Schönheit und menschlichen Glücks zerstört, und der anschaulich-verständliche Kosmos der alten Philosophen war nie viel mehr gewesen als eine Chimäre. Auch die Landschaft ist nicht ein Bild der Welt, wie sie vorher wirklich war, sondern wie sie erst nachher (in der Moderne) geträumt werden konnte. Eine Utopie von schöner und heiler Landschaft, die sich selber richtig begreift, müßte also immer auch loben, wogegen sie polemisiert: Den modernen Zustand der Welt.

Der Landschaftsgarten war (wie das ganze Konstrukt »Landschaft«) in der Tat von vornherein nicht nur eine ästhetische, sondern auch eine *polemische* Konstruktion, die, sehr grob gesprochen, zuerst vor allem gegen den Absolutismus und seine Beschneidungen der »natürlichen Freiheiten« gerichtet war, dann aber auch eine anti-moderne, anti-städtische und anti-industrielle Bedeutung annahm. Dieses antiindustrielle Konstrukt »Landschaft« wurde dann in der ideologiebildenden »Literatur um 1900« mehr als je zuvor ontologisiert, ideologisiert und eben dadurch auch politisch umweglos verfügbar gemacht. (Vgl. z. B. MÜLLER-SEIDEL 1981, SCHULTZ 1980.)

Insofern gehören der Landschaftsgarten, der Landschaftsbegriff und – als eines ihrer Derivate – auch das heutige Stadtgärtnergrün gleichermaßen in einen noch weiteren, ästhetischen *und* politisch-ideologischen Sinn- und Symbolzusammenhang, in einen Komplex, den man »die moderne Kritik an der Moderne« nennen könnte. Diese Kritik war *in* der städtisch-industriellen Welt *gegen* die städtisch-industrielle Welt gerichtet und reflektiert seitdem – freilich auf sehr unterschiedlichen künstlerischen und intellektuellen Niveaus – die spezifisch moderne Entfremdung durch Fortschritt und Geschichte. Die Schreckbilder Stadt und Industrie symbolisieren die Moderne, Landschaftsgarten, Landschaft und Gärtnergrün eher das Wunschbild Land, d. h. das Bild einer besseren Vergangenheit (und zuweilen auch einer wünschenswerteren Zukunft).

Die traditionelle Geringschätzung, emotionale Abwertung und kognitive Vernachlässigung der Stadt durch die Städter ist ebenfalls ein Teil dieses Komplexes, und hierher gehört auch die von uns beschriebene Verdrängung der Natur der Stadt erstens aus der Physiognomie der Stadt und zweitens aus dem Bewußtsein der Städter. Die bürgerliche Bildung hat die vom Bürgertum selbst geschaffene städtisch-industrielle Welt im ganzen eher vernachlässigt und verleugnet als emotional und intellektuell ernstgenommen. Eben dieses Versagen spiegelt sich übrigens, wie Eisel 1980 gezeigt hat, besonders eindrucksvoll auch in der Geschichte unserer eigenen Disziplin: Auch das Kernparadigma der Geographie ist nach dieser Interpretation nur einer der vielen Belege des genannten Komplexes, und auch in dieser wissenschaftlichen Variante fungiert bekanntlich die Landschaft als das zentrale Symbol.

8. Die große Chimäre des Hermeneutikers

Nach alter hermeneutischer Devise haben wir den größeren Kontext gesucht, der uns eine bestimmte Unstimmigkeit wieder stimmig, d. h. verständlich machen sollte. Der Hermeneutiker hat sich aber darauf abgerichtet, jeden einmal gefundenen Kontext alsbald wieder zu kontextualisieren, d. h. unentwegt nach immer größeren Kontexten zu suchen – idealerweise so lange, bis er bei einem »größten Kontext« angekommen ist: bei jenem umfassenden Kontext, der dann auch den Interpreten selber miteinbezieht, auch den Hermeneutiker selber kontextualisiert. Das ist dann jener »große Zusammenhang«, der es dem Interpreten erlaubt, seine Gegenstände *und sich selber* als Bestandteile *eines* umfassenden Zusammenhangs zu sehen, der *beides* umgreift und *beides* erst ermöglicht hat: Den Gegenstand der Interpretation *und* die Stellungnahme des Interpreten zu ihm. In diesem »großen, von innen her beweglichen Horizont, der all das umschließt« (GADAMER 1965, S. 288) erkennt der Interpret schließlich, daß auch noch in seinem eigenen Werk, d. h. in seiner eigenen Interpretation, noch immer die gleiche, unabgeschlossene und unabschließbare Wirkungsgeschichte wirkt, die er zuvor selber studiert und interpretiert hat.

Dieser »große Zusammenhang« (und das »Sich-selbst-Hineinschreiben« des Interpreten in ihn) ist gewissermaßen die Chimäre des Hermeneutikers, und ihre Wundergestalt reizt dazu, die optimistische Skepsis des siècle des lumières anzuwenden: »Toutes les sciences ont leur chimère, après laquelle elles courent sans la pouvoir attrapper; mais elles attrappent en chemin d'autres connaissances fort utiles« (»Jede Wissenschaft hat ihre Chimäre, nach der sie jagt, ohne sie jemals erreichen zu können; aber sie gewinnt unterwegs andere, sehr nützliche Erkenntnisse«; FONTENELLE, Nouveaux Dialogues des morts, in: Oeuvres, Bd. 1, Paris 1767, S. 148).

Diese letzten Windungen der hermeneutischen Spirale werden traditionellerweise auch so formuliert, daß die Interpretation nicht nur die Geschichtlichkeit des Interpretierten, sondern auch die Geschichtlichkeit des Interpreten thematisieren müsse. Gerade dann, wenn der Interpret die eigene Subjektivität ausspare, müsse seine Interpretation naiv und subjektiv bleiben; eine Interpretation erhält nach alter hermeneutischer Devise eben erst dann die angemessene Objektivität, wenn der Interpret auch seine eigene Subjektivität, seine eigene, immer auch subjektive Interpretation als eine Wirkung der gleichen Wirkungsgeschichte versteht, in die er zuvor schon seinen Gegenstand hineingestellt hat. Kurz: Der Interpret muß sich in das Manuskript, das er interpretiert hat, nun auch selber sinnvoll und bruchlos hineinschreiben.

Diese Skizze der »hermeneutischen Chimäre« beleuchtet ziemlich grell die Lücken und Leerstellen meiner eigenen Interpretationen. Ich kann sie nicht wirklich ausfüllen, aber doch die Richtungen andeuten, in die man gehen könnte.

Eine Interpretation zeigt schon durch ihr bloßes Auftreten Distanzen und Selbstverständlichkeitsverluste an. Woher nun die eigentümliche Distanzierung gegenüber dem Stadtgärtnergrün, das der Stadtbewohner doch sonst so plausibel fand, allgemein und selbstverständlich guthieß, ja herbeiwünschte? Auch diese Uminterpretation der städtischen Rasen hat einen Kontext, der sie erst ermöglicht hat. Die literarischen Dokumente dieser verfremdeten und verfremdenden Kritik am traditionellen Stadtgrün der Stadtgärtner sind inzwischen sogar schon unter den Taschenbüchern zu finden (vgl. z. B. ANDRITZKY und SPITZER 1981), und in engem Zusammenhang mit dieser Kritik wurde in den mittleren und späteren siebziger Jahren die Spontanvegetation der Stadt (auch in der wissenschaftlichen Literatur!) wiederentdeckt: Als vegetationskundlicher Gegenstand *und* als Element städtischer Grünpolitik.

Ein weiterer Kontext dieses Kontextes war ein neues Interesse an der Stadt überhaupt: Stadt, Städtebau, städtisches Wohnen und urbanes Ambiente hatten eine neue, literarische und außerliterarische Konjunktur. Auch diese intellektuelle Konjunktur hatte natürlich ihre sozialen Verankerungen – *z. B.* ein »Trend zum Stadtwohnen, der den vielen Amateur- und Berufspsychologen etwas überraschend kam, die in den letzten zwanzig Jahren meinten, daß das Wohnen im Grünen gewissermaßen ein natürliches Bedürfnis des Menschen sei und nicht vielleicht auch so etwas wie eine Modeerscheinung« (HÖLLHUBER 1981, S.242). Die »neuen« urbanen Bedürfnisse und Ansprüche wurden vor allem getragen von einer statistisch bescheidenen, aber stadt- und meinungspolitisch schlagkräftigen und trendsetzenden Gruppe von jüngeren Mitgliedern der (oberen) Mittelschicht, von der nun auch die Auseinandersetzungen mit der städtischen Administration wesentlich (mit)provoziert wurden und die ihre Wohn- und Wohnumfeld-Interessen literarisch-ideologisch wirkungsvoll verallgemeinern und zur Geltung bringen konnte.

Für diese ebenso interessenbezogen-ideologische wie stimulierende Wiederentdeckung der »Natur der Stadt« (in einem sehr variablen und weiten Sinne) ist z. B. H. BERNDTs Buch von 1978 (mit dem Titel »Die Natur der Stadt) ein gutes Beispiel. In dieser neomarxistisch getönten, zugleich detailreichen und anmutig räsonierenden Stadtgeschichte (oder historischen Stadtgeographie), für deren literarische Qualität es z. B. im stadtgeographischen Schrifttum nur wenige Parallelen gibt, ist zwar von der vegetativen »Natur der Stadt« nicht eigens die Rede. Die formulierten Intentionen umschreiben aber einen von vielen geteilten Horizont, in dem leicht auch die biologische Natur der Stadt neu gesehen werden konnte. Die Autorin wollte (in ihren eigenen Worten) ein »urbanes Lebensgefühl artikulieren«, das gleicherweise gegen »die barbarische Umgestaltung unserer Städte« wie gegen die »Idealisierung (und städtische Nachahmung) stadtferner Lebensformen« gerichtet war – und dessen utopische Perspektive auf eine »Stadtnatur« hinauslief, in der Stadt und Land, Zivilisation und Natur auf eine echt *städtische* Weise, in einer wirklich urbanen Mensch-Natur-Relation versöhnt sein sollten, und das heißt auch: *Ohne* Träume nach rückwärts, nach ländlich-landschaftlichen Umgebungen und vorindustriellen Arbeitsweisen (vgl. z. B. BERNDT 1978, S. 8 f., 85 ff. u. ö.).

Auch die Kritik an urbaner Agrarromantik in der Stadtgärtnerei und anderswo beruft sich – im- oder explizit – auf Natur und Natürlichkeit. Es fällt nicht schwer zu sehen, daß auch noch in dieser Kritik der gleiche Kern steckt wie schon in der Philosophie des Landschaftsgartens. Auch der Landschaftsgarten und seine innerstädtischen Imitate wollten ja Natur und eine idealere Mensch-Natur-Beziehung repräsentieren: Eine geglückte und ganzheitliche Beziehung des konkret-regionalen Menschen zu seiner konkret-ökologischen, landschaftlich-regionalen Umwelt. »Ganzheitlich« heißt: so, daß im Umgang mit dieser Umwelt praktische, emotionale, ästhetische und intellektuelle Bedürfnisse *zugleich* (also der ganze Mensch) angesprochen und befriedigt werden könnten. Nichts anderes ist aber auch das Basismotiv der Kritik: Das neuentdeckte, spontane Stadtgrün scheint dem traditionellen, gärtnerisch angebauten und agrarisierenden Stadtgrün ja gerade auch als Bestandteil konkret-ökologischer Alltagsnatur überlegen zu sein. Die städtischen Rasen wurden sichtlich aus dem gleichen Motiv heraus geschaffen *und* kritisiert; das alte und das neue Umweltideal unterscheiden sich allerdings darin, daß eine befriedigende Alltagsumwelt nun nicht mehr als Natur vom Lande und als Versatzstück schöner ländlicher Gegend daherkommen soll.

So steht in der Tat auch die jüngste Distanzierung vom Gärtnergrün – und damit auch meine eigene »Hermeneutik der städtischen Rasen« – noch immer in der gleichen Tradition: In der Tradition und Wirkungsgeschichte der modernen Kritik an der Moderne und der modernen Suche nach konkret-ökologischer Natur. Beim Kritisierten wie bei der Kritik handelt es sich gleichermaßen um Versuche einer bereichsspezifischen Wiederherstellung oder Bewahrung konkret-ökologischer Natur – gewissermaßen als Kompensate der modernen Rationalisierung, Verwissenschaftlichung, Ökonomisierung und Kolonialisierung von Natur und Lebenswelt.

9. Wohlverstandene Mißverständnisse

Bekanntlich ist ein Hermeneutiker nicht damit zufrieden, Fehlinterpretationen abzuweisen und eine bessere Interpretation vorzulegen; er will immer auch die Fehlinterpretationen der anderen mitinterpretieren: und zwar möglichst im Rahmen einer umfassenderen Sinnkonstruktion. Ein guter Interpret stellt nicht einfach fest, daß eine Fehlinterpretation vorliegt; er versucht vielmehr auch zu zeigen, daß diese Fehlinterpretation nicht ausschließlich auf der Torheit der anderen beruht, sondern auch auf bestimmten Aspekten und Momenten des Gegenstandes selber: »so daß das rechte Verständnis der Erscheinung sich dadurch bewähren muß, daß es auch das Zustandekommen der abgewiesenen Fehldeutungen begreiflich macht« (SCHAEFFLER 1974, S. 1669). Die Fähigkeit, abweichende Interpretationen in die eigene einzuholen, gilt seit alters als besonderes hermeneutisches Gütesiegel, und es ist leicht zu sehen, daß es sich auch hier nur um eine Variante der Kontextualisierungs-Devise handelt.

Im Kapitel über die Folgen einer Auratisierung haben wir die ökologische Interpretation des Gärtnergrüns kritisiert; wie falsch sie auch sein mag: wie kam diese (noch immer verbreitete) Interpretation zustande? Es genügt nicht, auf die ökologische Bewegung, Welle oder Mode hinzuweisen, denn diese Legitimation durch Ökologie ist sehr viel älter. Diese Um- und Fehldeutung eines ästhetischen Phänomens beruht vielmehr darauf, daß landschaftliche Naturschönheit und schöne Landschaft immer auch eine Mensch-Natur-Harmonie symbolisieren. Die schöne arkadische Landschaft, wie sie im Landschaftsgarten realisiert wurde, war, wie die alten Texte zeigen, schon zur Zeit ihres ersten Eindringens in den Denk- und Gefühlshaushalt der Gebildeten (nämlich im 18. Jahrhundert) auch das Symbol eines idealen Mensch-Natur-Verhältnisses, oder, um es moderner zu sagen: Symbol einer geglückten Mensch-Natur-Allianz und einer ökologisch heilen Welt. An dieser Bedeutung partizipieren auch die Rasen und die anderen evokativen Versatzstücke der arkadischen Landschaft. Der semantische Verbund von ästhetischer und ökologischer Harmonie wurde auch im bildungssprachlichen Wort »Landschaft« weiter tradiert, so sehr, daß »schöne« und »harmonische Landschaft« einerseits, »saubere«, »gesunde«, »(ökologisch) heile und »intakte« Landschaft« andererseits nahezu tautologisch klingen. Die klassische Landschaftsgeographie und ihre Trabanten (z. B. in Naturschutz, Landespflege und Landschaftsökologie) waren fast ein Jahrhundert lang geradezu verhext von der Idee, daß sich in der Physiognomie der Landschaft ihre Ökologie spiegele und ein harmonisches Landschaftsbild gemeinhin auch der Ausdruck einer inneren, ökologischen Harmonie sei.

Indem wir diese ökologische Verdinglichung eines ästhetischen Konstruktes (diese sozusagen ästhetische Ökologie) interpretieren und verstehen, rechtfertigen wir sie nicht. Die schöne ländliche Landschaft war und ist das ästhetische *Symbol* einer kulturökologischen Mensch-Natur-Harmonie; das Symbol von etwas ist aber noch nicht dieses Etwas selber, und *außerhalb* des horizon aestheticus bedeutet »schön« (oder gar »ländlich«, »altertümlich« und »idyllisch«) noch lange nicht »ökologisch gut«, nicht einmal »humanökologisch gut« – wie stark auch immer eine populäre Politökologie diese Gleichsetzungen heute wieder propagieren mag.

Nah verwandt ist eine andere, ebenfalls schon erwähnte ökologische oder naturalistische Fehldeutung. Ein zentraler Topos der stadtgärtnerischen Literatur ist das Natur-Argument: Der Städter braucht Natur, und der Gärtner verschafft sie ihm; Gärtnergrün ist (vielleicht überhöhte, aber im Effekt doch wirkliche) Natur. Aus anderer Perspektive ist nichts grotesker als diese Selbstinterpretation; realistischer gesehen, ist die gesamte Tätigkeit des Stadtgärtners eine einzige, kontinuierliche und ungeheuer kostspielige Natur*vernichtung*, d. h. (in der Sprache des Pflanzensoziologen) eine stete Vernichtung der »potentiellen natürlichen Vegetation«, die im Gärtnergrün unentwegt (als Unkraut) hochschießt, sobald der Pflege- und Herbiziddruck nur ein wenig nachläßt. Aber andererseits trifft diese Fehlinterpretation doch sehr genau einen bestimmten Aspekt des Gegenstandes: Im Landschaftskunstwerk repräsentieren diese ländlichen Grünarrangements tatsächlich Natur – das war ihr originaler Sinn; die Stadt hingegen hat keine Natur, sie symbolisiert eher Un- und Gegennatur. Aber – um es noch einmal zu wiederholen: Was Natur repräsentiert, ist noch nicht eo ipso wirkliche Natur, Bedeutung ist nicht Präsenz, Symbolisierung nicht Anwesenheit, und wer ein Symbol für Natur mit der Natur selber verwechselt, handelt nicht anders als einer, der ein gemaltes Steak für eßbar hält. Gerade der Hermeneutiker wiederum versteht diese Verwechslung von Symbol und Realität nur allzu gut: Daß der Mensch ein animal symbolicum ist, d. h. in einer Symbolwelt lebt, gehört zu seinen eigenen Prämissen, und von der Erbsünde dieses animal symbolicum (der Verwechslung von Bild und Sache, Wort und Gegenstand, Sinn und Realität) ist er ja gerade auch in seinem eigenen hermeneutischen Geschäft kontinuierlich bedroht: Er muß selber kontinuierlich die Neigung bekämpfen, seine hermeneutische Weltperspektive zu verdinglichen, und das heißt hier: die ganze Welt in einen einzigen Text- und Sinnzusammenhang zu verwandeln.

10. Der Hermeneutiker als Kritiker

Nach den zahlreichen Andeutungen und Illustrationen zur Reichweite hermeneutischer Erkenntnis müßte nun ebensoviel über ihre Grenzen gesagt werden. Ich beschränke mich jedoch auf einen einzigen, aber vielleicht zentralen Punkt: Nämlich auf den alten Vorwurf, der Hermeneutiker neige zu einer affirmativen und harmonistischen Sicht der Welt.

Zweifellos ist ein hermeneutischer Angang z. B. nicht besonders gut geeignet, die Machtstrukturen und politisch-ökonomischen Zusammenhänge sichtbar zu machen, in die der »sinnhaltige Gegenstand der Interpretation« eingebunden ist. In unserem Falle wäre das etwa die in der Literatur schon des öfteren (und mit einem gewissen Recht) angesprochene unheilige Allianz von Samen-, Gift- und Gerätebeschaffung oder der lukrative industrielle Verbund von Grün, Gift und Maschine, die nachweislich viel zur Reproduktion des gegenwärtigen Grünmanagements in der Stadt beigetragen haben und noch immer beitragen – oder auch die politisch wirksamen Selbsterhaltungs- und Expansionsinteressen von Professionen und Institutionen (z. B. städtischer Grünflächenämter), die in die gleiche Richtung wirken.

Andererseits ist es aber sicher auch falsch zu sagen, daß ein hermeneutisches Gegenstandsverhältnis unfähig zu Kritik und Alternativen mache – oder sogar prinzipiell auf eine Rechtfertigung des interpretierten Gegenstandes hinauslaufe. Zwar hat eine hermeneutische Betrachtung immer auch ein legitimierendes, zumindest ein konservatives und defensives Moment. Denn jede Interpretation setzt voraus und zeigt, daß der betreffende Gegenstand nicht einfach sinnlos ist, und sie zeigt eben dadurch auch, daß die Nichtbeachtung oder gar Zerstörung dieses Gegenstandes vielleicht einen Verlust oder eine Zerstörung von Sinn, genauer: einer Erinnerungsmöglichkeit, bedeuten würde. Indem wir die originäre Sinnintention *hinter* dem Stadtgärtnergrün formuliert haben, haben wir es also bis zu einem gewissen Grade auch wieder verteidigt, vor allem gegenüber Fehlinterpretationen ökologischer, hygienischer oder sozialer Art, die, wenn man sie beim Wort nähme, den Gegenstand um jeden Sinn bringen würden. Wenn wir überdies die eigene Interpretation und Kritik in die gleiche Wirkungsgeschichte gestellt haben, in die auch der Gegenstand gehört, kommen wir nicht mehr um die Folgerung herum, daß eine destruktive Kritik am Gegenstand leicht auch unsere eigene Kritik ruiniert. Immer wieder entdeckt man (wie es uns selber passierte) die eigenen Prämissen und Grundintentionen auch an der Basis des kritisierten Gegenstandes; ein Hermeneutiker besteht also darauf, daß eine nichthermeneutische Kritik immer Gefahr läuft, die eigenen Wurzeln, d. h. sich selbst zu zerstören.

Aber schon diese mehr defensive Seite der Interpretation hat auch eine kritische Potenz. In der Interpretation wird der interpretierte Gegenstand auch auf seinen eigentlichen oder originären Sinn bezogen. Diese Aufdeckung des unverstellten originären Sinns ist ja die (zuerst an Bibel und Antike geübte) Urintention der Hermeneutik. Das kann aber auf eine radikale Kritik aufgrund der Sache selber hinauslaufen: indem z. B. gezeigt wird, daß der Gegenstand, wenn man ihn an seinen eigenen Intentionen oder an den originären oder vorbildlichen Konkretisierungen dieser Intentionen mißt, diesen Anspruch gar nicht mehr einlöst, ja, den originären Intentionen vielleicht sogar widerspricht – und daß er sozusagen in seinem eigenen Namen, im Namen der wohlverstandenen eigenen Intentionen kritisiert und verändert, ja vielleicht sogar zerstört werden müßte.

Diese Strategie der »kritischen Erinnerung an den originären Sinn« liegt auch in unserem Fall sehr nahe: Das Original – der Landschaftsgarten – meinte im Rahmen seiner historischen Möglichkeiten eine ästhetische Realisierung von konkret-ökologischer Natur und Freiheit; der heutige Effekt seiner stadtgärtnerischen Imitate aber läuft eher auf eine *Zerstörung* von Stadtnatur, Naturschönheit, Bewegungsfreiheit und Freiraumnutzbarkeit hinaus.

Der Interpret kann aber seinen Gegenstand nicht nur kritisch an dessen eigener Intention und Norm messen, sondern auch die originäre Intention selber kritisieren. Die normierende Philosophie des Landschaftsgartens z. B. ist gut bekannt: Der Mensch, seine Umwelt und seine Landschaft sind nicht (mehr) das, was sie von Natur aus eigentlich sind, sein sollten und sein könnten (und was sie vielleicht auch tatsächlich einmal waren). *Fortschritt* ist deshalb immer auch die *Wiederherstellung* von Natur, Freiheit, Ursprung und Autonomie, und eben diese Wiederherstellung war auch die ästhetische Intention des Landschaftsgartens (vgl. z. B. BUTTLAR 1980). Diese gartenkünstlerische Inszenierung einer wiederhergestellten freien und autonomen Natur war aber natürlich keine wirkliche Wiederherstellung von freier Natur. Um nur eine klassische Stelle zu zitieren: Der Garten Julies in Rousseaus Novelle Héloise sieht ganz verlassen und verwildert aus, »und nirgends zeigt sich die Hand des Gärtners« oder die Spur eines Menschen – aber, wie Julie selber sagt: »Es gibt dort nichts, was ich nicht angeordnet habe«. Im Landschaftsgarten, in dieser raffiniert arrangierten Gefühlserregungskunst, wurden weder die Natur noch die Subjekte autonomer und freier; was stattfand, war eher eine umfassendere, technisch raffiniertere und subtilere Steuerung und Beherrschung beider (vgl. z. B. GEBAUER 1983). Der Landschaftsgarten *fingierte* heile Natur und ideale Vergangenheit (man pflanzte alte und hohle Bäume an effektvolle Plätze, komponierte ehrwürdige Ruinen und idyllische Dörfchen hinein); die wirkliche Geschichte (die alte Agrarlandschaft) und die wirkliche Natur (die Reste von naturnaher Landschaft) wurden in den englischen Gärten aber ebenso, ja, noch intensiver umgestaltet, d. h. verdrängt und nivelliert wie zuvor im »despotischen« Garten des Barock. In einer breiteren Perspektive kann man sogar sagen, daß diese kunstvolle Verlandschaftlichung des platten Landes zusammenging mit der Zerstörung der gesamten gewachsenen Agrarlandschaft, mit der agrarkapitalistischen Auflösung der alten Lebensformen und mit einer von der enclosure vorangetriebenen Vertreibung der bäuerlichen Bevölkerung. Dieser Tendenz, angewachsene Natur und Geschichte zu nivellieren und sie durch fingierte Natur und Geschichte zu ersetzen, ist die Gartenkunst auch nach ihrer Rückwanderung in die Stadt treu geblieben. (Für eine Illustration vgl. z. B. HARD 1984.)

Diese wohlverstandenen Intentionen und Tendenzen des Landschaftsgartens und seiner stadtgärtnerischen Imitate braucht man nun keineswegs gutzuheißen oder gar als Norm zu akzeptieren, ebensowenig wie den historisch-gesellschaftlichen Kontext, der den Landschaftsgarten geschaffen hat. Was der Interpret von der Wertbasis des Landschaftsgartens und als Wirkung dieser gartenästhetischen Wirkungsgeschichte akzeptiert, ist vielleicht nur noch der Anspruch auf eine partielle Wiederherstellung konkret-ökologischer Natur als Kompensation oder als Widerspruch gegenüber der modernen Abstraktifizierung der Natur und der zugehörigen Kolonialisierung der Alltagswelt. Diese konkret-ökologische Natur nimmt der Interpret und Kritiker des Gärtnergrüns nun aber vielleicht eher in dem wahr, was in der Stadt so von selber wächst, als in dem, was die Gärtner dort anbauen und pflegen; das Stadtgärtnergrün mag ihm heute eher ein Musterbeispiel dafür sein, wie abständige Experten ohne Rücksicht auf die alltäglichen Lebensorte und Lebenssituationen den Lebensraum der Stadtbewohner durch abstrakte Gründesigns kolonisieren.

Ich selber *verstehe* jetzt manches, was ich vorher nur bescheuert finden konnte (und zwar, wie ich noch immer glaube, aus unabweisbaren Gründen): z. B., warum die Stadtgärtner auf ihren Grünflächen säen, pflanzen, jäten, wässern und düngen, Unkrautbekämpfungsmittel sprühen, gießen und streuen, den Boden pflügen, grubbern, eggen, walzen, vertikutieren, aerifizieren und schließlich Gras mähen und Ernten produzieren, als hätten sie (um ein Bonmot von K.H. Hülbusch noch einmal zu zitieren) riesige Viehherden und Viehställe zu versorgen. Außerdem verstehe ich jetzt auch besser als zuvor, warum ich das Unkraut in der Stadt mehr schätze als reine Rasen und Cotoneaster-Kulturen; weiterhin habe ich eingesehen, daß ich diese Gärtnervegetation letztlich aus eben den gleichen Gründen nicht mag, aus denen heraus sie einmal erfunden wurde (und mit denen sie nicht selten auch heute noch begründet wird). Und schließlich (alte Pointe begründeter hermeneutischer Arroganz!) verstehe ich die Stadtgärtner und ihre Taten jetzt besser, als sie sich normalerweise selber verstehen.

*Wenn der Hermeneutiker aber so, wie eben beschrieben, den common ground der eigenen und der kritisierten Position entdeckt, hat auch das wieder Folgen. So lief z. B. meine Interpretation darauf hinaus, daß meine (mit vielen geteilte) Neigung, das städtische Unkraut, die »spontane Stadtvegetation«, zur wahren, eigentlichen, jedenfalls besseren und natürlicheren Natur der Stadt zu veredeln, immer noch dem gleichen traditionellen Naturbegriff und der gleichen traditionellen Naturphilosophie verhaftet ist wie das kritisierte Gärtnergrün. Ist die Kritik also bloß eine Variante des Kritisierten, die – durch eine unbedacht eingegangene Widerspruchsbindung – ins Kritisierte (und sogar in dessen Symbolreifikationen) verwickelt bleibt? Wenn der kritische Hermeneutiker dergestalt entdeckt – und seine Art zu denken läuft immer wieder wie von selber auf so etwas zu, ja, sie ist geradezu daraufhin angelegt – daß *beide* Positionen in *eine* und dieselbe Wirkungsgeschichte verhakelt sind, könnten sie dann nicht auch *beide* vom gleichen Gift (d. h. durch gemeinsame primäre Evidenzen) vergiftet sein? Wurden eben dadurch vielleicht andere Denkmöglichkeiten blockiert, z. B. die Möglichkeit, »Natur« – und, vor allem: die »Natur der Stadt« – anders zu denken?

Um nur eine einzige, die wohl am nächsten liegende dieser anderen Denkmöglichkeiten anzudeuten: Im alltäglichen Sprachgebrauch ist mit dem »Natürlichen« im allgemeinen (und so auch in der Stadt) nicht etwas Grünes – und schon gar nicht etwas Besonderes, Ausgefallenes oder auch Aufwendiges gemeint, sondern eher das Gewohnte, Bekannte, Naheliegende, Normale, Alltägliche ..., d. h. so etwas wie die Welt des alltäglichen Umgangs oder (um es phänomenologischer auszudrücken) die Um- und Mitwelt »in natürlicher Einstellung«. Wenn man nicht mehr – wie bisher – an von Haus aus eher professionelle Einstellungen anknüpft, sondern an lebensweltnähere, dann liegt es nahe, die »Natur der Stadt« nicht mehr als Stadtgrün (welcher Art auch immer) zu verdinglichen, sondern z. B. als »die Welt des alltäglichen Umgangs«, also viel weiter zu verstehen. Dann erweitert sich der Kontext noch einmal; wir kommen von der Hermeneutik der städtischen Rasen und des Stadtgrüns auf eine Hermeneutik der städtischen Lebenswelt, in der die Rasen und überhaupt das Grün, auf das der Expertenblick fixiert ist, jetzt nur mehr eine marginale Position einnehmen. Wenn der Expertenblick des Stadtökologen, (Landschafts)Architekten, »Grünplaners« etc. einmal auf die Sehweisen der Lebensweltler aufmerksam geworden ist, dann kann er z. B. auch sehen, daß es eher deren Welt (und nicht seine Pflanzenwelt) ist, um deren Gestalt, Schutz und Schonung es in der Stadt vorrangig gehen sollte, und die Frage nach dem Sinn des Gärtner- und des wilden Grüns in der Stadt relativiert sich auf die Frage nach dem alltagstauglichen Sinn dieses Grüns für die unterschiedlichen Bewohner städtischer Lebenswelten und Nutzer städtischer Freiräume.*[2]

Vielleicht kann man diese Andeutungen zum Thema »der Hermeneutiker als Kritiker« nun wie folgt resümieren. Erstens: Nichts spricht dagegen, den wohlverstandenen Sinn des Interpretierten an den ebenso wohlverstandenen Intentionen und Normen des Interpreten zu messen und dergestalt zu kritisieren. Zweitens: In einem solchen Konflikt werden dem Interpreten auch seine eigenen Normen bewußter und verständlicher – und eben dadurch auch fragwürdiger. So sind Verstehen und Sich-Verstehen, Gegenstands- und Selbsterkenntnis, Kritik und Selbstkritik gut hermeneutisch miteinander verbunden. Der Interpret hat im Verlauf der Interpretation dann nicht nur seine Vorstellungen von der Sache und von sich selber, sondern auch seinen Normenhaushalt präzisiert und in Bewegung gebracht – und sie, wenn er Glück hatte, auf etwas anderes hin geöffnet.

*So hoffe ich, daß mein Text wenigstens nebenher auch zwei polare Spielarten von Hermeneutik illustriert hat: Erstens die adaptierende, zweitens die distanzierende Variante (um an Termini von O. MARQUARD anzuknüpfen). Die »adaptierende Hermeneutik« war präsent, wo ich versucht habe, den mehr oder weniger verlorenen und fremdgewordenen Sinn einiger herkömmlicher städtischer Artefakte »wieder zu vergegenwärtigen«, d. h., sie wieder näherzurücken und dergestalt zu *ent*fremden; die »distanzierende Hermeneutik« war präsent, wo ich versucht habe, diese Artefakte kräftig zu *ver*fremden, sie auf Distanz zu treiben und sie sozusagen wenigstens im Geiste loszuwerden.*

Was also mich angeht, so bin ich bei meiner »Übung in Hermeneutik« durchaus auf meine Kosten gekommen. Im Falle einer Hommage ist es freilich sehr viel wichtiger, daß derjenige auf seine Kosten kommt, dem sie gewidmet ist; das kann ich freilich nur hoffen, und es würde mich sehr freuen. Frau Lichtenberger erinnert sich sicher an einige gemeinsame Diskussionen über die »hermeneutische Methode«. In diesen Gesprächen habe ich beim Versuch, meine Vorstellungen verständlich und plausibel zu machen, immer wieder fast vollständig versagt. Vielleicht ist es mir nun in Form eines Monologs ein wenig besser gelungen.

---

[2] Das ist im Prinzip auch die Wendung, die die »Kasseler Schule der Freiraumplanung« dem Stadtgrünproblem gegeben hat, komprimiert zu den Slogans: »Freiraum- statt Grünplanung!« und »Bäume, das genügt!« (vgl. schon HÜLBUSCH 1981). Es geht dann in den städtischen Freiräumen nicht mehr, wie beim herkömmlichen professionellen Zugriff, ums Grün, sondern um nutzbare, zumindest begehbare Freiräume, und das Grün – das gärtnerische wie das spontane – muß dann daran gemessen werden, was es nachhaltig zur Qualität, und das heißt nicht zuletzt, zur Nutzbarkeit dieser Freiräume beiträgt. Nichts gegen Gartenkunst in der Stadt und ästhetische Erlebnisse auf Stadtbrachen: Aber das sind in der Lebenswelt nach aller empirischen Evidenz sehr seltene Ereignisse, eher Phantasmagorien von Experten als Realitäten und jedenfalls keine verallgemeinerbaren Zwecke der Stadt- und Freiraumplanung.

Und schließlich: Bei meinem Räsonieren über die Hermeneutik der städtischen Rasen ging es mir kontextbedingt darum, einige zentrale Denkfiguren der Hermeneutik mit hermeneutischem Wohlwollen (ja geradezu persuasiv) und nach ihren Potenzen zu beschreiben. Eine andere, ebenso nötige Sache wäre es, die Schwächen und Bruchstellen einer solchen Hermeneutik herauszukehren. Das findet man hier aber nicht – ebensowenig eine Erörterung der interessanten, ihrerseits hermeneutischen Frage, wo in der Geographie – in welchen Problemlagen und in welchen Frage-und-Antwort-Komplexen – Wort und Begriff »Hermeneutik« bisher aufgetaucht sind und welche Geographen welche Bruchstücke hermeneutischen Denkens zu welchem Zweck, mit welchem Vokabular und mit welchen Umdeutungen sei es rezipiert, sei es selbst erfunden haben. Ich glaube, das ergäbe eine kleine Geschichte der Geographie, von ihrem Theoriekern her beschrieben: Denn dieser »Kern der Geographie« war immer auch so etwas wie eine Alltagshermeneutik von Alltagswelten, die sich ihres alltags-, raum- und naturhermeneutischen (oder auch semiotischen) Charakters aber selten bewußt wurde.

Literatur

ANDRITZKY, M. und K. SPITZER (1981): Grün in der Stadt. Reinbek b. Hamburg.

BERNDT, H. (1978): Die Natur der Stadt. Frankfurt a.M.

BURCKHARDT, L. (1978): Landschaftsentwicklung und Gesellschaftsstruktur. In: ACHLEITNER, F. (Hrsg.): Die Ware Landschaft, S. 9-15. 2. Aufl., Salzburg.

BUTTLAR, A.v. (1980): Der Landschaftsgarten. München.

EISEL, U. (1980): Die Entwicklung der Anthropogeographie von einer »Raumwissenschaft« zur Gesellschaftswissenschaft. Urbs et Regio 17, Kassel.

ELLENBERG, H. (1978): Vegetation Mitteleuropas mit den Alpen in ökologischer Sicht. 2. Aufl., Stuttgart.

GADAMER, H.-G. (1965): Wahrheit und Methode. Grundzüge einer philosophischen Hermeneutik. 2. Aufl., Tübingen.

GEBAUER, G. (1983): Auf der Suche nach der verlorenen Natur. In: GROSSKLAUS, G., und OLDEMEYER, E. (Hrsg.): Natur als Gegenwelt, S. 101-120. Karlsruhe.

HARD, G. (1970): Noch einmal: Landschaft als objektivierter Geist. In: Die Erde 101, S. 171-197.

HARD, G. (1983a): Gärtnergrün und Bodenrente. In: Landschaft und Stadt 15, S. 97-104.

HARD, G. (1983b): Zu Begriff und Geschichte der »Natur« in der Geographie des 19. und 20. Jahrhunderts. In: GROSSKLAUS, G. und OLDEMEYER, E.H. (Hrsg.): Natur als Gegenwelt, S. 139-167. Karlsruhe.

HARD, G. (1984): Spontane und angebaute Vegetation an der Peripherie der Stadt. In: Fachbereich Stadtplanunglandschaftsplanung der Gesamthochschule Kassel (Hrsg.): Über Planung. Kassel.

HIRSCHFELD, Chr. C. L. (1779-1785): Theorie der Gartenkunst. 5 Bände, Leipzig.

HÖLLHUBER, D. (1981): Probleme der künftigen Entwicklung der Kernstädte in der Bundesrepublik Deutschland und ihre Behandlung in geographischen Untersuchungen. In: Geographische Zeitschrift 69, S. 241-266.

HÜLBUSCH, K. H. (1981): Zur Ideologie der öffentlichen Grünplanung. In: ANDRITZKY, M. und SPITZER, K. (Hg.): Grün in der Stadt. Reinbek b. Hamburg, S. 320-330.

MARQUARD, O. (1981): Frage nach der Frage, auf die die Hermeneutik eine Antwort ist. In: Philosophisches Jahrbuch 88, S. 1-19.

PIEPMEIER, R. (1980a): Das Ende der ästhetischen Kategorie »Landschaft«. In: Westfälische Forschungen 30, S. 8-46.

PIEPMEIER, R. (1980b): Landschaft. In: RITTER, J. und K. GRÜNDER, (Hrsg.): Historisches Wörterbuch der Philosophie, Bd. 5, Sp. 15-28. Darmstadt.

RITTER, J. (1970): Ästhetik. In: RITTER, J. (Hrsg.): Historisches Wörterbuch der Philosophie. Bd. 1, Darmstadt 1971, Sp. 555-580.

RITTER, J. (1974): Landschaft: Zur Funktion des Ästhetischen in der modernen Gesellschaft. In: Ritter, J.: Subjektivität. Frankfurt a.M., S. 141-163.

SCHAEFFLER, R. (1974): Verstehen. In: Handbuch philosophischer Grundbegriffe, Bd. 6, S. 1628-1641. München.

SCHULTZ, H. D. (1980): Die deutschsprachige Geographie 1800-1970. – Abhandlungen des Geographischen Instituts, Bd. 29, Berlin.

SCHWARZ, U. (1980): Der Naturgarten. Frankfurt a.M.

Seele und Welt bei Grünen und Geographen

Metamorphosen der Sonnenblume (1987)

1. Die politische Brisanz der Blumensprache

Die Blumensprache wird heute wieder sehr ernst genommen, auch in der politischen Kommunikation. Ein Beleg unter vielen ist ein Prozeß der Bundespost gegen den BBU (Bundesverband Bürgerinitiativen Umweltschutz), der im Jahre 1984 vom 13. Senat des Nordrhein-Westfälischen Landesgerichts in Münster in zweiter Instanz entschieden wurde (AZ: 13a 3142/83); das Münsteraner Urteil bestätigte eine Entscheidung des Kölner Verwaltungsgerichts.

Im Kern der Sache ging es um den politischen Gehalt von Margeriten und Sonnenblumen, und zwar hauptsächlich um die Frage, ob die Margerite relativ zur Sonnenblume eine eher unpolitische Blume sei. Demgegenüber war der Anlaß unbedeutend: Die Bundespost bestritt dem BBU das Recht, mit einem Postfreistempler eine Margerite auf jeden seiner Briefe zu setzen.[1]

Die Bundespost sah in dieser Blume einen »politischen Vermerk«, und dieser wäre in der Tat unzulässig gewesen. Die Margerite erwecke (so argumentierte die Bundespost) den Eindruck einer bestimmten politischen Nähe, nämlich der politischen Nähe zu Kernkraftgegnern, Grünen oder alternativen Listen. Zumindest könne sie so verstanden werden[2]. Dem vermochten die Richter zweier Instanzen nicht zu folgen. Die Margerite sei fürs allgemeine Bewußtsein kein Symbol, das eng mit einer politischen Gruppe oder auch nur mit einer politischen Richtung verbunden sei. Diese Feldblume sei insofern »wertneutral« (!). Margeriten komme keine eigene politische Bedeutung zu, sie seien vielmehr »unpolitische Blumen«. Lapidare Zusammenfassung der richterlichen Erwägungen (wörtlich): »Eine Margerite ist keine Sonnenblume«. D. h. vor allem wohl: Die Margeriten (Prototyp: Chrysanthemum leucanthemum) partizipieren nicht (oder partizipieren nicht hinreichend) an der solaren politischen Symbolik der Sonnenblumen (Prototyp: Helianthus annuus).

Wirklich nicht? Ein Griff zum GRIMM genügt, um zu sehen, daß zumindest im süddeutschen Sprachbereich auch die Margerite eine »Sonnenblume« (Sunneblum usf.)

---

[1] Die Sache wurde in der Presse mehr oder weniger heiter glossiert, aber kaum in ihrer tieferen Bedeutung erkannt; vgl. z. B. Frankfurter Allgemeine Zeitung 13.9.86 und Neue Osnabrücker Zeitung 13.9.86.

[2] Die politische Wirk- und Sprengkraft, die die Bundespost dem Margeritensymbol zumaß, kann man wohl am besten im Vergleich erkennen: In anderen Postbezirken durfte der deutsche Reichsadler unbeanstandet die Post einer »Initiative für Ausländerbegrenzung« begleiten, und das Eiserne Kreuz im Eichenkranz schmückte mit Billigung der Bundespost die Freistempeldrucke, die der »Ehrenbund Rudel« verschickte. Die symbolische Macht der Blumen scheint im Kommen, die der alten staatlichen Symbole im Verblassen zu sein.

sein kann, wie übrigens auch in Johann Peter HEBELS »Allemannischen Gedichten« (vgl. GRIMM DtWb., 10. Bd., 1. Abt., Sp. 1640; vgl. auch MARZELL 1987, Sp. 819).

Im deutschen Sprachraum werden in der Tat mehrere Pflanzen relativ fest (und wohl noch viele andere wenigstens okkasionell) seit alters »Sonnenblumen« oder ähnlich (Sonnenwende, Sonnenwendblume, Sonnenwirbel, Sonnenkrone, Sonnenrose ...) genannt, weil sie seit eh und je im Geruche stehen, mehr als andere Blumen ihre Blüten oder Blütenstände nach der Sonne zu wenden. Schon in der mittelalterlichen Botanik erscheint eine ganze Reihe von Arten (von der Ringelblume über Wegwarte und Heliotrop bis zum Wiesenbocksbart, Löwenzahn und Pippau) mit Namen wie solsequium(-a), (h)eliotropium(-a), mirasolis und ähnlich (FISCHER 1929).[3] In der jüngeren Zeit hat aber dann der (im 16. Jahrhundert von den Spaniern nach Europa gebrachte) nordamerikanische Helianthus annuus die anderen »Sonnenblumen« weitgehend aus dem Bewußtsein verdrängt, vor allem wohl bei den Städtern: Wohl nicht nur deshalb, weil er in den Gärten als Zierpflanze allgegenwärtig wurde, sondern wohl auch deshalb, weil die Blüten dieser Sonnenblume schon physiognomisch mehr als ihre Namensvettern »sonnenhaft« waren. Man nenne dieses Gewächs aus zwei Gründen »Sonnenblume«, heißt es schon in einem berühmten Kräuterbuch des 16. Jahrhunderts, »von wegen der Figur/und daß sie sich nach der Sonnen wendet«.[4]

Dieser vielberufene Helio- bzw. Phototropismus war es, der dem Helianthus anuus – »eine der ganz wenigen Kulturpflanzen, die in Nordamerika entstanden sind« (HEGI, VI, 3, S. 252) – nun im neuzeitlichen Europa seine Durchschlagskraft im Reich der Symbole verlieh. Wie so häufig, entfaltet sich diese symbolische Bedeutung relativ unabhängig von den Tatsachen; man vergleiche z. B.: »Falsche Vorstellungen herrschen teilweise über den Phototropismus der Sonnenblume ... Schon beim Aufblühen ist ... der obere Stengelteil soweit verholzt, daß die Lage der Köpfchen fixiert ist. In Kansas war die Mehrzahl der Köpfchen nach Nordosten gerichtet, wandte sich also sogar von der Sonne ab« (HEGI, VI, 3, S.251). Es gibt offenbar einen deutlichen Unterschied zwischen dem Helianthus annuus der Symbolik und dem Helianthus annuus der Botanik bzw. Pflanzenphysiologie. Genauer gesagt, es handelt sich um zwei verschiedene Gegenstände, denn der eine folgt der Sonne, der andere nicht. Die beiden gehören nicht einmal der gleichen Welt an: Der eine ist – für heutiges Verständnis! – Bestandteil der ersten, der andere ist Bestandteil der dritten Welt POPPERS.[5]

---

[3] Die Deutung des Namens dieser »Sonnenblumen« geht oft (und so auch bei der Margerite) in zwei Richtungen: Entweder heißen sie »Sonnenblume« oder »Sonnenwend(blum)e«, weil sie sich nach der Sonne wenden (und ihr im Lauf folgen), oder sie heißen so, weil sie um oder nach Sommersonnenwende blühen; für Heliotropium vgl. z. B. Deutsches Wörterbuch, 10. Bd., 1. Abt., Sp. 1639f.

[4] Zitiert nach: Kreutterbuch deß ... Herrn D. Petri Andreae MATTHIOLI ... durch Joachimum Camerarium ... Franckfurt am Mayn 1626, 262. Nicht selten wird auch nur einer dieser Gründe genannt, vgl. z. B. in: D. Jacobi Theodori TABERNIMONTANI Neu vollkommen Kräuterbuch ... Basel 1731, 1147: »dieweil sich die Blume nach der Sonne wendet«; oder Kreuterbuch ... von dem ... Herrn Adamo LONICERO ... Ulm 1679, 564:»Sonnenblume ... von der schönen und großen Gestalt der Blumen (d. h. der Blüte), welche schön gelb und groß ist, wie die Sonne«.

[5] Entsprechend findet man den symbolweltlichen Heliotropismus der Sonnenblume sowie genaue Parallelen zum zitierten Kräuterbuch des 16. Jahrhunderts z. B. auch in einem Devisen-,

Die beschriebene Differenz zwischen den beiden Blumen (die also bloß scheinbar die gleichen Blumen sind) ist natürlich nur ein Beispiel dafür, daß sich in der Neuzeit – wohl mehr als zuvor – das Symbol von der Sache, das Erleben vom Erkennen, der Sinn und der Wert von der Wahrheit differenziert hat, und so auch die »Wahrheit« der Kunst von der »Wahrheit« der Wissenschaft, die Welt(en) der Wissenschaftler von der Alltagswelt, die expressive und ästhetische von der objektivierenden Einstellung. HABERMAS beschreibt solche und verwandte Differenzierungen bekanntlich sogar als die wesentliche Voraussetzung für eine sinnvolle Weiterführung des »Projekts der Moderne«.

Von einer solchen (selbst schon traditionellen) Selbstdarstellung der Moderne her (die Moderne als ein epochaler Geisteszustand, der besser differenzieren kann ...) macht dann alles andere natürlich eine schlechte Figur. Wer dann den genannten Unterschieden und Unterscheidungen psychisch oder intellektuell nicht gewachsen ist, also z. B. die Symbole mit den Sachen verwechselt, sich den modernen und anderen Symbolwelten ohne moderne Reflexivität nähert und trotz aller entsprechenden funktionalen Differenzierungen in der sozialen Welt der Moderne doch in die schönen alten Indifferenzen, Mixturen und Symbiosen zurücktaucht (oder wer diese Entdifferenzierung von Wahrheit, Wert und Schönheit, von Wissenschaft, Wirtschaft und Politik ... gar programmatisch betreibt), der sollte dann wohl auch die Risiken selber tragen. Aber leider: Obwohl moderne politische Institutionen vielfach gerade zur Abwehr solcher Risiken konstruiert (oder zumindest funktionalisiert) wurden, ist das Verursacherprinzip hier selten gesichert, und die Folgelasten werden externalisiert.

2. Sonne und Sonnenblume in der Politik

Das Plakat (Abb. 1) zeigt eine große, das ganze Blatt ausfüllende Sonne: Von einer goldgelben Sonnenscheibe auf weißem Grund gehen breite, ebenfalls goldgelbe Strahlen aus. Die Strahlen werden mit der Entfernung von der Sonne breiter und sozusagen mächtiger. Gerade in dieser Stilisierung erinnern Sonnenscheibe und Sonnenstrahlen zusammen an einen Blütenstand mit Strahlenblüten. So schillert diese Sonne bildsemantisch zwischen dem Gestirn Sonne und einer riesigen Sonnenblume. Die Sonne strahlt nicht aus der Mitte des Blattes, sondern ist nach unten verschoben. Der übrige Bildinhalt deutet auf eine aufgehende Sonne.

---

d. h. Wahlspruch-Buch der gleichen Zeit – also innerhalb eines universe of discourse, wo durchweg nicht nur real existierende, sondern auch imaginierte Gegenstände und Sachverhalte zugelassen waren. Die Sonnenblume, heißt es dort, sei diejenige Blume, die aus zwei Gründen »mehr als jede andere mit der Sonne verwandt ist; dies sowohl aufgrund der Ähnlichkeit der Sonnenstrahlen mit den (Blüten)Blättern der Blume, als auch aufgrund der Gemeinschaft (à raison de la compagnie), die sie gewöhnlich mit ihr bildet, indem sie sich allseits dorthin dreht, wo die Sonne ... wandert, und sich entsprechend dem hohen oder niedrigen Stand der Sonne öffnet und schließt« (PARADIN 1557, S. 40 f.; vgl. HARMS und FREYTAG 1975, S. 76).

Abb. 1: Ein Anti-Atomkraft-Plakat der »Grünen« aus den frühen 80er Jahren

In der rechten unteren Ecke befindet sich eine hochgradig stilisierte Sonnenblume. Die Strahlenblüten sind von der gleichen goldgelben Farbe wie die Sonnenstrahlen. Man blickt dergestalt auf eine Sonnenblume mit grünem (beschriftetem) Nimbus. Diese Sonnenblume mit grünem Nimbus schwebt teils vor der Sonnenscheibe, teils vor den Strahlen der Sonne. Obwohl die umgrünte Sonnenblume in der bekannten typischen Stilisierung erscheint, ist sie kein bloßes Parteiabzeichen, welches angibt, welche Partei hier wirbt. Sie ist vielmehr so eingesetzt, daß Sonne und Sonnenblume (wenn auch vieldeutig) aufeinander bezogen erscheinen. Die umgrünte Sonnenblume kann man z. B. als eine kleine irdische Sonne in den Strahlen der großen Sonne sehen (oder gar als ein Erdenkind in den Armen der Mutter Sonne).

Es scheint nützlich zu sein, das moderne Plakat wie ein altes Emblem des »emblematischen Zeitalters« zu betrachten. (Dieses »emblematische Zeitalter« – die Zeit, in der das Emblem eine geläufige Denk- und Darstellungsform war – datiert man im allgemeinen vom 16. bis ins 18. Jahrhundert, aber mit bemerkenswerten Survivals und Revivals bis zur Gegenwart.)

Ein Emblem ist idealtypischerweise dreiteilig: Sein Zentrum ist ein Bild, die Pictura (auch: res picta, Ikon, Imago, Symbolon ...); darüber befindet sich die Inscriptio, d. h. Bildüberschrift (auch Lemma, Motto usf. genannt), die – oft lapidar, devisenhaft, sententiös, nicht selten auch in esoterischer bis rätselvoller Verkürzung – den Titel, das Thema, den Sinn, die »Seele« des Bildes nennt. Die gewissermaßen exegetische Bildunterschrift, die Subskriptio (auch: carmen), deutet die Pictura und damit auch die Inscriptio; sie verknüpft Überschrift und Bild, indem sie den bildhaft dargestellten Gegenstand im Hinblick auf die Inscriptio dekodiert. Anders gesagt, die Kombination von Lemma und Pictura (von Überschrift und Bild) gibt gewissermaßen ein Rätsel auf, das dann in der – z. B. epigrammatischen – Subskription aufgelöst wird. Oder: Das Bild ist der Signifikant (das Bedeutende), In- und Subscriptio sind das Signifikat (die Bedeutung), aber sie antworten auf die Pictura in je anderer Weise: die Inscriptio auf verkürzt-rätselhafte, die Subscriptio in ausführlich-exegetischer Weise.

Zugrunde liege die Überzeugung (heißt es in der riesigen modernen Literatur zur Emblematik), daß die Gegenstände der landschaftlichen Natur, überhaupt Alltagsgegenstände und Alltagssituationen, »über sich hinausweisen«, d. h., auf einen anderen Sinnbereich verweisen. Und zwar »verweist« im Prinzip alles; deshalb kann es 1710 heißen: Nulla res est sub Sole, quae materiam Emblemati dare non possit (zit. nach SCHÖNE 1968, S. 19). Das ist sozusagen die semiotische Formulierung der Überzeugung, daß es nichts gibt, was nicht Teil des gotterschaffenen Kosmos, also jenes kosmischen Ökosystems wäre, durch welches Gott mittels seiner Kreaturen zu uns spricht.

Wenden wir (unter Abstraktion von den alten Überzeugungen) diese alte Struktur nun auf das moderne Plakat an.[6] Über der Pictura, dem Duett aus Sonne und Sonnenblume, befindet sich die lapidare Inscriptio: »Atomkraft? Nein danke!« – das erste Wort in schwarzer, das zweite in grüner Schrift. In dieser räumlichen Enge suggeriert der Farbsprung unmittelbar die Polaritäten böse und gut, Tod und Leben, genauer: den infragegestellten Tod und die hoffnungsvolle Verweigerung im Namen des Lebens.

Die Subscriptio, die in traditioneller Weise die Auflösung bringt, ist wie in der emblematischen Tradition ausführlicher und von kleinerer Schrift. Sie besteht aus zwei Teilen. Der erste Teil ist dem Bild nicht aufgesetzt, sondern ins Bild eingesetzt, also fast noch Teil der Pictura selber; sie kann insofern als die »erste Subscriptio« bezeichnet werden. Sie lautet: »Alternative – die Grünen«. So wird die Sonnenblume als »die Grünen« dekodiert, und man erfährt, wer aus dem (und mit dem) Plakat zum Betrachter spricht. Außerdem teilt die Subscriptio in knappster Unbestimmtheit, wenngleich nun schon nicht mehr nur in rein negativer Weise, mit, was diese Grünen mitzuteilen haben: nicht nur (wie in der Inscriptio) ein »Nein«, sondern auch eine »Alternative«.

Der zweite Teil der Subscriptio ist – wie schon die Inscriptio – deutlicher vom Bild getrennt, ist zweizeilig und fordert in ausschließlich grüner Schrift dazu auf, die Naturkräfte zu nutzen. Die gringeschriebenen Naturkräfte stehen sichtlich gegen die schwarzgeschriebene Atomkraft; die grüne Schriftfarbe deutet, wie gesagt, auf Lebendiges und Gutes, die schwarze eher auf Todbringendes und Böses. Diese »zweite Subscriptio« bezieht sich dergestalt auf die Inscriptio zurück und löst sie auf. Sie verwandelt deren unbestimmte und abstrakte Negation in eine bestimmte und konkrete Alternative. Und so, wie die erste Subscriptio die Sonnenblume dekodiert, so dekodiert die zweite Subscriptio die erste Subscriptio: die »Alternative«, von der im grünen Nimbus der Sonnenblume die Rede war, das ist eben die »Nutzung der Naturkräfte«. Die Subscrip-

[6] Damit wird natürlich nicht behauptet, es gebe eine historische Kontinuität zwischen dem Emblem des emblematischen Zeitalters und dem modernen politischen Plakat. Es wird auch nicht impliziert, es handle sich um eine mehr oder weniger bewußte Wiederbelebung. Es genügt vielmehr, wenn wir annehmen, daß eine alte Struktur (zumindest in einigen Zügen) hier ganz spontan wieder auftaucht, weil eine moderne Formulierungs- und Gestaltungsaufgabe eine solche Lösung nahelegte (die alte Form also ein modernes Bedürfnis erfüllte). Wem auch das schon zu weit geht, mag den Bezug auf die Emblemstruktur zunächst als eine bloße (aber fruchtbare) Interpretationsmanier verstehen. Wie fruchtbar diese Interpretationsmanier z. B. gegenüber modernen Anzeigen oder Reklamen sein kann, zeigt neben vielen anderen VINKEN 1978.

tio als ganze aber sagt in Worten, was die Pictura als ganze bildhaft bedeutet: Die Sonne, das sind die guten Naturkräfte, und die Sonnenblume, das sind die Grünen als Stellvertreter jener Menschen, die sich in die richtige Relation zu diesen Kräften setzen.

Damit ist das Plakat sozusagen immanent interpretiert. Überschrift (»Atomkraft? Nein danke!«) und Bild (Sonne und Sonnenblume im Verein) sind durch das Verständnis der Unterschrift verstanden. Damit muß man sich aber noch nicht zufrieden geben. Ein Interpret, der auf sich hält, muß nun gewissermaßen eine weitere Subscriptio schreiben. Dieser Fortsetzungsdrang ist das, wovon Geisteswissenschaft (und zumal Hermeneutik) lebt, negativ formuliert: Ihr Arroganz- und Wucherungsprinzip, positiver gesehen: ihr Ehrgeiz, alle Autoren – und im Prinzip auch alle bisherigen Interpreten dieser Autoren – besser zu verstehen, als sie sich (bisher) selber verstanden haben. Nachdem der Interpret sich im ersten Durchgang sozusagen angepaßt hat, muß er sich nun wieder vom »Text«, seinem Autor und seinem gängigen Verständnis distanzieren und emanzipieren. Hermeneutik läuft keinesfalls (wie manche geographischen Autoren zu glauben scheinen) darauf hinaus, sich in irgendwelche Texte oder Autoren oder »regionalen Lebenswelten« verständnisvoll hineinzubegeben; ihre Essenz besteht eher darin, sich aus solchen Lebenswelten alsbald wieder hinauszubegeben. Eben deshalb gilt Hermeneutik ja z. B. als die »Theorie des Verstehens unter den Schwierigkeiten von Emanzipationen« (GRÜNDER 1967/68, S. 155, zit. nach MARQUARD 1981, S. 141).

Auf unseren Fall angewendet: Bisher haben wir versucht, das Plakat so zu lesen und zu verstehen, wie z. B. die es lesen und verstehen, die es konzipiert haben und mehr oder weniger einverständig betrachten (zumindest, wenn sie ihr Verständnis explizieren würden). Wir dürfen annehmen, daß wir es so verstanden haben, wie auch »der Autor« sich selbst versteht und wie er auch verstanden werden will; d. h., wir haben so etwas wie ein intendiertes Verständnis rekonstruiert und insofern (aber auch nur insofern) das Verständnis des »idealen Lesers«.

Dann zeigen wir aber, daß diese erste Lesart eigentlich falsch, zumindest unvollständig, schief und mißverständlich ist, wenn man sie nicht auch so versteht, wie wir sie – sozusagen auf einer zweiten Stufe – nun anders verstehen wollen. Unsere zweite und bessere Lesart ist so, daß der Autor, wenn er uns versteht, alsbald auch versteht, daß, inwiefern und warum er seinen eigenen Text bisher falsch (zumindest ganz unvollständig) verstanden hat. Und was vom Autor gilt, gilt auch von den bisherigen Lesern und Interpreten.

Diese aufhebend-erweiternde Art von Interpretation beginnt nicht selten damit, ein Rätsel aufzutun, wo alles klar zu sein schien. Die »Subscriptio« des Plakats enthält tatsächlich ein offenbares Rätsel. Wieso, muß man fragen, wird die (schwarze) Atomkraft den (grünen) Naturkräften entgegengesetzt? Die Subscriptio legt nahe, daß die Atomkraft keine Naturkraft ist. Wieso aber ist die Atomkraft keine Naturkraft? Sind nicht z. B. beide (Atomkraft wie Sonne) Gegenstand der gleichen Naturwissenschaft? Wir müssen zumindest annehmen, daß die Atomkraft zu einer anderen Natur gehört als die Sonnenkraft; daß die Atomkraft eher zur schwarzen, toten (oder todbringenden) und gefährlich-bösen (und nicht zur grünen, lebendigen, guten, bekömmlichen) Natur gehört und insofern nicht infrage kommt.

Aber diese Theorie der zwei Naturen ist ihrerseits unstimmig. Denn die Sonne, die so golden die goldene Sonnenblume auf der grünen Erde bescheint, ist sie nicht selber auch ein Stück schwarze Natur? Jedes Kind lernt heute in der Schule, daß die Sonne ein

Atommeiler, also die Sonnenkraft selber Atomkraft ist. Es kann also nicht um Sonnenenergie gegen AKW oder Naturkraft gegen Atomkraft gehen, sondern eher darum, in der Sonne die liebe Sonne (und z. B. keinen Atommeiler) zu sehen. Und. da »Sonnenkraft«, wie das Plakat zeigt, für »Naturkraft« steht und »Sonne« für »Natur« schlechthin, kann man sagen, daß das Plakat nicht für eine bestimmte Natur und für bestimmte Naturdinge, sondern dafür wirbt, die Natur und die Naturdinge auf bestimmte, andere Weise zu sehen (und folglich auch so anzugehen und zu nutzen); um es durch die Symbolfarben des Plakats zu sagen: nicht als »schwarze«, sondern als »grüne« und »goldene« Natur. Was heißt das?

Offenbar wird eine bestimmte Ansicht der Natur nahegelegt, die als die konkurrenzlose Tagesansicht oder Lichtseite der Natur gilt; und zurückgewiesen wird eine Nachtansicht und Schattenseite der Natur, wie sie etwa in der großen Industrie verwertet wird. Um in den angebotenen Bildern zu sprechen: Die Lichtseite, das ist eine Welt von Sonnen und Sonnenblumen, also eine Welt, wo sich Menschen einer landschaftlichen Natur anschmiegen oder Mensch und Natur so aufeinander zukomponiert sind wie Sonne und Sonnenblume. Die Bildersprache selber impliziert, daß wirkliche, konkrete Natur und Natürlichkeit sich nicht nur auf der Seite der Natur, sondern auch auf der Seite des Menschen durchsetzen sollen – anders gesagt, daß inner– und außerhalb des Menschen *eine* Natur sein soll.

So steht eine »Natur als Landschaft«, die eher so zu sein scheint wie die Natur traditionaler agrarischer Lebensformen, gegen eine Natur, wie sie in der Naturwissenschaft und in der Produktionssphäre der Industriegesellschaften berechnet und bearbeitet wird.[7]

Es wird nicht behauptet, diese beiden Ansichten der Natur seien tatsächlich gute Beschreibungen der Art und Weise, wie die Natur in der Moderne (gegensätzlich und/oder komplementär) gesehen und bearbeitet wird; noch weniger soll es heißen, daß auf diese Weise vormoderne und moderne Naturansicht und Naturbearbeitung richtig kontrastiert werden, und am wenigsten ist gemeint, daß es diese beiden (oder eine dieser beiden) Arten von Natur tatsächlich gibt. Diese beiden Ansichten der Natur muß man aber voraussetzen, wenn man die Semantik des beschriebenen Plakats verstehen will. Sie sind sozusagen seine semantische Tiefenstruktur, auf die man stößt, wenn man auf eine konsistente Weise verstehen (und nicht nur vor einer Absurdität stehen) will.

Diese Sonnen-Sonnenblumenwelt ist sichtlich ein anti-industrielles Feldzeichen. Die antimoderne Moderne hat viele solcher anti-industriellen Feldzeichen hervorgebracht: das erfolgreichste und umfassendste antiindustrielle Feldzeichen der Moderne (sozusagen die world hypothesis der antimodernen Moderne) war vermutlich das Konstrukt »Landschaft«. Auch die gütige Sonne und ihre glückliche Sonnenblume gehören zu dieser landschaftlichen Welt. Während aber die »Landschaft« eine originäre Seh- und Sinnfigur der anti-modernen Moderne ist (zumindest weithin so funktionierte), stellt das Sonnen-Sonnenblumen-Emblem, wie wir sehen werden, nur die moderne Umdeutung eines viel älteren, vormodernen Konstruktes dar.

---

7 Diese Interpretation setzt natürlich voraus, daß die getroffenen Unterscheidungen nicht (naiv oder spekulativ) unterlaufen werden – daß also z. B. nicht die eine der beiden Weltkonstitutionen als »die« Welt gesetzt oder (sei es naiv, sei es spekulativ) auf eine Weltsicht zurückgegriffen wird, welche die vorgenommene Differenzierung nicht enthält.

Die Sonnenblumen-Sonnen- oder landschaftliche Welt ist natürlich nicht die Welt, wie sie in vorindustriellen Gesellschaften wirklich war und ist, sondern eine vorindustrielle Welt, wie sie im Nachhinein als Gegen-Bild rekonstruiert wurde. Es handelt sich um polemische Konstrukte, die schon der Wirkung halber systematisch geschönt sind. Weil das, wogegen sie polemisieren, sich systematisch steigerte, und weil die Intentionen, die die Polemik verfolgte, bei allen ideologischen Erfolgen doch (real)historisch ziemlich wirkungslos blieben, ja eher kontraproduktiv wirkten (d. h. förderten, was sie zu bekämpfen vorgaben), eskalierten der Gegenstand und die gegen ihn gerichtete Polemik sozusagen im gleichen Zug der Geschichte; der Gegenstand und die gegen ihn gerichtete Polemik sind sozusagen koevoluiert.[8] So kann es auch nicht wundern, daß sowohl die Legitimationen wie die Delegitimationen der Moderne zumindest stellenweise immer schriller wurden und die einschlägigen ideologischen Konflikte immer schroffer.

Die genannte Beschönigung beginnt bei den Einzelstücken. Die gewaltige Sonne des politischen Plakats z. B. ist zwar in gewissem Sinne ein Residuum der bäuerlichen Welt. »Instinktmäßig weiß jede, insbesondere jede bäuerliche Bevölkerung um die Abhängigkeit ihres Lebens von dem Lauf der Sonne, und das ist immer so gewesen« (STEGEMANN 1986, Sp. 31), und insofern ist der neue Kult der konkreten Sonne, wie er im Plakat erscheint, ein archaisierender Zug im städtischen Bewußtsein. Wo Realitäten fremder und früherer Lebensformen aber in polemische Konstrukte anti-moderner Tendenz eingelassen werden, sind Wirklichkeitswahrnehmungsverluste unvermeidbar. Selbst wenn wir von den niederen Breiten einmal absehen: Auch im bäuerlichen Glauben unserer Breiten sei die Sonne nicht nur positiv besetzt und selbst dann, wenn sie als eine Art von göttlicher Person erscheint, nicht nur ein Heiler und Heilbringer; viel häufiger werde ihr »eine bösartige Natur zugeschrieben«, und auch in den mittleren Breiten sei sie eher ein »Feind des Menschen« (»die Sonne ist dem Menschen feind«; ebd., Sp. 35). Die bäuerliche Erfahrung und die Dürreempfindlichkeit der alten Agrarlandschaft gaben ja auch Anlaß zu dieser Ambivalenz.

Wie ihre Sonne, so ist auch die Landschaft insgesamt eine retouchierte Welt. Zu Beginn war diese Idealisierung eher eine explizit gegebene Vorschrift, z. B. für den Maler und Poeten der pastoralen Szenen: »Thus in writing Pastorals, let the tranquillity of that life appear full und plain, but hide the meanness of it; represent its simplicity as clear as you please, but cover its misery« (1713; zitiert nach BARRELL 1980, S. 1). Unsere Überzeugung von der Harmonie der Landschaft ist der Effekt ästhetischer Restriktionen hinsichtlich dessen, was in Idee und Bild der Landschaft erscheinen darf, und die Landschaft, die wir lieben, ist (genau so wie der schöne Einklang von Blume und Sonne,

---

[8] Die nicht-intendierten, ja paradoxen Effekte des Konstrukts »Landschaft« kann man in der modernen Geschichte besonders gut verfolgen. Insgesamt war »Landschaft« nur an der Oberfläche ein Symbol von Naturverschonung, Konservativismus oder Resignation; dieses emotionalisierbare und oft hochemotionalisierte Symbol wirkte tatsächlich eher als Treibsatz bei der kognitiven, ökonomischen, technischen und politischen Erschließung und Eroberung peripherer Räume – sogar noch im modernen Ferntourismus.

regionalem Menschen und konkret-ökologischer Landschaftsnatur) die Rückprojektion des Bereinigten in eine weit weniger harmonische Realität.[9]

Resümierend kann man sagen, daß in dem Sonnenblumen-Emblem des Plakates zwei Projekte stecken: Ein politisches und ein intellektuelles. Das politische Projekt zielt auf eine (zumindest in ihrer Essenz, vielleicht nicht mehr in den Details) wiederhergestellte oder schöpferisch erneuerte nicht-industriekapitalistische Beziehung von Mensch und Natur, nämlich auf eine Welt, wo ein konkreter regionaler Mensch sich konkret auf konkret-ökologische, landschaftliche Natur bezieht.Konkrete menschliche Tätigkeit (und so auch Naturbearbeitung) wird hier noch oder wieder von konkret-ökologischer Natur her gesteuert und geordnet. Das Sonnen-Sonnenblumen-Duett ist die Allegorie dieser unmittelbaren Kongruenz und Harmonie eines konkreten Menschen mit »seiner« konkreten Natur. »Unmittelbar« heißt: Mit der Unmittelbarkeit des emblematischen Duetts; ohne die schmerzlichen Vermittlungen der Marktökonomie und die Verfremdungen konkret-sinnlicher Natur durch (Natur)Wissenschaft und eine wissenschaftsförmige Technik und Industrie.

Diese Vision einer neuen Naturpolitik, die (wie das Sonnen-Sonnenblumen-Symbol so vortrefflich zum Ausdruck bringt) »wirkliche« Natur und Natürlichkeit auf Natur- und Menschenseite durchsetzen will, setzt seinerseits ein kognitives Ideal voraus: Das Ideal eines alternativen (Natur)Wissens, welches dann die geplante Politik und Technik leiten kann. Es müßte sich um einen Wissenstyp handeln, dessen Beobachtung, Theorie und Anwendung mit der lebensweltlich-landschaftlichen Physiognomie der Natur verbunden bleibt. Das wäre vom Typ her Wissen von der Art altbäuerlichen Naturwissens; von den heutigen Wissenschaften her gesehen wäre es einerseits nicht-szientifisch, andererseits vor-modern (weil außerdem nicht reflexiv).

Es ist nicht schwer zu sehen und oft darauf hingewiesen worden, daß beides – der besagte Wissenstyp und die beschriebene Politikvision – zumindest in *einer* akademischen Disziplin nicht nur implizit geherrscht haben, sondern auch explizit als Wissenschafts- und Anwendungsprogramme propagiert wurden: In der Geographie. Sicherlich gab es auch außerhalb der Geographie Entwürfe und Praxen »alternativer (Natur)Wissenschaft«, und gerade in jüngster Zeit fallen sie wieder besonders auf. Wo ein alternativer Wissenstyp dieser Art in der akademischen Welt auftauchte, da blieb diese »Alternative« aber doch weitgehend Entwurf und literarische Träumerei, und wo er praktisch wurde, da blieb er außerhalb der modernen Universitätswissenschaften – mit Ausnahme eben der Geographie. Insofern ist die Geographie des 19./20. Jahrhunderts wirklich etwas Besonderes.

Daß die geistig-politische Verwandtschaft geographischen und grün-alternativen Denkens nicht allen offenkundig ist, hängt mit einer Nebensächlichkeit zusammen (die freilich ihrerseits einer Interpretation bedarf): Daß die gleichen Projekte hier und dort – zumindest für den oberflächlichen Blick – fast immer mit ganz unterschiedlichen politischen Präferenzen verbunden zu sein scheinen. Was aber die Denkstrukturen angeht, die

---

[9] Die Studie von BARRELL über »The dark side of the landscape – the rural poor in English painting 1730-1840« geht diesen Schönungen und Harmonisierungen in den Bildern der Mensch-Natur-Harmonie (diesen »hidden politics of harmony with nature«) an einem Sonderthema systematischer nach.

wir hier analysieren, so denken ein echter Grüner und ein echter Geograph aus den gleichen Gründen heraus.

3. Sonne und Sonnenblume in der Werbung

Was einerseits als Widerspruch, Distanzierung und Polemik fungierte, wurde immer auch als Werbung und ästhetisierender Schleier eingesetzt. So trifft man die genauesten Inhalts- und Strukturparallelen zum interpretierten politischen Plakat heute in der kommerziellen Werbung, welche sich ja ebenfalls einer solchen Art von geistiger Landesverschönerung widmet. Hier wird mittels des Sonnen-Sonnenblumen-Motivs nun natürlich nicht für die Grünen, sondern z. B. für Margarine geworben. Wie die Sonnenblumenbilder der Grünen, so legten schon geraume Zeit vorher z. B. die Werbebilder der SB-Margarine die gleiche Sonnen-Sonnenblumen-Weltvision über die modernen Verhältnisse der Produktion und des Konsums, und, wie man interpretierend zeigen könnte, geschah das teilweise sogar auf eine intellektuell subtilere Weise als auf dem politischen Plakat (vgl. z. B. die Abbildungen S. 233, 236 u. ö., Württembergischer Kunstverein 1977): Blühende Sonnenblumen und blühende Mädchengesichter – in anderen Fällen Sonnenblumen und Kindergesichter – wenden sich strahlend der Sonne und dem Betrachter zu (Natur in Natur zur Natur!); das Motto des Bildes evoziert lapidar das summum bonum der ökologischen Moderne, nämlich »blühende Gesundheit«, und die Subscriptio erläutert, wie dieses summum bonum, eben die »blühende Gesundheit«, sich realisiert: Sie »wächst« »Aus der Kraft der Sonne ...« (also Natur aus Natur), und am Ende der Subscriptio erfahren wir, wer hier die Sonne am Himmel mit dem guten Leben auf Erden vermittelt: Nicht die Grünen, sondern die Margarine.[10]

Beide Gattungen von Werbebildern – die politischen wie die kommerziellen – werben mittels des gleichen Weltbildes und mittels der gleichen Alchemie: Natur aus Natur. Ironischerweise gibt es Leute, die das eine Bild entlarven und an das andere glauben. Eine eindringende Interpretation könnte zeigen, warum und mit welchem Unrecht. Eine solche Interpretation müßte selbstverständlich auch die Unterschiede zwischen den beiden Bildern herausarbeiten: Das politische Plakat ist z. B. – gattungsbedingt – abstrakter, polemischer sowie empirie- und lebensferner; es bleibt viel mehr als das Margarine-Bild auf der Ebene eines bloßen Gebrauchswert*versprechens*.

4. Sonne und Sonnenblume im Emblem

Die politisierende Sonnenblume ist ein Abkömmling traditioneller Pflanzensymbolik. Die Sonnenblume war schon die Lieblingsblume der Emblematik des 16.-18. Jahrhunderts. Schlagen wir etwa HOHBERGs illustrierte Psalmenübersetzung von 1675 auf. Auch hier springt uns (S. 89) diese »Emblemblume schlechthin« (LESKY in HOHBERG 1969, S. LXV) ins Auge; darunter folgt ein Psalmvers und ein etwas holpriger deutscher Vierzeiler: »Gleich als die SonnenCron, wie Phöbus ab und auff / ins himmels feld po-

[10] Sobald es in den Kontext paßt, taucht in der Reihe solcher Embleme der Werbung an ikonographisch entsprechender Stelle (und als funktionales Äquivalent der Sonnenblume) immer wieder auch die Margerite auf. Zur Margarine paßt, von Naturressource und Produktfarbe her, eher die Sonnenblume i.e.S., zu Milchwerbung eher eine der anderen Sonnenblumen, nämlich die Margerite.

postirt nachrichtet ihren Lauff: / So soll ein frommer Christ anstellen sein verlangen / wie er von Gotteswort mög hülff u. rath empfangen.« Wie die Sonnenblume (hier steht der ebenfalls alte Name »Sonnenkrone«) dem Lauf der Sonne folgt, so also soll ein frommer Christ sehnsuchtsvoll Gott bzw. dem Gotteswort folgen. Die Sonnenblume ist also ein Gleichnis der gläubigen Seele, die sich nach ihrem himmlischen Herrn dreht.

In einem anderen Emblem des gleichen Werkes (S. 13) erscheint die Beziehung Sonnenblume-Sonne bzw. Seele-Gott in einer etwas anderen Variante: Eine Sonnenblume (links) wird durch einen Felsen (mitte) von Sonne und Sonnenlicht (rechts oben) getrennt; die Inscriptio »rapiunt caelestia curae« – etwa: Sorgen rauben (mir) den Himmel – und die Subscriptio (lateinischer Vierzeiler, dann Psalmvers, dann frei übersetzender deutscher Vierzeiler) beschreiben die Bedeutung der Pictura: Die »liebesgierige« Seele muß, wenn sie von ihrem Gott getrennt ist, notwendig in Trauer fallen.

Andere Inscriptiones bzw. Lemmata über geistlichen Sonnenblumen-Emblemen des emblematischen Zeitalters lauten z. B. »sanctum sidus adorat« oder »vestigia solis adorat«, d. h. sie (die Sonnenblume bzw. die Seele) betet das heilige Gestirn oder die Spuren der Sonne an, und gelegentlich versinnbildet die Sonnenblume auch die vorbildlichste aller Menschenseelen, die Mutter Gottes – etwa mit einem Lemma, das auch auf das moderne Plakat passen würde: »radiantem radians sequor« (»strahlend folge ich dem Strahlenden«). In anderen Fällen liegt die Aktivität mehr auf der Seite der Sonne: »ad me conversio eius« (»zu mir die Drehung der Blume!«). Kurz, ohne diese Symbiose mit der Sonne verfehlen wir unsere wirkliche Bestimmung, aber (um eine weitere. Sonnenblumen-Inscriptio zu zitieren): »Quis nos separabit?« – wer wird, will, könnte um beide (die Sonnenblume und ihre Sonne, die Seele und ihren Gott) trennen?[11]

Versuchen wir zu beschreiben, welche Art von Welt diese Embleme beschreiben. »Ein Emblema«, heißt es 1703, »ist ein Gemählde, darinnen ein Orator denen Zuhörern zu erkennen giebt, wie die Moralia auch in der Natur und Kunst gegründet sind« (zitiert nach HENKEL und SCHÖNE 1967, S. XIV). Die konkrete ökologische Natur in der Fülle ihrer alltäglichen Wahrnehmungsgestalten – Berg und Tal, Tier, Pflanze und Stein, Sonne, Mond und Sterne – ist noch in sich bedeutungsvoll, voller Hinweise auf Wahrheit und rechtes Leben, und darin steht diese »moderne« Emblematik der Sonnenblume in der Nachfolge der Symboltheologie des Mittelalters, wo Bibel, Geschichte und nicht zuletzt die »konkrete ökologische Natur« zumindest in bestimmten führenden Literaturgattungen noch einen lesbaren Kosmos von Signaturen, einen gottgewirkt bedeutungsvollen mundus symbolicus bilden können, in denen man Wahrheit und Heilsweg »lesen« kann.

In der (vom 16. bis ins 19. Jahrhundert äußerst populären) emblematischen Literatur zeigt sich nach gängiger Deutung »noch einmal ein von Bedeutungszusammenhängen und ewigen, wahren Bestimmungen durchwirktes Universum, in dem das Vereinzelte bezogen, die Wirklichkeit sinnvoll, der Lauf der Welt begreifbar erscheint und die in

[11] Alles nach LESKY in HOHBERG, Neuausgabe 1969. Viele weitere Sonnen-Sonnenblumen-Embleme analoger Bedeutung findet man in HENKEL und SCHÖNE 1967, Sp. 311 ff. u. ö. Die Sonnen-Stelle kann – seltener – auch mit dem christlichen Fürsten (als einem Ebenbild Gottes) besetzt sein, in antiker Tradition auch mit der Geliebten. Vom 16. bis 18. Jahrhundert nimmt aber auch der gottesfürchtige Fürst eher die Sonnenblumen- als die Sonnen-Stelle ein; vgl. z. B. HARMS und FREYTAG 1975, S. 76f, 147 u. ö.

Analogien gedeutete Welt so zum Regulativ des menschlichen Verhaltens werden kann. Diese emblematische Verweisungs-, Entsprechung- und Lebenslehre ist wohl nicht mehr Zeugnis eines unangefochtenen Vertrauens in die klassische Ordnung, sondern eher ein Ausdruck des menschlichen Versuchs am Beginn der Neuzeit, sich zu behaupten gegen eine undurchschaubar werdende chaotische Welt. In solchem Bemühen, scheint es, ruft die Emblematik noch einmal das Ordnungsdenken des Mittelalters und seine Erkenntnismittel zu Hilfe: leistet Widerstand, hegt Hoffnung, trägt utopische Züge« (HENKEL und SCHÖNE 1967, S. XVI).

Deutungen dieser Art sind häufig und plausibel. Die Emblematik gab den Dingen der Natur wieder eine handlungsorientierende und lebensleitende Funktion, und diese in den Realien wiederentdeckten Bedeutungen schlossen die Welt wieder »zu einem sinnvoll gerichteten Ganzen« zusammen (HILLACH 1978, S. 434) – eine symbolische Rekonstruktion des Kosmos auf der Ebene alltagsweltlicher, sozusagen landschaftlicher Wahrnehmungsgestalten. Es handelt sich, wie es scheint, um eine Sinnkonstitution, die bereits kompensatorisch gegen den historisch spürbaren Zerfall dieses Sinnganzen gerichtet war. In überschlägiger universalgeschichtlicher Deutung: »Angesichts der vorrückenden Naturwissenschaften und der frühbürgerlichen, sich im Tauschakt formalisierenden Wirtschaftsweise mußten die entschwindenden Inhalte auf konstruktivem Wege gegen die so erfahrene Faktizität der Welt durchgesetzt werden, und die Emblematik kann verstanden werden als das anschauliche Hilfmittel, das die Welt noch einmal auf überschaubare Maße bringen sollte« (a. a. O., S. 434).

Solche kompensatorischen Rekonstruktionen von Sinn-Kosmen der unmittelbaren Wahrnehmung kehren gerade in der Neuzeit immer wieder; sie sind allerdings nicht selten (und zwar wohl gerade in den bedeutenden Fällen) mit einem Bewußtsein des Verlusts und einem Gefühl der Gefährdung verbunden. In der Tat sind sie immer prekär und müssen bezahlt werden. Im Falle der Emblematik, so der Historiker, bestand der Preis unter anderem in einem »spekulativen Abirren von der Wirklichkeit, die gleichzeitig in Handwerk, Gewerbe und in den Wissenschaften den Geschichtsprozeß vorantrieb« (ebd.). Eine theologische Verteidigung des anthropozentrischen Universums vertrauter Dinge (und eine Verteidigung der Einheit von Faktum und Sinn im richtig gesehenen Universum alltäglicher Gegenstände): Das ist der Kontext, in dem auch das Sonnenblumen-Emblem geblüht und seinen Sinn erhalten hat.

Die auf Urheber, Absicht, sinnvolles Ziel und richtiges Handeln hin lesbare Welt, ihr mehr oder weniger mit landschaftlichem Auge les- und sichtbarer metaphysischer Sinn, wurde, wie man weiß, in den Naturwissenschaften unsichtbar und in den Geisteswissenschaften – wie ja auch in meinem Text – zu einem bloßen Inhalt phänomenologisch-hermeneutischen Sinnverstehens. Einen Teil dieser neuzeitlichen Geschichte findet man bei BLUMENBERG 1981 beschrieben. Das einschlägige Sinnverlangen allerdings blieb erhalten, mußte sich jedoch, zumindest außerhalb der Religion, mehr und mehr mit Poesie begnügen. Aber auch die spielt seit geraumer Zeit nicht mehr mit. Dazu ein Beispiel.

5. Sonne und Sonnenblume bei Eduard Mörike

Die Motivik und die Struktur der visuellen Embleme wanderten in viele Literaturgattungen ein; das Aufspüren solcher Diffusionen emblematischer Motive und Strukturen bis in die moderne Literatur hinein war jahrzehntelang eine Lieblingsbeschäftigung der Literaturwissenschaftler (vgl. z. B. PENKERT 1978).

Das Sonnenblumenemblem diffundierte zunächst einmal vor allem in die Erbauungsliteratur und religiöse Dichtung. Ein höchstrangiges Beispiel ist die Heliotropium-Ode, die Jakob BALDE 1640 – zu seinem Eintritt in den Jesuitenorden – geschrieben hat (»Heliotropium sive Mens hominis ad Deum versa« – die Sonnenblume oder der zu Gott gekehrte Sinn des Menschen; zur Interpretation vgl. HERZOG 1973); die poetae minores liefern die schlagenderen Beispiele. Die Belege lassen sich häufen, schon in GRIMMs Wörterbuch findet man mehrere, z. B.: »Auff diese art ist gottes wille die sonne, und eines christen wille wie das heliotropium, oder die sonnenblume, so sich allerzeit nach der sonnen richtet, denn so richtet sich des christen wille nach dem willen gottes« (Joh. Bened. CARPZOV: Außerlesene Trost- und Leichensprüche ...; 2. Bd., Leipzig 1968, S. 115). Oder »du must die art der sonnen-blumen an dir haben, welche sich allemahl nach dem lauffe der sonnen kehret, und sich gegen dieselbe aufftthut; also kehre doch dein hertz allezeit gegen deinen heyland, welcher die sonne der gerechtigkeit ist« (Paul Friedr. SPERLING: Nicodemus quaerens & Jesus respondens, das ist: erbauliche Fragen aus den ordentlichen Sonn- und Festtags-Evangelien, Leipzig, 1. Bd., 1718, S. 1256).

Auch in der im weitesten Sinne pietistischen Literatur des 17.-18. Jahrhunderts sprießen die Sonnenblumen geradezu massenhaft der Sonne entgegen: »Die sonnenblum folgt ihrer sonn; so folg ich dir, o meine wonn!« (Anton Ulrich VON BRAUNSCHWEIG 1667); »Die Sonnenblume liebt das Licht, sie will sich stets zur Sonne drehen: So mußt du Gottes Angesicht, Willst du nicht irren, auch ansehen« (Gerhard TERSTEEGEN: Geistliches Blumengärtlein inniger Seelen ..., 13. Aufl. Elberfeld 1826, S. 549; zuerst 1727). Die symbolweltinterne Sonnenrelation der Sonnenblume war für Mystiker und mystische Dichter wohl nicht zuletzt deshalb so reizvoll, weil sie erstens sehr leicht pietistisch (als stille Hingabe, Ergebung und Wirken-, d. h. Gewährenlassen) gedeutet werden kann und zweitens leicht auf alle Blumen und Blumenkinder generalisierbar ist; beides z. B. wieder im »Geistlichen Blumengärtlein« von 1727 (13. Aufl. 1826, S. 295): »Du durchdringst alles: laß dein schönstes Lichte,/ Herr! berühren mein Gesichte:/ Wie die zarten Blumen willig sich entfalten,/ Und der Sonne stille halten;/ Laß mich so, Still und froh,/ Deine Strahlen fassen,/ Und dich wirken lassen.«

In der romantischen Kunstreligion rücken dann die göttlichen Werke der Kunst an die Stelle Gottes: »Wohl ein jeglicher Mensch, der ein fühlendes und liebendes Herz in seiner Brust trägt, hat im Reiche der Kunst irgendeinen besonderen Lieblingsgegenstand; und so habe auch ich den meinigen, zu welchem mein Geist sich oft unwillkürlich, wie die Sonnenblume zur Sonne, hinwendet« (WACKENRODER, Herzensergießungen eines kunstliebenden Klosterbruders, 1797; zitiert nach W.H. WACKENRODER Sämtl. Schriften, Reinbek b. Hamburg 1968, S. 67).

Eine solche Umbesetzung einer Stelle vom Sakralen, Religiösen, Theologischen ins Irdisch-Säkulare pflegt man – mißverständlich – »Säkularisierung« zu nennen. »Mißverständlich« ist diese Kennzeichnung deshalb, weil sich mit »Säkularisierung« leicht pejorative Bedeutungsnuancen (wie »sekundär«, »abgeleitet«, »weniger authentisch als das sakrale oder theologische Original«) verbinden, vielleicht sogar Andeutungen von Plünderung und Entstellung, Entfremdung und Enteignung eines originären, primär religiösen Sinnbereichs (vgl. hierzu z. B. BLUMENBERG 1966). Tatsächlich wird eine historisch vakant gewordene Stelle in einer alten Relation, in einem alten, sozusagen archetypischen Bild, neu besetzt, und die Neubesetzung steht z. B. an, weil die alte Besetzung schwierig oder unplausibel wurde, aber die Besetzung der korrespondierenden Stelle zumindest in ähnlicher Weise weiterlebt und weiter ihre Ansprüche anmelden und durchsetzen kann. Da die alte Frage und Frage-Antwort-Struktur weiterlebt, muß auch die neue Antwort, wenngleich mit verändertem Inhalt, alte Bedürfnisse erfüllen. Auf unser Beispiel angewendet: Erst wenn die Sonnenblumenseele gegenüber sich selber und ihren eigenen Ansprüchen kritisch würde und sich disziplinieren (oder ihre Neigungen auf bestimmte, z. B. religiöse Sinnregionen und ästhetische Spielwiesen begrenzen) könnte, würde die Wucherung der Säkularisierungen abreißen, sei es durch Verschwinden und Abschwächung, sei es durch Bereichsbegrenzung. Solange die sonnenhungrigen Sonnenblumenseelen aber ihre inbrünstigen Sonnenblumenattitüden auch dann beibehalten, wenn sie sich Gegenständen der Natur, der Politik oder der Wissenschaft zuwenden, solange werden auch auf der Sonne-Seite immer wieder irgendwelche Gnadensonnen und Sonnen der Gerechtigkeit erscheinen, die vor Heiligkeit triefen.

Den verzweigten Säkularisierungen des Sonnen-Sonnenblumen-Bildes brauchen wir nicht weiter nachzugehen. Es genügt, diejenige herauszugreifen, die vielleicht am meisten Reflexion, zumindest das größte Reflexionspotential enthält und in diesem Sinne verdient, interessant und modern genannt zu werden. Es handelt sich um eine Variante, in der das Emblem zwar nach seinem dinglichen Requisit erhalten bleibt, seine Bedeutung aber – zumindest stellenweise – »unnennbar« wird, wo die res picta sozusagen nicht mehr zu einer eindeutigen res significans werden kann.

Der historische Ort dieser »Lösung« ist nicht schwer zu erraten: Der wahrscheinlichste Fundort dieses semantischen Verschwebens des Sonnen-Sonnenblumen-Bildes ist die romantische und nachromantische Lyrik, das lyrische Emblem der Romantik im weitesten Sinne. Die Sehnsuchtsrelation ist präsent, ja hochgezüchtet; es wäre aber ein Fehler, sie umstandslos mit einer religiösen Semantik zu besetzen; denn das würde aus dem intendierten Gedicht ein eindeutiges Gebet oder eine Predigt machen. Wenn die Vakanz im lyrischen Kontext aber auch nicht umstandslos mit neuen, weltlichen Göttern, z. B. mit Kunst oder Natur aufgefüllt werden soll, bleibt noch eine Art Nullösung. Die empfundene Leere kann dann nicht nur Gegenstand sehnsüchtiger, bittersüßer Genüsse werden, sondern auch Gegenstand der Reflexion und Anlaß zur Selbstreferenz des lyrischen Ichs und der Poesie.

Im Frühling[12]

1 Hier lieg ich auf dem Frühlingshügel;
Die Wolke wird mein Flügel,
Ein Vogel fliegt mir voraus.
Ach, sag' mir, all-einzige Liebe,
Wo du bleibst, daß ich bei dir bliebe!
Doch du und die Lüfte, ihr habt kein Haus.

7 Der Sonnenblume gleich steht mein Gemüte offen,
Sehnend
Sich dehnend
In Lieben und Hoffen.
Frühling, was bis du gewillt?
Wann werd ich gestillt?

13 Die Wolke seh ich wandeln und den Fluß,
Es dringt der Sonne goldner Kuß
Mir tief bis ins Geblüt hinein;
Die Augen, wunderbar berauschet,
Tun, als schliefen sie ein,
Nur noch das Ohr dem Ton der Biene lauschet.

19 Ich denke dies und denke das,
Ich sehne mich und weiß nicht recht, nach was:
Halb ist es Lust, halb ist es Klage;
Mein Herz, o sage,
Was webst du für Erinnerung
24 In golden grüner Zweige Dämmerung?
– Alte, unnennbare Tage!

Es ist schon oft beschrieben worden, daß und wie sich die pietistischen Metaphern und Vokabeln seit dem 18. Jahrhundert und vor allem seit der empfindsamen und »irrationalistischen« (»vorromantischen«) Literatur neue, säkulare Felder eroberten. Als ein Paradebeispiel gilt nicht zuletzt die Übertragung der Seele-Gott-Reaktion auf die Beziehung der empfindsamen Seele zu Natur und Landschaft (vgl. z. B.: »Auch das vertiefte Naturgefühl des 18. Jahrhunderts, die seelenhafte Beziehung zwischen Mensch und Landschaft, die nun statt Gott oder des Mitmenschen als gleichberechtigter Partner eintritt, ist ein solches neugewonnenes Feld für ehemals pietistische Sprachmittel«, LANGEN 1968, S. 437) . In der Tat enthält das Gedicht sozusagen kein Wort und keine Wendung, die nicht auch in der mystisch-pietistischen Beschreibung der Gott-Seele-Dynamik belegt wären.[13]

[12] MÖRIKE, Eduard (1967-70): Sämtliche Werke in zwei Bänden. Nach dem Text der Ausgaben letzter Hand unter Berücksichtigung der Erstdrucke und Handschriften. Herausg. von J. PERFAHL. München. Bd. 1, S. 684 f.; Erstdruck des Gedichtes: 1828.

[13] Zum Beispiel das Hingesunkensein, der Aufschwung und das Aufwärtsfliegen »wolkenan« mittels der (Liebes- und Glaubens-)Flügel der Seele (samt dem Vorbild des Vogels); das Offenstehen des Gemüts und die liebend-hoffende Sehnsucht nach dem Gestilltwerden (Gott stillt die Seele!), das tiefe Eindringen und der (Liebes)Kuß der (Gnaden)Sonne; die willenlose Frage nach dem Willen Gottes; die Hin- und Übergabemetaphern (zu denen traditionell die

Aber nur auf den ersten, ungenauen Blick ist das Gedicht eine Umbesetzung von Gott auf Natur oder Landschaft. Das wird besonders deutlich, wenn wir es sozusagen im Rahmen betrachten.

Das Gedicht erscheint bekanntlich auch 1832 im »Maler Nolten«. Dort beschreibt der Erzähler mittels dieses Gedichtes das Gefühl des Malers Nolten beim Blick auf eine Landschaft. Die Rahmensituation ist zunächst von klarer und höchst traditioneller Gegenständlichkeit: Im Vordergrund ein locus amoenus am Waldrand mit Bäumen, Quelle, Blumenduft und Vogelsang, und »er selber setzte sich auf eine erhöhte, mit jungem Moos bewachsene Stelle und schaute auf die reiche Ebene«, die sich typischerweise mit dem üblichen Requisit als eine ideale Landschaft (mit der »glänzenden Krümmung eines ansehnlichen Flusses«) entfaltet: Also der altbekannte Verein von Lustort im Vordergrund vor einer ideallandschaftlichen Weite. Sogar die Signatur Arkadiens wird eingesetzt: »Ein Schäfer zog pfeifend unten über die Flur«. Der Kontext scheint also zunächst auf eine Zuwendung zu einer idealen Landschaft hinauszulaufen.

Vor dieser Landschaft wendet sich das Gefühl des Malers aber dann in eine ganz unbestimmte Richtung. Die »mächtige Sehnsucht« und der »süße Drang«, die ihn überkommen, gelten weder Gott, noch dem Reiseziel, noch irgendeinem Menschen, noch eigentlich der Natur – sondern einem »namenlosen Gut«, das zwar durch die »rührenden Gestalten der Natur« hindurch zu locken scheint, sich aber dann wieder ins Unendliche entzieht: »Den Maler übernahm eine mächtige Sehnsucht, worein sich, wie ihm deuchte, weder Neuburg noch irgendeine bekannte Persönlichkeit mischte, ein süßer Drang nach einem namenlosen Gute, das ihn allenthalben aus den rührenden Gestalten der Natur so zärtlich anzulocken und doch wieder in eine unendliche Ferne sich ihm zu entziehen schien. So hing er seinen Träumen nach, und wir wollen ihnen, da sie sich von selbst in Melodien auflösen würden, mit einem liebevollen Klang zu Hülfe kommen« – nämlich mit dem zitierten Gedicht.

Von der Landschaft ist nur noch eine Stelle, ein Landschaftsrequisit geblieben – aber das ist genau diejenige Stelle, wo eben diese Landschaft sich auflöst und schon nicht mehr eigentlich Landschaft ist, jedenfalls über sich hinausweist: die »unendliche Ferne«. Diese Stelle der Landschaft ist ja in der romantischen Literatur das sozusagen offizielle Symbol einer unbestimmten Unendlichkeit und des Indifferenzpunktes schlechthin. Wenn also von Natur und Landschaft hier überhaupt noch etwas übriggeblieben ist, dann nur noch diese »unendliche Ferne«. Sie ist, wie es im Text heißt, die Stelle, in die hinein sich alle Gegenstände der Natur entziehen, nachdem sie zuvor die Sehnsucht hervorgelockt haben.

Das Gedicht »Hier lieg ich auf dem Frühlingshügel«, das im Text nun unmittelbar folgt, wird also vorgestellt als ein Versuch des Erzählers, Noltes träumerisch-musikalische Sehnsucht nach etwas »Namenlosem« zu beschreiben, das sich in eine unendliche Ferne entzieht – und zwar durch eine Art Wortmusik, die dem quasimusikalischen Charakter dieser Träume entspricht. Das angekündigte Gedicht ist also sozusagen die Sprachmusik des »unglücklichen Bewußtseins«, Ausdruck eines Bewußt-

---

Trunkenheit und das Schließen der Augen gehören), die Verbindung von Lust und Schmerz – und schließlich die »Dämmerung« als Chiffre des Zwischenzustands zwischen Welt und Gott ... Zu solchen Herkünften der Lyrik MÖRIKEs (geistliche Lyrik der Barock, mystisch-frühpietistische Vorstellungsweisen ...) vgl. z. B. auch KOSCHLIG 1977.

seins, welches sich nach einem erkanntermaßen unerreichbaren Ziel verzehrt, offenen Auges an einem Ziel festhält, das sich dem Zugriff immerfort entzieht und dem höchstens noch die »Utopie einer Besitznahme à distance« (WALDENFELS 1985, S. 64) verbleibt.

Um das zu sehen, hätte es allerdings auch genügt, bloß das Gedicht selber genau anzusehen. Schon in der ersten Strophe geht der alte Seelenflug ins Leere: Der Aufschwung der Dichterseele richtet sich nicht mehr (wie der Aufschwung der pietistischen Seele) auf Gott, sondern auf eine unbestimmte »all-einzige Liebe«, deren Ort nicht mehr auszumachen ist (»doch du und die Lüfte, ihr habt kein Haus«); sie ist sozusagen verweht wie der Wind, und deshalb wird auch die Sehnsucht ort- und gegenstandslos.

*Wenn man genau hinhört, kann man in den hoffnungslosen Anrufungen der ersten Strophe noch minimale Spuren des eigentlich gemeinten, aber jetzt verlorenen Gegenübers finden: Vor allem in der Anrufung der »alleinzigen Liebe«. Diese »alleinzige Liebe«, in späteren Fassungen vom Dichter selbst zur »all-einzigen Liebe« emphatisiert, nimmt im Kontext dieses Gedichtes (motivgeschichtlich) die Stelle des alten christlichen Gottes ein, meint aber offensichtlich eine andere Gottesversion: den zum All-Einzigen gesteigerten All-Einen, Hen kai pan, die Gottnatur und Naturgottheit, kurz, den »Neuen Gott« einer Natur-, Liebes- und Gegenreligion, wie sie vor allem im Umkreis der deutschen Klassik, Romantik und Naturphilosophie »um 1800« blühte. Aber auch dieser Neue Gott ist hier schon ein verschwindender Gott, und das heißt auch: eine verschwindende Natur und ein verblassender Sinn.[14]

Zu so viel Verschwinden stimmt der kraftlose Flugversuch, den die Strophe beschreibt. Dieser Seelenflug steht ja nicht nur in einer sehr alten Reihe von landschaftlich-kosmischen Seelenreisen, sondern auch in der direkten Folge romantischer Aufschwünge und Aufbrüche in die »schöne«, »blaue«, »trunken redende Ferne«; aber die letzte Zeile der Strophe suggeriert eher, daß dieser Flug erst gar nicht angetreten wird, und im Vergleich z. B. zu Eichendorffs berühmter (auch ihrerseits schon konjunktivisch gebrochener, zielunsicher gewordener) Flugstrophe[15] wirkt dieser Aufschwung fast wie gelähmt. Diese Seele auf dem Frühlingshügel hat nicht nur kein Gegenüber und kein Flugziel mehr, denen sie (wenigstens konjunktivisch) entgegenfliegen könnte, »als flöge sie nach Haus«; sie hat, wie es scheint, auch gar keinen funktionierenden Flugapparat mehr: Die »Wolke« wirkt in ihrer Funktion als »Flügel« eher wie eine schwächliche Prothese.*

In der zweiten Strophe konkretisiert sich das lyrische Ich nach einem alten Bild zu einer mystischen Sonnenblume. Diese »Sonnenblume« kann nun wirklich nur mystice oder symbolice gemeint sein: Denn die reale Sonnenblume blüht im Hochsommer bis Herbst, nicht im Frühling. Auf dieser Ebene war selbst ein Wahlplakat realistischer, z.

[14] Eine andere Spur dieses »Neuen Gottes« der »deutschen Gegenreligion« (MATT 1991, S. 210 ff.) steckt in der Formel »du und die *Lüfte*«; diese »Lüfte« verweisen, wie zahlreiche Parallelstellen zeigen, in diesem Kontext mit der »Liebe« zum »All-Einzigen« sicher auch auf das göttliche Pneuma, ursprünglich also auf den Heiligen Geist, hier aber vor allem auf den Geist der (Gott)Natur, der die Liebenden und die Genies inspiriert; vgl. auch STRACK 1983, S. 85.

[15] »Und meine Seele spannte/Weit ihre Flügel aus/Flog durch die stillen Lande/Als flöge sie nach Haus.«

B., wenn im Bundestagswahlkampf 1976 ein Plakat der SPD mit (kleinem) EHMKE-Kopf und (großer) Sonnenblume mitteilte: »Im Herbst sind wir oben«.

Daraufhin scheint sich das Gegenüber der Sonnenblume, das, wonach sie gewissermaßen altpietistisch-mystisch offensteht, sich liebend und hoffend sehnt und dehnt, ebenfalls zu konkretisieren: Es konkretisiert sich zuerst im Frühling. Die Fragen, die an die Frühlingslandschaft gerichtet werden, sind genau die, die die pietistische Seele an Gott richtete; hier, im Gedicht, klingt ihre säkulare Form aber so, als sei auf eine Antwort nicht mehr zu hoffen. Diese Fragen haben den Klang von Fragen, die ins Leere gehen (oder auch: von Versuchen am untauglichen Objekt).

Zu Beginn der dritten Strophe deutet sich als Gegenüber sogar eine Frühlingslandschaft mit Wolke und Fluß und Sonne an, und in dieser konkret-ökologischen Landschaft erscheint dann als eigentliches Gegenüber der andere Pol des Sonnenblumen-Emblems: Die Sonne. Sie agiert wie weiland Gott: Sie küßt die Seele; dieser Kuß »dringt tief hinein« und bringt den Geküßten in die vielleicht typischste Pose des liebenden Mystikers (griechisch »myein«: »die Augen schließen«). Aber dieser Gnaden-, Liebes- und Inspirationskuß geht nicht nur nicht mehr von Gott aus; wie die Anfangszeilen der letzten Strophe zeigen, bleiben sowohl die Inspirationsquelle (der eigentliche Name der Muse), der Gegenstand der Sehnsucht wie auch der Inhalt der Botschaft völlig unbestimmt (»... dies und ... das, ... weiß nicht recht, ... was; halb ist es ... halb ist es ...«).

Angesichts dieser Unbestimmtheiten bleibt nur der Rekurs aufs eigene Herz: »Mein Herz, o sage« – das ist die alte Eröffnungsformel nachdrücklicher Selbstergründung, und in dieser Selbstreferenz verwandelt sich konsequenterweise »Hoffen« auf Zukünftiges in »Erinnern« an Vergangenes (zu dieser »verblüffenden« romantischen Wendung vgl. z. B. SLESSAREV 1970, S. 35). Aber auch die Antwort des Herzens bleibt unbestimmt, und der intendierte Gegenstand (das gesuchte summum bonum) ist nun, in der erinnerten Zeit, so namen- und ortlos wie zuvor im kosmisch-landschaftlichen Raum: »Alte, unnennbare Tage«. Die Wendung nach Innen führt zu der gleichen Leerstelle wie der Blick und der Aufschwung in die Natur. Dieses letzte Fazit wird mit großem Nachdruck mitgeteilt: In der lapidaren überzähligen Schlußzeile des Gedichts.

An dieser Schlußwendung ist wenigstens noch zweierlei bemerkenswert. Erstens: Das »namenlose Gut« (wie es im »Maler Nolten« heißt) wird in zugleich »alten« und »unnennbaren Tagen» angesiedelt, also nicht in real bestimmbarer, sondern eher in mythischer Geschichte, sozusagen in einem zeitlich-zeitlosen Orplid. Zweitens: An eben der Stelle, wo sich (um wieder den Rahmentext im Maler Nolten zu zitieren) das »namenlose Gut«, das in den »Gestalten der Natur« und Landschaft »rührt« und »lockt«, sich wiederum und endgültig, nämlich nun auch in der Innenwelt der Erinnerung, »in eine unendliche Ferne zu entziehen scheint«, da wird auch die hohe Ambivalenz der Gefühle bezeichnet, die mit dieser ort- und zeitlos gewordenen Mensch-Natur-Harmonie verbunden sind. Die vorangehende Formel »halb Lust, halb Klage« wird zu »golden-grüner Zweige Dämmerung«, und dieses Bild ist nicht nur bei MÖRIKE, sondern auch in der romantischen Tradition (z. B. bei E.T.A. HOFFMANN und EICHENDORFF) »eine Chiffre für faszinierend-bedrohliche Mächte«, für eine faszinierende existentielle Bedrohung (vgl. z. B. HEYDEBRAND 1972, S. 21).

Man kann das Gedicht so resümieren: Der Aufschwung zur landschaftlichen Natur scheitert (1. Strophe), die an sie gerichteten Fragen bleiben unbeantwortet (2. Strophe), und auch die ersehnte Vereinigung mit der konkret-ökologischen landschaftlichen Natur – was immer sie noch bedeuten mag – »stillt« die Seele nicht mehr (3. Strophe). Nach der Sinnsuche im Medium von Natur und Landschaft geht auch die Sinnsuche im Medium von Subjektivität (»Herz« und »Erinnerung«) ins Leere: Die Landschaft bleibt stumm; das befragte Herz sagt zwar etwas, aber was es sagt, ist unsagbar und ambivalent. Weder in der Landschaft, noch im Herzen ist der alte Sinn oder wenigstens das romantische »Zauberwort« wiederzufinden, welche Subjekt und Welt noch einmal zu einem (wie die Geographen sagten) »landschaftlichen Zusammenklang« vereinen könnten.

*6. Eine Beschreibung ästhetischer Erfahrung

Was in den Zeilen 1-18 beschrieben und dann (in Zeile 19-25) ganz in Unbestimmtheit, Vieldeutigkeit und Ambivalenz aufgelöst wird, das kann man also wohl als eine Erfahrung von Vergeblichkeit und Scheitern lesen; diese Lesart findet man denn auch in fast allen bisherigen Interpretationen des Gedichts. Dann kann man im Gedicht z. B. leicht auch eine poetische Version eines Grundgedankens der Lacanschen Psychoanalyse sehen. Das Gedicht beschreibt, so gelesen, den notwendig vergeblichen, aber hartnäckig wiederholten Versuch des (von Anfang an und für immer) gespaltenen Subjekts, in der äußeren und dann auch in der inneren Welt ein bedeutungsvolles, erlösendes Gegenüber, jenes Objekt des Begehrens und mythische Etwas (LACANs »Objet a«) zu finden oder wiederzufinden, das ihm Sinn, Einheit, ein »Ich« oder eine »Identität« geben und es dergestalt, um die pietistisch-poetische Metapher zu wiederholen, »stillen« könnte.[16] Unter dieser LACAN-Beleuchtung beschreibt das Mörike-Gedicht auch die Geburt des Subjekts: Dieses entsteht (nach LACAN) genau an solchen Schnittpunkten einer unerreichbaren Zukunft und einer unwiederbringlichen Vergangenheit, man kann auch sagen: im Wechselspiel und in der Wechselwirkung von Sehnsucht und Erinnerung, von retrospektiven *und* antizipatorischen, aber gleichermaßen erfolglosen Regungen; es entsteht gewissermaßen in der außen- und innenweltlichen Jagd auf eine nicht einzufangende Beute, die heute noch immer gern auch »Identität« genannt wird. Aber auch wissenschaftliche Objekte erweisen sich oft als eine phantasierte Rückkehr zu einem »objet a«: Daher die (oft hilflos) retrospektive Grundstimmung, die auch über manchen Theorien, Metatheorien und Forschungsgegenständen liegt. Die geographische Landschaft ist ein gutes Beispiel: Das objet a steckte auch im landschaftlichen Blick der Geographen. (Vgl. hierzu auch die Materialien und Interpretationen bei MEDER 1985.)

Man kann das Gedicht, zumal die Zeilen 13ff., aber auch anders und als Ausdruck einer weniger allgemeinen und existentiellen Erfahrung lesen, nämlich als Beschreibung einer spezifischeren *ästhetischen* Erfahrung. Dieser poetischen Beschreibung einer unbestimmten, vieldeutigen und ambivalenten Erfahrung entsprechen dem Sinne nach ja schon KANTs Bestimmungen des ästhetischen Wohlgefallens (vgl. Kritik der Urteils-

[16] Nur aufgrund dieser unerfüllbaren Erwartung läßt sich das Subjekt nach LACAN überhaupt auf die phänomenaleWelt ein; eine Auflösung dieser frommen Illusion liefe ebenso auf sein Ende hinaus wie die (endgültige) Erfüllung dieser Illusion. Aber das begehrte Gegenüber bleibt immer imaginär, instabil und unfaßbar. (Zum »objet a« als Köder, Falle, Nichts, imaginärem Spiegelbild und permanentem Spiegelstadium vgl. z. B. LACAN 1975, S. 116, 203; 1978, 2. Aufl. 1980, S. 83 ff., 95 f.; 1986, S. 71 f., 135 ff. u. ö.)

kraft, z. B. § 49): Ästhetisches Wohlgefallen erregt, was ohne (bestimmten) Begriff, ohne (bestimmtes) Interesse, ohne (bestimmten) Zweck, also aus sich selber heraus, mit subjektiver, aber nicht begrifflich demonstrierbarer Allgemeinheit gefällt; was Vieles, ja unabsehbar Vieles zu denken gibt, aber dessen Sinn nie verdeutlicht, nie Begriff, Erkenntnis, Theorie und Wirklichkeit (objektives und objektivierbares Korrelat unserer Erfahrung) werden kann. Kurz, es bleibt gewissermaßen bei einem bloßen Versprechen – nach dem berühmten Diktum von STENDHAL: bei einer »promesse de bonheur« – das dann nicht gehalten wird (und vor allem von Theorie und Empirie nicht gehalten wird).

Um zur Verdeutlichung dieses modernen Konzeptes von »ästhetischer Erfahrung« noch eine viel jüngere Formel hinzuzufügen: Der ästhetische Augenblick, das ist »die unmittelbar bevorstehende Offenbarung, zu der es nicht kommt« (BORGES 1992, S. 14 u. ö.). Noch bedeutender wird diese Charakterisierung, wo die ästhetische Erfahrung explizit an einer spezifischen Natur- und Landschaftserfahrung exemplifiziert wird, nämlich an der Erfahrung einer vielsagend verstummenden, unverständlich oder doch unsagbar gewordenen Natur: »Es gibt am Abend eine Stunde, in der die Ebene kurz davor ist, etwas zu sagen; sie sagt es nie, oder vielleicht sagt sie es unaufhörlich und wir verstehen es nicht, oder wir verstehen es, aber es ist unübersetzbar wie Musik ...« (BORGES 1994, S. 149). Das hat für modernes Verständnis den Nachteil, daß es nie Sprache, Theorie und Erkenntnis werden, aber auch den Vorzug, daß es nicht in die Fallen der »symbolischen Ordnungen« und des Imaginären geraten kann.

Auch bei LACAN wird die Analogie des objet a zum ästhetischen Objekt sehr deutlich, vor allem, wenn dessen imaginärer Charakter und seine Tendenz zur Unlesbarkeit, zur Absenz, zum Verfall, zum Verlorengehen und zum Nichteinlösen seiner Versprechungen beschrieben oder das objet a gleich an Kunstwerken erläutert wird (vgl. z. B. LACAN 1979, 2. Aufl. 1980, S. 83ff.). Und der ästhetische Moment (z. B. BORGES' Ebene kurz vor ihrer Offenbarung, die dann doch nicht stattfindet) sagt zum Subjekt dasselbe wie LANCANs »objet a«: »Was ich dir anzubieten scheine, mußt du zurückweisen, denn was ich dir biete, ist weder das, was du wirklich willst, noch das, was ich dir wirklich geben will.« Die ästhetische Einstellung schützt das Subjekt gewissermaßen vor der Erniedrigung in solchen existentiell unausweichlichen Lagen, d. h. »unter Bedingungen absoluter Nicht-Reprozität« von Subjekt und (Liebes)Objekt, d. h. angesichts der luftigen Unwirklichkeit aller begehrten Dinge (vgl. LACAN 1986, S. 135, LACAN 1975, S. 145 sowie BOWIE 1994, S. 165ff.).

Man kann im zitierten MÖRIKE-Gedicht also auch eine spezifisch moderne ästhetische Erfahrung beschrieben finden. Es beschreibt eine moderne Natur- und Landschaftserfahrung als Prototyp ästhetischer Erfahrung. Das ist nichts Ungewöhnliches; es gibt in den letzten Jahrhunderten viele Gedichte, die vor allem die ästhetische Erfahrung (also auch: sich selbst) zum Inhalt haben. Das Gedicht beschreibt die ästhetische Erfahrung außerdem im Anschluß an ältere Beschreibungen *religiöser* Erfahrung, in gewissem Sinne sogar als eine Schrumpf- oder, vielleicht besser, als eine Art Endform religiöser Erfahrung.*

7. Etappen des Verschwindens bedeutungsvoller Landschaft

Auch im spät- oder nachromantischen Gedicht erschien wieder die Sonnenblumen(seele), die sich der Sonne zuwendet. Aber obwohl die Sprache weithin die des pietistischen Mystikers glich, galt die Zuwendung nicht Gott, und obwohl der Anlaß ein Blick in die Landschaft war, ging die Sonnenblumenhingabe auch nicht mehr auf Landschaft oder Natur. Gegenstand, Inhalt und Erfüllungsort der Sehnsucht sind vielmehr systematisch anonymisiert, die »alleinzige Liebe« ist weder im Raum, noch in der Zeit aufzufinden, weder in der Außen-, noch in der Innenwelt. Wenn man überhaupt eine Säkularisierung in Richtung auf Natur und Landschaft erkennen will, dann muß man hinzufügen, daß diese »Naturmystik« fast nur noch aus Leerstellen besteht und höchstens noch so etwas eine »negative Theologie der Landschaft« liefert. Die Harmonie mit einer namenlos gewordenen Natur wird zwar noch anläßlich einer Landschaft evoziert; sie ist aber nur noch eine »unnennbare« Erinnerung an ungeschehene Geschichte.

Man kann versuchen, die bisher genannten Stationen des Sonnenblumenbildes miteinander zu verbinden. Das kann keine »Entwicklungsgeschichte« sein (oder doch höchstens in Form einer lückenhaft-hypothetischen Skizze); es handelt sich eher um einen Versuch, die jeweiligen Besonderheiten zu akzentuieren.

Das älteste der Embleme wollte etwas über die Heils-Bedeutung wirklicher Gegenstände sagen. Die wirkliche Sonne und die wirkliche Sonnenblume hatten einzeln und vor allem im Verein einen lebensleitenden religiösen Sinn. Dann wurde diese »Blumensprache« benutzt, um religiöses (und quasi-religiöses Kunst-)Erleben zu kodieren; die Sonnen-Sonnenblumen-Wirklichkeit verwandelte sich in eine religiöse oder quasireligiöse Erlebniswelt. In einem weiteren Schritt wurde das ontologische Gewicht der Gegenstände noch stärker ermäßigt; die küssende, belebende, sinnspendende Sonne beschien nun in einem lyrischen Universum eine lyrische Sonnenblume, und diese Sonne hatte die Tendenz, namenlos, zumindest uneinholbar vieldeutig zu werden. In einem letzten Schritt, im politischen Plakat, haben Sonne und Sonnenblume diese ontologischen Schwebezustände und semantischen Unbestimmtheiten hinter sich gelassen. Das Duett wird re-ontologisiert, gleitet in Weltanschauung und Politik hinein und erhebt wieder einen Anspruch, der längst vergangen schien: den Anspruch, zumindest durch die Blume etwas über die physische Wirklichkeit zu sagen sowie zugleich auch noch politische Lebens- und Handlungsorientierung zu bieten.[17]

Die Sonne meint nun wieder ein Stück wirklicher, konkret-ökologischer Welt, nicht mehr »bloß« den (Reflexions)Gegenstand einer religiösen Erlebniswelt oder einen Ausschnitt aus einem poetischen Universum. Insofern sind wir wieder bei der Welt der Emblematiker: In einer unmittelbar greifbaren und begreifbaren Welt werden ewige, wahre Bestimmungen augenfällig, die zugleich die evidenten Handlungsanweisungen mitliefern, und auch diese neue Sonnen-Sonnenblumen-Welt bildet wieder einen pole-

[17] Solche (Re-)Ontologisierungen, (Re-)Politisierungen literarischer Muster samt zugehöriger Produktion von »literarischen Ideologien« (MÜLLER-SEIDEL 1981) hatten in den letzten Jahrhunderten wohl einige deutliche Höhepunkte, die man im deutschen Sprachbereich vielleicht mit den großen »grünen Wellen« bürgerlicher Naturadoration (» um 1800«, »um und nach 1900«, »seit 1970«) parallelisieren kann (vgl. hierzu z. B. auch GROSSKLAUS 1983). Das waren übrigens jeweils auch Blütezeiten der Sonnenblumen und der Sonnen-Sonnenblumen-Duette in Kunst und Literatur. Diese Sonnenblumen der Romantik, der deutschen Jugendbewegung und der deutschen Künstlerkolonien-Heimatkunst werden von mir allerdings der Kürze halber übersprungen, obwohl auch sie sehr geeignet sind, die Bezüge zu belegen, die der Geographie und der grünen Bewegung gemeinsam sind.

mischen Kontrast zur kompliziert vermittelten, »abstrakten« und moralisch-politisch so vieldeutig-schweigsamen Welt der modernen (Natur)Wissenschaften.

Ein bedeutender Unterschied zwischen der alt-emblematischen und der jung-alternativen Weltsicht ist allerdings nicht zu übersehen. Beide beziehen sich (wie wir interpretiert haben) auf die konkret-ökologische Natur agrarisch-vorindustrieller und vor-szientifischer Naturbearbeitung; aber nun, im Plakat, weist diese konkret-ökologische Natur nicht mehr auf einen »anderen«, übernatürlichen Sinn, sondern nur noch auf sich selber.[18] Die konkret-ökologische Natur ist nun selber schon der Sinn, der Weg, die Wahrheit und das Leben. Zwar kann man, wie einst an der Pictura des visuellen Emblems, jetzt auch an der konkreten Welt des Plakats ablesen, was das richtige und gute Leben ist – aber das neue Lesen im Buch der Natur ist vergleichsweise vereinfacht: Man braucht dazu nicht mehr die tieferen, spirituellen (religiösen, gottgegebenen ...) Bedeutungen zu verstehen; es genügt, diese konkret-ökologische Natur umweglos als solche zu verstehen. Das alte »Natura loquitur« wurde nie so wörtlich genommen (vielleicht, weil die Natur, wie LÉVY 1980, S. 136, formuliert, noch nie so vor Heiligkeit triefte wie heutzutage). Insofern kann man von einer »materialistischen Theologie« (EISEL 1987) sprechen. Aber auch diese neue »sprechende konkrete Natur« zeigt die prekären und widersprüchlichen (zugleich archaisierenden und utopischen) Züge, die wohl alle modernen Re-Konkretisierungen von Natur aufweisen. Beim genaueren Blick aufs Plakat erkennt man die Verwandtschaft mit dem MÖRIKE-Gedicht: Die Leerstellenbildung.

Nur für den ersten Blick ist z. B. die Sonnen-Stelle von der (plakatausfüllenden) wirklichen Sonne besetzt. In Wirklichkeit ist die scheinbar konkrete Alternative höchst abstrakt: man kann die gemeinte Energie-, Technik-, Umwelt- und Naturpolitik kaum indirekter und metaphorischer, aber auch kaum abstrakter, und d. h. hier auch: empirie- und wirklichkeitsferner formulieren, als es auf dem Plakat geschieht. Dies wird dem Betrachter deshalb verdeckt, weil er die Sonne des Plakats für die wirkliche Sonne hält.

Diese politische Apotheose konkret-ökologischer Natur ist im Rahmen der gewählten Semantik gar nicht zu konkretisieren. Was im Plakat aufscheint, entspricht dergestalt durchaus den »alten unnennbaren Tagen« des zitierten Gedichts. Jede Konkretisierung und Modernisierung, etwa die Darstellung von Installationen realer oder projektierter Sonnenenergietechnik, würde leicht selber als »schwarze Natur« wahrgenommen (oder käme ihr doch bedenklich nahe); die Wiederauferstehung der Tagseite der Natur würde zu einer – in mancherlei Hinsicht nicht besonders attraktiven – Variante ihrer Nachtseite. Die politische und physische Welt könnte also in dieser naturtheologisch-poetischen Philosophie und Semantik wohl gar nicht viel konkreter, d. h. handlungs-, politik- und technik-, kurz »wirklichkeitsnäher« abgebildet werden; außerhalb der gewählten Symbolsprache verlöre die »Alternative« sowohl ihren Charme wie ihre Plausibilität.

Kurz, die alten Feldzeichen konkret-ökologischer Natur sind eigentlich nicht konkretisierbar, es sei denn um den Preis ihres Verschwindens. Die politische Basisphilosophie und ihre Semantik selber machen die Konkretion unmöglich, und insofern ist es gerechtfertigt zu sagen, daß das Plakat unter der scheinbar gegenstandsprallen Oberfläche

[18] Wie die Sonne, so kann in dieser Welt auch das Subjekt konsequenterweise nur noch konkrete ökologische Natur sein (also nicht mehr z. B. als Gottes-, sondern nur noch als Naturkind erscheinen).

die gleichen Leerstellen aufweist wie das MÖRIKE-Gedicht. Weil das Plakat diese Leerstellen aber – im Gegensatz zum Gedicht, in dem sie sich reflektieren – natursemantisch überspielt, kann man das Gedicht MÖRIKEs als das ungleich modernere Gebilde bezeichnen.[19]

Freilich ist es nicht der Sinn einer solchen politischen Semantik, zu konkretisieren und zu reflektieren. Sie schöpft einfach die Emotionalisierungs- und Mobilisierungseffekte einer scheinkonkreten politischen Kommunikation aus.

8. Sonne und Sonnenblume bei Eugen WIRTH

Auch dem folgenden Text, dem eines Geographen, nähere ich mich – wie den bisherigen Texten – nicht diskutierend, sondern interpretierend. Es geht also nicht um wahrfalsch, auch nicht um den literarischen Wert, sondern sozusagen um die generative Grammatik dieses Textes, die zugrundeliegenden Denkfiguren, die dem Text erst seinen Sinn geben.[20] Es wird sich zeigen, daß die geographische Weltkonstitution, die in diesem Text erscheint, eine genaue Analogie zu der Weltkonstitution des grün-alternativen Plakates darstellt.

»Ungeachtet all unseres Bemühens um Theoretische Geographie, um Abstraktion, Quantifizierung und wissenschaftstheoretische Begründung muß deshalb noch Platz für eine Erdkunde bleiben, wie sie bei der 150-Jahr-Feier der Gesellschaft für Erdkunde zu Berlin von einem prominenten Festredner verstanden wurde: »Die Erdkunde ist trotz allen Wandels in Zielen und Methodik eine der farbigsten Disziplinen der Wissenschaft geblieben. Heute wie damals lebt sie aus der Schilderung und fasziniert durch Anschaulichkeit. Erdkunde heißt, lebendige Dinge zu erfahren, Natur, Völker und gewachsene Strukturen, Bodenbeschaffenheit in einen Zusammenhang zu bringen, heißt, Unterschiede zu erkennen, heißt (...) Verschiedenheit zur Kenntnis nehmen und heißt Staunen. Die Aura des stimulierenden Abenteuers wird dieser Erdkunde, so meine ich, ein bißchen auch im Zeitalter der Satelliten und der fliegenden Untertassen erhalten bleiben.

Ein solches Verständnis von Geographie kann sich immerhin auf Carl RITTER berufen, der in seinen Vorlesungen die Hörer mitzureißen und zu begeistern verstand. Heinrich LAUBE, dem man als einem der bedeutendsten Journalisten, Kritiker und Theaterpraktiker des vergangenen Jahrhunderts sicherlich ein kompetentes Urteil zutrauen darf, berichtet darüber: »(...) Die Erde hat in seinen Händen tausendfaches geistiges Leben gewonnen. Der Baum spricht, das Blatt lehrt, der Stein, das fremde Tier, das Meer und die fremden Völkerschaften erwecken Gedanken und helfen der Forschung (

---

[19] Man erkennt dies schon, wenn man die formalen Bedingungen überblickt, die z. B. HABERMAS (nach vielen anderen) einer Theorie der Rationalität und der Rationalisierung (und damit einem sinnvollen Festhalten am »Projekt der Moderne«) zugrundelegt, vgl. z. B. HABERMAS 1981, Bd. 1, S. 108 ff., 2, 218 ff.u. ö..

[20] Die Sinnfiguren, die man auf diese Weise findet, müssen vom Autor nicht intendiert gewesen sein, er hat sie möglicherweise nicht einmal bemerkt; sie können sich (wie in diesem Fall) sozusagen hinter seinem Rücken konstelliert haben. Die Anwesenheit von unerkanntem Sinn und unerkannten Semantiken in unserem Sprechen ist ja schon eine Alltagserfahrung: Wir sagen bei Gelegenheit immer wieder mehr und oft sogar ganz anderes als das, was wir zu sagen glauben.

...). Die Kriegs- und Völkerzüge, die den Landstrich hier belebten, hört man vorüberrauschen, man sieht die Tiere jener Gegenden vorüberschreiten, die Menschen treten in ihrer Besonderheit auf, die Sternenwelt, Nebel und Winde geben der Landschaft ihr Gepräge, eine farbige, lebendige, schattierte Welt (...)«.

Bei aller Begeisterung gegenüber Theorie, Mathematik, Computersimulation, Abstraktion und logischem Kalkül sollte man also nie vergessen, daß für einen Geographen am Rande wissenschaftlicher Arbeit auch ein Sonnenaufgang im Hochgebirge oder ein Tag im tropischen Regenwald, der noch unberührte Baubestand eines historischen Altstadtkerns oder die Szenerie einer klassisch-mediterranen Küste, das Naturschauspiel eines tätigen Vulkans oder das pulsierende, überschäumende Leben einer Weltstadt wie Istanbul oder Rio de Janeiro zu den faszinierenden Erlebnissen gehören können, um derentwillen es sich lohnt, Geograph zu sein« (WIRTH 1979, S. 292f.).

Der zitierte Text enthält lange Zitate und schließlich einen Klartext, mit dem wir die Interpretation beginnen. Es handelt sich um die letzten Zeilen des Buches »Theoretische Geographie«, also um eine jener neuralgischen Stellen, auf die zu achten sich fast immer besonders lohnt.

Es ist eine fruchtbare Devise beim Lesen von Büchern, daß jedes Buch letztlich wegen einiger weniger Sätze (ja nicht selten eines Satzes oder sogar eines Wortes wegen) geschrieben wurde. Man findet diese Sätze, Worte und Wörter, in denen sich Biographien und Disziplingeschichten kreuzen, vor allem an den genannten »neuralgischen Stellen«, z. B. an Anfängen und Schlüssen von Büchern und Buchteilen, früher wohl eher in Vorworten, heute wohl eher in letzten Worten und Sätzen. Hier, im letzten Satz des Buches »Theoretische Geographie«, zwischen »bei aller Begeisterung« und »Geograph zu sein«, haben wir einen dieser Sätze vor uns. Er enthält in nuce den Gedanken des Buches. In großer Literatur mögen diese Sätze und Worte oft unausgesprochen bleiben oder sich hinter anderen verbergen; hier nicht.

Für den ersten Blick erinnert sich hier ein Wissenschaftler an die vorwissenschaftliche Faszination seines Gegenstandes, an die primären Begegnungen, die ihn (auf biographisch verschlungenen Wegen, aber doch auch oft sehr wirkungsvoll) schließlich in die Nähe seiner Wissenschaft gebracht haben, in der dieser primäre Gegenstand aber normalerweise längst zersetzt und auf neue Weise durch neue Gegenstände ersetzt worden ist. Ein Mathematiker erinnert sich so (mit welcher psychologischen Wahrheit auch immer) vielleicht an kindliche Zahlenspiele und an Faszinationen durch geometrische Figuren, ein Zoologe an die Lebensäußerungen der Hauskatzen seiner Kindheit und ein Botaniker an ein kindliches Vergnügen mit Feldblumen – und ein Geograph vielleicht z. B. an all das, was WIRTH beschreibt.

Diese prima vista-Parallelisierung enthält aber auch offensichtliche Unstimmigkeiten. Ein Mathematiker, Botaniker, Philologe ... würde kaum die vor- und außerwissenschaftlichen (oder, um WIRTHs Metapher aufzugreifen, randwissenschaftlichen) Gegenstände als diejenigen bezeichnen, die die Beschäftigung mit den wissenschaftlichen Gegenständen als lohnend erscheinen lassen. Ein Biologe z. B. käme kaum auf die Idee zu sagen, sein Leben als Molekularbiologe oder Physiologe lohne sich, weil es dem Wissenschaftler »am Rande wissenschaftlicher Arbeit« Gelegenheit biete, sich von der Schönheit einer Rosenblüte faszinieren zu lassen. Ein Astrophysiker oder Kosmologe würde auch in Sonntagsreden kaum auf Hochgebirgssonnenaufgänge rekurrieren, wenn er beschreibt, warum sich Astrophysik sozusagen auch persönlich lohnt. Offenbar liegen in der Geographie die Blumen und Sonnen des wirklichen Lebens näher an der Wissenschaft, als es in anderen Disziplinen der Fall ist.

Der zitierte Text enthält, wie es scheint, klare Antithesen. Auf der einen Seite liegen »Theorie, Mathematik, Computersimulation, Abstraktion und logisches Kalkül«, auf der anderen Seite Sonnenaufgänge, Tropenwälder, unberührte Geschichte und exotisch-wildes Leben, klassische Küsten und Naturschauspiele.

Kurz vor dem letzten Satz seines Buches beschreibt der Autor (in langen Zitaten) genau diese beiden Welten schon einmal, aber relationiert sie auf bezeichnende Weise etwas anders: Einerseits eine Welt »unseres Bemühens«, zu der »Theoretische Geographie«, »Abstraktion«, »Quantifizierung« und »wissenschaftstheoretische Begründung« gehören. Das ist sichtlich weniger die Wissenschaft (oder gar die Geographie), wie sie wirklich ist, sondern eher ein szientistischer Mythos. Andererseits aber beschreibt er das Gegenbild hier nicht nur als das, was die Geographie fürs Geographengemüt eigentlich lohnend macht, sondern auch als etwas, was einen Platz in der Geographie, d. h. in der Wissenschaft selber haben muß. Es muß »noch Platz für eine Erdkunde bleiben«, die mittels Zitaten dann zustimmend wie folgt beschrieben wird: »eine der farbigsten Disziplinen der Wissenschaft ... lebt aus der Schilderung ... fasziniert durch Anschaulichkeit ... lebendige Dinge ... erfahren, Natur, Völker und gewachsene Strukturen, Bodenbeschaffenheit in einen Zusammenhang bringen ... Staunen ... Die Aura des stimulierenden Abenteuers ...«; oder: »Der Baum spricht, das Blatt lehrt, der Stein, das fremde Tier, das Meer und die fremden Völkerschaften ... Die Kriegs- und Völkerzüge ... hört man vorüberrauschen ... die Tiere ... die Sternenwelt, Nebel und Winde ... Landschaft ... farbige, lebendige, schattierte Welt ... « (S. 292f.).

Nennen wir die erste dieser Welten die Welt einer szientifischen Geographie, die zweite dieser Welten die Welt der malerischen Erdkunde. Beide Geographien sind (wie schon ihre Welten) eher mythische Gebilde als Realitäten, aber darauf kommt es jetzt nicht an. Wichtig ist, daß der Geograph diese beiden Welten (und die zugehörigen Wissenstypen) zu *einer* Disziplin zusammenzieht – das eine ist der Lohn und die Faszination des andern (S. 293), ja, beides zusammen erst macht die volle Geographie aus (S. 292f.).

Im Bereich verwissenschaftlichter Wissenschaften aber liegt zwischen zwei Welten dieser Art die rupture épistémologique (BACHELARD), jener szientifische, eine Wissenschaft als Wissenschaft konstituierende Sprung, welcher – trotz aller unzweifelhaften historisch-genetischen Herkunft von Wissenschaft aus vorwissenschaftlichen Praktiken – schließlich doch Wissenschaft von Nichtwissenschaft (Alltagwissen, Laienwissenschaft) trennt. Es handelt sich um die Stelle, wo die Gegenstände und die Gegenstandskonstitutionen der Alltagswelt (oft kontra-intuitiv und kontra-evident) durch Gegenstände und Gegenstandskonstitutionen ersetzt werden, die im außerwissenschaftlichen Wissen nicht aufzufinden sind. Wenn dieser Bruch (diese Zerstörung der Alltagswelt und Erzeugung einer wissenschaftlichen Welt) nicht stattfand, haben wir etwas vor uns, das man eine folk science nennen könnte. In einer wirklichen Wissenschaft muß die intellektuelle und emotionale Loyalität des Wissenschaftlers zumindest in einem hohen Grade an die neue Gegenstandswelt gebunden werden, die *nach* der genannten epistemologischen Zäsur entsteht; nur so kann er in seiner Wissenschaft wirklich fruchtbar sein. Die emotionale Loyalität des Geographen aber schwankt nicht nur zwischen den beiden Gegenstandswelten – sie liegt, wie nicht nur die zitierte Stelle zeigt, auf der anderen Seite, diesseits der rupture épistémologique; von einer entwickelten Wissenschaft her gesehen, sind diese Bindungen sozusagen infantil. Dieser infantile, unentwickelte Charakter der geographischen Gegenstandsbindung ist natürlich mehr eine disziplinäre Angelegenheit als eine Sache der Person.

Die »malerische Erdkunde«, für die WIRTH einen Platz fordert, ist ihrerseits nicht so sehr Kindheits- oder andere Erinnerung an jene biographischen Motivationen, die eine Wissenschaftlerkarriere angestoßen haben. Was er ausbreitet, sind nicht so sehr Erzählungen über die Kindheit und Jugend eines Geographen (so wie ein Physiologe vielleicht bei Gelegenheit von seiner Liebe zu Kornblumen erzählt). Es sind eher Erzählungen über die ewige Kindheit der Geographie. Es handelt sich um eine zwar trivialliterarisch-bildungssprachlich aufgedonnerte und insofern leicht zu karrikierende, aber im Grundzug doch authentische Beschreibung einer folk science, nämlich der klassischen Geographie – ihrer Welt und ihres Wissenstyps. Die Fascinosa, die WIRTH beschreibt, das sind zugleich auch paradigmatische Gegenstände der klassischen Geographie der Länder und Landschaften. Wie die Geographie an diese Gegenstände gekommen ist und (in Abwehr immer neuer Verwissenschaftlichungsschübe) an ihnen festhalten konnte, dieser Kern der Geographiegeschichte ist schon mehrfach beschrieben worden und hier nicht das Thema.

Wofür der Autor sich enthusiasmiert, das ist also nur scheinbar die Anwesenheit des (noch nicht szientifisch verfremdeten) Unmittelbaren; es handelt sich erstens um die – teilweise in poetisierende Vokabeln verkleideten Forschungsgegenstände der geographischen Tradition, und zweitens sind diese »faszinierenden Erlebnisse« offensichtlich zugleich *Bildungs*erlebnisse, nicht einfach Alltags- oder Lebenswelten (also auch nicht das, was WIRTH nahelegt: nämlich »persönlich-lebensweltliche Raumerfahrung« oder eine »Welt .... zu der jeder Mensch aus seiner elementaren Lebenspraxis heraus Zugang hat«, S. 292).[21] Der Geist der Geographie war ja immer auch der Geist einer Schul- und Bildungswissenschaft.

Wenn wir betrachten, wie dieser Wissenstyp und seine Wirklichkeit (im Schutz eines Zitates) beschrieben werden, erkennen wir den sinnerfüllten Kosmos, die sprechende Natur der Embleme wieder: »›Der Baum spricht, das Blatt lehrt, der Stein, das fremde Tier und die fremden Völkerschaften erwecken Gedanken‹« (S. 293): Und diese Gedanken anläßlich Baum, Blatt, Stein ... sind sicher keine szientifischen Theorien. Das Zitat bezieht sich auf Carl RITTER; WIRTH betont aber ausdrücklich, daß seine eigene Vision von Geographie sich auf »ein solches Verständnis von Geographie« beruft. Tatsächlich wurzelt Carl RITTERs deutendes Verhältnis zu den »Hieroglyphen« der Erde in einer physikotheologisch überformten Kosmosphilosophie alteuropäischen Zuschnitts.

Nicht nur die Gegenstände der beiden Erdkunden sind sehr unterschiedlich, auch die Art der Zuwendung ist es. Auf S. 292 f. z. B. wird die Zuwendung zu den Gegenständen der szientifischen Geographie als ein »Bemühen um«, die Zuwendung zu den Gegenständen der malerischen Erdkunde aber als Faszination und Staunen, anschauliche Schilderung, stimulierendes Abenteuer und Begeisterung beschrieben. Auf der folgenden

[21] Man könnte es unter anderm beschreiben als das ästhetisch distanzierte und bildungssprachlich gebrochene, allerdings leicht (und unfreiwillig) parodistisch verfremdete Natur- und Kulturerleben des Oberlehrers für Geographie, Deutsch und Geschichte, der sich auf kombiniertem Bildungs- und Abenteuerurlaub befindet.

Seite (293) steht dann allerdings neben der »Faszination« für die alte malerische Erdkunde die »Begeisterung« für die neue Geographie. Aber (wie der Kontext zeigt) ist nur die Faszination durch das Requisit der malerischen Erdkunde auch die Faszination WIRTHs; die »Begeisterung« gegenüber Mathematik, Computersimulation, Abstraktion, das ist mehr die Begeisterung der andern. Die Wendung des Textes von der mühevollen Abstraktion zur faszinierenden Konkretheit ist zugleich eine Mahnung und ein Ruf zu den Quellen. Mit dieser Wendung von einer szientifischen zurück zur malerischen Erdkunde wendet sich der Geograph zu seiner Herkunftswelt, der Text intoniert eine introvertierte, eine Selbst-Nostalgie der Disziplin: In WIRTH sehnt sich die Geographie nach sich selber, d. h. nach ihrem alten wahren und konkreten Wesen.

Das Resümee kann also wie folgt lauten: Auf der einen Seite die szientifisch verformte, abstraktifizierte Natur als Gegenstand der neuen Geographie, auf der andern Seite das, was sich eigentlich lohnt: Die konkrete Natur mit ihrer handgreiflich-sinnennahen Ökologie in Stadt und Land, als deren Chiffren die alten exotisch-binnenexotischen Unberührtheiten, Archetypen und Treibsätze geographischer Weltexploration erscheinen – trivialliterarische Residuen einer »malerischen Wissenschaft«. Das sind im Prinzip auch die Archetypen, die die europäische Eroberung der inneren und äußeren Peripherien begleitet und stimuliert haben. In versprecherischen Bildern dieses Stils spiegelt sich seit einigen Jahrhunderten die Liebe des Eroberers, Jägers und Ausbeuters zu seiner Beute.[22]

In den beiden Geographien WIRTHs erscheint offensichtlich die gleiche Struktur wie auf dem politischen Plakat, von dem wir ausgegangen sind: Mathematik, Abstraktion, Kalkül, Technik ... gegen konkret-ökologische Natur, kurz, »Abstraktion« gegen »farbige, lebendige Welt« (WIRTH). Dem Gegenüber von Atomkraft(werk) und Sonnen-Sonnenblumenwelt entspricht so bei WIRTH z. B. das Gegenüber von Computersimulation und Sonnenaufgang im Hochgebirge, und in beiden Fällen (auf dem politischen Plakat wie in der »Theoretischen Geographie«) ist der zweite, der im weitesten Sinne landschaftliche Pol, unzweifelhaft das, was eigentlich lohnt und fasziniert. Die gleiche Struktur und Symbolik ist allerdings in unterschiedliche weltanschaulich-politische Kontexte eingelassen. Diese »Kristallisation gegnerischer politischer Philosophien im Symbol Landschaft« hat EISEL (1982) ausführlich beschrieben: Landschaft steht in beiden Fällen »für die Natur als Quell allen Lebens und für das Erhaltenswerte vergangener Kultur ... Die Landschaft ist das komplexeste und heterogenste Symbol all der Zeiten, nach denen wir uns sehnen« (EISEL 1982, S. 57).

Die malerische und die szientifische Geographie WIRTHs, das ist, wie gesagt, die Welt diesseits und die Welt jenseits der rupture épistémologique. Dem entspricht auf dem Plakat die Kluft zwischen der landschaftlichen Sonnen-Sonnenblumen-Welt und der Welt der Atommeiler. Das Plakat und der Geograph träumen sich auf analoge Weise in eine ästhetisierte vormoderne Welt, das Plakat mittels einer politischen, der Geograph mittels einer bildungsphiliströsen Utopie. Das Plakat arbeitet an einer politischen, der

---

22 Dieser Zusammenhang zwischen der Apotheose und der Vernichtung des »Malerischen«, »Unmittelbaren«, »Exotischen«, »Lebensweltlichen«, »Fremden« und »Peripheren« ist oft (und nicht selten recht melodramatisch) beschrieben worden, gerade auch im Hinblick auf »Natur« und »Landschaft«, zuletzt vielleicht von NORDHOFEN 1987 (unter dem bezeichnenden Titel »Der greinende Moloch«).

Geograph an einer akademisch-kognitiven Aufhebung der Dissoziationen (und damit der funktionalen Differenzierungen) der modernen Welt. Fluchtpunkt ist in beiden Fällen die noch nicht szientifisch verfremdete landschaftliche Welt.

In den Schlußsätzen WIRTHs treten, wie wir sahen, die idealisierten Gegenstände der traditionellen Geographie auf und spielen »faszinierende Lebenswelt«. Nur in einem, und zwar gleich beim ersten Beispiel, scheint diese Interpretation nicht stimmig zu sein; nämlich da, wo – »am Rande der wissenschaftlichen Arbeit« und als etwas, »um dessentwillen es sich lohnt, Geograph zu sein« – ein *Sonnenaufgang* erscheint. Im Gegensatz zu allen andern Gegenständen der malerischen Erdkunde, die WIRTH nennt (im Gegensatz also zu tropischen Wäldern, unberührten Altstädtchen, mediterranen Küstenszenerien, tätigen Vulkanen und exotischen Weltstädten) waren Sonnenaufgänge kaum jemals Gegenstände der klassischen Geographie. Gerade dieser scheinbar unstimmige Fall aber vollendet die Analogie von politischem Plakat und geographischem Text: Sobald der Geograph in seinen hohen Ton verfällt und verkündet, was sich im Geographendasein und an der Geographie wirklich lohnt, steht er fasziniert vor seiner Sonne – genauso, wie die grüne Sonnenblumenseele vor *ihrer* Sonne und *ihrem* Sonnenaufgang. Und wie könnte der Geograph in der Schlußapotheose seines Buches über »Theoretische Geographie« einen Sonnenaufgang inszenieren, wenn nicht auch er eine solche Sonnenblumenseele wäre?

Gerade weil der Sonnenaufgang aus eben der Reihe fällt, die er emphatisch eröffnet, ist er besonders interpretationsbedürftig. Er gehört ja nicht so direkt zur klassichgeographischen Thematik wie alles andere in dieser Reihe von geographischen Fascinosa. Er paßt aber, wenn wir das Motiv in die kosmologische Tradition stellen, aus der die geographische Landschaft stammt. Noch an Texten der letzten Jahrzehnte kann man zeigen, daß die Landschaft, auch die der Geographen, eine Art verlandschafteter Kosmos ist, eine Art landschaftlichen Schrumpfkosmos darstellt, in dem zahlreiche Denkfiguren und Wahrnehmungsgestalten der vormodernen Kosmologie eine Fortlebensnische gefunden haben (vgl. HARD 1969, 1974; SCHULTZ 1980). In diesem Zusammenhang war auch die »weltlandschaftlich« gedachte »ideale Landschaft« der frühneuzeitlichen Malerei vor allem eine Landschaft der Sonnenauf- und Sonnenuntergänge; speziell der WIRTHsche »Sonnenaufgang im Hochgebirge« ist seit dem 18. Jahrhundert eine gewichtige Bildformel der Ästhetik des Erhabenen und der erhabenen Landschaft – und eben diese arkadische bis heroisch-erhabene Ideallandschaft hat dann seit dem 18. Jahrhundert das landschaftliche Auge des deutschen Gebildeten und nicht zuletzt der klassischen Geographie nachhaltig geprägt (vgl. z. B. HARD 1965, 1969).

Wie die Genealogie des Sonnen-Sonnenblumen-Emblems, so können wir auch die des begeisternden Sonnenaufgangs, genauer: die Genealogie der »Geographenseele vor aufgehender Sonne«, im einzelnen rekonstruieren: Auch der Sonnenaufgang war zuerst Teil eines verständlichen und theologisch signifikanten Kosmos.[23] Dann wird auch er

[23] Schon in der Sonnen-Sonnenblumen-Emblematik spielt diese Konstellation – Seele vor Sonnenaufgang über schroffen Bergen – eine große Rolle. Die Sonnenblume (so kommentiert z. B. ein spanisches Emblembuch von 1534 ein entsprechendes Bild) wendet am kühlen Ufer des Euphrat ihre verweinte Blüte zu dem strahlenden Antlitz der aufgehenden Sonne – und so verhalte sich auch die Seele vor ihrem Gott (vgl. HENKEL und SCHÖNE 1967, Sp. 313).

(wie das Sonnen-Sonnenblumen-Duett) ästhetisch distanziert und ein Bestandteil des Universums der schönen Gefühle.

Dieser Sonnenaufgang im Gebirge und anderswo ist überdies ein klassisches und vielreflektiertes Exempel der Transformation von theoretischer (oder philosophischer) Wahrheit in Schönheit und Poesie. Im 18. Jahrhundert, als der alte Kosmos, seine Theorien und Gegenstände unterm Druck der new science unwiderruflich ihre wissenschaftliche Wahrheit verloren, da gewannen diese alte Kosmologie und ihre Wahrnehmungsgestalten eine neue, ästhetische Bedeutung. Die philosophische Reflexion begleitete diese Transformation und siedelte die alten Wahrheiten explizit an neuer Stelle an: in der Welt von Herz und Gemüt; im empfindenden und fühlenden Verhältnis zur Welt, im »schönen Denken« und in der Welt der Künstler und Dichter. Wenn der Dichter sage, daß die Morgenröte aus dem Meere hervorsteige, heißt es in einer berühmten Ästhetik des 18. Jahrhunderts, dann sei das zwar falsch für den Verstand, habe aber dafür ästhetische Wahrheit. Was im Medium von Wissenschaft und Philosophie nicht fortleben kann, wird im Medium von Kunst, Schönheit und Sympathie aufbewahrt (vgl. z. B. RITTER 1971, PIEPMEIER 1980, 1980a).

Ein neuer (ästhetischer) Kode differenzierte sich aus und gewann eine relative Autonomie gegenüber dem Wahrheits-Kode (aber auch gegenüber dem politischen); in der Philosophie entstand die Ästhetik als die Theorie dieser Dissoziation und versuchte, die neue Differenz auf den Begriff zu bringen: die große und folgenreiche Dissoziation des Aestheticus vom Logicus, des Hirten- und Dichter-Himmels vom Himmel des Astronomen, des poetischen Sonnenaufgangs vom Sonnenaufgang des Naturphilosophen und Physikers, aber auch die Dissoziation der ästhetischen von der ökonomisch-politischen Beurteilung eines Fürstenschlosses (um berühmte Beispiele des 18. Jahrhunderts zu zitieren). Um es abstrakter zu sagen: Es handelt sich um die Dissoziation der empfindenden und fühlenden Subjektivität von der objektivierenden Vernunft, die Unterscheidung des ästhetischen vom philosophischen, theoretischen oder szientifischen Wert. »Wo die ganze Natur als Himmel und Erde des menschlichen Lebens philosophisch und im objektiven Begriff der kopernikanischen Natur ungesagt bleibt, übernimmt es die Subjektivität, sie im Empfinden und Fühlen gegenwärtig zu halten, und Dichtung und Kunst bringen sie ästhetisch zur Darstellung« (RITTER 1971, Sp. 558). Was hier »Himmel und Erde des menschlichen Lebens« heißt, nennen wir auch »konkret-ökologische Natur«, und ihr wichtigstes synoptisches Symbol war bekanntlich das von Hause aus ästhetische Konstrukt »Landschaft«.

Nach einer bekannten und vielzitierten Deutung ist die Landschaft also die neue, ästhetisierte Gestalt des alten philosophischen Kosmos: Als die »eine Natur« nicht mehr philosophisch-erkennend begriffen werden konnte, nahm sie die Gestalt einer ästhetischen Einheit, eben Landschaftsgestalt an. Das moderne Konstrukt »Landschaft« hielt also etwas ästhetisch präsent, was andernorts, in der Sphäre der eigentlichen Erkenntnis, zu verblassen schien: Die Einheit in der Vielheit der Natur. Die Pointe ist nun, daß die klassische Geographie der Länder und Landschaften eben dieses ästhetische Konstrukt (nicht ohne außergeographische und außerwissenschaftliche Parallelen) zu einem wissenschaftlichen Gegenstand umdeutete und umarbeitete und daß heute nicht selten auch die Philosophen der Ökologiebewegung (übrigens in langer Ahnenreihe) eben dieses ästhetische Konstrukt wieder zu einem politischen Projekt stilisieren. Es handelt sich um die Rückkehr einer zwischenzeitlich ästhetisierten und privatisierten Theologie einerseits in die »Wissenschaft«, andererseits in die Politik. So stehen die klassische Geographenseele und die Seele des Ökologiebewegten nun gleich fasziniert vor der Landschaft und dem Aufgang ihrer konkret-ökologischen Sonne.

9. Donquichoteske Wissenschaft

*Nachdem das kosmologische Weltauge und die kosmostheoretische Naturerfahrung sich in ein landschaftliches Auge und eine landschaftsästhetische Erfahrung verwandelt hatten; nachdem die eine Kosmosnatur in den Totaleindruck der schönen Landschaft transformiert und die alten naturphilosophisch-kosmologischen Konzepte (z. B. Einheit in der Vielheit, Zusammenklang des Verschiedenen, lebendiges Gleichgewicht des großen Ganzen) tendentiell *ästhetische* Ideen geworden waren – nach diesen Kategoriensprüngen konnten die ästhetischen Errungenschaften (die Landschaft, das landschaftliche Auge und die Konzepte der Landschaftserfahrung) also auch wieder regressiv retheoretisiert werden. Die Geschichte der Geographie des 19./20. Jahrhunderts kann in eben diesem Rahmen gelesen werden: Als die Retheoretisierung eines ästhetischen Konstrukts, das zuvor schon einmal eine Theorie (ein theoretisches Konstrukt oder ein Gegenstand der Theorie) gewesen war (vgl HARD 1988, vor allem Kapitel 3.8ff.). Im Kern der geographischen Fachtheorie und des disziplinären Gegenstandes lebte dergestalt eine ästhetische Faszination weiter – positiv gesehen als eine Hintergrund-Attraktion, negativ gesehen als ein obstacle épistémologique, d. h. ein Erkenntnishindernis und eine Falle des Denkens, die jeden nicht sehr disziplinierten Geographen in Gefahr brachten, gegen alle seine theoretischen Intentionen immer wieder zu einem altertümlichen oder auch bloß trivialen Tagträumer und Poeten zu mutieren. Das Schlußkapitel in WIRTHS »Theoretischer Geographie« (aber nicht nur dieses Kapitel) ist zwar ein untypisch spätes, aber nach seinem Inhalt typisches Beispiel.

Man kann das (nicht ohne dem namengebenden Romanhelden Unrecht zu tun) als eine »Donquichotterie« bezeichnen, eine Denkfigur, die in der Moderne nicht selten war, oft inspirierend wirkte, aber immer prekär blieb, sowohl auf individueller wie auf kollektiver bzw. institutioneller Ebene. Eine Donquichotterie, das ist die reflexionsarme und unironische Auffassung ästhetischer (poetischer, fiktionaler) Gegenstände als theoretische Beschreibungen von Wirklichkeit, der mehr oder weniger unironisch-distanzlose Wiedergebrauch und Mißbrauch poetischer Sprachen und ästhetischer Ideen als Teil einer theoretisch-deskriptiven Sprache. So plumpste die ästhetisch erlebte Landschaft gewissermaßen wieder in die Wirklichkeit der Wissenschaftler (und besonders plump noch einmal 1979). Diesen Vorgang kann man als ein Beispiel für Reifizierung und Ideologiebildung beschreiben. Die Pointe der Konfrontation der Landschaftsgedichte von MÖRIKE und WIRTH liegt, jenseits aller anderen Wertmaßstäbe, also darin: Während im spätromantischen Gedicht sich das ästhetische Konstrukt schon irritierend entzog, zieht der postmoderne Geograph es noch einmal unbeirrt als seine handfeste Wirklichkeit, als Muse der Geographie *und* ungebrochenen geographischen Gegenstand aus der Tasche. Das ersparte ihm auch die intellektuelle Aufgabe, klassische und moderne Geographie auf eine etwas anspruchsvollere Weise zu vermitteln. (Für eine solche, intellektuell anspruchsvollere Vermittlung vgl. EISEL 1980 u. ö.)*

Das Gesagte erklärt hinreichend, warum die klassische Geographie als solche schlechthin nicht zu verwissenschaftlichen war und ist: Ihr eigentlicher und eigentlich faszinierender Gegenstand ist ein Wahrnehmungskosmos, der von den neuzeitlichen Wissenschaften aufgelöst bzw. in unterschiedliche (ästhetische, esoterische, volkswissenschaftliche oder bloß donquichoteske) Überlebensnischen gedrängt wurde.

Der WIRTHsche Text exponiert den Fall eines klassischen Geographen, der sich einer solchen Verwissenschaftlichungswelle gegenübersieht und sie zu integrieren versucht. Man erkennt leicht, wohin die Welt der klassischen Geographie dann gerät. Entweder sie gerät an den »Rand der wissenschaftlichen Arbeit«, wo dann unverkennbar ihr ästhetisches Gesicht, ja (wie im Falle des Sonnenaufgangs) ihre ästhetisch-kosmologische Qualität erscheint, sie also wieder Gegenstand der »empfindenden und fühlenden Subjektivität« werden muß – lohnend, ja faszinierend, aber eben bloß »Erlebnis«. Der andere Integrationsversuch steht unmittelbar daneben. Er besteht darauf, daß dieser klassischen Welt der »Anschaulichkeit« mit der »Aura des stimulierenden Abenteuers« auch in der Wissenschaft »noch ein Platz bleiben muß«, und begründet dies damit, daß es sich gar nicht um Wissenschaft handle (zumindest um eine Wissenschaft ganz besonderer Art). Diese paradoxe Argumentationsfigur hat in der Geographie eine lange Geschichte, und sie scheint sich seit anderthalb Jahrzehnten wieder einer besonderen Beliebtheit unter den Geographen zu erfreuen.

»Keine Wissenschaft sein« bedeutet »den szientifischen Bruch noch nicht vollzogen haben». WIRTH beschreibt die klassische und die moderne Geographie explizit als eine Disziplin dieser Art. Die Geographie habe eben nicht nur den Natur- und Sozialwissenschaften, sondern auch anderen »Raumwissenschaften« (wie Astronomie und Kristallographie) etwas Einzigartiges voraus: Sie verweile im »Anschauungsraum« des Alltags; sie besitze so »den ganz unmittelbaren Bezug auf subjektive Grunderfahrungen des Menschen und auf die praktischen, alltäglichen Zusammenhänge menschlichen Lebens und Handelns« (S. 292). Hier, in der Geographie, findet man also so etwas wie die aufgelöste Dialektik, ja die Identität von Theorie und Praxis, von Wissenschaft und Leben; das unmittelbare Wissen und vor allem das Wissen aus unmittelbarer Anschauung, also ein per definitionem nicht-wissenschaftlicher Wissenstyp, wird als eine besonders ausgezeichnete Wissenschaft gedeutet. Dabei handelt es sich offensichtlich um einen wirklich primären und ungebrochenen Weltzugang, also z. B. auch nicht um einen im eigentlichen Sinne phänomenologischen, bei dem die natürliche Einstellung philosophisch-reflexiv zumindest durch die »phänomenologische Epoché« modifiziert wird.

»Dies zeichnet die Geographische Wissenschaft vor den anderen Raumwissenschaften aus. Sowohl die größeren Dimensionen der Astronomie (»Lichtjahr«) als auch die kleineren Dimensionen von Kristallographie und Strukturlehre der nicht-kristallinen Stoffe sind nicht mehr direkt anschaulich, sondern nur auf dem Umweg über denkende Reflexion und verstandesmäßiges Begreifen zu erfassen« (S. 292). Was soll das heißen? Daß die Geographie ihre Gegenstände und Wirklichkeit eben »ohne Umweg über denkende Reflexion und verstandesmäßiges Begreifen« konstituiert. Sie braucht solche Umwege nicht, weil sie ihre Welt einfach anschaulich hat, und sie hat sie so einfach in unmittelbarer Ansschauung, weil es sich immer auch um die vorwissenschaftliche Welt des common sense, des Laien- und Alltagsauges, der Laien- und Alltagssprache handelt (um die Welt der physischen Gegenstände, wie sie dem Auflösungsvermögen des menschlichen Auges und der Alltagssprache entsprechen). Wie man längst weiß, ist auch diese Welt der natürlichen, d. h. unreflektierten Anschauung *konstituiert*, ist eine

Welterzeugung bestimmten Stils, aber der Geograph soll sie nach WIRTH primär nicht reflektieren, sondern einfach haben.

Konsequenterweise soll sich der Geograph der »Alltagssprache« bedienen, die »für jeden Gebildeten verständlich» bleibt (S. 292). Damit ist die Fixierung auf die Alltagswelt auch auf semantischer Ebene programmiert: Denn die Alltagswelt, das ist die Welt im Griff der Alltagssprache. Ein solches Verweilen in der Welt der Alltagssprache bedeutet wiederum notwendig auch Verweilen in Alltagstheorie. Diese Sprach- und Theorieaskese wird folgerichtig begründet mit dem Programm der Geographie: »denn die Sprache der Geographie will eine Welt erschließen, zu der jeder Mensch bereits aus seiner elementaren Lebenspraxis heraus Zugang hat«. Diese Geographie will also noch viel weniger sein als z. B. ein entwickeltes Handwerk oder ein anderes professionelles Wissen: Denn schon dieses Wissen ist ja dadurch definiert, daß nicht »jeder Mensch bereits aus seiner elementaren Lebenspraxis heraus Zugang (zu ihm) hat«. Es ist schwer zu sehen, wozu man eine solche »Geographische Wissenschaft« braucht, die die Leute schon in ihrer ganz unspezialisierten »elementaren Lebenspraxis« selber betreiben können.

»Daran (d. h. an diese Alltagswelt im Griff der Alltagssprache) anzuknüpfen, darauf aufzubauen und dahin immer wieder zurückzuführen, mindert die Wissenschaftlichkeit der Geographie keineswegs« (sinngemäßer Zusatz G. H.). Wenn aber die Epistemologie und Wissenschaftsgeschichte der letzten Jahrzehnte etwas gezeigt hat, dann dies: Daß auf diese Weise zumindest in der Neuzeit noch nie eine Wissenschaft entstanden und fortgeschritten ist. Es handelt sich eher um eine gute Definition nichtwissenschaftlichen Wissens und einiger folk sciences.

Weil die Geographie dergestalt alltagssprachlich über Alltagswelt und Alltagshandeln spreche (oder, wie WIRTH hier sagt, »da die Geographie dieserart eine enge Beziehung zu der persönlich-lebensweltlichen Raumerfahrung des (!) Menschen besitzt«), könne sie »mehr als manche andere Wissenschaft mit einem unmittelbaren Verständnis seitens der Öffentlichkeit rechnen« (S. 292), Wenn mit »Verständnis« einfach »Verstehen« gemeint ist, dann ist dies trivialerweise richtig, ja tautologisch: Wer so spricht, wie alle sprechen, ist allen unmittelbar verständlich. Wenn mit »Verständnis« aber »Legitimität als Wissenschaft« gemeint sein sollte (und dies ist sicher zumindest mitgemeint), dann ist dies ebenso trivialerweise, ja tautologisch falsch: Denn welche Legitimität sollte eine Wissenschaft als Wissenschaft erhalten, die per definitionem keine Wissenschaft ist und sein will?

Soweit die Definition der Geographie als Nicht-Wissenschaft sowie die Legitimation der Geographie durch den Nachweis, daß sie keine Wissenschaft ist, sein will und sein soll.[24]

Auch hier kommt die typisch geographische Argumentation in große Nähe zu gewissen extrem populistischen (oft anti-szientifisch getönten) Wissenschaftsauffassungen im Umkreis der heutigen sozialen Bewegungen. Auch hier findet sich wieder die schon

---

[24] Diese Argumentationsfigur, so absurd sie klingen mag, hat in der Geographie eine alte Geschichte und findet sich noch in der bekannten Formel, die Geographie wolle nicht (wie andere Wissenschaften) die Welt an sich, sondern »unsere Welt für uns« klären. Das Attribut »absurd« bedeutet natürlich nicht, daß es nicht möglich wäre, den möglichen guten Sinn dieser »paradoxen Legitimation« zu finden; eben dies versuche ich ja gerade.

beschriebene »Kristallisation gegnerischer politischer Philosophien« am gleichen Symbol. Hier wie dort wird postuliert, die eigentliche Legitimität und besondere Auszeichnung einer Wissenschaft bestehe darin, daß sie den Primat exoterischer, lebensweltlicher Laien- und Betroffenenstandpunkte (den prinzipiellen Vorrang der Bedürfnisse, Interessen, Weltbilder und Sprachen von Laien, Betroffenen und anderen Nicht-Experten) anerkenne – vor allen esoterisch-spezialwissenschaftlichen Interessen, Werten, Sprechweisen und Weltdeutungen.[25]

So konstituiert sich bei WIRTH Geographie als so etwas wie eine alltagssprachliche Wissenschaft von der konkreten Lebenswelt. Diese Selbstdefinition macht verständlich, warum die Geographieembleme WIRTHS nicht nur strukturell, sondern bis in die inhaltlichen Einzelheiten dem grünalternativen Antikernkraft-Emblem so nahe kommen.

Es ging hier zwar im wesentlichen um Interpretationen, nicht um eine Diskussion der Texte. Um Mißverständnissen zuvorzukommen, ist aber wohl noch dieser Nachtrag nützlich: Selbstverständlich kann man sich eine Wissenschaft (oder Wissenschaften) von der Lebenswelt (oder von den Lebenswelten) denken, auch dann, wenn man den Terminus »Lebenswelt« zunächst ganz locker und unspezifisch gebraucht; so etwas gibt es ja schon lange. Wie auch immer eine solche Wissenschaft und ihre Gegenstände konstruiert werden mögen: So wie sie – nicht nur tendenziell – von WIRTH konstruiert wird (nämlich als lebensweltliches Wissen von der Lebenswelt), ist sie per definitionem unmöglich, weil ununterscheidbar vom Alltagswissen und vom Wissen der Lebensweltler selber. Wenn sie aber anders konstruiert wird, nämlich als eine Wissenschaft, die (z. B.) Theorien zweiten Grades über die lebensweltlich kursierenden Theorien ersten Grades formuliert, als eine Wissenschaft, die die Konstruktion einer Lebenswelt rekonstruiert, lebens- bzw. alltagsweltliche Beobachtungen beobachtet usf., dann kann sie nicht einfach alltagssprachlich bleiben und auch nicht einfach auf lebensweltliches Wissen »aufbauen« (sowenig wie eine heutige Theorie der Alltagssprache noch alltagssprachlich formuliert werden oder, mit WIRTH zu sprechen, einfach »an Alltagssprache anknüpfen, auf Alltagssprache aufbauen und immer wieder zur Alltagssprache zurückführen« kann). Das wäre dann aber kein sehr aussichtsreiches Betätigungsfeld für Geographen

---

[25]*Dabei hält die Wirthsche Populismus-Version, die bloß eine innergeographische apologetische Tradition fortsetzt, keinen Vergleich mit anderen zeitgenössischen Formen des epistemologischen Populismus aus. Die interessanteren Populismen (Prototyp: FEYERABEND 1976, 1980) thematisieren eher die unbegründeten Selbstabsolutierungen moderner Wissenschaften, das Abblenden und die Fehleinschätzung der Genese, der Geltungsbedingungen und (folglich auch) der Anwendungsbereiche wissenschaftlicher Ergebnisse, überhaupt die reflexionslose Überschätzung der wissenschaftsexternen Validität wissenschaftsinterner Theorien, Weltversionen und Ontologien (also all das, was man polemisch unter »Wissenschaftsaberglauben« zusammenfassen kann); der politische Tenor ist meist gegen die Kolonialisierung polyphoner Laienwelten durch abständiges, im Kontext der Lebenswelt oft ineffektives und nicht selten zerstörerisches Expertenwissen gerichtet, das sich selbst sozusagen monomythisch für *das* (perspektivefreie) Wissen über *die* Welt hält. In der von WIRTH vertretenen geographischen apologetischen Tradition dagegen geht es eher (1.) darum, den von der klassischen Geographie vertretenen Wissenstyp vor szientifischen Zumutungen und Konzepten zu schützen, (2.) für dieses Fach trotzdem alle Privilegien moderner Wissenschaften einzufordern und (3.) aus der diziplinären Vermeidung des »epistemologischen« oder »szientifischen Bruchs« auch noch eine Art positiver Einzigartigkeit, ja, höherer Weihe herauszuholen.*

mehr, denn auf diesem Feld herrscht seit langem auch schon ganz ohne Geographen ein großes Gedränge.

Was noch wichtiger zu sein scheint: Dem intellektuellen Habitus eines Normalgeographen ist kaum etwas fremder als eine ernsthafte Analyse oder Hermeneutik der Lebenswelt, überhaupt nichts fremder als eine hermeneutische Neigung und Tätigkeit (was nicht auszuschließen braucht, daß bald einmal viele oder sogar fast alle Geographen von Lebenswelt und Hermeneutik reden werden). Schon die zitierten Gedankengänge WIRTHs sind ein guter Beleg. Eine »Geographie als hermeneutische Wissenschaft« scheint mir schon aus diesem Grunde ein Windei zu sein, es sei denn, man versteht (wie POHL 1986) unter Hermeneutik eigenwilligerweise in etwa das, was Geographen ohnehin tun und taten, wenn sie nicht gerade von einem szientifischen Ehrgeiz überwältigt wurden. Ja, die klassische Geographie lebte sogar davon (erhielt sich zumindest auf diese Weise), daß wirkliche hermeneutische Regungen unter Geographen nicht um sich griffen. Hermeneutik hätte ja bedeutet, sich die Konstitution ihrer eigenen, geographischen Welt zum Problem zu machen – mit unabsehbaren Folgen: zumindest hätte diese (und noch die WIRTHsche) Geographie es nicht überlebt. Schon im Falle von BARTELS haben die hermeneutischen Einlagen seines Oeuvre (vorsichtig gesagt) sein Verständnis nicht gefördert, und was die wenigen wirklich hermeneutischen Bücher in der Geographie angeht (z. B. EISEL 1980), so pflegt ein rechter Geograph sie entweder nicht zu lesen oder wenigstens nicht zu verstehen. Man stelle sich bloß vor, was es für WIRTH bedeuten würde, wirklich hermeneutisch zu werden: Er müßte das, was er jetzt bloß identifikatorisch beschwört, auch distanzierend verstehen (d. h. etwas ähnliches tun, wie ich getan habe): Aber was würde dann aus seinen »Sonnenaufgängen«, »Landschaftsszenarien« und »Naturschauspielen«, überhaupt aus seinen »faszinierenden Erlebnissen« und aus dem »pulsierenden, überschäumenden Leben« Rio de Janeiros? Was würde überhaupt aus seinem ganzen »Verständnis der Geographie«, aus dem »Staunen« der Geographen und der »Aura« der Geographie, oder aus dem »Baum, der spricht« und dem »Blatt, das lehrt«?

In den Wissenschaften kann Alltagswissen und Alltagserfahrung auf zweifache Weise »zersetzt« und überboten werden: Nicht nur objektivistisch und konstruktiv (also empirisch-analytisch oder szientifisch im engeren Sinne), sondern auch reflexiv und explikativ (sozusagen philosophisch oder szientifisch im weiteren Sinne). »Verwissenschaftlichung« kann in der einen oder in der anderen Weise vor sich gehen, und »folk science« (oder »vorwissenschaftlich«) bedeutet, daß das eine oder das andere fehlt. Der neueren geographischen Lebenswelt- oder Hermeneutik-Rede jedoch fehlt durchweg das eine *und* das andere. Die neue geographische Hermeneutik (oder die Rede davon) dient eher dazu, wirkliche Hermeneutik zu vermeiden und sich einiger lästig gewordener empirisch-analytischer Ansprüche zu entledigen.

Wenn Geographen von Lebenswelt (und ihrer Hermeneutik) reden, dann wird folglich selten klar, was die legitime wissenschaftliche Funktion dieses modernen Rekurses auf »Lebenswelt« und »Hermeneutik der Lebenswelt« ist: Nicht Rückgang auf Vor-Wissenschaft, sondern z. B. Übergang zu Meta-Wissenschaft und Meta-Theorie; jedenfalls kein Rückgriff aufs volle Leben oder ins pralle Gemüt, in aristotelische Empiria, Alltagserfahrung und Alltagssprache, auf faszinierende Erlebnisse oder Naturschauspiele, sondern eher deren Auslegung und Relativierung. Eine wirkliche »Hermeneutik regionaler Lebenswelten« würde eher außer Kraft setzen, was die Geographen mit ihrer Hilfe zu bekräftigen wünschen.

Wenn man die Bemühungen WIRTHs (und verwandter Geographen) wohlwollend und differenzierter als sie selber beschreibt, kann man z. B. so resümieren: Er versucht, *zugleich* als prämoderner (bzw. nostalgisch der Vormoderne zugewandter) Altkonservativer, als antimoderner (bzw. eine andere Moderne konzipierender) Jungkonservativer und schließlich auch noch als technokratisch-postmoderner Neukonservativer aufzutreten (doch ohne eines davon bewußt und konsistent zu sein); er tritt also erstens auf als einer, der (mehr inbrünstig als theoretisch) die alten Ordnungen und Gestalten altkonservativ hochhält, zweitens als einer, der die differenzierten Denkfiguren und Praxen der Moderne, die in seinen Augen weitgehend versagt haben, wieder jungkonservativ entdifferenzieren möchte, und drittens als einer, der das Funktionieren der modernen Funktionssysteme und ihre funktionalen Differenzierungen neukonservativ gutheißt und stützt (sowie der Geographie warm ans Herz legt).[26]

Gegenüber meiner WIRTH-Analyse von 1972 ist ein neuer WIRTH hinzugekommen: zum »Länder-und-Landschaften-« und »modern WIRTH« ein »Lebenswelt-WIRTH«. Dabei liegt es außerhalb der Reichweite vieler Geographen, diese Differenzierungen (zwischen WIRTH 1, 2 und 3) auch nur wahrzunehmen. Gerade dieses mangelnde Differenzierungsvermögen aber erlaubt dem Autor WIRTH »eigenartige Symbiosen« (HARD 1972, S. 51) der unterschiedlichen WIRTHe und bietet z. B. die Möglichkeit, jede der genannten Rollen beliebig einzusetzen; ihr wendig wechselnder Einsatz brachte dann z. B. auch jenen Argumentationssalat hervor, den BARTELS in seiner Rezension des WIRTHschen Buches als »Die konservative Umarmung der Revolution« bezeichnet hat. Diese Umarmung war dem wohldifferenzierenden Autor BARTELS wohl nicht zuletzt deshalb so zuwider, weil man sich der Umarmung durch eine sechsarmige Chimäre so schwer mit Anstand entziehen kann.

10. Resümee

Vielleicht kann man wie folgt zusammenfassen: Der Blick des Geographen reaktiviert eine archaische Sehweise. Eine relativ moderne Form (und zugleich Auflösung) dieser Weltkonstitution fand sich schon in einem spätromantischen Gedicht. Um einen der vielen Interpreten dieser Verse zu zitieren: »Das Gedicht zieht sich ins Unsagbare zurück und verstummt« (HEYDEBRAND 1972, S. 21). Genau an der Stelle aber, wo – von den modernen Wissenschaften einmal ganz abgesehen – sogar die moderne Lyrik längst »verstummt« ist, da schwadroniert noch immer fröhlich und lyrisch der Geograph.[27] Warum? Unter anderm wohl deshalb, weil (nach einer glücklichen Formulierung von Elisabeth BINDER) diese kollektive Landschaftssentimentalität ihm als die »einzig erlaubte Form der Emotion innerhalb der Disziplin« erscheint. Der tiefere Grund aber liegt, wie gesagt, in der Kerntheorie unseres Faches. Diese disziplinäre Matrix stellte

---

[26] Zu den benutzten Termini vgl. WALDENFELS 1985, S. 121 f.

[27] Natürlich gibt es auch noch in der Lyrik des 19./20. Jahrhunderts (wie ja auch in den Wissenschaften) vormoderne Bereiche. Außerdem gibt es in der Dichtung auch Äquivalente des »Verstummens« und Verschweigens: z. B. Ironie, Brechung, Deformation, Verdunkelung, Irrealisierung ...

einfach keine anderen »großen Gegenstände« für zugleich große und loyale Emotionen vor Augen. Vom Standpunkt einer entwickelten szientifischen oder hermeneutisch-reflexiven Disziplin her blieb das disziplinäre Angebot sozusagen infantil. Um Mißverständnisse zu vermeiden: Das war und ist weniger eine Sache der Individuen als der Institution, weniger eine Sache der persönlichen, als der offiziellen Gefühle und Gefühlsbezeugungen, also der Gefühls*kommunikation* von Geographen.

Weder hier noch an anderer Stelle will ich auf den bekannten Gemeinplatz hinaus, »die Wissenschaft« entzaubere die Welt (und zwar besonders durch ihren szientifischen und/oder reflexiven Bruch mit der Alltagswelt). Das wäre höchstens im folgenden, sehr eingeschränkten Sinn diskutabel: Neuzeitliche Wissenschaft reduziert, distanziert und domestiziert zuweilen und in bestimmten Wirklichkeitssegmenten den »Absolutismus der Wirklichkeit« (BLUMENBERG 1981a), d. h. den Druck und die Drohung – oft genug auch: den bösen Zauber – einer zuvor noch rücksichtsloseren und übermächtigeren Wirklichkeit und Natur. Als allgemeines Statement ist der Gemeinplatz von der weltentzaubernden Wissenschaft aber offensichtlich falsch und seine genaues Gegenteil eher richtig (auch schon für den originären Theoretiker des »szientifischen Bruchs«, Gaston BACHELARD): Um das zu sehen, braucht man nur die Gegenstandsfaszination von Wissenschaftlern zu beobachten, die weit jenseits des »szientifischen Bruches« zugange sind – ein Phänomen, das man allerdings in der Geographie, zumal als Geographiestudent, paradigmenbedingt nur selten, wenn überhaupt, ins Visier bekommt. Der Wissenschaftsprozeß schafft offensichtlich selber neue faszinierende Ansichten der Wirklichkeit, und insofern vermehrt, ja vervielfältigt, entfaltet, detailliert und verstärkt er den Zauber der Welt (und entsprechend auch die emotionalen Bindungen). So enthielt z. B. in der Geographie noch der rigideste spatial approach oft mehr Weltverzauberung als die WIRTHschen Klischees vom »pulsierenden, überschäumenden Leben« in Rio usf., mit denen ja schon ein aufgeweckter Geographiestudent seine psychoanalytisch inspirierten Späßchen getrieben hat (KNEISLE 1983, S. 82, zuerst 1980).

Viele – auch etablierte – akademische und andere Geographen mögen den Eindruck haben, das alles ginge sie nichts mehr an. Da täuschen sie sich. Sobald sie z. B. in Einleitungen, Sonntagsreden und dergleichen die Geographie (und sich selber als Geographen) vorstellen und legitimieren, bleibt auch ihnen nicht viel anderes, als – wenn auch vielleicht etwas unklarer und geschmackvoller – gleichfalls zu schwadronieren, und auch sie werden dann auf irgendeine Weise bei der WIRTHschen Dreifaltigkeit ankommen. Dafür gibt es Belege.

Auch hat es sich allgemein herumgesprochen, daß jeder ernsthafte Verwissenschaftlichungsschub »notwendig von der Identität der Geographie nicht viel übrig lassen konnte« und kann (POHL 1986, S. 213), sondern bei einer anderen, schon bestehenden Disziplin landet: In welchem Sinne auch immer »Verwissenschaftlichung« gemeint sein mag. Deshalb müsse man, so heißt es bei POHL und anderswo, zurück zum alten Weltbild und zum metaphysischen Ursprung (ebd. z. B. S. 25, 212 u. ö.). Das aber läuft, wie – wieder neben andern – POHLs Buch über »Die Geographie als hermeneutische Wissenschaft« zeigt, regelmäßig auf eine Variante der WIRTHschen Vision hinaus, d. h. auf eine Rückkehr zur Sonne-und-Sonnenblumen-Welt.

Mit der angeblichen Traditionsheilung durch »Hermeneutik« ist es indessen nicht weit her: Hermeneutik, die diesen Namen verdient, würde die ersehnte Rückkehr ebenso ruinieren wie der inzwischen totgesagte »Szientismus«; sie würde höchstens so etwas übriglassen wie eine sehr bewußt und sehr bescheiden gewordene folk science, also etwas, von dem viele Geographen glauben, daß man es partout nicht wollen oder auch nur ausdenken dürfe. Vielleicht nicht ganz zu unrecht: Diese Geographie wäre wahrscheinlich viel zu schwierig für uns Geographen, sowohl intellektuell wie moralisch.

Literatur

BACHELARD, G. (1978): Die Bildung des wissenschaftlichen Geistes. Frankfurt a.M.

BARNOW, D.(1971): Entzückte Anschauung. Sprache und Realität in der Lyrik Eduard MÖRIKES. München.

BARRELL, J.(1980): The dark side of the landscape. The rural poor in English painting 1730-1840. Cambridge usf.: Cambridge University Press.

BARTELS, D. (1980): Die konservative Umarmung der 'Revolution. Zu Eugen Wirths Versuch in ›Theoretischer Geographie‹. Geographische Zeitschrift 68, 121-131.

BLUMENBERG, H.(1966): Die Legitimität der Neuzeit. Frankfurt. (Erweitert 1988)

BLUMENBERG, H. (1981): Die Lesbarkeit der Welt. Frankfurt a.M.

BLUMENBERG, H. (1981a): Die Genesis der kopernikanischen Welt. Frankfurt a.M.

BORGES, J.L. (1992): Inquisitionen. Essays 1941-1952. Frankfurt a.M.

BORGES, J.L. (1994): Fiktionen. Frankfurt a.M.

EISEL, U. (1980): Die Entwicklung der Anthropogeographie von einer »Raumwissenschaft« zur Gesellschaftswissenschaft. Kassel.

EISEL, U. (1982): Die schöne Landschaft als kritische Utopie oder als konservatives Relikt. Soziale Welt 33, 157-168.

EISEL, U. (1987): Landschaftskunde als »materialistische Theologie«. In: BAHRENBERG, G. u. a. (Hrsg.): Geographie des Menschen. Dietrich Bartels zum Gedenken (Bremer Beiträge zur Geographie und Raumplanung 11). 89-109. Bremen.

FEYERABENd, P. (1976): Wider den Methodenzwang. Skizze einer anarchistischen Erkenntnistheorie. Frankfurt a.M.

FEYERABENd, P. (1980): Erkenntnis für freie Menschen. Frankfurt a.M.

FISCHER, H. (1929): Mittelalterliche Pflanzenkunde. München.

GRÜNDER, K.(1967/68): Hermeneutik und Wissenschaftsgeschichte. In: Philosophisches Jahrbuch 75.

GROSSKLAUS, G. (1983): Der Naturraum des Kulturbürgers. In: GROSSKLAUS, G. und OLDEMEYER, E. (Hrsg.): Natur als Gegenwelt. 169-196. Karlsruhe.

HABERMAS, 3. (1981): Theorie des kommunikativen Handelns. 2 Bde., Frankfurt a.M.

HARD, G. (1965): Arkadien in Deutschland. Bemerkungen zu einem landschaftlichen Reiz. In: Die Erde (Zeitschr. der Gesellsch. für Erdkunde zu Berlin) 96: 21-41.

HARD, G. (1969): »Dunstige Klarheit«. Zu Goethes Beschreibung der italienischen Landschaft. In: Die Erde (Zeitschr. der Gesellsch. für Erdkunde zu Berlin) 100 : 138-154.

HARD, G. (1969): »Kosmos« und »Landschaft«. In: H. PFEIFFER (Hrsg.): Alexander von HUMBOLDT, Werk und Weltgeltung. 133-177. München.

HARD, G. (1972): Antwort. Geografiker 7/8, 47-52. Es handelt sich um die »Antwort« auf E. WIRTH, Offener Brief an Herrn Prof. Dr. G. Hard, Geografiker 7/8, März 1972, ein Text, welcher seinerseits auf HARD 1971 reagiert (HARD, G.: Die Gleichzeitigkeit des Ungleichzeitigen – Anmerkungen zur jüngsten methodologischen Literatur in der deutschen Geographie, Geografiker 6, Mai 1971, S. 12-24.)

HARD, G. (1974): Alexander von HUMBOLDT und die deutsche Landschaftsgeographie. In: GRIMM, D. u. a.: Prismata. Dank an Bernhard HANSSLER. 124-148. Pullach bei München.

HARD, G. (1983): Zu Begriff und Geschichte der »Natur« in der Geographie des 19. und 20. Jahrhunderts. In GROSSKLAUS, G. und OLDEMEYER, E. (Hrsg.): Natur als Gegenwelt. 139-167. Karlsruhe.

HARD, G. (1988): Selbstmord und Wetter – Selbstmord und Gesellschaft. Studien zur Problemwahrnehmung in der Wissenschaft und zur Geschichte der Geographie. (Erdkundliches Wissen 92). Stuttgart. (Im Druck)

HARMS, W. und FREYTAG, H. (1975): Außerliterarische Wirkungen barocker Emblembücher. München.

HEGI, G. (1979): Illustrierte Flora von Mitteleuropa. Bd. VI, 3. (2. Aufl.).

HEYDEBRAND, R. v. (1972): Eduard MÖRIKES Gedichtwerk. Stuttgart.

HENKEL, A. und SCHÖNE, A. (1967): Emblemata. Handbuch zur Sinnbildkunst des 16. und 17. Jahrhunderts. Stuttgart.

HERZOG, U. (1973): Lyrik und Emblematik. Jacob BALDES »Heliotropium«-Ode. In: BIRCHER, M. und HAAS, A.M. (Hrsg.): Deutsche Barocklyrik. 65-95. Bern und München.

HILLACH, A. (1978): EICHENDORFFS romantische Emblematik als poetologisches Modell und geschichtlicher Entwurf. In: PENKERT, S. (Hrsg.): Emblem und Emblematikrezeption. 414435. Darmstadt.

HOHBERG, W.H. Freiherr von (1969): Lust- und Arzeney-Garten des königlichen Propheten Davids. Einführung und Register von Grete LESKY. Graz.

KNEISLE, A. (1983): Es muß nicht immer Wissenschaft sein. Methodologische Versuche zur Theoretischen und Sozialgeographie in wissenschaftsanalytischer Sicht. Kassel. (Urbs et Regio 28)

KOSCHLIG, M. (1977): Zur Barock-Rezeption bei MÖRIKE. In BIRCHER, M. und MANNACK, E. (Hrsg.): Deutsche Barockliteratur und europäische Kultur. 287-288. Hamburg.

LACAN, J. (1971, 1975, 1980): Schriften 1, 2, 3. Weinheim und Berlin.

LACAN, J. (1978, 2. Aufl. 1980): Das Seminar Nr. 11: Die vier Grundprinzipien der Psychoanalyse. Weinheim und Berlin.

LACAN, J. (1986): Das Seminar Nr. 20: Encore. Weinheim und Berlin.

LANGEN, A. (1968): Der Wortschatz des deutschen Pietismus. 2. Aufl., Tübingen.

LÉVY, B.-H. (1980): Das Testament Gottes. Wien usf.

MARQUARD, 0. (1981): Frage nach der Frage, auf die die Hermeneutik eine Antwort ist. In: MARQUARD, 0., Abschied vom Prinzipiellen. 117-146. Stuttgart.

MARZELL, H. (1986): Wucherblume. In: BÄCHTOLD-STÄUBLI, H. und HOFFMANN-KRAYER, E. (Hrsg.): Handwörterbuch des deutschen Aberglaubens, Bd. 9. 817-820. Berlin, New York.

MATT, P.v. (1991): Liebesverrat. München.

MEDER, O. (1985): Die Geographen – Forschungsreisende in eigener Sache (Urbs et Regio 36). Kassel.

MÜLLER-SEIDEL, W. (1981): Literatur und Ideologie. In: ZMEGAC, V. (Hrsg.): Deutsche Literatur der Jahrhundertwende. 115-122. Königstein/Ts..

NORDHOFEN, B. (1987): Der greinende Moloch. In: FAZ 11.7.87. Bilder und Zeiten.

PARADIN, C. (1557): Devises heroiques. Lyon.

PENKERT, S. (1978) (Hrsg.): Emblem und Emblematikrezeption. Vergleichende Studien zur Wirkungsgeschichte vom 16. bis 20. Jahrhundert. Darmstadt.

PIEPMEIER, R. (1980): Das Ende der ästhetischen Kategorie »Landschaft«. In: Westfälische Forschungen 30, 8-46.

PIEPMEIER, R. (1980a): Landschaft. In: RITTER, J. und GRÜNDER, K. (Hrsg.): Historisches Wörterbuch der Philosophie, Bd. 1. Sp.15-28. Darmstadt.

POHL, J.(1986): Geographie als hermeneutische Wissenschaft. Kallmünz/Regensburg.

RITTER, J. (1971): Ästhetik. In: RITTER, J. und GRÜNDER, K. (Hrsg.): Historisches Wörterbuch der Philosophie, Bd. 5. Sp. 555–580. Darmstadt.

SCHÖNE, A. (1968): Emblematik und Drama im Zeitalter des Barock. München. 2. Aufl.

SCHULTZ, H.D. (1980): Die deutschsprachige Geographie von 1800 bis 1970. Ein Beitrag zur Geschichte ihrer Methodologie. Berlin.

SLESSAREV, H. (1970): Eduard MÖRIKE. New York.

STEGGEMANN, V. (1986): Sonne. In BÄCHTOLD-STÄUBLI, H. und HOFFMANN-KRAYER, E. (Hrsg.): Handwörterbuch des deutschen Aberglaubens, Bd. 8. 31-71. Berlin, New York.

STORZ, G. (1967): Eduard Mörike. Stuttgart.

STRACK, F. (1992): Wehmütige Liebeserwartung in Mörikes früher Lyrik. In: HÄNTZSCHEL, G. (Hg.): Gedichte und Interpretationen. Bd. 4, S. 83-92. Stuttgart.

VINKEN, P.J. (1978): Die moderne Anzeige als Emblem. In: PENKERT, S. (Hrsg.): Emblem und Emblematikrezeption. Vergleichende Studien zur Wirkungsgeschichte vom 16. bis 20. Jahrhundert. 57-71. Darmstadt.

WALDENFELS, B. (1985): In den Netzen der Lebenswelt. Frankfurt a.M.

WIRTH, B. (1979): Theoretische Geographie. Stuttgart.

WÜRTTEMBERGISCHER KUNSTVEREIN (1977): Naturbetrachtung – Naturverfremdung. Stuttgart.

Die Störche und die Kinder, die Orchideen und die Sonne

(1987)

1. Exoterische Geschichten

Geographen neigen – früher vielleicht noch mehr als heute, aber auch heute noch – zu einem ziemlich grobempirischen Wissenschafts- und Methodenideal. Dem Normalgeographen wird so z. B. ein starkes Bedürfnis antrainiert, sich keinesfalls und vor allem nicht vorweg auf Theorien und Theoriediskussionen einzulassen, sondern »erst einmal hinzugehen«, um (mit unbefangenen common sense- und Kinderaugen sozusagen) »im Gelände« nachzusehen, was »da eigentlich los ist«. Dieses Bedürfnis ist seinerseits keine zufällige Marotte, sondern ein Effekt der eigentümlichen Gegenstandskonstitution dieser Disziplin, aber das ist eine (ganz) andere Geschichte.

Was Theorie und Metatheorie angeht, neigen Geographen (zumal Geographieprofessoren) folglich dazu, entweder Menfoutisten oder Bischöfe zu sein: Menfoutisten (von französisch »je m'en fous«, ist mir egal) halten Theoretisieren oder gar Metatheoretisieren für eine bedauerliche geistige Verirrung, die nur von der »eigentlichen Arbeit« abhält, und die Bischöfe, die an Werktagen und in talarfreier Rede ebenfalls Menfoutisten sind, verkünden in ihren Sonntagsreden und Erbauungsbüchern, was der tiefere *Sinn* dieser eigentlichen Arbeit sei und warum diese den Geographen (wie der Welt) ungleich besser bekomme als alle Theorie. Damit sich die Wertakzente absichtsgemäß verteilen lassen, darf es dabei allerdings nicht allzu klar werden, was nun mit »Theorie« und was mit »eigentlicher Arbeit« im einzelnen gemeint ist.

Die geographische Überzeugungsarbeit, die aus Anfängern normale Geographen der beschriebenen Art macht, beginnt gemeinhin in der ersten Veranstaltung des ersten Semesters. Sie ist umso überzeugender, als sie gewöhnlich den mitgebrachten common sense mobilisieren kann.

Wie macht man aber in einem solchen Milieu den Studenten deutlich, was *Theorie* wert sein kann, wie sie wirkt und wie sie sich verändert? In dieser Situation haben sich gerade leichtgewichtige Geschichtchen der folgenden Art als nützlich erwiesen. Wissenschaftstheorie scheint mir nämlich eines der Gebiete zu sein, die im Wissenschaftsbetrieb, wenn überhaupt, nur dann von Nutzen sind, wenn sie exoterisch bleiben (oder doch leicht exoterisch werden) können, und d. h. auch, wenn man das Wesentliche auch 18jährigen, ja sogar 12jährigen mitteilen kann. »In den fundamentalsten Disziplinen (Poetik, Logik, Moral etc.) kann das Kind den Mann nicht herabsetzen. Im Gegenteil: das Kind läßt uns begreifen, daß beinahe alles, was es nicht erfassen kann, nicht wert ist, gelehrt zu werden, und wenn wir ihm etwas nicht beibringen können, so darum, weil wir es selber noch nicht recht wissen« (Antonio Machado, Juan de Mairena. Sentenzen, Späße, Aufzeichnungen und Erinnerungen eines apokryphen Lehrers. Berlin und Frankfurt a. M. o. J., S. 131; dies war übrigens – aus rein stilistischen Gründen – meine letzte Literaturangabe in diesem Text).

2. Die Störche, die Hebammen, die Raben und die Kinder

Das Motiv, das der folgenden »albernen Geschichte« oder paradoxen Anekdote zugrundeliegt, ist überhaupt nicht originell; es ist fast jedermann aus der einführenden Statistik als abschreckendes Beispiel bekannt (und muß meistens den Begriff »Scheinkorrelation« illustrieren); ich setze es nur etwas anders ein.

Eine Gruppe kritischer Bevölkerungsgeographen hat sich das Ziel gesetzt, die Dogmen des Kinderglaubens und die Mythen des Volkes kritisch zu hinterfragen. Es geht um die Theorie, daß die Störche die Kinder bringen.

Diese Storchentheorie soll nun einer strengen empirischen Prüfung unterzogen werden. Gemäß dem hypothetico-deduktiven Verfahren des kritischen Rationalismus werden aus der Theorie empirische Prüfungshypothesen abgeleitet, z. B.: je mehr Störche, um so höher die Geburtenrate. Eine Pilotstudie in 21 zufällig ausgewählten ostelbischen Kreisen ergibt, daß die Storchendichte einen erstaunlich hohen Teil der Varianz in den Geburtenraten erklärt. Die Theorie hat dem Falsifikationsversuch getrotzt und sich bewährt.

Aus jeder Theorie, und so auch aus der Storchentheorie, kann man unendlich viele operationale Prüfungshypothesen ableiten, z. B.: je mehr Storchennester, um so höher die Geburtenrate, je mehr Feuchtbiotope, um so höher die Geburtenrate; je mehr Frösche, um so höher die Geburtenrate ... Auch das wird untersucht, und jedesmal ist der Befund positiv. (Auf der empirischen Ebene ist oder war das vermutlich ja auch wirklich so.)

Das interessante Ergebnis macht Forschungsgelder locker. Eine großangelegte Enquête über fast ganz Mitteleuropa hin ergibt folgendes Resultat (Tabelle 1): Bei niedriger Storchendichte ist der Anteil der geburtenstarken Raumeinheiten deutlich geringer als bei hoher Storchendichte. Die Wissenschaftler haben allen Grund, ihre Skepsis zu stornieren. Sie beginnen von der intuitiven Weisheit des Volkes und der Kinder zu raunen. – Schon jetzt erkennen wir drei weitere Theorieleistungen:

- die Hypothesenerzeugungsfunktion der Theorie: jede Theorie ist ein unendlicher Hypothesengenerator, ein intellektuelles perpetuum mobile;
- die Forschungserzeugungsfunktion der Theorie: Ohne Glauben oder Unglauben an eine Theorie liefe gar nichts; jede Theorie ist die Quelle eines potentiell unendlichen Forschungsprogramms;
- die Datenerzeugungsfunktion der Theorie: Bei den fehlgeschlagenen Versuchen, die Storchentheorie zu widerlegen, hat sich ja eine Unmasse wertvoller Daten über Störche, Storchennester, Frösche, Feuchtbiotope und Geburtenraten angesammelt, die auch in ganz anderen Zusammenhängen interessant sind.

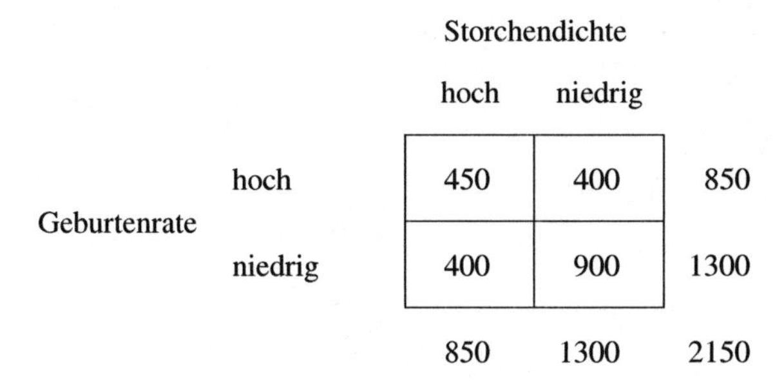

		Storchendichte hoch	Storchendichte niedrig	
Geburtenrate	hoch	450	400	850
	niedrig	400	900	1300
		850	1300	2150

Tab. 1: Zusammenhang zwischen Storchendichte und Geburtenrate; Ergebnis einer Enquête über den größten Teil Mitteleuropas (2150 Raumeinheiten)

Die Bevölkerungswissenschaftler sind von der Aktionsforschung inspiriert. Sie wollen die Betroffenen, die Objekte ihrer Forschung, als Subjekte ernstnehmen und in ein dialogisches Verhältnis mit ihnen eintreten. Eine der Früchte dieses Dialogs ist die Erkenntnis, daß es nach Auffassung der Betroffenen (nämlich der Kinder) nicht nur die Störche, sondern auch Hebammen, Eulen, Krähen, Raben, Wassermänner und Nikoläuse, übrigens auch noch viele andere, seltene Tiere gibt, welche Kinder bringen können: Sehen Sie selber im »Atlas der deutschen Volkskunde« nach! Weite Forschungsperspektiven tun sich auf, allgemeine wie regionale.

Während das Forschungsprogramm sich normalwissenschaftlich entfaltet, gibt es die üblichen kleinen Irritationen. Ein Doktorand findet in Ostpreußen keine Korrelation zwischen Storchendichte und Geburtenrate (Abbildung 1a). Sein Doktorvater interpretiert die Nullkorrelation weg, und zwar ebenso kenntnisreich wie rational. In Ostpreußen liegen die Dinge eben kompliziert. Zwar liege auf der Erscheinungsebene eine Nullkorrelation vor. Wahrscheinlich setze sich die untersuchte Population von Gemeinden aber aus zwei ganz unterschiedlichen Populationen zusammen, und in beiden gebe es dann je für sich genommen eine deutliche Korrelation, z. B. so (Abbildung 1b): Das eine sind die Gemeinden, wo ausschließlich Störche agieren (Kreise), das andere sind wahrscheinlich die abgelegenen Gemeinden, wo es außerdem noch ungewöhnlich viele Raben, Krähen, Eulen und andere, z. T. seltene kinderbringende Tiere gibt (Kreuze), die andernorts schon verschollen sind. Hier liegt die Geburtenrate insgesamt höher. Kurz: ein typischer Fall von Multikausalität, in jedem Statistik-Anfängerlehrbuch behandelt.

Der Doktorand prüft die Hilfshypothese nach, und siehe, es stimmt. Wo nicht nur Störche, sondern auch noch andere kinderbringende Tiere z. T. seltener Art vorkommen, sind die Geburtenraten insgesamt höher, und die entsprechenden Raumeinheiten bilden eine besonders geburtenstarke Subpopulation. Die scheinbar bedrohte Theorie hat sich so im zweiten Schritt glänzend bewährt und zugleich ihren empirischen Gehalt erhöht: eine typische »progressive Theorieentwicklung«.

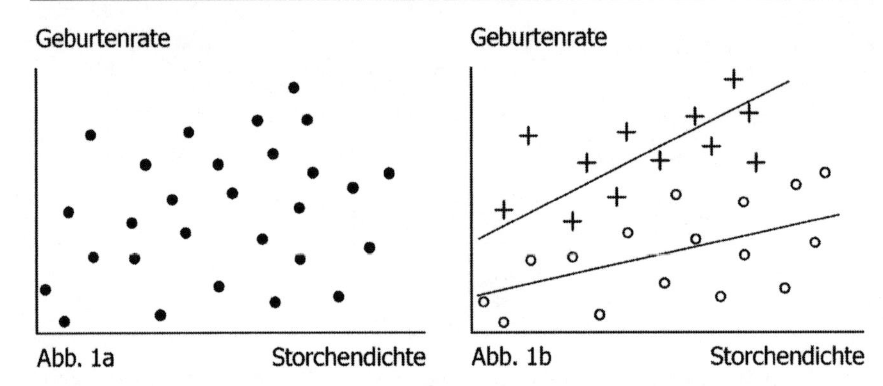

Abb. 1: Ostpreußische Studie über 27 Raumeinheiten. a: negativer Befund (Nullkorrelation zwischen Geburtsrate und Storchendichte), b: Erklärung des negativen Befundes und Aufrechterhaltung der Storchentheorie durch Unterscheidung zweier Subpopulationen

Dies ist eine weitere Funktion der Theorie: ihre unendliche Hilfshypothesenerzeugungsfunktion. Nicht nur aus ihren Erfolgen, auch aus ihren Mißerfolgen schlägt sie ein potentiell unendliches Kapital.

Ein origineller Nachwuchsforscher publiziert eine Studie, in der er zeigt, daß die Geburtenrate im Rheinland sehr eng mit dem Grad der (sorgfältig operationalisierten) Urbanisierung/Industrialisierung zusammenhängt (Abbildung 2a). Der Storch komme vermutlich erst in zweiter Linie in Frage.

Die führenden Vertreter der Storchentheorie rezensieren ihn vernichtend. Das Ergebnis sei absolut trivial und spreche nicht gegen, sondern für die Storchentheorie. Die Urbanisierung/Industrialisierung des flachen Landes reduziere natürlich die Zahl der Störche, was seinerseits zum Sinken der Geburtenrate führe. Der junge Mann habe unbegreiflicherweise versäumt, die Storchendichte zu kontrollieren bzw. konstant zu halten. Zu vermuten sei folgendes: Wenn man die Gemeinden mit hoher Storchendichte und die mit niedriger Storchendichte jeweils für sich betrachte, dann werde die Korrelation zwischen Urbanisierungsgrad und Geburtenrate verschwinden. Der junge Mann habe nicht erkannt, daß ein typischer Fall von Intervention vorliege, was um so unbegreiflicher sei, weil jedes einführende Methodenlehrbuch diese behandle.

Der junge Mann stellt eine Nachuntersuchung an, und siehe da, die Kritiker haben recht: die Korrelation zwischen Urbanisierungsgrad und Geburtenrate ist tatsächlich verschwunden (Abbildung 2b). Er gibt auf.

In diesem Stil könnte ich noch eine Weile fortfahren. Keine noch so sorgfältige Erhebung kann einer Theorie gefährlich werden, selbst wenn diese Theorie ein Ammenmärchen ist und wenn alle Beteiligten sich rational verhalten. Nennen wir dies die Immunisierungsfunktion der Theorie. Die Forschung ist eben kein Kampf zwischen Theorie und Empirie; einfach deshalb nicht, weil dieser Kampf für die Empirie fast hoffnungslos wäre.

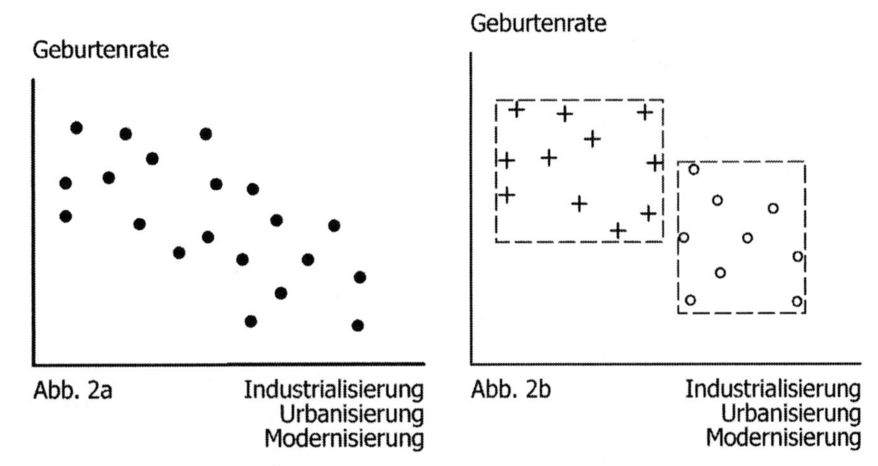

Abb. 2: *Zusammenhang von Geburtenrate und Urbanisierung/Industrialisierung in der Rheinlandstudie (20 Raumeinheiten). a: Rohergebnis, das einen Ausblick auf eine neue Theorie des generativen Verhaltens eröffnet. Bei Unterscheidung zweier Subpopulationen (Raumeinheiten mit hoher und Raumeinheiten niedriger Storchendichte) ergibt sich das Diagramm b (links oben: hohe, rechts unten: niedrige Storchendichte). Die Korrelation von Geburtenrate und Urbanisierung ist verschwunden, die Storchentheorie exhauriert.*

Wer aber vermag etwas gegen eine Theorie, wenn nicht die Erfahrung (nenne man sie nun »Beobachtung«, »Empirie« oder wie immer)? Nur eine andere Theorie. Um einen alten philosophischen Satz über Gott zu variieren: Nihil contra theoriam nisi theoria; nichts vermag etwas gegen eine Theorie, es sei denn eine Theorie.

Spinnen wir die Geschichte weiter. Die Karriere des besagten Nachwuchsforschers ist beendet, er muß das Fach wechseln. Er wechselt in die Biologie. Dort lernt er die neuesten Theorien über die Physiologie der menschlichen Fortpflanzung und die Ökologie der Störche kennen. In seinem alten Fach hat er davon nie etwas gehört; die wissenschaftliche Spezialisierung ist schon zu weit fortgeschritten. Im Lichte dieser Theorien fällt es ihm nun wie Schuppen von den Augen.

Versuchen wir diesen Theorien-Sprung im Kopf eines Forschers auf ein einfaches Modell zu bringen (Abbildung 3): Die unterbrochenen Linien bezeichnen empirische Zusammenhänge, die ausgezogenen Linien die theoretischen Deutungen.

Oben links: die alte Theorie für einen unzweifelhaft empirischen Zusammenhang (»Die Störche bringen die Kinder«); oben rechts: die gescheiterte Gegentheorie (»Der Urbanisierungsgrad steuert das generative Verhalten«); unten links: die verbesserte Storchentheorie (»Die Urbanisierung beeinflußt die Störche, und die Störche bringen die Kinder«); unten rechts: die neue Theorie, die die genau gleichen empirischen Befunde völlig neu interpretiert (»Die Urbanisierung beeinflußt Geburtenrate und Storchendichte«). Alle diese Theorien schmarotzen auf den gleichen Daten, und die Pointe ist es ja, daß auf der Ebene der Empirie die Entscheidung (noch) unmöglich ist.

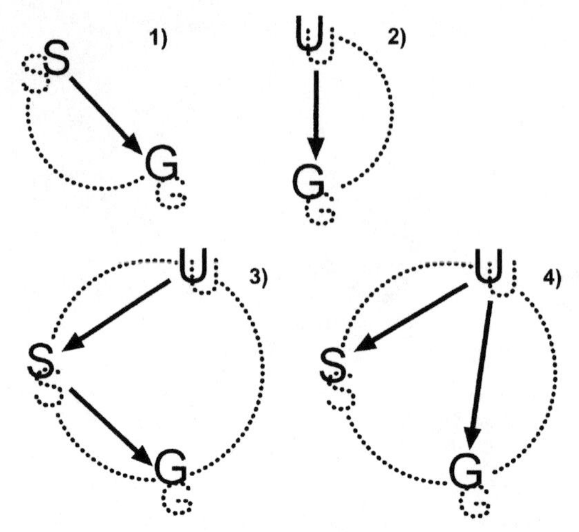

Abb. 3: *Empirisch festgestellte Korrelationen (unterbrochene Linie) und erschlossene Zusammenhänge (ausgezogene Linien) zwischen S Storchendichte, G Geburtenrate und U Urbanisierung/Industrialisierung. 1 klassische Storchtheorie, 2 gescheiterte Alternativtheorie, 3 verbesserte Storchtheorie, 4 neue Alternativtheorie.*

Der Alternativtheoretiker kann nun von seiner Alternativtheorie her eben jene Strategie, mit der die Storchentheoretiker ihn einst kritisierten, gegen die Storchentheoretiker wenden. Er re-analysiert die große Enquête, von der anfangs die Rede war, hält die entscheidende Variable seiner Theorie (den Urbanisierungsgrad) konstant, und siehe da, die Korrelation von Storchendichte und Geburtenrate ist spurlos verschwunden (Tabelle 2).

		Urbanisierungsgrad niedrig		Urbanisierungsgrad hoch		
		Storchendichte		Storchendichte		
		hoch	niedrig	hoch	niedrig	
Geburtenrate	hoch	400	200	50	200	850
	niedrig	200	100	200	800	1300
		600	300	250	1000	2150

Tab. 2: Zusammenhang zwischen Storchendichte und Geburtenrate bei konstantem Urbanisierungs-, Modernisierungs- bzw. Industrialisierungsgrad. Re-Analyse der großen Enquête (vgl. Tabelle 1)

Der junge Mann schreibt nun zwei Artikel und versucht sie zu publizieren, den einen mit dem Titel »Are we retrogressing in Science?«, den andern unter der Überschrift: »Ist die Geographie zu schwierig für uns Geographen?« ...

Hier breche ich zeitgedrungen ab. Die Geschichte ist unendlich ausbaufähig, denn das alte Paradigma ist noch lange nicht erledigt. Man braucht nicht viel Phantasie, um zu sehen, wie gut diese Geschichte fortgesetzt und dramatisiert werden kann.

3.1. Nord- und südliches Gelände

Ich komme zum zweiten Beispiel. Dieses Beispiel ist selbsterlebt, und ich habe mehrfach versucht, es in einem Geländepraktikum nachzuspielen, mit Studenten als (zunächst naiven) Akteuren. Das Beispiel stammt aus der Vegetationsgeographie; es ist sehr anschaulich und sehr schlicht. Ich versuche es hier zusätzlich auf eine plakative Form zu bringen.

Um 1960 arbeitete ich in Ost- und Südostfrankreich über submediterrane Pflanzengesellschaften, vor allem Trespenkalktrockenrasen. In der Literatur war die Meinung fest etabliert, daß diese Rasen stark vom Expositionsklima abhängig seien. Es hieß, daß sie deshalb vor allem in südlich-südwestlichen Expositionen auftreten, und wenn sie in ungünstigeren Expositionen aufträten, dann seien sie an submediterranen Arten stark verarmt, vor allem auch hinsichtlich der berühmten mediterran-submediterranen Orchideen der Gattungen Ophrys, Orchis, Himantoglossum und Aceras. Nennen wir dies mit Schmithüsen »die Theorie des Expositionsschwarms«. Sie wurde von den Autoren meist aufgefaßt als Sonderfall einer umfassenderen ökologischen Theorie, nämlich als Sonderfall des Walterschen »Gesetzes der relativen Standortkonstanz«, aber diese (an sich wichtige) theoretische Einbettung und deren Wirkung übergehe ich hier.

Das Thema des »Expositionsschwarms« interessierte mich an sich wenig. Ich interessierte mich für den Zusammenhang von submediterraner Vegetation und Flächennutzungsgeschichte, und dieses Interesse erwies sich in mehrjähriger Gelände- und Archivarbeit als fruchtbar. Das Thema »Expositionseffekt« oder »Expositionsschwarm« dagegen schien mir abgegrast und (aus meiner Geländeerfahrung und Perspektive) auch ziemlich marginal zu sein.

Andererseits hatte ich das Gefühl, meine Arbeit durch ein einschlägiges Kapitelchen in dieser Richtung abrunden zu müssen. Ich suchte mir einen modellhaft schönen Berg und begann mit der Arbeit.

Das ist die übliche Arbeitsweise eines Normalwissenschaftlers: Er arbeitet sozusagen verifizierend. Er versucht, eine bekannte Theorie, eine Ordnungsstruktur wiederzufinden, indem er sie auf neue Situationen anwendet. Er beweist eine Theorie durch geglückte Anwendungen, die er zuvor sorgsam arrangiert hat. Ein Paradigma, eine Theorie besitzen heißt ja: über eine Theorie anwendend verfügen. Der praktizierende Wissenschaftler arbeitet die Theorie sozusagen in die Wirklichkeit hinein; sie steuert seinen Umgang mit der Welt, normiert sein Tun. Das ist die Forschungs- und Wirklichkeitsnormierungsfunktion der Theorie.

Das Ergebnis war, auf eine sehr einfache Darstellung gebracht, dieses: eine Nullkorrelation; der berühmte Expositionseffekt war nicht zu erkennen (Abbildung 4a).

Keinen Augenblick dachte ich, etwas Interessantes entdeckt, die Theorie in Frage gestellt zu haben. Ich reagierte vielmehr wiederum normalwissenschaftlich, d. h. kleinlaut.

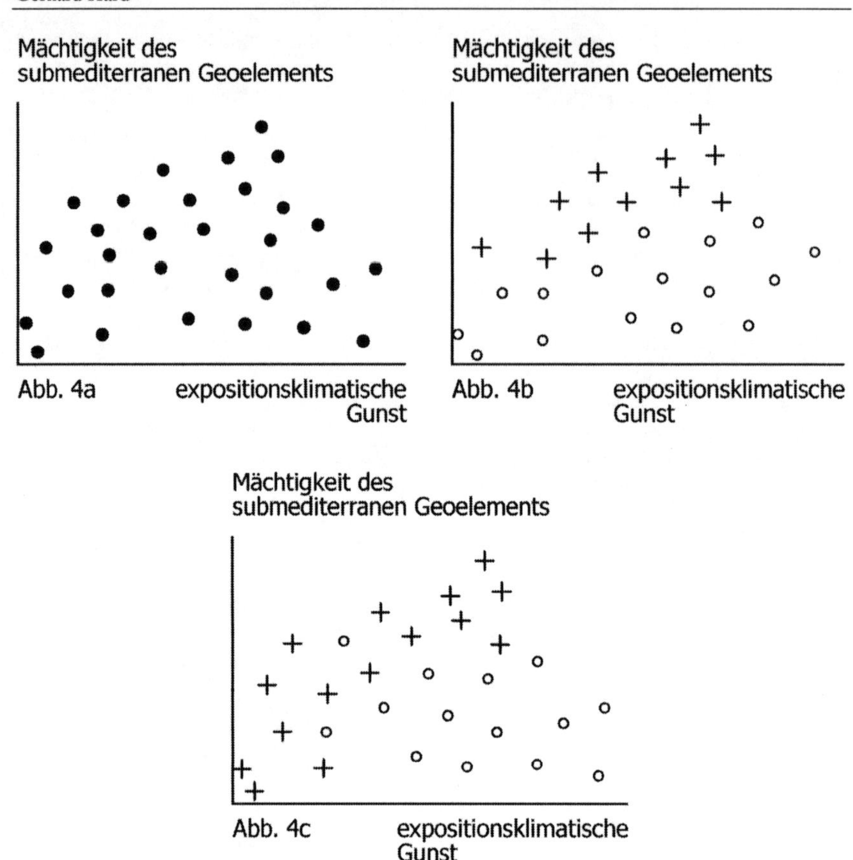

Abb. 4: *Zusammenhang zwischen der Mächtigkeit des submediterranen Florenelements und der expositionsklimatischen Gunst. a: Geländebefund; b und c: mit Unterscheidung zweier Subpopulationen (bzw. zweier Untergruppen von Untersuchungsflächen).*

Nur ein schlechter Zimmermann gibt (um Kuhn zu variieren) seinem Werkzeug oder seinem Holz die Schuld, wenn das Werkstück mißlingt. In der Wissenschaft werden eben nicht (wie man irrtümlich glaubt) nur die Theorien, sondern häufiger die Wissenschaftler geprüft: Sie werden geprüft, ob sie fähig sind, im Sinne einer bestimmten Theorie zu arbeiten. Infolgedessen hielt ich zunächst nicht die Theorie, sondern mich selber für falsifiziert.

Die Strategien, die dann ins Spiel kommen, nennt man oft »Exhaurieren«, d. h. Ausschöpfen der Theorie. Ich gab nicht der Theorie, sondern meiner Empirie die Schuld am Widerspruch.

Zunächst beargwöhnte ich meine Daten. Das ist rational: Daten sind ja nicht sicherer als Theorien. Denn jede Datenerhebung beruht ja auch ihrerseits auf Theorien, zumindest auf Theorien der Beobachtung und der Beobachtungsinstrumente. Eben deshalb sind Tatsachen mindestens ebenso unsicher wie Theorien.

Ich verfeinerte meine Datenerhebungsmethoden weit über das hinaus, was in der Vegetationskunde üblich war, und verstrickte mich in zahllose methodische Zusatzprobleme. Ich lernte damals auf Anregung eines Kommilitonen, der Psychologie studierte, die schließende Statistik. Es nutzte alles nichts: Es war nichts zu sehen, und mit Signifikanztests war aus den Daten auch nichts herauszupressen.

Das ist der Moment, in dem viele junge Wissenschaftler an sich selbst irre werden. Sie glauben, der Theorie oder sogar der Wissenschaft nicht gewachsen zu sein und verlassen das Thema, vielleicht sogar das Fach oder die Wissenschaft insgesamt. Ich selber reagierte (wie sicher noch viele andere) weniger ehrlich. Ich ging auch aus dem Feld, aber heimlich. Die heikle Angelegenheit wurde in der Erstfassung meiner Dissertation einfach nicht erwähnt.

Aber auch schon dieses Schweigen war zu beredt, enthielt zuviel theoretische Aufsässigkeit. Mein Doktorvater erspürte sofort die leere Stelle und bemängelte, es fehle ein Kapitel über Expositionseffekte. Auch jetzt behielt ich meine Beobachtungen weitgehend für mich, vielleicht auch aus Opportunismus, aber sicher noch mehr aus Unsicherheit und Furcht, mich zu blamieren.

Dies ist eine weitere wichtige Theoriefunktion: das Aus-dem-Wege-Räumen erstens von Daten und zweitens von Menschen. Was das erstere angeht (das Eliminieren von negativen Befunden), so kann man wie folgt formulieren: Was nicht paßt, bleibt ungesehen; wenn es nicht mehr zu übersehen ist, wird es verschwiegen; wenn es nicht mehr verschwiegen werden kann, wird es bagatellisiert; wenn es nicht mehr bagatellisiert werden kann, wird es weginterpretiert.

Der nächste normalwissenschaftliche Schritt war also: Weginterpretieren des negativen Befundes zum Zweck der Erzeugung von Forschungs-Unterprogrammen, die die Theorie zugleich retten und ausbauen.

Abbildung 4a zeigt den schon erwähnten Befund der Geländearbeit. Eine solche Nullkorrelation »auf der Erscheinungsebene« kann immer scheinbar sein, d. h. auf die Wirkung von Störfaktoren zurückgehen. Jede Einführung einer Drittvariablen kann bekanntlich sowohl Nullkorrelationen erzeugen wie Nullkorrelationen eskamotieren. Darauf beruht die klassische Exhaurierungsstrategie: Es werden Störvariablen eingeführt und auf dieser neuen Grundlage neue Theorietests ersonnen.

»Auf der Erscheinungsebene« korrelieren Vegetation und Expositionsklima, wie gesagt, überhaupt nicht. Dies kann darauf beruhen, daß die Flächenstichprobe heterogen ist: z. B. einerseits ungestörte Probeflächen mit viel submediterranen Arten, wo die Theorie voll gilt (vgl. Abbildung 4b, Kreuzchen), andererseits in jüngerer Zeit, z. B. durch mehrjährigen Weizenanbau, »anthropogen« gestörte und dann wieder verbrachte Flächen, wo die submediterranen Arten seltener sind und die Expositionsgunst sich weniger auswirkt (kleine Kreise). Das wäre ökologisch gut verständlich. Oder es handelt sich um unterschiedliche Böden: Auf den extremen Rendzinen sieht es so aus, wie es die Kreuzchen zeigen, auf den tiefgründigeren braunen Rendzinen so, wie die kleinen Kreise es angeben (Abbildung 4b). Auch das wäre ökologisch plausibel. Beide Subpopulationen zusammengeworfen, ergibt jedesmal eine (scheinbare) Nullkorrelation. Wenn man die Subpopulationen getrennt betrachtet, stimmt die Theorie wieder.

Vielleicht steckt hinter der scheinbaren Nullkorrelation auch etwas ganz anderes. Vielleicht ist es so (Abbildung 4c): Auf den ungestörten Flächen gilt die Expositionsklimatheorie: hier steigt der Anteil der submediterranen Arten mit der Wärmegunst

(Kreuzchen). Auf Flächen aber, die vom Naherholungsbetrieb stark belastet sind, *sinkt* der Anteil der submediterranen Arten mit der Expositionsgunst. Auch diese Hilfshypothese wäre ökologisch plausibel: die sonnigeren Lagen werden stärker besucht und eutrophiert, und das geht vor allem auf Kosten der eutrophierungssensiblen submediterranen Arten. Die Expositionsklimatheorie ist an sich o. K., aber sie ist (wie jede Theorie) natürlich nicht unter allen Umständen umstandslos anwendbar.

Wie man sieht: Auch hier eröffnen sich durch das Exhaurieren der Theorie, d. h. das Weginterpretieren und Wegforschen von Einwänden, weite und interessante Perspektiven.

Ich untersuchte nun neue Geländeausschnitte, auf denen alle oder einige der denkbaren Störvariablen kontrolliert oder sogar konstant gehalten werden konnten. Das war ein ebenso lehrreiches wie mühsames Geschäft und kostete mich eine Vegetationsperiode. Es blieb aber bei der Nullkorrelation.

Die Geschichte lehrt unter anderm, wie schwer es eine Tatsache hat, als Tatsache anerkannt zu werden. Sie hat praktisch keine Chance. Sie hat nur eine Chance, wenn die Theorie einen Knacks bekommt. Und wie bekommt eine Theorie einen Knacks? Durch eine andere Theorie. Und dies war meine »andere Theorie«: Abbildung 5; sie beruhte auf einem bestimmten Verdacht, der langsam heranwuchs, als ich – aufgrund der Literatur – einige jener Stellen aufsuchte, wo andere Autoren Expositionsunterschiede festgestellt (und die Expositionsklimatheorie bestätigt gefunden) hatten. Die Kollegen hatten (so glaubte ich bemerkt zu haben) die Bodenunterschiede übersehen, d. h. die Störgröße »Boden« nicht hinreichend berücksichtigt. Der Boden aber könnte ja seinerseits mit der Exposition korrelieren.

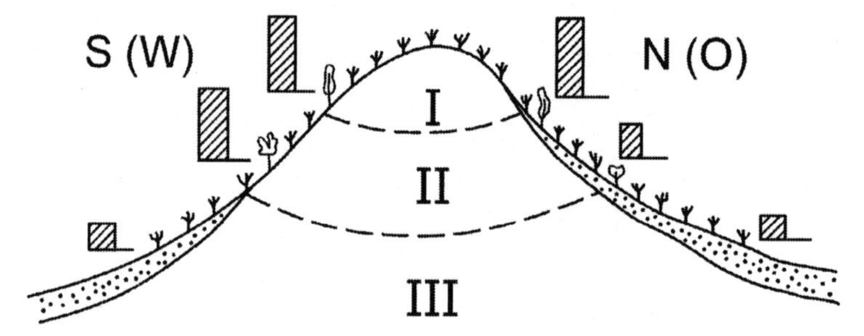

Abb. 5: *Piktogramm der »edaphischen Theorie« der submediterranen Vegetation. Die Säulen symbolisieren die relativen Mächtigkeiten des submediterranen Florenelements. An den thermisch benachteiligten Hängen blieben die Hangschuttdecken des Periglazials besser erhalten; deshalb haben die thermisch begünstigten Hänge heute oft die extremeren (flachgründigeren) Böden und folglich auch den höheren Anteil an submediterranen Xerothermarten. Dies gilt vor allem für die Hanglagen im Bereich II. An den Oberhängen (Bereich I) fehlt dieser deutliche edaphische Kontrast der unterschiedlichen Expositionslagen oder tritt stark zurück. Hier findet man infolgedessen keine so klaren Korrelationen zwischen Vegetation und Exposition.*

Einem Geographen lag da eine einschlägige Theorie nahe: die Theorie asymmetrischer Hangabtragung im Periglazial. Ob diese Theorie gut oder schlecht ist, das ist hier unwichtig; sie war damals bei den Geomorphologen im Schwange, und ich hatte davon gehört. Sie lief auf folgendes hinaus: Auf den wärmebegünstigten Hängen (im folgenden kurz »Südhänge« genannt) wurden unter periglazialen Bedingungen die Deck- und Bodensedimente schneller und gründlicher bis aufs anstehende Festgestein abgeräumt. An den wärmebenachteiligten Hängen blieben Hangschutt- oder Solifluktionsdecken eher erhalten. Deshalb haben Südhänge heute oft die extremeren Böden, die extremeren Standorte und den höheren Anteil an submediterranen Xerothermarten. Der heutige Kausalfaktor ist aber der Boden bzw. der Bodenwasserhaushalt, nicht das Expositionsklima. Am Oberhang (1) fehlt der edaphische Gegensatz, und das submediterrane Element ist in allen Expositionen mehr oder weniger gleich stark. An solchen Hanglagen (auf denen man die »Störfaktoren« leichter als anderswo kontrollieren kann) hatte ich gearbeitet und Nullkorrelationen gefunden. Am Mittelhang (11) ist der edaphische Gegensatz unter Umständen bedeutend; hier hat man immer wieder deutliche Korrelationen zwischen Exposition und Vegetation festgestellt. Am Unterhang verwischen sich die Expositionsunterschiede wieder, aber hier ist das submediterrane Element ohnehin selten und wenn, dann schwach vertreten. – Es ist einfach so, daß die submediterranen Arten eher auf den flachgründig-trockenen als auf den tiefgründigen Böden wachsen.

Erst die neue Theorie also machte aus einer Tatsache eine Tatsache. Erst aufgrund der neuen Theorie wurde ich meiner Sache allmählich sicherer. Man sagt gewöhnlich, daß Tatsachen Theorien bestätigen (oder widerlegen). Viel wichtiger ist aber sichtlich oft das Umgekehrte: daß Theorien Tatsachen bestätigen (oder widerlegen). Das ist die Tatsachenerzeugungs- und Tatsachenstabilisierungsfunktion (oder auch die analoge Tatsachendestruktionsfunktion) der Theorie. Aber diese segensreichen Theoriefunktionen treten oft erst gar nicht in Funktion, wenn der Wissenschaftler nicht hartnäckig genug zu »seinen« Beobachtungen steht, sich nicht (mit Kopf und Herz) »seinen« Tatsachen – seinen, von den geltenden Theorien her gesehen, »strange facts« – verschreibt.

Das Beispiel ist auch geeignet, um zu demonstrieren, welch hohen Anforderungen eine alternative Theorie nicht selten genügen muß, wenn diese Theorie fähig sein soll, auch nur eine einzige Tatsache zu stabilisieren, die nicht in die alte Theorie paßt:

- Diese alternative Theorie muß den zu stabilisierenden Sachverhalt wenigstens ganz grob erklären können, d. h. einen Sachverhalt, den die alte Theorie nicht erklären konnte (ja, den es nach dieser alten Theorie gar nicht geben durfte).
- Die alternative Theorie muß auch diejenigen Sachverhalte erklären können, die auch schon die alte Theorie erklären konnte; aber diese Sachverhalte müssen nun auf eine neue, zuweilen vollständig neue Weise erklärt werden.
- Die neue Theorie muß aber nicht nur erklären, was schon die alte Theorie erklären konnte, und zusätzlich erklären, was die alte Theorie nicht erklären konnte – sie muß auch erklären, warum die alte Theorie an bestimmten Stellen scheiterte und warum sie an anderen Stellen zu stimmen schien, obwohl sie falsch war.

All das leistet unsere neue Theorie, freilich vorerst nur in einer ganz groben Weise. Damit hat sie noch lange nicht gewonnen, sie ist jetzt höchstens erwägenswert und ein wenig konkurrenzfähiger geworden. Die neue Theorie muß jetzt arbeiten, d. h. ihrerseits ein Forschungsprogramm erzeugen. Sie sucht sich nun ihrerseits Anwendungen, d. h. passende Wirklichkeiten: sozusagen wie ein Schauspieler auf der Suche nach Rollen und Engagements. Das ist wieder die Forschungserzeugungsfunktion der Theorie. Dabei muß die neue Theorie möglichst viele Tatsachen produzieren, mit denen die alte Theorie nichts anfangen kann. Das ist die Anomalienerzeugungsfunktion, die trouble maker-

und theory killer-Funktion, die für jede Theorie lebenswichtig ist. Abbildung 5 zeigt auch, wo die diesbezügliche Goldgrube der neuen Theorie liegt: Im Hangabschnitt I.

Doch auch diese Strategie – die Anomalienproduktion im Lichte einer Alternativtheorie – reicht für sich allein nicht hin, zumal dann, wenn die Gegen-Befunde kontraintuitiv sind, und d. h. hier: einer eingefleischten Theorie widersprechen. Solch eine kontraintuitive Empirie muß sich viel mehr als alle andere Empirie theoretisch ausweisen. Auch der beschriebene »Nulleffekt der Himmelsrichtung am Oberhang« kränkte den gesunden vegetationskundlichen common sense so sehr, daß ihm immer neue theoretische Legitimationen abverlangt wurden – erst von mir selber, dann von meinem Doktorvater und schließlich noch von vielen andern. In diesem Fall erwiesen sich einige (damals schon ziemlich alte, aber experimentell gut bestätigte) Theorien über die große Bedeutung des Konkurrenzfaktors als theoriepropagandistisch besonders ergiebig; von dort her konnte ich nämlich wie folgt argumentieren:

»Die Arten des submediterranen Geoelements sind in der Untersuchungsregion nicht eigentlich oder nicht in erster Linie wärmeliebend, sondern vor allem sehr konkurrenzempfindlich; auf weniger extremes Milieu (z. B. Nordhänge) reagieren sie also unter Umständen eher positiv, zumindest da, wo sich die Konkurrenz mesophiler Arten in Grenzen hält. Genau dies ist an den extrem flachgründigen Oberhängen in *allen* Expositionen der Fall, und deshalb verhalten sich die submediterranen Arten hier weitgehend expositionsindifferent.« Der Rückgriff auf diese Hilfstheorie rückte so den Befund zumindest in den Bereich des Möglichen bis Bedenkenswerten. In solchen Situationen mobilisieren und reaktivieren auch neue Forschungsprogramme notgedrungen oft Theorieelemente, die zuvor als irrelevant – oder gar als abseitig oder längst erledigt galten. Das ist auch einer der Gründe, warum man nie sicher sein kann, daß eine verstorbene Theorie endgültig tot ist.

Durch empirische und theoretische Zuwächse der beschriebenen Art wird die Alternativtheorie allerdings nicht nur stärker, sondern in gewissem Sinne auch schwächer: Sie wird einerseits differenzierter, andererseits aber beginnt sie auch, die gute Gestalt zu verlieren, die doch durchaus einen Teil ihrer Anfangsreize und ihrer prima facie-Plausibilität ausmachte: Es war mir in der Diskussion immer wieder sehr zugute gekommen, daß man sie sozusagen auf einen Bierdeckel zeichnen konnte; vgl. Abb. 5 ...

Ich habe die ganze Geschichte auch in Geländepraktika (in zeitlich sehr geraffter Form) mit zuerst gutwillig-unwissenden, dann allmählich immer kritischeren Studenten nachgespielt. Überhaupt hat ein solcher Einstieg nur Sinn, wenn der Hochschulunterricht auch später wieder auf die Pointen meiner Geschichten zurückkommt. Aber dies kann ich nun nicht mehr erzählen.

Selbstverständlich könnte man das Thema »Theoriebildung, Theoriefunktionen und Theoriedynamik« auch anders und mit viel mehr Theoriehintergrund auf den Weg bringen. Unsere Illustration war ja weitgehend an bloß wissenschaftstheoretischen Vorstellungen orientiert (relativ bekannten und trivialen sogar) und insofern von sehr begrenzter Tiefenschärfe.

Man könnte z. B. unter anderm davon ausgehen, daß auch Theorien Entscheidungen sind (z. B. über Bedeutsamkeit und Bedingtheit von Phänomenen), und dies, obwohl die Fragen, was relevant und was irrelevant, was bedingend und bedingt, ursächlich und nichtursächlich, was jeweils »schuld« und was »unschuldig« ist (usf.), auch hier prinzipiell überkomplex, undurchsichtig und unbeantwortbar sind. Trotz oder auch gerade wegen dieser Intransparenz der Welt sind (Theorie)Entscheidungen – d. h. Unterscheidungen auf den Linien wichtig-unwichtig bis wahr-falsch – aber unausweichlich. Folglich ist jede Theoriebildung zumindest in hohem Grade kontingent, d. h., sie etabliert *entscheidungsmäßig* Zurechnungen, Zurechnungsverfahren und Zurechnungsgewohnheiten, die alle auch anders möglich gewesen wären, deren Kontingenz oder Entscheidungscharakter aber abgedunkelt werden müssen, und bei jeder Theorie ist »die Frage dann nur, wie diese Entscheidung so dargestellt werden kann, daß der Eindruck entsteht, sie habe nicht stattgefunden« (N. LUHMANN).

Soweit meine Versuche, Geographiestudenten die altgeographische wie überhaupt populäre Kübeltheorie der Erkenntnis unplausibel zu machen, d. h. die Vorstellung, daß Theorie vor allem eine Art Faktenakku sei und Theoriendynamik vor allem einen Prozeß darstelle, in dem die Theorien nur immer faktenpraller und tatsachenfetter werden – oder auch (in eleganterer Weise) immer umfassender und von immer umfassenderen Theorien aufgesogen. Als Korrektur tauchte die Vorstellung auf, daß Theoriedynamik auch sprunghafte Theorieverdrängung ohne nennenswerte Kontinuität sein kann: Und solche Theoriesprünge finden nicht etwa nur deshalb statt, weil die neue Theorie im Gegensatz zur alten nicht an bestimmten Tatsachen scheitert, sondern vor allem auch deshalb, weil sich die Alternativtheorien auf fruchtbare Weise als bösartig erweisen: sie verarbeiten nicht nur, sie erzeugen auch die Wirklichkeiten und Krisen, die ihre Vorgängerinnen nicht verdauen können. Das heißt, wozu Theorie gut ist, wird erst dann voll sichtbar, wenn Theorien konkurrieren.

Vorsichtshalber habe ich mich gehütet, »Theorie« zu definieren. Für die vorstehenden Geschichten war das auch nicht nötig; viele vage common sense-Vorstellungen reichen hin, z. B. die Primitivvorstellung, daß Theorie alles sei, was über singuläre Aussagen und empirische Verallgemeinerungen hinausgeht.

Schließlich: In manchen oder vielen anderen Fächern müßte man vielleicht genau das Gegenteil meiner didaktischen Intention verfolgen: Also – umgekehrt – nicht die Tatsachen angesichts der Theorie, sondern die Theorie vor der Erfahrung ridikülisieren, die Theorie am common sense und an grober Empirie auflaufen lassen – oder auch intuitiv überzeugende und gut bestätigte Konstruktionen in spektakulärer Weise als bloße Artefakte entlarven. Das wäre, wie gesagt, zwar nicht das Gegengift, das Geographen brauchen, aber anderswo wäre es wohl oft noch wichtiger.

Das schöne Ganze der Ökopädagogen und Ökoethiker

(1988)

Wer als Fachwissenschaftler, Lehrer und pädagogisch-philosophischer Laie ökopädagogischen und ökoethischen Texten begegnet, findet dort seine Ansprüche oft um einiges unterboten. Nicht der einzige, aber doch ein wichtiger Grund für diese Enttäuschung liegt, wie mir scheint, in der Bindung dieser Texte an unbestimmte, wertgeladene und holistisch-»ganzheitlich« gedachte Konstrukte wie »Natur«, »Umwelt«, »Ökologie« und »Region«. Dies versuche ich im Folgenden zu illustrieren, erstens an zwei amtlichen Schildern, zweitens an zwei zeitgenössischen ökoethisch-ökopädagogischen Texten und drittens an zwei Büchern aus der »Archäologie der Ökopädagogik« im späten 19. Jahrhundert. Mit »Ökoethik« bzw. »Ökopädagogik« bezeichne ich in erster Annäherung und einfachheitshalber hier das, was sich heute selbst so nennt.

1. Wortpolitik im Schloßhof

Will man den Innenhof des Osnabrücker Schlosses in südwestlich-nordöstlicher Richtung (oder umgekehrt) queren, dann sieht man sich in beiden Richtungen einem Schild mit folgender Aufschrift gegenüber: »Umwelt schützen, Gehweg nützen«. Zwei stilisierte Sonnenblumen unterstützen anmutungsreich die Überzeugungskraft des Textes. Was ist hier mit »Umwelt« gemeint? Für den nüchternen Blick ein gärtnerischer Vielschnittrasen nach DIN 19817.

Quer über diesen Rasen lief einmal, einer vernünftigen Zeit-Mühe-Kosten-Relation entsprechend, ein Trampelpfad. An diesem Trampelpfad hatten z. B. vor Jahren die Kunststudenten Skulpturen ausgestellt. Das Schild hat geschafft, was früher der Zaun allein nicht geschafft hat: Daß ein DIN-Rasen als »schützenswerte Umwelt« respektiert wird.

Es handelt sich offensichtlich um eine Art verbaler Hypnose mittels einer affektiven Steuerungssprache; der einfache Trick besteht darin, die reale Welt (den DIN-Rasen) zu einem Symbol für etwas Höheres (schützenswerte Umwelt bzw. schützenswerte Natur) zu poetisieren. So, wie man in der Hypnose dazu gebracht werden kann, in einem Stock eine Schlange zu sehen (oder in jedem Weibe Helena), so soll man hier verhaltensrelevant dazu gebracht werden, in einem Vielschnittrasen schützenswerte Natur und Umwelt zu erblicken; und es funktioniert nicht schlecht.

Um die Denklähmung, die das Wort »Umwelt« offenbar bewirkt, ins rechte Licht zu setzen: Die Kodierung dieses Rasens als »schützenswerte Umwelt« ist sachlich ridikül. Der Umweltwert solcher gärtnerischen Vielschnittrasen liegt ungefähr auf der Höhe des gepflasterten Gehweges. Würde der Rasen betreten, dann würde sich der ökologische oder »Umweltwert« der Fläche, z. B. ihre klimameliorative Funktion, nicht vermindern, sondern erhöhen, und zwar schon allein dadurch, daß Trittrasen dürreresistenter als Scherrasen sind und z. B. in sommerlichen Trockenperioden nicht ausbrennen. Das kann jeder Laie aus alltäglichen Beobachtungen ableiten.

Es geht hier aber nicht darum, ob dieser Rasen an dieser Stelle gut oder schlecht, historisch oder unhistorisch ist. Wesentlich ist hier nur, daß die Bezeichnung als »(schützenswerte) Umwelt« von der Sache her arbiträr, politisch-ideologisch aber ebenso geschickt wie effektiv war. Man könnte den Scherrasen mit ebenso viel oder mehr Recht auch (statt »Umwelt«) »Kunst« nennen, nämlich Gartenkunst (Kritiker der üblichen Trivilgartenkunst nennen dergleichen auch »Kataloggrün«, »Freiraumenteignung« und »Verschwendung öffentlicher Gelder«). Früher stand auf solchen Schildern ja auch etwas anderes, z. B. »Betreten verboten« oder »Bürger, schützt Eure Anlagen«. Solche Schilder findet man heute fast nur noch an der Peripherie der Stadt, und dort rosten sie als Denkmale einer älteren Werthierarchie und Werterziehung vor sich hin. Das Schild im Schloßinnenhof der Universität – also im Herzen einer der modernen Zentren der Ideologieproduktion – bezeugt den Umschwung von der tabuierten Ordentlichkeit und Gartenkunst zur tabuierten Natur und Umwelt, und es bezeugt zugleich die politische Verwertung dieses Wertewandels.

Natürlich kann man selbstbestimmten jungen Leuten von heute in vielen Fällen nicht mehr mit äußeren Zwängen (z. B. Zäunen), mit Verboten und Strafandrohungen kommen, auch nicht mehr mit Konventionen von der Art, daß ein anständiger Mensch eben keine öffentlichen Rasen betritt. Weil Zwang und konventioneller Konsens also knappe Ressourcen geworden sind, muß man heute meist anders vorgehen; um etwas zu erreichen, empfiehlt es sich, den Bürger auf den höchsten Moralbewußtseinsstufen zu fassen: an seinem autonomen (Umwelt)Gewissen und an einem universalistischen, aus einer universalen Sprachethik folgenden Prinzip (hier: daß Natur und Umwelt geschützt werden sollten; man vgl. etwa die Stufe 6 bei KOHLBERG 1974, S. 60f. und die Stufe 7 bei HABERMAS 1976, S. 83 ...). Die notwendige Herstellung von ethischer Evidenz ist dann bloß noch eine Sache der Wortpolitik, und gerade die ökoethisch-ökopädagogischen Ganzheiten wie »Natur« und »Umwelt« sind wegen ihrer spezifischen Semantik hervorragende Mittel, die »mündigen Bürger« in Spielbälle geschickter Wortpolitik zu verwandeln: denn »nie triefte die Natur so vor Heiligkeit« (LÉVY 1980, S. 136).

Das entspricht übrigens einem Programm, welches zumindest implizit zu fast allen ökopädagogischen Ethikkonstruktionen gehört, z. B.: »Wirkliche »Ökopädagogik« müßte ... versuchen, an die menschlichen, subjektiven Antriebe heranzukommen und sie umzulenken« (MAURER 1984, S. 68); dieser Ratschlag, noch das Innerste zu manipulieren, kommt seltsamerweise von einem Ökoethiker, der grundsätzlich *gegen* »beherrschende« und »instrumentelle Vernunft« (und für eine »vernehmende Vernunft«) plädiert.

Statt »Umwelt schützen«, hätte es im Prinzip auch heißen können, »Natur schützen, Gehweg nützen«. Auf dem Lande stellt die wohlmeindende Verwaltung denn auch entsprechende Schilder mit »Natur« auf. Die Funktion ist die gleiche: Die Leute auf den administrativ vorgeschriebenen Bahnen zu halten, und zwar möglichst nicht aufgrund von Verboten, sondern aus subjektivem Antrieb aufgrund universeller Prinzipien. Was da »Natur« genannt wird und nicht von den Leuten berührt, sondern nur von der Administration manipuliert werden darf, ist meistens ebensosehr und ebensowenig »Natur« wie die Stellen, auf denen die Leute stehen und die ihnen verbotene »Natur« bloß noch betrachten dürfen. (Ein Heide-Naturschutzgebiet z. B. kann man bekanntlich ebensogut

»Naturzerstörung aus dem 18. Jahrhundert« nennen, eine Orchideenwiese oft eine »ausgestorbene Wiesen*kultur*«.)

Das beginnt schon in der Stadt. Vor einer alten Eiche im Stadtteil Eversburg befindet sich ein Schild mit der Aufschrift: »Naturdenkmal«. Auch was hier »Natur« heißt, könnte genausogut, ja besser »Kultur« heißen: Schon der common sense müßte einem sagen, daß es sich um eine (ehemalige) Hofeiche handelt; Hofeiche und Dielenhaus sind aber eine typische *kultur*landschaftliche Kombination. Welche Funktion hat hier das amtliche Etikett »Natur«?

In der Umgebung des Baumes sind die Reste der ehemaligen Hofsiedlung samt ihren Gärten fast völlig beseitigt worden – zugunsten von aufwendigen gärtnerischen Anlagen und für einen gärtnerisch angelegten »Feuchtbiotop«. Um der gärtnerischen Anlagen willen (die inzwischen schon zu Investitionsruinen verfallen sind) und vor allem wegen des Feuchtbiotops (der an dieser Stelle schon von der Geologie her ungefähr so natürlich ist wie ein Swimming-Pool) wurden zahlreiche, weit natürlichere Gelände- und Vegetationsformen spurlos weggeräumt. In solchen Fällen ist das Etikett »Natur« hervorragend geeignet, kultur- und naturzerstörerisches, aber ungemein propagandafähiges Verwaltungshandeln zu legitimieren (so, wie dieses Etikett andernorts pädagogisches Handeln legitimiert). Wir haben mit einer Gruppe von Studenten die Probe aufs Exempel gemacht: Von der offiziellen Situationsdeutung (Naturdenkmal) programmiert, übersahen sie die Reste der alten Kulturlandschaft und interpretierten auch das gigantische gärtnerische Artefakt als »Natur« – einschließlich des Feuchtbiotops. Das, was sie positiv als Natur wahrnahmen, könnte man aber mit mindestens gleichem Recht auch »Kultur- und Naturzerstörung« nennen. – Was gerade beschrieben wurde, das ist seiner politisch-semantischen Struktur nach kein Einzelfall, sondern eher die Regel.

Die zitierten Schilder waren ein praktiziertes Stück Ökoethik und Ökopädagogik. Die zentralen Bezugsgrößen dieser Öko- oder Umweltethik (z. B. »Natur« und »Umwelt«) sind offenbar so konstruiert, daß sie in der empirischen Welt fast beliebig wiedererkannt und weginterpretiert werden können. Folglich sind auch ihre Übersetzungen in die Lebenspraxis – und noch mehr die Vermittlungen mit dem, was man »die Funktionssysteme der Gesellschaft« nennt – sehr flexibel, modebewegt und bewegungsmodisch. Statt sich ökoethisch darüber zu »ärgern«, daß »von Horst Stern bis Fritz Zimmermann alle mittlerweile von Umwelt«, Natur und Ökologie reden (BEER und DE HAAN, Hgg., 1984, S. 14), sollte man sehen, daß diese Begriffe, wenn überhaupt zu etwas, dann genau dazu taugen. Sie substituieren teure und oft ineffektive Fremdsteuerung durch meist billigere und effektivere Selbststeuerung, universalisieren partikulare Interessen und legitimieren – z. B. in Politik, Pädagogik und Administration – fast beliebiges Handeln: z. B. Naturzerstörung als Naturschutz, Umweltschäden als Umweltschutz, Verdummung als Belehrung.

2. Zwei ökoethisch-ökopädagogische Texte

Wie werden die Begriffe »Umwelt« und »Natur« in ökoethisch-ökopädagogischen Texten konstruiert? Die beiden folgenden Beispiele habe ich deshalb gewählt, weil sie das explizieren, was in der Masse der Texte eher stillschweigend vorausgesetzt wird.

»Was heißt Umwelt?« (ROCK 1980, S. 89) Um diese grundlegende Frage zu beantworten, müsse man »tiefer loten« und vom Wort »Ökologie« ausgehen: »Ökologie«

heißt nämlich »Lehre über das Haus«, in dem wir Menschen ... beherbergende Heimat haben. Menschliche Umwelt gleicht einem Haus« (S. 89 f.). Diese meist mehr im- als explizit gebrauchte Argumentationsfigur nennt man »Etymologie als Denkform« (E.R.CURTIUS). Wer dergestalt glaubt, er könne das Wesen gewöhnlich aus dem Namen lesen, landet aber erfahrungsgemäß nicht bei tiefen Einsichten oder beim Wesen der Sache, sondern bei alten Metaphern und abgelebten Theorien. So auch hier. Dieses Haus, die »Umwelt-Natur«, fährt der Autor fort, sei »ein eines Ganzes« mit »Allzusammenhang«,»Gleichgewicht«,»Harmonie« und »Liebe« als Kitt (S. 90, 96, 101). Der Ökoethiker ist unversehens bei der alteuropäischen Kosmos-Ökologie gelandet, deren Theoria tou kosmou nun der Ökoethiker übernimmt: »Entscheidend für die Umweltethik ist der Blick für den gesamten Zusammenhang und für den Zusammenhang des Gesamten« der Natur (S. 96).

»Auf der ersten Ebene gilt es, die Natur-Umwelt als ein eines Ganzes zu begreifen ... Auf der zweiten Ebene kommt es darauf an, daß Mensch und Umwelt zusammen als ein Ganzes und Eines aufgefaßt werden« (ROCK 1980, S. 96). Dieses eine Ganze der Natur ist Faktum und Norm, »Ausgangspunkt und Maßstab« (S. 94). Leider aber neigt der Mensch zur Naturvergessenheit, d. h. zur »ökologischen Desorientierung« und zur »ökologischen Sünde«: »Zunehmend vergißt der industrietechnologisch gesonnene Zeitgenosse, daß er zur Natur gehört und selbst als Naturwesen in die Natur eingegliedert, der Natur gleichsam einverleibt ist« (S. 94). Und diese Einverleibung in Mutter Natur, dieses »traute Verhältnis«, dieser »intime Umgang« (ebd.) steht (sozusagen wie das traute Heim der Kleinfamilie) ganz unterm »Gebot der Liebe« (101).

Was ist das für eine »Natur«, für die der Ökoethiker zuständig ist? Ohne weitere Angaben – vor allem ohne Angabe einer komplementären Praxis – sind »Natur«, »Umwelt« und »Ökologie« vor allem: emotional geladene kognitive Leerformeln. Die Natur des traditionell wirtschaftenden Bauern sind z. B. Wetter, Acker, Wiesen, Hecken; die des Physikers z. B. Elementarteilchen, und von hierher ist nicht zu sehen, wo die Natur natürlicher ist, im Innern eines Kernreaktors oder auf einer Wiese. Wie nun konstituiert der Ökoethiker typischerweise seine »Umwelt-Natur«? Ausdrücklich aus »Flüssen, Bergen, Wäldern und Seen«; aus Wald und Baum, Himmel, Erde und Meer; als »eine harmonische, ansprechende Landschaft«; als »sinnlich wahrgenommene Natur«, die man »wittern«, »hören«, »sehen« kann und die »selbst schon Sinn – und Heimat ist« (S. 84). Kurz, diese Natur ist alltagsweltlich-sinnlich-landschaftlich, und sie ist eine gutwahrschöne Totalität, an der man (wie im alten Buch der Natur) von Sinn und Tugenden lesen kann. Es handelt sich offensichtlich um die konkret-ökologische Natur einer einfachen, harten, fordernden, vormodernen Praxis, die in pädagogischer Zurichtung idyllisch und ästhetisch geworden ist. Das ist die typische »Natur« der Ökopädagogen, und die dieser Natur zugeordnete Praxis ist nicht mehr die vormoderne Landwirtschaft, sondern eben die Pädagogik.

Dies ist also die einfachste Konstruktion: Eine nach dem visuellen Klischee »Landschaft« ästhetisierte und ziemlich liebliche »sinnliche Natur«, deren Inhalt dem Auflösungsvermögen der menschlichen Sinne entspricht, beerbt den alteuropäischen Öko-Kosmos und sagt uns, was zu tun ist, letztlich, weil Gott durch diese »sinnlich wahrgenommene Natur«, seine Schöpfung, zu uns spricht (S. 77). Bei ihrer ökopädagogischen Revitalisierung hat diese Natur aber zusätzlich noch viel Zuckerguß abbekommen.

Anderen Autoren, denen die alteuropäische Naturschau, die Identifikation von Fakten und Normen (sowie eine kindische Verlieblichung der Natur) nicht so leicht fällt, tun sich Zusatzprobleme auf: Natur und Mensch verdoppeln, ja vervielfachen sich dann gemäß dem ethischen Kode gut – schlecht. Auch für Maurer z. B. ist »das schöne ... Ideal einer Harmonie des Menschen mit der Natur« »der oberste ... Wert« einer ökologischen Ethik. Wenn man nun aber Faktum und Norm nicht einfach gleichsetzt, erscheint als »Problem« freilich sofort der tatsächliche »Gegensatz von Mensch und Natur« (S. 60). Ihm liege ein anderer zugrunde, nämlich »der Gegensatz Vernunft-Natur«. Man erwartet nun vielleicht, daß die Vernunft – oder der Geist – es sei, woran die Erde untergeht. Diese Lösung findet man in der Ökoethik ebenfalls; nicht so hier. Zwar ist es »die Vernunft«, die die »Entzweiung verursacht«. Aber gut idealistisch ist diese Vernunft, die die Wunde schlug, auch der Zauberstab, der sie wieder heilen kann. »Der Gegensatz von Mensch und Natur hat also, genau betrachtet, folgende Struktur« (S. 61): Die Natur liegt in doppelter Form vor, als innere Bedürfnis- und Triebnatur und als äußere, umgebende, außermenschliche Natur. Ebenso doppelt ist die Vernunft: Als herrschaftliche, naturfeindliche, instrumentelle, »bloß natürliche« Vernunft (als bloßer Verstand) hat sie sich bisher auf die Seite der inneren Triebnatur geschlagen und in diesem Bündnis die äußere Natur unterjocht. Nun soll sie, um die Mensch-Natur-Harmonie zu erneuern, als naturfreundliche, »vernehmende Vernunft« den Sinn und den Zweck nicht mehr in der maßlosen inneren, sondern in der äußeren Natur finden – denn die innere Natur war ja gerade der Motor, der den Fortschritt antrieb und so die ökologische Krise hervorrief.

Nachdem die Natur so in eine (ethisch wegweisende) äußere und in eine (ethisch bedenkliche) innere Natur aufgeteilt ist, wird auch die innere noch einmal verdoppelt: Neben der Bedürfnisnatur gebe es wohl noch eine »ursprüngliche Natur« des Menschen, die »von sich aus in latenter Harmonie zur außermenschlichen Natur steht« (62). Die vernehmende, »leibfreundliche, ästhetische, womöglich teleologische Vernunft« habe dann die Aufgabe, diese latente Mensch-Natur-Harmonie praktisch zu entfalten, d. h., diese gute »Innere Natur« zu befriedigen statt, wie bisher, die schlechte (64).

Die Vernunft erkennt als vernehmende Vernunft den Sinn und die Zwecke der guten äußeren und der guten inneren Natur (statt sich, als Verstand, mit der schlechten inneren Natur gegen die tiefinnere »ursprüngliche Natur« zu verbünden) – das ist die Lösung der ökoethischen und der ökologischen Probleme.

Wie so oft in Ökophilosophie, Ökoethtik und Ökopolitik, handelt es sich um matte Kopien starker theologischer Denkfiguren: Gottes Natur ist paradiesisch-gut, die des Menschen aber durch einen bösen Geist verdorben-gefallen, und die Erlösung (jetzt: Selbsterlösung) besteht in der Wiederkehr paradiesischer Mensch-Natur-Harmonie nach der Heilung eines alten Sündenfalls.

Wie vernimmt nach Maurer die vernehmende Vernunft, worauf die (gute) Natur von sich aus hinauswill? *Erstens,* indem die »(natur)wissenschaftliche Weltanschauung« »vorsichtig« durch »alte Traditionen teleologischen Denkens« korrigiert wird; auf diese Weise findet man das Richtige schon in der Natur vor, nämlich als die Natur und das telos der Naturdinge selber. *Zweitens* und vor allem, indem die vernehmende Vernunft die Natur »verstehend«, nach Art der »Human- und Geisteswissenschaften« betrachtet. *Drittens*, indem – gegenüber der naturwissenschaftlichen Erfahrung – die »alltägliche

Erfahrung«, die »ästhetische Erfahrung« und die »Selbsterfahrung« wieder in ihre alten Rechte eingesetzt werden.

Diese drei Vorschläge sind, wie man leicht sieht, eigentlich nur einer, denn der zweite ist die modernisierte Fortschreibung des ersten, und natürlich kann die Projektierte verstehende Naturbetrachtung sich nicht auf die Welt der (natur)wissenschaftlichen Erfahrung beziehen, weil es da keinen Sinn zu finden gibt; es muß sich vielmehr um eine Natur handeln, wie sie in »lebensweltlicher« und/oder ästhetischer und/oder sinnlich-subjektiver Einstellung erscheint.

Auf den ersten Blick könnte es vielleicht scheinen, daß hier die Geisteswissenschaften, diese Abkömmlinge der Theologie, deren Kompetenzbereich neuzeitlich weitgehend auf die Welt des objektiven und objektivierten Geists eingeschrumpft ist, nun auf solche Weise wieder Anspruch auf wissenschaftliche Naturerkenntnis erheben. Dieses verstehende Naturerkennen, überhaupt das ganze hermeneutisch-sinnverstehende Verfahren, kann sich aber gar nicht auf physische Objekte als physische Objekte und in diesem Sinne auch nicht auf Natur als Natur beziehen; sonst würde es aus seinem legitimen Anwendungsbereich herausfallen und leerlaufen. Verstehen kann sich z. B. nicht auf Schallwellen, Druckerschwärze und Bäume als physikalische, chemische und biologische Phänomene richten, sondern diese Gegenstände nur betrachten, insofern sie Zeichen – und nicht, insofern sie Bestandteile der physischen Welt sind; andernfalls liefe »Verstehen« auf die Konstruktion einer Hinterwelt aus hypostasierten Sinngehalten hinaus. (Dieser Einwand entfällt höchstens vom Standpunkt einer idealistischen Identitätsphilosophie her.) Die vernehmende Vernunft muß unterstellen, daß die so verstandenen Gegenstände Artefakte oder Kommunikate (»Sinngebilde«) sind. Nur so wird Natur verstehbar, aber dann geht es nie um Natur als physische Welt, sondern um Natur sozusagen als Buch, aus dem jemand (oder auch nur »es«) zu uns spricht. Und diese Natur der Ökopädagogen und Ökoethiker hat mit der Natur des fachwissenschaftlichen Ökologen wenig bis nichts zu tun, zumindest nichts mit dem, worüber er forschend und in seinem working tune of voice redet.

*Oder, pragmatischer formuliert: Welcher Sinn könnte darin liegen, daß im modernen Wissenschaftssystem zwei (nach Gegenstandskonstitution und Vokabular) völlig unvereinbare Typen von Naturwissenschaften koexistieren – einerseits geistes- oder auch sozialwissenschaftliche, andererseits naturwissenschaftliche Naturwissenschaften? Die Chance einer solchen nicht-naturwissenschaftlichen (geisteswissenschaftlichen, verstehenden, hermeneutischen, natur- und menschenfreundlichen, sozialen oder sozialverträglichen ...) Naturwissenschaft, im heutigen Wissenschaftssystem ernsthaft mit den naturwissenschaftlichen Naturwissenschaften um die bessere, ja die »eigentliche« Naturerkenntnis zu konkurrieren – diese Chance dürfte bei Null liegen. Was sollte (nach aller Erfahrung) auch viel dabei herauskommen – außer einer marginalen Esoterik oder einer trivialen Poesie? Der Nicht-Naturwissenschaftler wird sich damit abfinden müssen, daß er wohl nur noch zwei Möglichkeiten sinnvollen Umgangs mit naturwissenschaftlichem Wissen, überhaupt mit Wissen über die Natur hat: Erstens hat er die Möglichkeit, es »naiv« hinzunehmen, zu nutzen oder nicht zu nutzen; zweitens kann er versuchen, dieses Naturwissen »sozial und historisch zu situieren«, d. h. seine Genese und seine Rolle in der jeweiligen Gesellschaft und Epoche zu studieren. Aber er kann von sich aus nichts mehr, zumindest nichts Belangvolles mehr, zu diesem Wissen beitragen. Vor allem aber wäre es ein monströses Selbstmißverständnis, wenn Geistes- oder Kulturwissenschaftler ihre Versuche, naturwissenschaftliche Diskurse zu historisieren, als eine *inhaltliche* Überbietung naturwissenschaftlichen Wissens betrachteten.*

3. Aus der Archäologie der Ökopädagogik

Es gibt mehrere Linien, die von der alteuropäischen Kosmostheorie zur Ökoethik und Ökopädagogik, vom alten Naturganzen zur Natur der Ökopädagogen führen. Die wichtigste Überlebensnische des alten Kosmos aber ist wohl doch die pädagogische Provinz gewesen. Kurz gesagt, das auf der szientifischen Ebene Ausmanövrierte wurde zu einem Didacticum. Das wichtigste Vorbild dieser Pädagogisierung war im 19. Jahrhundert Humboldts »Kosmos« (1845-62), ein Werk, das – gerade in seiner Verbindung von wissenschaftlichem, ästhetischem und menschenbildendem Anspruch – »sich selbst und die anderen zu etwas antreibt, was nicht eingeholt und nicht eingelöst werden kann« (BLUMENBERG 1986, S. 285).*Einerseits galt diese Humboldtian Science des »Kosmos« nach ihrem wissenschaftlichen Konzept und Gehalt schon damals als ein anachronistisches Unternehmen, bald sogar als »ein Monument des Untergangs«; andererseits blieb sie doch Vorbild einer gelungenen Popularisierung, Pädagogisierung und Ästhetisierung allen Wisssens von der Natur, und sie wird seither auch andernorts von Zeit zu Zeit wieder entdeckt und neu instrumentalisiert: vor allem als Entwurf, Vorlauf oder gar Begründung einer alternativen (Natur)Wissenschaft für die moderne Welt, die Geist (Kultur, Gesellschaft) und Natur wieder verbinden und versöhnen könne. Man findet dergleichen z. B. in New Age und Ökologiebewegung, bei ökologiebewegten oder wissenschaftsphilosophisch ambitionierten Geistes- und Kulturwissenschaftlern sowie, natürlich, in der Geographie und »Landschaftsökologie« des 20. Jahrhunderts.*

Bei den populären und pädagogischen Naturkundlern des späteren 19. Jahrhunderts sind die Topoi der modernen Ökopädagogen schon ziemlich vollständig versammelt. In Roßmäßlers Programm einer umfassenden Naturgeschichte von 1860, das (wie fast alle Bücher dieser Art) mit einer Apotheose Humboldts beginnt, läuft der projektierte Naturkundeunterricht über »das Ganze der Natur« auf Gesinnungsunterricht und auf eine Erkenntnis der »moralischen Aufgabe des Menschen« hinaus, auf ein »einigendes und versöhnendes Wissen«, welches »Geborgenheit« und »Frieden« mit der Natur verspricht. Das Lern- und Geschichtsziel heißt »Natur als Heimat« – und vor allem eine heimatliche »Mutter Erde mit ihrem warmen Sonnenschein, mit ihren süßen Früchten und ihren tausenderlei Gaben, die sich für den Säugling in den labenden Quell der Mutterbrust auflösen« (ROßMÄßLER 1860, S. 7 f.). Solche Stellen sollte man nicht als zufälligen Kitsch abtun: Auch die heutige Ökopädagogik neigt dazu, eine ausgesprochen »liebe Natur«, eine fast biedermeierlich poetisierte Natur zu erfinden, und das ethisch-pädagogisch wertvolle, friedlich-harmonische Verhältnis Mensch-Natur wird meist (im- oder sogar explizit) nach dem Modell einer utopisch-idealen Kleinfamilie gemalt. (Wie realistisch demgegenüber doch zuweilen schon der Blick der alten Poeten auf die Natur: »Maul und Klauen blutig rot«...)

In dieser Linie steht dann Junges folgenschwerer »Dorfteich als Lebensgemeinschaft« von 1885, der nach Roloffs Lexikon der Pädagogik (1913, 2. Bd., Sp. 1075) um 1900 »eine wahre Revolution« des naturkundlichen Unterrichts bewirkte. In dieser Schulökologie, diesem »gemütvollen Verständnis der Natur« (das Wort »Ökologie« wird von Junge selber nicht verwendet!) bildet »das einheitliche Leben in der Natur«

eine »organische Harmonie«, wo jedes Lebewesen und so auch jeder Mensch »ein Glied des Ganzen ist« – und eben diese Einsicht bringt den Schüler auch dazu, sich »als Glied der Natur zu fühlen«. Indem er die Erscheinungen der Natur »entziffert«, »erkennt der Mensch sich ... als Glied einer Gemeinschaft«, und »aus dieser Erkenntnis ergeben sich unvermittelt (!) seine Rechte, aber auch seine Pflichten« gegenüber Natur und Mensch (1885, S. VI,8, 14 u.ö., 1893, S. 5 u.ö.).

Im zitierten »Lexikon der Pädagogik« ist die Jungesche Biosophie auf eine prägnante Formel gebracht: Heimatnatur und Dorfteich (dieses Urbild des heutigen »Feuchtbiotops«) sollen »für den Schüler zum Mikrokosmos werden, an dem er den Makrokosmos verstehen lernt« (Bd. 1, 1913, Sp. 1180 f.), und eine solche Naturschau »erhöht das Glück des Lebens«, »vermittelt ästhetische Bildung«, »dient der Entstehung eines Weltbildes« und »führt von den Schöpfungen zum Schöpfer« (Sp. 843); oder, nach Junge selber: Sie lehrt »Gott in der Natur schauen« (1885, S. VI).

So entstehen um 1900 in der »Biologie der Lebensgemeinschaften« (und ähnlich in der parallelen »Geographie der Landschaften«) »gemütvolle« und »bildende« Kosmen, Landschaften, Biotope und Ökosysteme für Kinder. Das Kind lerne, »sich selbst im Spiegel der Natur zu erkennen« (JUNGE 1885, S. 32): In der pädagogischen Provinz wird der anthropomorphe Kosmos und so auch die Lesbarkeit der Welt wiederhergestellt. »Unser Ziel hat keinen anderen Inhalt als den, daß wir die als dunkles Gefühl im Bewußtsein desVolkes, des Kindes ruhende Ahnung zu klar erkannter, krafterzeugender Überzeugung entwickeln wollen« (S. 14); denn gerade auch die Dichter sind »die Dolmetscher der stummen Sprache, die Propheten der Natur« (S. 30). Die Schulmeister machen in ihren Unterrichtseinheiten – indem sie die Diskurse der Kinder, Poeten und Biologen versöhnen – die Versöhnungsträume der romantischen Dichter und Philosophen wahr; mittels des Zauberstabs der Ökologie beginnt die verstummte Natur wieder zu reden.

Solche Denkfiguren gehören, in etwas vernüchterter Form, auch noch zum Requisit der modernen Ökoethik und Ökopädagogik. Nur der liebe Gott ist aus der modernen Ökopädagogik ziemlich verschwunden (von einigen ökologisierenden Theologen abgesehen); nun spricht nicht mehr Gott durch die Natur, sondern die Natur spricht in eigener Vollmacht zur »vernehmenden Vernunft« – aber das tut ihrer Glaubwürdigkeit offenbar keinen Abbruch.

4. Zusammenfassung und Folgerungen

Die ökopädagogisch-ökoethische Provinz scheint eine Region zu sein, in der man schöne, gute und wahre Ganzheiten bewahrt, errichtet und hochhält, wobei gewisse Fahnenwörter – von »Bildung« und »Emanzipation« bis zu »Ökologie«, »Inter-« und »Transdisziplinarität« – sozusagen als Meta-Ganzheiten und Konstruktionsanweisungen fungieren. Zu diesen parteiübergreifend beliebten Ganzheiten gehören z. B. auch die »Natur«, die »Umwelt«, die »Landschaft«, die »Heimat« und die »Region« – aber auch der komplementäre »ganze«, harmonische, gebildete und/oder sinnlich-sittlich versöhnte Mensch. In jüngerer Zeit haben »Ökosystem«, »Biozönose« und »Biotop« ähnliche Weihen erhalten. Diese alltagsweltlich-sinnennahen, alltags- bis bildungssprachlichen Kosmen der Innen- und der Außenwelt sind außerhalb der pädagogischen Provinz längst szientifisch zersetzt und jenseits einer »epistemologischen Verwerfung« (BA-

CHELARD) zu neuen Gegenständen umkonstruiert und rekombiniert worden; innerhalb der Provinz werden die alten Erkenntnisgegenstände, Erkenntnisformen und Wissenstypen aber immer wieder neu in Wert gesetzt – z. B. im Namen der Bildung, der Person/Persönlichkeit, der Emanzipation und nun auch der Ökologie. Gerade auch »Umwelt« und »Natur« werden dann leicht sehr altertümlich konstruiert; sogar die scheinbar moderne »Umwelt« erscheint dann in antiker bis frühneuzeitlicher Weise als eine große Einheit, die – sozusagen muttermetaphorisch – kleinere Einheiten trägt, hält, eingrenzt, schützt und nährt, während in modernem Sinne »genau umgekehrt« die Systeme »sich selbst ausdifferenzieren und damit Umwelt konstituieren« (LUHMANN 1986, S. 22).

Offenbar kann sich die pädagogisch-ethische Provinz auch als Ökoethik und Ökopädagogik schlecht mit einigen spezifisch modernen Differenzierungen anfreunden. Außerhalb hat sich inzwischen die Wahrheit vom Sinn, das Erkennen vom Erleben, das wissenschaftliche Wissen vom Wissen des Ganzen (usf.) getrennt, haben sich die »Wahrheiten« der Laien, der Künstler, der Wissenschaftler, der Ökonomen, der Propheten ... so auseinandergelebt, daß – unter Umständen – z. B. körperfreundliche oder sinnliche Erfahrung wissenschaftlich wertlos, moralisch Einwandfreies politisch verheerend und ästhetisch Vollendetes, rein ethisch gesehen, widerlich sein kann. Kurz, die Außenwelt hat sich nicht nur kognitiv, sondern auch real in ein Multiversum verwandelt, in dem Politik, Ökonomie, Recht, Religion, Kunst, Wissenschaft, Erziehung, Moral ... oft ihr je eigenes Spiel treiben – anstatt »ein eines Ganzes« zu bilden, in das man den Educandus als schließlich ganzen Menschen übersichtlich und sinnvoll sei es hineinführen, sei es hineinwachsen lassen kann. Man darf vielleicht die Verallgemeinerung wagen, daß »der pädagogische Diskurs« (und ähnlich der philosophische Diskurs über Ökoethik und Ökopädagogik) zumindest der Tendenz nach auf Entdifferenzierungen hinarbeitet, daß diese Entdifferenzierungen sozusagen zu den Mitteln des pädagogischen Systems (und verwandter Systeme) gehören, sich aus einer differenzierten Gesellschaft auszudifferenzieren – und daß eben dies der Grund ist, warum gerade in der pädagogischen Provinz auch die alten, schöngutwahren holistischen Konstrukte – polemischer gesagt: diese archaischen Phantasmen – noch immer so schön in Blüte stehen (sehr im Gegensatz z. B. zu den ökologischen Einzelwissenschaften).

Entsprechend undifferenziert fallen die ökomoralischen und ökopädagogischen Ratschläge aus. In dem Sammelband von BEER und DE HAAN (Ökopädagogik, 1984) habe ich unter anderem gefunden: Mit so wenig wie möglich freudiger auskommen; glückliches Leben mit der Natur; gemeinsame Menschwerdung, metaphilosophische Meditation, Bildung zum universellen Menschen, revolutionäre Praxis; vernehmende Vernunft; neue Sinnlichkeit, Selbsterfahrung, Förderung der Blumen- und Tierliebe bei Kindern, unverklemmte Einstellung zur Lust; Anti-Konsum-Erziehung, Ethik der Selbstbeherrschung; ganzheitliches Lernen, Interdisziplinarität; Ungehorsam; sich einreihen in das Projekt des gebündelten Widerstandes; rücksichtslose Kritik alles Bestehenden; Pädagogik der Sensitivierung, ganzheitliches Menschenbild, Solidarität; Öffentlichkeitsarbeit, Kultivierung unserer Ratlosigkeit ... Mit solchen Mitteln könnte man statt gegen die ökologische Krise mit ebensoviel oder mehr Erfolgsaussicht wohl auch gegen Alkoholismus, Prostitution und midlife crisis angehen. Vor allem ist schwer zu sehen, an wen sich solche Ratschläge und Handlungsanweisungen in einer differenzierten Welt richten können, wenn nicht an hochgradig fiktive (weil undifferenziert-ganzheitliche) Adressaten – wie z. B. »die Gesellschaft« oder »die Menschheit«, die für solche Ermahnungen aber kaum erreichbar sein dürften. Eine der genauesten Adressen, die ich gefunden habe, waren die »Einsichtigen und Verantwortlichen« unter den Menschen und, natürlich, die Schüler. Ebenso undeutlich bleibt durchweg, von woher (von welchem gesellschaftlichen Ort her) gesprochen und konstruiert wird; die Autoren scheinen vorauszusetzen, daß man sich zugleich in der Gesellschaft und an einem archimedischen Punkt außerhalb der Gesellschaft befinden kann.

Setzen wir einmal voraus, daß das gesamte Programm der Ökoethiker und Ökopädagogen überhaupt sinnvoll ist: Wie könnten sie dann einer differenzierten Gesellschaft und differenzierten Individuen (z. B. auch Schülern) gerechter werden? Vielleicht sollten sie etwas weniger ihrer offenbar professionellen Neigung folgen, die genannten Differenzierungen oder »Entzweiungen« im Medium altertümlicher Kategorien »aufzuheben« oder zu »versöhnen« und das auch noch für »Aufklärung über Aufklärung« zu halten. Auch wenn diese Differenzierungen zu »Antinomien«, zum »Widerstreit nicht zu versöhnender Daseinsmächte« usw. erhoben werden, an deren Schwer- bis Unversöhnbarkeit der Mensch sich heroisch-sittlich zu bewähren und dergestalt wahrhaft zu bilden habe – auch dann bleibt man wohl noch zu sehr im Bann der schönen Ganzheiten (ein berühmtes Beispiel: LITT 1957).

Man würde sich eher wünschen, daß eine pädagogische Theorie diese Differenzierungen auch als Options- und Freiheits-Chancen beschreiben und überhaupt ein bißchen lockerer mit ihren alten Einheits- und Ganzheitsphantasmen umgehen könnte. Kognitiv bedeutet das z. B.: Auch die Nicht-Einheit, die Empirie- und Gesellschaftsferne, die Risse, den Plural, die Ungereimtheit und das Paradoxe, die Ambivalenz und Propagandistik, ja, den latenten Terror in den auf Einheit und Ganzheit hin angelegten Begriffen exponieren – von »Natur« und »Ökologie« bis »Bildung«, »Person« und »Gewissen«. Dann könnte auch diese Ethik wohl auch ein wenig selbstreferentiell oder wenigstens ein bißchen selbstironischer werden, d. h., auch ihre eigenen intellektuellen und sozialen Grenzen definieren (das darf man von einer Ethik, d. h. einer Reflexionstheorie der Moral, heute doch wohl erwarten); sie könnte dann z. B., statt einfach Allzuständigkeit vorauszusetzen, auch einmal explizieren, für welche Kommunikationssysteme, welche Rollen, Situations- und Handlungstypen sie eigentlich zuständig ist (und wo es z. B. unerheblich, dysfunktional oder sogar unmoralisch wird – oder auch nur schlimme Folgen haben kann – moralisch zu argumentieren oder gar zu handeln).

Kurz: Die beschriebene Neigung zu Entdifferenzierungen und Ganzheiten tendiert dazu, auf politisch-pädagogischer Ebene Zwang, in kognitiver und ästhetischer Hinsicht Kitsch zu produzieren. Womit wir – um mit einem ganz harmlosen Beispiel zu schließen – wieder beim Schild im Schloßinnenhof angekommen wären.

Literatur

BACHELARD, G.: Die Bildung des wissenschaftlichen Geistes. Beitrag zu einer Psychoanalyse der objektiven Erkenntnis. Frankfurt a.M. 1978.

BEER, W. und G. DE HAAN(Hgg.): Ökopädagogik. Aufstehen gegen den Untergang der Natur. Weinheim und Basel 1984.

BLUMENBERG, H.: Die Lesbarkeit der Welt. Frankfurt a.M. 1986.

HABERMAS, J.: Zur Rekonstruktion des historischen Materialismus. Frankfurt a.M. 1976.

HUMBOLDT, A. v.: Kosmos. Entwurf einer physischen Weltbeschreibung. Bd. 1-5. Stuttgart 1845-62.

JUNGE, F.: Der Dorfteich als Lebensgemeinschaft, nebst einer Abhandlung über Ziel und Verfahren des naturkundlichen Unterrichts. Kiel und Leipzig 1885 (3. Auflage 1907).

JUNGE, F.: Kulturwesen der Heimat, ihre Freunde und Feinde. Eine Lebensgemeinschaft um den Menschen. Kiel 1891.

JUNGE, F.: Beiträge zur Methodik des naturkundlichen Unterrichts. Lagensalza 1893.

KOHLBERG, L.: Zur kognitiven Entwicklung des Kindes. Frankfurt a.M. 1974.

LÉVY, B.-H.: Das Testament Gottes. München 1980.

LITT, Th.: Das Bildungsideal der deutschen Klassik und die moderne Arbeitswelt. 4. Aufl. Bonn 1957.

LUHMANN, N.: Soziale Systeme. Grundriß einer allgemeinen Theorie. 2. Aufl. Frankfurt 1985.

LUHMANN, N.: Ökologische Kommunikation. Opladen 1986.

MAURER, R.: Ökologische Ethik. In: BEER, W. und G. DE HAAN (Hgg.): Ökopädagogik. Aufstehen gegen den Untergang der Natur. Weinheim und Basel 1984, S. 57-76.

ROCK, M..: Theologie der Natur und ihre anthropologisch-ethischen Konsequenzen. In: Birnbacher, D. (Hrsg.): Ökologie und Ethik. Stuttgart 1980, S. 72-102.

ROßMÄßLER, E.A.: Der naturgeschichtliche Unterricht. Leipzig 1860.

SCHMIED-KOWARZIK W.: »Rücksichtslose Kritik alles Bestehenden«. In: BEER, W. und G. DE HAAN (Hgg.). Ökopädagogik. Aufstehen gegen den Untergang der Natur. Weinheim und Basel 1984, S. 43-56.

TREPL, L.: Geschichte der Ökologie. Vom 17. Jahrhundert bis zur Gegenwart. Frankfurt a.M. 1987.

Die Natur, die Stadt und die Ökologie

Reflexionen über »Stadtnatur« und »Stadtökologie« (1994)

Unter Stadtökologen

Wer sich mit der Vegetation von Städten befaßt, kommt – in der Literatur, in Projekten oder auf Tagungen – mit Leuten zusammen, die das, was sie tun, »Stadtökologie« nennen. Das können neben Vegetationskundlern z. B. auch Zoologen, Pedologen und Klimatologen sein, aber nicht ganz selten z. B. auch Landespfleger und Landschaftsarchitekten, Architekten und Stadtplaner, Soziologen, Geographen und Psychologen. Wenn man an diesem Sprachspiel nicht einfach teilnimmt, sondern es auch beobachtet, macht man unter anderen auch folgende Erfahrungen.

Zuweilen handelt es sich um nicht viel mehr als um ein Etikett, mit dem irgendwelche Spezialisten versuchen, den wissenschaftlichen Reputations- und vor allem den außerwissenschaftlichen Marktwert ihrer Spezialitäten zu erhöhen, indem sie ihren Spezialdiskurs, der nach seinem eigentlichen Sach- und Problemlösungsgehalt oft nur einige Kollegen interessiert, an eine ökopolitische Phraseologie anschließen, die fast alle anzugehen scheint, weil in ihr die großen Probleme, wenn nicht die Menschheitsprobleme zu Wort zu kommen scheinen. Oft ist aber auch etwas Genaueres gemeint.

Manchmal ist »Stadtökologie« ein Sammelname für eine mehr oder weniger beschreibende Naturkunde in Stadtgebieten, die alles sammelt und zusammenführt, was vor allem Biologen, daneben auch Klimatologen und Pedologen über eine Stadt, ihre Biotope und Biozönosen herausgefunden haben. Diese Zusammenfassung erfolgt dann meist vor der Hintergrundidee, daß auch diese Biozönosen sowohl »um ihrer selbst willen« wie »um des Menschen willen« erhaltens- und vermehrenswert seien. Herbert Sukopps »Stadtökologie« von Berlin (1990) ist ein eindrucksvolles Beispiel.

Seltener bestehen Biologen, die sich Stadtökologen nennen, auf einem engeren Begriff von »Stadtökologie«. Dann ist Stadtökologie »Biologie und nichts als Biologie«. Stadtökologen« dieser Art wollen in Städten genau das tun, was ökologisch arbeitende Biologen auch andernorts tun: Sie beschreiben die Verteilung der Tier- und Pflanzenpopulationen und versuchen sie zu erklären (1.) aufgrund der Interaktionen der Organismen untereinander und (2.) aufgrund ihrer Umweltbeziehungen. Das besondere *theoretische* Interesse an den *Stadt*biozönosen besteht dann z. B. unter anderem darin, daß man hier die besonderen Merkmale stark gestörter Biozönosen (die es aber natürlich auch außerhalb von Stadt und Siedlung und sogar in der Naturlandschaft gibt) besonders gut studieren kann: Stadtökologie – unter anderem – als ein Studium der Eigenheiten stark gestörter Biozönosen hoher Dynamik[1].

---

[1] »Störung« (disturbance) und »gestört« sind dann Termini ohne wertenden Beigeschmack (vgl. z. B. WILMANNS 1993, S. 264); sie haben also auch nicht den Unwertakzent, den sie in populärökologischen und ökopolitischen Diskursen haben, wo »der Mensch« das »Gleichgewicht«, die »Harmonie«, die Integrität oder Intaktheit der »Natur«, des »Ökosystems« oder der »(Kul-

Sehr häufig wird »Stadtökologie« aber – ausschließlich oder zusätzlich – anders verstanden, auch unter Wissenschaftlern: »Stadtökologie« ist dann all das wissenschaftliche Wissen, das für Stadtgestaltung und Umweltplanung in der Stadt brauchbar zu sein scheint (vgl. z. B. SUKOPP & WITTIG, 1993), oder sogar all das Wissen, das man benötigt, um in der Stadt ökologisch (d. h. ökologisch sinnvoll) zu leben und zu planen. Oder, noch emphatischer: Stadtökologie ist das Wissen darüber, wie man gegen die Unwirtlichkeit unserer Städte angehen kann, und das ist dann schon fast jene wahrere und tiefere Ökologie, welche lehrt, das Verhältnis von Natur und Gesellschaft zurechtzurücken (oder wenigstens die ökologische Katastrophe zu umschiffen). Es ist offensichtlich, daß es Wissenschaften, die ein so umfassendes Wissen oder sogar Heilswissen produzieren, gar nicht geben kann, aber das ist hier nicht mein Thema[2].

In diesem weiten Rahmen gibt es viele Varianten; zwei extreme sind besonders auffällig (wobei man aber immer beachten muß, daß es sich mehr um Imaginationen und Manifeste als um handhabbare Wissensbestände und realistische Programme handelt): Auf der einen Seite die eher fortschrittsoptimistisch-technokratische Variante; hier soll »Stadtökologie« das Wissen produzieren, das den »ökologischen Umbau der Stadt« oder gar das ingenieurwissenschaftlich exakte Management einer künftigen Ökostadt gewährleistet. Dem steht auf der anderen Seite eine eher fortschritts- und technokratie-*kritische*, von Hause aus sogar technik- und stadt*feindliche* Variante gegenüber: Hier geht es nicht so sehr um Konstruktion und Rekonstruktion, Gestaltung und Umbau, sondern mehr um Bewahrung und möglichst behutsame Fortentwicklung vorgegebener Potentiale sowie, vor allem, um eine Selbstbindung und Selbstbegrenzung auf Seiten von »Mensch« und »Gesellschaft«, die sich nicht zuletzt an Natur, Naturpotential oder genius loci (der »gewachsenen Eigenart« von Ort und Region) orientieren. Kurz, den Machern stehen die Bewahrer gegenüber, und was für die einen tendenziell das Ende von Naturentfremdung und Naturzerstörung ist, das ist den anderen gerade deren Ursa-

---

tur-)Landschaft« durch »Eingriffe« »stört« bis »zerstört«. Es gibt auch in der Naturlandschaft charakteristische, auf Störung (d. h. auf eine bestimmte Umweltdynamik) eingespielte Biozönosen. Aus solchen natürlicherweise gestörten Biozönosen bringen viele Arten ihre in der Naturlandschaft erworbenen Reaktionsmöglichkeiten mit in städtische Biozönosen und werden dort entsprechend »durch Störung gefördert«.

[2] Nur alles Wissen oder alle Wissenschaften zusammen könnten so funktionieren – wenn dieser Wissenszusammenhang herstellbar wäre; das wäre jedenfalls kein wissenschaftliches Wissen, sondern etwas »ganz anderes« (vgl. SUKOPP in SUKOPP & WITTIG, 1993, S. 1). Es gibt ja auch keine Wissenschaft, die alles (oder auch nur alles Sinnvolle) enthält, was man fürs Leben oder auch nur fürs Haus braucht. Und schon der gesunde Menschenverstand sagt einem, daß eine wirkliche und nicht nur fromme Wissenschaft, die die einschlägigen Heilmittel enthielte, auch einschlägige Zerstörungsmittel enthalten würde, und wenn sie lehren würde, wie man schädliche Folgen und Katastrophen vermeidet, würde sie auch darüber informieren können, wie man dergleichen hervorbringt. Das ist einfach eine Folge davon, daß es sich um »objektive«, d. h. von subjektiven (individuellen wie kollektiven) Wünschen weitgehend unabhängige Erkenntnis handelt; oder, noch volkstümlicher gesagt, um Wissen zum Guten wie zum Bösen. Auch wenn man diese »Objektivität« für unsinnig oder böse hält, wird man bemerken müssen, daß das Wissenschaftssystem für moralische Ansprüche der genannten Art (z. B., es möge nur heilsames und kein potentiell schädliches Wissen produzieren) weitgehend unzugänglich ist. Man mag das beklagen, aber die Klage führt nirgendwo hin.

che. Man beobachtet aber heute auch bizarre und paradoxe rhetorische Mischungen der beiden, an sich widersprüchlichen ökologischen Weltanschauungen[3].

Fast allen diesen Stadtökologen, von denen bisher die Rede war, ist aber gemeinsam, daß sie es nach ihrer Meinung mit der Natur und mit der Meliorierung des Mensch-Natur-Verhältnisses zu tun haben.

Gesellschaft und Natur vom luziferischen Standpunkt aus sehen?

Wer »Natur« sagt, benennt keinen Wirklichkeits- oder Gegenstandsbereich, sondern trifft oder »markiert« eine Unterscheidung, nämlich eine Unterscheidung zwischen »Natur« und »Nicht-Natur«, und nach menschlichem Ermessen ist diese Unterscheidung vor dem Unterscheiden – also »in der Natur«, »in der Wirklichkeit«, im »unmarked state« – ebensowenig vorhanden, jedenfalls ebensowenig aufzufinden wie (sagen wir) die Unterscheidung von »Kraut« und »Unkraut«. Entsprechend sind diese Unterscheidungen gleichermaßen kontextgebunden und instabil. Wer diese schlichte Einsicht überpringt, suggeriert sich und anderen, es habe gar keine Ent- und Unterscheidung stattgefunden, meistens wohl zu dem Zweck, seine Unterscheidungsentscheidung als notwendig (als nicht-anders-möglich) darzustellen, die ausgeschalteten Möglichkeiten unsichtbar zu machen und eben dadurch eine ontologisch-ideologische Pression auszuüben, die alle anderen Optionen als sozusagen widernatürlich abstempelt.[4]

Beim Reden von Natur, Ökologie, Natur und Gesellschaft (usw.) wird etwas (scheinbar) direkt angegangen, was zunächst einmal nur als Bestandteil sozialer Kommunikation, also als Symbol, jedenfalls als eine Unterscheidung *in* der Gesellschaft erreichbar ist. So ist z. B. »Natur« eine innergesellschaftliche Unterscheidung von Natur und etwas anderem. Auch solche Symbole, mit denen ein soziales System sich selbst von seiner Umwelt unterscheidet (z. B. »Natur«) sind system*interne* (kommunikations*interne*) Unterscheidungen[5].

Wer in der Gesellschaft und in der Sprache mit direktem Zugriff von Natur, Ökologie oder Natur und Gesellschaft spricht, der impliziert, eine Beobachtungsposition in- *und* außerhalb von Gesellschaft und Sprache (oder sogar in- *und* außerhalb von Natur *und* Gesellschaft) einnehmen zu können. Das ist die Naivitätsform jener privilegierten Position (oder besser: Bilokation), die traditionellerweise Gott vorbehalten war und sonst nur von denen beansprucht wurde, die sich – mystisch-fromm oder luziferisch-

---

[3] Dann ist z. B. – sozusagen im gleichen Atemzug, im gleichen Projektantrag und in der gleichen Planerläuterung – einerseits von »ökologischem Umbau«, von »Biotopmanagement«, »Ersatzflächen« und »Natur aus 2. Hand« die Rede, andererseits aber auch davon, daß man »das Besondere« und »Einmalige« (oder auch »die Identität«) eines Ortes erhalten müsse.

[4] Für diese Auffassung von »Bezeichnen« als »Unterscheiden« vgl. z. B. LUHMANN 1990a, S. 72ff. und die Exemplifizierungen 1980, 1981; für die Auffassung von Ontologien als Nebenprodukten der Kommunikation und der Sprachstruktur vgl. auch LUHMANN 1985, S. 205 u.ö..

[5] So etwa könnten die Formulierungen des Systemtheoretikers lauten. Philosophische Autoren, die herkömmlichere Denkfiguren bevorzugen, mahnen entsprechend, die Natur nur ja nicht für etwas Gegebenes, für ein Objekt in der raumzeitlichen Welt oder einen Gegenstand von Beobachtung und Erfahrung zu halten, sondern eher z. B. für einen *Gedanken* oder einen Gegenstand des *Denkens* und der *Sprache* (vgl. jüngst noch einmal SPAEMANN, 1989).

vermessen – zu Gott erhoben. Das kann man vielleicht machen, aber dann muß man es merken und zu begründen versuchen.

Sofern man also nicht einfach sei es auf dem Naivitäts-, sei es auf dem Gottesstandpunkt beharren will, muß Natur also als »Natur« beobachtet werden.[6] Dann aber ist es ganz unwahrscheinlich, daß eine differenzierte Gesellschaft gerade im Hinblick auf »Natur« einhellig sein sollte. Infolgedessen sieht man sich nicht nur nie der Natur, auch nie einfach einer »Natur«, sondern immer einem Plural von Natursemantiken gegenüber, in denen sich die funktionalen Differenzierungen und differenzierten Interessen einer Gesellschaft widerspiegeln.

Der Ausdruck »naiv« war nicht willkürlich. Das ist wohl am besten mittels einer systemtheoretischen Beobachtungstheorie und Beobachter-Metaphorik zu illustrieren, wie sie in den Sozial- und Kulturwissenschaften wohl vor allem durch LUHMANN populär geworden sind (vgl. z. B. LUHMANN, 1984, S. 406 ff. u.o. 1986a, S. 51 ff., 1990a, S. 68 ff. und 1990b, S. 23 ff.): Die unter Ökologen und anderswo beobachtete Rede von Natur (oder auch von Natur und Gesellschaft, Ökologie und Ökosystem) ist ja die typische Rede eines Beobachters 1. Ordnung, der bloß sieht, was er sieht, und nicht sieht, was er nicht sieht (und infolgedessen auch nicht sieht, daß er nicht sieht, was er nicht sieht). Was er sieht, *seine* Welt, hält er für *die* Welt und für Dinge an sich: der mundane Denker reifiziert seine Sicht. Deshalb kann er ohne weiteres fragen: »Was ist ...«, und ohne weiteres z. B. sagen »... ist Natur« oder »Natur ist ...« (d. h. eine selbstverständliche Unterscheidung setzen). Er beobachtet gewissermaßen noch diesseits aller Krisen der Reflexion und im Vollgefühl, direkt bei der Wirklichkeit zu sein. Beobachter, die nur so zu beobachten scheinen, pflegt man im Leben zuweilen als glücklich-einfache Menschen zu bewundern oder gar zu beneiden. Nicht so sehr mehr in den Wissenschaften. Schon für den Beobachter 2. Ordnung nämlich ist es aus mit dieser Ein-Eindeutigkeit. Der Beobachter des Beobachters (der auch als Selbstbeobachter auftreten kann) sieht, daß andere anders und anderes sehen (und er sieht damit auch, was diese selbst nicht sehen). Er fragt nicht mehr bloß: »Was ist das?«, sondern eher: »*Wer* sagt« oder »*Wer* beobachtet das«? Anders gesagt, er unterscheidet nicht einfach, sondern unterscheidet Unterscheidungen und Unterscheider, sieht Alternativen, verliert »die Wirklichkeit« des Beobachters 1. Ordnung, und was für den Beobachter 1. Ordnung zwingend war, ist für den Beobachter 2. Ordnung kontingent, d. h., immer-auch-anders-möglich. Aber dafür gewinnt er Komplexität und Wissen über sich selbst[7].

---

[6] Das gilt zumindest dann, wenn man nicht strikt naturwissenschaftlich spricht. Aber »Natur« sagen Naturwissenschaftler ohnehin nur, wenn sie philosophisch oder alltagssprachlich werden, also gerade nicht von naturwissenschaftlichen Gegenständen reden.

[7] Der Beobachter des Beobachters gewinnt tendenziell immer auch Wissen über sich selbst (wird autologisch statt ontologisch). Er beobachtet aber nicht einfach besser, sondern anders (nämlich einerseits mehr, aber eben dadurch andererseits auch wieder weniger). Im übrigen kann er nicht nur etwas sehen, was der andere nicht sieht, sondern gelegentlich auch sehen, daß der andere etwas sieht, was für ihn selbst (zunächst) unsichtbar ist (z. B. »die Natur« oder ein Gespenst oder ein Ökosystem im Gleichgewicht). Auch die Zuschreibung von »Naivität« kann man relativieren: Von einem Beobachter 3. Ordnung her erscheint unter Umständen wieder der Beobachter 2. Ordnung »naiv«.

Wie sich die Natur vervielfältigte

Man kann leicht beobachten, was geschieht, wenn man so vom naiven zum reflexiven Wortgebrauch übergeht. Man sagt »Natur«, aber dann sieht man, daß diese Bezeichnung nur die eine Seite einer Unterscheidung ist, nämlich einer Unterscheidung von »Natur« und »Nicht-Natur«, wenigstens von »Natur« und »allem Sonstigen«. Nur in dieser Differenz zu etwas, was nicht Natur ist, bekommt ein Naturbegriff überhaupt einen Sinn. Man setzt also keine Einheit, wenn man »Natur« sagt, sondern zieht eine Grenze, votiert dann oft für die eine Seite einer zweiseitigen Form (einer Opposition) und dunkelt die andere, nichtgewählte Seite ab.

Wenn man dieses Negative (die andere Seite der Unterscheidung) positiv zu sehen versucht, dann bietet sich schon für den ersten überschlägigen Blick *vieles* an: (Nicht-Natur als) Technik, Kultur, Zivilisation, Stadt, Geschichte ..., aber auch (Nicht-Natur als) bloße Konvention, Willkür, Beliebigkeit ... ferner (Nicht-Natur als) Innenwelt, Geist, Subjekt(ivität), Freiheit, Sittlichkeit ... und schließlich: (Nicht-Natur als) Übernatur und Gnade ... All das und noch viel mehr kann das in »Natur« implizierte Gegenteil von »Natur« sein.

Wenn man dann den Wert (»Natur«) vom Gegenwert (der jeweiligen Nicht-Natur) her betrachtet, also die Antonyme variiert, dann beginnt sich auch der Wert (»Natur«) mit seinem jeweiligen Gegenüber zu verändern: von »Arkadien«, »Landschaft« und »Land« über »Außenwelt«, »Erscheinungswelt«, »materielle Welt«, »Gesetzeswelt« (d. h. die Welt, die unter Naturgesetzen steht) bis hin zu »Ursprungswelt«, »heiler Welt«, »Lebenswelt«[8] und »gefallener Welt«, die der Erlösung harrt (um nur ganz weniges zu nennen). Auf diese Weise verliert der Naturbegriff rasch seine Natürlichkeit, d. h.: Unmittelbarkeit, »Dinglichkeit« und Selbstverständlichkeit der Natur sind dahin.

Auch die historische Semantik belegt, wie sehr »Natur« von ihren Gegenwerten her bestimmt ist. Im 18. Jahrhundert meinte »Natur« z. B. eine zugleich natürlichere *und* vernünftigere, zweckmäßigere, schlichtere und freiere Alternative zur Unnatur des absolutistischen Regiments und der höfischen Gesellschaft, ihrer Wirtschaft, ihrer Sitten und ihrer Gärten; »Natur« und »Vernunft« konnten so nicht nur miteinander im Bunde stehen, sondern »natürliche Ordnung« und »vernünftige« bzw. »rationale Konstruktion« konnten geradezu identisch werden. Im 19./20. Jahrhundert dagegen steht »Natur« (und ihre moderne Gestalt als »Landschaft«) meist nicht mehr gegen Hof und Absolutismus, auch nicht mehr so sehr für Vernunft, Rationalität, Freiheit und Fortschritt, sondern oft eher *gegen* (instrumentelle) Vernunft und *gegen* (politischen und industriellen) Fortschritt, und sie steht auch oft nicht mehr gegen Disziplinierung, sondern gegen Disziplin*losigkeit*, nicht mehr so sehr für natürliche Freiheiten, sondern eher für Selbstbegrenzung in »gewachsenen Ordnungen« oder »natürlichen Bindungen«.

Je mehr die Gesellschaft sich funktional differenzierte, umso mehr Naturen mußten auftauchen, und zwar als jeweilige Gegenüber und Umwelten dieser Praxen, Funktionen und Funktionssysteme. So haben sich z. B. »konkrete« und »abstrakte Natur« (d. h. »konkrete« und »abstrakte Naturbeschreibung«) voneinander getrennt und in verwand-

[8] Auch die vielberufene »Lebenswelt« (bei Habermas mit dem Gegenwert »System« oder »gesellschaftliche Funktionssysteme«) ist offensichtlich eine der modernen Gestalten der Natur, vor allem der konkreten Natur (vgl. HABERMAS, 1991, LUHMANN, 1986b).

ter Weise auch »symbolische« von »materiellen«, »emische« von »etischen« Naturbeschreibungen.

Diese Unterscheidungen kann man einer Beobachtung dritter Ordnung zurechnen, wo es nicht mehr einfach ums Beobachten, aber auch nicht nur ums Beobachten von Beobachtern, sondern sozusagen um Stile oder auch Idealtypen von Beobachtungen und Beobachtern geht. Um die genannten Stile nur eben anzudeuten: Als »konkret« kann man die Natur bezeichnen, wenn sie als Gegenspieler einfacher, quasi-handwerklicher, z. B. agrarischer Praktiken und Lebensformen beschrieben wird (z. B. in vorindustriellen Kulturen und, auf andere Weise, im heutigen Alltagsleben); mit »abstrakte Natur« ist die physikalisch-chemische, mathematisierte, apparativ-experimentell und technisch-industriell manipulierbare Natur gemeint (also die Natur als Gegenüber ganz anderer Praxen als im Fall der »konkreten Natur«)[9].

»Symbolische Natur« nenne ich eine Natur, die in ihren Teilen wie als Ganze noch etwas bedeutet (»auf etwas verweist«), was sie an sich oder von sich aus – physisch-materiell, d. h. heute: in naturwissenschaftlicher Beschreibung – nicht ist. Die Beschreibung von etwas als »symbolische Natur« liefert heute im wesentlichen kein Naturwissen oder überhaupt Objektwissen mehr, sondern eher ein »Subjektwissen«, d. h. ein Wissen über den Beobachter und seine Kultur[10]. Die Natur als Landschaft (und natürlich auch der Landschaftsgarten) gehört ins Gebiet der symbolischen Natur; wer von schönen, harmonischen, ausdrucksvollen, freundlichen oder grauenvollen Landschaften spricht, sagt weniger über Außen- als über Innenwelten, weniger über die Natur als über sich selbst (z. B., daß er in ästhetischer Einstellung beobachtet). »Emische« Natur(beschreibung) wiederum wird im allgemeinen als eine Natur(beschreibung) verstanden, in der die Gegenstände so erscheinen, wie sie im alltäglichen Lebensvollzug als sinnvolle Einheiten erlebt werden – und nicht (wie in »etischer« Beschreibung) z. B. als physiko-chemische Zustände und Ereignisse[11].

---

[9] Die genannten Unterscheidungen beschreiben erst in der Neuzeit und vor allem in funktional differenzierten Gesellschaften etwas Wesentliches. Seither ist es unmöglich geworden, zu entscheiden, wo sich die natürlichere Natur befindet: im Urwald oder im Labor, im Kern eines Taifuns oder im Kern eines Kernkraftwerkes. »Konkrete Natur« (oder »konkrete ökologische Natur«) ist allerdings ein sehr mißverständlicher Ausdruck. Konkretion und Konkretheit sind hier als eine besondere Art von Abstraktion gemeint. Auch konkrete Natur ist konstituiert; ihre Konstrukte werden aber wegen ihrer Eingelebtheit und Selbstverständlichkeit besonders leicht als »natürliche Natur« oder als »*die* Natur« verstanden. Sie fungiert dann als Gegenmythos zur »abstrakten Natur«. Zur sozialen, kulturellen und praktischen Bedingtheit von Naturkonstitutionen und Naturrhetoriken vgl. auch DOUGLAS 1970, DOUGLAS und WILDAWSKY 1988.

[10] Der physisch-materiell und für den Limnologen gleiche Dorfteich – dieses unsterbliche Vorbild des Feuchtbiotops – kann oder konnte je nach Kontext »Rückständigkeit« oder »(ökologischen) Fortschritt«, aber auch »vorbildliche Lebensgemeinschaft« bedeuten und »Volksgemeinschaft« konnotieren (zu den beiden letzten Bedeutungen vgl. man schon JUNGES »Dorfteich als Lebensgemeinschaft« von 1885).

[11] »Emisch« wird manchmal auch enger verstanden: Beschreibung in der Eigen-Semantik einer bestimmten Kultur (und als intentionale Gegenstände eines kulturspezifischen Handlungsfeldes). Die Unterscheidung molar-molekular wird oft analog benutzt, stellt aber mehr auf den Maßstab der Elemente der Beschreibung ab.

Einfach von Natur sollte man also nur reden, wenn man Naivität signalisieren will. Sonst muß man vorweg z. B. unterscheiden: konkrete oder abstrakte, symbolische oder materielle Natur? Natur als Gegenüber welcher Praxis? Natur als naturwissenschaftliche Natur, Natur als schöne und grüne Natur (von der man Genuß und Wohlbefinden erwartet), Natur als quasi-religiös verehrte Natur (der man so etwas wie Subjektcharakter zuschreibt und vor der man Ehrfurcht und Demut, Verpflichtung und Schuld empfinden kann)? Kurz, wer über Natur redet, muß auch »selbstimplikativ« über die Art und Weise reden, wie er über Natur redet; seine (Natur-)Theorie muß in seiner (Natur-)Theorie wieder auftauchen. Andernfalls wird »Natur« unweigerlich zu einem etwas merkwürdigen Namen für das Ding oder sogar das Gute an sich.

Politische Ökologie als eine Einheitssemantik

Was tut der, der einfach, in scheinbar direktem Zugriff, »Natur« sagt, außer seine Naivität zu signalisieren? Sieht man sich solche Texte genau und im Kontext an, dann sieht man: Er beansprucht durchweg einen direkten Bezug auf eine letzte, übergeordnete Einheit. Das kann man eine »Einheitssemantik« nennen (vgl. FUCHS, 1992; in bezug auf »Natur« und »Landschaft« vgl. auch BOLLE, 1993). Solche Einheitssemantiken sind sozial meist leicht zu verorten und z. B. typisch für die Ideologien politischer und sozialer Bewegungen. Ihre Grundmelodie ist immer der »Vorrang für das Ganze«[12]. Sie benutzen naheliegender Weise Konzepte, die den Anspruch begründen helfen, daß man »das Ganze« sieht und vertritt. So wurde z. B. auch »Ökosystem« von einem wissenschaftlichen Begriff zu einem Ganzheitssymbol. Diese Pointe richtet sich – oft explizit – gegen die ausdifferenzierten Funktionssysteme moderner Gesellschaften (z. B. Wissenschaft, Politik/Administration, Recht), die zumindest im Prinzip nur mehr Anspruch auf systemeigene und deshalb systemrelative Wirklichkeitsbeschreibungen und Wertungen erheben.

In modernen Gesellschaften gab und gibt es viele Möglichkeiten, in dieser Weise Bezug auf ein ideales Ganzes (als mehr oder weniger letzte Einheit) zu nehmen: Neben Natur, Umwelt und Ökologie z. B. Volk, Gemeinschaft (aber auch: Gesellschaft), Nation, Vaterland, Heimat, Region, Tradition, Identität, Gemeinwohl und Gemeinsinn ...; Menschheit, Vernunft, Wissenschaft, rationaler Diskurs, Identität ... (in »rationaler« oder »regionaler Identität« sind gleich zwei dieser guten Ganzheiten miteinander vereint). Und natürlich gibt es Orte und Räume, die das jeweilige gute Ganze symbolisch repräsentieren oder es sogar real sein sollen (in bezug auf »Natur« und »Ökologie« z. B. Schutzgebiete, Feuchtbiotope und Blumenwiesen).

Von außen, vom Beobachter 2. und »höherer« Ordnung her, stellt sich auch dieses »Ganze« immer als die Perspektive eines Sonderinteresses dar – und eben nicht als die Perspektive eines Allgemeininteresses, das alle Partikularinteressen übergreift. Aber gerade darauf, auf Verallgemeinerbarkeit und Gemeinwohl, wird Anspruch erhoben.

[12] Solche Kommunikationssysteme geben also vor, sich im Gegensatz zu allen anderen sozialen Systemen global zu orientieren; der bekannte Slogan »global denken, lokal handeln« fordert ja, sich in allen relevanten Situationen in Beziehung zu einem letzten Fixpunkt, zu einem vorgestellten guten Ganzen (z. B. zur Natur) zu setzen, und eben das definiert dann auch den besseren Menschen.

Auch die Letztorientierung an Natur, Umwelt und Ökologie ist ja oft als eine Art von Klasseninteresse, jedenfalls als ein nicht-verallgemeinerbares Partikularinteresse beschrieben worden.

Ideologisch werden solche »Einheitssemantiken« schon dadurch, daß es in den modernen Gesellschaften keinen sozialen Ort mehr gibt, auf den sie sich realistisch beziehen könnten: Im Gegensatz etwa zu vormodernen, z. B. hierarchisch strukturierten Gesellschaften, gibt es hier keine »Spitze« und kein »Zentrum« mehr, die in irgendeiner Weise »das Ganze« repräsentieren, »für das Ganze sprechen« und für die ganze Gesellschaft das gute Ganze begreifen (d. h. in der Gesellschaft perspektivefrei abbilden) könnten[13].

Das übliche Schicksal solcher quasi-religiösen Einheitssemantiken ist leicht zu verfolgen. Sobald sie expliziert werden, d. h., unter Beobachtung 2. Ordnung geraten, erscheint die jeweilige Einheit/Ganzheit/Totalität (z. B. »Natur«) nur noch als eine Möglichkeit neben anderen. Gegen solche Zerfallserscheinungen wiederum werden stereotype rhetorisch-argumentative Strategien aufgeboten: z. B. die synekdochische Strategie der Emphatisierung – dann wird z. B. eine der vielen Konzepte von Natur (*pars pro toto*) zu *der* oder zur *wahren* oder *wirklichen* Natur; oder die »pietistische« Strategie, Gefühl zu kommunizieren, um die Diskussion und Beobachtung 2. Ordnung zu blockieren (zur Umstellung der ökologischen Diskussion von Moral- auf »Angstkommunikation« vgl. LUHMANN, 1986a).

Eine professionsinterne Auflösung der Einheitssemantik von »Natur«

Auch die Stadtökologen sind nicht durchweg auf einer einfachen, monothetischen Einheitssemantik der Natur sitzen geblieben. KOWARIK unterscheidet (z. B. 1991, 1992a, 1992b) für die Zwecke der Landschaftsplanung sowie des Natur- und Biotopschutzes in der Stadt »vier Arten von Natur«:

1) »Natur der 1. Art«: Veränderte und verinselte Reste der Naturlandschaft vor allem in peripheren Lagen des Stadtgebietes, z. B. Waldstücke und Feuchtgebiete. Vielfach dürften es sekundär extensivierte ehemalige Kulturformationen sein, die aber – trotz Grundwasserabsenkungen, Immissionsbelastungen sowie Erholungs- und anderen, mehr oder weniger wilden Nutzungen – noch immer einige Gemeinsamkeiten mit der ursprünglichen, vor-agrarischen und vor-urbanen Vegetation haben, wenn auch oft mehr in der Physiognomie als in der Artengarnitur.

2) »Natur der 2. Art«: Landwirtschaftliche Kulturlandschaft meist am Rande der Kernstädte. Die Details, die genannt werden, deuten darauf hin, daß nicht so sehr an landwirtschaftliche Nutzfläche schlechthin, sondern vor allem an »altertümli-

[13] Selbstverständlich gibt es solche Ideologiebildungen auch in Wissenschaften, vor allem dann, wenn sie in Weltanschauungskontakt mit politischen und sozialen Bewegungen treten. (In der deutschen Geographie der Zwischenkriegszeit – und in verwandten Disziplinen – waren z. B. »Landschaft‹ und »Raum« solche weltanschauungsaffinen Ganzheitsphantasmen.) Nach üblicher sozialpsychologischer Interpretation müßte man solche Einheitssemantiken mit ihren Ansprüchen auf Totalisierung und Universalisierung (auf ein Totum und Optimum, auf wahre Wirklichkeit und letzte Einheit) unter den Titeln »Orientierungsverlust« und »Nichtertragenkönnen von Unsicherheit« behandeln. (Die Funktion von »Natur« war entsprechend immer schon, Wahlmöglichkeiten auszuschließen oder einzuschränken.)

che«, noch nicht extrem intensivierte, modernisierte und industrialisierte Agrarlandschaft gedacht ist: Äcker und Weiden, aber eben auch Wiesen und Feuchtwiesen, Hecken, Weiden, Triften, Trockenrasen etc. Dazu gehöre auch die typisch dörfliche Ruderalvegetation, die in jüngster Zeit ja ebenfalls ein Lieblingsobjekt des »modernen« Naturschutzes geworden ist (nachdem sie im Verlauf der Aktion »Unser Dorf soll schöner werden« jahrzehntelang ziemlich systematisch ausgerottet worden war). Alles in allem: Reste älterer, nicht-städtischer Kulturlandschaft, die in die städtisch-industrielle Siedlung »eingekapselt« oder an ihren Rändern übrig geblieben sind.

3) »Natur der dritten Art«, d. h., sämtliches Gärtnergrün, von den repräsentativen gärtnerischen Anlagen bis zum Abstands- und anderem »Funktions-«, z. B. Verkehrsbegleitgrün. Diese dritte Art von Natur nennt Kowarik (mit ausdrücklicher Berufung auf HARD 1985 über »Die Hermeneutik städtischer Rasen«) eine »symbolische Natur«.

4) »Natur der vierten Art«, d. h. die spezifisch »urban-industrielle Natur« (gemeinhin »Unkraut« und von Vegetationskundlern »städtische Ruderalvegetation« genannt): all das, was (an Straßenrändern und Mauerfüßen, auf Trümmergrundstücken, Baulücken und anderen, meist transitorischen »Stadtbrachen«, an und auf Gleis- und Betriebsflächen) in der Stadt so von selber wächst, aber auch all das, was gegen den Willen der Stadtgärtner an »Unkraut« auf ihren Grünflächen hochkommt.

Umgangs- und bildungssprachlich gelten diese vier Naturen nicht in gleichem Maße als »Natur«. Mit »Natur« (gleich welcher Art) wird im Stadtbereich wie auch sonst offenbar am ehesten das kodiert, was noch nicht ganz, nicht mehr ganz oder noch nicht wieder ganz in die modernen Funktionssysteme einbezogen zu sein scheint und deshalb oft schon in seinem äußeren (»verwilderten«)Erscheinungsbild eine drastisch abgesenkte Bodenrente oder eine zeitweilige Abwesenheit profitabler Wirtschafts- und Investitionsinteressen signalisiert. Meistens also: Investitionserwartungsland. Zuweilen auch: vorerst nicht mehr ökonomisch verwertbare Rest- oder Abfallflächen, z. B. da, wo flächenverbrauchende, meist industrielle Nutzungen mehr oder weniger ersatzlos verschwunden sind (»Industriebrachen«).

Die blinden Stellen einer professionspolitischen Naturphilosophie

Die referierte Unterscheidung von vier materiell sehr unterschiedlichen Naturen in der Stadt geht über das hinaus, was bisher in der Landespflege üblich war und bedeutet einen wirklichen Fortschritt der professionellen Naturreflexion. Sie hat aber bemerkenswerte Lücken; auch hier wird – einheitssemantisch – immer wieder ein Teil für das Ganze genommen.

Erstens ist eine Verengung auf die Perspektive der Vegetationskunde, der »grünen Profession« und des professionellen Naturschutzes zu erkennen. Diese Typen von (städtischer) Natur sind im wesentlichen Typen von (städtischem) Grün. Im Hintergrund dieser Naturphilosophie aus der »grünen Profession« steht noch immer offen die professionspolitisch wichtige Frage: Wieviel Grün soll sich eine Stadt leisten bzw. sich erhalten und anlegen lassen (vgl. KOWARIK, 1991, S. 46)? Es handelt sich um diejenigen Grüntypen, mit denen es Landespflege und Naturschutz in Stadtgebieten heute zu tun haben und in denen sie eine Art Landschaftsgärtnerei betreiben (vgl. dazu treffend und kritisch: BRÖRING & WIEGLEB, 1990, S. 284: »Im Grunde wird der heutige Naturschutz als eine Art Landschaftsgärtnerei betrieben«, die sich überdies an einer Reihe von wissenschaftlich ganz ungedeckten Prämissen orientiere).

Auch für den common sense ist »Natur in der Stadt« oft mehr oder weniger »Landschaft« und »Grün in der Stadt«. Das klingt zunächst auch ziemlich natürlich. Wenn wir aber ein zentrales (schon antikes) Sinnelement von »Natur« betonen: »Natur« als das, was »das Gesetz seiner Bewegung in sich selber hat«, als das Eigengesetzliche, Unverfügbare, ja Fremde und ganz Andere – sind dann nicht eher Wirtschaft, Technik und Wissenschaft, überhaupt die gesellschaftlichen Funktionssysteme in ihrem Blindflug (LUHMANN) die gegenwärtige Form der Natur, d. h. des unbeherrschbar Eigengesetzlichen und Unverfügbaren? Dann erscheint es eher als lächerlich, ausgerechnet das Stadtgrün »Natur« zu nennen; die Bezeichnung »Natur« verdient die Stadt dann eher, insofern sie ein gesellschaftliches und technisches Gebilde ist, das sich von »natur«haften Umweltbezügen weitgehend abgelöst hat (so ausdrücklich z. B. BREUER, 1992). Ähnliches ist – vor allem in der Moderne zwischen Marx, Gehlen und Adorno – immer wieder formuliert worden, bezeichnenderweise oft unter dem Stichwort »zweite Natur« (vgl. RATH, 1984).

Zweitens wird durch Theorie und Praxis der grünen Professionen jede dieser Naturen wieder mindestens zweigeteilt. In jüngster Zeit sind alle genannten vier Naturen zum Gegenstand professioneller, auch naturschützerischer »Betreuung« geworden; damit kam aber in jeder dieser vier Naturen eine weitere Differenzierung in Gang: Da nie alles geschützt werden kann, muß in jeder der vier Naturen eine Linie gezogen werden, die nicht in der Natur selber liegt, sondern eine ganz und gar kulturelle Wertung bedeutet (und naturwissenschaftlich bzw. von der Sache selbst her nicht zu begründen ist): Der Naturschutz muß sowohl in der Natur 1., 2., 3. und 4. Art jeweils eine schützenswerte Natur 1. Klasse von einer nicht schützenwerten Natur 2. Klasse trennen. Also schützt er z. B. die Orchideen, aber nicht die Brennesseln, den gebauten Feuchtbiotop, aber nicht (oder erst jüngst) die ruderale »Allerwelts« – und Herumlaufvegetation. Beim Naturschutz wiederholt sich also nur, was schon auf den Pflanzbeeten der Stadtgärtner läuft: »Experten rein – Unkraut (und Leute) raus!« Kurz: Wo immer man Natur schützt, schützt man nur Natur 1. Klasse, und wo man Natur 1. Klasse schützt, muß man fast immer die Natur 2. Klasse durch »Pflege« bekämpfen, damit die Natur 1. Klasse sichtbar und sehenswürdig bleibt. Wo immer Grün 1.-4. Art geschützt wird, da wird, wo immer es ökonomisch machbar ist, auch *ent*grünt (vgl. HARD & KRUCKEMEYER, 1993).

So trennt der Naturschutz (und jede Landschaftsplanung) erst ideell und dann auch tatsächlich immer und überall eine schützens- und erlebenswerte, eine pädagogisch wertvolle, vorzeigbare, ausstellungs- und projektwürdige, politik- und einweihungsfähige Natur von einer Natur, die all das nicht ist. Demgegenüber wäre es nützlich, wenn Naturschützer und Planer sich darauf besännen, daß »etwas Natürliches« im normalen Sprachgebrauch und Leben gerade *nicht* etwas Aufwendig-Spektakuläres, sondern eher etwas Gewohntes, Bekanntes, Normales, ja Selbstverständliches und Gewöhnliches meint, etwas, was zur ganz normalen Welt und Umwelt des eingespielten alltäglichen Lebens gehört. Jedenfalls wäre auch den städtischen Lebenweltlern sehr damit gedient, wenn der Naturschutz und andere Administrationen diese Alltagsnatur öfter als bisher in Ruhe ließen und seltener als bisher mit ihren modisch wechselnden Naturveredelungskampagnen überzögen, die, wie gesagt, immer auch Naturvernichtungskampagnen sind.[14]

Der »wissenschaftliche Naturschutz« ist seit Jahrzehnten bemüht, die beschriebenen semantisch-symbolischen Demarkationslinien durch administrativ leicht handhabbare Wertzahlen zu »objektivieren«, aber solche »Objektivierungen« haben vor allem die Funktion, die Willkür (und das heißt unter anderem auch: die wissenschaftliche Unbegründbarkeit) dieser Wertzahlen zu verdecken. In den deutschen Eingriffs- und Ausgleichsregelungen, Ersatzmaßnahmen und Eingriffskompensationsberechnungen ist diese Ausscheidung von Wertklassen in der Natur bis zu einem manieristischen Exzess getrieben worden. Wenn man genauer hinschaut, sieht man, daß es sich um Unterscheidungen handelt, die an gewisse Großideologien der Moderne und zeitinstabile ästhetische Ideale gebunden sind. Auch die »gefährdeten Arten« der »Roten Listen« sind in bezug auf eine willkürlich-geschmäcklerisch oder ideologiepolitisch-geschichtsphilosophisch auserwählte Ideallandschaft (»Landschaftszustand um 1800 – 1850«) selektiert und stellen eine Art von ästhetischem Historismus dar.[15]

Wenn man die Texte über die vier Stadtnaturen oder Stadtgrüntypen – das »naturnahe«, das agrarische, das stadtgärtnerische und das eigentlich urbane Grün – genau liest, erkennt man also leicht, daß meist von vornherein nur das *erstklassige* Grün bzw. die Natur 1. Klasse gemeint ist. Diese Synekdoche aber bleibt weitgehend implizit. Auch hier also wieder die einheitssemantische Strategie, bei der die eine Seite einer Unterscheidung für das Ganze gesetzt wird. Wie immer, so bedeutet das auch hier kognitiv *und* praktisch eine Selektion, d. h. Privilegierung auf der einen und Zerstörung auf der anderen Seite.

---

[14] K.H. Hülbusch und andere Autoren der sog. »Kasseler Schule« der Freiraum- und Landschaftsplanung (vgl. z. B. BÖSE-VETTER, 1989) haben immer wieder darauf hingewiesen, daß die Devise »Natur« in der Profession fast immer nur für »Grün 1. Klasse« stehe. Deshalb sei »Natur« in der Profession geradezu ein Deckwort für Aufwendiges, Unalltägliches und Spektakuläres und bedeute in praxi fast immer – vom Gärtnergrün bis zum Naturschutzgebiet eine Abwertung und Zerstörung von Alltagsnatur und Alltagsgrün (die sich von selbst einstellen) zugunsten von Expertennatur und Expertengrün (die fast immer kostspielig und pflegebedürftig sind). Überhaupt wären unsere Städte ohne das Zutun von Stadtgärtnern, Grünflächenämtern und Naturschutzbehörden schon immer fast überall grüner gewesen (vgl. HÜLBUSCH, 1981a, 1981b).

[15] Die Herkunft aller wesentlichen naturschützerischen Wertsetzungen und Schutzwürdigkeitskriterien aus (z. T. einander widersprechenden) Weltanschauungskontexten entwickelt an Hand der repräsentativen deutschsprachigen Naturschutzliteratur z.B. HEISE, 1987. Inzwischen beginnt die Fragwürdigkeit der üblichen, »wissenschaftlichen« Gefährdungs- und Schutzwürdigkeitskriterien, von denen die Roten Listen leben, sich auch im Naturschutz herumzusprechen, und immer mehr Beobachter stellen fest, was schon immer auf der Hand lag: Wer den Roten Listen folgt, der schützt (oft mit enormem Aufwand) wenigstens fast immer das Falsche – »falsch« nach den Prämissen des »wissenschaftlichen« Naturschutzes selber: z. B. Arten, die zwar (wie z. B. Wiedehopf und Moltebeere) vielleicht in instabilen Randlagen ihres Areals, z. B. in der Bundesrepublik) »gefährdet« sind, aber überhaupt nicht in bezug auf ihr Gesamtareal. Mangels anderer, »objektiver« Kriterien, Natur 1. und 2. Klasse zu unterscheiden, macht man trotzdem weiter.

*Aus all diesen Beliebigkeiten und Widersprüchen scheint es mir nur eine Rettung zu geben: Der Naturschutz sollte seine Pseudoökologie und seine Hofwissenschaftler in den Wind blasen und sich zu seinen originären (durchweg zivilisationskritisch-konservativen) weltanschaulichen Wertungen bekennen, die seinen Präferenzen zwar überall zugrundeliegen, die er aber erst einmal wieder als solche entdecken müßte. Was ihn davon abhält, ist wahrscheinlich die schreckliche Konsequenz: daß er dann nicht mehr für das gute Ganze, sondern nur noch für sich selber sprechen könnte, als *eine* Partei, *eine* Weltanschauung, *eine* Naturansicht und *eine* Naturpräferenz unter anderen, die alle nicht mehr Autorität für sich beanspruchen können, als es Bürger gibt, die für sie votieren.*

Vier symbolische Naturen

Im System der vier Stadtnaturen steckt noch eine andere Unterscheidung. Man bemerkt, daß von den vier Naturen in der Stadt, die Kowarik beschreibt, eine als »symbolische Natur« bezeichnet wird, nämlich die gärtnerisch gestaltete und »gepflegte«. Zweifellos ist hier der symbolische Charakter am leichtesten bemerkbar. Es handelt sich beim Gärtnergrün ja weitgehend um alte Versatzstücke der Gartenkunst.

Diese Stadtgärtnernatur müßte, vor allem relativ zur Stadtnatur 1. und 4. Art, realökologisch gesehen und nach üblichem Sprachgebrauch wohl »Unnatur« heißen, aber in bestimmten Kontexten *symbolisiert* sie Natur, d. h. verweist auf etwas, was sie realökologisch nicht ist: auf ein ideales Mensch-Natur-Verhältnis (dessen Utopie seit alters »Arkadien« heißt). Das galt, wie die Literatur zur Geschichte der Gartenkunst immer wieder gezeigt hat, schon für den Landschaftsgarten, aus dem das stadtgärtnerische Requisit ja zu einem großen Teil stammt; Grünflächenamtsgrün, das ist bis heute im wesentlichen eine verbilligte und heruntertrivialisierte Landschaftsgartenkunst (HARD, 1985).

Trotzdem ist die Bezeichnung »symbolische Natur« für »Stadtgärtnergrün« seltsam: Denn auf der Ebene der materiellen Tatbestände unterscheidet sich diese Natur der Grünanlagen nicht von den anderen Naturen; sie umfaßt zwar z. T. andere Populationen und Biozönosen, aber auf diese Weise unterscheiden sich die Natur 1., 2. und 4. Art untereinander auch[16]. Andererseits fungieren längst auch ursprüngliche, altbäuerliche und ruderale Vegetation (also Natur 1., 2. und 4. Art) als Symbole, sind auch ihrerseits *symbolische* Natur geworden. Inzwischen sind alle 4 Naturen beides: Einerseits bloß materielle Tatbestände, andererseits aber auch Symbole, und alle vier Naturen gehören nicht nur zur realen, sondern auch zur symbolischen Ökologie. Denn nichts ist an sich symbolisch oder ein Symbol; aber es gibt auch nichts, was nicht ein Symbol werden könnte, d. h. ein Zeichen für etwas, was es von sich aus (d. h. nach seinem materiellen

[16] Für den Naturwissenschaftler als Naturwissenschaftler macht es insofern keinen Unterschied, ob er einen Parkrasen, eine Kuhweide, einen Urwald oder eine Industriefläche ökologisch untersucht. Alle vier sind für ihn keine Symbole, sondern physisch-biotische Tatbestände. Das liegt nicht an der Person des Naturwissenschaftlers; vielmehr lassen ihm seine naturwissenschaftlichen Methoden gar keine Chance, irgendwo ein Symbol zu finden (es sei denn, er spinne). Ein Pflanzensoziologe, Geobotaniker oder Vegetationskundler, der sich auf seine Rolle als Naturwissenschaftler versteift (eine ziemlich übliche Versteifung), wird auch mitten in Kowariks »symbolischer Natur« nichts, aber auch gar nichts Symbolisches entdecken können.

Bestand, d. h. in naturwissenschaftlicher Perspektive) *nicht* ist.[17] Der »Natur«schutz hängt ganz und gar an einer solchen (wie die Romantiker sagten) »symbolischen Chiffrenschrift der Natur«.

Bäuerliche Kulturlandschaft (vor allem solche 1. Klasse, d. h. altertümliche und »gesunde«, deutsche bäuerliche Kulturlandschaft) ist spätestens seit dem späten 19. Jahrhundert auch ein antiindustrielles, stadt- und fortschrittskritisches *Symbol;* für scheinbare oder wirkliche »Urnatur« und »Wildnis« (z. B. ungepflegte, urwaldartige Waldbestände) gilt das schon länger, spätestens seit Vorromantik und Romantik. Neuerdings ist schließlich auch die urban-industrielle Ruderalvegetation auf neue, positive Weise symbolisch besetzt worden (das war sie zuvor nur in einem sehr eingeschränkten und negativen Sinn, nämlich als Unkraut). Diese Ruderalnatur der Stadt- und Industriebrachen, Trümmergrundstücke und Wegränder wird (nicht nur im Rahmen der »Naturgartenbewegung« oder Naturgärtnerei i. e. S.) längst auch zu gartenkünstlerisch-landschaftsarchitektonischen Inszenierungen benutzt, und die zugehörigen Gehölzstadien erhalten in der Propaganda von Administrationen und Professionen (z. B. von Stadt- und Landschaftsplanern, Landschaftsarchitekten und Naturschützern) inzwischen sogar die Weihen einer »Wildnis«, ja eines »Urwaldes«.

Vermutungen über den sozialen Ort der »Stadtnatur 4. Art«

Man sieht schon hier, daß solche neuen Symbole und Symbolisierungen ihre historischen und sozialen Orte haben. Wirkungsvolle neue Symbolisierungen werden wohl immer von »neuen sozialen Bewegungen« (im weitesten Sinne) getragen oder mitgetragen. Auch im Fall der »Stadtnatur 4. Art« ist das unverkennbar.

Seit ungefähr 1970 tauchen in der Literatur der Stadtforschung sozusagen weltweit neue Phänomene auf und werden allmählich mit neuen Schlagwörtern eingefangen: »Neue Urbanität«, »Renaissance städtischer Lebensformen«, »Reurbanisierung«, bald auch »Gentrification« und »Neue Haushaltstypen«. Die Begriffe sind z. T. bis heute wahrscheinlich nicht besonders gut definiert, zeigen aber trotzdem etwas an. In den 80er Jahren wird die Wahrnehmung allgemeiner. Sogar in ganz schmalen Einführungen in die Stadtgeographie erscheinen Kapitel über »Reurbanisierung« (z. B. GAEBE, 1987), und in einer typischen »Zeitgeist-Reihe« (der edition Suhrkamp) publizieren zwei Professoren ein Buch über »Neue Urbanität« (HÄUSSERMANN & SIEBEL, 1987), das diese Vorgänge im Blick auf die Bundesrepublik beschreibt und in einen Zusammenhang zu bringen versucht. Man beobachtet jedenfalls eine Anzahl verwandter Phänomene: Allgemein ein neues Interesse an Stadt, Stadtmilieu, urbanem Ambiente und städtischem Wohnen, eine wachsende Bereitschaft, städtische Wohnmilieus gegen administrative Eingriffe zu verteidigen usf. In der avancierten philosophisch-ideologischen Literatur über Städtebau und Stadt wird nun immer häufiger die (eigentliche) »Natur der Stadt«

[17] Diese Formulierungen folgen einer main stream-Semiotik. Wenn man indessen (wie z. B. SIMON, 1989) mit guten Gründen davon ausgeht, daß die Unterscheidung von Bedeutungsträgern und Bedeutung erst »dem Nichtverstehen entspringt«, dann sind nicht mehr (wie in der main stream-Semiotik) alle Zeichen Sachen und einige Sachen (auch) Zeichen, sondern alle Sachen Zeichen, von denen aber einige (auch) als Sachen interpretiert, d. h. nicht mehr (nur) als Zeichen verwendet werden (vgl. z. B. S. 39ff., 76ff.). Diese Wendung könnte zu Korrekturen Anlaß geben, würde aber am Ergebnis nichts ändern.

prinzipiell in der Stadt selber, in der Stadt als Stadt gesucht, also die Stadt nicht mehr kritisch an ihrem Gegenteil gemessen, sondern als Stadt akzeptiert; die Autorinnen und Autoren wollen dabei oft explizit ein neues »urbanes Lebensgefühl« artikulieren, das sich gleichzeitig gegen die »barbarische Umgestaltung unserer Städte« *und* gegen antistädtische Ideologien richtet (vgl. z. B. schon BERNDT, 1978, S. 8 f., 85 ff.). Kowariks Stadtnatur 4. Art, das eigentlich städtische Grün, ist gewissermaßen nur die zugehörige professionelle Spezialisierung.

Auf der städtebaulichen Ebene werden mehr als zuvor bauliche und soziale Aufwertungen (»Veredelung«, »Gentrifikation«) zentraler Wohngebiete konstatiert. Miet- und Unterschichtwohnungen werden stellenweise Eigentums- und Mittelschichtwohnungen, dazu gehören lokale Verdrängungs- und neuartige Segregationsprozesse. Kommunen proklamieren, sie wollten Attraktivität und Wohnlichkeit ihrer Altstadtgebiete und Altbauquartiere erhöhen, neue ästhetische und ästhetisch-historistische Kulissen werden in den Innenstädten aufgebaut, ökologischer Umbau versprochen (usw. usf.). Das neue urbane Wohninteresse wird auch mit neuen Lebensformen und Haushaltstypen in Verbindung gebracht (den Yuppies, Singles, Dinkies, Nimbies ...), also oft jüngeren Haushaltstypen aus beruflich mehr oder weniger erfolgreichen, stadt- und umweltpolitisch bewußten Leuten mit oft akademischen Berufen und nicht selten überdurchschnittlichem Einkommen. Die Studenten, jungen Arbeitslosen und Alternativen (deren alternativer Lebensstil nicht selten z. T. erzwungen ist) sind zwar sozial und ökonomisch oft in einer ganz anderen Lage, haben aber zu einem guten Teil verwandte urbane sowie natur- und umweltpolitische Präferenzen aus einem »gemeinsamen kulturellen Hintergrund« (HÄUSSERMANN & SIEBEL, 1987, S. 19). Dieser ganze Komplex der »Neuen Urbanität« konnte dann wieder leicht in einen vagen Zusammenhang mit Postmodernismus, postfordistischer »flexibler Akkumulation« und »interstädtischer Konkurrenz im Zeitalter der Globalisierung« gebracht werden (vgl. z. B. HARVEY, 1987 u.ö.).

Quantitativ ist diese Bewegung »back to the city« wohl oft erheblich überschätzt worden; tatsächlich blieb die Präferenz für suburbane Lebensformen im großen und ganzen ungebrochen. Der Wohnbestand in den Kernstädten entwickelte sich tatsächlich eher unterdurchschnittlich, und schon das geringe (und teure) Wohnungsangebot in den Innen- und Kernstädten ließ bereits in den 80er Jahren eine nennenswerte »Rückwanderung« gar nicht zu. Oft reichten die vielberufenen Gentrifikations-Phänomene tatsächlich nur wenige Baublöcke weit, und die neuen, jungen, mittelständischen Bewohner kamen außerdem weniger aus dem Umland, sondern vor allem aus den Kernstädten selber. So klein diese Gruppen aber waren und sind, so gehören sie doch zu einem Bevölkerungsteil, der sich stadt-, umwelt- und naturpolitisch gut artikulieren konnte (nicht zuletzt, weil er in den entscheidenden Punkten ideologisch ziemlich homogen und auf der Höhe des Zeitgeistes, ja auf der Ebene der Symbole und Ideologeme sogar Trendsetter war).

In diese Zeit fällt nicht nur eine neue Stadt-Literatur mit oft »alternativen« und antiadministrativen Tendenzen, sondern auch eine neue Kritik am traditionellen Gärtnergrün sowie an der üblichen Freiraum- und Grünplanung. Dabei wird auch das spontane Stadtgrün, überhaupt die Stadtökologie im weitesten Sinne neu entdeckt und sukzessive zu einer Art von postmodernem Symbol für »Natur« und einiges andere aufgeladen.[18] Sogar stockkonservative scientific communities reagierten: Die vorher ganz dünne vegetationskundliche Literatur über Stadtvegetation z. B. nahm seit den 70er Jahren einen ungeahnten Aufschwung, und noch mehr gilt das von der verwandten Literatur über »Natur- und Biotopschutz in der Stadt«. Gleichzeitig wird, wie schon erwähnt, die städtische Ruderalvegetation als Stil- und Gestaltungsmittel entdeckt (also ihre ästhetische Aufwertung auch praktisch vollzogen).[19]

Die Entdeckung der städtischen Biodiversität

*Im Zuge dieser neuen Erkundung von Stadtflora und Stadtvegetation wurde dann auch eine Trivialität als verblüffende Neuigkeit wiederentdeckt: Hinsichtlich der »Eigenart« und »Vielfalt« (Phyto- bzw. Biodiversität) ihrer »Natur« sind die mitteleuropäischen Städte und Stadtgebiete den ländlichen Räumen (den »Landschaften«) und sogar den normalen Naturschutzgebieten durchweg weit überlegen – ganz gleich, wie man diese »Vielfalt« und »Eigenart« zu definieren und zu messen versucht. Das müßte jedem aufmerksamen Vegetationskundler schon immer klar gewesen sein, aber vermutlich war auch sein Blick nicht ganz selten anti-urban getrübt, vor allem wohl durch die alten Naturschutz-Mythen vom Moloch Stadt und durch den kommunen Begriff von »Natur« (und seine Konnotationen von schöner Ländlich- und Landschaftlichkeit).

Seit geraumer Zeit spiegelt sich die überlegene Phytodiversität der Städte auch in den floristischen »Rasterfahndungen« der Florenatlanten (obwohl Stadtgebiete eher weniger aufmerksam durchsucht worden sind als die ländlichen Räume samt ihren Natur- und Landschaftsschutzgebieten). So war schon im Südniedersachsenatlas »eindeutig zu erkennen, wie die Zunahme der Artenzahl (pro Meßtischblattquadrant) bei gleichzeitiger Zunahme der Siedlungsaktivität wächst« (HAEUPLER, 1974, S. 49) und »bei größeren Städten (etwa ab 50 000 Einwohner) ein größerer Sprung in den Artenzahlen nach oben festzustellen« ist (S. 51). Das hat sich in der Folge immer wieder bestätigt (vgl. z. B. HAEUPLER u. SCHÖNFELDER, 1988, GARVE, 1994): »Großstädte mit ihrer näheren Umgebung gehören heute zu den artenreichsten Regionen überhaupt und weisen im direkten Vergleich deutlich mehr verschiedene Arten auf als Flächen gleicher Größe außerhalb der Städte« (GARVE, 1994, S. 17, mit weiteren Literaturhinweisen).

Diese überlegene Biodiversität bezieht sich keineswegs nur – wie ein typisches Abwehrargument lautet – auf »fremdländische Arten«, sie gilt vielmehr auch für die alteinheimischen, und durchweg findet man in den Städten sogar mehr Rote-Liste-Arten (d. h. landesweit als »gefährdet« geltende Arten) als außerhalb der Städte. Das alles beruht auch keineswegs auf den innerstädtischen Resten nichtstädtischer, »naturnaher« oder agrarlandschaftlicher Biotope (die es in Stadtgebieten natürlich auch gibt).

Und schließlich: nicht nur hinsichtlich »Vielfalt«, auch hinsichtlich ihrer wie immer gemessenen »Eigenart« erwiesen sich die Städte als ihrem Umland und den ländlichen Regionen (samt deren Naturschutzgebieten) zumindest ebenbürtig: Sie unterscheiden sich in ihren Arten- und Pflanzengesellschaftsinventaren, überhaupt in ihrem je einma-

---

[18] Eine interessante Interpretation dieser Semantisierung der Ruderalvegetation bzw. »Stadtbrachen«: BERNARD, 1994.

[19] Zur Interpretation und Kritik vgl. SCHÜRMEYER & VETTER, 1993 sowie HEINRICH, 1990.

ligen »Naturcharakter«, mindestens so deutlich, wenn nicht deutlicher voneinander als heutige Agrar- und einstige Naturlandschaften, ja sogar als normale Naturschutzgebiete. Die entsprechende *faunistische* Überlegenheit der Stadtgebiete gegenüber so gut wie allen anderen Gebietstypen in Mitteleuropa ist nicht zuletzt durch die Publikationen von REICHHOLF (z. B. 1989, 1994) allgemeiner bekannt geworden: »Nicht einmal Naturschutzgebiete bieten mehr« (REICHHOLF, 1994, S. 6).

»Das mag manchen Leser überraschen«, hieß es wohl mit Recht noch bei HAEUPLER (1974, S. 48). »Überraschend« war das alles aber nur, weil die Natur der Stadt auch für die Stadtbewohner lange Zeit unsichtbar gewesen war: Nicht zuletzt aufgrund einer überkommenen Assoziation von (Groß)Stadt mit Unnatur, Entwurzelung, Naturzerstörung sowie Vernichtung aller Eigenart, Vielfalt und Schönheit von Natur und Landschaft (eine Assoziation, die in der Ideologie des Naturschutzes und überhaupt in der traditionsreichen Verachtung der Stadt durch die Städter tief verwurzelt ist). Und wem verdanken die Städte und die Städter nun die »überraschende« Vielfalt und Eigenart ihrer Stadtnatur? Ganz sicher nicht dem Naturschutz, der Grün- und Umweltadministration oder der Ökologiebewegung, sondern ganz offensichtlich den heterogen-kleinteiligen, dynamisch-störungsreichen Raumstrukturen und Flächennutzungsmustern der Stadtgebiete, und das heißt auch: zur Hauptsache solchen Absichten und Tätigkeiten, die mit »Natur« überhaupt nichts am Hut hatten (und schon gar nichts mit der »Stadtnatur der 4. Art«).*

Drei grüne Wellen und die Genese der vier symbolischen Naturen

All die erwähnten neuen urbanen Bedürfnisse und urbanistischen Entdeckungen sind, wenn man sie aus einiger Entfernung betrachtet, wohl Komponenten einer sehr allgemeinen ideologischen Bewegung.

Großklaus hat in einem Aufsatz von 1983 im wesentlichen drei »Wellen kollektiven Kultur–Interesses am Gegen-System der Natur« ausgemacht (GROSSKLAUS, 1983, S. 173, vgl. auch GROSSKLAUS, 1973), und zwar aufgrund der literarischen Massenproduktion unter besonderer Berücksichtigung der »Hochliteratur«. Untersuchungsfeld war der deutsche Sprachraum, aber die Vorgänge haben ihre europäischen Parallelen. GROßKLAUS unterscheidet drei solcher Phasen der »Natureuphorie«: 1. Um 1800 (ca. 1750 – ca. 1840, aber mit Vorläufern im frühen 18. Jahrhundert); 2. um 1900 (ca. 1880 – ca. 1930); 3. »seit ca. 1970«.

Diese Beobachtung ist an sich naheliegend und wohl auch alt. Die 1. Welle könnte man als die »empfindsam-rousseauistische«, vorromantisch-romantische bezeichnen. Sie hat Urnatur und Landschaft schlechthin zu allgemein anerkannten, positiv besetzten Symbolen erhoben. Die 2. Welle des Naturkultes (»um 1900«) brachte in Deutschland vor allem auch die »alte deutsche Heimat- und Kulturlandschaft« zu symbolischen Ehren; die Naturschutzbewegung wurde die Speerspitze der Heimatschutzbewegung. Um den Umkreis inhaltlich und zeitlich wenigstens anzudeuten, genügen wohl einige Stichworte: Wandervogel-, Jugend- und Lebensreformbewegung; Worpswede; Gartenstadt, Reformpädagogik, Freikörperkultur, Vegetarismus, Monte Veritá ..., Karl May, Löns, Hesse, Riefenstahl ...

Diese 2. »Grüne Welle« steigerte auch die Heilserwartungen ans öffentliche (gärtnerische) Stadtgrün, das von nun an nicht mehr bloß als Stadtdekor aufgefaßt, sondern auch als hygienisches und soziales Grün propagiert wurde. »Stadtlandschaft« wurde Ideal im Städtebau, in Stadtgärtnerei und Grünplanung: Die Stadt sollte eine Art Landschaft werden. Mit den Naturideologien der 2. »Grünen Welle« im Rücken erlebten die städtischen Gartenämter im 20. Jahrhundert einen enormen Flächen-, Kompetenzen- und Machtzuwachs, der erst in jüngster Zeit durch den Aufstieg der Umweltämter (und, natürlich, die Krise der kommunalen Finanzen) etwas eingegrenzt wird.

Die 3. »Grüne Welle«, d. h. die 3. moderne Wiederkehr von Natur- und Natürlichkeitsidealen, ist die Epoche der zeitgenössischen Umweltschutz-, Ökologie-, Anti-Atomkraft-, (regionalen) Autonomie-, Bürgerinitiativ-, Frauen- und Friedensbewegungen, in deren Zusammenhänge man nicht nur den Boom des »Körpers« und der »Lebenswelt«, der Abenteuerurlaube, des Überlebenstrainings und der Expeditions-Imitate, sondern schließlich auch die Entdeckung der spontanen Stadtvegetation einordnen kann. Die tatsächliche Ideologiegeschichte ist sicherlich sehr viel unübersichtlicher, aber dieses Schema der drei Grünen Wellen enthält sicher alles in allem mehr Richtiges als Falsches[20].

So kann man wohl alle vier Stadtnaturen Kowariks nicht nur einer Zeit zuordnen, in der sie real entstanden sind, sondern auch einer ganz anderen Zeit, in der sie entdeckt und zu Symbolen »erhöht« worden sind. Die genannten »Grünen Wellen« sind auch die Zeiten, in denen Kowariks Stadtnatur 1., 2., 3. und 4. Art symbolisch aufgeladen wurden und ihr eigentliches »Wertgewicht« erhielten. Seither sind sie wirkungsvolle Bestandteile der sozialen Kommunikation, d. h. sozial (politisch, juristisch, administrativ, ökonomisch und/oder ästhetisch-künstlerisch) relevant. In der 1. Grünen Welle »um 1800« wurde Landschaft allgemein und vor allem die Natur 1. Art zum Symbol. Auch das inszenierte Arkadien des Landschaftsgartens gehört in diese Zeit – eine »Natur«, die semantisch zwischen Natur 1. und 2. Art changierte. In der 2. Grünen Welle wurde diesem Symbolismus die Stadtnatur 2. Art hinzugefügt, und in der 3. Grünen Welle wurden diese Natursymbole noch einmal um ein weiteres vermehrt, nämlich um die Stadtnatur 4. Art. In jeder Grünen Welle wurden aber auch die älteren Natursymbole noch einmal erneuert und durch neue Requisiten angereichert. Die massenhaft gewordenen Feuchtbiotope und Ökowiesen der jüngsten Zeit sind z. B. eindeutig nostalgische Symbole, die auf »alte deutsche Agrar- und Dorflandschaft« verweisen.

Die Stadtnatur 3. Art, Kowariks »symbolische Stadtnatur« oder das Gärtnergrün in der Stadt, nimmt dabei eine gewisse Sonderstellung ein. Diese unverblümt »symbolische Natur« (KOWARIK) ist eine Art von modisch wechselnder Collage aus allen genannten Natursymbolen oder Symbolwelten, allerdings mit besonderer Berücksichtigung der Landschaftsgartentradition. Legföhrenbeete auf Kies und Geröll symbolisieren

---

[20] Diese »Grünen Wellen« mit ihren zivilisations-, fortschritts-, technik- und stadtkritischen Weltanschauungen und Symbolen sind in der Literatur schon oft mit den ökonomischen »langen Wellen« Kondratieffs zusammengesehen worden. Die ideologischen und politischen Hochzeiten der »Natur« und ihrer »Grünen Bewegungen« werden dann jeweils im ökonomischen Abschwung und in der ökonomischen Stagnation gesichtet, während zum ökonomischen Aufschwung und Hoch eher ein rationalistisches, fortschritts- und wachstumsoptimistisches Weltanschauungsklima gehöre. Diese Synchronisierung der langen Wellen in Basis und Überbau scheint allerdings nicht ohne gewisse interpretatorische Gewaltsamkeiten abzugehen (vgl. z. B. STÖHR, 1980, 1984; HUBER, 1982; DERENBACH, 1984; HARD, 1987).

in der Stadt (subalpine) Natur 1. Art; Rasen mit Bäumen, Büschen und geschwungenen Rändern zitieren Landschaftsgartenkunst (Natur 3. Art) und symbolisieren damit letztlich eine urtümliche Natur 2. Art (nämlich eine archaische Weide- und Schäferlandschaft); die stadtgartenamtlich registrierten und betreuten Stadtbrachen symbolisieren Natur 4. Art.

Kornraden in der Mäusegerste, Tef in den Rauken

Alle Analysen liefen auf Trennungen hinaus, vor allem auf eine bewußte Trennung der physisch-materiellen (naturwissenschaftlich-ökologischen) und der symbolischen Beschreibungsebene. Eine Ökologie, die diese Beschreibungsebenen vermischt, wird leicht zu einer Phantasterei. Aber auf andere Weise müssen diese Beschreibungsebenen auch wieder miteinander verbunden werden. Ich kenne nur einen Ökologen, der diesen Punkt klar formuliert hat: »Man könnte ja aus dem, was ich vorhin über die unzulässige Ebenenvermischung in der ökologischen Stadtentwicklung gesagt habe (d. h. über die Vermischung von symbolischer und ökologisch-materieller Ebene), den Schluß ziehen, einfach wieder zu klaren Trennungen zurückzukehren: Um die symbolische (ästhetische) Natur kümmern sich Landschaftsarchitekten, und Ökologen wie Techniker, Planer, Hygieniker usw. kümmern sich ausschließlich um ›materielle‹ Natur. Letzterem steht aber entgegen, daß die rein physische Beschaffenheit urbaner ökologischer Systeme und ihre räumliche Verteilung davon abhängig ist, was die Stadtnatur als symbolische für die Stadtbewohner bedeutet und wie sich diese demnach ihr gegenüber verhalten« (TREPL, 1992c, S. 32; Klammerzusätze G.H.; vgl. auch TREPL, 1987, 1992a,b). Eine rigorose Beschränkung auf die »rein naturwissenschaftliche« Ebene mache jede anwendungsbezogene Ökologie »zur Makulatur«[21].

Wo immer ein Ökologe in der Stadt hinschaut, stößt er auf Vegetationsbestände, die zugleich materielle *und* symbolische Phänomene, Bestandteile einer realen *und* einer symbolischen Ökologie sind und die auch nur als Bestandteile einer Kultur (und das heißt vor allem: als Bestandteile einer Semantik und Symbolik) verständlich werden; zur Illustration zwei alltäglich-triviale Beispiele.

Es war ein faszinierendes Bild für mich, als ich zum ersten Mal auf einer Baumscheibe in einem gründerzeitlichen Quartier Osnabrücks ein blühendes Exemplar von Agrostemma githago (Kornrade) fand, und zwar mitten in einem Mäusegerste-Rasen. Ich kannte diese Kornrade fast nur von Bildern. Es handelt sich um ein in der heutigen Agrarlandschaft durch Saatgutreinigung praktisch verschwundenes Ackerunkraut altbäuerlicher Kornäcker. Beim genaueren Hinsehen wies sich das schöne alte Unkraut aber als eine gärtnerische Form, wie sie heute manchmal in den »Blumenwiesenmischungen« des Samenhandels enthalten ist. Diese kurzlebigen Ansaaten sind bei Städtern beliebt, weil sie – wie Kornblume und Klatschmohn – in der Stadt so flüchtig wie teuer an eine ländliche Idylle erinnern (an den Blumenflor alter Kornäcker, wie man sie

---

[21] Schon der vielberufene Erholungswert der Natur und die vielberufene Möglichkeit einer »Naturbegegnung« in der Stadt seien auch davon abhängig, wie man sich diese Natur denke. Man bewege sich schon ganz anders in einer Natur, die man für eine verletzliche Harmonie hält, als in einer Natur, in der man einen »struggle for life« aller gegen alle sieht (und wo naturgemäß und rechtens immer nur das Fitteste übrig bleibt).

eher aus verklärenden Bildern als aus einer vergangenen Wirklichkeit kennt). Eine Art von floristischer Agrarnostalgie holt vermeintliche Bilder (d. h. Symbole) schöner Ländlichkeit in die Stadt. Die Mäusegerste indessen ist in Nordwestdeutschland ein typisches Stadtunkraut, das sich z. Z. ausbreitet, weil die Pflege extensiviert wird, und z. T. auch, weil von manchen Stadtbewohnern nun auch die spontane Vegetation als »Natur« anerkannt wird.

In diesem Fall hatten Jungakademiker eine gekaufte Samenmischung ausgesät, weil das Bild auf der Samentüte sie agrarnostalgisch faszinierte. Dann hatten sie aber gemäß ihren fortschrittlichen Anschauungen auch das aufkommende Unkraut toleriert, das die Kornrade, den Mohn und die Kornblume zwar nicht sofort verdrängte, aber doch zurückdrängte. So entstand eine für den Interpreten reizvolle, wenn auch vergängliche Mischung aus Natursymbolen – Kornrade als eine nostalgische Träumerei von Natur der zweiten Art, Mäusegerste als ein neues Natursymbol aus Natur vierter Art, das aber physiognomisch auch an Natur der zweiten Art erinnert. Um einen solchen Vegetationsbestand zu begreifen, genügt es offensichtlich nicht, die »realökologischen« Standortfaktoren zu kennen oder auf Zeigerwerte zu verweisen; hier wird gewissermaßen Sinn zu einem Standortfaktor, ein Symbolismus zu einer ökologischen Ressource.

Im Jahr 1981 zeigte ich Anfängerstudenten in einer vegetationsgeographischen Veranstaltung eine kleine Mutterbodenmiete zwischen Schloß und Mensa. Es wurde gerade gebaut, deshalb war der Mutterboden zeitweilig zusammengeschoben worden. Auf der Miete wuchs allerlei. Vor allem dominierte ein Gras. Die Studenten machten eine vegetationskundliche Aufnahme und spielten die üblichen geländeökologischen Messungen durch. Das dominante Gras war einfach nicht zu bestimmen. Sie hatten den Eindruck, daß ich sie bewußt auflaufen ließ.

Aus der Neuen Osnabrücker Zeitung erfuhren sie dann, daß die Mutterbodenmiete vom Umweltschutzverein eingesät worden war, um »ein Stück natürliche Natur zu schaffen« (so wörtlich in der NOZ, 8.7.81). Die Studenten besorgten sich die Liste des Saatguts, das als »Ökowiese« verkauft worden war. Auf der Liste stand auch ein Gras, nämlich »Eragrostis abessynica«, das aber, wie sie in der Flora Europaea feststellten, nach den geltenden Nomenklaturregeln »Eragrostis tef« heißen muß. Schon ein Griff zu den Enzyklopädien klärte auf, daß es sich um ein altertümliches tropisches Getreidegras handelt, das wenig Ansprüche stellt und dessen Ertrag gering ist. So wird es heute noch in Äthiopien und in den Galla-Ländern genutzt und heißt dort unter anderem »Tef«. (Es war für die Studenten eindrucksvoll, daß ein äthiopischer Student es begeistert wiedererkannte.) Andererseits wird das Gras in Südafrika und Australien plantagenmäßig angebaut und der Samen von dort »auf den Weltmarkt geworfen«. Das Gras läuft sehr schnell auf und wird infolgedessen heute weltweit zur raschen Begrünung offener Flächen genutzt. Die Firma, die dem Umweltschutzverein eine »natürliche« Samenmischung für eine Ökowiese verkauft hatte, hatte den billigen Samen so reichlich eingemischt, daß das tropische Gras eine Vegetationsperiode lang stark dominierte. Vom Rest der Öko-Mischung war kaum etwas zu sehen, dagegen war die spontane Ruderalvegetation (das städtische Unkraut in Form einer Mäusegerste- und Wegraukengesellschaft) schon reichlich präsent.

Diese Stadtvegetation hatte offensichtlich mehr mit Ökonomie und Weltmarkt zu tun als mit Ökologie und »natürlicher Natur«. Wenn man den ökonomischen Kontext und die handlungsleitende Natursymbolik nicht sieht, kann man hier ökologischvegetationskundlich wenig begreifen. (Die »Natursymbolik« bestand auch hier in illusionären Vorstellungen von Natürlichkeit, Bewahrung und Wiederherstellbarkeit altheimischer Agrarnatur.) Das kann man verallgemeinern. Um die Natur(en) in der Stadt ökologisch zu verstehen, muß man neben der realen Ökologie auch die ökonomische Realität und die Symbolik in den Blick bekommen, man könnte sagen, den symbolisch-ökologischen Nebel zerstreuen, der die Realitäten weithin unsichtbar macht.

Der Ausdruck »symbolische Ökologie« ist hier ein Synonym für »Ethnoökologie«. Von »Ethnoökologie« sprechen Ethnologen, Ökologen und neuerdings auch Geographen, wenn sie die oft eigenartigen, aber zuweilen (unter bestimmten sozialen, politischen und ökonomischen Voraussetzungen) auch durchaus funktionierenden ökologischen Ansichten oder »indigenen Wissensbestände« meinen, wie man sie bei exotischen Ethnien und Bevölkerungsgruppen, z. B. nepalesischen Bauern, antrifft. Man braucht aber, wie man sieht, nicht bis zum Rand der Ökumene zu reisen, um solche Etnoökologien zu finden, und sie können hierzulande von sehr unterschiedlichen Gruppen und Institutionen getragen werden: Von Laien, Experten und Behörden (samt ihrer ganzen Gutachter-, Auftragnehmer- und anderen Zulieferindustrie), kurz, von *ecology makers* und *ecology brokers* aller Art.[22]

*Vor allem der Naturschutz ist ein ganz und gar symbolorientiertes Handlungsfeld: Wenn er überhaupt etwas schützt (außer sich selbst), dann schützt er vor allem Symbole, d. h. Gegenstände, die auf etwas anderes, viel Bedeutsameres hinweisen sollen, als sie selber sind. Er schützt z. B. nicht Natur, sondern z. B. Reste traditioneller Kulturlandschaften oder sich selbst überlassene moderne Ausbeutungsbrachen, die für »Natur« stehen; er schützt nicht Vielfalt, sondern z. B. seltene Vögel, die »Vielfalt« und »intakte Landschaft« symbolisieren – wobei die Symbole, d. h. die Schutzkinder des Naturschutzes, nicht nur nicht sind, was sie symbolisieren sollen, sondern meistens auch in überhaupt keinem verläßlichen realen Zusammenhang mit dem Symbolisierten mehr stehen.

Aber auch das, worauf die Symbole der Naturschützer, z. B. ihre Störche und Feuchtwiesen, bloß hinweisen, z. B. »Natur« und »Vielfalt«, steht auch seinerseits wieder für etwas anderes, was es selber gar nicht ist und worauf es nur von Ferne verweist: »Natur« steht z. B. für Ursprünglichkeit, Eigenart und Fülle, »Vielfalt« für Vollkommenheit, Schönheit und Harmonie, Gleichgewicht, Stabilität und Dauer (heute: Nachhaltigkeit), und dies alles wiederum verweist, historisch gesehen, auf die Präsenz, Potenz, Weisheit und Güte des Schöpfers. Die Ideengeschichtler haben es immer wieder gezeigt: die höchsten Ideale der Naturschützer, diese letzten Fluchtpunkte ihrer konkreten Präferenzen und Selektionen (die einem unbefangeneren Blick oft so schwer verständlich, ja unsinnig erscheinen) sind von Hause aus Lobpreisungen des Schöpfers durch seine Geschöpfe, Argumente eines Gottesbeweises und Richtlinien für die

[22] Das reicht von den »großen Erzählungen« (wie Waldsterben, Ozonloch, Klimakatastrophe und Artensterben) bis zu den kleinen Mythen in den symbolischen Ökologien von Grünadministration, Naturschutz, Umwelt- und Landschaftsplanung: z. B. Biodiversität, intakte Ökosysteme, Renaturierung, Feuchtwiesen, Biotopverbund, Eingriffskompensation ... und schließlich, ganz an der stadtgärtnerischen Basis, z. B. Bodendecker, Rindenmulch, Baumchirurgie...(illustrativ zu den letztgenannten folk ecologies vgl. z. B. HARD 1988, GROTHAUS u.a. 1988, zur »Scheinwelt Naturschutz« allgemein HAAFKE u.a. 1992).

menschliche Mitarbeit an der Schöpfung. Sie haben in diesem physikotheologisch-moralischen Kontext ihre originäre Sinnprägnanz erhalten und machen auch nur dort wirklich einen Sinn. Für einen heutigen Naturschützer allerdings spricht aus seiner schützenswerten Natur meistens wohl nicht mehr Gott, sondern (vor allem oder nur noch) die Natur selber, aber offenbar mit ähnlicher Stimme und Autorität.*

Resümee und Konsequenz: Eine Erweiterung des Aufmerksamkeitshorizontes

Die physische Beschaffenheit, die Veränderung und Veränderbarkeit der ökologischen Tatsachen und Systeme sind in den heutigen Städten also hochgradig davon abhängig, was das alles (jenseits seiner physisch-materiellen Beschaffenheit) für die Städter *bedeutet* und wie sie von politischen und populären, sozusagen symbolischen Ökologien (Polit- oder Ethnoökologien) her *interpretiert* werden. In solchen *folk ecologies* sind ökologische, politische, moralische und ästhetische Gesichtspunkte untrennbar miteinander verschmolzen. Diese Ethnoökologien können mit bloß naturwissenschaftlichen Termini weder formuliert noch verstanden werden, sind aber dennoch sozial, politisch und physisch-materiell oft weit wirkungsvoller als jede naturwissenschaftliche Ökologie im eigentlichen Sinn. Die Begrenztheit eines strikt szientifischen (hier: im üblichen Sinne naturwissenschaftlichen) Programms liegt also auf der Hand.

Eine sinnvolle Stadtökologie – eine Stadtökologie, die begreifen will, was stadtökologisch vor sich geht – muß also mehrperspektivisch sein. Sie kommt nicht umhin, sehr Unterschiedliches ins Auge zu fassen. Sie muß beobachten:

1. wie es sich realökologisch – in naturwissenschaftlicher Perspektive – wirklich verhält (welches also die tatsächliche ökologische Situation ist);
2. wie »man« glaubt, daß es sich ökologisch verhält (und welches die Träger sowie die soziale, politische, ökonomische Basis dieser Ethnoökologien sind);
3. wie die reale und die symbolische Ökologie sich zueinander verhalten;
4. wie »man« sich aufgrund der symbolischen Ökologie real verhält;
5. was bei der Anwendung dieser symbolischen oder politischen Ökologien realökologisch herauskommt (z. B. viele Potemkinsche Dörfer);
6. wie dieser realökologische Output oft irrealer Ökologien seinerseits wieder wahrgenommen, beobachtet, uminterpretiert und oft kontrafaktisch legitimiert wird; kurz, wie der realökologische Output wieder in die soziale Kommunikation eingeht – und mit welchen Folgen.

Am interessantesten ist die Situation natürlich dann, wenn die realökologischen Folgen den deklarierten ökologischen Absichten offensichtlich geradewegs zuwiderlaufen – und das scheint heute weithin die Regel zu sein. (*Zur Erklärung der fast regelhaft auftretenden Fehlschläge bzw. zur »Logik des Mißlingens« in der städtischen Grünplanung vgl. HARD, 1997*).

Diese Ökologie oder Stadtökologie umfaßt also zwei Themenbereiche, die man, wenn man will, *beide* »ökologisch« nennen kann. Einmal geht es um ökologische Zustände und Prozesse in der physisch-materiellen Welt (die heute allerdings größtenteils Folgen, und zwar meist unbeabsichtigte, unerwünschte und paradoxe, d. h. zielwidrige Folgen, menschlicher Aktivitäten sind). Zum anderen geht es aber vor allem um menschliches Handeln, das sich, wie alles Handeln, an Symbolen orientiert, z. B. an symbolischer Ökologie und Symbolen der Natur, aber viel häufiger wohl noch an ganz anderem.

Stadtökologie als ein Verbund inkompatibler Paradigmen

Das sind auch forschungslogisch sehr heterogene Themen; das zweite ist eins der Sozial- und Geisteswissenschaften, das erste eins der Naturwissenschaften. Wie die Alltagsweltler und ihre »folk sciences«, so verbindet auch diese Ökologie Themen, die im entwickelten Wissenschaftssystem getrennt sind und sogar für inkompatibel gelten, und dies nicht aus Natur- und Seinsvergessenheit, sondern mit guten Gründen[23].

Für solche Misch- oder Hybridparadigmen hat die moderne »main stream«-Wissenschaftstheorie leider wenig Interesse gezeigt und entsprechend kaum befriedigende Beschreibungs- und Analyseinstrumente ausgebildet. Es gibt solche Hybriden aber, und man kann sie auch forschungslogisch rekonstruieren (für einen solchen Versuch am Beispiel einer ökologisch-vegetationskundlichen Untersuchung vgl. HARD und KRUCKEMEYER, 1992). Es handelt sich um Disziplinen, deren Gegenstandsbeschreibungen wenigstens partiell noch in alltagsweltlich-alltagssprachliche Gegenstandsbeschreibungen übersetzt werden können, wo also die in vielen Naturwissenschaften unüberbrückbar gewordene Kluft zwischen emischer und etischer Beschreibung am gleichen Problem noch verstehend-interpretierend überbrückt werden kann (also nicht nur z. B. durch Willkür und Wissenschaftsaberglauben)[24]. Ein solcher Wissenstyp kann sogar große Bedeutung haben, z. B. beim physical planning, in der Medizin und so (wie ich glaube) auch in Teilen der Ökologie. Auch in Vegetationskunde, Vegetationsgeographie und nicht zuletzt in der klassischen Geographie ist dieser Wissenstyp enthalten, wenngleich in unterschiedlichem Ausmaß und mit unterschiedlichem Wert. Die Vegetationskunde/Pflanzensoziologie z. B. war und ist, wie ich glaube, überhaupt nur als eine solche hybride Praxis ein sinnvolles Forschungsprogramm; bei ihren forcierten Versuchen, »streng« und »rein naturwissenschaftlich« zu werden, wird sie nicht wissenschaftlicher, sondern immer unbrauchbarer und verliert tendentiell jede raison d'être (vgl. dazu HARD 1995).

Es handelt sich jedenfalls nicht um einen Wissenstyp, der ein (gegenüber den etablierten Natur-, Sozial- und Geisteswissenschaften) »höheres« oder »ganzheitlicheres«, »integrierendes«, »weniger zerstörerisches« und »gegenstandsadäquateres« (weil nicht apparativ-experimentelles) Wissen enthält; solche Mystifikationen und Überwertigkeits-

---

[23] Zum Begriff der folk science (»Volkswissenschaft«) vgl. RAVETZ, 1973; HARD, 1982.

[24] Solche Übersetzungsmöglichkeiten sind typisch für Disziplinen, deren Erkenntnisinteressen und Ziele, Fragen und Antworten, Güte- und Erfolgskriterien nicht situations- und subjektunabhängig, nicht zeitstabil und esoterisch genug (und nicht scharf und eindeutig genug vom jeweiligen gesellschaftlichen, d. h. außerwissenschaftlichen Kontext abtrennbar) sind, als daß man sie ohne wesentliche Gegenstands-, Themen-, Problem- und Horizontverluste in hochselektive und selbstgesteuert-autopoietische Normalwissenschaften umformen könnte. Versuche, solche Disziplinen zu »verwissenschaftlichen«, enden günstigenfalls bei schon bestehenden anderen Wissenschaften, im ungünstigen Fall bei wissenschaftlich substanzarmen Oberflächenimitationen »exakter Wissenschaften«, die dann meist auch praktisch nicht mehr brauchbar sind (es sei denn, zu Legitimationszwecken, z. B. im politisch-administrativen Raum). Jedenfalls werden dann die eigentlichen Potenzen dieses Wissenstyps verspielt.

ideen verstellten schon den Geographen immer ein wirkliches Verständnis der Geographie. Vieles von dem, was heute als ganzheitliche, wahre, integrative, tiefe(re) ... Ökologie, Humanökologie oder Ökogeographie bezeichnet wird (oder auch als soziale Naturwissenschaft, soziale Ökologie, integrative Umweltwissenschaft usf.), das ist günstigenfalls eine Ökologie, die – nicht selten auf unklare Weise – beide Themen oder beide Beschreibungsebenen (die reale *und* die symbolische, die etische *und* die emische) einbezieht oder einbeziehen will. Das ist es, glaube ich, was von den genannten und anderen Projekten alternativer Ökologien, Umwelt- und Naturwissenschaften übrigbleibt, wenn man aus den einschlägigen Sprechblasen die Luft herausläßt und sie so auf ihren rekonstruierbaren Kern reduziert.

Vegetationskunde und Vegetationsgeographie als altes Hybridwissen

Auch in Vegetationskunde und Vegetationsgeographie waren, wie ihre Literatur zeigt, immer schon beide Perspektiven enthalten: Eine naturwissenschaftlich-ökologische i. e. S. und eine andere, die man (mit vieldeutig-mißverständlichen Ausdrücken) »kulturökologisch« nennen könnte (die Ausdrücke »sozial-« bzw. »humanökologisch« wären wohl nicht weniger mißverständlich).

Im Rahmen der im engeren Sinne ökologischen Perspektive wird die Vegetation vor allem als standortbedingt betrachtet, in der anderen (»kulturökologischen«) Perspektive erscheint die Vegetation als nutzungs- und kulturbedingt. In der ökologischen Perspektive erscheint sie als Zeiger, »Indikator«, »synthetischer Ausdruck« (usf.) der Standortbedingungen (Wärme, Wasser, Licht, chemische und mechanische Faktoren einschließlich der Interaktionen der Organismen untereinander); in kulturökologischer Perspektive als Zeiger, »Indikator«, »synthetischer Ausdruck« (usf.) menschlicher Lebensverhältnisse, Inwertsetzungen und Aneignungen, kurz, als beabsichtigtes oder unbeabsichtigtes, erwünschtes oder unerwünschtes, vom Handelnden bemerktes oder unbemerktes Ergebnis (»Spur«) menschlichen Handelns. In ökologischer Perspektive geht es um Kausalitäten in der physisch-materiellen Welt, in kulturökologischer Perspektive auch (und manchmal sogar vor allem) um Handlungen und Bedeutungen. Auch die technisch-praktische Fragestellung ist in beiden Fällen oft unterschiedlich. In beiden Fällen geht es in gewissem Sinne um die Vegetation als Ressource, in ökologischer Perspektive aber z. B. eher um Wuchspotentiale, in kulturökologischer Perspektive eher um Flächennutzungspotentiale.

Differenz und Zusammenhang der beiden Perspektiven hat der Landschafts- und Vegetationsgeograph Josef Schmithüsen (1968) am prägnantesten in einem kleinen Statement (kurioserweise zu einer Untersuchung über die Vegetation von Fußballplätzen) formuliert. Zwar gehe es in einer »echt ökologischen Arbeit« zunächst um die Pflanzengesellschaften und ihre »Anpassung an die natürlichen Voraussetzungen«, also um die »Naturfaktoren« und deren »Wirkungszusammenhänge, die im einzelnen kausalanalytisch faßbar sind« (»etwas, was unter Naturgesetzen abläuft«). Zu einer »vollständigen ökologischen Untersuchung in der Kulturlandschaft« gehöre aber noch etwas anderes: Nun müsse auch noch (wie Schmithüsen in altertümlicher Diktion sagt) »das Geistige [...] in die ökologische Fragestellung eintreten«. Das heiße vor allem, daß man den »geistigen Plan« des Fußballplatzes kennen müsse, »der als solcher das Wirken des Menschen in diesem Raum regelt«. Mit dem »Geistigen« ist, wie der Kontext zeigt, die kulturelle Semantik und Symbolik des Handlungsfeldes gemeint, und mit dem »geistigen Plan« des Fußballfeldes vor allem seine handlungsorientierende emische (nicht-naturwissenschaftliche, sondern auf das Fußballspiel bezogene) Beschreibung, z. B. nach Spielfeld, Tor(raum), Strafraum, Elfmeterpunkt usw. Dieser »geistige Plan« ist so etwas wie eine räumliche Projektion der Semantik und Symbolik des Fußballspiels, seiner Spielregeln und Handlungen.

Warum aber diese Erweiterung der »ökologischen Untersuchung« ins »Geistige« (SCHMITHÜSEN)? Nur wer wisse, was »Fußballspielen« bedeute, verstehe das Vegetationsmosaik eines Fußballrasens wirklich. Vor allem aber: Nur wer wisse, was Fußballspielen ist und (infolgedessen) den »geistigen Plan« des Fußballplatzes kenne, könne sinnvolle, d. h. auf Sinn und Zweck des Fußballrasens bezogene praktische Vorschläge machen, wie der Fußballrasen wo behandelt und verbessert werden könnte. Die alltagsweltliche Verwertbarkeit also ist es vor allem, die es notwendig macht, die naturwissenschaftliche und die kulturell-symbolische Beschreibungsebene miteinander zu verbinden oder, wie man heute auch hinzufügen könnte, den Fußballplatzrasen als einen hybriden Gegenstand zu betrachten.[25]

Der Geograph Schmithüsen projizierte auf diese Weise aber auch das klassisch-geographische Paradigma auf den Fußballplatz. Auch die klassische Geographie war, vom modernen Wissenschaftssystem her gesehen, eine Hybridwissenschaft, und zwar als Kultur– wie als Physiogeographie. Das Problem einer solchen Geographie ist in jahrzehntelangen Diskussionen auf den Begriff gebracht worden, nicht zuletzt durch die Arbeiten von ULRICH EISEL (vgl. 1987, 1991, zusammenfassend auch HARD, 1982, 1992). Ihr Problem lag nicht so sehr in ihrem Hybridcharakter, sondern eher darin, daß sie sich als eine Art von höherer Synthese und Integration von »Spezial-« oder »Einzelwissenschaften«, ja sogar als eine Synthese von Natur- und Sozial- bzw. Humanwissenschaften mißverstand und dabei auch noch eine paradigmatisierte (und insofern einheitliche) moderne Wissenschaft sein wollte. Dergleichen kann dieser Wissenstyp im modernen Wissenschaftssystem aber gerade nicht mehr beanspruchen – was immer auch seine sonstigen Meriten sein mögen. Und was hier am marginalen Beispiel der Vegetationskunde/Vegetationsgeographie exemplifiziert wurde, gilt wohl auch für viele andere Exemplare dieses Wissenstyps – von der Architektur und Landschaftsarchitektur bis zu den unterschiedlichen Varianten dessen, was man Humanökologie nennt.

*Die vorangehenden Andeutungen über Ökologie und Stadtökologie kann man vielleicht wie folgt resümieren: Ein solcher Hybridwissenschaftler kann und sollte auf seine Weise durchaus ein seriöser Naturwissenschaftler sein, der weiß, daß für ihn als Naturwissenschaftler (z. B.) Organismen erst einmal Organismen und nichts als Organismen sind, und wenn man ihn fragt, was ihn als *naturwissenschaftlichen* Ökologen interessiere, dann wird er auch weiterhin z. B. antworten, er studiere (in der Stadt genau wie sonstwo) die Verteilung von Organismen und Populationen und erkläre diese Verteilungen erstens aufgrund der Standort- bzw. Umweltfaktoren und zweitens aufgrund der Interaktionen unter den Organismen selber, und er tue das in der Stadt im Prinzip nicht anders als im Hochgebirge oder in Naturschutzgebieten. Als reflektierter Ökologe und

[25] Damit sind hier aber keineswegs die weitreichenden theoretisch-epistemologischen Ansprüche verbunden, die z. B. bei LATOUR (1991) an diesen »Hybriden« hängen und in seinem Schlepptau auch wieder bei manchen Geographen.

Naturwissenschaftler weiß er aber, daß er gut daran tut zu sehen und einzubeziehen, daß alle seine Gegenstände immer schon mehrfach kodiert sind. In erster Kodierung ist (z. B.) die Vegetation das, was sie sozusagen an und für sich ist: ein physisch-materieller Gegenstand der Ökologie. Zweitens kann man sie aber noch anders, nämlich nicht nur naturwissenschaftlich-ökologisch, sondern auch sozusagen handlungsökologisch lesen: nämlich als beabsichtigte und unbeabsichtigte Spur menschlichen Handelns. Drittens, und das geht unter Umständen sowohl über die ökologische wie über die handlungsökologische Lesart hinaus: Diese »Naturkörper« weisen fast alle auch noch auf etwas hin, was sie selber und an sich gerade nicht sind. Kurz, in kultur-ökologischer Lesart sind sie alle immer schon längst semantisiert, sind Teil einer Semantik, Teil von Symbolsystemen, und das heißt auch: Teil einer Kultur, einer Ökonomie, einer Politik... Deshalb wurde diese dritte, aber auch schon die zweite Lesart auch – wenngleich mißverständlich – z. B. symbol-, kultur- oder ethnoökologisch (oder auch politisch-ökologisch u.ä.) genannt, mißverständlich deshalb, weil diese Termini auch schon alle anderweitig besetzt sind). Wenn er diese nicht-naturwissenschaftlichen Kodierungen beiseiteläßt, schneidet er seine Ökologie leicht von allen außerwissenschaftlichen Relevanzen ab, und/oder (was schlimmer und üblicher ist) er schlittert unreflektiert und ahnungslos zwischen den Kodierungen und Ebenen hin und her, ohne zu wissen, was er tut und wo er jeweils steht. Im zweiten Fall wird er (eine ziemlich typische Ökologen-Karriere!) zum Ideologen, Polit-Ökologen oder, wie man auch sagt, zum »Ökologisten« und kann sich nur noch ideologisch oder opportunistisch, aber nicht mehr mit Verstand auf Administrationen, Professionen und politische Diskurse einlassen.*

Ökologen-Rollen: Hofkapläne und Evaluierer

Wenn sich dann Wissenschaftler schon auf Administrationen und politische Diskurse einlassen – was wäre ihre angemessene Rolle? Dann sollten Ökologen sich (vielleicht nicht ausschließlich, jedenfalls aber mehr als bisher) als unabhängige Evaluierer sehen und bestätigen, statt, wie es häufig beobachtet werden kann, als Zulieferer, wenn nicht als Legitimatoren, Programmideologen und Feldkapläne von Naturschutz-, Umwelt- und anderen Administrationen (oder auch von grünen und »ökologischen« Professionen, Industrien und Bewegungen).

Als Wissenschaftler also sollten Ökologen die immer volltönenden Versprechungen, Programme, Hypothesen und Maßnahmen von Ökopolitik und Ökoadministratoren einer kausalen Überprüfung unterziehen, also ihre tatsächlichen ökologischen Folgen studieren. Im politischen Diskurs, als Bürger sozusagen, sollte dieser evaluierende Ökologe und Kritiker von Ethnoökologien dann dafür plädieren, daß nur noch ökopolitische Programme und administrative Maßnahmen durchgeführt werden, deren realökologische Effekte nachweisbar sind. Wenn die versprochenen Wirkungen nicht nachweisbar sind oder wegen Vagheit der Zielangabe kaum überprüft werden können, sollte er seine Drittmittelbegierden zähmen und für Streichung der betreffenden Programme plädieren. Kurz: Zur Rechtfertigung von politischem, administrativem und professionellem Handeln werden nur noch überprüfbare Effekte zugelassen (und zwar schon im Hinblick auf jede einzelne Naturschutz-, Ausgleichs- und Ersatzmaßnahme, jeden Landschafts-, Grünordnungs- und Pflegeplan). Auch wenn dieses (Gegen)Programm vielleicht nie in reiner Form durchgeführt werden kann: Es würde der Natur und Ökologie in Stadt und

Land meistens gut tun, die weithin bloß symbolische Politik der Grün- und Naturschutzadministration sehr verschlanken, die professionellen Verlautbarungen und die gesetzlichen Vorgaben (z. B. die Eingriffs- und Ausgleichsregelungen, aber die Naturschutzgesetzgebung insgesamt) zu realistischeren Formulierungen drängen und enorme Ressourcen für sinnvollere Aufgaben freisetzen.

Ein solcher wissenschaftlicher Beobachter beobachtet natürlich nicht schlechthin besser als der Verwalter, der Professionelle oder der Politiker, und noch weniger kann man sagen, er *könne* es grundsätzlich besser. Aber er öffnet black boxes und sieht einiges, was man von der anderen Seite her nicht sieht, nicht sehen kann oder nicht sehen will. Vor allem produziert gute Wissenschaft Nichtwissen und stellt z. B. fest, daß etwas auf diese oder jene Weise (oder auch überhaupt) nicht zu erreichen ist. Der glücklichste außerwissenschaftliche Effekt der beschriebenen Wissenschaftler-Rolle bestünde wohl darin, daß Verwaltung und Politik (samt ihren engagierten Experten) die Grenzen ihrer Wirkungsmöglichkeiten besser kennenlernen. Der Wissenschaftler liefert dann nicht mehr so sehr die »wissenschaftlichen Grundlagen« und Legitimationen für oft aufwendige, blindflugartige Programme mit oft unkontrollierbaren Umweltfolgen; er liefert dann oft eher die »wissenschaftlichen Grundlagen« dafür, daß Nichtkönnen öffentlich eingestanden und begründetes Nichtstun vertreten werden kann. Kurz, der positivste Effekt wäre wahrscheinlich »ein anderer Zuschnitt der (öko)politischen Diskussion« (LUHMANN 1981, 153; sinngemäßer Zusatz in Klammern von G. H.).

Vielleicht gibt es im Umkreis der modernen Verwaltungen und Organisationen, Professionen und Industrien mehrere respektable Wissenschaftler-Rollen, aber einige dieser Rollen sind schon jetzt stark überbesetzt (z. B. die des Zulieferers, Hofwissenschaftlers und Hofkaplans, des Gutachters und Drittmitteleinwerbers), während die angedeutete Rolle des unabhängigen Evaluierers mir stark unterbesetzt zu sein scheint.

*Diese einseitige Rollennahme ist wohl auch der Hintergrund des bekannten Phänomens, daß Stellungnahmen von Wissenschaftlern und wissenschaftliche Expertisen die politischen Diskussionen und Konflikte nur selten »versachlichen«, viel häufiger aber noch anheizen: indem sie die politischen Ansprüche und Interessen noch zusätzlich mit (oft divergierenden) wissenschaftlichen Wahrheitsansprüchen bewaffnen. Tatsächlich ist wissenschaftliches Wissen über (umwelt)ökologische Gegenstände durchweg unsicher und vor allem von zweifelhafter außerwissenschaftlicher Validität. Überdies sind Wissenschaftler schon in den fundamentalsten Dingen notorisch zerstritten, ihre Konsensbildungsprozesse sind in allen belangvollen Fragen fast immer langwierig, und im Umweltbereich haben sie es dazu oft noch mit Aggregateffekten aufgrund indirekter, komplexer und zeitlich verzögerter Kausalität zu tun, für die innerwissenschaftliches Wissen vermutlich nie ausreichen wird. Trotz dieser kognitiven Unsicherheiten aber wird auf politische und administrative Wahrheits-Nachfragen hin zumindest nach außen eine Fiktion von Konsens, Sicherheit und Kurzzeitrationalität vorgespiegelt: mit den bekannten Effekten, daß schließlich außerwissenschaftliche Interessen entscheiden, was als wissenschaftliche Wahrheit gelten soll, und wissenschaftliche Kontroversen sich sogar wissenschaftsintern tendentiell in politische verwandeln. Unter solchen Bedingungen ist Korruption wohl nur zu vermeiden, wenn der Wissenschaftler sich nicht oder nicht so sehr als Lieferant von Tatsachenwissen und wissenschaftlicher Wahrheit in Anspruch nehmen läßt, sondern so weit wie möglich eher als Vertreter und Methodiker einer organisierten Skepsis auftritt. Diese Haltung – und überhaupt so etwas wie ein

»wissenschaftliches Ethos« – kann er noch am ehesten in der beschriebenen Evaluiererrolle bewahren.*

Literatur

BERNDT, H. (1978) Die Natur der Stadt. Suhrkamp, Frankfurt a.M.

BERNARD, D. (1994): Natur in der Stadt. Über die Abhängigkeit der Wahrnehmung städtischer Spontanvegetation von kulturellen Mustern. Dipl.-Arbeit TU Berlin, Fachbereich Landschaftsplanung.

BOLLE, M.-L. (1993): Möglichkeiten des Bauhausprojektes »Industrielles Gartenreich«, sich auf Einheit zu beziehen. Diplom-Arbeit, Universität Bielefeld, Fakultät für Soziologie, Bielefeld.

BÖSE-VETTER, H. (Hrsg.) (1989): Nachlese: Freiraumplanung (Notizbuch 10 der Kasseler Schule). Arbeitsgemeinschaft Freiraum und Vegetation, Kassel.

BREUER, St. (1992): Die Gesellschaft des Verschwindens. Von der Selbstzerstörung der technischen Zivilisation. Junius, Hamburg.

BRÖRING, U. & WIEGLEB, G. (1990): Wissenschaftlicher Naturschutz oder ökologische Grundlagenforschung? In: Natur und Landschaft. Bd. 65, S. 283-291.

DERENBACH, R. (1984): Bedingungen und Handlungsfelder regionaler Selbsthilfe. In: Informationen zur Raumentwicklung. Heft 9, S. 881–894.

DOUGLAS, M (1970): Natural Symbols. Explorations in Cosmology. London.

DOUGLAS, M. & WILDAWSKY, A. (1988): Risk and Culture. Berkeley, Los Angeles, London.

EISEL, U. (1987): Geographie als materialistische Theologie. In: BAHRENBERG, G., DEITERS, J., FISCHER, M.M., GAEVE, W., HARD, G. & LÖFFLER, G. (Hrsg.): Geographie des Menschen. Dietrich Bartels zum Gedenken. S. 89-109, Bremer Schriften zur Geographie und Raumplanung. Bd. 11, Universität Bremen, Bremen.

EISEL, U. (1991): Warnung vor dem Leben. In: HASSENPFLUG, D. (Hrsg.) Industrialismus und Ökoromantik. Geschichte und Perspektiven der Ökologisierung. S. 159-192, Deutscher Universitäts-Verlag Wiesbaden.

FUCHS, P. (1992): Die Erreichbarkeit der Gesellschaft. Zur Konstruktion und Imagination gesellschaftlicher Einheit. Suhrkamp, Frankfurt am Main..

GAEBE, W. (1987): Verdichtungsräume. Teubner, Stuttgart.

GARVE, E. (1994): Atlas der gefährdeten Farn- und Blütenpflanzen in Niedersachsen und Bremen. 2 Bd.e. Niedersächs. Landesamt für Ökologie, Hannover.

GROSSKLAUS, G. (1983): Der Naturraum des Kulturbürgers. In: GROSSKLAUS, G. & OLDEMEYER, E. (Hrsg.) : Natur als Gegenwelt: Beiträge zur Kulturgeschichte der Natur. S. 169-196, von Loeper, Karlsruhe.

GROSSKLAUS, G. (1993): Natur – Raum. Von der Utopie zur Simulation. München.

GROTHAUS, R., HARD, G. und ZUMBANSEN, H. (1988): Baumchirurgie als Baumzerstörung. Auf den Spuren eines lukrativen Unsinns. In: Der Gartenbau/Horticulture Suisse (Solothurn), 109. Jg., Heft 43, Oktober 1988, S. 1987-1991. Wieder abgedruckt in: Hard-Ware, Notizbuch 18 der Kasseler Schule, Kassel 1990, S. 350-360.

HABERMAS, J. (1981): Theorie des kommunikativen Handelns. Bd. 1, 2, Suhrkamp, Frankfurt am Main.

HAAFKE, J. u. a. (1992): Scheinwelt Narturschutz. FLÖL-Mitteilungen Nr. 1. Ratingen.

HAEUPLER, H. (1974): Statistische Auswertung von Punktrasterkarten der Gefäßpflanzenflora Südniedersachsens. Göttingen (=Scripta Geobotanica, Bd. 8)

HAEUPLER, H. & SCHÖNFELDER (1988): Atlas der Farn- und Blütenpflanzen der Bundesrepublik Deutschland. Ulmer, Stuttgart.

HARD, G. (1982): Lehrerausbildung in einer diffusen Disziplin. In: Karlsruher Manuskripte zur Mathematischen und Theoretischen Wirtschafts- und Sozialgeographie. Heft. 55, Universität Karlsruhe, Karlsruhe.

HARD, G. (1985): Städtische Rasen, hermeneutisch betrachtet. In: BACKÉ, B. & SEGER, M. (Hrsg.): Festschrift Elisabeth Lichtenberger. S. 29-52, Klagenfurter Geographische Schriften, Bd. 6, Institut für Geographie der Universität Klagenfurt, Klagenfurt.

HARD, G. (1987): Das Regionalbewußtsein im Spiegel der regionalistischen Utopie. In: Informationen zur Raumentwicklung. Heft 7/8, S. 419-440.

HARD, G. (1988): Die Vegetation städtischer Freiräume. Überlegungen zur Freiraum-, Grün- und Naturschutzplanung in der Stadt. In: Stadt Osnabrück/Der Oberstadtdirektor (Hg.): Perspektiven der Stadtentwicklung: Ökonomie-Ökologie. Osnabrück, S. 227-242. Wieder abgedruckt in: Hard-Ware, Notizbuch 18 der Kasseler Schule, Kassel 1990, S. 331-346.

HARD, G. (1992): Zwei Versionen der klassischen Geographie. In: SEGER, M. & ZIMMERMANN, F. (Hrsg.) Festschrift Bruno Backé, S. 35-52, Klagenfurter Geographische Schriften Bd. 10, Institut für Geographie der Universität Klagenfurt, Klagenfurt.

HARD, G. (1993): Viele Naturen. In: Schäfer, R. (Hg.): Was heißt denn schon Natur? Ein Essaywettbewerb. 1993, S. 169-198, 203. Callwey, München.

HARD, G. (1995): Spuren und Spurenleser. Zur Theorie und Ästhetik des Spurenlesens in der Vegetation und anderswo. Universitätsverlag Rasch, Osnabrück.

Hard, G. (1997): Grün in der Stadt. In: Steiner, D. (Hg.): Mensch und Lebensraum. S. 233-257, Westdeutscher Verlag, Opladen.*

HARD, G. & KRUCKEMEYER, F. (1992): Stadtvegetation und Stadtentwicklung. In: Berichte zur deutschen Landeskunde. Bd. 66, S. 33-60.

HARD, G. & KRUCKEMEYER, F. (1993): Die vielen Stadtnaturen. Über Naturschutz in der Stadt. In: KOENIGS, T. (Hrsg.:) Stadt-Parks. S. 60-69, Campus, Frankfurt.

HARVEY, D. (1987): Flexible Akkumulation durch Urbanisierung: Reflexionen über »Postmodernismus« in amerikanischen Städten. In: PROKLA, 17. Jg., Nov. 87, S. 109-131.

HÄUSSERMANN, H. & SIEBEL, W. (1987): Neue Urbanität. Suhrkamp, Frankfurt am Main.

HEINRICH, Chr. (1990): Die Naturgartenidee. ifk-Verlag, Berlin.

HEISE, St. (1987): Feuchtgebiete als Symbole konservativer Naturschutzplanung. Dipl.-Arbeit Fachbereich Landschaftsentwicklung TU Berlin.

HUBER, J. (1982): Die verlorene Unschuld der Ökologie. Fischer, Frankfurt am Main..

HÜLBUSCH, K. H. (1981a): Das wilde Grün der Städte. In: ANDRITZKY, M. & SPITZER, K. (Hrsg.): Grün in der Stadt. S. 191- 201, Rowohlt, Reinbek bei Hamburg.

HÜLBUSCH, K. H. (1981 b): Zur Ideologie der öffentlichen Grünplanung. In: ANDRITZKY, M. & SPITZER, K. (Hrsg.) Grün der Stadt S. 320-330, Rowohlt, Reinbek bei Hamburg.

JUNGE, F. (1907, 3. Aufl., zuerst 1885): Der Dorfteich als Lebensgemeinschaft. H. Lühr & Dircks, St. Peter-Ording.

KOWARIK, I. (1991): Unkraut oder Urwald? Natur der vierten Art auf dem Gleisdreieck. In: Bundesgartenschau GmbH. (Hrsg.) Dokumentation Gleisdreieck morgen. Sechs Ideen für einen Park. S. 45-55, Berlin.

KOWARIK, I. (1992a): Das Besondere der städtischen Flora und Vegetation. In: Natur in der Stadt. Schriftenreihe des Deutschen Rates für Landespflege, Bd. 61, S. 33-47.

KOWARIK, I. (1992b): Stadtnatur – Annäherung an die »wahre« Natur der Stadt. In: Stadt Mainz und BUND Kreisgruppe Mainz (Hrsg.): Symposium Ansprüche an Freiflächen im urbanen Raum. S. 63-80, Mainz.

LATOUR, B. (1991): Nous n'avons jamais été modernes. Essai d'anthropologie symétrique. Editions La Découverte, Paris.

LEROY, L. G. (1983): Natur ausschalten, Natur einschalten. 2. Aufl., Klett-Cotta, Stuttgart.

LUHMANN, N. (1980, 1981): Gesellschaftsstruktur und Semantik. Studien zur Wissenssoziologie der modern Gesellschaft. Bd. 1, 2., Suhrkamp, Frankfurt am Main.

LUHMANN, N. (1985): Soziale Systeme. Suhrkamp, 2. Aufl., Frankfurt am Main.

LUHMANN, N. (1986a): Ökologische Kommunikation. Westdeutscher Verlag, Opladen.

LUHMANN, N. (1986b): Die Lebenswelt – nach Rücksprache mit Phänomenologen. In: Archiv für Rechts- und Sozialphilosophie. Bd. 72 , Nr. 2, S. 176-194.

LUHMANN, N. (1990a): Die Wissenschaft der Gesellschaft. Suhrkamp, Frankfurt a.M..

LUHMANN, N. (1990b): Weltkunst. In: LUHMANN, N., BUNSEN, F.D., & BAECKER, D. (Hrsg.) Unbeobachtbare Welt. Über Kunst und Architektur. S. 7-45, Haux, Bielefeld.

RAVETZ, J.R. (1973): Die Krise der Wissenschaft. Luchterhand, Neuwied und Berlin .

RATH, N. (1984): Natur, zweite. In: RITTER, J. und GRÜNDER, K. (Hrsg.): Historisches Wörterbuch der Philosophie. Bd. 6., S. 484-494., Wissenschaftliche Buchgesellschaft, Darmstadt.

REICHHOLF, J. (1989): Siedlungsraum. München.

REICHHOLF, J. (1994): Die Attraktivität der Stadt. In: Tumult, Schriften zur Verkehrswissenschaft, Nr. 19 (Synanthropen), S. 5-19.

SCHMITHÜSEN, J. (1968): Diskussionsbeitrag. In: TÜXEN, R. (Hrsg.): Pflanzensoziologie und Landschaftsökologie. S. 344-345, Dr. W. Junk, Den Haag.

SCHÜRMEYER, B. & VETTER, Chr. A. (1993): Die Naturgärtnerei. In: Notizbuch 28 der Kasseler Schule. S. 63-124, Kassel.

SIMON, J. (1989): Philosophie des Zeichens. de Gruyter: Berlin.

SPAEMANN, R. (1989): Sind »natürlich« und »unnatürlich« moralisch relevante Begriffe? In: Schubert, V. (Hrsg.) Was lehrt uns die Natur? Die Natur in den Künsten und Wissenschaften. S. 253-79, EOS, St. Ottilien.

STÖHR, W. B. (1984): Ansätze zu einer neuen Fundierung der Regionalpolitik. in: Jahrbuch für Regionalwissenschaft. Bd. 5, S. 7-28.

STÖHR, W. B. (1980): Development from below. The Bottom-up and Periphery-inward Development Paradigma. IRR (Interdisziplinäres Institut für Raumordnung, Wirtschaftsuniversität Wien) – Discussion Nr. 6, S. 54.

SUKOPP, H. (Hrsg.) (1990): Stadtökologie. Das Beispiel Berlin. Reimer, Berlin.

SUKOPP, H. & WITTIG, R. (1993): Stadtökologie. Gustav Fischer: Stuttgart, Jena.

TREPL, L. (1987): Geschichte der Ökologie vom 17. Jahrhundert bis zur Gegenwart. Athenäum, Frankfurt am Main.

TREPL, L. (1992a): Stadt-Natur: Ökologie, Hermeneutik und Politik. In: Rundgespräche der Kommission für Ökologie. S. 53-58, Bayerische Akademie der Wissenschaften, Verlag Dr. Friedrich Pfeil, München..

TREPL, L. (1992b): Was sich aus ökologischen Konzepten von »Gesellschafter« über die Gesellschaft lernen läßt. In: MAYER, J. (Hrsg.) Zurück zur Natur!? Zur Problematik ökologisch-naturwissenschaftlicher Ansätze in den Gesellschaftswissenschaften. Loccumer Protokolle Bd. 75/92, S. 51-63, Evangelische Akademie, Loccum.

TREPL, L. (1992c): Natur in der Stadt In: Deutscher Rat für Landespflege (Hrsg.) Natur in der Stadt. Der Beitrag der Landespflege zur Stadtentwicklung. Schriftenreihe des Deutschen Rates für Landespflege. Bd. 5, Nr. 61, S. 30-32.

WILMANNS, O. (1993, 5. Aufl.): Ökologische Pflanzensoziologie. Quelle & Meyer, Heidelberg.

WOŹNIAKOWSKI, J. (1987): Die Wildnis. Frankfurt a.M.

Was ist Geographie?

Re-Analyse einer Frage und ihrer möglichen Antworten (1990)

Summary:

What is the subject of geography? Revisiting a question and it's answers. It has been argued that the question »What is (the nature of) geography?« is not answerable and even meaningless because it is based on wrong premises. In this paper I shall revise that opinion.

For this purpose I firstly present a rational reconstruction of the discussion on what is geography. Secondly I show that normative answers cannot be successfull. Thirdly it is argued that answers of the question have to be understood as »reflexion theories«. By theories of this type neither knowledge about geography nor legitimation of geography can be provided. Nevertheless reflexion theories are unavoidable.

Fourthly I´ll outline (and illustrate) criteria for rational reflexion theories and discuss possible effects of such theories on the discipline.

1. Einleitung

Im folgenden geht es um die Frage, die in allgemeinerer Form »Was ist Geographie?« und in singularisierter Form z. B. »Ist das (noch) Geographie?« lautet. Logisch führt die spezielle Frage auf die generelle, und deshalb können wir sie als Varianten *einer* Frage behandeln. Ex- oder implizit gegebene Antworten auf die Frage, was Geographie sei, sollen »Geographie-«, »Reflexions« oder »Theorieformeln« heißen, denn sie enthalten durchweg – zumindest der Intention nach – die Abbreviatur oder den Kern einer Theorie der Geographie.

Wie die Fragen, so hatten auch die Antwortverweigerungen ihre Konjunkturen. In eine dieser Konjunkturen der Antwortverweigerung fiel das »Lotsenbuch« (1975, S. 164 f.). Dort wird dem Studenten empfohlen, sich erst gar nicht auf Fragen dieser Art einzulassen – und schon gar nicht auf die spezifische Frage, ob etwas Bestimmtes (noch) Geographie sei. Die Frage sei geradezu repressionsverdächtig; wer so frage, versuche zumindest, den Studenten von interessanten modernen Fragen auf hausbackene Traditionsthemen zurückzulenken.

Nicht immer wurde die Frage so hemdsärmelig abgetan. Aber auch dann lief es darauf hinaus, die Frage und den Fragenden durch Eskamotierung der Frage auszutricksen. So z. B. im Eingangskapitel zur »Wissenschaftstheoretischen Einführung in die Geographie« von 1973; das Kapitel hieß: »Eine Frage, die keine Antwort hat«. Die Strategie war der analytischen Sprachphilosophie entliehen und bestand in dem Vorschlag, aus der Problemfalle herauszuspringen: Der Frage sollten – durch Analyse ihrer scheinbar plausiblen, tatsächlich aber falschen Voraussetzungen – ihre Quellen abgegraben werden. Damit war die Frage, schien es, vom Tisch: als »sinnlos, weil auf falsifizierten Prämissen beruhend«.

Diese »falschen Prämissen« konnten in den literarischen Belegen leicht entdeckt werden. Unter anderem setzten die Fragesteller mehr oder weniger stillschweigend die historische Kontinuität und gegenwärtige Existenz *einer* Geographie voraus (die sich womöglich in der Geschichte entfaltet habe, aber doch im Kern die gleiche geblieben sei). Tatsächlich aber, so argumentierten die Kritiker der Frage, sei der Gegenstand der Frage, die Geographie, von äußerster Heterogenität: in diachroner Hinsicht durch Paradigmenbrüche diskontinuiert und in synchroner Hinsicht in heterogene Forschungsprogramme differenziert. Außerdem unterstellten die Fragesteller, daß solche Was-ist-oder Wesensfragen überhaupt sinnvoll beantwortet werden könnten. Die scheinbar eine (Wesens)Frage zerfalle beim näheren Hinsehen aber in ein ganzes Bündel sehr verschiedener, ganz anderer Fragen, von denen nun eine jede eine klare Bedeutung habe, akzeptable Voraussetzungen mache und sinnvoll beantwortet werden könne: unter anderm in die drei Fragen nach den *realexistierenden* Geographien, nach den *Selbstverständnissen* der betreffenden Geographen und nach den *wünschbaren* geographischen Forschungsprogrammen.

2. Ein idealtypischer Diskussionsverlauf

Es ist leicht zu erkennen, daß sowohl das Stellen der Frage wie das Verweigern der Antwort oft im Dienst bestimmter disziplin- und karrierepolitischer Interessen standen. Insofern das politische Interesse sich als bloßes Interesse an Erkenntnis verkleidete, kann man beide Strategien ideologisch nennen. Die Frage wurde – vor allem in ihrer singularisierten Form – wohl im allgemeinen eingesetzt, um ein Interesse an Einheit, Konformität und Orthodoxie (sowie ein Interesse an Aufdeckung und Stigmatisierung von Abweichung) zu stützen (so sieht es z. B. schon SCHULTZ 1971, S. 22 ff.). Andererseits konnte man zuweilen auch die Eskamotierung der Frage als Disziplinpolitik (und unter Umständen sogar die Sprachanalyse als Interessenpolitik) lesen. Aus solcher Sicht gehören die Illegitimierung der Frage und die Heterogenitätsthese dann zu den Legitimationsstrategien meist jüngerer Wissenschaftlergruppen, die sich ihre Freiräume schaffen oder behaupten wollten.

Wenn man sich dies vor Augen hält, ist leicht verständlich, warum alle Eskamotierungsstrategien den Nachteil haben, daß der Frager sie selten akzeptiert. Günstigenfalls ist der Fragende durch die Sprachanalyse von seiner Frage geheilt, aber nicht von seinen Interessen, und er wird auf funktionale Äquivalente sinnen. So liegt es nahe, die Dimension des Interesses bewußt in die Diskussion aufzunehmen (und dergestalt auch meine eigenen Vorschläge von 1973 sowohl zu korrigieren wie zu ergänzen).

Wie müßte eine solche Diskussion aussehen, die mit den genannten Fragen beginnt und sie *nicht* eskamotiert? Eine solche Diskussion wird im folgenden rekonstruiert. Diese Rekonstruktion sollte alle wesentlichen Momente realer Diskussionen enthalten, sie aber explizit machen und in eine übersichtliche und folgerichtige Sequenz bringen. Sie sollte aber nicht nur beschreiben, sondern zugleich auch einen Vorschlag machen, wie die realen Diskussionen sinnvoller und zu einem sinnvollen Ende geführt werden könnten. »Sinnvoll« heißt dann einfach, daß nun hinreichend klar ist, worum es eigentlich geht und worüber gestritten und entschieden werden müßte. (Die Dramaturgie der Rekonstruktion ist angelehnt an GABRIEL 1972, 1976.)

Die Ausgangsfrage ist normalerweise, ob etwas (noch) Geographie sei, z. B. das Thema (oder der Inhalt) einer Staatsexamensarbeit, einer Promotion, einer Habilitation, eines Zeitschriftenaufsatzes, eines Projektes, eines Seminars, einer Prüfung ... A sei der Meinung, eine Arbeit von B oder C sei »keine Geographie (mehr)«, B indessen bestehe darauf, daß es tatsächlich (noch) Geographie sei. Die Diskussion – oder die Gesamtsituation, die sich in ihr spiegelt oder zuspitzt – kann durchaus existentielle Bedeutung haben, z. B. für jemanden, der ein Examen bestehen, promoviert, habilitiert oder auch bloß gedruckt werden will.

Zunächst soll geprüft werden, ob die Meinungsdifferenz bloß darin besteht, daß A und B unterschiedliche Sachverhalte im Auge haben. Vielleicht kennt A die Arbeit von B oder C nicht hinreichend und würde sein Urteil ändern, wenn er mehr Details über Inhalt und Fragestellung kennte. Möglicherweise sagt A dann: »Ja, wenn das *so* ist, dann *ist* das *natürlich* eine geographische Arbeit«. Es könnte aber auch sein, daß zusätzliche Information – umgekehrt – den Kontrahenten B dazu bringt, sein Urteil zu revidieren. So könnte die Herstellung einer gemeinsamen, d. h., von *beiden* Kontrahenten anerkannte Tatsachenbasis den Konflikt auflösen. Diese Anfangsdiskussion über (außerlinguistische) Faktenfragen soll *»empirischer Sachdiskurs«* heißen. Er spielt auch in vielen realen Diskussionen eine Rolle, und es wird vorgeschlagen, ihn an den Anfang zu rücken.

Nehmen wir an, die Einigkeit oder Einigung auf dieser empirischen Ebene ändere die Urteile von A und B *nicht* – für B bleibt das Thema usf. »Geographie«, für A ist es nach wie vor »keine Geographie mehr« (oder »noch keine Geographie«). Im nächsten Schritt sollten A und B dann einander fragen, was der andere denn jeweils mit »Geographie« gemeint habe. Sie werden sich dann einander ihren offensichtlich unterschiedlichen Wortgebrauch erläutern, d. h. ihren jeweiligen Geographiebegriff verständlich zu machen versuchen. Es geht auch hier wieder um *Fakten,* aber nun um *linguistische* Fakten, nämlich um den *tatsächlichen Wortgebrauch* von A und B. Wir sind, um die Termini von Gabriel einzusetzen, nach einem »empirischen Sachdiskurs« zu einem *»empirischen Wortgebrauchsdiskurs«* übergegangen.

Der »empirische Wortgebrauchsdiskurs« nun ist voller Fußangeln. Erstens ist es fast die Regel, daß man den eigenen Wortgebrauch auf Anhieb falsch beschreibt. Wenn man das weiß, hat man aber eine gute Chance, es zu bemerken und zu korrigieren[1]. Zweitens ist es denkbar, daß die beiden Geographiedefinitionen einander gleichen wie ein Ei dem andern und die entscheidenden Differenzen sich hinter den gleichen Vokabeln verstecken. Wenn beide Kontrahenten die Geographie z. B. mittels des Terminus »Raum« beschreiben, muß die Differenz hinter den nominell gleichen Vokabeln gesucht werden. Am wichtigsten fürs Gelingen dieses Diskursschrittes ist es aber natürlich, daß alle Beteiligten sich ständig und vollkommen darüber klar sind, daß es (noch) nicht um den *richtigen* Geographiebegriff und schon gar nicht um die richtige Geographie geht, sondern nur um die Frage, was jeweils gemeint ist, wenn man »Geographie« sagt.

[1] Es empfiehlt sich dann, nicht auf die Wort*definitionen,* sondern auf den Wort*gebrauch* des andern zu achten; man bildet z. B. Beispielsätze und formuliert exemplarisch »wirklich geographische« und »nicht mehr geographische« Themen – usf. Man braucht in solchen Situationen keine umfassenden und präzisen Geographiedefinitionen; es reicht, wenn die *Differenz* der beiden Geographiebegriffe deutlich wird.

Nehmen wir an, am Ende dieses Diskursschritts wäre hinreichend klar, was jeder der beiden mit »Geographie« gemeint hat. Jeder versteht nun den anderen. A könnte nun zu B sagen: »Ja, wenn Sie »Geographie« *so* verstehen, dann ist das tatsächlich Geographie; ich selber habe aber mit »Geographie« etwas anderes gemeint, und in diesem – anderen Sinn *war* es eben keine Geographie mehr. Ich schlage vor, wir streiten uns als vernünftige Leute nicht um Wörter, vergessen das und kommen zur Sache.« B könnte mit analoger Großzügigkeit reagieren[2].

Erfahrungsgemäß endet die Debatte aber so gut wie niemals auf diese aufgeklärte Weise: es sei denn in idealen Elfenbeintürmen (d. h. in intellektuellen Milieus, wo außer dem Interesse an Erkenntnis keine anderen Interessen von Gewicht mehr vorhanden sind, wo es ausschließlich um Information geht und Informationen fast ausschließlich der Gewinnung weiterer Informationen dienen). Die Kontrahenten mögen sich nun genau *verstehen*; einig sind sie sich noch lange nicht. Warum nicht? Schon aus pragmatischen Gründen kann nicht jeder die Leute reden lassen und z. B. lässig auf den Titel »Geograph« (oder die Auszeichnung seiner Arbeiten als »geographisch«) verzichten; das könnte z. B. als Verzicht auf Legitimität, Kompetenz, Loyalität und eine innergeographische Karriere ausgelegt werden. Offensichtlich geht es bei der Diskussion, was Geographie sei (oder ob etwas noch Geographie sei), immer auch noch darum, was – oft mit einigen praktisch–politischen Folgen – *mit Recht* »Geographie« genannt werden darf (und wer *mit Recht* als Geograph bezeichnet zu werden verdient). In ähnlicher Weise geht es ja z. B. in dem endlosen (innermarxistischen oder innersozialistischen) Streit darum, was »Sozialismus« sei, immer auch darum, wer und was *berechtigt* sei, sich *legitimerweise* »Marxismus« oder »Marxist«, »Sozialismus« oder »Sozialist‹ zu nennen. Kurz, die Frage lautet nun nicht mehr nur, wie das Wort »Geographie« tatsächlich gebraucht wird; es geht nun auch darum, wie es gebraucht werden *sollte*. D. h., man gerät im Verlauf einer solchen Diskussion regelhaft aus einem empirischen (oder deskriptiven) Wortgebrauchsdiskurs in einen *normativen Wortgebrauchsdiskurs* hinein.

Um den »richtigen« Gebrauch des Wortes Geographie aber diskutiert man deshalb, weil jeder der Kontrahenten pragmatische (z. B. disziplinpolitische) Interessen daran hat, daß sich *seine* Sprachnorm (und nicht die des anderen) durchsetzt. »*Pragmatische* Interessen« heißt: Interessen an der Erhaltung oder Veränderung einer *Praxis*. Einigung über den Wortgebrauch kann also nur zustande kommen, wenn eine Einigung über diese pragmatischen Interessen zustandekommt. »Nunmehr ist der Diskurs nur dann noch fortsetzbar, wenn die Teilnehmer ihre zugrundeliegenden pragmatischen Interessen explizit zum Gegenstand der Auseinandersetzung machen« (GABRIEL 1976, S. 452). D. h., der normative Wortgebrauchsdiskurs mündet, so scheint es, in einen *normativen Sachdiskurs,* d. h. in die Frage, was Geographen tun sollen, und warum. Eine wirkliche Einigung über den Wortgebrauch wäre letztlich eine Einigung hinsichtlich der Interessen, d. h. die Konstitution eines *gemeinsamen* Interesses[3].

---

2 Man könnte sich z. B. darauf einigen, die beiden Geographiebegriffe zu indexieren (^{A}Geographie, ^{B}Geographie); man könnte auch übereinkommen, aus Gründen der Klarheit und der Konfliktvermeidung das eine nicht mehr »Geographie« (sondern anders) zu nennen – oder den Ausdruck »Geographie« vorsichtshalber ganz fallen zu lassen.

3 Die beschriebene Sequenz hat eine gewisse Ähnlichkeit mit dem »Stufenmodell wachsender Rationalität« bei BARTELS 1970; zu dessen Interpretation vgl. auch WERLEN 1987.

3. Externalisierung der Antwort

Eine Diskussion der Was-ist-Frage scheint also auf einen »normativen Sachdiskurs« hinauszulaufen. Wenn diese Normfragen in die Disziplin hereingenommen wurden, dann führte die Diskussion aber regelhaft zu *externen* Bezugspunkten – »extern« relativ zur Disziplin und zu disziplininternen Forschungsprogrammen. Eine solche Externalisierung der Antwort scheint aber nicht fruchtbarer zu sein als die Eskamotierung der Frage.

Man kann in diesen Externalisierungen Versuche sehen, Sinn und Rationalität von außen ins System einzuführen, vor allem durch Bezug auf einen höheren Wert, eine übergeordnete Perspektive, ein größeres Ganzes. Die Kandidaten sind dann z. B.: Wissenschaft(lichkeit) und Wissenschaftstheorie; Ethik; der Mensch, die Menschheit und die Menschlichkeit; eine bessere oder menschlichere Gesellschaft; politische Ökonomie (bzw. Marxismus); Vernunft; Fortschritt; Emanzipation; gewerkschaftliche Orientierung ... Alle diese (und manch andere) Kandidaten hatten auch schon in der Geographie ihre Probeläufe[4].

Dagegen läßt sich vieles einwenden. Erstens wird die Orientierungs- und Steuerungskapazität von *Normen* enorm überschätzt (und die doppelte Kluft erstens zwischen argumentativer und sozialer Gültigkeit, zweitens zwischen normativer Geltung und faktischer Handlungswirksamkeit ebensosehr unterschätzt). Zweitens müßte der übergeordnete Sinn oder die Rationalität des jeweiligen Ganzen, die dem jeweiligen »Unterganzen« (hier: der Geographie) Sinn und Rationalität verleihen sollen, wieder über den Sinn und die Rationalität der übersprungenen Teile (also z. B. der Geographie) gesichert werden. Drittens und vor allem geben diese Externa keine *Geographie*theorie, kein *disziplinäres* Paradigma, keine *geographische* Perspektive her; solche höchsten Normen und letzten Einheiten, denen sozusagen jedermann zustimmen *muß*, sind auf der disziplinären Ebene (oder gar auf der Ebene von Teildisziplinen und Forschungsprogrammen) einfach nicht anschlußfähig und selektiv genug, um Forschungshandeln orientieren zu können, ein bestimmtes Forschungshandeln als »geographisch« (oder als »nicht geographisch«) zu kennzeichnen oder auch nur eine Selektion im Rahmen der Möglichkeiten vorzuschlagen, die sich der Geographie oder einzelnen Geographen tatsächlich bieten.

Als Beispiel kann man auch die Versuche anführen, Geographie *marxistisch* zu orientieren. In praxi läuft das darauf hinaus, daß die »bürgerliche« Geographie durch politökonomische Interpretationen und Normierungen ergänzt oder »überwölbt« wird (und auch das meist nur bei bestimmten Themen, etwa Stadt und Entwicklung). Es ist aber, wie auch EISEL (1982, S. 144 f.) gezeigt hat, äußerst unwahrscheinlich, daß eine Disziplin oder auch bloß ein einzelnes Forschungsprogramm sich durch ein politisch-

---

[4] Als eine Illustration unter vielen: Sozialgeographisches bzw. sozialwissenschaftliches Erkennen »soll die bewußtseinsmäßigen Voraussetzungen schaffen zur praktischen Selbstherstellung des Menschen«, und zwar »im Interesse der menschlichen Gesellschaft« (STRASSEL 1982, S. 51 f.). Solche Formeln erinnern unmittelbar an die klassischen Selbstillusionierungen des Bildungssystems bzw. der Pädagogik, deren Identitätstheorien ja genau die gleiche »Menschwerdung des Menschen«, die gleiche »Selbsterschaffung des Menschen durch den Menschen im Interesse der Menschheit« beschworen – hier allerdings nicht im Blick auf Geographie oder Sozialwissenschaft, sondern auf Bildung.

moralisches Engagement für evident gute Zwecke, durch eine politische Entscheidung für »richtige« (z. B. politökonomische) Theorien oder einfach durch eine Addition marxistischer Erklärungsideale und Erklärungsrahmen konstituieren und legitimieren könnte; das gilt unabhängig von der Gesellschaftsordnung.

Auch eine Berufung auf »Wissenschaft(lichkeit)«, »wissenschaftliche Rationalität«, »Wissenschaftstheorie« usw. richtet sich auf externe Bezugspunkte: Eine Wissenschaftstheorie kann man in erster Annäherung als eine »Theorie des Wissensschaftssystems im Wissenschaftssystem« betrachten, und dieses Wissenschaftssystem gehört zur *Umwelt* sowohl der Geographie wie auch der einzelnen geographischen Forschungsprogramme. Man erspart sich also auch auf diese Weise keineswegs eine Theorie der *Geographie* (ganz abgesehen davon, daß man in der Wissenschaftstheorie weithin die Hoffnung aufgegeben hat, überhaupt einen allgemeinverbindlichen Begriff von Wissenschaftlichkeit und wissenschaftlicher Rationalität einführen zu können). Als unauflösbar paradox wiederum muß man Versuche beschreiben, eine Disziplin (z. B. die Geographie) durch Interdisziplinarität, also eine Disziplin als Nichtdisziplin zu definieren.

Kurz, die Fragen: »Was soll Geographie sein?« oder »Was sollen Geographen tun?« führen offenbar zu keiner sinnvollen Disziplintheorie, anders gesagt, zu keiner sinnvollen Antwort auf irgendeine Frage nach der Geographie. Wenn man die Frage schon modal stellt, dann eher so: »Was *kann* Geographie sein?«. Diese Frage hat gegenüber der soll-Frage den Vorteil, daß sie in viel höherem Maße die Verpflichtung zu einer Theorie des *Faches*, seiner Gegenstände, seiner Paradigmengeschichte und seiner internen »Entwicklungslogik« enthält (und dadurch eher zu einer Explikation der Möglich- und Wahrscheinlichkeiten des Faches führt). Wenn man in der kann-Frage etwas von der soll-Frage aufheben will, dann höchstens mittels der Variante: »Was *könnte* Geographie sein?«; im Konjunktiv wäre dann (optativisch) ein theoretisch informierter persönlicher Wunsch eingetragen, der sich aber in dem theoretisch entworfenen Raum bewegen muß.

Was für die Problemlösung durch Normen gilt, gilt auch für die Problemlösung durch »rationale« Normfindungsverfahren (vgl. z. B. SEDLACEK 1982). Berufungs- und Entscheidungsinstanz ist dann – in enger Anlehnung an die »konstruktive Wissenschaftstheorie« Erlanger Provenienz – die »rationale Beratung« über Zwecke, d. h. eine Beratung unter fiktiven (und faktisch unerfüllbaren) Extrembedingungen: z. B. Zwanglosigkeit, d. h. Sanktionsfreiheit für alle Beiträge; praktisch unbegrenzter Zeithorizont; gleiche Durchsetzungschancen aller Beteiligten; restfreie Umwandelbarkeit aller Interessengegensätze in argumentationszugängliche Meinungsdifferenzen; automatische Transformierbarkeit argumentativer Gültigkeit in soziale (und politische) Geltung sowie, schließlich, in individuelle und kollektive Motivationslagen ... Darüber hinaus wird den Diskursteilnehmern faktisch Unmögliches zugemutet[5]. Es ist jedenfalls nicht zu

[5] Sie sollen (wie Sedlacek ausführlich und zustimmend zitiert) erst einmal alle ihre lebensweltlichen »Subjektivitäten« und »Interessen«, alle »theoretischen und praktischen Orientierungen« ihrer unterschiedlichen Herkunftswelten (und das heißt auch: alle ihre bisherigen, kultur- und lebengeschichtlich gewachsenen Überzeugungen und Loyalitäten) »ausklammern« und in Frage stellen lassen, um sie dann – günstigstenfalls – von Gnaden eines Denkkollektivs wiederzugestanden zu bekommen; aber dies nur, falls und insoweit die alten Überzeugungen, Loyalitäten usf. in einer eigens konstruierten und gereinigten Kunstsprache durch Verallgemeiner-

sehen, wie dergleichen Diskurse unter Geographen (oder wo auch immer) simuliert werden und zu disziplinär verbindlichen Normen führen könnten.

4. Zur Notwendigkeit und Struktur von Geographietheorien

Disziplinexterne Orientierung führt also zu keiner Disziplintheorie (ja blockiert sie eher). Ohne eine solche disziplinäre Reflexionstheorie aber kann eine Disziplin nicht auskommen, und das gilt unabhängig davon, daß Disziplinen und Teildisziplinen etwa im Vergleich zu einzelnen Forschungsgruppen – meist keine sehr dichten Kommunikationssysteme darstellen (vgl. etwa KROHN und KÜPPERS 1989, S. 26). Disziplintheorien und ihre formelhaften Abbreviaturen dienen als Orientierungspunkte, wenn Geographen in bezug auf die Geographie – oder in bezug auf bedeutsame Teile der Geographie – handeln (aber auch schon dann, wenn solche Orientierungen zumindest einfließen). Das ist z. B. der Fall, wenn es um Lehrpläne und universitäre Ausbildungsprogramme, um Studien- und Prüfungsordnungen, Institutsauf- und -ausbauten, Stellenanmeldungen, Berufungen und Denominationen, um Wissenschafts-, Bildungs- und Schulpolitik geht; und selbst derjenige, der dies alles bloß als Fragen tagespolitischer Durchsetzbarkeit betrachtet, benötigt Identitätsformeln und -theorien zumindest als Bestandteil seiner Legitimationsrhetorik. Solche Komplexitätsreduktionen mittels Geographieformeln und Reflexionstheorien benötigen der Doktorvater und der Doktorand ebenso wie das akademische und bildungspolitische Establishment einer Disziplin, wenn es z. B. mit anderen Disziplinen um Praxisfelder oder Stundentafelanteile kämpft – von Festvorträgen, Grußworten, Preisreden und anderen Laudationen ganz zu schweigen. Aber auch jede Spezialforschung und jede noch so spezielle Fachpublikation muß sich, wenn sie überhaupt wahrgenommen werden will, zumindest implizit in einer Forschungslandschaft und Forschungsgeschichte (und letztlich fast immer auch in einer Disziplin oder Teildisziplin) verorten, und sei es bloß durch Wahl des Publikationsortes und der Literaturzitate. So steckt in jeder Publikation ein Minimum an Historiographie und Disziplintheorie, und selbst wer sich z. B. bei Anträgen auf Gelder und Stellen auf Interdisziplinarität beruft, muß sich wenigstens implizit doch auf Disziplinen und Disziplintheorien beziehen, und es sei ex negativo (z. B., indem er ihr Beschränktheit zu überwinden verspricht).

Hier schließt man nun mit Vorteil einige elementare, im weitesten Sinn systemtheoretische Überlegungen an, und zwar in den Termini Luhmanns (vgl. z. B. LUHMANN 1985). Geographieformeln und Geographietheorien, d. h., innergeographische Antworten auf innergeographische Was-ist-Geographie-Fragen, faßt man dann am besten auf als Theorien des Systems im System, das heißt: Selbstbeschreibungen des Systems, die im System selber anschlußfähig sind. Sie zielen auf die Sonderperspektive, Identität und

---

barkeit gerechtfertigt, d. h. universalisiert werden können. Das ist der Musterfall einer Tribunalisierung der gesamten sozialen Wirklichkeit, und wenn man einen Augenblick vergißt, daß es sich um eine Art von transzendentaler Idealisierung handelt, dann ist diese »rationale Beratung« mehr eine Horrorvision von Gehirnwäsche als ein attraktives politisches Konsensbildungsverfahren. Es ist schwer zu sehen, warum jemand, der etwas zu verlieren hat, sich ohne Zwang auf einen solchen »zwanglosen Diskurs« einlassen sollte, es sei denn, er verspräche sich von dieser Art von Herrschaftsfreiheit eine für ihn günstige Umverteilung von Macht oder anderen Ressourcen.

Einheit des Systems genau dadurch, daß sie die System-Umwelt-Differenz »wieder ins System einführen« und akzentuieren, letztlich als die kontingente (»auch anders mögliche«) Selektion einer Figur vor einem unabsehbaren Hintergrund anderer Möglichkeiten.

So kann in der Fachwissenschaft selber die »alltägliche« Beobachtung der Gegenstände ergänzt werden durch eine (»selbstreferentielle«) Beobachtung dieser Gegenstandsbeobachtung. Hier wie überall sieht der alltägliche »Beobachter 1. Grades« mehr oder weniger nur genau das, was er sieht, sieht aber nicht, was er nicht sieht, und infolgedessen sieht er auch nicht, daß er nicht sieht, was er nicht sieht. Mit Vorliebe hält er das, was er sieht (*seine* Welt), für *die* Welt. Der »Beobachter 2. Grades« aber hat die Möglichkeit, auch das zu sehen, was der »Beobachter 1. Grades« nicht sieht, also z. B. zu sehen, daß die Welt der Geographie nicht *die* Welt ist, sondern bloß eine (wie immer zu bewertende) Möglichkeit unter vielen anderen, die jenseits der Grenzen des Systems liegen.

Forschungsgruppen, Forschergemeinden, Subdisziplinen und Disziplinen kann man (wie die Wissenschaft insgesamt) als Kommunikationssysteme betrachten, die ihre Selbst(re)produktion (»Autopoiesis«) durch Selbstreferenz betreiben. Aber nicht jede Selbstreferenz ist schon Reflexion. In den Termini Luhmanns: Selbstreferenz kann als »basale Selbstreferenz«, als »Reflexivität« und als »Reflexion« auftreten. Auf Kommunikationssysteme angewendet: Bei der »basalen Selbstreferenz«, dieser Minimalform von Selbstreferenz, wird in einer Kommunikation auf eine andere Kommunikation, also auf ein System*element* referiert, bei der »Reflexivität« auf den Kommunikations*prozeß* und im Falle der »Reflexion« auf das Kommunikations*system* insgesamt. Im Falle der Reflexion wird das »Selbst« also (nicht als ein Element oder ein Prozeß, sondern) als ein System, d. h. als eine Einheit durch (System-Umwelt-)Differenz intendiert.

Der Terminus »Reflexion«, d. h. hier: »Selbstreflexion«, stammt aus dem Umkreis der Spiegelmetaphorik. Man darf aber keinesfalls einfach an Spiegelungen und Spiegelbilder denken. Die »Selbstbespiegelung« in der Reflexion ist etwas total anderes als ein Bild in einem Spiegel, der einem Gegenstand vorgehalten wird. Es handelt sich ja um ein *intern* konstituiertes Bild, also um ein Bild, das selber auch ein Teil des Gegenstandes ist, den es spiegelt. Zum Beispiel: Geographietheorien sind Teil der Geographie.

Daraus folgt Wesentliches, z. B.: Diese Reflexionen und Reflexionstheorien liefern keine Erkenntnisse und Theorien im üblichen Sinn. Es handelt sich ja um »Theorien des Systems *im* System«, die Teil des Systems sind, das sie beschreiben[6]. Sie müssen, um ihre Funktion zu erfüllen, auch sich selbst in ihren Aussagenbereich einschließen, auch »sich selber zu ihrem Objekt machen«[7]. Eine Reflexion muß also auch Reflexion der Reflexion (d. h. Reflexion auf die eigene Reflexion) sein, eine Geographietheorie also auch eine Theorie ihrer selbst enthalten, zumindest in Angriff nehmen.

---

[6] Für diese schlichte Einsicht genügt wohl schon der grobempirische Hinweis darauf, daß Geographietheorien *in* der Geographie Meinungen bilden, also das, was sie beschreiben, verändern, indem sie es beschreiben, und infolgedessen auch als self-fulfilling und self-destroying prophecies fungieren etc.

[7] Solche selbstreferentiellen Theorien und Zirkel sind in den Termini der üblichen Forschungslogik (die normalerweise Erkenntnissubjekte und Erkenntnisobjekte, abhängige und unabhängige Variable etc. strikter auseinanderhalten muß) schwer zu beschreiben.

So wie sie keine Erkenntnisse oder Wahrheiten im üblichen Sinne liefern, so liefern Reflexionen und Reflexionstheorien (z. B. Geographieformeln und Geographietheorien) auch keine Legitimationen und Begründungen –»Selbstbegründungen« – der Geographie. Dafür gibt es neben anderen zwei prinzipielle Gründe. Erstens: Wenn eine solche Selbstbeschreibung der Geographie wirklich eine *Selbst*beschreibung, also eine Beschreibung des Systems im System ist, dann muß sie eine iterative Struktur annehmen[8]. Ein solches Theoriedesign aber kann wohl grundsätzlich nicht zu einer (Selbst)Begründung der Geographie führen; sie muß lange vorher abgebrochen werden.

Zweitens: (Selbst)Reflexion und Reflexionstheorie – und also auch die Theorien der Geographie – sind höchstens systemintern verbindlich: Sie leisten auf sozialer Ebene ungefähr das, was auf individueller Ebene »Introspektion« leistet. Nur Individuum und System selbst können sich selbst beobachten, aber dieses Privileg hat den Defekt, daß man sich dabei »nicht am berauschenden Wein des Konsenses stärken kann« (LUHMANN 1985, S. 622). Anders gesagt: Selbstbeobachtung, Selbstreflexion etc. kann (auf individueller und auf sozialer Ebene!) prinzipiell nicht durch objektivierende Fremdbeobachtung nachvollzogen werden. Auch hier sieht man wieder, daß Selbstbeobachtung und Reflexionstheorie offensichtlich etwas anderes sind als »wissenschaftliche Beobachtung« und »wissenschaftliche Theorie« im üblichen Sinn.

Obwohl Geographietheorien, strikt gesehen, also weder Begründungen und Legitimationen der Geographie, noch Erkenntnisse oder Wahrheiten über die Geographie hergeben (zumindest nicht im üblichen Sinn), sind sie doch nicht beliebig. Auch hier gibt es Angemessenheits- oder Rationalitätskriterien, und sie ergeben sich in gewissem Sinne schon aus dem Gesagten.

5. Rationale und entgleiste Geographietheorien

So wie nicht jede Selbstreferenz schon (Selbst)Reflexion ist, so ist nicht jede Reflexion schon rational. Wie könnte man »Rationalität« hier verstehen? Nach dem, was über Reflexionstheorien gesagt wurde, kann es sich nicht bloß um formale – formallogische oder forschungslogische – Rationalität, also eine Art formaler Argumentationsrationalität handeln. Es kann sich aber auch nicht um eine »Handlungsrationalität« im üblichen Sinne handeln (etwa im Sinne einer »Optimierung von Zweck-Mittel-Relationen«). »Rationalität« kann aber, wie schon gesagt, auch nicht auf irgendeine andere Weise von außen ins System eingeführt werden.

Die Antwort, was *hier* »Rationalität« meint, liegt nahe, wenn man den Sinn der Reflexionstheorien und Reflexionsformeln vergegenwärtigt. Sie sollen die Einheit des Systems sichtbar machen, und zwar eben dadurch, daß sie die System-Umwelt-Differenz *im* System sichtbar machen. Denn Systeme konstituieren sich, indem sie sich (und ihre Umwelt) aus der Umwelt herausnehmen und eben damit zugleich die Umwelt konstituieren: als das, was jenseits ihrer Grenzen liegt. Instrument und Quintessenz der Reflexi-

[8] Sie müßte, um wirklich zu einer Selbstbegründung zu führen, erstens das System beschreiben, zweitens (weil diese Beschreibung des Systems ja ebenfalls zum System gehört) diese Systembeschreibung beschreiben, drittens (weil auch diese Beschreibung einer Beschreibung *im* System stattfindet) auch die Beschreibungsbeschreibung beschreiben – usw. Eine andere Sache ist es, daß diese Iteration für normale Verwendungszwecke von Geographietheorien bald unergiebig wird.

on ist also die Formulierung der *Differenz* von System und Umwelt. Wenn ein System als eine Einheit intendiert wird, dann ist es nur sinnvoll, wenn es als eine Einheit *durch* Selektion und Differenz erscheint.

Das ist zwar alles ziemlich trivial, aber wohl schon deshalb formulierenswert, weil es bis heute quer zum geographischen Denken liegt. In der geographischen Reflexion auf die Geographie und die Welt sind die Begriffe »System« und »Umwelt« durchweg in alteuropäisch-kosmologischer Weise konstruiert: Alle Systeme sind in umfassenderen System enthalten, und die größere Schachtel ist jeweils die Umwelt der kleineren. So sind in den typischen Geographietheorien (als keineswegs etwa nur bei Bobek und Schmithüsen, Neef, Uhlig und Leser) die Elementarsphären in der Geographie und die Geofaktoren im Geokomplex enthalten, die Subsysteme oder Geokomponenten im Standortregelkreis, die Individuen in Gruppen oder in der Gesellschaft (oder einfach in »Strukturen«), Gesellschaft und Kultur (oder gar Kultur und Natur) in der Landschaft oder in der Geosphäre ... Entsprechend sind die Komponenten in der Synthese, die elementaren Geographien in der komplexen Geographie, die Kultur- und Naturgeographie in der Ökogeographie (oder Humanökologie) enthalten – usw, usf. »In einer theoretischen Wendung, die im 19. Jahrhundert anläuft ... und erst heute ihren Abschluß erreicht, wird diese Sichtweise genau umgekehrt« (LUHMANN 1986, S. 23). Systeme nehmen sich selber aus der Umwelt heraus, und eben dadurch konstituieren sie sich: durch hochselektives Verhalten gegenüber der Umwelt, die eben *kein* »System« und *kein* »Wirkungsgefüge« ist (schon gar nicht ein »umfassenderes« System oder ein »umgreifendes Wirkungsgefüge«). *Das* ist der Grund, warum die Reflexions- oder Identitätstheorien eines Systems auf Abgrenzung und Abtrennung, auf Selektion und Differenz abstellen müssen (und *nicht*, zumindest nicht in direkter Weise, auf Einheit und Ganzheit).

Die »Rationalität« einer Reflexion mißt man also wohl am besten daran, ob in der Reflexionstheorie die Pointe der disziplinären Identität, nämlich die System-Umwelt-Differenz, wirklich wieder ins System – in die disziplinäre Kommunikation – eingeführt wird, und zwar auf eine informative und brauchbare Weise. Weil die herkömmlichen Geographietheorien eher Beschreibungen von Wirklichkeiten und Ganzheiten enthielten als Bestimmungen von Selektionen und Differenzen, heißt das für die Geographie: Verwandlung von Wirklichkeits-, Welt- und Ganzheitsformeln in Selektions- und Differenzformeln. Nur auf diese Weise setzt sich ein System in den Stand, seine Beobachtung zu beobachten, d. h., seine spezifische Weltwahrnehmung zu thematisieren und zu relativieren, d. h., Distanz zu sich selber zu gewinnen[9].

---

[9] So müßte z. B. der Unterschied zwischen der konkret-ökologischen Natur des geographischen Kernparadigmas und der abstrakten Natur der modernen Naturwissenschaften andererseits wieder im System, d. h.: in der geographischen Kommunikation, unmittelbar vergegenwärtigt werden – und gerade das wird auch in den jüngsten Arbeiten (z. B. bei Weichhart) verfehlt oder (z. B. bei Werlen) bloß implizit vorausgesetzt, wenn sie versuchen, die Sozialgeographie mit (Human)Ökologie und »physisch-materiellen Situationen« zu verknüpfen. Eine Geographietheorie, die diese Differenz nicht formuliert oder zu formulieren erlaubt, neigt dazu, die Geographie gegenüber anderen Disziplinen als einen irgendwie umfassenderen oder wirklichkeitsnäheren (statt: als einen anderen, vielleicht sogar: idiosynkratischen) Weltzugang mißzuverstehen – und bleibt eben dadurch unter der erreichbaren Rationalität. Ebenso dürfte z. B. die Landschaftsökologie dann nicht mehr als eine Art Synthesizer von Geodisziplinen oder als eine irgendwie umfassendere, praxis- und wirklichkeitsnähere Form von Ökologie verstanden

Man könnte dies auch über den Ideologiebegriff formulieren. Es wurde gezeigt, daß jede Antwort auf die Was-ist-Geographie-Frage (wie schon die Frage selber) Interessen sowohl ausdrückt wie verfolgt. Insofern ist auch eine Geographietheorie (wie jede wissenschaftliche Theorie) »ideologisch«, d. h., auf partikulare pragmatische Interessen bezogen. Es scheint aber sinnvoll zu sein, einen engeren Begriff von »ideologisch« zu wählen, und in diesem, engeren Sinne sollte eine Geographietheorie in der Tat nicht ideologisch sein. Nicht-ideologisch ist dann eine Reflexionstheorie, die ihre eigene Perspektive und Rolle reflektiert, also auch (rationale) Beobachtungsbeobachtung oder (nach einer alten Formel) auch (rationale) Reflexion der Reflexion ist. (Für einen Versuch, diesen Ideologiebegriff zu spezifizieren, vgl. z. B. ZIMA 1989.)

Reflexionstheorien haben zwar den Sinn, die System/Umwelt-Differenz (hier: zwischen Geographie und Nichtgeographie) systemintern zu beschreiben, und ihre Rationalität mißt sich daran, inwieweit dies gelingt. Geographietheorien und Geographieformeln sind – wie alle Reflexionstheorien – aber immer auch Selbstsimplifizierungen, unter Umständen sogar Selbstillusionierungen der Geographie, die eher den Illusions- und Emphasebedürfnissen als den Rationalitätsansprüchen der Profession oder Disziplin entgegenkommen. Gewinnen die (wohl immer vorhandenen) simplistischen, expressiven, idealisierenden oder illusionistischen Komponenten gegenüber den »rationalen« die Oberhand, kann man sagen, daß die Reflexion »entgleist«. Eine der geographietypischen Entgleisungen besteht darin, daß die Selbstreflexion das Selbst und seine Sonderperspektive (und das heißt auch: einen bestimmten Wissenstyp) zum Repräsentanten des »Ganzen« macht, ungeachtet der Tatsache, daß in Wissenschaftssystemen modernen Typs (wie übrigens auch in Gesellschaften modernen Typs) *kein* Teil mehr beanspruchen kann, »das Ganze« zu repräsentieren. In solchen entgleisten Reflexionstheorien wird die als Umwelt ausgegrenzte Komplexität wieder aufgegriffen, die Figur wieder im Grund aufgelöst, und der Gegenstandsbezug verwandelt sich tendentiell in Allzuständigkeit. Tatsächlich tendiert die Antwort auf die Frage, was (der Gegenstand der) Geographie sei, traditionell zu der Antwort: Alles. Teils wird es mehr oder weniger offen formuliert, teils ist es eine Konsequenz, die vorsichtshalber verschwiegen wird. Ein bekanntes Vehikel solcher Kosmisierung war die »Landschaft«, seither ist es eher der »Raum«[10]. In Reflexionstheorien und Reflexionsformeln dieser Art wird das »Selbst« einer Disziplin oder eines Paradigmas also eher emphatisch und illusionistisch entgrenzt als (im beschriebenen Sinne) rational definiert.

werden (wie z. B. noch in der Baseler Landschaftsökologie), sondern von ihrer (trotz aller arbeitstechnischen Ähnlichkeiten) abweichenden, um nicht zu sagen: alltagsweltlich-vorwissenschaftlichen und von Hause aus ästhetischen Gegenstandskonstitution her.

[10] Solche Kosmisierungen habe ich 1970 (S. 190 ff. u. ö.) nach dem Vorbild der analytischen Sprachphilosophie als Folge der Hypostasierung (Ontologisierung, Reifizierung) einer Sonderperspektive beschrieben: Die Semantik eines spezifischen Selbst- und Weltbildes wird von einer Denk- und Sprachgemeinschaft leicht mit dem Aufbau des Seins, ja mit dem Universum selber verwechselt. Dabei ergeben sich auch in einer Wissenschaft oft groteske Diskrepanzen zwischen idealisierendem Selbstbild und operativer Programmierung, überhaupt zwischen dem, was man im Forschungsbetrieb tatsächlich tut, und dem, was man zu tun vorgibt und meistens wohl auch zu tun glaubt. (Für die heutige Landschaftsökologie vgl. z. B. MENTING 1987.)

Noch der Artikel »Geographie« im jüngsten »Lexikon der Geographie« (von H. H. Blotevogel) und die jüngste Homepage der Deutschen Gesellschaft für Geographie von 2001 sind, was den »Gegenstand der (wissenschaftlichen) Geographie« angeht, ganz auf solche differenzlosen Geographieformeln getrimmt, die niemanden informieren, aber vielleicht geeignet sind, Naivlinge unter den Lesern durch kosmistische Ansprüche und holistische Versprechen zu betören.

6. Das Beispiel einer rationalen Reflexionstheorie

Es gibt, soweit ich sehe, nur wenige im definierten Sinne »rationale« Geographietheorien in der Geographie. Eine davon ist sicher die von EISEL (1979,1980,1982). Dort hat Eisel so gut wie alle Argumente ausgeräumt, mit der die Was-ist-Geographie-Frage eskamotiert worden war. Vor allem erstens das Argument, *die* Geographie gebe es nicht: Dagegen setzte Eisel eine überzeugende Rekonstruktion *des* Paradigmas *der* klassischen Geographie, das auch noch die jüngste Paradigmenentwicklung des Faches bestimmt habe und in ihr wirksam geblieben sei. Zweitens stellte er das Argument in Frage, die Was-ist-Frage sei in ihrer unzerlegten Form schon aus logischen Gründen sinnlos und unbeantwortbar: Dagegen beansprucht Eisel, daß eine Geographietheorie in gewissem Sinne immer die *ganze* Was-ist-Frage stellen und beantworten müsse (und gerade nicht bloß einzelne ihrer sprachanalytischen Spaltprodukte). Eine Geographietheorie müsse also zugleich etwas darüber sagen, was Geographie wesentlich ist, was Geographen tun, zu tun glauben und als Sinn ihres Tuns ansehen – und zwar in bezug auf alle wesentlichen Teile der Disziplingeschichte. Sie müsse aber zumindest implizit auch etwas darüber sagen, was Geographie unter diesen Voraussetzungen künftig sein kann oder sein könnte. Falls ein »Zukunftsparadigma« projektiert wird, dann müsse dies die Logik und Semantik der bisherigen Paradigmengeschichte fortsetzen und möglichst alle neuen Konzepte durch Bedeutungsverschiebungen an älteren Konzepten gewinnen. Eine gelungene Reflexionstheorie vermittle dergestalt immer eine gegenwärtige Vergangenheit mit einer gegenwärtigen Zukunft. Nach unserer Analyse des Status von Reflexionstheorien wird man all dem in den wesentlichen Punkten zustimmen können.

Genau dieses Verhältnis hat Eisel zwischen der realexistierenden »raumwissenschaftlichen« Geographie und einer wünschbaren »sozialwissenschaftlichen« Geographie hergestellt. Die zugrundeliegende Idee kann man etwa in folgender Weise kurz (und deshalb auch mißverständlich) skizzieren: *Der* Gegenstand *der* klassischen Geographie war und ist »der konkrete Mensch in Harmonie und Konflikt mit konkreter ökologischer Natur« (oder: »die Regionen der Erde als je einmalige, autochthone Mensch-Natur-Anpassungssysteme«)[11]. Auch im Paradigmenbruch um 1960-70 blieb die Geo-

[11] Diese Formeln wurden schon öfter zitiert, dabei aber meist um ihre Pointe gebraucht (und dadurch auch extrem banalisiert): Eisel zeigt zumindest implizit, daß die zentralen Konzepte dieser von ihm reformulierten klassischen Geographietheorie moderne Konstrukte sind, keineswegs aber Beschreibungen historischer Wirklichkeiten (oder gar übergeschichtlicher »Grundlagen der Geschichte«, auf die die Geographie sich mit sozusagen ontologischem Recht hätte berufen können). Die semantische Evolution dieser Konzepte ist Teil der modernen Ideologiegeschichte und korreliert mit der modernen Gesellschaftsevolution; in der Geographie etablierten sie sich dann als disziplinäre Sonderperspektive gegen die Haupttendenzen in den modernen Natur- und Sozialwissenschaften.

graphie *Raum*wissenschaft, z. B. als spatial approach oder als Studium von *environmental* perception und *spatial* behavior. Eisels Vorschlag für ein wirklich sozialwissenschaftliches »Zukunftsparadigma« kann man auf folgende Formel bringen: Theorie und Empirie der weltweit anwachsenden Konflikte zwischen den autochthonen Kulturen und Kulturrelikten (diesen altgeographischen Gegenständen!) einerseits, dem universalen industriellen Wachstum, dem Weltmarkt und dem Zentralstaat andererseits. Als verkürzende Kurzformel: Statt »die *Regionen* der Erde«: »Die *Regionen* in der *Weltgesellschaft*«. Gegenüber Weltgesellschaft und globalisierter Ökonomie, aber auch gegenüber anderen transnationalen Gebilden können dann auch alte und neue Nationalstaaten (bzw. die »Länder« der klassischen Geographie) die Rolle von »Regionen« einnehmen. Die Idiographie der Regionen, die »naturwüchsigen«, autochthonen regionalen Kulturen der klassischen Geographen werden nun also nicht mehr more classico auf konkrete ökologische Natur und auf ihre historischen Genesen bezogen, sondern auch und vor allem auf die *Gegenwart*, d. h. z. B.: auf Industrialisierung und Arbeitsteilung, auf Zentralstaat und Weltmarkt, auf Globalisierung und übernationale Zusammenschlüsse. In dem neuen Forschungsprogramm ist der alte Stammesgötze der Geographen (die autochthone regionale Kultur oder die Idiographie der Regionen) gut aufgehoben; aber nun werden endlich auch die universalistischen Tendenzen der Realgeschichte und die universalistischen Perspektiven der modernen Sozial-, Technik- und Naturwissenschaften in die Geographie einbezogen. Sie werden *Theorie*bestandteil und sind nicht mehr bloß, wie im klassischen Paradigma, externe, antigeographische und antiregionalistische Antithesen und Schreckbilder. Dabei könnten (füge ich hinzu) »Regionen« und »Regionalisierungen« keineswegs nur als Relikte und Revitalisierungen aufgefaßt werden, sondern auch als moderne Effekte der Globalisierung, und man müßte sie auch nicht mehr unbedingt als erdräumliche Phänomene verstehen.

Es ist leicht zu sehen, daß die »Welt« der klassischen Geographie hier auf eine Weise umorganisiert wird, daß die alte Identität des Faches in gewissem Sinne aufgehoben bleibt, die Geographie aber doch erstmals eine wirklich *sozial*wissenschaftliche Theorie- und Empirieperspektive erhält (also etwas, was z. B. das Konzept »Raum« nie leisten konnte). Zugleich kommen aktuelle und brisante *politische* Aspekte in die Geographie hinein: z. B. der weltweite Konflikt zwischen den regionalen bis nationalen Autonomiebestrebungen und den zentralstaatlichen bis globalen Abhängigkeiten.

Ob und inwieweit der Vorschlag EISELS (z. B. 1982) *inhaltlich* befriedigend ist, das ist natürlich eine andere Frage[12]. Hier ging es um die Art und Weise, wie solche Vorschläge im Rahmen rationaler Reflexionstheorien grundsätzlich konstruiert sein könnten.

Ebenfalls eine ganz andere Frage ist es, welche *Wirkungschancen* solche Reflexionstheorien und die in ihnen enthaltenen Vorschläge haben. Es wäre unrealistisch zu glauben, sie könnten eine unmittelbare Wirkung ausüben. Man kann (wie Eisel formuliert) kaum mehr tun als dafür sorgen, daß sie bei auftauchenden Reflexionsanlässen als Reflexionsangebote vorliegen sowie im skizzierten Sinne rational und anschlußfähig (also

[12] Ich glaube, daß er vor allem an zwei (nicht unbehebbaren) Handicaps leidet: (1.) Die vorgeschlagene Theorieperspektive ist disziplinär bereits zu sehr außerhalb der Geographie verankert; (2.) sie ist – implizit und gegen die Intention des Autors – noch zu sehr raum- statt sozialwissenschaftlich konstruiert. (Zur Präzisierung dieser Andeutungen vgl. HARD 1990.)

z. B. paradigmengeschichtlich konsequent) sind. Eine Illusion wäre es, wenn der (externe oder auch interne) Beobachter annähme, er könne sein Wissen – die Ergebnisse seiner Beobachtung der Beobachter – mehr oder weniger unmittelbar ins beobachtete System übertragen (zumindest unter der Voraussetzung, daß er selbst rational und der Adressat nicht böswillig oder borniert ist). Tatsächlich kann er wohl nur »auf eine mehr als zufällige Weise irritieren« (LUHMANN 1988, S. 371)[13]. Aber selbst im Falle gelungener Irritationen stellt sich immer noch die Frage, ob das dem Adressaten weiterhilft. Das ist nur dann der Fall, wenn das Immunsystem des Adressaten oder, im Soziologenjargon, die »strukturfunktionalen Latenzen« es zulassen.

Wie alle sozialen Systeme erzeugen auch Wissenschaften ihre spezifischen Latenzen, d. h. ihre Explikations- und Aufklärungsverbote, die nicht unbedingt das individuelle Bewußtsein, jedenfalls aber die disziplinäre Kommunikation betreffen[14]. Es handelt sich z. B. um Argumente, deren Kommunikation nach meist stiller Übereinkunft nur Schaden anrichten könnte (weil absehbar ist, daß die Zirkulation dieser Sachverhalte für die Disziplin unerfreuliche Folgen hätte). Wird sie verletzt, flackern die Warnanlagen, und das Immunsystem arbeitet intellektuell wie (disziplin)politisch auf Hochtouren. So genoß in der Geographie z. B. erst »Landschaft«, dann »Raum« Latenzschutz, und noch heute muß der, der den »Raum« auf zitierfähige Weise in Frage stellen will, ihn anderweitig (wenn auch vielleicht subtiler und besser geschützt) wieder einführen (ein Beispiel: WERLEN 1987). Allgemeiner gesagt, der Theoretiker kann diese Latenzen zwar durchschauen, aber wenn er eine Chance haben will, sie aufzuheben, muß er – mit oder ohne Bewußtsein – zumindest funktionsäquivalenten Ersatz anbieten; aber nicht selten bestätigt er dann bloß, was er aufheben wollte.

Eine rationale Reflexionstheorie zielt aber (wie gesagt) auf Distanzgewinn eines Systems gegenüber sich selber, und das heißt auch: Sie darf die im System praktizierten Unterscheidungen von Latentem und Manifestem nicht einfach reproduzieren (also einfach auf alte oder auch ganz neue Weise – beschreiben, was man ohnehin tut, zu tun glaubt und für den Sinn dieses Tuns hält); sie muß die Trennlinie vielmehr zugunsten des Manifesten verschieben, doch leider ohne Garantie einer Wirkung.

Literatur

BARTELS, D.: Zur wissenschaftstheoretischen Grundlegung einer Geographie des Menschen. Wiesbaden 1968.

BARTELS, D.: Zwischen Theorie und Metatheorie. In: Geographische Rundschau 22,1970, S. 451-457.

BARTELS, D. und HARD, G.: Lotsenbuch für das Studium der Geographie, 2. Aufl. Kiel und Bonn 1975.

[13] Das gilt bekanntlich nicht nur für Wissenschafts- und Disziplintheorie, sondern z. B. auch für Psychotherapie und Politikberatung, ja, für alle Arten mehr oder weniger guter Ratschläge in Alltag und Politik.

[14] Wenn (individuelles) Bewußtsein und (offizielle) Kommunikation zu weit auseinanderklaffen (z. B. alle mehr oder weniger für wahr halten, was im Interesse der Institution nicht oder nur ganz anders gesagt werden darf), dann entsteht wohl nicht selten das, was, aus unsolidarischer Distanz betrachtet, als Opportunismus erscheint; vgl. dazu z. B. HARD 1970.

BOBEK, H.: Gedanken über das logische System der Geographie. In: Mitt. d. Geogr. Gesellsch. Wien 99, 1957,S. 122-145.

BOBEK, H. und SCHMITHÜSEN, J.: Die Landschaft im logischen System der Geographie. In: Erdkunde 3,1949, S. 112-120.

EISEL, U.: Paradigmenwechsel? Zur Situation der deutschen Anthropogeographie. In: SEDLACEK, P. (Hrsg.): Zur Situation der deutschen Geographie zehn Jahre nach Kiel. Osnabrücker Studien zur Geographie, Bd. 2, Osnabrück 1979, S. 45-58.

EISEL, U.: Die Entwicklung der Anthropogeographie von einer »Raumwissenschaft« zur »Gesellschaftswissenschaft«. Urbs et Regio (Kasseler Schriften zur Geographie und Planung) 17, Kassel 1980.

EISEL, U.: Regionalismus und Industrie. Über die Unmöglichkeit einer Gesellschaftswissenschaft als Raumwissenschaft und die Perspektive einer Raumwissenschaft als Gesellschaftswissenschaft. In: SEDLACEK, P. (Hrsg.): Kultur-/Sozialgeographie. Beiträge zur ihrer wissenschaftstheoretischen Grundlegung. Paderborn u. a. 1982, S. 125-150.

GABRIEL, G.: Definitionen und Interessen. Über die praktischen Grundlagen der Definitionslehre. Stuttgart 1972. (Problemata 13)

GABRIEL, G.: Wissenschaftliche Begriffsbildung und Theoriewahldiskurse. In: BADURA, B. (Hrsg.): SeminarAngewandte Sozialforschung. Frankfurt a.M. 1976, S. 443-455.

HARD, G.: Die »Landschaft« der Sprache und die »Landschaft« der Geographen. Semantische und forschungslogische Studien zu einigen zentralen Denkmotiven in der modernen geographischen Literatur. Colloquium Geographicum, Bd. 11, Bonn 1970.

HARD, G.: Die Geographie. Eine wissenschaftstheoretische Einführung. Berlin, New York 1973.

HARD, G.: Die Disziplin der Weißwäscher. Über Genese und Funktion des Opportunismus in der Geographie. In: Sedlacek, P. (Hrsg.): Zur Situation der deutschen Geographie zehn Jahre nach Kiel. Osnabrück 1979, S. 11-44 (Osnabrücker Studien zur Geographie, Bd. 2).

HARD, G.: »Was ist Geographie?« Reflexionen über geographische Reflexionstheorien (Karlsruher Manuskripte zur Mathematischen und Theoretischen Wirtschafts- und Sozialgeographie, Heft 94). 64 S., Karlsruhe 1990.

KROHN, W. und KÜPPERS, G.: Die Selbstorganisation der Wissenschaft. Frankfurt a.M. 1989.

LUHMANN, N.: Soziale Systeme. Grundriß einer allgemeinen Theorie. 2. Aufl., Frankfurt a.M. 1985.

LUHMANN, N.: Ökologische Kommunikation. Opladen 1986.

LUHMANN, N. und SCHORR, K. E. (Hrsg.): Reflexionsprobleme im Erziehungssystem. Frankfurt a.M. 1988.

MENTING, G.: Analyse einer Theorie der geographischen Ökosystemforschung. In: Geogr. Zeitschrift 75, 1987, S. 208-227.

SCHMITHÜSEN, J.: Das System der geographischen Wissenschaft. In: Berichte zur deutschen Landeskunde 23, 1959, S. 1-44.

SCHMITHÜSEN, J.: Allgemeine Geosynergetik. Grundlagen der Landschaftskunde. Berlin und New York 1976.

SCHULTZ, H.-D.: Versuch einer ideologischen Skizze zum Landschaftskonzept. In: Geografiker, Heft 6, 197 1, S. 1-12.

SEDLACEK, P.: Kulturgeographie als normative Handlungswissenschaft. In: SEDLACEK, P. (Hrsg.): Kultur-/ Sozialgeographie. Paderborn 1982, S. 188-216.

STRASSEL, J.: Zur Pragmatik gesellschaftstheoretischer Vorstellungen in der Sozialgeographie. In: SEDLACEK, P. (Hrsg.): Kultur-/Sozialgeographie. Paderborn usf. 1982, S. 25-53.

WEICHHART, P.: Das Erkenntnisobjekt der Sozialgeographie aus handlungstheoretischer Sicht. In: Geographica Helvetica 1986 (2), S. 84-90.

WERLEN, B.: Gesellschaft, Handlung und Raum. Grundlagen handlungstheoretischer Sozialgeographie. Stuttgart 1987.

WERLEN, B.: Zwischen Metatheorie, Fachtheorie und Alltagswelt. Eine Auseinandersetzung mit Bartels' Stufenmodell anwachsender Rationalität wissenschaftlichen Handelns. In: BAHRENBERG u. a. (Hrsg.): Geographie des Menschen. Dietrich Bartels zum Gedenken. (Bremer Beiträge zur Geographie und Raumplanung, Heft 11.) Bremen 1987, S. 11-48.

WERLEN, B.: Von der Raum- zur Situationswissenschaft. In: Geogr. Zeitschrift 76,1988, S. 193-208.

ZIMA, P. V.: Ideologie und Theorie. Eine Diskurskritik. Tübingen 1989.

Szientifische und ästhetische Erfahrung in der Geographie

Die verborgene Ästhetik einer Wissenschaft (1995)

Summary:

Scientific and aesthetic experience in geography. The author begins by citing examples of different dimensions of aesthetic attraction. He uses the case of geography to illustrate how object and paradigm of a discipline in the history of science preserve an aesthetic dimension (an aesthefication that is disappearing in current times). By referring to an example from a written report of a geographical excursion, he demonstrates how aesthetical experiences are still present in »normal« academic teaching and scientific research. To conclude the author discusses potentially successful combinations of scientific discourses and aesthetic experiences.

Neben im engeren Sinne wissenschaftlichen Beziehungen unterhält wohl jede Wissenschaft (und jeder Wissenschaftler) auch eine weniger offizielle, weniger geregelte und meist nicht lizenzierte *ästhetische* Beziehung zu den disziplinären Gegenständen. Das ist durchweg eine *verborgene* Ästhetik, die in der Disziplin gemeinhin kaum kommunikationsfähig (und auch bei den Individuen nicht unbedingt bewußtseinsfähig) ist.

Wenn man über »ästhetische Erfahrung« spricht, muß man sich eigentlich vielseitig absichern: Sowohl »ästhetisch« wie »Erfahrung« gehören zu den schillerndsten Begriffen, die es gibt. Überdies handelt es sich um ein Jahrhundertthema, zu dem man besser nichts als wenig sagt. Andererseits kann man es aber auch nicht ganz implizit lassen. Fürs erste benutze ich deshalb einen im Kern schlichten und dem common sense nahen Beschreibungsvorschlag, den ich allerdings aus dem Kontext der philosophischen Reflexionen und Begründungen löse, in denen er bei dem zitierten Autor steht (SEEL 1991).

In diesem Sinne gehe ich im folgenden zunächst darauf ein, was man unter »ästhetischer Erfahrung« verstehen könnte. Nach dieser Vorklärung skizziere ich das Paradigma der Geographie, das im Kern auch dort ein *kultur*geographisches Paradigma war, wo es um die *Natur*ausstattung von Erdräumen ging. Dann stelle ich dar, wie der Gegenstand der Disziplin ästhetisiert wurde: Seit dem späten 19. Jahrhundert wurde eine ästhetische Einstellung fest ins geographische Paradigma eingebaut. *Diese* Ästhetisierung des disziplinären Gegenstandes ist inzwischen wohl irreversibel verschwunden, zumindest aber marginalisiert worden. In diesem Punkt mindestens ist die Geographie inzwischen eine normale Wissenschaft; man mag das bedauern, aber das Bedauern führt nirgendwo hin. Schließlich werde ich zu meiner Hauptsache kommen, sie ausführen und begründen: Nachdem wissenschaftliche und ästhetische Erfahrung sich auf institutioneller wie individueller Ebene differenziert und relative Autonomie gewonnen haben, können die beiden Erfahrungsweisen auch wieder in ein fruchtbareres, allerdings subtileres und differenzierteres Verhältnis zueinander gesetzt werden.

Dimensionen ästhetischer Attraktivität

Wenn ein Gegenstand der Natur oder der Lebenswelt als ästhetisch attraktiv erscheint, dann aus wenigstens einem, aber wohl fast immer aus mehreren der folgenden Gründe (deren Reihe man aber kaum als abgeschlossen betrachten kann).

Erstens kann uns etwas als ästhetisch bedeutsam erscheinen, weil wir den Gegenstand oder das Wahrnehmungsfeld schon als formale, »rein« phänomenale Botschaft schätzen, also als eine Konfiguration z. B. von Formen und Farben in ihrer sinnentlasteten Phänomenalität und in ihrer befreienden Distanz von pragmatischen Bedeutungens und praktischen Lebensvollzügen (aber auch z. B. von szientifischen Erkenntnisinteressen). Das kann sich – wie bei anderen Arten ästhetischer Attraktivität auf Augen-, Hör-, Riech- und Hauterlebnisse beziehen.[1]

Neben dieser »kontemplativen« Attraktivität steht zweitens eine »korresponsive«. »Korresponsiv schön« ist etwas, weil wir es existentiell schätzen – z. B., weil es zum Ambiente eines idealen Lebens zu gehören scheint; es evoziert und exemplifiziert z. B. exemplarische Orte einer Lebensform, die uns ungleich sinnvoller und sinnerfüllter zu sein scheint als die alltägliche eigene (oder überhaupt wünschenswerter und glücklicher als das Leben, das wir gerade führen müssen), z. B. weil wir diese Lebensform als unmittelbarer, einfacher, »natürlicher« oder auch als leichter, freier und spielerischer schätzen. Das können auch vergangene oder avisierte, oft auf schmerzliche Weise nichtgegenwärtige Formen des eigenen Lebens sein. Kurz, hier nähert sich das ästhetisch Attraktive dem individuell und eudämonistisch Guten und Erstrebenswerten, was natürlich keineswegs mit dem sozial und moralisch Guten und Erstrebenswerten korrelieren muß, vielmehr von geradezu luziferischer Qualität sein kann.

Der korresponsive Reiz des Wahrnehmungsfeldes kann aber z. B. auch darin bestehen, daß es einen vielleicht ganz unbestimmten und unfaßbaren, aber doch spürbar ichnahen und »tiefen« Sinn zu haben scheint, also mir in einem schwer lesbaren Kode (sozusagen hieroglyphisch) etwas zu bedeuten scheint, was mit mir selber zu tun hat. Oder das Wahrnehmungsfeld wird zum sinnlich-anschaulichen Erscheinen und Sich-Zeigen (zur »Intuition«) einer großen Idee, die, wie untergründig auch immer, mit den genannten korresponsiv schönen Gegenstandswelten verbunden ist.

Drittens kann die ästhetische Attraktivität eines Gegenstandes in Natur und Lebenswelt darin bestehen, daß er an Kunst erinnert – ja wie eine Nachahmung und Variation der Kunst durch die Natur erscheint (»imaginative« oder »projektive Naturschönheit«). Selbst Gegenstände, für die eigentlich die Naturwissenschaft zuständig ist, werden unter diesem ästhetischen Blick artifiziell, ausdruckshaft sowie kunstwerkanalog betracht- und verstehbar; sie werden wahrgenommen, als ob es Artefakte wären und als ob Natur und Lebenswelt quasi als Künstler Kunstwerke improvisiert hätten. Einem solchen Blick werden virtuell alle Dinge, Situationen, Szenerien, sogar wissenschaftliche Theo-

[1] Selbstverständlich sind Sinneserlebnisse ohne jedes Sinnerlebnis kaum vorstellbar, und völlig bedeutungslose Formen und Farben haben wohl kaum ästhetische Wirkungen. Gemeint ist vor allem das Zurücktreten und Verschwinden der etablierten (alltäglichen oder auch professionellen) Bedeutungen, eine Entlastung vom üblichen Sinn (und folglich auch eine Entlastung von Kommunikationszwängen). Dabei können ganz andere und neue Wahrnehmungskonfigurationen entstehen, und die im Wahrnehmungsfeld verbleibende Semantik ist zwar nicht unbedingt blasser, aber doch fluider und jedenfalls mehr konnotativ als denotativ.

rien kunstförmig lesbar – bis zum Genuß eines bewußt verliehenen Kunstsinns und zum Genuß plötzlicher und flüchtiger Kunst und Poesie mitten in der wirklichen Welt.

Wenn man es auf Formeln bringen will, dann etwa so: Im Falle kontemplativer Naturschönheit nehmen wir mit bedeutungsentlastetem, sozusagen langem blödem Blick einen sinnlichen Schein als solchen wahr; im Fall der korresponsiven Schönheit nehmen wir mit wunschvollem, begehrlichem Blick den Nach- oder Vorschein eines idealen Lebens (oder den Vor- und Nachschein einer unserer lebendigen Ideen) wahr; im Fall der imaginativen Naturschönheit sehen wir mit gebildetem – mit historisch und künstlerisch vorgebildetem – Auge einen Kunst-Schein in der Natur. Das, was hier »Natur« heißt, schließt, wie schon gesagt, vor allem auch Lebens- oder Alltagswelt ein.[2]

Der Gegenstand der Kulturgeographie als ästhetisches Phänomen

Es ist leicht zu sehen, daß die Landschaft der Geographen alle diese ästhetischen Attraktionen auf sich vereinigte. Die Landschaft war für den Geographen *der* Forschungsgegenstand der Geographie, aber zugleich noch vieles andere: Sie war z. B. dem deutschen Kulturgeographen der Zwischenkriegszeit erstens ganz explizit ein Bild und Vorbild richtigen Lebens in angemessenen Umwelten sowie die Verwirklichung und Utopie einer idealen Mensch-Natur-Relation; zweitens war sie ihm ein Vor- und Nachbild großer Landschaftskunst (und oft sogar explizit das Kunstwerk eines Volkes oder einer Kultur): Die Landschaftsbeschreibung der geographischen Literatur war seit dem 18. Jahrhundert oft bis ins Detail an künstlerischer Landschaftsdarstellung orientiert (HARD 1969). Drittens war ihm die Landschaft – auch die geographische Landschaft – eine reizvolle Wahrnehmungsfigur, deren sinnliche Qualitäten er nicht nur beiläufig als ästhetischen Reiz beschrieb.

Die korresponsive Schönheit seines Gegenstandes, der geographischen Landschaft, bestand für den Geographen aber nicht nur darin, daß sie das ideale Ambiente idealen Lebens und idealer Kultur symbolisierte. Sofern die Landschaft eine wirkliche Landschaft war, war sie auch das ideale Ambiente des Geographenlebens: als das wichtigste Symbol der Einheit, Ganzheit und Intelligibilität der geographischen Welt, als das sinnliche Erscheinen des geographischen (Mensch-Natur-)Paradigmas und als ideales Gegenüber wissenschaftlich-geographischen Handelns.

Diese ästhetisch aufgeladene Landschaft war nicht von vornherein »der« Gegenstand der Geographie; man kann aber zeigen, daß die Ästhetisierung des geographischen Gegenstandes schon in der ältesten und wirkungsvollsten Sinntheorie der modernen Geo-

[2] Für den ersten Blick scheint es sich insgesamt um Dimensionen einer ziemlich konventionellen, ja zahmen und braven Ästhetik zu handeln (vgl. hierzu wieder SEEL 1991). Schließlich liegt ästhetische Attraktivität ja oft noch in etwas anderem: nämlich darin, daß ästhetische Interessen und Erwartungen der beschriebenen kontemplativen, korresponsiven und imaginativen Art gerade nicht erfüllt, sondern auf irritierende (bis schockierende und erschreckende) Weise überschritten, ja torpediert werden (oder ästhetische Erfahrung überhaupt transzendiert wird). In der alten Ästhetik gehörte das Erhabene hierher, in der Moderne z. B. alle nicht-nur-schöne und nicht-mehr-schöne Kunst, also neben dem Schönen und neben vielem anderen auch das (historisch schillernde) »Erhabene«, das Interessante, Bizarre, Exotische, Häßliche, Morbide, Grausame, Schreckliche ... Diese »kontrastiven« ästhetischen Reize können in unserem Zusammenhang mitgedacht, müssen aber nicht expliziert werden.

graphie (wie sie unter anderem Carl Ritter formuliert hat) angelegt war. Wenn man die Geschichte und Sinntheorie der modernen Geographie (d. h. hier: der Geographie des 19.-20. Jahrhunderts) auf einige wenige Formeln verkürzen muß, dann kann man das am ehesten wie folgt tun.[3]

Die Geographie, von vornherein als eine Art Kulturgeographie konzipiert, hatte von Anfang an einen physisch-materiellen Gegenstand gewählt: die dinglich erfüllten Erdräume, Länder und Landschaften. Die materielle Wirklichkeit wurde aber im Kern der Geographie (bzw. da, wo die Geographen beim Kern der Geographie zu sein glaubten) nicht eigentlich naturwissenschaftlich behandelt, nicht einmal da, wo von Natur, Landesnatur, Erdnatur oder Naturraum die Rede war.[4] Was kann aber heißen: Physisch-Materielles nicht naturwissenschaftlich (oder doch wenigstens: nicht nur naturwissenschaftlich) betrachten? Innerhalb der Wissenschaften kann das zunächst nur meinen: die Gegenstände deuten, interpretieren, d. h. die physisch-materiellen Gegenstände nicht als solche, sondern als Gegenstände von Semiosen (Symbolisierungs- oder Zeichenprozessen), also als Zeichen und Zeichenwelten, betrachten. Diese Geographie konnte also de facto und in ihren stichhaltigen Selbstauslegungen nur eine Art hermeneutische Wissenschaft der Länder und Landschaften sein, und auch wenn es um das allerdings zentrale Mensch-Natur-Thema ging, wurde sie zu einer Art von verstehender Naturwissenschaft, aber nicht etwa zu einer der wirklichen Naturwissenschaften, wie sie außerhalb der Geographie existierten. Diese Geographie sprach nicht von der Natur der Naturwissenschaften, sondern von einer Natur, wie sie sich als »Gegenspieler des Menschen« oder als Korrelat einer Kultur darstellte, d. h. im Spiegel einer bestimmten kulturellen Semantik.[5]

Was aber las diese Semiotik aus den Erdräumen, ihren Naturanteilen und ihren kulturellen Artefakten, aus ihren »Natur-« und »Kulturplänen« heraus? Die allgemeinste Antwort, die die geographische Sinntheorie geben konnte, lautete: das, was dem Land

---

[3] Vgl. dazu vor allem Eisel 1979; 1980; 1982; 1987; Hard 1983 und als stellenweise Korrektur Schultz 1989; 1992; 1993.

[4] Das Gewicht dieses Paradigmas war so groß, daß selbst die Physischen Geographen ihre Gegenstände nicht umstandslos als Naturwissenschaftler behandeln konnten, sondern sie weithin im Licht eines eigentlich kulturgeographischen Paradigmas formulierten (vgl. hierzu schon Böttcher 1979 am Beispiel der klassischen Geomorphologie).

[5] Nicht immer allerdings – und nach manchen geographieinternen Geographiekritiken müßte es sogar heißen: nur selten – befanden sich die Geographen ganz auf der Höhe ihres Paradigmas und auf der Höhe der Ansprüche, die es implizit an sie stellte (die Geographie war in einem gewissen Sinne eben zu schwierig für viele Geographen): Gemeinhin beschrieb der Geograph die Landschaften und Länder (die er vor allem als Ergebnisse von Mensch-Natur-Auseinandersetzungen verstand) nicht gemäß der Semantik der autochthonen Kultur, sondern ungebrochen und unvermittelt nach seinen eigenen, allochthonen Semantiken, und nur da, wo dies zu allzu unplausiblen Ergebnissen führte, bemühte er sich um die autochthonen Bedeutungen. Demgegenüber sind Albert Leemanns (1976; 1979) Bali-Studien Beispiel einer Kulturgeographie, die diese autochthone Lokalvernunft und Ortssemantik zu ihrem Recht kommen läßt.

und seinem Volk in seiner Geschichte zugedacht war.[6] Dieser Sinn ist also ein *geschichtlicher* Sinn, der erfüllt oder verfehlt werden kann, und jede Epoche kann ihn auf ihre je eigene, individuelle Weise erfüllen. Die den Erdräumen zugedachte Sinnbestimmung wiederum war, wieder in allgemeinster Formulierung, eine gelungene, schöpferische Vermittlung von »Mensch und Erde«, einer Lebensform und einer regionalen, konkret-ökologischen Erdnatur, einer Kultur und ihrer Landschaft. Dabei waren »Natur« und »Landschaft« grundsätzlich als Gegenstand und Gegenüber konkret-ökologischer, relativ einfacher agrarisch-»handwerklicher« Lebensvollzüge gedacht (und nicht etwa als die abstrakte Natur der modernen Natur- und Technikwissenschaften). Diese geschichtsphilosophische Sinntheorie der Geographie konnte durchaus auch eine Idee von Fortschritt integrieren, z. B. Fortschritt als eine naturüberwindende Humanisierung der konkret-ökologischen Natur.

Die moderne Welt war, je länger, je mehr, aber auf diese Art – als ein Mosaik erdraumspezifischer Mensch-Natur-Vermittlungen – nicht mehr zu begreifen. Das klassische Paradigma verwandelte die moderne Welt tendenziell in eine einzige Anomalie. Der von Industrie und Weltmarkt bestimmte moderne Raum und seine Gesellschaft schienen ihr Telos und ihren Nomos geradezu prinzipiell zu verfehlen, und die paradigmatische Sinnerfüllung der Erdräume – z. B.: eine harmonische Kulturlandschaft als Ausdruck einer gelungenen Mensch-Natur-Vermittlung – schien (je länger, je mehr) eine Sache der Vergangenheit und der verbliebenen (inneren und äußeren) Peripherien zu werden. In dieser Situation wurde die alte Erdkunde in großen Teilen (nicht in allen!) auch gegenwartskritisch und kulturkonservativ sowie – wenigstens implizit – zu einer Form der modernen Kritik an der Moderne; natürlich nicht so sehr aufgrund individueller Geographenneigungen, sondern vor allem aufgrund der Logik der traditionellen Sinntheorie des Faches.

Unter diesen Bedingungen konnte um und nach 1900 die »Landschaft« im deutschen Sprachbereich zum professionellen Idol und die Kulturgeographie unter dieser »Idee der Landschaft« (SCHMITHÜSEN) stellenweise sogar zu einer Art von ästhetischem Historismus werden, für den, um das Extrem zu pointieren, das Schöne im Prinzip vergangen und nur noch das Vergangene (und die gegenwärtige Form des Vergangenen: das Exotisch-Periphere) wirklich schön war. Die Geographen selber sprachen damals vom »Siegeszug der Landschaft« in der Geographie, und dieser »Siegeszug« beruhte vor allem auch darauf, daß das Wort »Landschaft« die ganze kulturkonservativ-ästhetische Semantik (z. B. die Konnotationen »schön«, » charakter-«, »stil-« und »ausdrucksvoll«, »Tradition«, »Vergangenheit«, »Kultur« und »Volk«) schon aus der Gebildetensprache mitbrachte (HARD 1983). So schwebte die Kulturgeographie der Landschaft nun für lange Zeit auf den Flügeln des Sprach- und des Zeitgeistes.

Seine konsequenteste und z. T. auch reflektierteste Ausformung hat dies in der deutschsprachigen Kulturgeographie der Zwischenkriegszeit gefunden, und zwar in einem geisteswissenschaftlich-akademischen Kontext, den ich andernorts beschrieben habe (vgl. HARD 1970). Kulturlandschaften galten als »Sinngebilde« aus »Sinngehalten« und »Sinnzusammenhängen«, und diese »Sinngebilde« sollten aus einer Beziehung

[6] Ursprünglich (und so auch bei RITTER und in der »Ritterschen Schule«): von Gott zugedacht war. Diese Sinntheorie der Erdkunde konnte aber durchaus auch allein mittels »Natur«, also aufklärerisch-»materialistisch« formuliert werden.

heraus verstanden werden, die der zwischen Schöpfer und Schöpfung, d. h. Künstler und Kunstwerk analog war. Letzten Endes wurden die Kulturlandschaften der Erde als Selbstauslegungen personaler und überpersonaler »geistiger Individualitäten« gedacht: Kulturlandschaften sind idiographisch-morphogenetisch zu deuten als (historisch gewachsene) Ausdrucksfelder von (historisch gewordenen) geistig-seelischen Individualitäten, seien das nun große Persönlichkeiten, Völker, Stämme, Menschentümer, Rassen, Lebensformen, Kulturen, Traditionen, »geistige« oder »geschichtliche Kräfte« (oder was sonst auch immer). Kurz, in diesem Orientierungsmodell war die Kulturlandschaft ausdrücklich eine Art Kunstwerk oder, wie mein akademischer Lehrer JOSEF SCHMITHÜSEN (1961: 70 f.) es sententiös formulierte: Die Kulturlandschaft, das ist »etwas Ähnliches wie (...) Goethes Faust«.

Andererseits kann man bemerken, daß diesem Landschaftwerden und dieser partiellen Ästhetisierung der geographischen Welt schon in der reformpädagogisch angehauchten Schulgeographie »um 1900« kräftig vorgearbeitet worden war (offenbar auch im Kontakt mit der damaligen Kunsterziehungsbewegung): »Man kann die Landschaft wie ein Werk der bildenden Kunst ansehen; ihre Beschreibung erfolgt nach ähnlichen Gesetzen wie die der Kunstwerke«, schreibt beispielsweise LAMPE (1908: 169) in seiner »Einführung in den erdkundlichen Unterricht an mittleren und höheren Schulen«. Kulturlandschaftskunde als eine Art Kunstbetrachtung – dieses Programm wurde, wie vor allem SCHULTZ (1980; 1989) belegt hat, schon vor dem Ersten Weltkrieg zu einer geographiedidaktischen Idée reçue.

Wohl nur in seltenen Fällen ist, wie in der Landschaftsgeographie des 20. Jahrhunderts, die Ästhetik einer Wissenschaft im disziplinären Gegenstand selbst (in Paradigma und Programm der Disziplin) fest eingebaut. Im Normalfall sind szientifische und ästhetische Erfahrung heute dissoziiert und konstituieren ganz unterschiedliche Gegenstände, auch in der heutigen Geographie. Dieser aktuellere Fall ist Thema der folgenden Kapitel.

Tagträumereien auf einem ruinösen Werksgelände

Die Studenten bestimmen Pflanzen auf einem aufgelassenen Industriegelände aus toten Gleisen, ausrangierten Waggons und Trümmern unverständlich gewordener Produktionsanlagen, machen Vegetationsaufnahmen, schätzen die Mengenverhältnisse der Arten, versuchen phytosoziologische Zuordnungen, kartieren das Gesellschaftsmosaik, versuchen ökologische Erklärungen. Wegen der Hitzepause wird bis in die anbrechende Dämmerung gearbeitet. Am Ende sitzt man zusammen, die Studenten resümieren.

Die offizielle Kommunikation ist vegetationskundlich, aber natürlich laufen ständig individuelle Interessen und Wahrnehmungen mit. Eins dieser vom offiziellen Diskurs marginalisierten Interessen wird auffällig: Ein Student, der eben noch ganz bei der offiziellen Sache zu sein schien, beginnt, wie es scheint, sich anstelle der vegetationskundlichen Kommunikation für etwas anderes zu interessieren: nämlich für die große schwefelgelbe Blüte einer Nachtkerze (Oenothera erythrosepala), die sich gerade vor unterschiedlich dunklem Dämmerungs-Graublau entfaltet hat. In diesem Blick wird die floristisch-vegetationskundlich-ökologisch längst bestimmte Oenothera noch einmal verschlüsselt, aber offensichtlich nach einem anderen Kode.

Was ist das für ein Blick? Man kann ihn wohl nur wahrnehmen und beschreiben, indem man eine analoge eigene Erfahrung projiziert. Dieser »Blick« ist nicht nur und nicht so sehr die Wahrnehmung eines Bildes, sondern mehr noch die Herstellung einer Beziehung, ist weniger ein Ziel und Ergebnis, auf das man zugegangen ist, als ein Ereignis, das einem unintendiert zustößt; dieses Geschehen wird dann aber doch nicht einfach als passiv erfahren, sondern auch als eine aktive Zuwendung und als ein erwartungsvoller, forschender und fordernder Blick. Es handelt sich um eine Erfahrung, die als befristet und extrem störbar erlebt wird, jedenfalls nicht ohne weiteres willkürlich festgehalten werden kann, und nicht selten hat sie auch ein Moment von Plötzlichkeit und Augenblicklichkeit.

Man schaut wie auf ein fast unbekanntes Bekanntes, erstaunt und doch, als werde man auch an etwas erinnert; als hätte man ein noch unbestimmtes Deja-vu-Erlebnis. Der Gegenstand und sein Hof sind in einem entroutinisierten Blick ganz präsent, gegenwärtiger als die alltägliche und auch gegenwärtiger als die vegetationskundliche Oenothera (obwohl auch schon das vegetationskundliche Hinsehen den Blick entroutinisiert und die Nachtkerze gegenwärtiger und bedeutungsvoller gemacht hat). Die Semantik der Nachtkerze und ihrer Umwelt ist unbestimmter, aber auch tiefer, gewichtiger und anrührender als zuvor. Man ist bei einer zugleich eindrucksvollen und vieldeutig-unbestimmten Tiefensemantik angekommen; die Oenothera-Blüten sind jetzt kein Gegenstand mehr für die Vegetationskunde, sondern z. B. ein Gegenstand für Tagträume. Diesen subsemantischen Bahnen entlang kann die Gegenstandsbedeutung im Tagtraum dann sogar narrativ werden, d. h. einen erzählbaren Inhalt bekommen.

»Tagtraum« oder »Tagträumerei« ist hier in dem gleichen Sinn gebraucht, wie Bachelard »rêverie« benutzt: als eine gegenstandsbezogene Träumerei entlang einer latenten, aber in den semantischen Strukturen der Sprache oft weitgehend vorgegebenen Semantik, die freilich individuell angereichert oder verkürzt werden kann. Oft deuten schon Namengebungen und Konnotationen (sei es in einer bestimmten Sprache, sei es in getrennten Sprachen) potentielle Richtungen solcher Rêverien an.[7] Gegenüber anderen auffälligen Blumen ist die Oenothera aber – im Gegensatz etwa zu Rose und Veilchen – nicht von einer starken offiziellen Semantik besetzt; es bleibt also viel Raum für je-individuelle Semantisierungen und private Mythologien.

Ein Abgrund ruft den andern

Tagträumer sind selten bereit, ihre Rêverien (wie Traumerinnerungen) niederzuschreiben, und wenn, dann sind solche Niederschriften wahrscheinlich fast immer hochgradig gefiltert und bereinigt, und sie haben oft auch etwas von Trivialliteratur an sich (wenn man denn einen, hier eigentlich nicht angemessenen, literarischen Maßstab anlegen will).[8] Mangels anderer Versuchspersonen empfiehlt es sich, sich möglichst oft selber

[7] Neben »Nachtkerze«, »Nachtleuchte«, »Nachtblume«, »Nachtlicht« usw. stehen »Nachtrose« und »Nachtviole« (und können die Konnotationen von »Rose« und »Viole« auf sich ziehen), aber auch ein Namenfeld »Schlafende Jungfrau«, »Nachtschöne«, »Schöne der Nacht«, »Nacktes Mädchen« sowie ein anderes um »Totenblume«, »Totenlampe« u.ä. (vgl. MARZELL, Bd. 3, 1977: 373 ff.)

[8] Es sind Dokumente einer ästhetischen Erfahrung, aber sie haben nur selten literarischen Wert. »Ästhetisch« ist eben nicht gleichbedeutend mit »ästhetisch wertvoll« oder »ästhetisch gelun-

zur Versuchsperson zu machen. Die folgende Oenothera-Rêverie stammt von einer jungen Geographin (einige besonders intime Stellen sind weggelassen):

> »Das ist wohl diese faszinierende Tiefe, dieser blaue Abgrund, aus dem schwefelgelbe Schlieren gleich der Farbe der Oenothera-Blüten aufsteigen, ohne einem von uns eine Schlinge um den Hals zu legen ... Diese schwefelgelben Fäden, die so nah sind, ohne mich zu bedrängen, sind viel zu geschmeidig, sie sind heiß und bringen andere Dinge zum Schmelzen. Nein, dieser Abgrund macht mir keine Angst, vielmehr bringt er die schwarzen und blauen Teile meines Gemüts zu einer wilden Entschlossenheit, jedes Fitzelchen dieser dünnen, blauen Luft in vollen Zügen einzuatmen, selbst mit der Option eines tiefen Falls. Selbst wenn Du mich hinabstürzen ließest, würde ich diesen tiefen Fall mehr genießen als jeden friedlichen Tag in der Sonne. Ich bin sicher, Du würdest mich auf sanfteste, wildeste und angenehmste Weise umbringen. Das würdest Du doch, oder? Jedenfalls sagen mir das die bizarren Schablonen, die aus den Fäden und Schlieren in Schwefelgelb vor meinen Augen flimmern ... Diese Phantasien scheinen einer Tiefe zu entspringen, die sich in jenem Abgrund spiegelt. Es kommt mir vor, als ob meine Phantasien eine ungewohnte Offenheit der Worte sprudeln lassen, die meinen Geist wahrhaftiger, ganzheitlicher, ursprünglicher machen als je zuvor. Dennoch ist das alles bei aller Vertrautheit auch zugleich fremd und neu, denn ich muß diesen Worten selber nachlaufen, um sie verstehen zu können.«

Diese Rêverie, die die Blüte der Oenothera verschlüsselt, ist auch ihrerseits wieder verschlüsselt; sie gibt auch der Tagträumerin selbst nicht ohne weiteres preis, was ihre wahren Bedeutungen und Impulse sind, und wenn, dann wahrscheinlich nicht auf unverhüllte, sondern nur auf eine zensierte Weise. Der Text weist, wie es scheint, sogar darauf hin, daß eine etablierte Hemmschwelle nur mittels dieser Oenothera-Symbolik überwunden werden konnte. Da wird offenbar eine brisante Intimität ins gerade noch Erträgliche verkleidet und im Wortsinn »durch die Blume« gesagt. Schon in den ersten Zeilen sind unverkennbar »brisante Intimitäten« floristisch verschlüsselt, einschließlich der Angstlust an ihnen.

Das spricht die Tagträumerin auch direkt aus: Sie hat das Gefühl, daß ihre Rêverie mit existentiellen Bedeutungen geladen ist, und fühlt zugleich, daß sie diese doch nur ganz unvollkommen versteht. Einerseits hat sie das Gefühl, daß hier etwas ganz offen liegt, daß sie selber in dieser Symbolik ganz und gar präsent, ganz wahrhaftig und ganz bei ihren Ursprüngen ist, aber alles klingt zugleich auch neu, fremd und unverständlich.

Auch andere Strukturen des zitierten Textes kehren in solchen Rêverien immer wieder: Nicht nur, daß alles vielsagend *und* unverständlich, vertraut *und* fremd, anziehend *und* bedrohlich (eben faszinierend) erscheint. Ein wiederkehrender Zug solcher Rêverien besteht z. B. darin, daß die bedeutungsvollen Farben der Szene (Schwarz, Dunkelblau, Gelb) zugleich Bestandteile der Innen- *und* der Außenwelt sind – und dazu gehört auch ein »Phantasma der doppelten Tiefe«: Der äußeren Tiefe des Bildes (dem »blauen Abgrund«, aus dem die schwefelgelben Schlieren aufsteigen) entspricht eine innere Tiefe, aus der die geistgelben Phantasien entspringen. (Auch im weiteren Kontext des Tagtraums und vor allem in den dazu gemalten Bildern ist das helle Gelb die Farbe der Einsicht, der hellen Bewußtheit und der intellektuellen Macht.) Die beiden Tiefen – die

---

gen«. Für wirkliche Literatur können Rêverien und ihre Niederschriften höchstens Rohmaterial sein.

äußere Transzendenz und die innere »transdescendance« (BACHELARD) bespiegeln einander und werden identisch.

Solche Niederschriften von Rêverien belegen gemeinhin auch, daß in ästhetischen Wahrnehmungen dieser Art etwas von gefährdetem und gefährlichem Glücksversprechen mitschwingt, das zuweilen nicht mehr weit vom Schrecken entfernt ist. Hinzu kommt oft die Aussicht auf eine Art magischer Beherrschung der Welt, die, wenn man von der ästhetischen Färbung der Situation absieht, als eine Art von Verrücktheit erscheinen müßte.

Das in der ästhetischen Erfahrung mitgegebene Glücksversprechen und Versprechen großer Magie sind aber zugleich überaus zerbrechlich. Jede genaue Beschreibung dieser Erfahrung läßt dies erkennen: Wenn der tagträumerische oder kontemplative Blick forschender und fordernder wird, wenn er näher an seinen Gegenstand – z. B. die Oenothera-Blüte in der Dämmerung – herangeht und (um einen Ausdruck Husserls zu gebrauchen) in den positionalen Bewußtseinsmodus überzugehen versucht, scheint sich der Gegenstand zu entziehen; der Kontakt- und Verwirklichungswunsch bleibt wie ungesättigt und enttäuscht zurück, so als wäre mehr versprochen gewesen und nun nicht gehalten worden. Die reale (auch die botanische) Oenothera, die dann von der Tagtraum-Oenothera übrigbleibt, ist immer wenigstens eine leise Enttäuschung. Die »einmalige Erscheinung einer Ferne«, die momentan so nah zu sein schien, hat sich wieder in eine unbestimmte Ferne verflüchtigt, und nur die alltägliche oder vegetationskundliche Oenothera ist noch – enttäuschend – da. Ästhetische Erfahrungen und Kunstwerke sind Glücksversprechen, die gebrochen werden (müssen): Das ist auch der Hauptinhalt des »ästhetischen Schmerzes«, der in der Künstlerästhetik seit der Romantik eine so große Rolle spielt.

Das alles hängt, semiotisch gesprochen, damit zusammen, daß der ästhetische Gegenstand (wie auch das Kunstwerk) ein Zeichen ist, d. h. auf etwas verweist, was es selber nicht ist, auch wenn er einiges von dem, worauf er verweist, verkörpern, d. h. direkt oder metaphorisch exemplifizieren mag. »Die Befriedigung«, konstatiert nüchtern der Semiotiker (MORRIS 1979: 272), »ist (in der ästhetischen Erfahrung) nicht vollständig, da sie nur durch Zeichen vermittelt ist.« Als Ganzes bleibt der ästhetische Gegenstand (wie sein moderner Prototyp, das Kunstwerk) trotz aller »ikonischen« Anteile doch immer ein Zeichen. Und wie nichts von sich aus ein Zeichen ist, aber alles ein Zeichen werden kann, so steht es auch mit dem ästhetischen Zeichen und dem ästhetischen Gegenstand: Sie existieren nur in der tendenziell kurzlebigen, ja plötzlichen ästhetischen Erfahrung und verschwinden mit ihr. Anders gesagt, auch das ästhetische Symbol kann nie die volle Bedeutung und Leistung des Symbolisierten übernehmen – wenn der Tagträumer das glaubte, würde man ihn mit Recht für verrückt halten.

Das scheint auch eine Grunderfahrung bei der wissenschaftlichen Arbeit zu sein, zumindest in manchen Gegenstandsbereichen. Der Vegetationskundler ist primär von seinem Gegenstand angetan (etwa vom Dauco-Melilotion auf einem ruinösen Werksgelände), aber der methodengeregelte wissenschaftliche Umgang scheint den Gegenstand zu verwandeln und dabei so auszunüchtern, daß das primäre Interesse verkühlt und unbefriedigt bleibt. Der Forscher hat den Eindruck, daß seine primäre Faszination irgendwie leerläuft (bis hin zu dem bekannten Seufzer, das könne doch nicht alles gewesen sein), und dabei kann der Fasziniert-Enttäuschte gar nicht oder kaum sagen, worin seine Faszination oder Erwartung eigentlich bestand (und worin die Enttäuschung liegt).

Kurz, der zunächst faszinierende Gegenstand verwandelt sich in ein »nasty little subject«, und »all one cares to know lies outside« (WILLIAM JAMES).

Innenwelten in der Außenwelt

Auch in den Oenothera-Rêverien erkennt man die Dimensionen der ästhetischen Erfahrung wieder, wie sie bei SEEL (1991) beschrieben sind: Die Attraktion dieser Oenothera-Wahrnehmung liegt zu einem Teil in einer eindrucksvollen, sinnentlasteten Sinneserfahrung, etwa in der Konfiguration von strahlendem Schwefelgelb im Dämmerungsdunkelblau und Dämmerungsgrauschwarz, deren Erleben hier z. B. von allen »offiziellen« botanischen und ökologischen Bedeutungsgewichten befreit ist (»kontemplative Naturschönheit«).[9] Der ästhetische Reiz liegt aber auch darin, daß dieses »Bild« der in der Dämmerung leuchtenden Oenothera einen vielleicht unbestimmten, aber tiefen Sinn zu haben und etwas zu sagen scheint, was den Betrachter sozusagen existentiell betrifft und ihn auf ein bedeutenderes Leben im gemeinen Leben verweist (Seels »korresponsive Naturschönheit«). Drittens verweist die Oenothera-Wahrnehmung aber auch auf kunstvoll gemalte Bilder von Blumen. Auch wer noch kein Oenothera-Stilleben gesehen hat, für den paßt die Pflanze doch aufgrund normaler Kunsterfahrung in Kunstwahrnehmungen hinein und kann als eine Nachahmung der Kunst durch die Natur gelesen werden (»imaginative Naturschönheit«).[10]

Wenn man eine übergreifende Formel dafür sucht, was das ästhetische Zeichen als ästhetisches Zeichen – hier: den ästhetischen Mehrwert einer Pflanze – ausmacht, dann bietet sich folgendes an: Dieser ästhetische Mehrwert beruht auf einer subjektiven Bedeutung, auf einer gefühlten Ich-Nähe, auch wenn dieser Innenwelt-Bezug des Außenwelt-Gegenstandes gar nicht artikuliert werden kann. Eine ästhetische Erfahrung machen, das ist zunächst und vor allem die oft glückliche, zuweilen auch ambivalente oder verschreckte (Wieder-)Erfahrung einer – meist überraschend – verringerten Subjekt,-Objekt-Distanz. Da ist (wie es z. B. BOESCH 1983 eindrucksvoll beschrieben hat) etwas Außenweltliches der Innenwelt kongruent. Jetzt ist nicht mehr die Frage, ob ein Stück Außenwelt unseren Konzepten – den Schemata unseres Denkens – entspricht (das ist die Befriedigung, die z. B. mit jener kognitiven Passung verbunden ist, die ein kompe-

---

[9] Genauer besehen, sind diese Sinneswahrnehmungen nicht wirklich sinnfrei, ihre Semantik hat bloß eine andere Konsistenz und Referenz. Das zeigen schon die Wörter, mit denen die Oenothera-Wahrnehmung hier beschrieben wird: z. B. »strahlend«, »Schwefel«, »Dämmerung«, »Dunkel« und »Blau«. In solchen Vokabeln steckt eine weitläufige und ich-nahe konnotative Semantik. Auch scheinbar »rein formale« Qualitäten erhalten dergestalt einen großen Teil ihrer Faszination durch eine mit ihnen verbundene konnotative Semantik.

[10] Diese Wahrnehmungs- bzw. Konstitutionsmöglichkeit hat ihre Kulturgeschichte. Die ursprünglich nordamerikanische Nachtkerze war zu Beginn ihres altweltlichen Auftretens Bestandteil von Gartenkunst und Gartenkunstwerken (nämlich schon eine Prunkpflanze in den Fürstengärten der Renaissance), und sie tritt in einigen großblütigen Arten bis heute in dieser ästhetischen Rolle auf: Neben anderen Oenothera-Arten erscheint auch die Oenothera erythrosepala der Industriebrachen noch heute im populärsten Genre der Gartenkunst, nämlich in Vor- und anderen Ziergärten von Eigenheimquartieren. Die »wilde« Oenothera der Trümmerflächen und Industriebrachen hat so auch noch den exotisch-kontrastiven (und kontrafaktischen) Reiz einer Zierpflanze inmitten der Wildnis, aus der sie stammt.

tenter vegetationskundlicher Blick im Gelände herstellt); jetzt ist vor allem wichtig, ob und inwieweit die Außenweltszene gemäß unseren Phantasmen, gemäß den Schemata unseres Erlebens und Fühlens geordnet ist und semantisiert werden kann.

In den von BOESCH (1983) benutzten polaren Piaget-Begriffen kann man sagen: Es handelt sich um eine »assimilierende«, projektive, subjektivierende Umwelterfahrung, wo die Außenwelt der Innenwelt so angepaßt zu sein scheint, daß sie als eine Art von Innenwelt in der Außenwelt erscheint, und dieser assimilierende, immer etwas euphorisch-dysphorische Wirklichkeitsumgang ist auch in der individuellen Entwicklung älter als der »akkommodierende« oder objektivierende, sozusagen konfrontative Umgang mit der Wirklichkeit, der mit der wirklichen Welt – der Außenwelt als Außenwelt – zurechtzukommen versucht und sich nicht an der Ich-Nähe der Gegenstände, sondern am Handlungserfolg orientiert. (Das wissenschaftliche Handeln ist neben dem instrumentellen Alltagshandeln ein Sonderfall dieser akkommodierenden Weltzuwendung.)

Was dieser Blick dann sieht, ist nicht mehr so sehr z. B. das Ergebnis eines ökologischen Dramas (einer Konkurrenz von Pflanzenarten unter Umweltdruck), sondern eher eine Art Psychodrama, d. h. verschlüsselte Botschaften über unser Inneres und die Jugend unseres Geistes.[11] Dann erscheint oft eine Art Wunschwelt, die weitgehend inneren Sollwerten entspricht, und das führt in den Beschreibungen durchweg zu einem autoreferentiellen (statt heteroreferentiellen) Zeichen- und Wortgebrauch (d. h. zu eigentlich ästhetischen Semiosen) auch da, wo der Betrachter ganz bei der Sache zu sein glaubt. Auch Vegetationsbilder bekommen dann – wie Landschaften – unbemerkt den Charakter von sozusagen blind gemalten Selbstbildnissen, die die Tagträume ansaugen, und das gilt selbst für die Vegetation des Vegetationskundlers und die Landschaft des Landschaftsgeographen. Wie sehr dabei sogar die Landschaftskonzepte und Landschaftsbeschreibungen von geographischen Hochschullehrern versehentlich zu verschlüsselten Selbstbildnissen und intimen Autobiographien geraten, kann man den narrativen Interviews bei MEDER 1985 entnehmen.

Zum Verhältnis von szientifischer und ästhetischer Erfahrung

Wie verhalten sich die objektivierende und die subjektivierende Wahrnehmung zueinander, in der Wissenschaft und im Unterricht? Wie könnte ein fruchtbares Verhältnis aussehen?

Eine Lösung, die wieder im Schwange ist, lautet: romantische Wissenschaft, in jüngerer Zeit auch »Wiederverzauberung der Welt« genannt. Auch hinter Namen wie »Hermeneutik der Natur«, »soziale Naturwissenschaft« oder »ökologische Naturästhetik« steckt ein ähnliches Programm: eine Art von alternativer (Natur-)Wissenschaft, in der Objektivierung und Subjektivierung, objektivierende und ästhetische Erfahrung, naturwissenschaftliche und soziale Bedeutung konvergieren. Solche Versuche einer Entdifferenzierung bekommen, wie die moderne Wissenschaftsgeschichte zeigt, regel-

---

[11] So umschreibt Gaston Bachelard den Inhalt von Rêverien. Das ist auch der psychologische Sinn der berühmten Fragmente Novalis' über die Pflanzenwelt (die von ihm selber freilich eher ontologisch und vielleicht magisch-idealistisch gemeint waren): Die Blüte als »Symbol des Geheimnisses unseres Geistes«, die Blumenwelt als »die Sieste des Geisterreichs« oder, verallgemeinernd: »Das Äußere ist ein in Geheimniszustand erhobenes Innere«.

mäßig etwas bloß Weltanschaulich-Erbauliches (oder auch etwas Esoterisches und Sektenhaftes). Wo die Dissoziation der Erfahrungsweisen nicht vollzogen oder rückgängig gemacht wird, entsteht erfahrungsgemäß eine wertlose Wissenschaft, die zum Ausgleich intime existentielle und emotionale Bedürfnisse erfüllt, und eine Kunst und Literatur (meist Trivialliteratur), die sinnlose Ansprüche auf Erkenntnis erhebt. Nicht selten lesen sich solche Entwürfe »ganzheitlicher« Wissenschaften wie Karrikaturen der klassischen Geographie.

Wissenschaftshistorisch gesehen, waren Tagträumerei und ästhetische Erfahrung am wissenschaftlichen Gegenstand vor allem obstacle épistémologique (Erkenntnishindernis). Gaston Bachelard hat diese negative Funktion intimer (Sub-)Semantiken und tagträumerischer Evidenzen anhand der Naturwissenschaften des 18. Jahrhunderts (zumal an der Chemie dieses Jahrhunderts) eindrucksvoll beschrieben. Solche Überschwemmungen der Gegenstände durch primäre und intime Evidenzen sind aber keine verjährten Geschichten aus dem 18. Jahrhundert, die nicht mehr vorkommen können. Der Aufbau und die Zerstörung einer phantasmatischen landschaftlichen Welt in der Geographie des 20. Jahrhunderts ist eine fast zeitgenössische Geschichte, die im übrigen auch ein Beispiel dafür ist, wie aus ästhetischen Wahrnehmungen Ideologien werden.[12]

Wem auch das noch zu historisch erscheint, den muß man an die gegenwärtige politische und pädagogische Ökologie erinnern, die voller überwertiger und überdeterminierter Tagtraumgegenstände ist, die naturwissenschaftlich-ökologisch überhaupt nichts wert sind, nicht einmal heuristisch und didaktisch, aber ihres psychischen und politischen Mehrwerts wegen gegen jede angemessene Objektivierung immun zu sein scheinen.

Die wissenschaftsgeschichtliche Moral solcher Geschichten (wie sie Gaston Bachelard besonders eindrucksvoll formuliert hat) scheint ziemlich klar zu sein: Wirkliches Wissen bedeutet immer einen radikalen Bruch mit all den Innenwelt-Phantasmen in der Außenwelt, diesen attraktiv-intimen Bilder- und Symbolwelten, die den Gegenstandsbereich immer schon besetzt halten. Erst jenseits dieser »rupture épistémologique« gibt es wirkliches Wissen. Der Forscher wie auch der Schüler, der lernt, ist ein Träumer, der sich zähmt; etwas erfolgreich erforschen heißt immer auch: aus einem Tagtraum erwachen, oder besser: sich aus einem Tagtraum herausreißen.

Das ist aber noch nicht die ganze Geschichte. Erstens: Die ich-nahe, subjektivierende, projektive, im weitesten Sinne ästhetische Erfahrung ist nicht bloß eine Vorstufe der objektivierenden, auch nicht bloß eine Sache der Jugend unseres Geistes und der Kindheit unserer jeweiligen Wissenschaft. Die objektivierenden Neukonstruktionen der Gegenstände werden (wie etwa E. Boesch eindringlich beschrieben hat) zugleich immer wieder von neuen Subjektivierungen begleitet, die ich-ferner gerückten Gegenstände also wieder mit ich-näheren Bedeutungen angereichert und dergestalt (im weitesten Sinne) ästhetisch assimiliert. Nicht nur in der Lebens- und Unterrichtserfahrung der Schüler, auch noch in der Erfahrung des Erwachsenen, auch des erwachsenen Wissenschaftlers, läuft stets eine Erwartung und Neugier mit, die psychischen Soll-Werte, die inneren Wunsch- und Schreckbilder in der Außenwelt wiederzufinden, so daß das stets ungesättigte Auge des Menschen (wie Starobinski es beschreibt) in allem Gegebenen immer noch etwas anderes und mehr sehen will, also im wirklich Anwesenden immer

[12] Vgl. dazu ausführlicher SCHULTZ 1980 und EISEL 1982.

ein noch befriedigenderes Abwesendes, und d. h.: eine ich-nähere, intimere und »schönere« Welt sucht. Wie könnte man sich sonst die Ruhelosigkeit mancher Reisenden, der Abenteurer, des Don Juan, aber eben auch vieler Wissenschaftler erklären? Sie sind die prototypischen Belege dafür, daß in vordergründig zweckrationalem und wissenschaftlichem Handeln immer auch noch »phantasmatische Aspirationen« (BOESCH 1983) und ästhetische Suchaktionen enthalten sind. Kurz, was man zu studieren beginnt, hat man vorher geträumt, und was man mit Erfolg studiert, das träumt man gleichzeitig auch; noch heute träumt, sagt BACHELARD, im Ingenieur zuzeiten der Alchemist.

Zweitens: Zwar ist die Trennung von wissenschaftlicher und ästhetischer Erfahrung, von Objektivierung und Tagträumerei, von objektiv-szientifischer und intimbedeutungsschwerer Welt heute institutionell vorgegeben. Der Tagträumer im Schüler, Studenten und Wissenschaftler wird heute schon durch die methodischen und institutionellen Regelungen gezähmt, in denen er arbeitet. Damit ist aber nur ganz im allgemeinen gesichert, daß im Labor keine mystischen Hochzeiten, in der Botanik keine blauen Blumen und in der geographischen Landschaft keine Mutter-Kind-Symbiosen mehr projiziert werden. Die »szientifische Verwerfung« und die Differenzierung der Erfahrungsweisen kann aber nicht einfach als bewußtlose Rollennahme aufrechterhalten, sondern muß bis zu einem gewissen Grade auch als persönliche Leistung und Unterscheidungsfähigkeit wiederholt werden können.

Drittens: Rêverien und Innenwelt-Projektionen wie die zitierte Oenothera-Rêverie können heute das Wissen des Tagträumers oft gar nicht mehr ernsthaft verwirren. Wenn die Sache wirklich geklärt ist, kann man sie aber auch ohne Gefahr wieder verzaubern. Dann können die Tagträumereien und ihre bezaubernden Falschheiten, die aus der wissenschaftlichen Erfahrung vertrieben worden sind, unter den Gegenständen ästhetischer Erfahrung (in einer anderen Sinnregion und in einem anderen ontologischen Aggregatzustand) auf neue Weise toleriert und freundlich zugelassen, ja sogar autonom weiterentwickelt werden.[13]

Bachelard hat dies subtil und paradox als eine »bewußte« und »dialektische Verdrängung« beschrieben, bei der der Forscher im Kontakt mit dem Verdrängten bleibt und das Verdrängte nicht einfach abstößt, auch nicht einfach so wiederholt, wie es zuvor war, sondern auf eine neue, sublimere Weise wiederaufnimmt. Dann erst ist der Lern- und Forschungsprozeß wirklich an sein Ziel gekommen und bildet eine jener »vollständigen«, »in sich vollendeten« und »vollkommenen Erfahrungen« (DEWEY 1988), in denen viele Ästhetik-Theoretiker, zumal die Pragmatisten unter ihnen, den Prototyp ästhetischer Erfahrung schlechthin sehen. Dann »trägt die Erfahrung ästhetischen Charakter, selbst wenn sie keine in erster Linie ästhetische Erfahrung ist« (DEWEY 1988: 55); der Wissenschaftler erlebt (wie Dewey sagt) seinen ästhetischen Augenblick, und die Differenziertheit der Erfahrungsweisen bleibt trotzdem erhalten.

Viertens: Zwar trägt die ästhetische Erfahrung in Natur und Lebenswelt heute kaum mehr etwas zum wissenschaftlichen Wissen bei, nicht einmal mehr zu seiner Heuristik und Didaktik. Aber wenn auch ästhetische Erfahrungen und Rêverien heute kein Ob-

[13] Das ist keine vage Vermutung, sondern eher ein typisches Ereignis der Moderne: Dichtung und Poesie, ja Kunst und ästhetische Erfahrung überhaupt werden zu Überlebensräumen abgelebter Wissenschaft, zu Feldern und Situationen einer ästhetischen Wiederaneignung außer Kurs gesetzten Wissens (vgl. SCHLAFFER 1990, HARD 1988).

jektwissen mehr hergeben, so doch immerhin eine Art von Subjektwissen – sie liefern kein besseres Naturverständnis mehr, aber unter Umständen doch ein besseres Selbst- und Menschenverständnis. Die Oenothera-Rêverie sagt der Tagträumerin nichts Sinnvolles über die Biologie und Ökologie dieser Pflanze; sie sagt der Tagträumerin aber unter Umständen etwas über sich selbst. Was also kein Gegenstand der Botanik (mehr) sein kann, kann doch immer noch ein Gegenstand der Selbstreflexion werden.

Einige Schlußfolgerungen

Diese Überlegungen über die ästhetische Dimension beim Forschen und Lehren sind praktischer und praktikabler, als man auf Anhieb denken mag. FRAUKE KRUCKEMEYER hat mehrmals (z. B. 1991; 1994) einen geographischen Schul- und Hochschulunterricht geplant und durchgeführt, in dem auf eine durchaus zwanglose Weise nicht nur die objektivierende, sondern auch die mitlaufende subjektivierende Primär- und Parallel-Wahrnehmung der »gleichen« Gegenstände (z. B. von Stadtquartieren und Vegetationstypen) wahrgenommen und ausgeschöpft wurde; erstens als widerlegbares heuristisches Reservoir, zweitens und vor allem aber als Medium der Reflexion der Studenten über ihr Tun und sich selbst. Wie anders als an sich selbst können sie erfahren, wie fragil und subjektiv unterwandert das ist, was sie gemeinhin für »reine und objektive Wissenschaft« halten? Und wie anders als so, nämlich als Beobachter der eigenen subjektivierenden/objektivierenden Doppelbeobachtung, können sie erfahren, daß wirkliche Objektivität nicht ohne die Beobachtung des Subjekts der Objektivierung zu haben ist?

Es scheint also durchaus möglich und fruchtbar zu sein, beim Lernen und Forschen auch die ästhetische Erfahrung der gleichen Gegenstände zu thematisieren. Die Versuche scheinen sogar die Vermutung zu bestätigen, daß die objektivierende und die ästhetische Erfahrung sich nicht nur nicht ausschließen: Sie können bei einem solchen Vorgehen beide differenzierter und jede für sich reicher werden, sich gewissermaßen wechselweise steigern.[14] Die Unterrichtserfahrungen zeigen aber auch, daß das alles im akademischen Unterricht nicht routinisiert werden kann; es gehört vermutlich ins Kapitel der »unstetigen Formen« des Lehrens und Lernens, lebt also von fruchtbaren Augenblicken und erreicht auch dann nicht alle Teilnehmer, weder intellektuell noch emotional. Was (bei Studenten mehr als bei Schülern) Lernwiderstände bildet, ist vor allem eine typische Verbindung von Unsicherheit und abstrakter Idealisierung von Wissenschaft, also das, was man den typischen jungakademischen Wissenschaftsaberglauben nennen kann, der ästhetische Erfahrung innerhalb dessen, was als »Wissenschaft« oder »Geographie« definiert wird, nicht wahrnehmen, noch weniger bewußt zulassen oder gar fruchtbar ausdifferenzieren kann; das ist alles »zu unsolide« und »zu intim«. Diese unsicher-rigide Haltung ist natürlich auch an ausgewachsenen Wissenschaftlern zu bemerken.

Man kann nun so resümieren: Es geht nicht um eine Entdifferenzierung, sondern um eine bessere, bewußtere und fruchtbarere Differenzierung der Erfahrungsweisen, auch

---

[14] Es sind z. B. nicht selten die gleichen Schüler und Studenten, die in beiden Richtungen am meisten zuwege bringen, und die, die die Inhalte und Möglichkeiten der ästhetischen Wahrnehmung am weitesten verfolgten, machten oft auch die fruchtbarsten wissenschaftlichen Gegenstandserfahrungen.

beim wissenschaftlichen Handeln selbst. Erstens könnte die in der Wissenschaft stets mitlaufende ästhetische Erfahrung (auf der psychischen Ebene) bewußtseinsfähiger und (auf der sozialen Ebene) kommunikationsfähiger werden; sie müßte das wissenschaftliche Handeln dann nicht mehr als ein kaum bekannter, ja verleugneter Schatten begleiten. Zweitens sind die Individuen dann auch kognitiv und mental eher auf der Höhe der differenzierten Gesellschaften, in denen sie leben.[15]

Es genügt aber nicht, einfach zu *wissen,* daß sich in der Geschichte einmal Erleben und Erkennen, Symbol und Sache, Schönheit, Wert und Wahrheit dissoziiert haben oder, um alte Formulierungen aufzugreifen, daß der horizon aestheticus sich vom horizon logicus, der Himmel und die Rose der Poeten sich vom Himmel der Astrophysiker und der Rose des Biologen (ja schon des Vegetationskundlers) getrennt haben. Es muß vielmehr auch erfahrbar bleiben, daß beide Seiten durch Reflexion Abstand zu sich selber gewinnen und sich dabei nicht nur gegenseitig begrenzen, »zähmen« und an Exzessen hindern, sondern auch gegenseitig stützen, steigern und raffinieren können.

Eine Ausführung der vorstehenden Skizze findet man in HARD, G.: Ästhetische Dimensionen der wissenschaftlichen Erfahrung, in : Urbs et Regio (Kassel) 62/1995, S. 323-367.

Literatur

BACHELARD, G. (1974): Epistemologie. Frankfurt a.M., Berlin, Wien: Ullstein.

BACHELARD, G. (1966): La Philosophie du Non. Paris: Presses Universitaires de France. (4e éd.)

BACHELARD, G. (1959): Psychoanalyse des Feuers. Stuttgart: Schwab.

BACHELARD, G. (1965): La formation de l'esprit scientifique. Contribution à une psychoanalyse de la connaissance objective. Paris: Vrin. (4e éd.)

BOESCH, E. E. (1983): Das Magische und das Schöne. Zur Symbolik von Objekten und Handlungen. Stuttgart-Bad Cannstatt: fromann-holzboog.

BÖTTCHER, H. (1979): Zwischen Naturbeschreibung und Ideologie. Versuch einer Rekonstruktion der Wissenschaftsgeschichte der deutschen Geomorphologie (Geogr. Hochschulmanuskripte 8). Oldenburg: Gesellschaft zur Förderung regionalwissenschaftlicher Erkenntnis.

DEWEY, J. (1988): Kunst als Erfahrung. Frankfurt a.M.: Suhrkamp.

EISEL, U. (1979): Paradigmawechsel? Zur Situation der deutschen Anthropogeographie. In: SEDLACEK, P. (Hrsg.): Zur Situation der deutschen Geographie zehn Jahre nach Kiel. Osnabrück: Fachbereich 2 der Univ. Osnabrück, 45-58.

[15] Für das Nebeneinander von ästhetischer und objektivierender Erfahrung gilt in etwa dasselbe, was z. B. ULLRICH (1993) von den modernen Naturerfahrungen und Naturdiskursen sagt: In ein und derselben Gesellschaft und Person leben widersprüchliche Naturbilder und Naturbezüge zusammen, ohne daß dieses Nebeneinander als Gedankenlosigkeit, als Indifferenz oder auch als zu bereinigender Widerspruch betrachtet würde oder betrachtet werden müßte – z. B. die abstrakte Natur der Naturwissenschaften, eine konkrete Natur, die man als erholsam, als schön oder auch als erhaben (also im weitesten Sinne ästhetisch) genießt, und eine Natur, die man quasi-religiös, ja demütig verehrt, der man so etwas wie Subjektcharakter zusprechen und vor der man Ehrfurcht, ja sogar Verpflichtung und Schuld empfinden kann. Das ist in einer differenzierten modernen Gesellschaft – mit hoher Differenzierung der Kommunikationssysteme und entsprechend differenzierten Individuen – auch das, was man erwarten muß.

EISEL, U. (1980): Die Entwicklung der Anthropogeographie von einer »Raumwissenschaft« zur Gesellschaftswissenschaft. (Urbs et Regio 17). Kassel: Gesamthochschule.

EISEL, U. (1982): Die schöne Landschaft als kritische Utopie oder als konservatives Relikt. In: Soziale Welt 33, 2: 157-168.

EISEL, U. (1987): Geographie als materialistische Theologie. Ein Versuch aktualistischer Geschichtsschreibung der Geographie. In: BAHRENBERG, G. u. a. (Hrsg.): Geographie des Menschen. Dietrich Bartels zum Gedenken. (Bremer Schriften zur Geographie und Raumplanung 11). Bremen: Universität Bremen, 89-109.

EISEL, U. (1991): Warnung vor dem Leben. In: HASSENPFLUG, D. (Hrsg.): Industrialismus und Ökoromantik. Geschichte und Perspektiven der Ökologisierung. Wiesbaden: Deutscher Universitätsverlag, 159-192.

EISEL, U. (1992): Individualität als Einheit der konkreten Natur: Das Kulturkonzept der Geographie. In: GLAESER, B./TEHERANI-KRÖNNER, P. (Hrsg.): Humanökologie und Kulturökologie. Opladen: Westdeutscher Verlag, 107-151.

GOODMAN, N. (1973): Sprachen der Kunst. Frankfurt a.M.: Suhrkamp.

HARD, G. (1964): Geographie als Kunst. Zu Herkunft und Kritik eines Gedankens. In: Erdkunde 18, 4: 336-341.

HARD, G. (1965): Arkadien in Deutschland. Bemerkungen zu einem landschaftlichen Reiz. In: Die Erde 96, 1. 21-41.

HARD, G. (1969): »Dunstige Klarheit«. Zu Goethes Beschreibung der italienischen Landschaft. In: Die Erde 100, 2-4: 138-153.

HARD, G. (1970): Noch einmal: »Landschaft als objektivierter Geist«. In: Die Erde 101, 3: 171-197.

HARD, G. (1983). Zu Begriff und Geschichte der »Natur« in der Geographie des 19. und 20. Jahrhunderts. In: GROßKLAUS, G./OLDEMEYER, E. (Hrsg.): Natur als Gegenwelt. Karlsruhe: von Loeper-Verlag, 140–167.

HARD, G. (1988): Selbstmord und Wetter, Selbstmord und Gesellschaft. Studien zur Problemwahrnehmung in der Wissenschaft und zur Geschichte der Geographie. Stuttgart: Franz Steiner Verlag.

KRUCKEMEYER, F. (1991): Ansichten eines Schulhofs – Raumwahrnehmung und ästhetische Kategorien. In: geographie heute 96: 40-44.

KRUCKEMEYER, F. (1991): Ästhetische Blicke auf geographische Gegenstände. In: HASSE, J./ISENBERG, W. (Hrsg.): Die Geographiedidaktik neu denken. Osnabrück: Fachgebiet Geographie im Fachbereich Kultur- und Geowissenschaften, 97-111.

KRUCKEMEYER, F. (1994): Innenwelten in der Außenwelt. Der Aspekt des Ästhetischen im Geographieunterricht: Enthüllungen im Unterholz einer Großstadt. In: Praxis Geographie 24.3: 28-33.

LAMPE, F. (1908): Zur Einführung in den erdkundlichen Unterricht an mittleren und höheren Schulen. Halle a.d.S: Verlag der Buchhandlung des Waisenhauses.

LEEMANN, A. (1976): Auswirkungen des balinesischen Weltbildes auf verschiedene Aspekte der Kulturlandschaft und auf die Wertung des Jahresablaufes. In: Ethnologische Zeitschrift Zürich 2, 27-67.

LEEMANN, A. (1979): Bali. Innsbruck: Pinguin-Verlag.

MARZELL, H. (1943-1958): Wörterbuch der deutschen Pflanzennamen, Bd. 1-5. Leipzig: Hirzel.

MEDER, O.(1985): Die Geographen – Forschungsreisende in eigener Sache. (Urbs er Regio 36). Kassel: Gesamthochschule.

MORRIS, Ch. W. (1979): Ästhetik und Zeichentheorie. In: HENCKMANN, W. (Hrsg.): Ästhetik. Darmstadt: Wissenschaftl. Buchgesellschaft, 270-293.

MORRIS, Ch. W. (1981): Zeichen, Sprache und Verhalten. Frankfurt a.M., Berlin, Wien: Ullstein.

SCHLAFFER, H. (1990): Poesie und Wissen. Frankfurt a.M.: Suhrkamp.

SCHLAFFER, H./SCHLAFFER, H. (1975): Studien zum ästhetischen Historismus. Frankfurt a.M.: Suhrkamp.

SCHMITHÜSEN, J. (1961): Natur und Geist in der Landschaft. In: Natur und Landschaft 36: 70-73.

SCHULTZ, H.-D. (1980): Die deutschsprachige Geographie von 1800 bis 1970. Ein Beitrag zur Geschichte ihrer Methodologie. Berlin: Geographisches Institut der Freien Universität Berlin.

SCHULTZ, H.-D. (1989): Die Geographie als Bildungsfach im Kaiserreich. Osnabrück: Fachgebiet Geographie im Fachbereich Kultur- und Geowissenschaften.

SCHULTZ, H.-D. (1992): Fortschrittsfreunde. Die andere Seite der Geographie am Beispiel der »Philosophischen Erdkunde« Ernst Kapps. In: BROGIATO, H.P./CLOß, H.-M. (Hrsg.): Geographie und ihre Didaktik. Festschrift für W. Sperling. Teil 2. Trier: Geographische Gesellschaft Trier, 65-93.

SCHULTZ, H.-D. (1993): Vom Aufbruch in die Moderne zur Angst vor dem Untergang. In: KATTENSTEDT, H. (Hrsg.): »Grenzüberschreitung« (Festschrift M. Büttner). Bochum: Brockmeyer, 105-126.

SEEL, M. (1991): Eine Ästhetik der Natur. Frankfurt a.M.: Suhrkamp.

STAROBINSKI, J. (1984): Das Leben der Augen. Frankfurt a.M., Berlin, Wien: Ullstein.

ULLRICH, W. (1993): Was heißt denn schon Natur? In: SCHÄFER, R. (Hrsg.): Was heißt denn schon Natur? Ein Essaywettbewerb. München: Callwey, 25-34.

Wissenschaftliche Veröffentlichungen

(Ohne Rezensionen und herausgegebene Publikationen)

Bücher

1964	1.	Kalktriften zwischen Westrich und Metzer Land. Geographische Untersuchungen an Trocken- und Halbtrockenrasen, Trockenwäldern und Trockengebüschen. Annales Universitatis Saraviensis, Reihe: Philosophische Fakultät, Bd. 2, sowie als: Arbeiten aus dem Geographischen Institut der Universität des Saarlandes, Bd. 7. 176 S., 28 Abb. und 3 Falttafeln. Carl Winter Universitätsverlag: Heidelberg 1964
1966	2.	Zur Mundartgeographie. Ergebnisse, Methoden und Perspektiven. Beihefte zum »Wirkenden Wort«, 17, 76 S., Pädagog. Verlag Schwann: Düsseldorf 1966
1970	3.	Die «Landschaft« der Sprache und die »Landschaft« der Geographen. Semantische und forschungslogische Studien zu einigen zentralen Denkmotiven in der modernen geographischen Literatur. Colloquium Geographicum, Bd. 11, 278 S., Ferd. Dümmlers Verlag: Bonn 1970
1973	4.	Die Geographie. Eine wissenschaftstheoretische Einführung. 318 S., Walter de Gruyter: Berlin, New York 1973 (Sammlung Göschen, Bd. 9001)
1975	5.	(Zusammen mit D. BARTELS): Lotsenbuch für das Studium der Geographie als Lehrfach. 482 S., 2. Aufl. Bonn und Kiel 1975
1976	6.	(Zusammen mit E. BIERHALS, L. GEKLE und W. NOHL): Brachflächen in der Landschaft. Vegetationsentwicklung; Auswirkungen auf Landschaftshaushalt und Landschaftserlebnis; Pflegeverfahren. 724 S. mit zahlreichen Tabellen und Abbildungen. Landwirtschaftsverlag Münster-Hiltrup 1976 (KTBL-Schrift 195)
1978	7.	Inhaltsanalyse geographiedidaktischer Texte. 126 S., Westermann: Braunschweig 1978 (Geographiedidaktische Forschungen, Bd. 2)
1981	8.	Problemwahrnehmung in der Stadt. Studien zum Thema Umweltwahrnehmung. 238 S., Selbstverlag des Fachbereichs 2 der Universität Osnabrück: Osnabrück 1981 (Osnabrücker Studien zur Geographie, Bd. 4)
1988	9.	Selbstmord und Wetter – Selbstmord und Gesellschaft. Studien zur Problemwahrnehmung in der Wissenschaft und zur Geschichte der Geographie. 356 S., Franz Steiner Verlag Wiesbaden GmbH: Stuttgart
	10.	Hard-Ware. Texte von Gerhard Hard. (Hg.: Arbeitsgemeinschaft Freiraum und Vegetation). 360 S., Kassel 1990. 2. Aufl. Kassel 1996 (Notizbuch 18 der Kasseler Schule)
1995	11.	Spuren und Spurenleser. Zur Theorie und Ästhetik des Spurenlesens in der Vegetation und anderswo. 198 S., Universitätsverlag Rasch: Osnabrück
1998	12.	Ruderalvegetation. Ökologie und Ethnoökolgie, Ästhetik und »Schutz«. 396 S., Kassel 1998 (Notizbuch 49 der Kasseler Schule)
2002	13.	Landschaft und Raum. Aufsätze zur Theorie der Geographie, Bd. 1, 328 S., Universitätsverlag Rasch, Osnabrück.
2003	14.	Dimensionen geographischen Denkens. Aufsätze zur Theorie der Geographie, Bd. 2, 419 S., V&R unipress.

Sonstige selbständige Veröffentlichungen

1978 15. (Zusammen mit H. Fleige) Quantitatives zur »quantitativen und theoretischen Revolution« in der deutschsprachigen Geographie. 59 S. mit 11 Tabellen und 3 Abbildungen. Geogr. Institut Univ. Karlsruhe; Karlsruhe 1978 (Karlsruher Manuskripte zur Mathematischen und Theoretischen Wirtschafts- und Sozialgeographie, Heft 29)

1982 16. Lehrerausbildung in einer diffusen Disziplin. 104 S. mit 8 Abb. und 1 Tabelle. Geogr. Inst. der Univ. Karlsruhe; Karlsruhe 1982 (Karlsruher Manuskripte zur Mathematischen und Theoretischen Wirtschafts- und Sozialgeographie, Heft 55)

17. Lehrerausbildung in einer diffusen Disziplin. Eine Problemskizze und eine Illustration. In: Kritische Geographie, Wien 1982 (28 S.)

1985 18. (Zusammen mit J. Pirner): Stadtvegetation und Freiraumplanung. Am Beispiel der Osnabrücker Kinderspielplätze. 84 S. mit 12 Abb. und 10 Tabellen. Osnabrück 1985 (Osnabrücker Studien zur Geographie – Materialien 7/1985)

1987 19. Die Störche, die Kinder, die Orchideen und die Sonne. 24 S., Walter de Gruyter: Berlin, New York. (gleichzeitige englische Ausgabe: Storks and Children, Orchids and the Sun)

1989 20. (Zus. mit Rainer Grothaus) Wildes Grün in Osnabrück. Sonderausstellung »Pflanzen in der Stadt« – »Wildes Grün in Osnabrück«. 16 S., Copyright: Museum am Schölerberg Natur und Umwelt, Osnabrück

1990 21. »Was ist Geographie?« Reflexionen über geographische Reflexionstheorien. 63 S., Institut für Geographie und Geoökologie II, Karlsruhe 1990 (Karlsruher Manuskripte zur Mathematischen und Theoretischen Wirtschafts- und Sozialgeographie, Heft 94)

Aufsätze in Zeitschriften und Sammelwerken

1962 22. Alvarähnliche Erscheinungen auf den Kalktriften im Metzer Land. In: Decheniana (Verhandlungen des Naturhistor. Vereins der Rheinlande und Westfalens), Bd. 115 (1962), H. 2, S. 245-247 (Bonn 1963)

23. Ein verschollenes Waldbild des 18. Jahrhunderts. Die Weidewälder des Bliesgaus und ihr Ende in der Agrarrevolution. In: Zeitschrift für die Geschichte der Saargegend, XII. Jg., 1962, S. 236-240

1963 24. »Durch die Reche und Fuhren...« Methoden der Wüstungsforschung anno 1709. In: Erdkunde (Archiv für wiss. Geogr.), Bd. XVII, 1963, Lfg. 1/2, S. 114-115

25. Das Bodenprofil als landschaftsgeschichtliches Archiv. Über eine pedologische Hilfe bei der Bestimmung von Flurwüstungen. In: Erdkunde (Archiv für wiss. Geogr.), Bd. XVII, Lfg. 3/4, S. 232-235

26. Ein Vierzelgensystem des 18. Jahrhunderts. In: Zeitschrift für Agrargeschichte und Agrarsoziologie, Jg. 11, 1963, H. 2, S. 160-162

27. Driesch, Bergwiese, Brache, Ödland. Zum Verhältnis von Landschafts- und Wortgeschichte. In: Rheinische Vierteljahresblätter, 28. Jg., 1963, S. 279-85

28. Kiefernverbreitung und Kulturlandschaftsgeschichte. Zur Deutung von Kiefernbelegen des 16.-18. Jahrhunderts. In: Allgemeine Forst- und Jagdzeitung, 134. Jg., 1963, H. 1, S. 24-26

29. Ein pedologisches Stockwerksprofil bei Fechingen (Bliesgau). In: Mitteilungen der Pollichia, III. Reihe, 10. Bd., 124. Vereinsjahr, 1963, S. 90-92

30. Die Mennoniten und die Agrarrevolution. Die Rolle der Wiedertäufer in der Agrargeschichte des Westrichs. In: Saarbrücker Hefte, H. 18, 1963, S. 28-46

31. »Gewalt gegen alles gehabte Recht«. Die Kämpfe der neuen Einödhöfe des 18. Jahrhunderts mit den Dorfgemeinden. In: Zeitschrift für die Geschichte der Saargegend, XIII. Jg., 1963, S. 249-259

32. Bäuerliche Geomorphologie. In: Saarheimat, 7. Jg., 1963, H. 1, S. 17-22

33. Vegetationsbilder von den Muschelkalk- und Jurabergen an Mosel, Saar und Blies. In: Saarheimat, 7. Jg., 1963, H. 9, S. 275-278

34. Einige floristische Neufunde im Bliesgau. In: Pfälzer Heimat, 14. Jg. 1963, H. 3, S. 114-115

1964

35. Zur »erlebten Landschaft«. In: Die Erde (Zeitschrift der Gesellschaft für Erdkunde zu Berlin), 95. Jg., 1964, H. 1, S. 26-35

36. Eine begrabene Solifluktionsdecke und ihr Einfluß auf die heutige Vegetation, Beobachtungen auf einer Bliesterrasse. In: Eiszeitalter und Gegenwart, Bd. 15, 1964, S. 40-43

37. Noch einmal: »Erdkegel«. Einige Ergänzungen zu den Beobachtungen von G. Selzer (1959). In: Eiszeitalter und Gegenwart, Bd. 15, 1964, S. 102-107

38. Holzfrevel und Landschaftsgeschichte. In: Pfälzer Heimat, 15. Jg., 1964, H. 1, S. 19

39. Geographie als Kunst. Zur Herkunft und Kritik eines Gedankens. In: Erdkunde (Archiv für wiss. Geographie), Bd. XVIII, 1964, Lfg. 4, S. 336-41

40. Plangewannfluren aus der Zeit um 1700. Zur Flurformengenese in Westpfalz und Saargegend. In: Rheinische Vierteljahrsblätter, 19. Jg., 1964, S. 293-314

1965

41. Arkadien in Deutschland. Bemerkungen zu einem landschaftlichen Reiz. In: Die Erde (Zeitschrift der Gesellschaft für Erdkunde zu Berlin), 96. Jg., 1965, H. 1, S. 21-41

42. Zur historischen Bodenerosion. In: Zeitschrift für die Geschichte der Saargegend, XV. Jg., 1965, S. 209-219

43. Mundartforschung und Mundartgeographie. Ergebnisse, Methoden und geographische Perspektiven. In: Saarbrücker Hefte, H. 23, 1965, S. 27-50

44. Is leigen fünf perg in welschen landt. Eine Topographie der Pilgerwege nach Santiago in Spanien aus dem 15. Jahrhundert. In: Erdkunde, Bd. XIX, 1965, Lfg. 4, S. 314-325

45. Zum Wechsel der Bodenbewertung seit dem 18. Jahrhundert. In: Zeitschrift für Agrargeschichte und Agrarsoziologie, 13. Jg., 1965, H. 2, S. 190-194

46. Lößschleier, Waldrandstufe und Delle. Pflanzensoziologische, bodenkundliche und morphologische Beobachtungen am Oberhang der Hauptterrasse bei Bonn. In: Decheniana (Verhandlungen des Naturhistor. Vereins der Rheinlande und Westfalens), Bd. 118, H. 2, 1965, S. 181-197 (Bonn 1967)

1966

47. Vegetation und Kulturlandschaft. Decheniana (Verhandlungen des Naturhistor. Vereins der Rheinlande und Westfalens), Bd. 119, H. 1/2, S. 141-182

1968

48. Grabenreißen im Vogesensandstein. Rezente und fossile Formen der Bodenerosion im »mittelsaarländischen Waldland«. Berichte z. deutschen Landeskunde 40, 1968, S. 81-91

1969

49. »Dunstige Klarheit«. Zu Goethes Beschreibung der italienischen Landschaft. In: Die Erde (Zeitschrift d. Ges. für Erdkunde zu Berlin), 100. Jg., 1969, S. 138-154

50. Das Wort »Landschaft« und sein semantischer Hof. Zu Methode und Ergebnis eines linguistischen Tests. In: Wirkendes Wort 19, 1969, S. 3-14

51. »Kosmos« und »Landschaft«. Kosmologische und landschaftsphysiognomische Denkmotive bei Alexander von Humboldt und in der geographischen Humboldt-Auslegung des 20. Jahrhunderts. In: H. PFEIFFER (Hg.): Alexander von Humboldt. Werk und Weltgeltung. München 1969, S. 133-177

52. Die Diffusion der »Idee der Landschaft«. Präliminarien zu einer Geschichte der Landschaftsgeographie. In: Erdkunde (Archiv f. wiss. Geographie), Bd. 23, 1969, Lfg. 4, S. 249-264

1970

53. Exzessive Bodenerosion um und nach 1800. Zusammenfassender Bericht über ein südwestdeutsches Testgebiet. Mit 6 Abbildungen und 10 Bildern. In: Erdkunde (Archiv f. wiss. Geogr.), Bd. 24, Lieferung 4, 1970, S. 290-308. Wieder abgedruckt in: Richter, G. (Hg.): Bodenerosion in Mitteleuropa. Wissenschaftl. Buchgesellschaft: Darmstadt 1976, S. 195-239 (Wege der Forschung, Bd. 430)

54. Der »Totalcharakter der Landschaft«. Re-Interpretation einiger Textstellen bei Alexander von Humboldt. In: Alexander von Humboldt. Eigene und neue Wertungen der Reisen, Arbeit und Gedankenwelt. Geogr. Zeitschr., Beihefte. Franz Steiner Verlag: Wiesbaden 1970, S. 49-73

55. Noch einmal: »Landschaft als objektivierter Geist«. Zur Herkunft und zur forschungslogischen Analyse eines Gedankens. In: Die Erde (Zeitschr. d. Gesellsch. f. Erdkunde zu Berlin), 101. Jg., 1970, S. 171-197

56. »Was ist eine Landschaft?« Über Etymologie als Denkform in der geographischen Literatgur. In: D. Bartels (Hg).: Wirtschafts- und Sozialgeographie (Neue Wissenschaftl. Bibliothek – Wirtschaftswissenschaften). Verlag Kiepenheuer und Witsch: Köln und Berlin 1970, S. 66-84

1971

57. Ärger mit Kurven (zu: F. DÖRRENHAUS: Geographie ohne Landschaft? Zu einem Aufsatz von Gerhard Hard). In: Geogr. Zeitschrift, 59. Jg. 1971, Heft 4, S. 277-289

58. (zusammen mit K. Heine) Reliefgenerationen, Bodenarten und Pflanzengesellschaften an einer pleistozänen Bruchstufe (»Swistsprung«) bei Bonn. In: Decheniana (Verhandlungen des Naturhistor. Vereins der Rheinlande und Westfalens), Bd. 123 (1970), S. 235-247 (Bonn 1971)

59. Über die Gleichzeitigkeit des Ungleichzeitigen – Anmerkungen zur jüngsten methodologischen Literatur in der deutschen Geographie. In: Geografiker, Heft 6, Mai 1971, S. 12-24

60. Ein Wortfeld-Test. Zum lexikalischen Feld des Wortes »Landschaft«. Wirkendes Wort, Jg. 21, 1971, S. 2-14

1972

61. Ein geographisches Simulationsmodell für die rheinische Sprachgeschichte. Mit 16 Abbildungen. In: E. Ennen und G. Wiegelmann (Hg.): Studien zur Volkskultur, Sprache und Landesgeschichte. Festschrift Matthias Zender. Ludwig Röhrscheid Verlag: Bonn 1972, S. 25-58

62. Wald gegen Driesch. Das Vorrücken des Waldes auf Flächen junger »Sozialbrache«. Mit 11 Abb. und einem Bild. In: Berichte zur deutschen Landeskunde, Bd. 46, 1972, S. 49-80

63. »Landschaft« – Folgerungen aus einigen Ergebnissen einer semantischen Analyse. In: Landschaft und Stadt, Beiträge zur Landespflege und Landesentwicklung, 3. Jg., 1972, H. 2, S. 77-89

64. Antwort. In: Geografiker, Heft 7/8, 1972, S. 47-52 (Antwort auf eine Stellungnahme von E. Wirth zu G. Hard 1971, vgl. Nr. 38 dieser Veröffentlichungsliste)

1973

65. Zur Methode und Zukunft der Physischen Geographien an Hochschule und Schule. In: Geographische Zeitschrift 61, 1973, S. 5-35

66. (zusammen mit C. WIẞMANN) Eine Befragung der Fachleiter des Faches Geographie. Eine Beitrag zur Curriculum-Diskussion. In: Rundbrief, hg. von der Bundesforschungsanstalt für Landeskunde und Raumordnung, 1973/9, S. 1-15

67. (zusammen mit A. GLIEDNER, W. HEITMANN, C. WIẞMANN) Zur Bewertung landes- und länderkundlicher Texte. In: Rundbrief, hg. von der Bundesforschungsanstalt für Landeskunde und Raumordnung, 1973/11, S. 1-12

68. Die Methodologie und die eigentliche Arbeit. Über Nutzen und Nachteil der Wissenschaftstheorie für die geographische Forschungspraxis. In: Die Erde (Zeitschr. d. Gesellsch. für Erdkunde zu Berlin), 104. Jg., 1973, S. 104-131

69. Über Buchen-Polykormone in montanen Heidekraut- und Alderfarnheiden. In: Natur- und Landschaft 48, 1973, S. 253-255

70. (zusammen mit T. HARD) Eine faktoren- und clusteranalytische Prüfung von Expositionsunterschieden am Beispiel von Kalktriften. In: Flora 162, 1973, S. 442-466. Wieder abgedruckt in: Sedlacek, P. (Hg.): Regionalisierungsverfahren. Wissenschaftl. Buchgesellschaft: 1978, S. 376-404 (Wege der Forschung, Bd. 195)

1974

71. Alexander von Humboldt und die deutsche Landschaftsgeographie. Zur Interpretation einer epochenspezifischen Humboldt-Deutung. In: D. Grimm u. a.: Prismata. Dank an Bernhard Hanssler. Verlag Dokumentation, Pullach bei München 1974, S. 124-148

72. Wie wird die Geographie/Erdkunde überleben? Perspektiven auf eine künftige Geographie an Hochschule und Schule. In: Pädagogische Welt, 28. Jg., Heft 7, Juli 1974, S. 422-435 sowie Heft 8, August 1974, S. 470-476. Wieder abgedruckt in: Schultze, A., Hg.: 30 Texte zur Didaktik der Geographie. Braunschweig, 6. Aufl. 1976, S. 278-295

73. (zusammen mit G. BARTELS) Zur Datierung des Rodderbergs bei Bonn. Mit 2 Abb. und 3 Tafeln. In: Decheniana, Bd. 126 (1973), Heft 1/2, S. 367-376 (Bonn 1974)

74. (zusammen mit G. BARTELS) Rodderbergtuff im rheinischen Quartärprofil. In: Catena, Vol. 1, 1973, S. 31-49

75. (zusammen mit J. ALBERS, G. RITTER, Th. SCHREIBER u. a. Ter HORST) Studienordnung im Fach Geographie – ein Vorschlag. In: Geogr. Rundschau, 26. Jg., H. 10, Oktober 1974, S. 408-415

1975

76. Vegetationsentwicklung auf Sozialbrache-Flächen in Mitteleuropa. In: Die Erde (Zeitschr. der Gesellsch. f. Erdkunde zu Berlin), 106, 1975, S. 243-276

77. Brache als Umwelt: Bemerkungen zu den Bedingungen ihrer Erlebniswirksamkeit. In: Landschaft und Stadt. Beiträge zur Landespflege und Landesentwicklung, 7, 1975, S. 145-153

78. Von der Landschafts- zur Ökogeographie. In: Mitt. der Österr. Geogr. Gesellschaft, 117, 1975, S. 274-286

1976 79. Antwort auf die »Anmerkungen zum Dogma der uneinigen Geographie«. In: Mitteilungen der Österr. Geogr. Gesellschaft, 118, 1976, S. 14-15

80. Physical Geography – Ist Funktion and Future. A Reconsideration. In: TESG Tijdschrift voor Economische en Sociale Geographie, 57, 1976, S. 358-368

81. (zusammen mit R. SCHERR) Mental Maps, Ortsteilimage und Wohnstandortwahl in einem Dorf der Pellenz. In: Berichte zur Deutschen Landeskunde 50, 1976, S. 175-220

1977 82. (zusammen mit H. FLEIGE) Zitierzeiten und Zitierräume in der Geographie. Eine Studie zum Zitierverhalten in der methodologischen Literatur. In: Mitteilungen der Österreichischen Geogr. Gesellschaft, 119, 1977, S. 3-33

83. (zusammen mit L. HEUSE und R.W. DRESCHER) Schülerbefragung als Einstieg. Am Beispiel des Themas »Altstadtsanierung«. In: Zeitschrift für Wirtschaftsgeographie 21, 1977, S. 108-114

84. Zu den Landschaftsbegriffen der Geographie. In: A. Hartlieb von Wallthor u. H. Quirin (Hg.): »Landschaft« als interdisziplinäres Forschungsproblem. Münster 1977, S. 19-25

85. Für eine konkrete Wissenschaftskritik. Am Beispiel der deutschsprachigen Geographie. In: Wissenschaft und Wirklichkeit, hg. von J. Anderegg. Göttingen 1977, S. 134-161

86. (zusammen mit A. GLIEDNER) Wort und Begriff Landschaft anno 1976. In: F. Achleitner (Hg.): Die Ware Landschaft. Eine kritische Analyse des Landschaftsbegriffs. Salzburg 1977, S. 16-23

87. Zur Inhaltsanalyse geographiedidaktischer Texte. Vorbericht über eine Lehrplananalyse. In: H. Haubrich u. a.: Quantitative Didaktik der Geographie. Geographiedidaktische Forschungen, Bd. 1, Braunschweig 1977, S. 92-104

1978 88. Zur Semantik einiger Raumbegriffe. In: E. ERNST, G. HOFFMANN (Hg.): Geographie für die Schule. Braunschweig 1978, S. 278-284

89. Die Zukunft der Physischen Geographien. Zu Ulrich Eisels Demontage eines Vorschlags. In: Geogr. Zeitschr. 66, 1978, S. 1-23

90. Schulbuchbewertung im Jahr 1972. Ein Beitrag zur jüngsten Geschichte der Schulgeographie. In: H.-C. Poeschel und D. Stonjek (Hg.), Studien zur Didaktik der Geographie in Schule und Hochschule, S. 159-183 (Osnabrücker Studien zur Geographie, Bd. 1)

91. (zusammen mit M.L. MÜLLER und A. KAUN) Nutzerfrequenz und Wegrandvegetation. Zur Anwendung nonreaktiver Meßverfahren im Bereich anthropogener Vegetation. In: Landschaft und Stadt, 10, 1978, S. 172-179

92. (zusammen mit U. GERLACH und K. HAGER) Vegetationsentwicklung auf Weinbergbrachen des Rheinischen Schiefergebirges. In: Natur und Landschaft, 53, 1978, S. 344-351

1979 93. Die Disziplin der Weißwäscher. Über Genese und Funktion des Opportunismus in der Geographie. In: P. Sedlacek (Hg.): Zur Situation der deutschen Geographie zehn Jahre nach Kiel. Osnabrück 1979, S. 11-44 (Osnabrücker Studien zur Geographie, Bd. 2)

94. (zusammen mit H.-J. WENZEL) Wer denkt eigentlich schlecht von der Geographie? Neues zur Studienmotivation im Fach Geographie. In: Geogr. Rundschau, 31, 1979, S. 262-268

95. Die Geographie – eine bequeme Wissenschaft? In: Bürger und Universität. Informationsblatt der Universitätsgesellschaft Osnabrück, 1979, S. 45-51

1980 96. Vegetationskunde in der Ausbildung der Geographen. In: Phytocoenologia, 7 (Festband Tüxen), 1980, S. 289-304

97. Vergraste Weinberge. Zur Syntaxonomie des »Grasstadiums« auf Weinbergen im Ahr- und Mittelrheintal. In: Decheniana (Verhandlungen des Naturhistorischen Vereins der Rheinlande und Westfalens), 133, 1980, S. 1-5

1981 98. »Landschaft« als wissenschaftlicher Begriff und als gestaltete Umwelt des Menschen. In: Biologie für den Menschen. Hg. von der Senckenbergischen Naturforschenden Gesellschaft. Frankfurt a.M. 1981, S. 113-146 (Aufsätze und Reden der Senckenbergischen Naturforschenden Gesellschaft, Bd. 31)

99. Sprachliche Raumerschließung. In: Der Deutschunterricht 1981, H. 1, S. 5-16

1982 100. Geodeterminismus/Umweltdeterminismus. In: L. JANDER, H.-J. WENZEL und W. SCHRAMKE (Hgg.): Handbuch für den Geographieunterricht. Metzler: Stuttgart 1982, S. 104-110

101. Landschaft. In: L. JANDER, H.-J. WENZEL und W. SCHRAMKE (Hgg.): Handbuch für den Geographieunterricht. Metzler: Stuttgart 1982, S. 160-171

102. Länderkunde. In: L. JANDER, H.-J. WENZEL und W. SCHRAMKE (Hgg.): Handbuch für den Geographieunterricht. Metzler: Stuttgart 1982, S. 144-160

103. Physische Geographie. In: L. JANDER, H.-J. WENZEL und W. SCHRAMKE (Hgg.): Handbuch für den Geographieunterricht. Metzler: Stuttgart 1982, S. 264-272

104. Physisch-geographische Probleme im Unterricht. In: L. JANDER, H.-J. WENZEL und W. SCHRAMKE (Hgg.): Handbuch für den Geographieunterricht. Metzler: Stuttgart 1982, S. 273-289

105. Ökologie, Landschaftsökologie, Geoökologie. In: L. JANDER, H.-J. WENZEL und W. SCHRAMKE (Hgg.): Handbuch für den Geographieunterricht. Metzler: Stuttgart 1982, S. 232-236

106. Ökologische Probleme im Unterricht. In: L. JANDER, H.-J. WENZEL und W. SCHRAMKE (Hgg.): Handbuch für den Geographieunterricht. Metzler: Stuttgart 1982, S. 237-246

107. Textinterpretation/Textanalyse. In: L. JANDER, H.-J. WENZEL und W. SCHRAMKE (Hgg.): Handbuch für den Geographieunterricht. Metzler: Stuttgart 1982, S. 463-466

108. Landschaftsgürtel/Landschaftszonen/Geozonen. In: L. JANDER, H.-J. WENZEL und W. SCHRAMKE (Hgg.): Handbuch für den Geographieunterricht. Metzler: Stuttgart 1982, S. 171-174

109. Plädoyer für ein besseres Carol-Verständnis. In: Geographica Helvetica 37, 1982, S. 159-166

110. (zusammen mit M. DRABIK und M. FENKES) Naturwerksteine als Indikatoren. Auch eine Einführung in die Gesteinskunde. In: Geogr. Rundschau 34, 1982, S. 69-75

111. (zusammen mit M. GRÖCHEL-REYNAUD) Problemwahrnehmung in der Stadt. In: Geogr. Rundschau 34, 1982, S. 529-532

112. Die spontane Vegetation der Wohn- und Gewerbequartiere von Osnabrück. In: Osnabrücker naturwissenschaftliche Mitteilungen 9, 1982, S. 151-203

113. (zusammen mit W. PREUß) Bürgerinitiativen in der Stadt. Das Testen einer Hypothese im Unterricht. In: Gegenwartskunde 31, 1982, S. 233-247

1983

114. Die spontane Vegetation der Wohn- und Gewerbequartiere von Osnabrück (II). In: Osnabrücker naturwiss. Mitteilungen 10, 1983, S. 97-142

115. Gärtnergrün und Bodenrente. Beobachtungen an spontaner und angebauter Stadtvegetation. In: Landschaft und Stadt 15, 1983, S. 97-104

116. Vegetationsgeographische Fragestellungen in der Stadt. Am Beispiel der Osnabrücker Scherrasen (Festuco-Crepidetum capillaris). In: Berichte zur deutschen Landeskunde 57, H. 2, 1983, S. 317-342

117. Zu Begriff und Geschichte der »Natur« in der Geographie des 19. und 20. Jahrhunderts. In: Großklaus, G. und Oldemeyer, E. (Hgg.): Natur als Gegenwelt. Beiträge zur Kulturgeschichte der Natur (Karlsruher kulturwissenschaftliche Arbeiten). Von Loeper Verlag: Karlsruhe 1983, S. 139-167

118. (zusammen mit G. TELLMANN) Städtische Graffiti als geographische und politische Indikatoren. In: Gegenwartskunde 32, 1983, S. 189-201

119. Einige Bemerkungen zum Perzeptionsansatz anhand einer Studie über Umweltqualität im Münchener Norden. In: Geogr. Zeitschr. 71, 1983, S. 106-110

120. (zusammen mit H. v. STERNSTEIN, Th. EHRHARDT und G. DÖPKE) Öfter bei Regen... Zum Zusammenhang von Selbstmord und Wetter, Teil 1. In: Kriminalistik (Zeitschr. f. die gesamte kriminalistische Wissenschaft und Praxis) 1983 (Heft 5), S. 282-285

121. (zusammen mit H. v. STERNSTEIN, Th. EHRHARDT und G. DÖPKE) Ammenmärchen. »Wettertheorie des Selbstmords« nicht haltbar. Teil 2. In: Kriminalistik 1983 (Heft 6), S. 334-337

1984

122. Spontane und angebaute Vegetation an der Peripherie der Stadt. In: Über Planung. Eine Sammlung planungspolitischer Aufsätze (Schriftenreihe des Fachbereichs Stadtplanung und Landschaftsplanung, H. 8). Kassel 1984, S. 77-113

123. (zusammen mit F. JESSEN und M. SCHIRGE) Umweltwahrnehmung in der Stadt. Eine Hypothesensammlung und empirische Studie. In: Köck, H.: Studien zum Erkenntnisprozeß im Geographieunterricht. Aulis Verlag: Köln 1984, S. 113-165

1985

124. (zusammen mit H.P. v. STERNSTEIN und M. SCHMITT) Die Suizidhäufigkeit als sozialräumlicher Indikator. In: Geogr. Zeitschrift 73, 1985, S. 1-25

125. Vegetationsgeographie und Sozialökologie einer Stadt. Ein Vergleich zweier »Stadtpläne« am Beispiel von Osnabrück. In: Geogr. Zeitschrift 73, 1985, S. 126-144

126. Wildes Grün in Cloppenburg. In: Jahrbuch für das Oldenburger Münsterland 1986. Vechta 1985, S. 307-318

127. Städtische Rasen, hermeneutisch betrachtet. Ein Kapitel aus der Verleugnung der Stadt durch die Städter. In: Festschrift für Elisabeth Lichtenberger. Klagenfurt 1985, S. 29-52 (Klagenfurter Geogr. Schriften, Heft 6)

128. (zusammen mit G. Otto) Die vegetationsgeogr. Gliederung einer Stadt. Ein Versuch auf der Ebene statistisch-administrativer Raumeinheiten und am Beispiel der Stadt Osnabrück. In: Erdkunde. Archiv f. wissenschaftl. Geographie 39, 1985, S. 296-306

129. (zusammen mit R. GIESEN und B. HESSELING) Ein Flohmarkt im Bonner Hofgarten. Zur Wirklichkeit und zum Alltagsmythos eines Flohmarkts. In: Jüngst, P. (Hg.): »Alternative« Kommunikationsformen – zu ihren Möglichkeiten und Grenzen (Urbs et Regio 32/1984). Kassel 1985, S. 121-175

130. (zusammen mit W. GERDES und D. EBENHAHN) Graffiti in Osnabrück. Eine geographische Spurensicherung in einer kleinen Großstadt. In: Jüngst, P. (Hg.): »Alternative« Kommunikationsformen – zu ihren Möglichkeiten und Grenzen (Urbs et Regio 32/1984). Kassel 1985, S. 265-331

131. Städtische Problemwahrnehmung am Beispiel einer Zeitung. Möglichkeiten im stadtgeographischen Unterricht. In: Stonjek, D. (Hg.): Massenmedien im Erdkundeunterricht. Vorträge des Osnabrücker Symposiums 13. bis 15. Okt. 1983. Lüneburg 1985, S. 149-171

132. Die Alltagsperspektive in der Geographie. In: Isenberg, W., Hg.: Analyse und Interpretation der Alltagswelt. (Osnabrücker Studien zur Geographie, Bd. 7). Osnabrück 1985, S. 13-77

133. Alltagswissenschaftliche Ansätze in der Geographie? In: Zeitschrift für Wirtschaftsgeographie 29, 1985, S. 190-200

1986

134. Reservate und Pseudoreservate. In: Lehrer Service. Zeitschrift für Umwelterziehung und Ökologie, Nr. 30, Oktober 1986, S. 4-7

135. Vegetationskomplexe und Quartierstypen in einigen nordwestdeutschen Städten. In: Landschaft und Stadt. Beiträge zur Landespflege und Landesentwicklung 18, 1986, S. 11-25

136. Vier Seltenheiten in der Osnabrücker Stadtflora: Atriplex nitens, Salsola ruthenica, Parietaria officinalis, Eragrostis tef. In: Osnabrücker naturwissenschaftliche Mitteilungen 12, 1986, S. 167-194

137. Der Raum, einmal systemtheoretisch gesehen. In: Geographica Helvetica 41, 1986(2), S. 77-83

138. Die Vegetation auf den Spielplätzen einer Stadt. In: Natur und Landschaft (Zeitschr. für Naturschutz, Landschaftspflege und Umweltschutz) 61, 1986, S. 225-232

139. »Wozu Theorie?« Zur Thematisierung von Theorieleistungen im Hochschul- und Schulunterricht. In Köck, H. (Hg.): Theoriegeleiteter Geographieunterricht. Lüneburg 1986, S. 215-231

140. Der Raum als Spur. In: HUSA, K., VIELHABER, Chr. und WOHLSCHLÄGL, H. (Hg.): Beiträge zur Didaktik der Geographie. Festschrift Ernest Troger zum 60. Geburtstag. Bd. 2. Wien 1986, S. 63-82

1987

141. »Bewußtseinsräume«. Interpretation zu geographischen Versuchen, regionales Bewußtsein zu erforschen. In: Geographische Zeitschrift 75, Heft 3, 1987, S. 127-148

142. Das Regionalbewußtsein im Spiegel der regionalistischen Utopie. In: Informationen zur Raumentwicklung, Heft 7/8, 1987, S. 419-439.

143. (zus. mit Rainer GROTHAUS und Horst ZUMBANSEN) Denkmale der Baumchirurgie. In: umwelt lernen (Zeitschr. für ökolog. Bildung), Nr. 34, Okt. 1987, S. 36-37

144. Das Grünflächenamt und seine Zäune. Beobachtungen und Überlegungen zur Vegetation und Freiraumplanung in der Stadt Osnabrück. In: Uni Osnabrück 1987, Heft 1, S. 27-29

145. (zus. mit Gerhard BAHRENBERG): Dietrich Bartels. In: Bahrenberg, G. u. a.: Geographie des Menschen. Dietrich Bartels zum Gedenken. Bremen 1987, S. 1-5. (Bremer Beiträge zur Geographie und Raumplanung 11)

146. Metatheorie und Geschichte der Geographie: Einleitung. In: Bahrenberg, G. u. a.: Geographie des Menschen. Dietrich Bartels zum Gedenken. Bremen 1987, S. 1-5. (Bremer Beiträge zur Geographie und Raumplanung 11)

147. Seele und Welt bei Grünen und Geographen. Metamorphosen der Sonnenblume. In: Bahrenberg, G. u. a.: Geographie des Menschen. Dietrich Bartels zum Gedenken. Bremen 1987, S. 111-140. (Bremer Beiträge zur Geographie und Raumplanung 11)

148. Auf der Suche nach dem verlorenen Raum. In: FISCHER, M.M. und SAUBERER, M. (Hg.): Gesellschaft, Wirtschaft, Raum. Beiträge zur modernen Wirtschafts- und Sozialgeographie. Festschrift für Karl Stiglbauer. Wien 1987, S. 24-38

1988

149. (zusammen mit Jürgen PIRNER) Die Lesbarkeit eines Freiraums. In: Garten und Landschaft (Zeitschrift f. Landschaftsarchitektur; Planung, Gestaltung, Entwicklung) 1988, Heft 1, S. 24-30

150. Städtische Graffiti. In: Anschläge. Magazin für Kunst und Kultur (Osnabrück), Heft 15, März/April 1988, S. 9-10

151. (zusammen mit Frauke KRUCKEMEYER) Spurenlesen um ein Naturdenkmal herum. In: Anschläge. Magazin für Kunst und Kultur (Osnabrück), Heft 15, März/April 1988, S. 11-13

152. Umweltwahrnehmung und mental maps im Geographieunterricht. In: Praxis Geographie, Heft 7/8, Juli/August 1988, S. 14-17

153. (zusammen mit Franz-Josef WINKLER und Susanne ROSE) Spuren in einer kleinen Stadt. Ein alltagsgeographischer Versuch im Spurenlesen. In: Praxis Geographie, Heft 3, März 1988, S. 46-49

154. Die ökologische Lesbarkeit städtischer Freiräume. In: Geographie heute, 9. Jg., Heft 60, Mai 1988, S. 10-15

155. »Heutiger Stand der Wissenschaft«. Bemerkungen zu einem Aufsatz von Gregor Blauermel über »Haftung für Schäden durch Bäume«. In: Das Gartenamt, 37. Jg., Heft 6, Juni 1988, S. 382-384

156. Waldwahrnehmungen bei Forstleuten und bei Laien. Am Beispiel einiger umstrittener Waldbilder im Siebengebirge bei Bonn. In: JÜNGST, P. und MEDER, O. (Hg.): Raum als Imagination und Realität. Kassel 1988, S. 33-87, (Urbs et Regio 48)

157. Achtung Kataloggrün! Anstelle der üblichen erbaulichen Redensarten zum Thema »Grün im öffentlichen Raum«. In: der gemeinderat (Magazin für Kommunalpolitik und Mandatsträger), 31. Jg., Okt. 1988, S. 34-35

158. (zus. mit Rainer GROTHAUS und Horst ZUMBANSEN) Baumchirurgie als Baumzerstörung. Auf den Spuren eines lukrativen Unsinns. In: Der Gartenbau/Horticulture Suisse (Solothurn), 109. Jg., Heft 43, Oktober 1988, S. 1987-1991

159. Die Vegetation städtischer Freiräume. Überlegungen zur Freiraum-, Grün- und Naturschutzplanung in der Stadt. In: Stadt Osnabrück/Der Oberstadtdirektor (Hg.): Perspektiven der Stadtentwicklung: Ökonomie-Ökologie. Osnabrück 1988, S. 227-242

160. (zus. mit Rainer GROTHAUS und Horst ZUMBANSEN) Baumchirurgie als Baumzerstörung. Auf den Spuren eines lukrativen Unsinns. In: Uni Osnabrück 1988, Heft 1, S. 12-15

161. Geographische Zugänge zur Alltagsästhetik. In: Kunst + Unterricht, Zeitschrift für Kunstpädagogik, Heft 124, August 1988, S. 9-14

162. Spurenlesen im Gärtnergrün. In: Kunst + Unterricht, Zeitschrift für Kunstpädagogik, Heft 124, August 1988, S. 15-17

163. »Spurenlesen« als Beobachtung von Beobachtung. In: Kunst + Unterricht, Zeitschrift für Kunstpädagogik, Heft 124, August 1988, S. 23-30

164. Die Alltagsästhetik von Steinen erkunden. In: Kunst + Unterricht, Zeitschrift für Kunstpädagogik, Heft 124, August 1988, S. 41-42

165. »Spurenlesen« in der Geographie. In: Thomas Morus-Akademie Bensberg (Hg.): Wege in den Alltag. Umwelterkundung in Freizeit und Weiterbildung – Perspektiven für die Geographie? Bensberg 1988, S. 31-62 (Bensberger Protokolle 54)

166. Umweltwahrnehmung und mental maps im Geographieunterricht. In: Praxis Geographie 1988, Heft 7-8, S. 14-17 (wieder abgedruckt in: Schultze, A., Hg., 40 Texte zur Didaktik der Geographie. Gotha 1996, S. 216-223)

167. Das schöne Ganze der Ökopädagogen und Ökoethiker. In: FRANKE, E. und MOKROSCH, R. (Hg.): Werterziehung und Entwicklung. Osnabrück 1988, S. 195-208 (Schriftenreihe des Fachbereichs Erziehungs- und Kulturwissenschaften d. Univ. Osnabrück, Bd. 11)

1989

168. (zus. mit Rainer GROTHAUS) Die exotische Alltäglichkeit des wilden Stadtgrüns. Zur Intention einer Ausstellung im »Museum für Natur und Umwelt« am Schölerberg. In: Uni Osnabrück 2, Juli 1989, S. 27-29

169. Geographie als Spurenlesen. Eine Möglichkeit, den Sinn und die Grenzen der Geographie zu formulieren. In: Zeitschrift für Wirtschaftsgeographie 33, 1989 (Heft 1/2), S. 2-11

170. Vorsicht: Baumchirurgie nach ZTV-Baum. Ein Lehrstück für Bürger und Räte. In: der gemeinderat (Unabhängiges Magazin für Mandatsträger und Kommunalpolitik), 32. Jg., Juni 1989, S. 18-19

171. Flora und Vegetation auf dem Bahnhofsgelände einer nordwestdeutschen Kleinstadt (Cloppenburg). In: Drosera 1989 (1/2), S. 125-142

172. Euphorbia dulcis (L.) in Cloppenburg. In: Drosera 1989 (1/2), S. 142-146

173. (mit SPATA, O. und TABOR, H.) Die Vegetation einer innerstädtischen Industriebrache. Das ehemalige Hammersen-Gelände in Osnabrück. In: Osnabrücker naturwissenschaftliche Mitteilungen 15, 1989, S. 119-136

1990

174. Disziplinbegegnung an einer Spur. In: Arbeitsgemeinschaft Freiraum und Vegetation (Hg.): Hard-Ware und andere Texte von Gerhard Hard. Kassel 1990 (Notizbuch 18 der Kasseler Schule)

175. Humangeographie (bes. Wahrnehmungs- und Verhaltensgeographie). In: KRUSE, L., GRAUMANN, C.-F. und LANTERMANN, E.-D. (Hg.): Ökologische Psychologie. Ein Handbuch in Schlüsselbegriffen. München 1990, S. 57 – 65

176. »Was ist Geographie?« Reanalyse einer Frage und ihrer möglichen Antworten. In: Geographische Zeitschrift, Jg. 78, Heft 1, 1990, S. 1-14

177. »Wehe, wehe, wenn ich auf das Unkraut sehe!« In: Umweltlernen (Zeitschrift für ökolog. Bildung), Heft 49/50, Juli 1990, S. 12-15

178. (zusammen mit F. KRUCKEMEYER) Die Mäusegerste und ihre Gesellschaft in Osnabrück 1978-1990. Über den Zusammenhang von Stadt- und Vegetationsentwicklung. In: Osnabrücker naturwissenschaftliche Mitteilungen 16, 1990, S. 133-156

1991

179. Zur Vielfalt und Bedeutung des wilden Stadtgrüns. In: Der Gartenbau – L'Horticulture Suisse (Solothurn), 112. Jg., 35/1991, S. 1510-1514

180. Die exotische Alltäglichkeit des wilden Stadtgrüns. In: Der Gartenbau – L'Horticulture (Solothurn), 112. Jg., 35/1991, S. 1518-1519

181. Landschaft als professionelles Idol. In: Garten + Landschaft (Zeitschr. für Landschaftsarchitektur; Planung, Gestaltung, Entwicklung) 3/1991, S. 13-18

182. Kleinschmielenrasen im Stadtgebiet. Entstehung und Bewertung am Beispiel von Osnabrück. In: Osnabrücker naturwissenschaftliche Mitteilungen 17, 1991, S. 215-228

183. Zeichenlesen und Spurensichern. Überlegungen zum Lesen der Welt in Geographie und Geographieunterricht. In: HASSE, J. und ISENBERG, W. (Hg.): Die Geographiedidaktik neu denken. Perspektiven eines Paradigmenwechsels. Osnabrück 1991, S. 127-159 (Osnabrücker Studien zur Geographie, Bd. 11)

184. (zusammen mit Frauke KRUCKEMEYER) Zobeide oder: Städte als ästhetische Zeichen. In: Hasse, J. und Isenberg, W. (Hg.): Die Geographiedidaktik neu denken. Perspektiven eines Paradigmenwechsels. Osnabrück 1991, S. 113-124. (Osnabrücker Studien zur Geographie, Bd. 11)

1992

185. (zusammen mit Frauke KRUCKEMEYER) Stadtvegetation und Stadtentwicklung. Die Lesbarkeit eines trivialen Bioindikators. In: Berichte zur deutschen Landeskunde, Bd. 66, H. 1, 1992, S. 33-60

186. Reisen und andere Katastrophen. Parabeln über die Legasthenie des reisenden Geographen beim Lesen der Welt. In: BROGIATO, H.P. und CLOß, H.-M. (Hg.): Geographie und ihre Didaktik (Festschrift für Walter Sperling), Teil 2: Beiträge zur Geschichte, Methodik und Didaktik von Geographie und Kartographie. Trier 1992, S. 1-17

187. Zwei Versionen der klassischen Geographie. Oder: Wie man Geographietheorien vergleichend bewerten kann. Festschrift Bruno Backé. Klagenfurt Geographische Schriften 10. Klagenfurt 1992, S. 35-51

188. Konfusionen und Paradoxien. Natur- und Biotopschutz in Stadt- und Industrieregionen. In: Garten + Landschaft (Zeitschrift für Landschaftsarchitektur) 1992, Heft 1, S. 13-18

1993

189. Über Räume reden. Zum Gebrauch des Wortes »Raum« im sozialwissenschaftlichen Zusammenhang. In: MAYER, J. (Hg.): die aufgeräumte Welt. Raumbilder und Raumkonzepte im Zeitalter globaler Marktwirtschaft. Loccum 1993, S. 53-77. (Loccumer Protokolle 74/92)

190. Gesellschaften des Moorgreiskrauts, des Strand- und Sumpfampfers in der ehemaligen Haseaue (Osnabrück). In: Osnabrücker naturwissenschaftliche Mitteilungen 19, 1993, S. 151-164
191. Neophyten und neophytenreiche Pflanzengesellschaften auf einem Werksgelände (VSG, ehem. Klöckner) in Osnabrück. In: Natur und Heimat. Floristische, faunistische und ökologische Berichte, hg. vom Westfälischen Museum f. Naturkunde, Münster, 53. Jg. 1993 (Heft 1), S. 1-16
192. Graffiti, Biotope und »Russenbaracken« als Spuren. Spurenlesen als Herstellen von Sub-Texten, Gegen-Texten und Fremd-Texten. In: HASSE, J. und ISENBERG, W. (Hg.): Vielperspektivischer Geographie-Unterricht. Osnabrück 1993, S. 71-107. (Osnabrücker Studien zur Geographie, Bd. 14)
193. Viele Naturen. Bemerkungen zu den Essays. In: SCHÄFER, R. (Hg.): Was heißt denn schon Natur? Ein Essaywettbewerb. München 1993, S. 169-198 sowie S. 203
194. Zur Imagination und Realität der Gesteine – nebst einigen Bemerkungen über die wissenschaftliche Geographie als eine unbewußte Semiotik. In: JÜNGST, P. und MEDER, O. (Hg.): Zur psychosozialen Konstitution des Territoriums. Verzerrte Wirklichkeit oder Wirklichkeit als Zerrbild (Urbs et Regio 61). Kassel 1993, S. 105-155
195. Eine politisierte Disziplin. Kommentar zum Buch von Horst-Alfred Heinrich über politische Affinität zwischen geographischer Forschung und dem Faschismus. In: Geogr. Zeitschrift 81, 1993, S. 124-128
196. Herders »Klima«. Zu einigen »geographischen« Denkmotiven in Herders »Ideen zu einer Philosophie der Geschichte der Menschheit«. In: Haberland, D. (Hg.): Geographia Spiritualis. Festschrift für Hanno Beck. Peter Lang: Frankfurt a.M. usw. 1993, S. 87-106
197. Die Störche und die Kinder, die Orchideen und die Sonne. In: »Soziographie« (Blätter des Forschungskomitees »Soziographie« der Schweizerischen Gesellschaft für Soziologie, 6. Jg., 1993, Nr. 2(7), S. 165-183.
198. Kants »Physische Geographie«, wiedergelesen. In: KATTENSTEDT, H. (Hg.): »Grenz-Überschreitung«. Wandlungen der Geisteshaltung (Festschrift zum 70. Geburtstag von Manfred Büttner). Universitätsverlag Dr. N. Brockmeyer: Bochum 1993, S. 51-72
199. (zusammen mit F. KRUCKEMEYER) Die vielen Stadtnaturen. Über Naturschutz in der Stadt. In: Koenigs, T. (Hg.): Stadt-Parks. Campus: Frankfurt a.M. 1993, S. 60-69

1994

200. Die Natur, die Stadt und die Ökologie. Reflexionen über »Stadtnatur« und »Stadtökologie«. In: ERNSTE, H. (Hg.): Pathways to Human Ecology. From Observation to Commitment. Peter Lang: Bern, Berlin, Frankfurt a.M., New York, Paris, Wien 1994, S. 161-180
201. Regionalisierungen. In: WENTZ, M. (Hg.): Region. Campus: Frankfurt a.M./New York 1994, S. 53-57
202. Schützt die Natur vor Naturschützern. Replik auf eine Predigt. In: Garten und Landschaft (Zeitschrift für Landschaftsarchitektur) 1994, Heft 7, S. 6-8

1995 203. Ästhetische Dimensionen in der wissenschaftlichen Erfahrung. In: JÜNGST, P. und MEDER, O. (Hg.): Aggressivität und Verführung, Monumentalität und Territorium. Zähmung des Unbewußten durch planerisches Handeln und ästhetische Formen. Kassel 1995, S. 323-367 (Urbs et Regio 62/1995)

204. Szientifische und ästhetische Erfahrung in der Geographie. Die verborgene Ästhetik einer Wissenschaft. In: WERLEN, B. und WÄLTY, S. (Hg.): Kulturen und Raum. Zürich 1995, S. 45-64 (Bd. 10 der Reihe: Konkrete Fremde – Studien zur Erforschung und Vermittlung anderer Kulturen)

205. Unterricht Geographie. In: BLANKERTZ, H., DERBOLAV, J., KELL, A. und KUTSCHA, G. (Hg.): Enzyklopädie Erziehungswissenschaft, Bd. 9 Sekundarstufe II, Teil 2. Stuttgart 1995, S. 553 – 558

1996 206. »Regionalbewußtsein als Thema der Sozialgeographie«. Bemerkungen zu einer Untersuchung von Jürgen Pohl. In: HELLER, W. (Hg.): Identität – Regionalbewußtsein – Ethnizität. Potsdam 1996, S. 17-41

207. Schwierigkeiten mit dem Spurenlesen. In: BÖSE-VETTER, H. (Red.): Freiraum und Vegetation. Festschrift zum 60. Geburtstag von Karl Heinrich Hülbusch. Kassel 1996, S. 39 – 51 (Notizbuch 40 der Kasseler Schule)

208. Zur Theorie und Empirie des »Regionalbewußtseins«. In: Geographische Zeitschrift 84, 1996, Heft 1, S. 54 – 61

1997 209. Was ist Stadtökologie? Argumente für eine Erweiterung des Aufmerksamkeitshorizonts ökologischer Forschung. In: Erdkunde, Archiv für wissenschaftliche Geographie, Bd. 51, 1997, S. 100 – 113

210. Grün in der Stadt – Tatsachen und Wahrnehmungen. In: STEINER, D. (Hg.): Mensch und Lebensraum. Opladen 1997, S. 233 – 257

211. Spontane Vegetation und Naturschutz in der Stadt. In: Geographische Rundschau, Jg. 49, Okt. 10/1997, S. 562 – 568

1998 212. Vegetationsdynamik in einer kleinen Stadtbrache. Eine Interpretationsübung in der Ruderalvegetation. In: Natur und Landschaft 73 (1998), Nr. 11, S. 479 – 485

213. Eine Sozialgeographie alltäglicher Regionalisierungen. In: Erdkunde, Archiv für wissenschaftliche Geographie, Bd. 52, 1998, S. 250 – 253

1999 214. Raumfragen. In: MEUSBURGER, P. (Hg.): Handlungszentrierte Sozialgeographie. Benno Werlens Entwurf in kritischer Diskussion. Stuttgart 1999, S. 133-162

2000 215. De ubietate angelorum. Über angelologische und geographische Raumtheorien. In: Klagenfurter Geogr. Schriften, Heft 18, Klagenfurt 2000, S. 63-86

2001 216. Von melancholischer Geographie (Besprechungsaufsatz zu: Hasse, J., Mediale Räume, Oldenburg 1997). In: geographische revue, Jg. 2, 2001, Heft 2, S. 39-66

217. »Hagia Chora«. Von einem neuerdings wieder erhobenen geomantischen Ton in der Geographie. In: Erdkunde (Archiv für wissenschaftl. Geographie), Bd. 55, 2001, Heft 2, S. 172-198

218. Natur in der Stadt? In: Berichte zur deutschen Landeskunde, Bd. 75, H. 2/3, 2001, S. 257-270

219. Der Begriff Landschaft – Mythos, Geschichte, Bedeutung. In: KONOLD, W., BÖCKER, R., HAMPICKE, U. (Hg.): Handbuch Naturschutz und Landschaftspflege. 6. Erg. Lfg. 10/01. Landsberg, S. 1-15

220. (zusammen mit GEORG MENTING) Vom Dodo lernen, Ökomythen um einen Symbolvogel des Naturschutzes. In: Naturschutz und Landschaftsplanung 33 (1), 2001, S. 27-34 sowie 33 (4), S. 131-132

2002

221. Glokalisierung der Natur. In: BECKER, J., FELGENTREFF, C. u. ASCHAUER, W. (Hg.): Reden über Räume: Region – Transformation – Migration. (Festsymposion zum 60. Geburtstag von Wilfried Heller). Potsdam 2002, S. 175-201 (Potsdamer Geogr. Forschungen, Bd. 23)
222. Eine einfältige Erzählung. Zu Falters und Hasses Text über »Die Geographie und das Mensch-Natur-Verhältnis«. In: Erdkunde, Archiv für wissenschaftliche Geographie 56, 2002, S. 95-104
223. Die »Natur« der Geographen. In: LUIG, U., SCHULTZ, H.-D. (Hg.): Natur in der Moderne. Interdisziplinäre Ansichten. Berlin 2002, S. 67-86
224. (zusammen mit GEORG MENTING): Trauern um Dodo. Eine frühbarocke Tragödie als modernes Naturschutzsymbol. In: LUIG, U. u. SCHULTZ, H.-D. (Hg.): Natur in der Moderne. Interdisziplinäre Ansichten. Berlin 2002, S. 219-236. (Berliner Geogr. Arbeiten 93)

OSG Osnabrücker Studien zur Geographie (ISSN 0344 - 7820)

OSG 19
de Lange, Norbert: Geoinformationssysteme in der Stadt- und Umweltplanung. Fallbeispiele aus Osnabrück
2000, 160 S., pb, Euro 28,–/sFr 49,– ISBN 3-934005-54-3

OSG 20
Deiters, Jürgen (Hg.): Umweltgerechter Güterverkehr
2002, 104 S., pb, Euro 15,90/sFr 28,50 ISBN 3-935326-35-1

OSG 21
Wessels, Klaus: Integrierte Nutzung von Geobasisdaten und Fernerkundung für die kommunale Umweltplanung
2002, 208 S., zahlr., tw. farbige Abb., pb, Euro19,90/sFr 36,–
ISBN 3-935326-36-x

OSG 22
Hard, Gerhard: Landschaft und Raum.
Aufsätze zur Theorie der Geographie Band 1
2002, 330 S., pb, Euro 25,90/sFr 36,– ISBN 3-935326-37-8

OSG 24
Lohnert, Beate: Vom Hüttendorf zur Eigenheimsiedlung.
Selbsthilfe im städtischen Wohnungsbau. Ist Kapstadt das Modell für das Neue Südafrika?
2002, 304 S., mit tw. farbigen Abb., pb, Euro 29,90/sFr 52,–
ISBN 3-935326-79-3

OSG 25
Budke, Alexandra: Wahrnehmungs- und Handlungsmuster im Kulturkontakt. Studien über Austauschstudenten in wechselnden Kontexten
2003, 353 S., pb, Euro 34,90/sFr 61,– ISBN 3-89971-102-5

Die Bände der Osnabrücker Schriften zur Geographie (OSG) können bezogen werden über:

V&R unipress
Verlagslieferung Vandenhoeck & Ruprecht
Robert-Bosch-Breite 6
37079 Göttingen
Tel. 0551-5084-444, Fax 0551-5084-454
E-Mail: order@vandehoeck-ruprecht.de